CLOCK AND WATCH TRADEMARK INDEX
EUROPEAN ORIGIN

AUSTRIA / ENGLAND / FRANCE / GERMANY / SWITZERLAND

1992 Generally Revised/Enlarged Edition 1000

1994 Reprinted Edition 1000

Printed in the United States of America

Reprinted Joint Venture
Antique Clocks Publishing and American Reprints Company

ANTIQUE CLOCKS PUBLISHING
Concord, California U.S.A.

ISBN 0 - 933396 - 31 - 7

L'INDEX des MARQUES DE FABRIQUE NEGOCE PIÉCES D'HORLOGERIE

AUTRICHE/ ANGLETERRE/ FRANCE/ ALLEMAGNE/ SUISSE

1992 Édition Élarge et Révisée 1000

1994 Reprimé Édition 1000

Imprimé aux États-Unis d'Amérique

ANTIQUE CLOCKS PUBLISHING
Concord, California U.S.A.

ISBN 0 - 933396 - 31 - 7

UHREN BILDERMARKEN - WORTMARKEN

ÖSTERREICH / ENGLAND / FRANKREICH / DEUTSCHLAND / SCHWEIZ

1992 revidierte erweiterte Neuausgabe
1000 Auflage

1994 Neu Auflage 1000

Gedruckt in den Vereinigten Staaten von Amerika

ANTIQUE CLOCKS PUBLISHING
Concord, California U.S.A.

ISBN 0 - 933396 - 31 - 7

FOREWORD

The 1989 TRADEMARK INDEX was within a short time out of print, and hardly a week goes by without orders and requests for the TRADEMARK INDEX reaching the publisher's desk. This sixth, 960 page edition will therefore meet a genuine need. The 1992 TRADEMARK INDEX has been expanded by more than 300 pages over the 1989 TRADEMARK INDEX. A worldwide first, the chapter on "Electric Clocks" ©1992 by Thomas Schraven and Karl Kochmann, was added to this edition.

During the past 25 years, Clock/Watchmaking collectors' interest and collecting has blossomed. Beautifully illustrated books describing exclusive museum, or private collectors' time pieces, appeared on the horological book market. Meanwhile, a new generation of younger clock/watch collectors entered the hobby of collecting. These collectors with limited means and limited space are building up their collection of clocks and watches from various sources: inherited family heirlooms, estate sales, attics, antique shops, garage sales, junk stores, or flea markets.

These timepieces often reveal excellent craftsmanship and durable construction. As objects of mechanical art, precision construction, and historical design style, they capture part of the human spirit, lifestyle, and social struggle that created them. After the first examination of the new acquisition, the questions arise: How old is the timepiece? Who was the original maker? What was the country of origin? Without a way to crack the code of maker's marks, they exist in an historical vacuum. Hopefully, the TRADEMARK INDEX will aid those who seek information on the timepiece in question.

Since 1975, Antique Clocks Publishing of Concord, California, U.S.A. has accumulated over 35,000 details of Trademarks and Wordmarks. The archive material was obtained from shop sketches, historical clock and watch catalogs, Patent registers, Trademark registers, and a profusion of knowledge shared by the horological collector community. These details were stored in a database for further publication.

In 1991, the publisher visited the famous Musée International Horlogerie (MIH - Museum of International Horlogery) in La Chaux-de-Fonds, Switzerland, where extensive research resulted in a collection of over 8,000 detailed entries of Swiss Watch and Clock manufacturers.

Cont. page 7

Previous visits to the British Science Library, Holburn Branch in London, England allowed full access to the horological patent files of Austria, France, Germany and Switzerland and added immensely important archive material for the 1989 TRADEMARK INDEX. However, a perfect, definitive publication on European Trademarks and Wordmarks is an impossible task for a one-man private publisher.

Some entries are incomplete, because some records were fragmentary or not available. Several circumstances, including my age, have precluded undertaking a completely new publication project; therefore, minor shortcomings may have to be accepted. Hopefully the TRADEMARK INDEX 92 will enhance the knowledge of hobbyists, collectors, historians, and all interested in horological art.

On pages 963-964, special mention is made of contributors, friends, Clock/Watch collectors, Archives, and all who supported and encouraged me to undertake this publication.■

Concord, California
Summer 1992

Karl Kochmann
Author and Private Publisher

Letter from the Author, see page 960

The National Association of
Watch and Clock Collectors, Inc.

Karl Kochmann

is hereby appointed a

Fellow

of The National Association of
Watch and Clock Collectors, Inc.
having made valuable contributions
in the field of horology
and in the affairs of this association

Date — President

NOTE PRELIMINAIRE

L'INDEX DES MARQUES DE FABRIQUE DE 1989 était à peine épuisé qu'il ne se passa pas une semaine sans qu'un ordre d'achat ou une requète sur l'INDEX DES MARQUES DE FABRIQUE n'arrive au bureau de l'éditeur. Cette sixième édition, comprenant 950 pages, correspond donc à un besoin véritable. L'INDEX DES MARQUES DE FABRIQUE DE 1992 compte 300 pages de plus que l'INDEX DE 1989. Une première mondiale est le chapitre consacré á "l'Horlogerie Electrique" (par Thomas Schraven et Karl Kochmann) inclu dans cette nouvelle édition.

Au cours des 25 années passées l'intérêt des collectionneurs pour les horloges et l'horlogerie semble avoir été florissant. Des ouvrages admirablement illustrés, décrivant des piéces d'horlogerie appartenant à des musées ou à des collections privées, sont apparus sur le marché du livre horloger. Sur ces entrefaits est née une nouvelle génération de jeunes horlogers et de collectionneurs dont le hobby est de rassembler des montres. Ces jeunes ont des moyens limités tant sur le plan financier qu'en ce qui concerne l'espace dont ils disposent. Ils constituent leur collection á partir de sources diverses: héritage de famille, vente de propriétés, greniers, boutiques d'antiquités, magasins du rebut ou les marchés aux puces.

Ces pièces d'horlogerie revèlent souvent l'habileté de leurs constructeurs et la qualité et la durabilité de ces oeuvres. Comme tous les objets d'art mécaniques, les instruments de précision réflètent par le style historique de leur dessin, l'ingéniosité de l'esprit humain et la manière de vivre et les luttes sociales de ceux qui les ont créé. Après un premier examen d'une nouvelle acquisition de nombreuses questions se posent: Quelle est l'age de cette pièce d'horlogerie? Qui en est le fabricant? Quel est son pays d'origine? Si on ne dispose d'aucun code pour reconnaître la marque du fabricant on se trouve devant un vide historique. C'est avec l'espoir d'aider ceux qui cherchent des renseignements sur une pièce qui soulève ces questions qu'a été conçu l'INDEX de MARQUES DE FABRIQUE.

Depuis 1975, les Editions Antique Clocks de Concord, California, ont accumulé 35.000 détails et noms de marque de fabrique. Ceux-ci ont été obtenus d'après des archives, des croquis d'atelier, des catalogues historiques d'horloges et de montres, des registres de brevet d'invention et de marques déposées et une profusion de connaissances partagées par des collectionneurs d'horlogerie. Ces détails ont èté enregistrés dans une base de données en vue d'une publication ultérieure.

Voir à la page 9

En 1991, l'éditeur a visité le célèbre Musée International d'Horologie (MIH) à La-Chaux-de-Fonds en Suisse et a pu enrichir sa liste de plus de 8.000 entrées concernant la montre suisse et les fabricants d'horloges. Des visites antérieuses à la Bibliothèque Britannique de la Science à Holburn, Angleterre, ont donné accès aux innombrables brevets d'invention en horlogerie d'Autriche, de France, d'Allemagne et de Suisse et ont permis l'extension des archives pour la publication de l'INDEX DES MARQUES DE FABRIQUE DE 1989. Cependant, une publication parfaite et exhaustive des marques de fabrique européennes est une tache qui dépasse largement les possibilités d'un éditeur privé composé d'une seul personne.

Plusiers entrées sont imparfaites car les registres correpondants étaient fragmentaires ou non disponibles. Diverses circonstances, parmi lesquelles mon age, m'ont empeché d'entreprendre une nouvelle publication entièrement remaniée. Je garde cependant l'espoir que l'INDEX DES MARQUES DE FABRIQUE DE 1992 apportera des connaissances nouvelles aux amateurs, aux collectionneurs, aux historiens et à tous ceux qu'itéresse l'art de l'horlogerie.

À la page 965, hommage est rendu aux contributations des amis, des collectionneurs d'horloges et de montres, aux archives et à tous ceux qui m'ont aidé et encouragé à entreprendre cette publication.■

Concord, Californie
Automne, 1992

Karl Kochmann
Auteur et Editeur privé

Lettre de l'Auteur, voir à la page 961.

The National Association of
Watch and Clock Collectors, Inc.

Karl Kochmann

is hereby appointed a

Fellow

of The National Association of
Watch and Clock Collectors, Inc.
having made valuable contributions
in the field of horology
and in the affairs of this association

June 21, 1987 — Date
President

VORWORT

Nachdem die fünfte 655 Seiten Ausgabe des TRADEMARK INEX 89 in kurzer Zeit vergriffen war, kann ich jetzt die sechste Ausgabe vorlegen. Die 92 Ausgabe des TRADEMARK INDEX ist nicht nur auf 960 Seiten gegenüber 650 Seiten 1989 erweitert, es wurden eine Reihe weiterer Verbesserungen eingearbeitet. Das Kapitel über "Elektrische Uhren" ist eine erste weltweite Veröffentlichung eines speziellen Sammlergebietes, © 92 Thomas Schraven und Karl Kochmann.

Der Kreis der Uhrensammler ist in den vergangenen 25 Jahren ständig gewachsen. Auch der kommerziale Sektor zeigte ein wachsendes Interesse für alte Uhren. Die einmaligen Meisterwerke der Europäischen Uhrmacherkunst blieben nur einen sehr finanzstarker Uhrensammler, Händlern, oder Museen vorbehalten.

Eine grosse grosse Anzahl von Uhrenbüchern mit Abbildungen prachtvoller historischer Uhren aus Museumsbesitz oder privelegierter privater Sammler ausgestattet, sprechen eine kleine Gemeinschaft von Uhrenliebhabern an.

Die Ausgabe des 92 TRADEMARK INDEX erfasste auch die Sammelgebiete des "kleinen Mannes" er findet eine Uhr auf den Flohmarkt, auf Reisen in fremde Länder, er findet seine Uhren vielleicht auf dem Dachboden, ein längst vergessenes Stück, das man erbt oder irgendwann einfach geschenkt bekommt. Diese Fundstücke zeigen oft die Originalität, den Aufbau und eine dauerhafte Konstruktion von Uhren aus industrieller Fertigung. Das Fundstück ist nicht nur ein mechanisches Objekt, der Mode der Zeitepoche angepasst; man erkennt daraus den damaligen Geschmack und Lebensstil die sozialen Verhältnisse des einstigen Besitzers.

Dem ersten Untersuchen dieser Entdeckung wird bald die Frage nach ihren Alter und ihrer Herkunft folgen. Hier wird der TRADEMARK INDEX 92 ein wichtiges Hilfsmittel für Uhrenliebhaber Restaurateren, Antiquaritaetenhandler, Museen, für jeden, der sich mit dem Gabiet der Zeitmessung beschäftigt.

Der TRADEMARK INDEX 92 wurde auf der Grundlage von historischen Uhrenkatalogen, Schutzmarkenregister, Patentschriften erfasst. Besonders sei erwähnt, dass aus dem Archiv "The British Library - Science Reference Library" Holburn - London - England und dem Archiv des Internationalen Museum für Zeitmessung (MIT) in La Chaux-de-Fonds - Schweiz wichtige Informationen zu verdanken sind.

Fortsetzung Seite 11

Aber auch Uhrensammler sandten Skizzen und Fotographien ihrer Uhren ein, welche für den Trademark Index verwertet wurden. Seit 1975 wurden über 35,000 Daten über Bildermarken/Schutzmarken Worte erfasst. Erstmalig wurden für die Ausgabe des Trademark Index 1989 alle verfügbaren Archiv Eintragungen elektronisch gespeichert und verarbeitert. Neueingänge an Bildermark en / Schutzmarkenworte Katalogmaterial seit dem Jahre 1989 wurden Archivmassig erfasst un als Datenbank - DATABASE - gespeichert. Nach einen Besuch und Forschungsarbeit im Internationalen Museum fur Zeitmessung - MIT - in La Chaux-de-Fonds, Schweiz wurde das Kapitel über die Schweizer Uhrenindustrie einer vollkommenen Neubearbeitung unterzogen.

Mit der Ausgabe TRADEMARK INDEX 92 ist eine Vollständigkeit ebensowenig erreicht und ein endgültiger Abschluss der Forschungsarbeit über Bildermarken/Schutzwortmarken in der Europä ische Uhrengeschichte. Verschiedene Eintragungen bleiben unvollständig, weil weitere Daten nicht ermittelt werden konnten. Aus verschiedenen Gründen, besonders altersbedingt, ist es dem Verfasser nicht möglich eine vollständige Neubearbeitung vorzulegen. Daher wird der TRADEMARK INDEX 92 im vorliegenden Format, unvermeidliche geringfügige Mängel aufweisen.

Auf Seite 966-967 werden alle Mitarbeiter, Freunde, Uhrensammler, Archive, Museum und alle welche am Gelingen des TRADEMARK INDEX 92 Anteil hatten Besonders erwähnt.■

Concord, Kalifornia
1992

20

Karl Kochmann
Author und Selbstverleger

Brief des Author an die Leser siehe Seite 962.

The National Association of
Watch and Clock Collectors, Inc.

Karl Kochmann

is hereby appointed a

Fellow

of The National Association of
Watch and Clock Collectors, Inc.
having made valuable contributions
in the field of horology
and in the affairs of this association

June 21, 1989 — Date

Tom L. Rue — President

SECTION "A"

TABLE OF CONTENTS
TRADEMARKS TRADEWORDS
Austria - England - France - Germany - Switzerland

SECTION "A"

TABLEAU DE SOMMAIRE
MARQUES de FABRIQUE
Autriche - Angleterre - France - Allegmane - Suisse

ABSCHNITT "A"

VERZEICHNIS
BILDERMARKEN WORTMARKEN
Österreich - England - Frankreich - Deutschland - Schweiz

CONTENTS

SOMMAIRE

INHALTSVER-ZEICHNIS

CONTENTS	SOMMAIRE	INHALTSVERZEICHNIS
Trademarks/ Wordmarks:England 079-155	Marques de Fabrique Anglaise 079-155	Bilder/Wortmarken England 079-155
Chapter IV Clock/Watchmaking France 157-158	Chapitre IV Avant-propos sur l'horlogerie France 159-161	Kapitel IV Das Uhrmacher Gewerbe in Frankreich 162-164
Trademarks/ Wordmarks--France 165-267	Marques de Fabrique France 165-267	Bilder/Wortmarken Frankreich 165-267
Chapter V Clock/Watchmaking Germany 271-274	Chapitre V Avant-propos sur l'horlogerie Allemande 275-277	Kapitel V Das Uhrmacher Gewerbe in Deutschland 278-281
Clock Movement Back Plate Code Identification 281 XIV	Platine arrière du Movement Code d'Identification 281 XIV	Werkplatine Hersteller Werknummer System 281 XIV
Trademarks/ Word-marks--Germany 282-543 VI	Marques de Fabrique Allemande 282-534 VI	Bilder/Wortmarken Deutschland 282-534 VI
Chapter VI Clock/ Watchmaking Switzerland 546-547	Chapitre VI Avant-propos sur l'horlogerie Suisse 578-549	Kapitel VI Das Uhrmacher Gewerbe in der Schweiz 550-551
Trademarks/ Word-marks Switzerland 552-802	Marques de Fabrique Suisse 552-802	Bilder/Wortmarken Schweiz 552-802
Chapter VII History - Ebauche Switzerland 803	Chapitre VII Histoire - Ebauche Suisse 803	Kapitel VII Das Ebauche System 804
Chapter VIII Sample Page of Swiss Watch and Clock Manufacturers, years 1880 to-1927 (without illustrations) 810-811	Chapitre VIII Exerpt des Fabricants de Montres et Horloges Suisse de anne 1880 a 1927 (sans Marques d'Illustration) 810-811	Kapitel VIII Musterseite Schweizer Uhren Fabrikanten Zwischen dem Jahren 1880 bis 1927 (ohne Bildermarken) 810-811
Section "B" Electric Clocks 812	**Section "B"** Horloge Electrique 812	**Abschnitt "B"** Elektrische Uhren 812
Chapter IX Author's preface: Electric and Electronic Clocks 814-815	Chapitre IX Note preliminaire d'un des auteurs de Horlogerie Electrique 816-817	Kapitel IX Vorwort des Verfassers über Elektrische Uhren 818-819

CONTENTS

SOMMAIRE

INHALTSVERZEICHNIS

TEMPUS FUGIT HORA VOCAT

SECTION A
HOW TO SEARCH FOR DATA INFORMATION

I) TRADEMARK (Graphic) WORDMARK INDEX

The header of the Trademark/Wordmark page is divided into three columns:

REMARKS OBSERV'TN BEMERKUNG	NAMES AND ADDRESS NOMS ET ADDRESSE NAMEN UND ADDRESSE	TRADEMARK OR TRADENAME MARQUE DE FABRIQUE - NOMS WARENZEICHEN - WORTMARKE
	DREYFUS FRERES & Co. F0557 MFC Pery (France) - PERY WATCH - 5.Jan.1903 WHS-WA-WV-WC	PéryWatch

TM 89 Data:

1st line: Name of the company and/or name of the owner, partnership
2nd line: Location of business
3rd line: Country, followed by
2nd line: Austria 16/000
3rd line: and/or
5th line: England 000/1
3rd line: and/or
5th line: France 000/2
2nd line: and/or
3rd line: and/or
4th line: Germany
5th line: and
6th line: Product/manufacturing abbreviation code (see pages 23-25). Historical essay and/or reference of merger.

TM 92 Data:

1st line: Name of the company and/or name of the owner, followed by a four digit data code; the prefix letter denotes the country code:
A0000 Austria
E0000 England
F0000 France
G0000Germany
S0000 Switzerland
M0000 Misc. European countries
2nd line: Type of business code (see pages 23-25)
3rd line: Location
4th line: Word trade name, or when not applicable,

5th line: Date when enterprise was established. NOTE--Continental date system used: Day-Month-Year

Cont. page 18

6th line: Product/manufacturing code (see pages 23-25), followed by historical glossary, reference of changes, merger, dissolution.

Changes, additions, omission, fusion of the owner of the trademark/wordmark copyrights, occured during the application thereafter and final registration.

English, French, and German readers will have no difficulty in finding the corresponding abbreviations on Tables IA-IC, pages 23-25. In the field of horological art, sometimes the same part is known by different words in the same language like in English, French, or German. A simplified letter code, not to exceed four letters, was devised. Often the translation from language to language causes a problem; therefore it is impossible to give the same translatable name to the part in question.

II) ALPHABETICAL INDEX (Chapter XIV)

If the name of the company is known, see pages 920 to 954
Example of typical Alphabetical Index page:

NAMES	Country PAGE	NAMES	Country PAGE	NAMES	Country PAGE
NOMS	Contree PAGE	NOMS	Contree PAGE	NOMS	Contree PAGE
NAMEN	Land SEITE	NAMEN	Land SEITE	NAMEN	Land SEITE
A	G 283	AD	S 632	AKTIEN GESELLSCHAFT	G 427
A	G 497	AD	S 652	UHRENFABRIK	
A	G 519	AD UG	G 283	AKTIEN GESELLSCHAFT	G 428
A C REGISTERED TRADEMARK	S 619	ADELANTE	G 531	UHRENFABRIK	
A L'ESPERANCE	F 173	ADELPHI WATCH CO			

HIRSCH W. F0568
MR
Paris
3.Nov.1892
- MERIDIONAL WATCH -
WHS-WA

NOTE: R/T92

- - (page number)

NOTE:
Bottom of the Trademark Index page: cross-reference to the data in TRADEMARK INDEX 89, additions, omissions, explanations and other notable matters.

SECTION A
COMMENTAIRE SUR L'UTILISATION DES L'INDEX DES MARQUES DE FABRIQUE

I) MARQUES DE FABRIQUE (Graphiques) INDEX de NOMS ET DES MARQUES DE FABRIQUE

La rubrique des marques de fabrique/ des noms déposés/ est divisée en trois colonnes:

REMARKS OBSERV'TN BEMERKUNG	NAMES AND ADDRESS NOMS ET ADDRESSE NAMEN UND ADDRESSE	TRADEMARK OR TRADENAME MARQUE DE FABRIQUE - NOMS WARENZEICHEN - WORTMARKE
	DREYFUS FRERES & Co. F0557 MFC Pery (France) - PERY WATCH - 5.Jan.1903 WHS-WA-WV-WC	PéryWatch

TM 89

1re ligne Nom de l'entreprise et/ou nom du propriétaire et des associés.
2è ligne Lieu de l'entreprise
3è ligne Pays, suivi de:
2è ligne Autriche 16/000
3è ligne et/ou
5è ligne Angleterre 000/1
3è ligne et/ou
5è ligne France 000/2
2è ligne et/ou
3è ligne et/ou
4è ligne Allemagne
5è ligne et
6è ligne Nature de la fabrication, code de l'abréviation (voir les pages 26-28). Bref historique et/ou référence d'une fusion/ dissolution, changement de propriétaire ou de marque de fabrique, les droits pendent le dépot de la demande ou après celle-ci et la date de l'enregistrement définitif.

Voir à la page 20

TM 92

1re ligne Nom de l'entreprise et/ou nom du propriétaire, suivi d'un code de quatre chiffre; le code du pays avec le préfixe:
A0000 pour Autriche
E0000 pour Angleterre
F0000 pour France
G0000 pour Allemagne
S0000 pour Suisse
M0000 pour tout autre pays européen
2è ligne Le type du code de l'entreprise (voir Tableau IIA, page 26 à Tableau IIC page 28)
3è ligne le lieu de l'entreprise
4è ligne Le nom du commerce ou, quand il n'y ena pas
5è ligne La date d'établissement de l'entreprise
6è ligne Nature de la production: code du fabricant (voir page 26-28), suivi d'un bref historique, références des changements, fusion, dissolution.

Les lecteurs anglais, français et allemands ne devraient pas trouver de difficulté dans leur recherce des abréviations dans Tableau IIA, page 26 à Tableau IIC, page 28. Dans le domaine de l'horlogerie un terme donné peut correspondre à des mots différents en Anglais, Français ou Allemand. Parfois la traduction d'un terme pose un problème car il peut être impossible de trouver la traduction exacte du terme employé. On a donc choisi un code simplifié pour les abréviation qui ne dépasse jamais quatre lettres.

II) INDEX ALPHABÈTIQUE

Si on connait le nom de l'entreprise, voir les pages 920 à 954.

Exemple typique d'une page de l'index alphabètique:

NAMES NOMS NAMEN	Country PAGE Contree PAGE Land SEITE	NAMES NOMS NAMEN	Country PAGE Contree PAGE Land SEITE	NAMES NOMS NAMEN	Country PAGE Contree PAGE Land SEITE
A	G 283	AD	S 632	AKTIEN GESELLSCHAFT UHRENFABRIK	G 427
A	G 497	AD	S 652		
A	G 519	AD UG	G 283	AKTIEN GESELLSCHAFT UHRENFABRIK	G 428
A C REGISTERED TRADEMARK	S 619	ADELANTE	G 531		
A L'ESPERANCE	F 173	ADELPHI WATCH CO.	S 609	AKTIENGESELLSCHAFT FUER UHRENFABRIKATION-LENZKIRCH	G 429
A LA FEUILLE D'OR	S 695	ADENAC	S 743		
A*B	F 164	ADEON	E 80	AKTIENGESELLSCHAFT LENZKIRCH	G 429
A-E-S-V	F 853				

HIRSCH W. F0568
MR
Paris
3.Nov.1892
- MERIDIONAL WATCH -
WHS-WA

NOTE: R/T92

- - (le numéro de la page)

NOTE:

Les dernières pages de l'INDEX DES MARQUES DE FABRIQUE donnent la correspondance avec les données de l'INDEX DES MARQUE DE FABRIQUE 89, les additions, les omissions, les explications et autres points d'intéret.

ABSCHNITT A
ANLEITUNG wie man die BILDERMARKEN - WORTMARKEN - TABELLE benuzt

I) BILDERMARKEN und WORTMARKEN Tabelle ist in drei Spalten eingeteilt:

REMARKS OBSERV'TN BEMERKUNG	NAMES AND ADDRESS NOMS ET ADDRESSE NAMEN UND ADDRESSE	TRADEMARK OR TRADENAME MARQUE DE FABRIQUE - NOMS WARENZEICHEN - WORTMARKE
	DREYFUS FRERES & Co. F0557 MFC Pery (France) - PERY WATCH - 5.Jan.1903 WHS-WA-WV-WC	PéryWatch

TM 89 Angaben:

1 Linie: Name der Gesellschaft und/ oder Name des Besitzers
2 Linie: Lage Geschäftes
3 Linie: hat Land, von 2 Linie gefolgt: Österreich 16/000
3 Linie: und/oder
5 Linie: England 000/1
3 Linie: und/ oder
5 Linie: Frankreich 000/2
2 Linie: und/ oder
3 Linie: und/ oder
4 Linie: Deutschland
5 Linie: und
6 Linie: Fabrikationsprogram, Siehe Seite 29-31 Wichtige Hinweise Veränderungen Fusion, Auflösung.

TM 92 Angaben:

1 Linie: Name der Gesellschaft und/ oder Name des Besitzers, mit nachstehender vierstelliger Datenspeicher Zahl. Die Grossbuchstaben bezeichnen das Land:
A0000 Österreich
E0000 England
F0000 Frankreich
G0000 Deutschland
S0000 Schweiz
M0000 Misc. Europäer Länder
2 Linie: Geschäftszweig (Siehe Seite 29-31)
3 Linie: Ort
4 Linie: Trade Wort Schutzmarke
5 Linie: Datum der Registrierung
6 Linie: Fabrikationsprogram Siehe Seite 29-31 Wichtige Hinweise. Veränderungen, Zusammenschluss, Auflösung

Fortsetzung Seite 22

II) ANMERKUNG

Der Leser aus dem Deutschen Kulturraum, findet ohne Schwierigkeiten die Übersetzung aus dem Englischen und Französischen, siehe Seite 17-31. In der Uhrmacherkunst, oft wird für den selben Werkteil in der englischen, französischen, deutschen Sprache verschiedene Bezeichnungen verwandt. Bei der Übersetzung von Fachausdrucken von Sprache zu Sprache ist es manchmal nicht möglich den Fachausdruck Wort für Wort zu übersetzen. Es wurde daher für das Fabrikationsprogram eine Abkürzungs-System siehe Seite 24-31 festgelegt.

In der deutschen Sprache kennt man nur das Wort UHR, unter dem Sammelwort UHR, UHRENFABRIK, wurde die Bildermarke, die Schutzmarke angemeldet. Nicht immer wurde betont, ob es ich um einen Hersteller von Taschenuhren, Armbanduhren, Kleinuhren, Wecker, Grossuhren, oder sogar um Kirchturmuhren handelt, welche Urheberrechtlich geschützt werden sollte. Es wird empfohlen, die Bildermarken genau zu betrachten, oft sehen sich die Bildermarken sehr ähnlich, sind aber von verschiedenen Fabrikanten oder Personen angemeldet worden.

III) ALPHABETISCHES NAMEN VERZEICHNIS

Is der Name des Herstellers bekannt, benütze man das Alphabetisch Verzeichnis siehe Seite 920-954

NAMES NOMS NAMEN	Country PAGE Contree PAGE Land SEITE	NAMES NOMS NAMEN	Country PAGE Contree PAGE Land SEITE	NAMES NOMS NAMEN	Country PAGE Contree PAGE Land SEITE
A	G 283	AD	S 632	AKTIEN GESELLSCHAFT	G 427
A	G 497	AD	S 652	UHRENFABRIK	
A	G 519	AD UG	G 283	AKTIEN GESELLSCHAFT	G 428
A C REGISTERED TRADEMARK	S 619	ADELANTE	G 531	UHRENFABRIK	
A L'ESPERANCE	F 173	ADELPHI WATCH CO.	S 609	AKTIENGESELLSCHAFT FUER	G 429
A LA FEUILLE D'OR	S 695	ADENAC	S 743	UHRENFABRIKATION-LENZKIRCH	
A*B	F 164	ADEON	E 80	AKTIENGESELLSCHAFT LENZKIRCH	G 429

IV NOTE:

An der Unterseite der TRADEMARK Tabelle findet man eine Fussnote welche sich auf Verbesserungen, Zusätze, Fehlerberichtigung und Archivquellen bezieht.

HIRSCH W. **F0568**
MR
Paris
3.Nov.1892
.- MERIDIONAL WATCH -
WHS-WA

NOTE: R/T92

TABLE IA (English)

Abbreviations

Code	Description
*	Born
+	Died
A	Austria
A.G.	Stockholder corporation
ACL	Automobile clocks with or without dashboard mounting plate
AK04	German Watchmaker Address Index, year 1904; TM 89 ed.
AL	Alarm clock
AR	Silver
BM	Music box watch
BRT	Brothers
CA	Adjuster of time pieces
CAL	Adjusting
CE	Clockmaking enterprise
CHR	Sporting event timer
CIE	Partner
CLK	Clock
CM	Makes watches & clocks
COM	Commercial enterprise
DB29	Diebner Horlogical Calendar Year 1929
DWB	Dual Watch Back Cover (protective)
E	England
E.G.	Registered Cooperative
EB	Prefabricated part; incomplete watch blank (Ebauche)
EG	Engraver
EL	Electrical Clocks
EOC	Electric operated clock
EX	Export
F	France
FILS	Sons
FIN	Finisher
FIX	Fixtures
G	Germany
G.m.B.H.	Corporation with limited liability
GWC	Golden Watch case
HE	Archive Collection Hennig - Germany (TM 89 edition)
HI	Horological Instruments

Cont. page 24

TABLE IB
Abbreviations

(English)

IND	Index
JL	Jeweller's Shop
JMS	Jewellry (gen. horol.) , Merch., sm. music boxes
JT	Jeweler's Tools
JW	Jewelry
K.G.	Registered corporation non-public partnership
KLW	Keyless watch
KNOO	Archive Collection Knapp - Germany (TM 89 edition)
LIT	Literature reference
LTD	Limited
M	Other European countries
MB	Parts for Music box
MFC	Manufacturer
MIT	Museum for International Time Research, La Chaux-de-Fonds, Switz.
MR	Merchant
MS	Musical box
MU	Sample
MV	Movement
ND	No data on file
O.H.G.	Open Trade Corporation
O.P.W.	Austrian Patent Office, Vienna
OD	Odometer
OF	Gold
OR	Goldsmith/Silversmith
P	Reference to manufacturing program
PAT	Year patent was awarded
PC	Pendulum clock
PCL	Pendulumn clocks
PLA	Platine
PM	Walking timer
PW	Pocket Watch
REG	Wall clocks
Reg.	Registered
RET	Retail
RWA	Repeter strike watch
RWP	Removable Watch Parts
S.A.	Company registered under ficticious name

Cont. page 25

TABLE IC

(English)

Abbreviations

S.H.	Horological Society
S.R. Ltd.	Restricted Liability
SC	Succeeded
SMP	Small movement parts
SPC	Small Pendulum clocks
SPE	Special
SPW	Small pocket watch
SUP	General supplier for horological industry
SUPO	Outfitter, supplies, watch cleaning machines
SUPP	Parts for the horological trade
SUPW	Supplier for watch parts
SWA	Stop Watch
SWP	Small watch parts
TI	Chronemetric clock
TIM	Timer
TM	Trademark
TO	Tool
TR	Timing Recorder
TV	Travel clock
UK	United Kingdom (England)
WA	Watches
WAU	Clockmaker
WB	Bottoms for watches
WC	Watchcase
WD	Watch Dial
WET	Watchmaker Equipment Tools
WHS	Wholesale
WK	Watch Wind-up key
WLU	Watches with luminous numbers
WM	Watch Movements
WMK	Watchmaker
WO	Wordmark
WP	Watch Material Parts
WS	Watches - silver case
WW	Wristwatch

TABLEAU IIA (French)

Abbreviations

Code	Article Descriptible
*	Né le
+	Décédé le
A	Autriche
A.G.	Société anonyme
ACL	Montres pour automobiles avec ou sans support
AK04	Index des adresses des horlogers allemands, année 1904
AL	Réveil
AR	Argent
BM	Boites à musique
BRT	Frères
CA	Règleur
CAL	Règler
CE	Entreprise d'horlogerie
CHR	Chronomètre
CIE	Associé
CLK	Horloge
CM	Horloger
COM	Entreprise commerciale
DB29	Diebner horloger calendre annee 1929 (Allegmane)
DWB	Cuvettes
E	Angleterre
E.G.	Registre coopérativ
EB	Ebauche
EG	Graveur
EL	Horloge électrique
EOC	Montre électriques
EX	Export
F	France
FILS	Fils
FIN	Finisseur
FIX	Porte-burin
G	Allemagne
G.m.B.H.	Société a responsibilité limitée
GWC	Boite de montre en or
HE	Archives Hennig, Allegmane
HI	Instrument d'horlogerie

Voir à la page 27

TABLEAU IIB (French)

Abbreviations

IND	Table des matieres
JL	Bijouterie
JMS	Accessoires d'horlogerie (de bijouterie)
JT	Outils de bijoutier
JW	Bijoux
K.G.	Société enregistree publique
KLW	Montre à remontoir
KNOO	Archives Knapp, Allegmane (Edition TM 89)
LIT	Littérature, réference
LTD	Limité (responsabilité)
M	Autre pays d'Europe
MB	Matériel pour boites a musique
MFC	Fabricant
MIT	Musée international d'horlogerie, La Chaux-de-Fonds, Suisse
MR	Negociant
MS	Boite à musique
MU	Echantillon
MV	Mouvement
ND	Pas de donnée connue
O.H.G.	Société commerciale libre
O.P.W.	Office de brevets autrichien, Vienna
OD	Odomètre
OF	Or
OR	Orfevre
P	Revoi á un programme de fabrication
PAT	Année de delivrance d'un brevet
PC	Pendule
PCL	Pendulerie
PLA	Platine
PM	Pédomètre
PW	Montre de poche
REG	Horloge murale
Reg.	Enregistré
RET	De détail (commerce)
RWA	Montre à sonnerie ou répétition
RWP	Piece de montre demontable
S.A.	Société anonyme

Voir à la page 28

TABLEAU IIC (French)

Abbreviations

S.H.	Société d'horlogerie
S.R. Ltd.	Société a responsabilité limitée
SC	Successeur
SMP	Petites pieces de montre
SPC	Pendulette
SPE	Particulier
SPW	Petite montre de poche
SUP	Fourrnituriste pour l'horlogerie
SUPO	Outils, macines à nettoyer les montres
SUPP	Pieces détachées pour l'horlogerie
SUPW	Outils et fournitures
SWA	Chronographe
SWP	Petites pieces detachees de montres
TI	Horloge chronométrique (de précision)
TIM	Chronométrer
TM	Marque de fabrique
TO	Outil
TR	Horloge de controle
TV	Horloge de voyage
UK	Royaume Uni (Angleterre)
WA	Montre
WAU	Horologer de pendule
WB	Fonds de montres
WC	Boites de montres
WD	Cadrans de montres
WET	Outils de fabrication pour horlogers
WHS	En gros (commerce)
WK	Clés de montre
WLU	Montres a chiffres lumineux
WM	Mouvements de montres
WMK	Horologer montre poche-bracelet
WO	Nom de marque
WP	Pieces détachées pour montres
WS	Montres en argent
WW	Montre bracelet

TAFEL IIIA (German)

Abkürzungen

Symbol	Beschreibung
*	Geburtsdatum
+	Sterbedatum
A	Oesterreich
A.G.	Aktien Gesellschaft
ACL	Auto Uhr
AK04	Deutsches Uhrmacher Adressen Verzeichnis, Jahr 1904
AL	Wecker Uhr
AR	Silber
BM	Uhr mit Musiksnieldose
BRT	Gebrueder
CA	Einsteller-Regulierer
CAL	Ganggenauigkeit Einsteller
CE	Chronometrie
CHR	Chronometer
CIE	Gesellschafter-Teilhaber
CLK	Grossuhr - Wanduhr
CM	Grossuhrmacher
COM	Verkaufs Organisation
DB29	Diebner Uhrmacherkalender Jahr 1929
DWB	Doppel Boden Taschenuhr
E	England
E.G.	Eingetragene Genossenschaft
EB	Vorgefertigter Teil (Ebauche)
EG	Graveur
EL	Elektrische Uhr
EOC	Elektrisch gesteuerte Uhr
EX	Export
F	Frankreich
FILS	Soehne
FIN	Endmontage einer Uhr
FIX	Werkzeug-Vorrichtung
G	Deutschland
G.m.B.H.	Gesellschaft mit beschraenkter Haftung
GWC	Goldenes Uhrengehauese
HE	Archives Hennig - Deutschland
HI	Zeitmessung Messgerat

Fortsetzung Seite 30

TAFEL IIIB

(German)

Abkürzungen

IND	Index - Verzeichnis
JL	Juwellier Geschaft
JMS	General Juwellier Geschaft
JT	Werkzeuge fuer Juwelliere
JW	Juwelen aller Art
K.G.	Komandit Gesellschaft
KLW	Tachenuhr mit Kronenaufzug
KNOO	Archives Knapp - Deutschland
LIT	Schrifttum Hinweis
LTD	Beschraenkte Gesellschaft
M	Andere Europaeische Laender
MB	Teile fuer Musik Spielwerke
MFC	Hersteller - Unternehmer
MIT	Meseum fuer Internationale Zeit Forschung La Chaux-de-Fonds, Schweiz
MR	Haendler - Grossist
MS	Musik - Spielwerke
MU	Musterschutz
MV	Uhrwerk
ND	Ohne Daten Nachweis
O.H.G.	Offene Handels Gesellschaft
O.P.W.	Osterreichisches Patentamt Wien
OD	Kilometer zahler
OF	Gold
OR	Gold/Silberschmied
P	Angaben zum Productions program
PAT	Jahr der Patenterteilung
PC	Pendeluhr
PCL	Pendeluhren
PLA	Werkplatte
PM	Schrittzeitzaehler
PW	Taschen Uhr
REG	Wanduhr
Reg.	Registriert
RET	Wieder verkauf
RWA	Repetier-Schlag Taschenuhr
RWP	Auswechselbare Uhrenteile
S.A.	Firmenbezeichnung unter Decknamen

Fortsetzung Seite 31

TAFEL IIIC (German)

Abkürzungen

S.H.	Gesellschaft fuer Zeitmessung
S.R. Ltd.	Mit beschraenkter Haftung
SC	Nachfolger
SMP	Kleinuhrwerk
SPC	Kleinpendeluhr
SPE	Spezial
SPW	Kleintaschenuhr
SUP	Werkzeuge-Maschinen-uhrmacher
SUPO	Werkzeug Bedarf fuer Uhrmacher
SUPP	Teile fuer Uhren aller Art
SUPW	Grossist fuer Taschen/armband uhren
SWA	Stopuhr
SWP	Kleinuhrteile
TI	Zeit Ganggenauigkeit Pruefgeraet
TIM	Zeituhr
TM	Bildermarke
TO	Werkzeug
TR	Zeit Einstellgeraet
TV	Reiseuhr - Wecker
UK	Vereinigtes Koenigreich England
WA	Kleinuhren
WAU	Grossuhrmacher
WB	Boden fuer Taschen uhr
WC	Uhren gehause
WD	Zifferblatt
WET	Uhrmacher Spezial Werkzeuge
WHS	En Gross Haendler
WK	Taschenuhr Schluessel
WLU	Leucht-Zifferblatt
WM	Taschen/armbanduhr Werk
WMK	Kleinuhrmacher
WO	Wortmarke
WP	Taschen/Armbandurhr Teile
WS	Taschenuhr mit Silber Gehause
WW	Armbanduhr

PLATE I
AUSTRIA HISTORICAL MAP

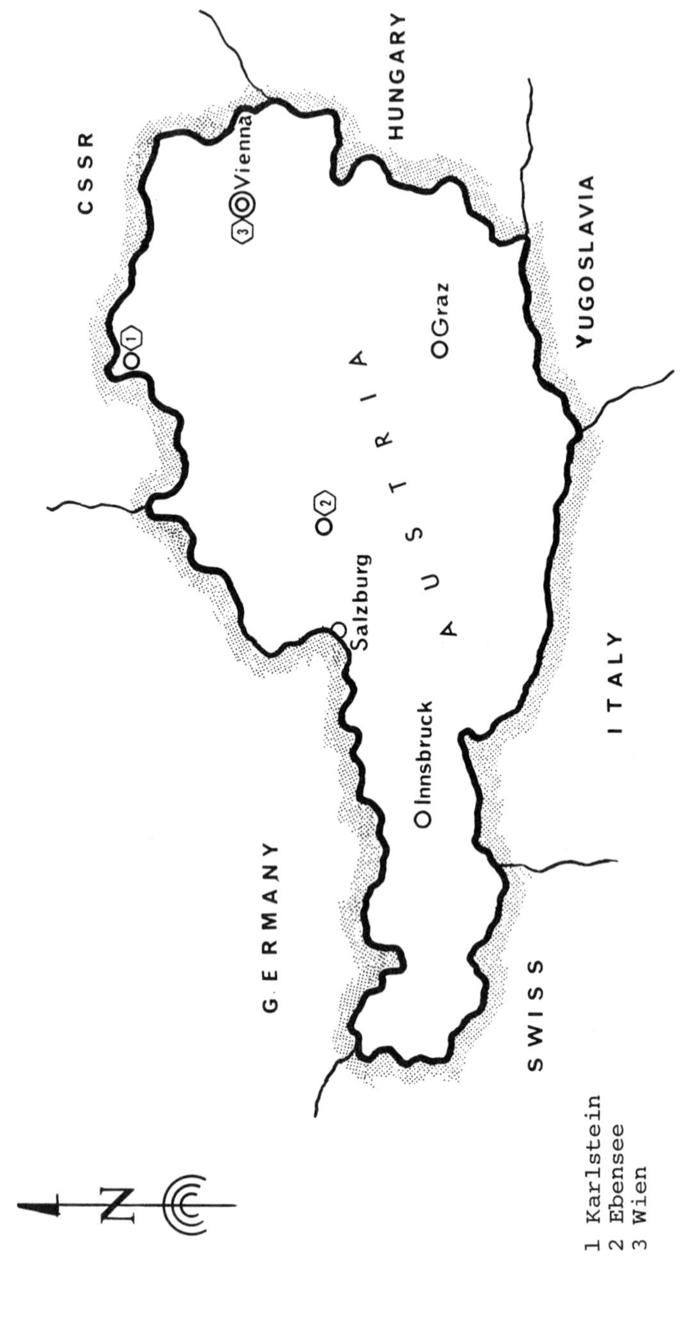

CHAPTER I
AUSTRIAN CLOCK / WATCHMAKING

At the present, the Republic of Austria represents a very small geographical part of the former Austrian-Hungarian Empire which ended with World War I in 1918. See the location map, page 32, Plate I.

The indexing of Austrian Clock/Watchmaking trademarks covers the former Austrian Empire, Hungary, and Czechoslovakia. See the historical location map, page 268, Plate V.

Clock and watchmaking in Austria was undertaken by craftsmen organized into guilds with very restrictive by-laws. The Guild Masters accepted applicants with traditional craft, family, ethnic and religious backgrounds. The archives in Graz/Styria, Austria recorded that the Clockmaker Guild barred, punished and jailed persons in the 14th century for making clocks without proper credentials. The Guild Masters' regulations in the city of Vienna were very complex, and controlled licensing and permits within the city limits. The Clock/Watchmakers Guild in the city of Vienna awarded the degree "Common Master," differing from the title of "Viennese Clockmaker Master." Some clock/watchmakers received the title of "By Her Imperial Highness Court Appointed," or "By Her Highness Privilege," or "Protected by Privileged Guild Relationship". See pages 59-60, "Viennese Clock/Watchmakers -- Master Guilds in Vienna, Austria."

During the middle of the 17th century, France strongly inspired the Austrian clockmaking/watchmaking trade. Emigrants from Switzerland and France opened watchmaking shops in Vienna, producing pocket watches, travel alarm clocks, astronomical clocks, and other timepieces with elaborate exterior gold and silversmithing for a well-to-do clientele. In general, Austrian clockmaking/ watchmaking did not differ from the applied technology common in other European countries.

Two independent clock manufacturers started a very promising enterprise. One manufacturer linked a clock/watchmaker college to his place of business, the "ÖSTEREICHISCHE UHRMACHERSCHULE KARLSTEIN" (Austrian Horological College Karlstein) located in Karlstein on the River Thaya. See location map page 32, Plate I (1). Herr Kurt Dietschold from Dresden Saxonia (*? +1922), educated at the famous Watchmaker School of Glashuette, Saxonia, Germany, was appointed director in 1879. Regretfully, no other data is available at this time.

Cont. page 34

The other entrepreneur from the Black Forest purchased a prestigious clock manufacturing plant, the "RESCH GEBRÜDER" (brothers) UHRENFABRIK (clock factory) in Ebensee (upper Austria). See the location map, page 32, Plate I②. Lorenz Resch was appointed Jeweller of the Austrian Imperial Court. In 1862, he started a modest clock manufacturing plant, and in 1871 moved to Ebensee. Shortly before the new Ebensee facility began operation, Lorenz passed away. His three sons continued the father's enterprise. The Gebrueder Resch clock factory became a most respected Austrian clock manufacturer. In the year 1901, the Junghans Clock Factory of Schramberg, Germany, purchased the plant, and marketed clocks under the name "Remember." After World War I (1918) the economic and political conditions in Austria were not favorable, and the new line of clocks did not sell well. Finally in 1921 and 1922, the Junghans enterprise was forced to sell all their holdings.

With the end of World War I, clockmaking in Austria came to an end. After World War II (1939-1945), some short-lived clock factories in Karlstein-Thaya tried to regain the Austrian clock market. German industries and others took over the market with mass-produced, inexpensive clocks, while the Swiss captured a good share of the Austrian watch market. ■

CHAPITRE I
AVANT-PROPOS SUR L'HORLOGERIE AUTRICHIENNE

Aujourd'hui, la République d'Autriche ne représente qu'une très petite portion géographique de l'Empire Autro-Hungrois qui l'a précédé et qui a disparu en 1918, après la première Guerre Mondiale. Consultez la carte à la page 268, Tableau V.

Les recherches sur les marques de fabrique d'horlogerie autrichienne couvrent l'ancien Empire d'Autriche, la Hongrie et la Tchecoslovaquie. Consultez la carte historique des lieux page 268, Tableau V.

En Autriche, l'horlogerie était réalisée par des artisans organisés en corporations avec des règlements locaux très restrictifs. Les Maîtres de la Corporation acceptaient les postulants titulaires d'un métier traditionnel sur la base de leur famille ethnique et de leur religion. Les Archives de Graz, en Styrie, Autriche, révèlent qu'au 14ème siècle, la Corporation des Horlogers a puni de prison les personnes ayant fabriqué des horloges sans lettres de créance convenables. Les règlements des Maîtres de la Corporation de la ville de Vienne étaient très complexes et controlaient à l'intérieur des limites de la ville toutes les autorisations et permis. La Corporation des Horlogers de la ville de Vienne décernait le titre de "Maître de la Commune", différent du titre de "Maître Horloger Viennois". Plusieurs horlogers ont reçu de la cour Impériale la désignation de "Au titre de", ou "par Privilège de son Altesse", ou "protégé par la Corporation des privilèges". Voir à les pages 61-62, "Les Horlogers viennois -- les corporations des Maîtres à Vienne, Autriche".

Au milieu du 17ème, siècle la France a fortement influencé les artisans et ouvriers autrichiens qui fabriquaient les horloges du commerce. Des émigrants suisses et français ont ouvert des ateliers d'horlogerie à Vienne et produisaient des montres, des réveils de voyage, des horloges astronomiques et des horloges avec de somptueux cabinets en or et argent pour une clientèle de prospere. En général, les artisans et ouvriers autrichiens fabriquaient des horloges dont la technologie ne différait pas de celle des autres pays européens.

Deux fabricants d'horlogerie indépendants ont créé des entreprises très prometteuses. L'un a associé son entreprise à l'école d'horlogerie de son lieu de travail, la "ÖSTEREICHISCHE UHRMACHERSCHULE KARLSTEIN" (ECOLE D'HORLOGERIE AUTRICHIENNE DE KARL-STEIN), située à Karlstein sur le fleuve Thaya. Voir la carte à page 32, Tableau I②. M. Kurt Dietschold de Dresde, en Saxe, Allemagne (*? + 1922), formé à la célèbre école d'horlogerie de Glashuette, en Saxe,

Voir à la page 36

Allemagne, en a été nommé directeur en 1879. Malheureusement, aucune autre donnée n'est disponible à ce sujet. Un autre entrepreneur de la Forêt Noire a acheté une fabrique d'horlogerie la "RESCH GEBRÜDER UHRENFABRIK" (Fabrique d'horlogerie des frères Resch) à Ebensee (Haute Autriche). Lorenz RESCH était un bijoutier attaché à la Cour Impériale d'Autriche. En 1862, il a débuté une modeste fabrication d'horlogerie et, en 1871, il déménagea à Ebensee. Peu de temps avant la mise en route de la fabrique à Ebensee, Lorenz mourut. Ses trois fils ont poursuivi l'entreprise et la GEBRÜDER RESCH est devenue une des fabriques d'horlogerie les plus respectables d'Autriche. En 1901, la fabrique d'horlogerie JUNGHANS à Schramberg en Allemagne acheta la fabrique et commercialisa des horloges sous la marque "Remember." Après la première Guerre Mondiale (1918), les conditions économiques et politiques en Autriche n'étaient pas favorables et la nouvelle série d'horloges se vendaient mal. En 1921-1922 l'entreprise Junghans était forcée de vendre toute sa participation.

A la fin de la première Guerre Mondiale la fabrication horlogère en Autriche s'arrêta. Les industries allemandes ainsi que d''autres ont pris le marché des horloges bon marché, fabriquées en série tandis que le Suisse s'empara d'une bonne part du marché autrichien de la montre.■

KAPITEL I
ÖSTERREICHISCHES UHRENGEWERBE.

Der TRADEMARK INDEX auf folgenden Seiten umfasst die Österreichische Uhrenindustrie, einschliesslich der ehemaligen Gebiete des Österreich - Ungarischen Kaiserreiches, welches mit dem Ende des 1. Weltkrieges (Jahr 1918) unterging. Siehe historische Landkarte Seite 268, Platte V.

Der Uhrenbau in Österreich welcher uber einen Zeitraum von 400 Jahren von Einzelhandwerker, Meisterwerkstätten betrieben wurde, kann auf eine ruhmreiche Tradition im Uhrengewerbe zurück blicken. Anfänglich fertigte man Uhren - Einzelstücke - welche mit Gewichten betrieben wurden. Dann folgte der Federantrieb der Uhr, welche ausserdem in tragbaren Modellen z.B. Kutschenuhr hergestellt wurde. Die Entwicklung der Federzugtechnik beeinflusste massgeblich eine konstruktive Trennung von Gross und Kleinuhren. Die Taschenuhr war die nächste Stufe, Meisterliche Kunstwerke, wie die "Nürnberger Eierlein", man bezeichnete diese auch als "Sackuhr", weil die Uhr in der Hosentasche (Dialekt: Hosensack) getragen wurde, die "Halsuhr" wurde mittels einer Kette um den Hals getragen. Zur Renaissance Zeit (15./16. Jahrhundert) erreichte das Uhrmachergewerbe seinen Höhepunkt. Das Uhrengewerbe in Österreich war als Zunfthandwerk strengen Gesetzen der Zunft unterworfen. Die Meister, Zunftmeister wählten als Lehrlinge, Gesellen und Altgesellen nur Bewerber welche der religiosen Ordnung der Katholischen Kirche unterworfen waren. Meistersöhne oder Bewerber aus einer traditionellen Handwerker Familien wurden bevorzugt. Historische Urkunden bezeugen, dass im Burgfrieden der Stadt Graz, Handwerker welche ohne Mitglied der Uhrmacherzunft zu sein Uhren herstellten, sehr hart und streng bestraft wurden. Der 30sigjährige Krieg (1618-1648) zerstörte nicht nur Land und Menschen, auch das Uhrmachergewerbe in Österreich wurde sehr in Mitleidenschaft gezogen. Der Handwerkerstand erholte sich nur langsam. Seit der Mitte des 17.Jahrhunderts beeinflussten Französiche, Italienische, Schweizer, Englische Uhrmacher das Österreichische Uhrengewerbe, Einwanderer, auch religiös verfolgte Menschen, suchten Zuflucht in Österreich und eröffneten im Umkreis von Wien, Kleinbetriebe welche sich mit der Herstellung von Reiseuhren, Taschenuhren, Schmuckuhren befassten. Auch die Herstellung von Wand -und Raumuhren, Astronomischen Uhren und ausgesprochene luxeriöse Einzelstücke kamen aus den Werkstätten der Österreichischen Meister. Gold und Silberschmiede stellten wertvolle Uhrengehäuse für die Wohlstandsklasse her.

Fortsetzung Seite 38

Mit den Bau von Eisenbahnlinien und der Mitteleuropäischen Industrialisierung gründete man Uhrenfabriken und hoffte ein Marktgebiet von 200 Millionen Menschen der Österreich - Ungarischen Donaumonarchie zu erschliessen. In Karlstein/Thaya. Siehe Seite 32, Platte I 1. Eröffnete im Jahre 1878 Herr Kurt Dietschold (*? +1922), ein Meisterschüler der berühmten Uhrmacherschule Glashütte in Sachsen, die "UHRMACHERSCHULE KARLSTEIN" Gleichzeitig wurde ein Fabrikgebäude zur Herstellung von Wanduhren unter den Namen "ERSTE KARLSTEINER UHRENINDUSTRIE" errichtet. Siehe Seite 43. Die Gebrüder Resch eröffneten in Ebensee (siehe Seite 32, Tafel I 2) in Öberosterreich im Jahre 1862 Anfangs eine bescheidene Werkstätte zur Herstellung von Pendeluhren ein, siehe Seite 48.

GUSTAV BECKER A.G.Uhrenfabrik, mit den Stammsitz Freiburg in Schlesien (Seite 268, Platte V 2) eröffnete in Braunau / Böhmen einen Grossuhren Zusammenbau Betrieb. Unter den Namen "ERSTE BÖHMISCHE UHRENFABRIK" (siehe Seite 43) wurden in Reichenberg/Nordböhmen Wanduhren hergestellt.

Mit dem Ende des 1.Weltkrieges (Jahr 1918) verbunden mit der Katastrophalen Wirtschaftslage in Europa, bedingt durch die Innerpolitischen Verhältnisse in Österreich, welches nur noch 6 Millionen Einwohner zählte, die Schliessung vieler Uhrenfabriken war unabwendbar. Nach der Wirtschaftlichen Neuordung in Europa in den Zwanziger Jahren belieferte die Uhrenindustrie aus Deutschland, Schweiz, Frankreich und England den Bedarf am Uhrenmarkt in Österreich, die Schweiz und zum Teil Frankreich übernahmen den Kleinuhrenmarkt. ■

REMARKS OBSERV'TN BEMERKUNG	NAMES AND ADDRESSES NOMS ET ADDRESSES NAMEN UND ADDRESSEN	TRADEMARK OR TRADENAME MARQUE DE FABRIQUE - NOMS WARENZEICHEN - WORTMARKE
	BELLAK,JUlius Austria 16/024 ANGELO, tradename.Regist. 14.07.1903.WHS/RET Watches.	19033. ANGELO
	BELLAK,Julius Austria 16/022 GRAZIOSA, tradename.Regist. 14.07.1903.WHS/RET Watches.	19034. GRAZIOSA
	BELLAK, Julius Austria OLGETTA, tradename.Regist. 14.07.1903	19035. OLGETTA
	BELLAK,Julius Austria 16/033 Trademark 22232.Regist.15.09.1904 WHS/RET Watches, Watch parts.	22232. 22233.
	BELLAK,Julius Watchmaker Wien I,Kohlmessergasse 8. Austria 16/030 BELLMONA,tradename.Regist. 22050, 25.08.1904.WHS/RET Watches.	BELLMONA
	BELLAK, Julius Austria 16/031 FISCHMARKE, tradename.Regist. 22943, 17.11.1904. WHS/RET watches.	FISCHMARKE
	BELLAK, Julius Austria 16/033 RIVAL, tradename, registered 15.09.1904 under 22232. WHS/RET watch parts.	RIVAL
	BELLAK, Julius Austria 16/042 J W B ,trademark 27873, registered 04.04.1906. WHS/RET, watches and watch parts.	27873. JBW

NOTE:

TRADEMARK OR TRADENAME MARQUE DE FABRIQUE - NOMS WARENZEICHEN - WORTMARKE	NAMES AND ADDRESSES NOMS ET ADDRESSES NAMEN UND ADDRESSEN	REMARKS OBSERV'TN BEMERKUNG
27874. GENOVEVE	BELLAK,Julius Austria 16/043 GENOVEVE,tradename.Regist.27874. 04.04.1906.WHS/RET Watches and Watch parts.	
30934. EDDA 30935. HURRA 30936. TOGGA WATCH	BELLAK,Julius Austria 16/044 EDDA,(30934),HURRA(30935) TOGGA WATCH (30936) tradenames regist.13.02.1907. WHS/RET Watches and Watch parts.	
Chiama	ENGEL A & M Austria 16/45 CHIANA, tradename. Regist. 32530 Date ??? WHS/RET, watch parts and jewellery	
32531. RIGOROSA	BELLAK,Julius Austria 16/046 RIGOROSA,tradename.Regist.32531, 16.07.1907.Watches and Watch parts.	
32532. SENETA	BELLAK,Julius Austria 16/047 SENETA,tradename.Regist. 32532 16.07.1907. WHS/RET watches, watch parts,dials-	
ŽENATA	BELLAK,Julius Austria 16/048 ZENATA,tradename.Regist.37544, 10.02.1909.WHS/RET Watches,Watch parts,dials and hardware.	
GRAZIOSA (Erneuerung der Nr. 18957).	BELLAK,Julius Wien Austria 16/067 GRAZIOSA,tradename.Regist.07.08. 1925.WHS/RET Watches,Watch Case and Watch parts.	
OLGETTA (Erneuerung der Nr. 18959).	BELLAK,Julius Wien Austria 16/068 OLGETTA,tradename.Regist.07.08. 1925. WHS/RET watches, watch case watch parts.	

NOTE:

REMARKS OBSERV'TN BEMERKUNG	NAMES AND ADDRESSES NOMS ET ADDRESSES NAMEN UND ADDRESSEN	TRADEMARK OR TRADENAME MARQUE DE FABRIQUE - NOMS WARENZEICHEN - WORTMARKE
	BELLAK,Julius Austria 16/069 CZIKOS,tradename.Regist.07.09. 1925.WHS/RET Watches,Watch cases.	
	BELLAK, Julius Austria 16/070 NACHTIGALL,tradename.Regist. 07.08.1925. WHS/RET watches, watch movements.	 (Erneuerung der Nr 18961).
	BELLAK, Julius Austria 16/071 PROTECTION,tradename.Regist. 07.08.1925. WHS/RET watches,watch cases and movements.	 (Erneuerung der Nr. 19014).
	BELLAK, Julius Austria 16/027 PALLAS, tradename.Registered 03.07.1903. WHS/RET watches and watch parts.	PALLAS
	BELLAK, Julius Austria PALLAS, tradename, regsitered year 1090. WHS/RET, watches, watch cases.	
	BLOCH & DRAGA DRAGA-WATCH Co. Chaux de Fonds Swiss 16/028 Registered in Austria.18975, 03.07.1903.MFC/WHS/RET Watches and Watch parts.Inscription: THE NATIONS WEALTH, RESTS IN THE FARMER. "Der Voelker Reichtum ruht im Ackerbau"	

NOTE:

TRADEMARK OR TRADENAME MARQUE DE FABRIQUE - NOMS WARENZEICHEN - WORTMARKE	NAMES AND ADDRESSES NOMS ET ADDRESSES NAMEN UND ADDRESSEN	REMARKS OBSERV'TN BEMERKUNG
23838. **Amalpha**	BOEHNEL, Max Watchmaker Wien IV, Margarethenstr. 67 Austria 16/036 AMALPHA, tradename. Regist. 23838, 25.02.1905. WHS/RET Wat ches and Watch parts.	
23840. **Helios**	BOEHNEL, Max Austria 16/037 HELIOS, tradename. Regist. 23840, 25.02.1905. WHS/RET Watches and Watch parts.	
24396. SCHUTZ-MARKE FLÜGEL-ANKER.	BOEHNEL, Max Austria 16/039 Trademark 24396, regist. 17.04.1905 WSH/RET Watches and Watch parts.	
24397.	BOEHNEL, Max Austria 16/040 Trademark, 24397. Regist. 17.04.1905 WHS, RET Watches and Watch parts.	
Chronomax	BOEHNEL, Max Austria 16/041 CHRONOMAX, tradename. Regist. 27865 WSH/RET Watches and Watch parts.	
	BONAME, Phillip General Merchant Wien III Strohgasse 24. Austria 16/026 Trademark regist. 18949, 01.07.1903 WHS/RET Watches. Importer.	
TURBOLA	CHORNOS, Maison, F. Epstein Wien VI, Schmalzhofgasse 10. Austria 16/048 TURBOLA, tradename. Regist. 36777, 18.11.1908. Merchant in Watches and Jewellery.	
Turbola	CHRONOS-UHREN-VERSANDHAUS L. Epstein (Watch Mail Order) Wien VI, Windmuehlgasse 17 Austria 16/029 TURBOLA, tradename. Regist. 22570, 27.10.1904. WHS/RET Watches and Watch parts of all types.	

NOTE:

REMARKS OBSERV'TN BEMERKUNG	NAMES AND ADDRESSES NOMS ET ADDRESSES NAMEN UND ADDRESSEN	TRADEMARK OR TRADENAME MARQUE DE FABRIQUE - NOMS WARENZEICHEN - WORTMARKE
	DU BOIS ND Austria 16/065 Philipp Du Bois & Fils,register. in Austria 05.10.1937.MFC/WHS/RET Watches and Watch parts.	503728 DU BOIS
	[1]ERSTE [2]KARLSTEINER [3]UHREN * [4]INDUSTRIE Karlstein/ Thaya Austria 16/058 * First Karlstein Clock/Watch Industry. Started in the year 1882,as a small scale clock factory for wooden clocks.In 1885,the experimental all metal pendulumn clocks.During the same time: THE CLOCK/WATCHMAKER TRADE SCHOOL in Karlstein of exellent Reputation.The Clock/Watch Wholesale House of Eduard PFEIL, was the sole distributor-manager of Karlsstein enterprise.With the untimeley death of manager.Pfeil jun.the company was sold year ?? [1]FIRST ([2]location) [3]CLOCK [4]INDUSTRY	[6]FABRIK [7]MARKE [1]ERSTE [2]KARLSTEINER [3]Uhren [4]Industrie [5]Gesellschaft CORPORATION [6]FACTORY [7]LOGO
	[1]ERSTE [2]KARLSTEINER Austria 16/059 Trademark, from the year 1881. No other data on file. [1]FIRST ([2]location)	KARLSTEIN ÖSTERREICH
	[1]ERSTE [2]BOEHMISCHE [3]PENDEL [4]UHREN [5]FABRIK Reichenberg/Boehmen (now Czechoslovakia) Austria 16/054 Trademark.Last record of this Clock factory : Year 1882. bought by Gustav Reiss. [1]FIRST [2]BOHEMIA [3]PENDULUM [4]CLOCK [5]FACTORY	ERSTE BOHMISCHE

NOTE: 16/065 : DU BOIS , refer page 648/699/650 - LIT 179

TRADEMARK OR TRADENAME MARQUE DE FABRIQUE - NOMS WARENZEICHEN - WORTMARKE	NAMES AND ADDRESSES NOMS ET ADDRESSES NAMEN UND ADDRESSEN	REMARKS OBSERV'TN BEMERKUNG
ENGEL	ENGEL A& M. Merchant Wien I,Ferdinand Platz 2 Austria 16/032 RIVAL, tradename.Registered 22186, 07.09.1904.Merchant for Watches of all types.Parts for Watches.	
Titania	ENGEL A&M Merchant Austria 16/035 TITANIA,tradename.Regist. 23521 20.01.1905.WHS/RET Watches and Watch parts.	
SERAPH	ENGEL & Co A. & M. A8689 ME Vienna 01.10.1927 - SERAPH - WA-WP-	
WARRANTED SOLID ELECTRIC PLATED THE SUN REGISTERED	GOERING, Registered in Austria. Chaux de Fonds Swiss 16/049 THE SUN,trademark.Regist. 37472, WHS/RET Watch cases only. 03.02.1909.	
NOWITCH	GOERING - Chaux de Fonds - Swiss Registered in Austria, 03.02.1909 NOWITCH,trademark Regist,37473	
URANIA	GOSCHLER & Cie Austria Biel Swiss 16/018 URANIA, tradename.Regist.18.04. 1902.Austrian Register16254. MFC/WHS/RET Watches,Watch cases and Watch parts.Importer.	
MADE IN TSCHECHOSLOVAKIA	GUSTAV BECKER UHRENFABRIK Braunau (now Czechoslovakia) Austria 16/063 Branch factory of the GUSTAV BECKER, Clock Factory in Freiburg Silesia. All operation ended in the Year 1918. Some clocks bear the stamp: MADE IN TSCHECHOSLOVAKIA. No other data reference on file.	

NOTE:

REMARKS OBSERV'TN BEMERKUNG	NAMES AND ADDRESSES NOMS ET ADDRESSES NAMEN UND ADDRESSEN	TRADEMARK OR TRADENAME MARQUE DE FABRIQUE - NOMS WARENZEICHEN - WORTMARKE
	HELD,C. - LONDON, ENGLAND Hoefen/Enz Austria 16/051 ALERT,tradename.Regist.Germany, 140122, 29.08.1911.WHS/RET Watches,Wall,Hall Clocks.	140122. **ALERT**
	JAPY freres & Cie Beaucourt France 16/007 Clocks and Watches.MFC/WHS/RET. Registered in Wien, -3569- 02.08.1893.	Register-Nr. 3569.
	KAISER, Isidor General Merchandizer Wien IX, Nussdorfer Str. 26/28 Austria 16/008 Dealer and Retail of Pocket Watches, Regist. 50 150, 30.01.1912.	
	KEBERLE, Otto Wien VI,Mariahilfstrasse 45 Austria 16/066 IMPERIAL, tradename registered 02.09.1939. General store,also Horological instruments,timer, Watches,Alarm clocks and clocks for home and office.	511932 **IMPERIAL**
	KOHN,Philipp Wien I, Franz Josef-Quai 3 Austria 16/011 FORTUNA, tradename.Registered 13 183, 15.09.1900. Watches WHS/RET.	FORTUNA
	KOHN,Philipp Wien I,Franz Josefskai 3 Austria 16/020 VIGILANT, tradename.Registered 18.04.1902.WHS/RET Watches and Watch parts.	*Vigilant*
	KOHN, Phillip Watch-Clock Dealer Wien,Franz Josefs Kai 3. Austria 16/002 Registered 27.08.1903.WHS/RET/ Clocks and Watches.Clock and Watch parts.	

NOTE:

TRADEMARK OR TRADENAME MARQUE DE FABRIQUE - NOMS WARENZEICHEN - WORTMARKE	NAMES AND ADDRESSES NOMS ET ADDRESSES NAMEN UND ADDRESSEN	REMARKS OBSERV'TN BEMERKUNG
20245. 	KOHN, Philipp Wien Austria 16/004 RENOME, trademark.Rgistered 08.10. 1903. Clocks and Watches.WHS/RET.	
20246. 	KOHN, Philipp Wien Austria 16/005 TRIUMPH, trademark. Registered 31.12.1903. Clocks and watches WHS/RET	
	KOHN, Philipp Wien, Austria 16/003 Registered 06.10.1903.Watches and Clocks. WHS/RET.	
	LIERSE & GEHORSAM, ERSTE BOEHMISCHE PENDEL UHR FABRIK. Reichenberg/Boehmen (now Czechoslovakia) Austria 16/062 AUSTRIA UHREN, tradename.MFC/WHS RET of Hall/Wall/Mantle clocks. All operation ended in the Year 1918. Company was formed @ 1905.	
	MAUTHE,Friedrich Lochau/Bregenz Austria 16/006 Pocket Watch MFC/WHS/RET, regist. 26.05.1895, in Feldkirch/Austria,	
 Trademark	ANDRES & DWORSKY, owner: A0114 Dworsky & Pfeiffer Karlstein on Thaya - Austria MFC (river) Trademark found on Quail-Cuckoo Clock. Based on style of clock , brass casting movement plates, it is assumed the clock was made @ 1885 - 1905 . WHS-CLK	

NOTE:

REMARKS OBSERV'TN BEMERKUNG	NAMES AND ADDRESSES NOMS ET ADDRESSES NAMEN UND ADDRESSEN	TRADEMARK OR TRADENAME MARQUE DE FABRIQUE - NOMS WARENZEICHEN - WORTMARKE
	LAMM & FLEISCHER Horological merchandizer, Wien, Agent and export of watches and alarm clocks Registered 02.26.1904 WHS/RET	
	NEW YORK STANDARD WATCH Co. Austria ND Austria 16/017 Registered in Austria under: 14256,14258,14261. @ 1901. MFC/WHS/RET Watches, Watch case.	NEW YORK STANDARD WATCH Co.
	OTTO STEINER-UHRENFABRIK WIEN & KARLSTEIN Wien IX,Waehringer Str.59* Austria 16/060 This Wholesale House activ bet- ween 1877-1893.Advertised clocks "AMERICAN STYLE" Alarm,pendulumn Clocks,weight and spring driven. * : later moved to Dreihausergasse 15 Wien.	OTTO STEINER Uhrenfabrik in WIEN & Karlstein WIEN IX Währinger Str.59
	OESTERREICHISCHE UHRMACHER SCHULE KARLSTEIN Karlstein/Thaya Austria 16/064 Kurt Dietschold, * in Dresden, + 05.05.1922 in Karlstein/Austria Operated in Glashuette/Saxonia enterprise,design,construction of precision intsruments clocks and watches. 1879 appointed Director of the Watch/Clockmaker School Karlstein Under his managment.Dietschold is credited, to elevated the School, after years of mismanagement to a Trade School of World-Wide re- putation. No other data on file.	WATCHMAKER TRADE SCHOOL KARLSTEIN

NOTE:

TRADEMARK OR TRADENAME MARQUE DE FABRIQUE - NOMS WARENZEICHEN - WORTMARKE	NAMES AND ADDRESSES NOMS ET ADDRESSES NAMEN UND ADDRESSEN	REMARKS OBSERV'TN BEMERKUNG
	PHILADELPHIA WATCH-CASE Co. Wien Austria 001/16 Registered in Wien-Austria 19 374, 21.06.1903. MFC/WHS/RET, Watches and Watch cases.	
REMEMBER 1 GEBR. RESCH 2 Ebensee 3 Ob.Oest. O.N.R.M.Co. 4 5 6 7 8	RESCH-GEBRUEDER (brothers) UHRENFABRIK (Clockfactory) Ebensee Austria 16/055 REMEMBER, trademark,under: UHRENFABRIK = Clock Factory EBENSEE = Location Also operated under: ERSTE WIENER PENDEL UHREN FABRIK (First Vienese Pendulum Clock Factory) Eduard Pfeil,Wien,then later Solomon Abels sales Agents last data: 01.10.1886. Founder Lorentz Resch, Jeweller "Court Appointed by the Austrian Emperor" , founded in the year 1862 a modest clock manufacturing enterprise in Wien (Vienna) 1871 moved to Ebensee, (upper Austria) Shortly before the new factory buildings were finished Resch died.His three sons continued and developed the RESCH enterprise to the leading clock manufacturer in Austria. In the year 1901, the entire plant was sold to Junghans A.G.Schramberg. The RESCH clock factory became a Junghans/family enterprise.In rememberance of the wedding of a Junghans daughter, the tradename of all wall regulator from the year 1901 : REMEMBRANCE. After World War I (1914-1918), Junghans was unable to continue with the clock manufacturing in Ebensee, sold in the year 1921/ 1922 ? the entire real estate. No records of the serial number system of REMEMBRANCE avialble.	
CROWN WIEN COPYRIGHTED 1903 M F O	ND : Manufacturer ND Austria 16/ CROWN , trademark found on clock case (ceramic) ND	

NOTE:

REMARKS OBSERV'TN BEMERKUNG	NAMES AND ADDRESSES NOMS ET ADDRESSES NAMEN UND ADDRESSEN	TRADEMARK OR TRADENAME MARQUE DE FABRIQUE - NOMS WARENZEICHEN - WORTMARKE
	REMEMBER, Clock Factory Ebensee Austria 16/056 Jacob Mayer in Wien/ data ? advertises: + KAISERLICH - KOENIGLICH = privilegierte Erste WIENER REGULATOREN-FABRIK Ebensee - Ober Osterreich ------------- The Emperos Court Appointed Privileged First Vienna Regulator Factory Ebensee - Upper Austria.	R E M E M B E R
	REMEMBER - JUNGHANS tradename registered in Austria Manufacturing plant Ebensee, Salzkammergut (upper Austria)	R E M E M B E R J U N G H A N S
	STIEGLITZ & JABLONER Consignement Merchants Wien I.Adlergasse 8. Austria 16/050 KLYTHIA,tradename.Regist. 40026, 25.10.1909. Merchants for Watches and Clocks,parts. WHS/RET.	KLYTHIA
	STERN,Julius ND Austria 16/ 053 OESDEMONA.tradename.Regist. 10.28.1898. ND/WHS/RET ?	O E S D E M O N A
	STERN,Julius ND Austria 16/ 052 OTHELLO,tradename.Regist.10.28. 1898.	O T H E L L O
	UNION HORLOGERE HAUSER & HAMACHER Wien I, Riemergasse 6. Austria 16/009 WHS/RET of Pocket Watches, and Watch parts.Importer. Register. 50118, 29.01.1912.	H A U S E R & H A M A C H E R

NOTE:

TRADEMARK OR TRADENAME MARQUE DE FABRIQUE - NOMS WARENZEICHEN - WORTMARKE	NAMES AND ADDRESSES NOMS ET ADDRESSES NAMEN UND ADDRESSEN	REMARKS OBSERV'TN BEMERKUNG
	COLLMAN, Johann at Tyrnau Austria 213/3 Travel alarm clock @ 1850 and 1760-1770.Some clocks signature: "JOHAN COLLMAN a TYRNAU "	
	LEHMANN, Andreas Prag Czechoslovakia 243/3 Data reference (Prag 1800) , * 1749 , + 27.12.1848. Maker of large style travel-alarm-carriage clocks.	
	PEMUELLER, Andraes former Austrian-Hungarian Danube Federation. Stuhlweissenburg Hungary 167/3 ANDREAS PEMULLER, Szekesfeherra siganture on dial. Carriage clk. Data reference : Year 1800.	
	SUCHY & Sons Prag - Bohemia Austrian-Danube Federation Prag Now Czechoslovakia 198/3 SUCHY et SOHNE, tradename. Carriage clock maker.Appointed by the Court of the Emperor of Austria: Emperor and Royal Court Clock maker. Data reference : Year 1866.	
	ND : Manufacturer ND Initials found on "Austrian made (movement plate) clock" " D " " K " Austria 16/	
	ND : Manufacturer ND Initials found on "Austrian made (movement plate) clock" " D " " L " " K " Austria 16/	

NOTE:

REMARKS OBSERV'TN BEMERKUNG	NAMES AND ADDRESS NOMS ET ADDRESSE NAMEN UND ADDRESSE	TRADEMARK OR TRADENAME MARQUE DE FABRIQUE - NOMS WARENZEICHEN - WORTMARKE
① See page 53	ANDRES & DWORSKY, owner: A0114 Dworsky & Pfeiffer ① Karlstein on Thaya - Austria MFC (river) WHS-CLK NOTE: Advertised: Year 1950 ANDRES & DWORSKY, oldest Clockfact. of Austria.	ANDRES & DWORSKY Inhaber: Dworsky & Pfeiffer KARLSTEIN a. d. THAYA
	ENGEL A.& M. A0103 MR VIENNA • 16.Apr.1903 MV-WC-WP	
	ENGEL A.& M. MR VIENNA 7.Sept.1917 Mv-WC-WP	Zephir
	DITMAR R.GEBRÜDER-brothers A0113 BRUNNER A.G. ND VIENNA - DITMAR - 27.Apr.1925 WA-WV-SUP	DITMAR
	KLUMAK MAX A0102 MR VIENNA • 21.Sept.1896 MV	
	NORDDEUTSCHE WOLLKÄMMEREI A0108 of Bremen/Germany •• MR NEUDECK / Bohemia •• • 17.Dec.1912 WV ••Represented manufact.Neudeck, since 1918 - Czechoslovakia	

NOTE: R/T92

TRADEMARK OR TRADENAME MARQUE DE FABRIQUE - NOMS WARENZEICHEN - WORTMARKE	NAMES AND ADDRESS NOMS ET ADDRESSE NAMEN UND ADDRESSE	REMARKS OBSERV'TN BEMERKUNG
	POLLMANN, Ernst (2) A0115 UHREN & APPERATEBAU Karlstein on Thaya / Austria MFC Advertisement year 1950: WHS-RET: Office/ Kitchen Clocks Electric Clocks, Electric master slave clocks, clocks for the Home.	(2) See page 54
R I X , ANTON	RIX, ANTON A0107 " Zum Defregger " MR VIENNA - DEFREGGER - 20.May 1912 WA-MV-SUPP	
	RONSPERGER F. A0101 MR VIENNA • 02.Aug.1892 MV-PW	
KLYTHIA	STIEGLITZ & JABLONER A0104 Commercial Agent VIENNA - KLYTHIA - 23.Feb.1911 MV-WP-SUPP	
	WOLF C.A. A0105 Commercial Agent VIENNA • 04.Aug.1911 WV	
ZIPPER, A.H.	ZIPPER A.H. A0112 ND LEMBERG •• - GIAUER - TASSO - 15.Sept.1911 PW ••Lemberg part of the Austro-Empire, since 1918 Poland.	

T92/L NOTE:

REMARKS OBSERV'TN BEMERKUNG	NAMES AND ADDRESS NOMS ET ADDRESSE NAMEN UND ADDRESSE	TRADEMARK OR TRADENAME MARQUE DE FABRIQUE - NOMS WARENZEICHEN - WORTMARKE

ANDRES & DWORSKY A0118
Dworsky & Pfeiffer *
MFC
CLK-WHS-RET-Office/home
Black Forest
Advertisement: Year 1950
"100 year Watch/Clockmaker
Polytechnicum - Furtwangen /
Black Forest - Germany "

Oldest Austrian Clockfactory
③Founded 1730 (?)

* Pfeiffer Josef, Münchreith
(? data) mentioned as maker
of Black Forest style clocks.

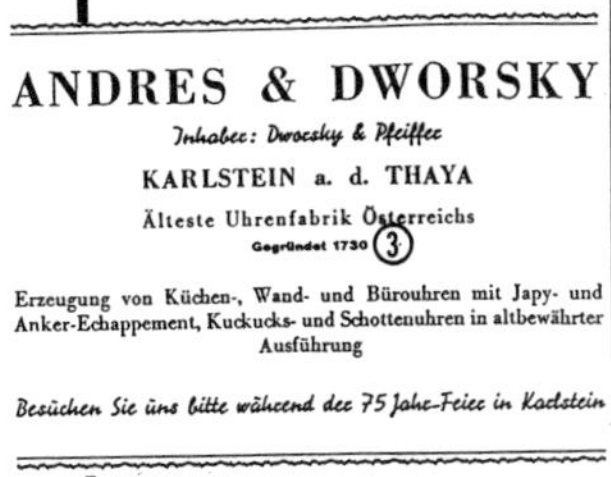

A0118

ANDRES & DWORSKY, A0117
Karlstein /Thaya
Austria
MFC
Stamp found on clock plates

K

A D

K = Karlstein
A = Andres
D = Dworsky

NOTE:
Further data see page : 46
51
53
54
55

(Trademark:)

K

A D

DIE INDUSTRIE in KARLSTEIN A0120
Hans Heinz Dum
" UHREN - JUWELEN " *

Black Forest Style shield clock
signature K.Kittinger (? maker
or owner of the clock)
Year 1861.
Caption: Holzuhr aus Karlstein
1861 (German language)
(Wood clock from
Karlstein 1861)
* The industry in Karlstein, by
Hans Heinz Dum.
Clocks/Watches -Jewellery
published year 1973.

A0120
K I T T I N G E R
K.

cont'd. page 54

R/T92

NOTE: Plate A0118/A0120 F.M.Scharinger
manager Watch/Clock Museum Vienna - Austria

TRADEMARK OR TRADENAME MARQUE DE FABRIQUE - NOMS WARENZEICHEN - WORTMARKE	NAMES AND ADDRESS NOMS ET ADDRESSE NAMEN UND ADDRESSE	REMARKS OBSERV'TN BEMERKUNG
K A R L S T E I N (4)	KARLSTEIN, on the River A0116 Thaya - Lower Austria HISTORICAL ESSAY of Karlstein: Year 1754, Johann Ringl,clock-maker. Year 1730, Pfeiffer,Münchreith. Year 1762, Franz Pfeiffer, Karlstein. Sapetzeder,Clockmaker,Münchreith (ND available) Year 1770, G.Polly in Griesbach. Year 1771, in Gopritzschlag, Records indicate that above Cottage Clockmakers made wood - frame, woodgear clocks. Between 1830-1840, statistic data: 140.000 clocks annually. 1854, 80 clockmaker in operation in later years 32 clockmaker recorded. Year 1873 "UHRMACHER SCHULE in KARLSTEIN" (Watch/Clockmaker Polytechnicum in Karlstein) established. Year 1877 Michael ANDRES arrived from the Black Forest - Germany, small scale operation, interduced Black Forest style clocks to the Karlstein district.	(4) See map page 32 Plate I LIT 180
P L E S K O T T & M Ü H L H A U S E R	Year 1883, clockmaker Josef PLESCOTT started with with cutlery manufacturer MÜHLHAUSER from Vienna-Austria manufacturing plant of "JAPY"style clocks. Company was 1925 dissolved. Year 1903, the daughter of Michael Andres, married Johann DWORSKY, which founded with his brother Max Andres the enterprise: ANDRES & DWORSKY (5) (last record of the company obtained from Horological literature year 1973) The enterprise manufacturing program consisted of, regulators, pendulumn clocks, 1/4 - 1/2 hr. strike, ship clocks, cuckoo clk.	(5) See page 51
P F E I F F E R cont.page 55	Daughter (name?) of Johann Dworsky married in the year (?) (6) Clock manufacturer JOHANN PFEIFFER from Münchreith, fusion of the Andres & Dworsky Company with Pfeiffer (refer to advertisement 100 Year Watch/Clockmaker College Furtwangen - Black Forest year 1950)	(6) See page 52

T92/L NOTE: LIT = Literature reference see page 906-918
Literature voir la page 906-918
Literaturverzeichnis siehe Seite 906-918

REMARKS OBSERV'TN BEMERKUNG	NAMES AND ADDRESS NOMS ET ADDRESSE NAMEN UND ADDRESSE	TRADEMARK OR TRADENAME MARQUE DE FABRIQUE - NOMS WARENZEICHEN - WORTMARKE
	cont'd. from page 54 Year ? the daughter of Johann Pfeiffer, married Watchmaker THEODOR ČECH, (year ?) established a sizable plant for precision instrumentation parts.	ČECH ,THEODOR
⑦ See page 52	ERNST POLLMANN,⑦ UHREN & APPERATE BAU (Clocks/apperatus manufact.) Karlstein /Thaya *. Ernst Pollmann ,graduate of the famous Watchmaker Polytechnicum in Glashütte/Saxonia - Germany, registered the POLLMANN enterpr. year 1933. * advertisement dated year 1950. The sons Ernst and Herbert POLLMANN succeeder (year ?) NOTE: All data "KARLSTEIN"obtained from the trade journal : " UHREN - JUWELEN " Commemorative essay " 100 Jahre Uhrmacherschule Karlstein - Jahr 1973 " (100 year Watch/Clockmaker Polytechnicum Karlstein -year 1973)	POLLMANN, ERNST

NOTE: (7) Data A1105,F.M.Scharinger manager Watch/Clock Museum Vienna-Austria

R/T92

TRADEMARK OR TRADENAME MARQUE DE FABRIQUE - NOMS WARENZEICHEN - WORTMARKE	NAMES AND ADDRESS NOMS ET ADDRESSE NAMEN UND ADDRESSE	REMARKS OBSERV'TN BEMERKUNG

T92/L NOTE: Spare page - AUSTRIA -

REMARKS OBSERV'TN BEMERKUNG	NAMES AND ADDRESS NOMS ET ADDRESSE NAMEN UND ADDRESSE	TRADEMARK OR TRADENAME MARQUE DE FABRIQUE - NOMS WARENZEICHEN - WORTMARKE

NOTE: Spare page - AUSTRIA - R/T92

TRADEMARK OR TRADENAME MARQUE DE FABRIQUE - NOMS WARENZEICHEN - WORTMARKE	NAMES AND ADDRESS NOMS ET ADDRESSE NAMEN UND ADDRESSE	REMARKS OBSERV'TN BEMERKUNG

T92/L NOTE: Spare page - AUSTRIA -

CHAPTER II
VIENNESE CLOCK /WATCHMAKING AND THE MASTER GUILDS IN THE CITY BOUNDARIES OF VIENNA

The term "Viennese Master Horologist" refers specifically to those located within the city and county boundaries of Vienna, as well as common watch and clockmakers licensed by the city of Vienna to practice their trade.

The name Viennese Clock shall be applied only to clocks made in Vienna, Austria, and/or within the city boundaries of Vienna. All other clocks of German, French, English or Swiss origin shall be named "Regulator." The historical catalogues of Lenzkirch, Gustav Becker, Gebrueder Junghans, and Gebrueder Resch NEVER advertised their wall clocks as "Viennese Regulators."

In the year 1876, the LENZKIRCH CLOCK FACTORY in Lenzkirch and Lorenz Bob in Furtwangen, Black Forest, formed a joint venture to market and exhibit their products during the Centennial Exhibition in Philadelphia, Pennsylvania, U.S.A. To promote their clocks, a catalogue was printed and circulated. A few "salesman's samples" were exhibited and later sold by an American. The planned venture never became reality.

Today, eager merchants often in doubt about the origin of a wall regulator, boast its image by calling it a "Viennese Clock." Another commercialized name selection is often "Biedermeier" and lastly, R-A, which stands simply for "R" meaning retarded, and "A" meaning advance timing screw settings.

The late Dr. Hofer, hobbyist clock collector, who researched the files of the "Wiener Uhrenmuseum" (Viennese Clock/Watch Museum, Republic of Austria), organized a card index system of all Viennese clock/watchmakers. The card file is named the Hofer file (H). The late Professor Rudolf Kaftan undertook a similar project; the card file is named the (K) file. Both researchers accumulated over 4,000 names.

The late F.H. van Claterbos of Holland, a great admirer of Viennese clocks, was so fascinated by the superb craftsmanship that he undertook the monumental one-man task of combining the Dr. Hofer and Prof. Kaftan files in one name index. The "commuter" from Holland became a familiar traveller to the train conductors in Haarlem, Amsterdam, Köln, and Vienna.

Cont. page 60

With the generous assistance and support of Prof. Heinrich Lunardi, Director and Conservator (now retired) of the "WIENER UHREN MUSEUM" (Republic of Austria), van Claterbos published the Dutch edition, "LIJST van WEENSE URWERKMAKERS" ©Mei 1973, F.H. van Weijdom Claterbos (Tabulation of Viennese Horologists, ©May 1973, Private Edition). His giant work was never translated into English. After his untimely death, Mrs. van Claterbos agreed that her husband's logistical work should be translated by another "horological amateur."

Pages 63-65, are a sample of the intended database of over 5,000 names practicing the horological art in Austria between the years 1690 and 1920.

NOTE: Since the pages for the TRADEMARK INDEX 92 are limited, a separate supplement on the Viennese Clockmakers (180 pages, 5½x8½") will be printed only if enough interest is generated. If you are interested in such a subscription, please send your name to the bookseller from which you purchased the TRADEMARK INDEX, or refer to the advertisement on page 955

CHAPITRE II

AVANT-PROPOS SUR L'HORLOGERIE VIENNOISE ET SUR LES CORPORATIONS DES MAITRES AUX FRONTIERES DE VIENNE.

Le terme "Maître Horloger viennois" se refère spécifiquement aux horlogers dont le lieu de travail est situé à l'intérieur de la ville et à l'intérieur du Comté viennois. Il en est de même des montres de la commune et des autorisations données par la ville de Vienne aux penduliers de pratiquer leur commerce.

Le nom "Horloge viennoise" sera exclusivement réservé aux horloges fabriquées à l'intérieur des frontières de la ville de Vienne. Toutes les autres horloges analogues d'origine allemande, française, anglaise ou suisse seront désignées par "Régulateur." Les catalogues historiques de Lenzkirch, de Gustav Becker, des Frères Junghans et des Frères Resch n'ont jamais désigné leurs horloges murales sous le nom de "Régulateurs viennois."

En 1876, la firme Lenzkirch (Fabrique des horloges de Lenzkirch) et Lorenz Bob de Furtwangen, Forêt Noire, ont formé une Coopérative commerciale et ont exposé leur productions à l'Exposition du Centenaire à Philadelphie, Pennsylvanie, U.S.A.. Un catalogue a été imprimé et diffusé pour promouvoir leurs horloges. Ils ont exposé quelques "échantillons de vente", qui furent vendus plus tard par un américain, mais cette association n'est jamais devenue une entreprise réelle.

Aujourd'hui, des négociants peu scrupuleux jettent souvent le doute sur l'origine d'un régulateur mural en le désignant par "Horloge viennoise." Un autre nom utilisé est "Biedermeier" ou encore "R-A"; cette dernière terminologie designe toute simplement le sens dans lequel il faut tourner la vis de règlage pour faire retarder (R) ou avancer (A) l'horloge.

Feu le Docteur Hofer, amateur et collectionneur d'horloges, a analysé les documents conservés au "Wiener Uhrenmuseum" (Musée d'Horlogerie de Vienne) et a établi une liste systèmatique de tous les horlogers viennois. Les noms de cette liste seront désignés par "H" (pour Hofer). Feu le Professeur Rudolf Kaftan a établi une liste semblable qui sera désignée par "K". A eux deux ils ont rassemblé plus de 4.000 noms.

Voir à la page 62

Feu F.H. van Claterbos, grand admirateur des horloges viennoises q le fascinaient, a entrepris la tache monumentale (pour un seul homm de combiner en une seule les listes du Docteur Hofer et du Professe Kaftan. Ce "voyageur de banlieue" hollandais est devenu un famili des chefs de train de Haarlem, Amsterdam, Cologne et Vienne. Av l'aide généreuse et l'appui du Professeur Heinrich Lunardi, Directeur Conservateur, maintenant en retraite, du "WIENER UHRENMUSEUM van Claterbos a publié en Hollandais l'ouvrage "LIJST VAN WEENS URWERKMAKERS," (©Mei 1973, F.H. van Weijdom Claterbos). C travail géant n'a jamais été traduit en Anglais. Après la mo prématureé de van Claterbos, son éspose a donné son accord po que le travail de son mari soit traduit par un autre "amate d'horlogerie."

Les pages 64-65 qui suivent sont un échantillon de la base de donné projetée de 5.000 noms de tous ceux qui ont pratiqué l'art c l'horlogerie en Autriche entre 1690 et 1920.

A partir des limitées de l'INDEX DES MARQUES DE FABRIQUE 199 un supplément séparé sur les horlogers viennois sera imprimé si demande en est suffisante. Tout lecteur intéressé par une tel souscription est prié d'envoyer son nom ou voir la reclame à la pag 955■

KAPITEL II
WIENER UHRMACHER und die ZÜNFTE in WIEN

Die Bezeichnung "Wiener Uhrmacher" bezieht sich besonders auf alle Uhrmacher, welche innnerhalb der Stadt Wien und im Umkreis des Burgfriedens der Stadt Wien, man bezeichnete es als "Land Wien" arbeiteten. Diese Uhrmacher erhielten in Zusammenarbeit mit der Uhrmacherzunft und der Stadt Wien den "Gewerbeerlaubnisschein", das Uhrmacherhandwerk zu betreiben. Die Bezeichnung "Wiener Uhr" trifft nur auf Uhren zu, welche in Wien - Österreich -, oder innerhalb des Burgfriedens der Stadt Wien hergestellt wurden. Wanduhren, aus den Werkstätten in Deutschland, Frankreich, Schweiz oder England wurden in der Katalogliteratur einfach als "Regulator" bezeichnet. Oft findet man in Werbeanzeigen, um den Wert der Uhr zu hebendie Bezeichnung "Wiener Uhr", dies ist besonders in England und den U.S.A. gebräuchlich. Auch die Bezeichnung "Biedermeier" und R/A sind gern als Preisrichtung genannt.

Zur Geschichte der "Wiener Uhrmacher" haben Dr. Hofer+, Uhrensam-mler und Author einer umfangreichen Forschungskartei, genannt die "H" Kartei, Wiener Uhrmacher, für Taschenuhren, Kleinuhren und Wanduhren angelegt. Professor Rudolf Kaftan+, Author einer ähnlichen Forschungskartei, genannt die "K" Kartei der Wiener Uhrmacher für Taschenuhren, Kleinuhren, Wanduhren. Das Ergebnis beider Forscher wurde etwa in den 70ziger Jahren von einen Holländischen Wieneruhren Liebhaber, Weydom van Claterbos+ in Jahrelanger Arbeit in einer Privatausgabe "LIJST van WEENE UHRWERKMAKERS" ©Mei 1973 mit über 5000 Namen als Privatausgabe veröffentlicht.

Nachfolgende Musterseiten 64-65 sind eine Bearbeitung der Privat-ausgabe F.H. Claterbos. Die von Herrn Claterbos beabsichtigte Übersetzung Englisch/Französisch/eutsch kam durch den unerwarteten Tod Herrn Claterbos nicht in Druck. Anlässlich eines Besuches des Verfassers im Jahre 1983, Frau Claterbos gab ihr Einverständnis, dass Antique Clocks, Concord California, U.S.A. die Daten für die Ausgabe verarbeiten kann.

Der Seitenumfang für eine exclusive Erfassung "Claterbos" wäre etwa 650 Seiten. Im Falle dass genügend Interesse und ein Bedarf "Wiener Uhrmacher Namesliste" angemeldet wird, Intressenten wanden sich an ihren Buchhändler von welchen der TRADEMARK INDEX bezogen wurde, oder man beziehe sich auf den Anzeigenteil Seite 955

■

ABBREVIATION LIST VIENNESE HOROLOGISTS
ABREVIATION LISIERE VIENNOISE HORLOGER
LISTE ABKÜRZUNGEN WIENER UHRMACHER

The term "Viennese Clockmaker" refers specifically to those located within the City and County boundaries of Vienna, as well as common watch and clockmakers licensed by the city of Vienna to practice their trade.

Le chapitre consacre aux horologers Autrichiens et Viennois renferme les abbreviations specifiques suivantes:

ABKÜRZUNGENGEN - WIENER UHRMACHER

Gesellen - Hersteller von Pendeluhren, und auch Taschenuhren im Bereich der Stadt Wien, der Vortädte und des Landbezirkes Wien. Sowohl Handswerksmeister welche einen Gewerbeschein der Stadt Wien als Uhrmacher oder Grossuhrmacher erhielten.

German: Deutsch: Alemagne:		English: Englisch: Angleterre:	French: Französisch: France:
Meister	MA	Master	Maitre
Geselle	JM	Journeyman	Compagnon
Grossuhr macher	CM	Clockmaker	Fabricant d' pendule
Uhrmacher (Kleinuhren)	WM	Watchmaker	Fabricant de montres
Fabrikant Grossbetrieb	HC	Manufacturer (enterprise)	Companie commerciale
Wiener Grossuhrmacher	WC	Viennese Clockmaker	Horloger viennoise
Stadt Lizensierter Uhrmacher	SC	City of Vienna License Clock/Watchmaker	Horloger de banlieue
Kaiserlich Königlich Bestallter	AC	Imperial Royal/employed	Employe à la Cour Imperiale
Geboren	*	Born	Ne
Gestorben	+	Died	Mort

SAMPLE PAGE VIENNESE HOROLOGISTS

NAMES AND ADDRESSES
NOMS ET ADDRESSES
NAMEN UND ADDRESSEN
AB

MA JM CM HC WC MC SC AC WM PW SP .. ..
NAME : ABREGG, Alois
DATA : ND
LOCATION : Neuwieden, year 1802
STATUS : License CM
REFERENCE: Year 1798, 1806

MA JM CM HC WC MC SC AC WM PW SP .. ..
NAME : ABREGG, Caspar
DATA : ND
LOCATION : Wien
STATUS : Viennese Master
REFERENCE: Year 1820

MA JM CM HC WC MC SC AC WM PW SP .. ..
NAME : ABELER, Samuel
DATA : ND
LOCATION : Wien - Leopoldstadt
STATUS : Glockengasse 2 CM
REFERENCE: ND

MA JM CM HC WC MC SC AC WM PW SP .. ..
NAME : ACKERMANN, Michael
DATA : ND
LOCATION : Wien XIV, Ullmannstr. 50
STATUS : ND CM
REFERENCE: ND

MA JM CM HC WC MC SC AC WM PW SP .. ..
NAME : ACKERMANN, Michael
DATA : ND
LOCATION : ND
STATUS : ND
REFERENCE: ND

MA JM CM HC WC MC SC AC WM PW
NAME : ACKNER, Moses
DATA : ND
LOCATION : Wien VIII, Schönborn,
STATUS : ND
REFERENCE: ND

MA JM CM HC WC MC SC AC WM PW SP
NAME : ADAMETZ, Ferdinand
DATA : ND
LOCATION : Wien XI, Felsgasse 9
STATUS : License, year 1912
REFERENCE: ND

MA JM CM HC WC MC SC AC WM PW SP .. ..
NAME : ADAMETZ, Peter
DATA : ND
LOCATION : Wien XI, Milchgasse 2, Later
STATUS : Simeringer Hpstr. 39
REFERENCE: License, year 1895, last data 1918

MA JM CM HC WC MC SC AC WM PW SP .. ..
NAME : ADDIE, Josef
DATA : * 1747 + 1800
LOCATION : Lichtental
STATUS : ND
REFERENCE: Mentioned year 1796

MA JM CM HC WC MC SC AC WM PW SP .. ..
NAME : ADLINGER, Sebastian
DATA : ND
LOCATION : WIEN, Mariahilfstr.
STATUS : ND
REFERENCE: Mentioned year 1733

MA JM CM HC WC MC SC AC WM PW SP .. ..
NAME : AGNITSCH, Sebastian, or AGNIC
DATA : ND
LOCATION : Wien, Schoenbrunnstr. 262 Later
STATUS : Wilhemst. 34 /License year 1898
REFERENCE: Mentioned year 1901

MA JM CM HC WC MC SC AC WM PW SP .. ..
NAME : AHLFELD, Wilhelm
DATA : ND
LOCATION : Wien, Schuettelstr. 101, Later
STATUS : XVI Thahlheimergasse 47/33
REFERENCE: Founded year 1908

MA JM CM HC WC MC SC AC WM PW SP .. ..
NAME : ANDERES, Joseph
DATA : ND
LOCATION : Center of Wien
STATUS : ND
REFERENCE: ND

NOTE: ABBREVIATION SEE PAGE 64
MA JM CM HC WC MC SC AC WM PW SP

NAMES AND ADDRESSES
NOMS ET ADDRESSES
NAMEN UND ADDRESSEN
AN

MA JM CM HC WC MC SC AC WM PW SP .. ..
NAME : ANDERS, Ferdinand, Widow
DATA : ND
LOCATION : Wien I, Rotenturmstr. 19
STATUS : ND
REFERENCE: ND

MA JM CM HC WC MC SC AC WM PW SP .. ..
NAME : ANDERS, Melchior
DATA : ND
LOCATION : Wien I, Rotenturmstr. 21
STATUS : (Conradt Otto u. Anders Mellchior)
REFERENCE: Succeeded Ignaz Marenzeller

MA JM CM HC WC MC SC AC WM PW SP .. ..
NAME : ANDLOWISZ, Jos
DATA : ND
LOCATION : 43 B, Altlerchenfeld
STATUS : ND
REFERENCE: Year 1843-58

MA JM CM HC WC MC SC AC WM PW SP .. ..
NAME : ANDLOWITZ, Jos, Widow
DATA : ND
LOCATION : Leopoldstadt, Grosse Stadtgestgasse 6
STATUS : ND
REFERENCE: Pendulumn, Mantle Clk. 1869, 1843-58

WC MC SC AC WM PW SP .. ..
DBE, Paul

C SC AC WM PW SP .. ..
, Jos
: ND
STATUS : ND
REFERENCE: Also spelled: Enderes

MA JM CM HC WC MC SC AC WM PW SP .. ..
NAME : ANDS
DATA : ND
LOCATION : ND
STATUS : ND
REFERENCE: 18. Gold PW - Ref. Bailley

MA JM CM HC WC MC SC AC WM PW SP .. ..
NAME : ANGELMAR, Joh
DATA : ND
LOCATION : Wien III, Erdbergerstr. 44
STATUS : License year 1882
REFERENCE: Later Angelmar Theresia (1918)

MA JM CM HC WC MC SC AC WM PW SP .. ..
NAME : ANGELMAR, Karl
DATA : ND
LOCATION : Wien III, Erdbergerstr. 16
STATUS : ND
REFERENCE: ND

MA JM CM HC WC MC SC AC WM PW SP .. ..
NAME : ANGELMAR, Theresia
DATA : ND
LOCATION : Wien III, Erdbergerstr. 16
STATUS : License year 1882
REFERENCE: ND

MA JM CM HC WC MC SC AC WM PW SP .. ..
NAME : ANGER, Jos.
DATA : ND
LOCATION : Hernals, Wien XVI
STATUS : License year 1874
REFERENCE: Last record year 1897

MA JM CM HC WC MC SC AC WM PW SP .. ..
NAME : ANGERER, Benedikt
DATA : * 1741 + 1818
LOCATION : ND
STATUS : ND
REFERENCE: ND

MA JM CM HC WC MC SC AC WM PW SP .. ..
NAME : ANSTREICHER, Moses, Moritz
DATA : ND
LOCATION : Wien XVI, Thaliastr. 50
STATUS : License year 1912
REFERENCE: Last Record year 1913

PLATE II
ENGLAND LOCATION MAP

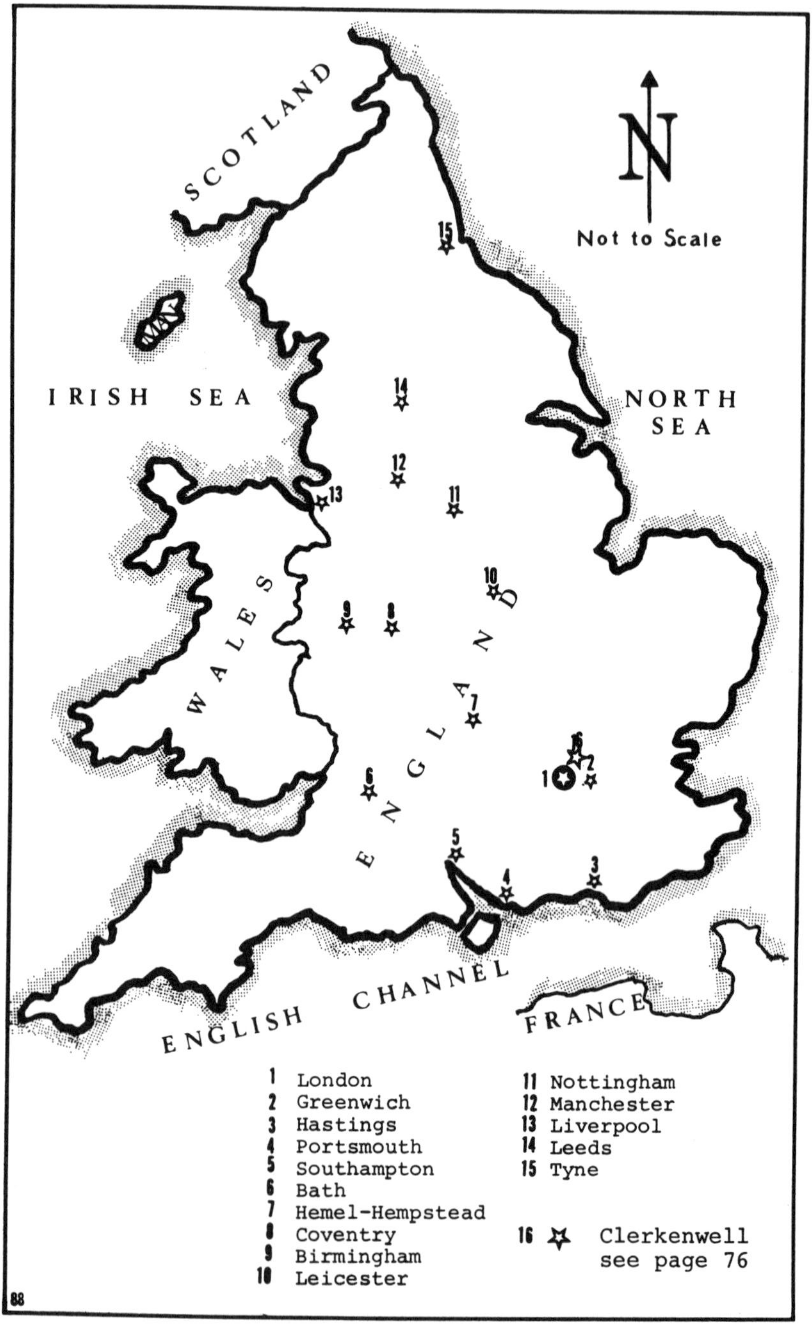

CHAPTER III
ENGLISH CLOCK-WATCHMAKING

The early beginnings of clockmaking in England, as in many other European countries, are shrouded in mystery. Historical records reveal that Turret clocks were known in Britain by the late 13th century. Clock historians often mention the church clock without dial, with hour bell strike, at the Dunstable Priory, Bedford, as the earliest example of British clocks, dating back to the year 1283.

During the latter part of the 14th century, smaller types of timekeepers were developed for domestic usage. The *chamberclock*, a typical indoor clock, was weight-driven, of all-iron constuction. Around the year 1600, the *Lanternclock*, so named for its resemblance to the style of a lantern, was at first weight driven. Inspired by clockmakers from the continent, English clockmakers replaced the weights with springs. Around 1630 another clock, the *Lanternclock*, was very popular and was produced for many decades.

From the earliest time, striking clocks had only one hand, the "hour" hand. The dial had divisions with little knobs, and in the dark, time could be detected by moving a finger across the chapter ring. Additional features included astronomical indications, and alarm time setting. Some dials were elaborately decorated with gold/silversmith decors, name of the owner, and family coat of arms or religious symbols.

Because spring-driven clocks were movable, the next achivement was the construction of portable clocks. The *Carriage Clock* was portable and could be placed anywhere. This improved clock could be taken along on an overland journey.

Early clockmakers were blacksmiths and locksmiths. The history of man shows a constant striving for refinement, and the new craft of the clockmaker soon evolved. By 1631, there were so many clockmakers in and around the city of London, that King Charles I granted a charter to organize a trade union to control the business in the City of London. The master clockmaker's guild was founded, commonly known as the "Clockmaker's Company." Under the strict leadership and by-laws of the guild, clocks made in the city of London were of excellent craftsmanship.

Technical advancement, personal individuality and the spirit of invention did not stop at the doors of London clockmakers. The trade spread to the English countryside, to Wales and to Scotland.

Handcrafting of clocks continued and grew until the late 1850's. During the Industrial Revolution, entrepreneurs opened clock factories in England. Many companies enjoyed prosperity.

Continuing development, assembly-line technology, and quantity production resulted in high profits, and the companies enjoyed a golden age of clockmaking until 1914. Due to the economic turmoil after the end of World War I in 1918, the clock industry began to decline gradually and never recovered.

Watchmaking

The art of watchmaking in England can be traced back to the 15th century, when Carriage Clocks were reduced in size. The rectangular shape was transformed to a more practical drum-shaped portable timekeeper which could be carried on a chain, or in a pouch, eventually resulting in the pocket watch. A steady development of style and exterior design of the pocket watch followed with the introduction of the balance spring. This allowed the production of a more accurate timekeeper.

The English watchmakers challenged the French and Swiss watchmakers around the year 1700, and the English watchmakers enjoyed a lead which was to last for several decades. The competition fostered excellence in the watchmaking art. In 1835, the French watchmaking manufacturers challenged the English watchmaking enterprises. During the 19th century, fierce competition between watchmaking enterprises in America, Switzerland, and France resulted in a decline of the English watchmaking trade, and the English watchmakers never recovered their previous standing.

Conclusion

The creation of the "Royal British Patent Office" in London in 1872, followed shortly by the "Trademark Registration Office" in London gave the horological enterprises in England the legal base to protect their inventions and copyright the tradenames.

At the same time, the competition of cheap imports from Switzerland, from the Black Forest of Germany, and from Connecticut in America continued. To import high grade watches, many foreign watch factories (especially in Switzerland) registered their tradenames with the London Register using solicitors as their agents.

Clerkenwell was the center of the horological production facilities and commerce in London. See page 70, Plate III. From 1865 to 1914, the

English horological trade enjoyed a world-dominating prestigious watch/clockmaking reputation for manufacturing the finest "Premier Quality" timekeepers. To mention one special field, English clockmakers produced navy chronometers for international merchant fleets and navies for more than one hundred years. During World War II, the traditional clock and watchmaking center of Clerkenwell in London was badly damaged. Regretfully, commercial documents and catalogues for watches and clocks were lost. Many companies never registered their names and trademarks, and surviving timepieces are shrouded in mystery.

The following pages of British Trademarks/Tradenames were compiled by the author from the archives of the British Science Library, Holborn Branch, in London, England, supplemented by data obtained by the author in the archives of the Museum of International Horology (MIH) in La Chaux-de-Fonds, Switzerland. The TRADEMARK INDEX 92 database refers mostly to data of the industrialized watch/clockmaking period in England. The complex and famous English clock/watchmaker tradition cannot be covered in a short introductory essay. The technology is too complex to be treated in detail here, but interested readers will find sufficient literature available on the English Horological Art (see Chapter XIII, page 906-918, Literature Reference).■

CHAPITRE III
AVANT-PROPOS SUR L'HORLOGERIE ANGLAISE

L'origine des premiers artisans-ouvriers qui fabriquèrent des horloges en Angleterre, comme d'ailleurs dans d'autres pays européens, est voilée de mystère. Des registres historiques révèlent qu'on connaissait des horloges d'édifice en Angleterre à le fin du 13é siècle. Les historiens de l'horlogerie mentionnent souvent des horloges d'église sans cadrans mais sonnant l'heure sur une cloche, dont la plus ancienne serait celle du Prieuré de Dunstan, Bedford, qui daterait d'avant 1283.

A la fin du 14é siècle, apparurent des instruments pour la mesure du temps plus petits, à usage domestique. La *Chamberclock* etait une horloge typique d'intérieur, construite entièrement en fer, animée par des poids. Vers 1600, fut créée l'horloge "lanterne", ainsi nommée en raison de sa ressemblance avec une lanterne, qui était d'abord animée par des poids, puis, sous l'influence des horlogers du continent, les horlogers anglais remplacèrent les poids par les ressorts. Vers 1630, une autre horloge, le *Lanternclock* était très populaire et fut construite en grands nombres.

Au début, les horloges n'avaient qu'une seule aiguille, l'aiguille des heures. Le cadran portait des divisions avec de petits boutons, ce qui permettait de connaitre l'heure dans l'obscurité en palpant le cadran avec les doigts. Des divisions supplémentaires se rapportaient à des indications astronomiques ou au règlage d'un réveil. Les cadrans étaient soigneusement décorés à l'or fin, avec des pièces rapportées en argent et portaient le nom du propriétaire ou sa famille ou encore des symboles religieux.

Etant donné que les horloges à ressorts pouvaient être déplacées, l'étape suivante fut la conception et la construction d'horloges portatives. L'"horloge de voyage" était portative et pouvait être placée à n'importe quel endroit.

Les premiers horlogers étaient les forgerons et les serruriers. L'histoire des hommes met en évidence un effort constant vers le raffinement et le nouveau métier d'horloger évolua bientôt. Il y eut un si grand nombre d'horlogers à Londres et dans ses environs qu'en 1631, le Roi Charles 1er accorda une charte pour organiser le commerce de l'horlogerie et en règler les affaires dans la ville de Londres. La corporation des maîtres fut fondée sous le nom de "Compagnie de Horlogers" (CLOCKMAKER COMPANY).

Grace au controle très strict et aux règlements locaux de cette compagnie, les horloges fabriquées à Londres furent d'excellente qualité.

Les effets conjugués des progrès techniques, de quelques fortes personalités et de l'esprit d'invention ne se sont pas limités à Londres. Le commerce s'est étendu aux Wales, Ireland et Scotland. La fabrication manuelle des horloges s'est pousuivie et s'est développée jusque tard dans les années 1850, quand la Révolution Industrielle a inspiré des entrepreneurs à ouvrir des fabriques d'horlogerie. De nombreuses sociétés ainsi créées furent trés prospères.

La progression de ce développement, la technologie des chaines d'assemblage et la production massive eurent pour conséquence des profits élelvés et les sociétés connurent un age d'or grâce aux artisans-ouvriers qui fabriquèrent des pendules jusqu'en 1914. En raison du marasme économique qui se produisit à la fin de la guerre en 1918, l'industrie de l'horlogerie commença à décliner et n'a jamais pu se relever.

Montre de Poche, Horologe de Voyage

On trouve des trace de l'horlogerie en Angleterre dès le 15è siècle, lorsqu'on réduisait la taille des Horloges de Voyage. La forme rectangulaire des instruments à mesurer le temps céda la place à une forme en tambour pour les appareils portatifs, plus practique, pouvant être placée dans un chaine ou dans un sac, et cela aboutit finalement à la montre de poche.

Le style de construction et l'aspect extérieur de la montre se modifia avec l'introduction du spiral règlant. Cela a permis de produire un instrument à mesurer le temps plus précis. Vers 1700, les horlogers angalis ont pris le pas sur les horlogers français et suisses et ont joui d'une avance qui devait durer plusieurs années. En 1735, les fabricants d'horlogerie français défièrent les entreprises anglaises. Au cours du 19è siècle, la concurrence féroce qui s'était engagée entre les entreprises d'horlogerie américaines, suisses et françaises a conduit au déclin de la production de l'horlogerie en Angleterre et les horlogers anglais n'ont jamais pu retrouver leur standing antérieur.

La création du "Bureau Royal Britannique des Brevets d'Invention" à Londres, en 1872, fut bientôt suivie du "Bureau d'Enregistrement des Marques de Fabrique" à Londres, qui donna aux entreprises d'horlogerie angalises la base légale d'une protection de leurs inventions et de leur marques de fabriques.

En même temps, la concurrence des articles d'importation à bas prix de Suisse, de la Forêt Noire, en Allemagne et du Connecticut, aux Etats-Unis se poursuivait. Afin d'importer plus facilement des montres de qualité, de nombreuses fabriques étrangères (surtout suisses) ont enregistré leurs marques de fabrique au bureau de Londres et chargeaient leurs agents des démarches légales.

Clerkenwell était le centre du commerce de l'horlogerie à Londres. (Voir à la page 76, Tableau III, la carte de lieux.) Le commerce anglais de l'horlogerie a joui d'une réputation mondiale pour la qualité des ses instruments à mesurer le temps, montres et pendules de "Qualité Premier Ministre". Il convient de mentionner le domaine particulier des chronomètres de marine que les horloger anglais ont fourni à leur marine national et à la plupart des flottes de commerce internationales pendant plus de cent ans. Pendant la deuxième Guerre Mondiale (1939-1945), l'horlogerie traditionnelle anglaise et le centre horloger londonien de Clerkenwell furent fortement endomagés et on a malheureusement perdu de nombreux documents commerciaux et des catalogues des montres et horloges. De nombreuses entreprises horlogères n'ont jamais enregistré leurs noms ni leurs marques de fabrique et les horlogers survivants sont enveloppés de mystère.

Les marques de fabrique et les noms déposés des firmes britanniques qui figurent dans les pages qui suivent ont été rassemblées par l'auteur en compulsant les archives de la Bibliotheque Britannique de Sciences, Branch de Holborn à Londres. Des données supplémentaires ont été obtenues par l'auteur dans les archives du Musée International d'Horlogerie à La-Chaux-de-Fonds en Suisse. La base de données de l'INDEX DES MARQUES DE FABRIQUES 92 contient la plupart des données sur les artisans-ouvriers qui produisaient industriellement des montres et des pendules en Angleterre. La renommée de l'horlogerie anglaise ne peut pas être couverte de manière satisfaisante dans cette courte introduction. La technologie est trop complexe pour être traitée en détail ici, mais les lecteurs intéressés trouveront une abondante littérature sur l'Art horloger en Angleterre (voir à la page 906-918). ■

KAPITEL III
DAS UHRENGEWERBE in ENGLAND

Die weitverzweigte Vergangenheit des englischen Uhrengewerbes, die Kunst des Uhrmachers von der Hauswerkstatt bis zur Uhrenfabrik kann man nicht in einer Kurzfassung beschreiben. Es besteht genügend Litereatur über die englische Uhrengeschichte in Biblotheken und auf den Büchermarkt.

Der Fortschritt, die Vervollkommung einer Erfindung, die Entwicklung der Uhr, ist mit der Geschichte und dem Streben des menschlichen Geistes eng verbunden. Anfänglich wurden Uhren von Eisenverarbeiteten Berufen, wie Schmiede, Schlosser, Gürtler, Waffenschmiede, Landwirtschaftgeratebauer hergestellt. Zu diesen Berufen gesellten sich Kunsthandwerker, Gold/Silberschmiede, Graveure und Kunstschreiner. Nachweislich wurde im Jahre 1283 im Pfarrbezirk Dunstable-Bedford, England eine Uhr ohne Zifferblatt, jedoch mit einen Schlagwerk versehen im Kirchturm eingebaut. In der letzten Hälfte des 14. Jahrhundert wurden in England Eisenuhren für den Hausgebrauch, mit Gewichtsantrieb handwerklich hergestellt. Etwa um 1600, die *Laternenuhr* dem Namen nach in der Form einer Laterne mit Gewichtsantrieb war eine beliebte Hausuhr.

Uhrmacher aus Nürnberg, Augsburg, Dresden, welche bereits Hausuhren mit Federzug herstellten, sowohl wanderde Uhrmacher, Einwanderer nach England brachten um etwa 1630 die Federzugs antriebstechnik nach England. Aus den Federzugsmodell entwickelte man Uhren, welche man nun beliebig im Haus aufstellen konnte. Mit der Verbesserung der Laternenuhr den Gewichtsantrieb mit Federzugantrieb zu ersetzten konstruierte man eine "Reiseuhr" welche in einer Ledertasche, man nannte diese Uhr "Kutschenuhr", mitgeführt werden konnte.

In London und in der Umgebung von London gab es viele Handwerker welche sich mit der Uhrenherstellung befassten, dass König Charles I in einen Erlass, dem er 1631 verfügte eine Zunft "The Clockmakers Company" gebildet wurde. Die Zunftordnung, ähnlich der Zunftordnung im Deutschen Landen, wurde durch die Eigengesetzgebung und unter Führung der Zunftmeister einer strengen Gewerbeordnung unterworfen. Unter der Schirmherrschaft der Uhrmacherzunft und Kunsthandwerker wurden einzigartige Kunstwerke auf den Gross-Kleinuhrengebiet geschaffen. Der Fortschritt in London und Umgebung machte nicht an der Stadtgrenze halt. Das Handwerk des Uhrmachers Gross/Kleinuhren verbreitete sich in England, Wales, Schottland bis nach Ireland reichend.

Der Technische Fortschritt war nicht aufzuhaltén, es entstand ein Wettstreit zwischen den Schweizer und Französischen Uhrmachern. England hielt für einige Jahrzehnte die Spitze in der Uhrenherstellung. Etwa um 1835, in England das Zeitalter der Industriellen Revolution, Technischer Fortschritt und persönlicher Erfindergeist, machten in England solche Fortschritte, dass man weltweit, die fabrikmässige Herstellung von Uhren im Fliessbandsystem einführte es war nicht nur Kostensenkend sondern brachten den Uhnternehmern gute Gewinne ein. Man sprach von den "Goldenen Jahren" in der Uhrenidustrie, welche bis zum Ausbruch des 1.Weltkrieges (1914) anhielten. Das Ende des 1.Weltkrieges (1918) mit einschneidenden weltweiten Veränderungen der ökonomischen Structur und der Marktlage erlaubte England nur einen begrenzten Einfluss auf den Uhrenmarkt. Vom Festlande (Kontinent) führte man Massivwerkuhren ein, welche der traditionalen englischen Kaminuhr sehr ähnlich waren. Amerika exportierte ein reiches Sortiment von Taschenuhren, Billiguhren aller Art. Die Schweiz lieferte einfachste Taschenuhren bis zur qualitätvollsten Luxusuhr.

Die Schwarzwälder Uhrenindustrie und die Amerikanische Uhrenindustrie belieferte den englischen Markt mit Hausuhren, welche den Zeitgeschmack trafen und der orginalen englischen Uhr sehr ähnlich waren. Die Europäische Uhrenindustrie vom Festland registrierte mit Hilfe von Londoner "Patentanwälten" ihre Fabrikate in England. England verlor im Laufe der Zeit die Vorrangstellung auf den englischen Inlandmarkt. Die Gesetzgeber in Vereinigten Königreich von England eröffneten im Jahre 1872 in London das "Königliche Britische Patent Büro", um die englische Uhrenindustrie mit Hilfe von Internationalen Patentgesetzen, Schutzrechte und mit Schutzmarken zu schützen. Nicht alle englischen Uhrenhersteller begrüssten die Eröffnung des Patentamtes. Uhrenfabrikanten befürchteten, das die Konkurrenz das angemeldete Patent mit einer "Umgehungserfindung" wirkungslos machen kann, daher ihre Erfindung - Verbesserung nicht anmeldetetn. In London, im Stadtteil "Clerkenwell", siehe Seite 76, Tafel III, seit mehr als hundert Jahren befand sich das traditionelle englische Uhrengewerbe.

Während des 2.Weltkrieges (1941-1945) wurde das Uhrengewerbe für wehrwirtschaftliche Produktion eingeschaltet. Es wurden auch weiterhin die berühmten englischen Navigationsuhren für die internationale Schiffahrt, Astronomie und verwandte Wissenschaften hergestellt. Viele Fabrikationsbetriebe und ihre Mitarbeiter wurden das Opfer der Fliegerangriffe. 70% aller Werkstätten, Geschäftspapiere, Bibliotheken,

Erfindungsmodelle, Historische Schriften Kataloge fielen den Luftkrieg zum Opfer, gingen für immer verloren.

Mit dem Ende des 2.Weltkrieges (1945) verlor England seine Vorrangstellung auf den Internationalen Uhrenmarkt. Im Stadtteil Clerkenwell (Jahr 1992) einige wenige Firmen, meistens Uhrenhändler und Lieferanten für Uhrmacher und Hobbyisten unterhalten Ladengeschäfte.

Die folgenden Seiten über Englische Warenzeichen/Wortmarken wurden von Patenschriften aus dem Archiv (während des Krieges verlagert) von der "British Science Library" Zweigstelle Holborn-London über einen Zeitraum von 4 Jahren vom Verfasser des TRADEMARK INDEX zusammengestellt. Weitere Daten stammen aus dem Archiv des Museums für Internationale Zeitforschung (MIT) in La Chaux-de-Fonds Schweiz.

Leserzuschriften, Werkstattskizzen, von Uhrmacherwerkstatten U.S.A. erfassen einen Zeitraum der Jahre 1850 bis 1941. Entsprechende Anerkennung für alle welche den Author bei der Forschung für Schutzmarken/Schutzworte halfen findet man auf Seite 966 - 967 ■

PLATE III
CLERKENWELL-LONDON-ENGLAND

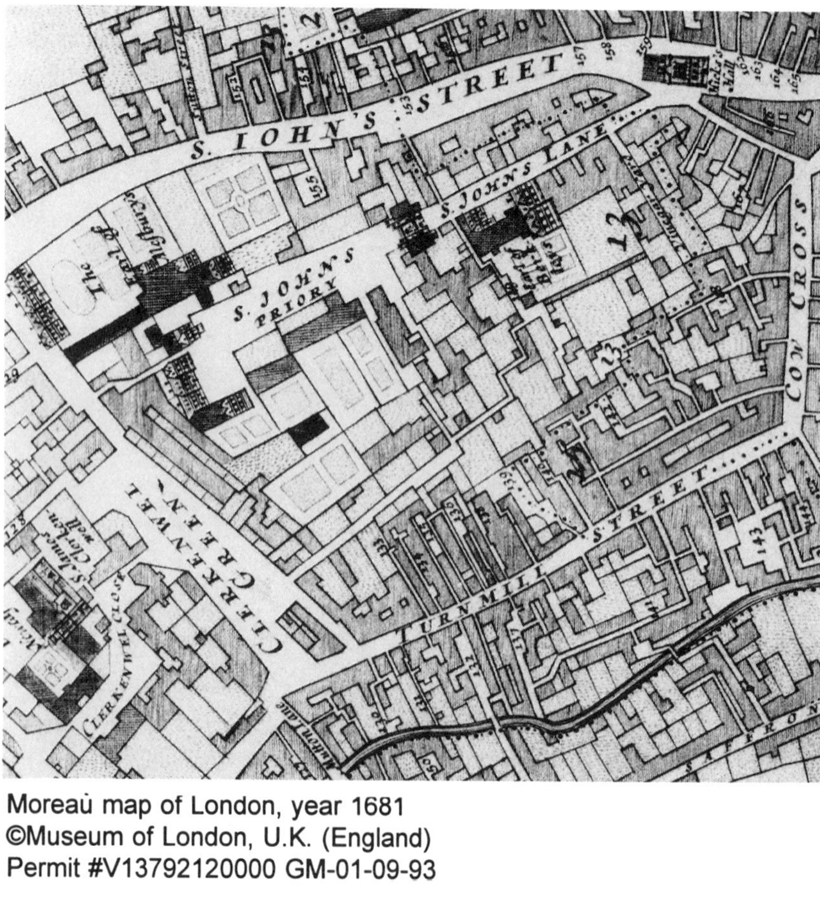

Moreaû map of London, year 1681
©Museum of London, U.K. (England)
Permit #V13792120000 GM-01-09-93

THE ROYAL BRITISH PATENT OFFICE LONDON
BUREAU ROYAL DES BREVETS BRITANNIQUE À LONDRES
KÖNIGLICHES PATENT BÜRO LONDON

With the creation of the "Royal British Patent Office London" in the year 1872, horological enterprises received legal protection for their inventions and tradenames. Followed by the Trade Mark Registration Act of 1875, all applications are processed, researched, approved or rejected by the Patent Office administration.*

☆ ☆ ☆ ☆ ☆

Avec la création du "Bureau Royal des Brevets Britannique à Londres" en 1872, les entreprises d'horlogerie obtenaient une protection légale de leurs inventions et de leurs marques de fabrique. Suite à la législation de l'enregistrement des Marques de Fabrique en 1875, toutes les demandes étaient traitées, examinées, approuvées ou rejetées par l'administration du Bureau des Brevets.

☆ ☆ ☆ ☆ ☆

Mit der Gründung des "königliches Patent Büro London" im Jahre 1872 damit erhielt das Uhrmacher Gewerbe-Unternehmer-Erfinder eine rechtliche Grundlage unter dem Sammelbegriff "Rechtsschutz". Im Jahre 1875, an das Patentamt wurde das Büro für Wort-Bildermarken angegliedert. Alle Wort-Bildermarken Anträge werden vom Büro für "TRADEMARKS" bearbeitet, geprüft, Nachgeforscht, genehmigt oder abgelehnt.

*Patent Office, London - Holborn Branch

BRITISH TRADE MARK SYSTEM
BRITANNIQUE MARQUE de FABRIQUE
BRITISCHES MARKENZEICHEN SYSTEM

During the Industrial Revolution in Great Britain (1842-1881), a system to identify durable consumer goods was initiated. Some industrial enterprises accepted the system; for example, the BRITISH UNITED CLOCK COMPANY (see page 152). Other companies ignored the detailed procedure.

a) Class No. b) Year c) Month d) Manufacturer code
e) Day of the month

I Metal
II Wood
III Glass
IV Ceramic

Source: THE BRITISH LIBRARY - LONDON - U.K.

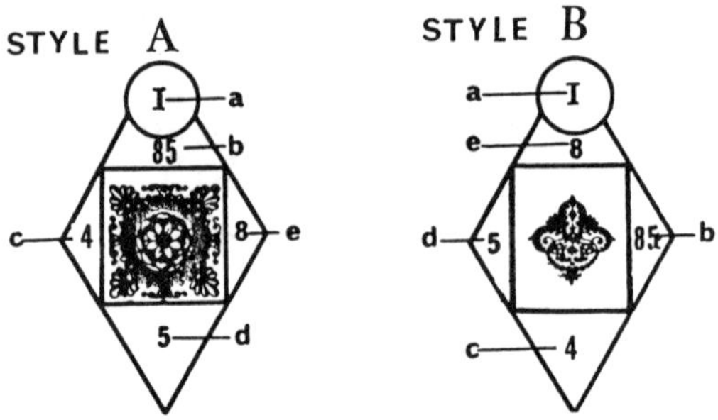

NOTE:

No information was available as to why two different A/B graphic designs were suggested.

☆ ☆ ☆ ☆

On ne sait pas pourquoi deux styles de marques de A/B fabrique ont été suggeres.

☆ ☆

Es liegen keine Angaben vor, warum zwei verschiedene Bildermarken A oder B empfohlen wurden.

☆ ☆ ☆ ☆

Pendant la révolution industrielle en Grande-Bretagne (1842-1881), un système d'identification fut créé pour les biens de consummation permanents. Certains entreprises industrielles acceptèrent ce système, comme par example la BRITISH UNITED CLOCK COMPANY (voir page 152), tandis que d'autres ignoraient totalement cette procédure d'enregistrement.

a) Classe No. b) Annee c) Mois d) Code du fabricant
e) Quantieme du mois

I Metal
II Bois
III Verre
IV Ceramique

☆ ☆ ☆ ☆

Während der industriellen Revolution in Grossbritanien (1842-1881), ein Markierungssystem für Gebrauchsgüter wurde den Herstellerfirmen empfohlen. Zum Beispiel die UNITED BRITISH CLOCK COMPANY, siehe Seite 152, benützte das System als Gebrauchsschutz. Andere Firmen wiederstrebten dieser detaillierten Markierungsmethode.

a) Klasse Nr. b) Jahr c) Monat d)Hersteller Serie etc.
e) Tag des Monats

I Metall
II Holz
III Glas
IV Keramlk

REMARKS OBSERV'TN BEMERKUNG	NAMES AND ADDRESSES NOMS ET ADDRESSES NAMEN UND ADDRESSEN	TRADEMARK OR TRADENAME MARQUE DE FABRIQUE - NOMS WARENZEICHEN - WORTMARKE
	ABEL & IMRAY 30 Southampton Bldgs. London W.C.2 England 312/1 ORIS, trademark,reg 524 216, 09.07.1931. in behalf of: COMPAGNIE des MONTRES ORIS, Societe Anonyme, Hoelstein, Baselland, Switzerland. Watch manufacturers.	ORIS
	ABRAHAM,Mary Ann and Harry trading as: HENRY ABRAHAM. 147 High Street, Southampton England 232/1 THE BLACK WATCH, tradename 56 099, regist. 16.10.1886, Keysless GENOVA watch, the Case of which is of Black-nend Steel.	THE BLACK WATCH
	ABRAHAM,Elias, trading as: MIDLAND COUNTIES WATCH COMPANY. 92, Vyso Street,Birmingham England 125/1 21 594, regist. 03.12.1897. Watch Manufacturer, and Wholesale Jeweller.	
	ABRAHAM,Elias,trading as: MIDLAND COUNTIES WATCH & JEWELLERY COMPANY. Vyse Street 92 Birmingham England 145/1 26 070, regist. 30.04.1881. Watches and Clocks,Horolgcl. Goods.	
	ADIE Brothers, Ltd. Atlas Works,Soho HIll, Birmingham England 317/1 ADIE, tradename,534 082, 09.08.1932.Importers of watches. Silversmiths.	
	ADIE BROTHERS Ltd. Atlas Works,Soho Hill, Birmingham England 327/1 574 335,regist.11.01.1937. Silversmiths and Watch Importer.	ADIE BROTHERS

NOTE:

TRADEMARK OR TRADENAME MARQUE DE FABRIQUE - NOMS WARENZEICHEN - WORTMARKE	NAMES AND ADDRESSES NOMS ET ADDRESSES NAMEN UND ADDRESSEN	REMARKS OBSERV'TN BEMERKUNG
ADEON	ADIE BROTHERS, Ltd. Atlas Works,Soho Hill, Birmingham England 294/1 ADEON, trademark register. 508 273, 28.11.1929. Silversmiths and Watch Importers.	
CAVALIER	ADIE BROTHERS, Ltd. Atlas Works,Soho Hill, England 295/1 CAVALIER, tradename ,regist. 508 274, 28.11.1929. Silversmiths and Watch Importers.	
CRUSADER	ADIE BROTHERS, Ltd. Atlas Works,Soho Hill, Birmingham England 296/1 CRUSADER, tradename ,regist. 508 275, 28.11.1929. Silversmiths and Watch Importers.	
AINSWORTH THWATES	AINSWORTH - THWATES ND England 331/1 Since 1808 . ND Watches	
ANSONIA	ANSONIA Clock Co. see 195/1 England 194/1 ANSONIA, tradename regist. 37 439, 13.05.1884. Clocks.	
TRADE MARK. A	ANSONIA Clock Co.in behalf New York, U.S.A. Represent by Agent ?? located: 51 , Holborn Viaduct,London England 195/1 37 772, 28.05.1894.Trade- mark used 10 years prior 13.08.1875. Clock Manufacturer.	
PEEP O'DAY	ANSONIA CLOCK Co. New York, U.S.A. Registered: 23, Fore Street, London England 204/1 PEEP O' DAY, tradename regist.42 337, 24.01.1885. Clocks.	

NOTE:

REMARKS OBSERV'TN BEMERKUNG	NAMES AND ADDRESSES NOMS ET ADDRESSES NAMEN UND ADDRESSEN	TRADEMARK OR TRADENAME MARQUE DE FABRIQUE - NOMS WARENZEICHEN - WORTMARKE
	ARONSON,Saul Philip, behalf of ROSENTHAL,ARONSON & Co. 28, Cammomila Street London E.C. England 171/1 28 463, regist. 27.07.1882. Watches and Parts thereof, except cases sold seperat. 1882. Australien Merchants.	R.H & Co
	ASHWIN, John, trading as Georg Willard & Co. 319, Coventry Road, Birmingham England 238/1 67 448,regist.12.09.1887. Watch manufacturer,Watches.	
	ARIES, tradename regist. 72 376, 13.04.1888 Watches and Watch movemts. parts for the trade.	ARIES
	BAND Henry,Senior, behalf of Self,Partner H.Band jr. trading as Henry Band & Son. 30, Craven Street, Conventry England 076/1 8067, regist. 13.06.1876. Gold and Silver Watches. Horological Instruments.	
	BARKER, Reginall W. in behalf:DIDISHEIM,Mark& Rene,Jean Didisheim. Ludgate Hill, London England 287/1	MARVIN
	BARRAIT, THOMAS JAMES, Partner of the A & F PEARS Company London-Isleworth & 38 / 39 Great Russel Street Bloomsbury. England 146/1 26 328, regist. 17.06.1881. Soap & Perfume Manufactr.	A & F Pears
	BARNAUD and LUND see 057/1 England 058/1 ND	

NOTE:

TRADEMARK OR TRADENAME MARQUE DE FABRIQUE - NOMS WARENZEICHEN - WORTMARKE	NAMES AND ADDRESSES NOMS ET ADDRESSES NAMEN UND ADDRESSEN	REMARKS OBSERV'TN BEMERKUNG
BART	BART. Ellen, trading as: Our Boys Watch Club. 5,Denman Street, London Bridge, London England 231/1 OUR BOYS, tradename registr. 54 892, 25.01.1886. Watches.	
LONGINES No. 49,057.	BAUME & Co. 21 Hatton Garden, London England 219/1 LONGINES,tradename regist. 49 057. 21.11.1885. Tradename used since 1867. Watch manufacturers.	
Baume Freres No. 47,928.	BAUME & Co. 21,Hatton Garden, London England 218/1 BAUME FRERES, signature Trademark regist.08.10.1885. Trademark used since 1834 ? Watch Manufacturer.	
BAUME GENÈVE	BAUME, Alexander. Behalf: Self and Partner Arthur Baume. see 095/1 England 099/1 4 265, regist. 14.02.1878. Trademark from this date on.	
WATERLOO SWISS MADE	BAUME,Arthur, 21 Hatton Garden, London England 255/1 WATERLOO, tradename regist. 226 533, 25.01.1900. Watch Manufacturer and Importer.	
	BATT John and Co. 39 Old Broad Street, London England 213/1 46 681, regist. 06.08.1885. Merchants, Horlogical Instr.	

NOTE: 291/1 : LONGINES, refer to page 733-734

REMARKS OBSERV'TN BEMERKUNG	NAMES AND ADDRESSES NOMS ET ADDRESSES NAMEN UND ADDRESSEN	TRADEMARK OR TRADENAME MARQUE DE FABRIQUE - NOMS WARENZEICHEN - WORTMARKE
	BATT, John & Co. 39, Old Broad Str. London England 214/1 46 682, regist. 06.08.1885. Merchants, Horological Instruments.	
	BAUME, Alexander on behalf: of Self, Partner Arthur Baume. 21 Hatton Garden, Middlesex, England 095/1	
	BAUME, Alexander Alexander Baume see 095/1 England 096/1 MURET GENEVE, tradename regist. 14 262, 14.02.1878. Watch Manufacturers.	**MURET GENEVE**
	BAUME, Alexander Alexander Baume, see 095/1 England 097/1 BAUME, tradename regist. 14 263, 14.02.1878. Watch Manufacturers.	**BAUME**
	BAUME, Alexander see 095/1 England 98/1 C.B. tradename regist. 14.02.1878. About five years before February 1878 the Trademark used. Watches and all other descr. of Horological Instruments.	**C. B.**
	BAUME GENEVE, tradename regist. 14 261, 14.02.1878. Watch Manufacturer, Watches and all other descriptions of Horological Instruments. Trademark used about 27 years before February 1878. Trading as: BAUME & COMPANY.	**B & Co** ☆☆☆
	BAUME, Arthur, trading as: BAUME & Co. 21 Hatton Garden, London England 256/1 THE SPARTAN, tradename reg. 243 189, 10.01.1902. Watch Manufacturer and Importer.	

NOTE:

TRADEMARK OR TRADENAME MARQUE DE FABRIQUE - NOMS WARENZEICHEN - WORTMARKE	NAMES AND ADDRESSES NOMS ET ADDRESSES NAMEN UND ADDRESSEN	REMARKS OBSERV'TN BEMERKUNG
JOHN BELL.	BELL, John 7,Moskow Drive,Grove Lane West Derby, Lancashire. England 083/1 JOHN BELL, Tradename regist. 12 524, 30.06.1877.Movements and enameled dials. Trademark used prior 7 years before 29.06.1877. Watchmaker, Watches and other Horological Instruments.	
J.W.Benson No. 41,599.	BENSON J.W. trading as: J.W.Benson 62 & 64 Ludgate Hill and 25 Old Bond Str, London England 200/1 J.W.BENSON, signature regist. 41 599, 18.12.1884. Watch and Clock Manufactr.	
J.W.Benson No. 41,600.	BENSON J.W. Firm trading as J.W.Benson 62/64 Ludgate Hill and 25 Old Bond Str. London England 201/1 J.W.BENSON, signature, reg. 41 600, 18.12.1884. Jewellers & Silversmiths, Plate Clock cases and Pencil cases of Precious Metal.	
THE "FIELD" WATCH J.W.Benson No. 42,019.	BENSON J.W., as: J.W.Benson 62&64 Ludgate Hill and 25 old Bond Street, London England 202/1 FIELD, the, tradename regist. 42 019, 09.01.1885. Watch Manufacturers.	
BENSON J.W.	BENSON J.W. Old Bond Street,London England 355/1 ND	
BETIMA	BETIMA, the COMPANY LTD. 18 Bury Street London E.C.3. England 325/1 CORNET,tradename regist. 563 076, 23.09.1935. Watch Manufacturers and Importers.	

NOTE:

REMARKS OBSERV'TN BEMERKUNG	NAMES AND ADDRESSES NOMS ET ADDRESSES NAMEN UND ADDRESSEN	TRADEMARK OR TRADENAME MARQUE DE FABRIQUE - NOMS WARENZEICHEN - WORTMARKE
	BLAKEY, John, trading as: E.Blakey & Sons. (Boot and Shoe Manufactures.) Lady Lane, Leeds England 220/1 BLAKEY WATCH,the, tradename regist. 49 809, 22.12.1885. Machinst and Electro-plater.	BLAKEY
	BLANKENSEE Joel, J.BLANKENSEE and Co. Regent STreet,Birmingham Warwickshire ENGLAND 66 WAtch movements and parts Reg.10,096, 8th DEC.1876	CONSTTMATHEY
	BLANKENSEE,Joel trading as J.BLANKENSEE and Co. Regent Street Birmingham Warwickshire England 068/1 10 093, regist.08.12.1876. Chronometers and Manufacturer and Importer of GENEVA WATCHES.	
	BLANKENSEE,JOEL trading as J.BLANKENSEE and Co. Regent Street, Birmingham Warwickshire England 069/1 10 094, regist.08.12.1876. Manufacturer and Importer of GENEVA Watches.	
	BRITISH UNITED CLOCK COMPANY Birmingham-Warwickshire England 354/1 Year 1885-1909 Year 1886-1888 York Terrace York Terrace 8, Hockey Hill Year 1896-1907 same " " Year 1892 Leamington Road Gravely hill, Erdington Clock manufacturer.	BRITISH UNITED CLOCK Co.

NOTE:

TRADEMARK OR TRADENAME MARQUE DE FABRIQUE - NOMS WARENZEICHEN - WORTMARKE	NAMES AND ADDRESSES NOMS ET ADDRESSES NAMEN UND ADDRESSEN	REMARKS OBSERV'TN BEMERKUNG
BORROWMAN & BROWNE **OMEGA**	BORROWMAN & BROWNE in behalf: BRANDT & FRERE, Switzerland Crutched Friars, London E.C. England 263/1 OMEGA, tradename registered 283 841, 16.06.1906. Watches and parts thereof, except watch cases seperatly sold. Brandt & Frerer S.A. Usines de la Gruzellen, Bienne, Switzerland. Importers.	
BURGUN	BURGUN,George,of and on behalf: Walter Berger & Company 21 Hatton Garden,Middlesex England 151/1 26 863, regist.04.10.1881. Watch and Clock Springs Manufacturers.	
	BOULT WADE & TENNANT in behalf of: THIEL UHRENFABRIK (clock/watch) 112 Hatton Garden London E.C.1 England 308/1 THIEL, registration of this Trade Mark 517 518, 06.11. 1930 : GEBUEDER THIEL GESELLSCHAFT mit BESCHRAENTER HAFTUNG (GmbH) Ruhla in Thielstrasse,Thuringia - Germany. Clocks and watches,fixtur for the watch/clock trade.	
DUOPLAN	Boult, Wade & Tennant Agent for: Ed.Jaeger, Switzerland. 112 Hatton Garden London E.C.1 England 309/1 DOUPLAN, tradename regist. 523 279, 14.04.1931. In behalf of ED.JAEGER, 2 Rue Baudin,Levallois-Perret France. Watch manufacturer.	

NOTE: 308/1 : Read:Clocks and watches /fixtures
263/1 : OMEGA, refer to page 595/752
308/1 : THIEL, refer to page 478

REMARKS OBSERV'TN BEMERKUNG	NAMES AND ADDRESS NOMS ET ADDRESSE NAMEN UND ADDRESSE	TRADEMARK OR TRADENAME MARQUE DE FABRIQUE - NOMS WARENZEICHEN - WORTMARKE
	BRITISH HORO-ELECTRIC,THE Ltd. 83 Hatton Garden, London E.C.1 England 311/1 BULLMINSTER, trademark reg. 522 017,regist.16.04.1931. Clock merchants.	**BULLMINSTER**
	BOTH, William 101 Queen Victoria Street, London England 189/1 BLOOD and FIRE, 36 067, 11.03.1884, registered by the General, Salvation Army, Minister of the Gospel. Watches !	BLOOD AND FIRE THE SALVATION ARMY No. 36,067.
	BROCKBANK & ATKINS London England 339/1 Registered year 1850. ND. Clocks ? Watches ?	BROCKBANK & ATKINS
	CAMBRIDGE SCIENTIFIC INSTRUMENT Co. Ltd. Chesterton Road,Cambridge England 275/1 Manufact.Horolg.Instrumts. Reg.392,633 24th June 1919.	
LIT 114 115 119 120 157	CAMERER KUSS & Co, or: CAMERER CUSS 56 New Oxford Street,London England 341/1 KAMERER & KUSS, German emigrants from the Black Forest startet under Andrew Kamerer 1788 a clock/watch dealership. Changed name,Andrew CAMERER. Registered watch hallmark the year 1826. After several internal changes in managment, the CAMERER CUSS & CO ,at St.James Court, London, sale, services and repairs the top line of clocks and watches. NOTE: See page 139-143 for additional data.	Established 1788 Members of the B A D A CAMERER CUSS & CO Terence Camerer Cuss 17 Ryder Street, St James's, London SW1Y 6PY Tel 01-930 1941

NOTE: 189/1 : Read:BOOTH WILLIAM, General Salvation Army
341/0 : CAMMERER - KUSS , refer to page 142

TRADEMARK OR TRADENAME MARQUE DE FABRIQUE - NOMS WARENZEICHEN - WORTMARKE	NAMES AND ADDRESSES NOMS ET ADDRESSES NAMEN UND ADDRESSEN	REMARKS OBSERV'TN BEMERKUNG
 No. 4563.	CASTELBERG, Anton on behalf Partners Fritz Petiepierre, Jules Godat,Gaspand Brunner* 58, Holbron Viaduct ,London. England 052/1 4563, regist. 04.04.1876. Watch and Clock Manufactr. Watch and clock manufacturer. * trading as:	
 No. 4564.	CASTELBERG,Anton see 052/1 England 053/1 4584, regist. 04.04.1876. Watch and Clock Manufact.	
	CASTELBERG,PETITPIERRE Co. CASTELBERG, Anton see 052/1 England 054/1 4565, regist. 04.04.1876. Watch and clock Manufact. Trademark used 7 months before April 1876.	
	CASTELBERG,Anton see 052/1 England 055/1 4566, regist.04.04.1876. Watch and Clock Manufct. Trademark used 7 years before April 1876.	
	CASTELBERG, Anton see 052/1 England 056/1 4567, regist. 04.04.1876. Watches and Clocks.	

NOTE:

REMARKS OBSERV'TN BEMERKUNG	NAMES AND ADDRESSES NOMS ET ADDRESSES NAMEN UND ADDRESSEN	TRADEMARK OR TRADENAME MARQUE DE FABRIQUE - NOMS WARENZEICHEN - WORTMARKE
	CARPMEALS & RANSFORD, 24,Southampton Bldg. Chancery Lane,London W.C.2 England 315/1 ND	CARPMEALS & RANSFORD
	CHAMBERLIN & Co.in behalf: Self and Partners,J.Hefton & Charles Shaw * 21, Hylton Street, Birmingham England 062/1 9123, regist.25.09.1876. Merchants,Watches and Parts of Watches. * trading as: HEFTON-SHAW & LUCAS.	CHAMBERLIN & Co LONDON
	CHAMBERS, George 18,Powell Street East Middlesex, England 043/1 GEORGE PRIOR, tradename reg. 3080, 01.03.1876. Watch and Clockmaker.Trade- mark used 20 years before March 1876.	**GEORGE PRIOR** **LONDON.**
	CHAMBERS, George see 043/1 England 044/1 EDWARD PRIOR LONDON, regist. 3081, 01.03.1876. Watches and Clocks. Trademark used 20 years before March 1876.	**EDWARD PRIOR** **LONDON.**
	CHAMBERS,George 18,Powell Street East, Middlesex, England 045/1 WILLIAM CHAMBERS,Trademark regist. 3081, 01.03.1876. Watch and Clock Maker. Trademark used 20 years before March 1876.	**WILLIAM CHAMBERS** **LONDON.**
	CHAMBERS,William & Sons. 18,Powell Street East, Middlesex England 046/1 WILLIAM CHAMBERS & SONS LONDON, Trademark regist. 3083, 01.03.1876. Watch and Clock Maker.	**WILLIAM CHAMBERS & SONS** **LONDON.**

NOTE:

TRADEMARK OR TRADENAME MARQUE DE FABRIQUE - NOMS WARENZEICHEN - WORTMARKE	NAMES AND ADDRESSES NOMS ET ADDRESSES NAMEN UND ADDRESSEN	REMARKS OBSERV'TN BEMERKUNG
 No. 3085.	CHAMBERS, George see 045/1 England 047/1 3085, regist. 01.03,1876. Watch and Clock Maker. Trademark used 20 years before March 1876.	
	CHAMBERS, George see 045/1 England 048/1 3086, regist. 01.03.1876. Watch and Clock Maker. Trademark used 20 years before March 1876.	
	CHAMBERS,George see 045/1 England 049/1 3087, regist.01.03.1876. Watch and Clockmaker.	
	CHAMBERS,George 18, Powell Street East, Middlesex England 058/1 Registered twenty years and upwards before March 1th 1876. Watches and Clocks registered 3084, 01.03.1876	

NOTE:

REMARKS OBSERV'TN BEMERKUNG	NAMES AND ADDRESSES NOMS ET ADDRESSES NAMEN UND ADDRESSEN	TRADEMARK OR TRADENAME MARQUE DE FABRIQUE - NOMS WARENZEICHEN - WORTMARKE
	CLAUDE, Francis, carrying Businiss under:STAUFFER & Son & Company. 12,Old Jewry Chambers London. England 041/1 STAUFFER Cx DE FONDS, Trade-name regist. 512, 11.01.1876. Watch Manufacturer. Trademark used 45 years before January 1876. NOTE: STAUFFER is a Swiss watch Manufacturer, La Chaux de Fonds, District Neu-Chatel Switzerland.	CLAUDE STAUFFER. C^x DE FONDS.
	CLAUDE,Francis.Carrying Business under: STAUFFER Son & Company. 12,Old Jewry Chambers, London. England 042/1 513, regist. 11.01.1876. Watch Manufacturer. Trademark used 10 years before January 1876.	S & Co
	CLEMENCE,Joseph August 11 Southhampton Row,High Holborn-Middlesex England 162/1 27 353, registr.30.12.1881. Watch Manufacturer.	
	CLEMENCE,Joseph Auguste 11,Southampton Row, High Holborn, Middlesex. England 163/1 27 354, registr. 25.02.1882. Watch Manufacturer.	
	COHN Herrmann,trading H.COHN & Co. 43 London Wall England 175/1 STAUNTON L.tradename regist. 28 938, 19.08.1882. Merchants,Horological Instr.	L.STAUNTON LONDON

NOTE:

TRADEMARK OR TRADENAME MARQUE DE FABRIQUE - NOMS WARENZEICHEN - WORTMARKE	NAMES AND ADDRESSES NOMS ET ADDRESSES NAMEN UND ADDRESSEN	REMARKS OBSERV'TN BEMERKUNG
COLE	COLE,Thomas ND England 344/1 Year1855 , 1864 , 1900 last Records. Watches ? Clocks ?	
	COLLINS, Jesse and Charles WALLIS, trading as Collins and Wallis King Edward Rd.Birmingham Warwickshire England 067/1 5086, regist. 22.04.1876. Merchants, Manufacturer Horological Instruments. Trademark used 4 years before 20th Apr.1876.	
	CONWAY,Andrew see 172/1 England 173/1 29 197, regist. 27.09.1882. Jewellery or Goods/Precios or Imitation Metals more particulary Watch cases. Watch Manufacturer.	
	CONWAY,Andrew 21,Charterhouse Street. Holbron Circus,Middlesex England 172/6 29 197, regist. 27.09.1882. Watch Manufacturer, Horolg. Instruments.	
	COOPER Alfred,on behalf of: THOMAS WILLIAM COOPER & Son 10, Amwell Street , London Clerkenwell-Middlesex England 167/1 28 720, regist. 18.07.1882. Horological Instruments, Watch Manufacturer,Import.	
	COOPER , Thomas William & Son. 10 Amwell Street, Clerkenwell, London E.C. England 207/1 45 282, regist. 22.05.1885. Watch Importers.	

NOTE:

REMARKS OBSERV'TN BEMERKUNG	NAMES AND ADDRESSES NOMS ET ADDRESSES NAMEN UND ADDRESSEN	TRADEMARK OR TRADENAME MARQUE DE FABRIQUE - NOMS WARENZEICHEN - WORTMARKE
	COOPER, Thomas William & Son. 10 Amwell Str, Clerkenwell, London E.C. England 208/1 UNBREAKABLE in WINDING, Trademark regist. 45 282, 22.05.1885.Watch Manufact. and Importer. Horological Instruments.	
Registered 11.09.1917 Registered 08.31.1920	COMBES T. Agent for: JUNGHANS BROTHERs A.G. Schramberg-Germany. 117 Walworth Road, London England 346/1 JUNGHANS-BROTHERS A.G. Schramberg/Black Forest represented by T.Combes. Clocks/watches of all types. Further Reference see: "JUNGHANS STORY" c Karl Kochmann, Antique Clocks Publishing Concord California USA.	 
	CONVENTRY WATCH MANUFACT. SOCIETY. Ltd. 32, Bishop Street Coventry England 065/1	CONVENTRY WATCH MANUFACTURING
	CUTLER, Joseph. 118 Howard Street, Glasgow C.1 England 298/1 BEREL, tradename registr. 516 350, 25.09.1930. Watches, Wholesale Jeweller.	
	DENNISON WATCH CASE COMPANY Ltd. Birmingham, reg. 02.10.1929-Berlin England (Germany) MFC/WHS watch cases, watches.	408239 **DENCO**

NOTE:

TRADEMARK OR TRADENAME MARQUE DE FABRIQUE - NOMS WARENZEICHEN - WORTMARKE	NAMES AND ADDRESSES NOMS ET ADDRESSES NAMEN UND ADDRESSEN	REMARKS OBSERV'TN BEMERKUNG
DENNISON WATCH CASE Co.	DENNISON WATCH CASE Co. Villa Road,Handsworth, Birmimgham England 358/1 A.L.D.,register,B 403 858, 06.05.1920. Watches and parts thereof.	
DIETHELM & Co.	DIETHELM in behalf:DIETHELM & CO Switzerland. Dominion House,Manchester 50,Whitworth Str England 290/1 Horological Instruments , Merchants, regist.470 705, 18.06.1926, DIETHELM & Co Societe Anonyme, Bahnhofstr. 17, Zuerich-Switzerland.	
DIEMIER D.F.&C.	DIMIER, George,trading as Dimier Bros.& Company 46 Cannon Street,London England 257/1 D.F.&C, trade logo regist. 243 674, 24.01.1902. Trade logo registr.since the year 1896. Watch cases and Watches therof parts. Dimier Freres & Cie, 6, Rue Petitot, Geneva-Swiss Watch Manufacturere,Importer.	
D O W J.D & A.D No. 29,186 (see page 646).	DOW,John,of and on behalf of JOHN ALEXANDER DOW, Dryers Buildings,Holborn London England 174/1 29 186, regist. 25.09.1882. Manufacturers and Importer Horological Instruments.	
MASTER OF ALL TIMES	DREYFUSS,Moise Trading as Moise Dreyfuss, Moorgate Station Chambers, Moorfields, London England 299/1 MASTER OF ALL TIME, trade slogan. Reg. 521 309 , 19.03.1931. Watch manufacturer.	
	DREYFUSS, Moise Moorgate Station,Chambers, Moorfields ,London E.C.2 England 288/1 Watch Manufacturer. Reg.474 681, 09.11.1926.	

NOTE:

REMARKS OBSERV'TN BEMERKUNG	NAMES AND ADDRESSES NOMS ET ADDRESSES NAMEN UND ADDRESSEN	TRADEMARK OR TRADENAME MARQUE DE FABRIQUE - NOMS WARENZEICHEN - WORTMARKE
	DUDLEY,NEVILLE PURSER, trading as JAMES MESSENGER, 60, London Road,North End, Portsmouth. England 326/1 KHAFRA,tradename regist. 563 494, 10.10.1935. Jeweller and Silversmith, Watches?	KHAFRA
	ELCO CLOCKS & WATCHES Ltd. Elco House,51 Hatton Garden LONDON E.C.1. England 322/1 ELCO,tradename, watch/clock manufact.importer,registerd 584 146 ,03.11.1938. NOTE: Registration of this Trademark,shall give no right to the words: "Accurate as the Sun" Clocks & Watches.	ACCURATE AS THE SUN
	ELKAN, John 35 Liverpool Street, London England 249/1 THE "CITY" WATCH,tradename regist. 66 941, 19.08.1887. Watches.	THE "CITY" WATCH John Elkan No. 66,941.
	ELKINGTON & COMPANY, Newhall Street Birmingham, Warwickshire England 230/1 ELKINGTON'S ART GOLD BRONZEs 55 241, regist. 12.07.1886. Clocks, Silversmiths, Electr. platers and Art Metal Work.	ELKINGTON'S ART GOLD BRONZE.
	ELKINGTON,H.Douglas,Agent: Deutsche Gold & Silber- Scheideanstalt-Germany. 20/28 Holborn London E.C.1 England 316/1 DEGUSSA, tradename,registr. 523 192, 01.06.1931, in behalf of: DEUTSCHE GOLD und SILBER-SCHEIDEANSTALT vorm. Roessler, 7/9 Wein- traubenstrasse Frankfurt/M Germany. Clocks/watches/jewelery.	DEGUSSA

NOTE:

TRADEMARK OR TRADENAME MARQUE DE FABRIQUE - NOMS WARENZEICHEN - WORTMARKE	NAMES AND ADDRESSES NOMS ET ADDRESSES NAMEN UND ADDRESSEN	REMARKS OBSERV'TN BEMERKUNG
PROBUS I.W.C. SCAFUSIA	ELLIS & Co Mewburn 70/72 Chancery Lane, London W.C.2 England 320/1 PROBUS-SCAFUSIA, tradename, regist. 558 354, 27.02.1935 in behalf of:HOMBERGER- RAUSCHENBACH Ci-DEVANT INTER- NATIONAL WATCH COMPANY, Schaffhouse, Baumgarten Str. 15. Switzerland. High grade watches.	
ELLIOT F.W.	ELLIOT F.W. London England 349/1 ND	
American Watch Co. Waltham Mass.	ELISHA, Royal.Treasurer on behalf of AMERICAN WATCH COMP.WALTHAM/MASS. ND. England 073/1 AMERICAN WATCH Co.WALTHAM, MASS.5640, regist.12.05.1876. Watches, Horological Instr. Trademark used 17 years before June 1876.	
Fogg's Patent Pinion	ELISHA, Royal, treasurer for AMERICAN WATCH COMP. WALTHAM-MASS.U.S.A. ND England 072/1 FOGGS PATENT PINION, 5641, regist. 12.05.1876. Watches, Horological Instr. Trademark used 11 years before June 1876.	
ENFIELD CLOCK Co.	ENFIELD CLOCK CO. Tottenham London, England 336/1 Affiliated with : Jahresuhrenfabrik August Schatz , Triberg Black Forest /Germany Year 1937-1938 ? 400 day/1000 day clocks (anniversary clocks)	
W. Ehrhardt London	EHRHARDT,William see 100/1 England 101/1 14 177, regist. 04.02.1878. Watches and Timekeepers.	

NOTE: 320/1 : I W C , refer to page 709-710 / 757

REMARKS OBSERV'TN BEMERKUNG	NAMES AND ADDRESSES NOMS ET ADDRESSES NAMEN UND ADDRESSEN	TRADEMARK OR TRADENAME MARQUE DE FABRIQUE - NOMS WARENZEICHEN - WORTMARKE
	FALK, Salis . On behalf: of self and partner Philip Falk,trading as P&S FALK 17 Great Winchester Street London. England 142/1 FALCONER'S-ENGLISH LEVER, tradename, 25 806,regist. 02.03.1881. Merchants,Horological Instruments.	FALCONER'S ENGLISH LEVER
	FARFIELD,Percy 57 Abbey Road,London N.W.8 England 289/1 SELWYND, tradename logo,reg. 475 837 11.12.1926. Horological Instruments, Self winding electric clocks Merchants.	SELF-WINDING SELWYND ELECTRIC
	FATTORINI & Son Bradford-Yorkshire England 347/1 Antonio Fattorini,settled in England after the Battle of Waterloo (1815) Two se- perate business emerged.One in 1827, the other in 1831, which to this day operate independently of the other: Thomas Fattorini (Skipton) Ltd.,and Fattorini's sons in Bradford. Both manufact. alarm clocks. T.Fattorini made "Bugler Alarm" clock, 14 day windup!Fattorini & sons "Automatic Calller" Bugler Alarm, Patent filed year 1892 by.J.T.Wolf.Refer to Fattorini,clocks were ad- vertised " MADE in ENGLAND" the Bugler bore cross arrow of HAU (Germany) see page the Automatic caller appears to have an American movement Both movement altered to 8/14 days alarm clocks, bell and gong at the same time. Patents filed year 1901 by a cousin (J.Arrigoni) Patent 16226, by T.Wood 1892, sold to Fattorini.	FATTORINI & SON.

NOTE:

TRADEMARK OR TRADENAME MARQUE DE FABRIQUE - NOMS WARENZEICHEN - WORTMARKE	NAMES AND ADDRESSES NOMS ET ADDRESSES NAMEN UND ADDRESSEN	REMARKS OBSERV'TN BEMERKUNG
	FIELD & CO 64 New Bridge Street, Tyne,Northcumberland England 237/1 67 301,regist.12.05.1887. Watchmakers,Jewellers, Gold/Silver Watches and other Horological Instrm.	
London	FRIDLANDER,Alfred,Emanuel Coventry England 165/1 27 563, registr. 07.02.1882. Gold and Silver Watches of all kinds. Marine and Ship Chronometer.	
H. H. FRODSHAM	FRODSHAM H.H. HENRY HERBERT FRODSHAM Oak House,Thomas Lane Broad Green,Lancashire England 084/1 Watches and other Horological Instruments, Watch Movements, and enameled dials. Reg.12,525 30th June 1877.Trademark used prior 7 years before June 29. 1877. Trademark : H.H.FRODSHAM	
	GARDNER William Henry 5 Russel Terrace,Chapel Fields, Coventry England 131/1 22 394, regist.12.05.1880. Watch Manufacturer.	
DENT	GARDNER,Amelia,Lydia,Sophia Thomas BUCKNEY and Henry DENT GARDNER * 61,Strand-Middlesex & Royal Exchange London England 033/1 D E N T , tradename registr. 29, 01.01.1876. Watch and Chronomter Maker. * Trading under: E.DENT & Co. Horological Instruments.	
PROVEN PATENT GARRARD CLOCKS LTD 14475/1931 16269/1930 MADE IN ENGLAND	GARRARD CLOCK COMPANY Swindon, England 355/1 Enterprise founded 1925. Clocks.	

NOTE: 084/1 : FRODSHAM, refer to page 127

REMARKS OBSERV'TN BEMERKUNG	NAMES AND ADDRESSES NOMS ET ADDRESSES NAMEN UND ADDRESSEN	TRADEMARK OR TRADENAME MARQUE DE FABRIQUE - NOMS WARENZEICHEN - WORTMARKE
	GENT & COMPANY Ltd. Faraday Works, St.Saviour Road East, Leicester England 282/1 PUL-SYN-ETIC, tradename reg. 460 983 , 27.07.1925. Electrical-Horological Instruments,	
	GILLET & JOHNSTON Ltd. CROYDON England 351/1 ND	GILLET & JOHNSTON
	GILLETTS & JOHNSTON F.W.Elliots Ltd. ND England 337/1 Clock cases ND	GILLETS & JOHNSTON
	GODKINSON & SON London England 338/1 Registered year 1933. ND. Watches ?	GODKINSON & SON
	Goettler John & Co. 45 Spencer Street, Goswell Road, London England 192/1 37 645,regist. 22.05.1884. Watch Manufacturer.	
	GOLAY,Charles Hector, 46, Myddleton Square, Clerkenwell, LONDON E.C. England 243/1	
	LANDENBEGER & CO 91 Adlergate Str.LONDON ENGLAND 157/3 Factory branch of Landenberger & Lang, Black Forest/ Germany.Refer "THE HAMBURG AMERICAN CLOCK Co." Published 1979 c Karl Kochmann.	

NOTE: 157/3 : LANDENBERGER & LANG , refer to page 422

TRADEMARK OR TRADENAME MARQUE DE FABRIQUE - NOMS WARENZEICHEN - WORTMARKE	NAMES AND ADDRESSES NOMS ET ADDRESSES NAMEN UND ADDRESSEN	REMARKS OBSERV'TN BEMERKUNG
GRIMSHAW & BAXTER	GRIMSHAW & BAXTER, WILLIAMSON Ltd. Conventry England 333/1 Affiliated with the: Hamburg American Clock Co. Schramberg Germany. Warehouse and wholesale of clocks. For further data see: HAMBURG AMERICAN CLOCK Co. c Karl Kochmann, Antique Clocks Publishing Concord California - U.S.A.	
C P & S	GUMPELSON, Emanuel and Co. 166 Edmund Street, Birmingham. England 235/1 57 338 ,regist 01.10.1886. Watch Maufacturer, Horological Instruments.	
FATTORINI & SON.	FATTORINI & Son Cont.: From page 160 Literature reference: Alan & Rita Shenton, "PRICE GUIDE" © 1979. It can be assumed, that the Fattorini enterprise owned the English Patents, the H.A.C. (Hamburg-American- Clock Co),Germany made the movement and case.Fattorini Son's also imported movemts. from the U.S.A. (Ansonia ?) modified and encased in U.K. made cases. Name shown on dial and movement.	
HAMBURG AMERICAN CLOCK Co.	HAMBURG AMERICAN CLOCK Co. Germany. Aldersgate Street, London E.C. England 266/1 Clocks.Reg 292,791 1907.Importer of clocks, Hamburg-American-Clock Co. Neue Strasse, Schramberg- Black Forest, Germany.	

NOTE: 266/1 : HAMBURG AMERICAN CLOCK Co. refer to page 369

REMARKS OBSERV'TN BEMERKUNG	NAMES AND ADDRESSES NOMS ET ADDRESSES NAMEN UND ADDRESSEN	TRADEMARK OR TRADENAME MARQUE DE FABRIQUE - NOMS WARENZEICHEN - WORTMARKE
	WILLIAM ERHARDT, TIME WORKS. Barr Street West,Birmingham Warwickshire. England 100/1 W.ERHARDT - LONDON ,Tradename regist.14 176, 04.02. 1878. Upwards to 15 years before February 1878 Name registered. Watch and Chronometer Manufact. Timepieces.	TIME WORKS
	HARBURG, Henry. On behalf: of WEIL & HARBURG. 14, Hatton Garden, London England 105/1 THE AUSTRALIEN, Tradename regist.14 030, 09.01.1878. Importer of Watches and Music Boxes.	
	HARBURGHenry, on behalf: WEILL & HARBURG. 3 Holbron Circus, London England 122/1 20 887, regist. 25.08.1889. Watches and Chronometers. Manufacturers and Import.	
	HARRIS & MILLS in behalf:VEREINIGTE UHREN-FABRIKEN JUNGAHNS-HALLER 23,Southampton Bldg. London England 260/1 Watches and Clocks & Parts of Watches & Clocks. Regist. 249 401, 18.10.1902. Vereinigte Uhrenfabriken von Gebrueder Junghans und Thomas Haller A.G.Schramberg / Black Forest. : United Clock Factories Junghans Brothers and Thomas Haller, importer of timepieces.	
	HARTON,William,Henry, the younger.In behalf of GILMAN & Co. Hong Kong England 166/1 28 665, regist.08.07.1882. Merchants, Horological Inst.	

NOTE: 260/1 : JUNGHANS - HALLER, refer to page 399

TRADEMARK OR TRADENAME MARQUE DE FABRIQUE - NOMS WARENZEICHEN - WORTMARKE	NAMES AND ADDRESSES NOMS ET ADDRESSES NAMEN UND ADDRESSEN	REMARKS OBSERV'TN BEMERKUNG
	HASELTINE LAKE & Co. in behalf:PHILADELPHIA WATCH CASE COMPANY U.S.A. 45 Southampton Bldg. London England 258/1 Watches and Watch Parts, registr.245 451,09.04.1902 Philadelphia Watch Case Co. Riverside,Burlington, N.J. U.S.A. Importer.	
VACHERON & CONSTANTIN	HASELTINE- LAKE & Co. in behalf:VACHERON & CONSTANTIN,Switzerland 7/8 Southampton Bldg. London England 268/1 Watches Clocks, movements, cases, regist.318 692 , 30.11.1909. Vacheron & Constantin, Rue des Moulins Geneva, Switzerland. Importers of Timepieces.	
JUNGHANS I	HASELTINE , LAKE & Co. in behalf: GEBRUEDER JUNGHANS 28, Southampton Bldg. London W.C.2 England 276/1 Tradelogo: -I- JUNGHANS,, Reg. 381,286 13th Sept 1917. Additional data see: 277/1	
J	HASELTINE LAKE & Co. in behalf:GEBRUEDER JUNGHANS A.G. * Germany 28 Southampton Bldg. London England 277/1 Trade logo J ,registered 409 015, 22.10.1920. * Gebrueder Junghans A.G. Gaishalden Str. 134, Schramberg, Black Forest, Germany. Manufacturer of all types of clocks and watches. Horological Instruments. Further data:	

NOTE: 268/1 : VACHERON, refer to page 789/790
277/1 : JUNGHANS A.G., refer to page 392/393/408
258/1 : PHILADELPHIA WATCH CASE Co. U.S.A. refer page

REMARKS OBSERV'TN BEMERKUNG	NAMES AND ADDRESSES NOMS ET ADDRESSES NAMEN UND ADDRESSEN	TRADEMARK OR TRADENAME MARQUE DE FABRIQUE - NOMS WARENZEICHEN - WORTMARKE
	Haseltine, Lake & Co in behalf of SIEMENS/HALSKE A.G.* 28 Southampton Bldg. London W.C.2 England 297/1 Central Time-Clock systems, Reg. 518 247, 27.11.1929. Horological Instruments. * Joint Stock Company incorporated under German law.	SIEMENS & HALSKE
	HILL, Charles John 1,Russel Terrace,Chapel Field-Coventry-Warwickshire England 182/1 FOREST - LONDON , tradename 34 016, regist.26.10.1883. Watch Manufacturer.	F·O·R·R·E·S·T LONDON.
	HILL, John,Charles Charles John Hill. Russel Terrace,Conventry England 093/1 TALBOTT & TALBOTT, LONDON. Tradename regist. 13 063, 03.09.1877. Watch Manufacturer.	TALBOTT & TALBOTT LONDON.
	HILL,Charles John. John HILL. 1.Russel Terrace,Chapel Fields,Coventry-Warwickshire England 112/1 34 016, regist. 20.10.1883. Watches,Horlogical Instr.	F·O·R·R·E·S·T LONDON.
	HILL, Rowland , trading : THOMAS HILL & Co. Coventry- Warwickshire England 164/1 28 273, regist. 10.05.1882. Watches,Chronometers,and other Time Indicators in the Nature of Horological Instruments.	London Henry Wilmott
	HIRST BROTHERS & Co. Oldham England 334/1 TAMESIDE, tradename registr. ND Clocks ?	HIRST BROTHERS

NOTE:

TRADEMARK OR TRADENAME MARQUE DE FABRIQUE - NOMS WARENZEICHEN - WORTMARKE	NAMES AND ADDRESSES NOMS ET ADDRESSES NAMEN UND ADDRESSEN	REMARKS OBSERV'TN BEMERKUNG
	HOFFNUNG S.& CO. LTD. 102 Fore Street, London E.C.2 England 291/1 TITAN, tradename registered 483 167 23.08.1927. Watches/Clocks Merchants.	
	HOLLOWAY, George 128 ,Minories London England 035/1 PATEK GENEVA * Trademark registr. 11.01.1876. Clock, Watch Manufacturer. Trademark used 15 years before January 1876. NOTE: PATEK, Phillipe, Watch Manufacturer, Geneva-Switzerland. Founded year 1839, Count Antonie Norbert Patek (Polish Emigrant) PATEK Premier Watches are still in Production.	
HOLLOWAY	HOLLOWAY, George 128 ,Minories London, England 034/1 494, regist. 11.01.1876. Clocks and watches, trademark used prior fifteen years be- fore 8th of Jan.1876.	
	HOLLOWAY, George 128, Minories, London England 039/1 496, regist. 11.01.1876. Clock and Watch Manufact. Trademark used 2 years before January 1876.	

NOTE: 035/1 : PATEK, PHILLIPE, refer to page 748-749

REMARKS OBSERV'TN BEMERKUNG	NAMES AND ADDRESSES NOMS ET ADDRESSES NAMEN UND ADDRESSEN	TRADEMARK OR TRADENAME MARQUE DE FABRIQUE - NOMS WARENZEICHEN - WORTMARKE
	HOLLOWAY, George. 128 and 129 Minories London England 132/1 ANSONIA-BRASS-CLOCK Co. Reg.21 793, 19.05.1880. Clock Manufacturer. Clocks and Watches.	
Reference literature: ANGLO - AMERICAN CLOCKS, by Bill Matthews. " CLOCKS " Year 1984? Printed in England.	HOLLOWAY & Co., Clock manfacturer. Minories, London E.C. England 001/50 Holloway, clock Company were in business from the year 1845 -1885. The company advertised under: "IMPORTER of AMERICAN GOODS " Holloway used movements made by E.N.Welch, some movements made by the New Haven Clock Co. Also some Holloway clocks have Seth Thomas movements.The cases were British made.	
	HOLGATE, Alfred. On behalf: Self and Partners Arthur Wellesley,Russel,John Keller 24 Sandon Bldg.Liverpool. England 136/1 THE BICYCLIST, tradename regist. 22 927, 11.09.1880. Trading: Alfred Russel & Co. Watch Manufacturer, Horlog. Instruments of all descrpit.	
	HORSTMAN the GEAR Co.Ltd. NEWBRIDGE WORKS Newbridge Works,93 Newbridge road , Bath. England 281/1 405 735, 02.07.1920. Manufacturer,Horological Goods.	
	HORSTMAN,Gustav Clockmaking Bath, England 342/1 Founded 1853 ,in operation 1925, all production stopped in the year 1928. Clocks.	HORSTMAN

NOTE:

TRADEMARK OR TRADENAME MARQUE DE FABRIQUE - NOMS WARENZEICHEN - WORTMARKE	NAMES AND ADDRESSES NOMS ET ADDRESSES NAMEN UND ADDRESSEN	REMARKS OBSERV'TN BEMERKUNG
HOWELL & JAMES	HOWELL & JAMES LIMITED Appointed to the Queen London England 343/1 ND Watches ? Clocks ?	
HUBA TRADE MARK	HUBER, William James, trading as W.J.HUBER 34 Ely Place, LONDON E.C.1. England 279/1 HUBA ,Watches, registered 430 675 , 20.10.1922. Watch Manufacturer.	
DECIMETRE CHRONOTYPE 17ᵗʰ MAY 1877	HUGHES,Charles Liverpool, Lancashire England 079/1 DECIMETRE CHRONOTYPE, Tradename, regist.12 246 04.06.1877. Watch Manufct. Horological Instruments.	
L.B.CANADA	HYMEN, Levetus. On behalf: Self and Partner Edw.Moses trading as LEVETUS BROTHERS 56,Vittoria Str.Birmingham Warwickshire England 102/1 L.B.CANADA, tradename regist. 14 757, 17.05.1878. Merchants and Manufacturer Watches.	
CANADIAN GOLD L.B.CANADA	HYMAN, Levetus. On behalf: of Self and Partner Edward Moses Levetus,trading as: LEVETUS BROTHRERs,56 Vittoria Street , Birmingham England 118/1 CANADIAN GOLD-L.B.CANADA , Tradename regist, 15 297, 03.06.1879.By applicants and predecessor, five years before 07.09.1878 used. Merchants and Manufactures, Horological Instruments, namely Watches.	
PERFECTION	HAYMAN,Hery Lewis, of behalf HAYMAN & Co. 120 Edmund Street, Birmingham-Warwickshire England 149/1 26 275, regist. 10.06.1881. Merchants,Horological Instr. Watches and Clocks.	

NOTE:

REMARKS OBSERV'TN BEMERKUNG	NAMES AND ADDRESSES NOMS ET ADDRESSES NAMEN UND ADDRESSEN	TRADEMARK OR TRADENAME MARQUE DE FABRIQUE - NOMS WARENZEICHEN - WORTMARKE
	HAYMAN, Lewis on behalf and Partners Henry Hayman Lachman Hayman,Hayman & Co. 120, Edmund Street, Birmingham-Warwickshire England 176/1 SIBIRIAN SILVER, tradename PERFECTION, 29 024, regist. 11.09.1882. Merchants, Horological Instr. such as Watches and Clocks.	"Siberian Silver" PERFECTION
	I W C Switzerland. 70/72 Chancery lane London W.C.2 England 319/1 I W C ,trademark, B558 356, registr. in behalf of: Homberger & Rauschenbach, Ci-Deviant International Watch Company, Schaffhouse, Switzerland. Trademark reg. since the year 1892. High grade watches.	IWC IWC
	JOEL,SOW & DEAL Coventry England 181/1 34 031, registr.27.10.1883. Watch Manufacturer.	B
	JAQUES & KUNDERT 57, Colmore Row Birmingham-Warwickshire England 032/1 49 311, regist.02.12.1885. Watches ?	JAQUES & KUNDERT
	KEEP, Frederick, trading under KEEP BROTHERS. 11.Broad Street, Birmingham England 180/1 STERLING BRAND, tradename. Regist.31 368. 09.02.1883. Merchants, Horological Instruments.	STERLING £ BRAND
	JUMP London England 200/3 Calendar travel-alarm carriage clock maker, executed in the "Bregeut" style.Data reference: Year 1890.	J U M P

NOTE: 319/1 : I W C , refer to page 709/710/757

TRADEMARK OR TRADENAME MARQUE DE FABRIQUE - NOMS WARENZEICHEN - WORTMARKE	NAMES AND ADDRESSES NOMS ET ADDRESSES NAMEN UND ADDRESSEN	REMARKS OBSERV'TN BEMERKUNG
KELLIE, JOHN JOHN KELLIE	KELLIE, John 17,Eastlake Everton, Laneashire England 082/1 JOHN KELLIE, Tradename reg. 12 522, 30.06.1877. Movemts. and enameled dials. Trademark used 7 years prior 29.06.1877. Watchmaker, Watches and other Horological Instruments.	
KLEISERS EBOR LEVER	KLEISER, Joseph and Louis Augustine,trading as KLEISER Sons, Parliament Street and St.Sampson's Square York. England 246/1 KLEISERS EBOR LEVER, regist. 59 568, 02.12.1886. Watchmakers & Jewellers.	
KEYNOTE	KEYNOTE,LITTLE WOOD'S MAIL ORDER STORES LTD. Littlewood Buildings 100/110 Oldhall Street Liverpool England 328/1 579 295,regist.n 17.08.1937. Watches,Horological Instr.	
PHOSPHOR BRONZE	LAGERWALL,Richard,Secretary on behalf of the PHOSPHOR BRONCE Co. Summer street, Southwark Surrey. England 161/1 26 924, registr.14.10.1881 Manufacturer of Alloy Clocks, and such parts of Clocks.Horological Instr.	
	LANE , George -MURRAY trading as G & M LANE & Co. 26,Ludgate Hill, London E.C 1 England 292/1 Jeweller and Silversmith, regist. 480 474, 09.05.1927	
THE TEMPOMETER No 48,000.	LANGDON , Joseph ,Davies. Davies, Belgrave House, Bristol Str.Birmingham England 217/1 TEMPOMETER, the, tradename regist. 48 000, 12.10.1885. Horological Instruments.	

NOTE:

REMARKS OBSERV'TN BEMERKUNG	NAMES AND ADDRESSES NOMS ET ADDRESSES NAMEN UND ADDRESSEN	TRADEMARK OR TRADENAME MARQUE DE FABRIQUE - NOMS WARENZEICHEN - WORTMARKE
	LANGFORD,Francis James of and on behalf of the Firm: William Langford and Sons College Green,Bristol England 117/1 20 491, regist.05.04.1879. Goldsmiths and Jewellers. Horological Instruments.	
	LECOMBER, John 121,Derby Road,Liverpool England 059/1 DECIMAL CHRONOGRAPH,Tradename, 6214, regist. 31.05. 1876. Watch Manufacturer. Trademark used one year before 1876.	DECIMAL CHRONOGRAPH 13TH SEPT 1875
	LEAL & Cie, Chatelain Leal Bartlett's Buildings, Holborn Circus,London E.C. England 267/1 Watches, Reg. 287,422, 30.10.1906.	
	LELAND & Son Viaduct Chambers, Holborn Circus, London England 188/1 36 120, regist. 13.03.1884. Watches and other Horologl. Instruments. Watch Manufacturer.	RELIANCE
	LEVER, Brothers Sunlight Soap Works Warrington England 244/1 SUNLIGHT, tradename regist. 79 171, 09.08.1888. All horological items,except electrical Clocks.	SUNLIGHT
	LEVENBERG,Moses 17,Vyse Street Birmingham, War ickshire England 137/1 22 896, regist. 03.09.1880. Merchant, Watches.	

NOTE:

TRADEMARK OR TRADENAME MARQUE DE FABRIQUE - NOMS WARENZEICHEN - WORTMARKE	NAMES AND ADDRESSES NOMS ET ADDRESSES NAMEN UND ADDRESSEN	REMARKS OBSERV'TN BEMERKUNG
PROVIDENCE LEVER WATCH No. 43,957.	LEVETUS, Brothers Victoria Street,Birmingham England 206/1 PROVIDENCE LEVER WATCH, tradename regist. 43 957, 25.03.1885. Jewellers/ Watches.	
PLATAURUM	LEVETUS, Brothers, Vittoria Street,Birmingham England 234/1 58 463, regist.03.11.1186, Horological Instruments.	
LEWIS'S LTD "STANDEX" QUALITY LIVERPOOL MANCHESTER BIRMINGHAM	LEWIS's LIMITED GEN.MERCHANT 32 Bull Street, Birmingham & 40 Ranelagh Str. Liverpool & 106-122 Market Str.Manchester England 280/1 STANDEX, tradename registr. 429 782, 21.09.1922. Clocks/watches - General Merchants.	
LEONIDAS	LEWIS E.N. in behalf :BOURQUIN Bertha ne Hauret-Switzerland. Berrigde Street, Chambers Leicester England 262/1 LEONIDAS, tradename regist. 275 273, 02.06.1905. Watches and parts of Watch components.Fabrique d'Hor- logerie, Beau-Site Vve. Ferdinand Bourquin, Rue Beau-Site 8, St.Imier,Swiss.	
LEZARD & SON	LEZARD & SON Viaduct Chambers,Holborn London England 187 36 119, regist. 13.03.1884. Watch Manufacturer. Watches and other Horologic. Instruments.	
LOSADA, LONDON.	LOSADA, de J.R. see 123/1 England 124/1 LOSADA LONDON, tradename regist. 21 231, 04.10.1879. By applicant and predecess. in business about 49 years before 26.09.1879, above Tradename used.	

NOTE:

REMARKS OBSERV'TN BEMERKUNG	NAMES AND ADDRESSES NOMS ET ADDRESSES NAMEN UND ADDRESSEN	TRADEMARK OR TRADENAME MARQUE DE FABRIQUE - NOMS WARENZEICHEN - WORTMARKE
	LOSADA J.R. , trading: J.R.de Losada and Norbert Roriguez de Losada, 105 Regent Street ,London. England 123/1 21 230, regist.04.10.1879. Watches,Clocks,Chronometers, and Parts of the same. By applicant and predecessor in busines, Trademark used prior 49 years of 1879.	**J. R. LOSADA, 105, REGENT STREET, LONDON.**
	LOVETT,John 102 Market Street,Manchester and 4,Manfield Str.Stockton England 147/1 25 952, regist. 31.05.1881. Watch Manufacturer and Importer.	LOVETT
	LUCAS,Edward on behalf: Self and Partners J.Hefton Chares Shaw. 24 , Hylton Street, Birmingham. England 061/1 CHAMBERLIN & Co LONDON, 9122, regist. 25.09.1876. Merchants, Watches and parts of Watches.	LUCAS
	LUND, John, Alexander on behalf of the firm BARNAUD and LUND, 41 Cornhill,London. England 057/1 6619,regist. 14.06.1876. Chronometer,Watch and Clock Makers.	LUND
	MARKS & CLERK 57/58 Lincoln's Inn Fields London W.C.2 England 313/1 SCINTILLA, tradename regist.27 526 827, 02.11.1931. In behalf SCINTILLA AKTIENGESELLSCHAFT, Zuchwil/Solothurn,Switzerland Watches/clocks/jewelery.	**SCINTILLA**
	MYERS - CLOCKS - WATCHES Jewellery Westminster Bridge Road London England /1 WHS/RET Horological / Jewellery Last record year 1872	M Y E R S

NOTE:

TRADEMARK OR TRADENAME MARQUE DE FABRIQUE - NOMS WARENZEICHEN - WORTMARKE	NAMES AND ADDRESSES NOMS ET ADDRESSES NAMEN UND ADDRESSEN	REMARKS OBSERV'TN BEMERKUNG
VEGLIA	MARKS & CLERK 57 & 58 Lincoln's Inn Field London W.C.2 England 321 Representend in the U.K.: VEGLIA,SENATORE BORLETTI, Fernando Borletti,trading as Fratelli Borletti, 70 via Washington,Milan,Italy. Clocks, regist.581 239. 09.NOv.1937.	
	MARKS & CLERK London, 57/58 Lincoln's Inn Fields England 324/1 PERRET & BERTHOUD, Societe anonyme (joint stock company) Switzerland.Importer, service by Marks & Clerk.Registered 583 904, 02.03.1938. Watches.	
MARKS & CLERK	MARKS & CLERK in behalf:WESTERN CLOCK Co. U.S.A. London W.C.2 England 356/1 SLEEP-METER, tradename reg. B 406 862, 12.08.1920. Importer of Clocks/Watches other Timepieces, Western Clock Co.Illinois &Buffalo Street, Peru/ILL.U.S.A.	
JAS MC CABE ***Royal Exchange*** ***LONDON.***	Mc CABE, Robert Jeremy. 32,Cornhill,London, England 036/1 JA's Mc CABE Royal Exchange LONDON, Trademark registr. 514, 11.01.1876. Trademark used 70 years before January 1876. Watch, Clock,and Chronomtr. Manufacturer.	
MC CABE ***Royal Exchange*** ***LONDON.***	Mc CABE,Robert Jeremy. 32, Cornhill,London England 037/1 Mc CABE Royal Exchange LONDON, Trademark regist. 515, 11.01.1876. Watch, Clock and Chronomtr. Manufacturer. Trademark used 70 years before January 1876.	

NOTE:

REMARKS OBSERV'TN BEMERKUNG	NAMES AND ADDRESSES NOMS ET ADDRESSES NAMEN UND ADDRESSEN	TRADEMARK OR TRADENAME MARQUE DE FABRIQUE - NOMS WARENZEICHEN - WORTMARKE
	MC.CABE, Robert Jeremy. 32, Cornhill, London England 038/1 I M C , Trademark registr. 516, 11.01.1876. Watch, Clock and Chronomtr. Manufacturer. Trademark used 70 years before January 1876.	IMC
	MATHYS & SQUIRE ,Agent for: Uhrenfabrik Muehlheim Mueller & Co. Germany. 52,Chancery lane London C.W.2 England 318/1 U M trademark registered 557,099 14th Jan.1935.In behalf of UHRENFABRIK MUEHLHEIM MUELLER & Co. 6 Gartenstrasse,Muehlheim/ Donau, Wuerttemberg/Germany. Clocks of all types. Further data: 001/5	U. M.
	MARCIUS,Albert , trading SILBER & FLEMING, 56, Wood Street,Cheapside London England 138/1 25 089 regist. 22.10.1880 Manufacturer and Merchant, Timepieces and Clocks.	A M S
	MAYER G. & Co. 20,Thavies Inn.Holborn Circus. England 196/1 38 801, regist.30.07.1884. Watch Manufacturer and Importer.	TRADE MARK
	MAXIM - STAUFFER ,Son & Co. 13 Charterhouse Street, London E.C. England 259/1 MAXIM, tradename registr. 247 366, 04.06.1902. Watches? Clocks ?	MAXIM
	Mc Cabe , James Royal Exchange London England 180/3 Carriage clock maker.Data refer: 1811, family owned business, closed in 1883.	Mc C A B E

NOTE:

TRADEMARK OR TRADENAME MARQUE DE FABRIQUE - NOMS WARENZEICHEN - WORTMARKE	NAMES AND ADDRESSES NOMS ET ADDRESSES NAMEN UND ADDRESSEN	REMARKS OBSERV'TN BEMERKUNG
	MERZBACH, Jacob Merzbach, behalf of:MERZBACH,LANG & FELLHEIMER. 1 and 2 Snow Hill, London England 077/1 12 167, regist.24.05.1877. used the Junghans label : PLURIBUS UNEM (latin) * Over three years label used before May 1877. * OUT OF MANY ONE Refer to GEBRUEDER JUNGHANS A.G.Schramberg- Germany.	
	MERZBACH,LANG,FELLHEIMER Agent for:Union Clock Co. Furtwangen-Germany 57 & 59 St.Mary Axe LONDON ENGLAND 114 35 104, regist. 22.01.1884. UNION CLOCK COMPANY, Horological Instruments made of Iron,Steel,Brass or other Metal capable of being employed of such Instruments. Mewburn, Ellis & Co	
	MERZBACH,LANG & FELLHEIMER in behalf of: UNION CLOCK COMPANY - Germany 57 & 59, St.Mary Axe, London England 183/1 35 104, regist.22.01.1884. Importer of Union-Clocks, -UNION CLOCK Co. m.b.H. Furtwangen/Badenia Black Forest- Germany.	
	MEYERSTEIN ,Charles,James, Leo,on behalf of: William Meyerstein & Co. 6 Love Lane,Aldermanbury London England 191/1 27 466, registr.17.01.1882. Clocks/Watches,Alarums,being in the nature of Clocks or time annunciators, being in fact Horological Instruments Timekeepers and all descrip- tions of Horological Instru- ments.	

NOTE: 077/1 : MERZBACH-LANG-FELLHEIMER,refer to page 539

REMARKS OBSERV'TN BEMERKUNG	NAMES AND ADDRESSES NOMS ET ADDRESSES NAMEN UND ADDRESSEN	TRADEMARK OR TRADENAME MARQUE DE FABRIQUE - NOMS WARENZEICHEN - WORTMARKE
	MOENICH, Oscar,trading as OSCAR MOENICH & Co. 8,Coleman Street, London England 160/1 27 638, registr.27.02.1882. Merchant Horological Instruments.	
	MOENICH, Oscar Moenich trading as: Oscar Moenich & Co. 8 Coleman Street, London England 212/1 43 712, regist. 12.05.1885. Merchants, Horological Instruments.	
	MOND,L.Albert in behalf:KUMMER Eduard,AG Betlach-Switzerland 19 Southampton Bldg, Chancery Lane,London W.C.2 England 274/1 INVENTIC,tradename regist. Reg.379,334 08.11.1917. Watches and Clocks & parts importer of:Kummer Ed. A.G. Betalch,Switzerland.	
	MOORE,John & Son,former Handley & Moore ND England 332/1 Since 1824, last records 1886. Watches.	MOORE, JOHN & SON
	MORRIS J.W. & Co see 239/1 England 250/1 NAVAL TIMEKEEPER No other data on file.	MORRIS
	MORRIS J.W. & Co.,trading: James Wilkie Morries, J.W.MORRIS & Co. 5,Market Steet,Faversham- Kent. England 239/1 68 355, 11.10.1887. Watchmaker & Jeweller. Watches.	MORRIS

NOTE:

TRADEMARK OR TRADENAME MARQUE DE FABRIQUE - NOMS WARENZEICHEN - WORTMARKE	NAMES AND ADDRESSES NOMS ET ADDRESSES NAMEN UND ADDRESSEN	REMARKS OBSERV'TN BEMERKUNG
TRADE MARK PURIS NON FRANCOR H.B.MUIR & C° LONDON.	MUIR, Hugh, Brown, trading: H.B.Muir & Co. 26, Old Broad Street London. England 177/1 29 772, regist. 22.11.1882. Merchant Horological Instr.	
THE FARRINGDON No. 41,166.	MURDOCH, John G. Ltd. John G.Murdoch & Co. 91 & 93 Farringdon Road London E.C. England 199/1 THE FARRINGTON,tradename reg. 41 166, 29.11.1884. Manufacturer, Importers & Publishers Watches.	
THE LONGBROOK. Per JOHN G. MURDOCH & Co., Limited. W. Bawcombe Asst. Sec. No. 58,825.	MURDOCH John,G.& Co. Ltd. 91 and 93 Farringdon Road, London E.C. England 236/1 58 825,regist.12.11.1886, Watches,Manufacturer, Importers, Publisher.	
	NEWSOME and COMPANY Rutts, Coventry England 211/1 46 713, regist. 07.08.1885. Watch Makers, Horological Instruments.	
L J. N & Co. C	NEWTON, Ellis White Road,Sparkbrook Birmingham, Warwickshire England 143/1 25 046, regist.02.04.1881. Horological Instruments, Auctioneer & Jeweller. Watches.	
NICOLE NIELSEN & C° LONDON.	NICOLE, Charles. Behalf of: Self and Partners Emil Nielsen,Zella Nicole,trading: NICOLE NIELSEN & Co. Soho Square 14. London. England 116/1 NICOLE NIELSEN & Co.Trade- name regist. 20 091, 23.05.1879. Watch Manufacturer, Horolg. Instruments.	

NOTE:

REMARKS OBSERV'TN BEMERKUNG	NAMES AND ADDRESSES NOMS ET ADDRESSES NAMEN UND ADDRESSEN	TRADEMARK OR TRADENAME MARQUE DE FABRIQUE - NOMS WARENZEICHEN - WORTMARKE
	NICOLE ,Charles.On behalf on Self an Partners Emil Nielsen,Zella Nicole,tradg. as NICOLE,NIELSEN & Co. 14 Soho Square,Middlesex England 119/1 NICOLE & CAPT. Tradename regist. 20 890, 08.07.1879. By applicants and predecc. in business 30 years before 07.07.1879. Watch manufacturer,Horolog. Instruments, nameley Watches and Chronographs.	NICOLE,CHARLES **NICOLE & CAPT.**
	OBRECHT, Eusebe Granges/Switzerland England 215/1 * THE TIMES, tradename regist. 42 896, 16.02.1885. Horological Instruments. * Watch Manufacturer regist. in London/England.	**"THE TIMES."** No. 42,896.
	OMEGA England 265/1 OMEGA, regist.283 843, 16.06.1906. Watches and parts thereof.	OMEGA
	OMEGA England 264/1 OMEGA,regist.283 842, 16.06.1906. Watches.	Ω OMEGA
	PEERTONE Nicolet, George trading as STAUFFER Son & Co. 13 Charterhouse Street, London E.C.1 England 310/1 PEERTONE,tradename Reg. 523,322 4th June 1931. Watch manufactuer and Importer.	**PEERTONE**
	PERIER, Marie Albert 15A & 16A Bury Street, London E.C. England 221/1 51 085, regist.13.02.1886. Watch Importer and Watch- Manufacturer's Agent. Watches and Clocks.	PERIER

NOTE:

TRADEMARK OR TRADENAME MARQUE DE FABRIQUE - NOMS WARENZEICHEN - WORTMARKE	NAMES AND ADDRESSES NOMS ET ADDRESSES NAMEN UND ADDRESSEN	REMARKS OBSERV'TN BEMERKUNG
PERIER	PERIER, Marie Albert see data 221/1 England 222/1 51 445, regist. 26.02.18867. Watch Importer and Agent.	
	PERIER,Marie, Albert 15A and 16A, Bury Street, England 242/1 69 918, regist.16.12.1887. Importer of Watches and Clocks.	
PETITPIERRE	PETITPIERRE, trading as Petitpierre and Co. 58, Holborn Viaduct London, England 128/18 21 807, regist.05.02.1880. Watch Manufacturer, Horolg. Instruments.	
	PERRIER, Marie Albert, 15 and 16A Bury Street St.Mary Axe, London England 150/1 26 724, regist. 10.09.1881. Watch Manufacturer and Importer, Horological Instruments.	
	PHOSPHOR, the BRONZE Co.Ltd. 87,Summer Street, Southwark- Surrey. England 216/1 PHOSPOR, tradename regist. 47 534, 19.Sept.1185. Metals Foundry, Manufact. Horological Instruments, not containing Phosphor.	
	PHOSPHOR BRONZE Co. Ltd. 87,Summer Stret,Southwark- Surrey England 203/1 VULCAN, tradename regist. 43 350, 05.03.1885. Horological Instruments.	
 No. 45,458.	PICARD, Henri & Frere 26 & 27 Bartlett's Bldg. London E.C. England 209/1 GENEVA SPRINGS, tradename registered 45 458, 02.06.1885. Manufacturer of Watch Materials and Tools.	

NOTE:

REMARKS OBSERV'TN BEMERKUNG	NAMES AND ADDRESSES NOMS ET ADDRESSES NAMEN UND ADDRESSEN	TRADEMARK OR TRADENAME MARQUE DE FABRIQUE - NOMS WARENZEICHEN - WORTMARKE
	PINNACLE WATCH COMPANY Ltd. 26 Hatton Garden. London E.C.1 England 314/1 PINNACLE WATCH, trade name Reg. 527,514 1th Dec. 1931 PLATNAUER,George,on behalf: SElf/Partners Michael,Joseph Samuel,Platauer. Trading as:	
	PLATAUER BROTHERs. Birmingham and Bristol. England 121/1 WHEELER Bros. tradename regist. 20 765, 17.07.1879. Merchants, Watches.	Wheeler Bros
	PICARD, Henri & Frere, 26 & 27 Bartlett's Bldg. Holborn Circus,London E.C. England 229/1 MARTIN, tradename regist. 54 377, 02.06.1886.Trademark used 2 Years before 13.08. 1875. Watch Main Springs and Watch Hair Springs. Manufact.of Watch Maetrial & Watchmakers Tools.	MARTIN
	PICARD Henri & Frere. 26&27 Bartletts Bldg. Holborn Circus London E.C.1 England 252/1 81 795, registr.30.10.1888 Horlogical Instruments Tool Manufacturers.	PICARD
	PICARD Henri & Frere 26 & 27 Bartlett's Bldg. London England 253/1 82 748, 26.11.1888.Horolog. Instruments. Watch Material and Watchmaker's Tool Manfc.	TRADE PROGRESS MARK
	PICARD Henri& Frere 26 & 27 Bartletts Bldg. London,Holborn Circus England 254/1 221 547, 17.03.1899.Parts of Horological Instruments. Watchmaker's Material and Tool Manufacturer.	PICARD

NOTE:

TRADEMARK OR TRADENAME MARQUE DE FABRIQUE - NOMS WARENZEICHEN - WORTMARKE	NAMES AND ADDRESSES NOMS ET ADDRESSES NAMEN UND ADDRESSEN	REMARKS OBSERV'TN BEMERKUNG
	PICARD Henri & Frere 24, Saint Bride Street London , E.C. England 270/1 Watches and parts thereof. 349 798, 20.02.1913. Manufacturers.	
	POTTER,Albert Henry ND England 060/1 9172, regist. 30.09.1876. In England for: UNITED STATES OF AMERICA WATCH MANUFACTURER.	
WW	PRINGLE,Robert, trading as ROBERT PRINGLE and Co. Wilderness Works, 42 Clerkenwell Road, London-Middlesex England 152/1 26 839, regist. 30.09.1881. Wholesale Jeweller, Horolg. Instruments.	
LONDON Couths & Co.	RADGES Joseph,trading as Joseph Radges and Co. Coventry-Warwickshire England 120/1 LONDON Couths & Co.Trade- . name, regist.20 932, 15.07.1879.Trademark used since 1865.1865. Watch Manufacturer.	
GRAND PRIX ELECTION BERNE 1914	REDFERN & Co. In behalf:BAUNSCHWEIG L. Switzerland South Street, Finsbury London E.C.2 England 273/1 EECTION, tradename regist. 376 896, 16.02.1917. Importer of Watches and parts thereof. Braunschweig L. Rue de la Paix, Chaux de Fonds,Switzerland.	
RICHARDSON LONDON	RICHARDSON,James see 168/1 England 170/1 28 077, regist.04.04.1882.	

NOTE: 273/1 : Read:ELECTION , tradename

REMARKS OBSERV'TN BEMERKUNG	NAMES AND ADDRESSES NOMS ET ADDRESSES NAMEN UND ADDRESSEN	TRADEMARK OR TRADENAME MARQUE DE FABRIQUE - NOMS WARENZEICHEN - WORTMARKE
	ROTHERHAM & SONS Ltd. 1-2-3,Holborn Circus London E.C. & 27 Spon Street Coventry England 272/1 Horological Instruments, 376 514, 19.05.1915, Manufacturers.	
	ROYAL CHRONOMETER, COMPANY of GREENWHICH Royal Hill, Greenwhich London S.E. England 233/1 56 744, regist.14.09.1886, Clocks,Timepieces and Chronometers.	ROYAL GREENWICH
	RUSSEL , Holgate, Alfred. in behalf of Self/Partner Thomas R.Russel. * Church Street Liverpool & THavies Inn - London England 075/1 THOS.RUSSEL & SON MAKERS to the QUEEN LIVERPOOL & LONDON 12 075, regist.18.05.1877. Watchmakers and Jewellers. Trademark used 30 years before May 1877. * Trading as: THOS. RUSSEL & SON.	RUSSEL THOS.RUSSEL & SON
	RUSSEL, Thomas Robert Russel,behalf of Self and Alfred Holgate Russel. Church Street, Liverpool Lancashire, England 085/1 Trading as Thomas Russel& Son Watch Manufacturer.Watches and other Horological Instruments, Watch Movements/enamld.dials Reg.12 507, 30.06.1877. Trade- mark used by applicants and predecessors 80 years prior 29.06.1877.	RUSSELL.

NOTE:

TRADEMARK OR TRADENAME MARQUE DE FABRIQUE - NOMS WARENZEICHEN - WORTMARKE	NAMES AND ADDRESSES NOMS ET ADDRESSES NAMEN UND ADDRESSEN	REMARKS OBSERV'TN BEMERKUNG
	RICHARDSON, James Carlton House, Holyhead Road and 14 Norfolk Street, Coventry England 168/1 28 072, regist.04.04.1882. Watches, nameley Gold & Silver Watches. Wholesale Watch Manufact.	
	RICHARDSON,James see data 168/1 England 169/1 28 074,regist.04.04.1882.	
PORCUPINE	ROBERTS, Robert 19,Steeles Road,Haverstock Hill, London England 245/1 PORCUPINE, tradename regist. 59 478, 01.12.1886. Watch manufacturer.	
	ROESING,Ferdinand 11 Billiter Square London England 111/1 15 521, regist. 16.10.1878. Watches, Horological Instr.	
	ROTHERHAM,John. Behalf of: ROTHERHAM & Sons. Conventry.Warwickshire England 110/1 15 543,regist.22.10.1878. Trademark used prior 15 years before. Watch Manufacturer.	
	ROTHERHAM, John, of: behalf of the Firm of Rotherham and Son, Coventry Warwickshire England 129/1 21 120, regist.09.02.1880. Watch Manufacturer, clock Movements,horological Items.	

NOTE:

REMARKS OBSERV'TN BEMERKUNG	NAMES AND ADDRESSES NOMS ET ADDRESSES NAMEN UND ADDRESSEN	TRADEMARK OR TRADENAME MARQUE DE FABRIQUE - NOMS WARENZEICHEN - WORTMARKE
	RUSSEL,Robert Thomas, trading as Russel's Chathedral Works, 18, Church Street Liverpool England 113/1 34 954,regist. 14.01.1884. Watch Manufacturer,Watches the Cases of which are made of Gold and Silver.	RUSSEL, ROBERT THOMAS
	RUSSEL, Alfred Holgate. Trading as: ALFRED RUSSEL & Co. 24 and 25,Sandon Buildings Post Office Place, Liverpool England 115/1 TEMPUS FUGIT, tradename . regist.15 965, 31.12.1878. Watch Manufacturer, Horolg. Instruments.	 No. 15,965.
	SAMUEL, Selim,of behalf: COHEN & SAMUEL,Bartletts Bldg. London and: Oxford Terrace,Coventry, Warwickshire. England 148/1 GEORG BURTON LONDON, trade-name,regist.26 465, 12.07. 1881. Watch Manufacturer, Horol. Instruments.	
	SETTLE,Edward Richard & J.Settle, trading as: SETTLE BROTHERS, Conventry England 040/1 3617, regist. 07.03.1876. Watch Manufacturers. Trademark used 20 years before February 1876.	
	SETTLE, Edward Richard see 133/1 England 135/1 22 507, regist. 12.07.1880. Watch Manufacturer,Watches, and other Horological Instr. SETTLE, Edward Richard, trading as :SEETLE & Company Coventry England 133/1 22 505, regist. 12.08.1880. Watch Manufacturer, other Horological Instruments.	

NOTE:

TRADEMARK OR TRADENAME MARQUE DE FABRIQUE - NOMS WARENZEICHEN - WORTMARKE	NAMES AND ADDRESSES NOMS ET ADDRESSES NAMEN UND ADDRESSEN	REMARKS OBSERV'TN BEMERKUNG
GOING BARREL LEVER.	RUSSEL, Thomas Herbert. see 085/1 England 088/1 GOING BARREL LEVER, trade-mark, regist.12 511, 30.01. 1877. Trademark used by applicant more than7 year before 1877.	
RUSSEL	RUSSEL, Thomas Robert, see 085/1 England 089/1 12 513, regist. 30.07.1877. Trademark from this date on. Watches.	
RUSSEL,THOMAS HERBERT	RUSSEL Thomas Herbert see 085/1 England 090/1 12 514, regist.30.06.1877. Trademark from this date on. Watches and other Horolog. Instruments.	
THOS. RUSSELL & SON.	RUSSEL,Thomas & Son THOS. RUSSEL & SON see 085/1 England 086/1 12 508, regist. 30.06.1877. Watch Manufacturers, Horol. Instruments. Trademark used by applicant mor than 20 years before 1877.	
MACHINE MADE LEVER.	RUSSEL, Thomas Herbert. see 085/1 England 087/1 MACHINE MADE LEVER,Tradem. 12 510, 30.06.1877. Trademark used more than 4 years before 1877. Watches and other Horolog. Instruments.	
Russell Sons ANGLO LEVER.	RUSSEL,Thomas Herbert see 085/1 England 091/1 ANGLO LEVER,Tradename reg. 12 873, 10.08.1877. Trademark from this date on. Watch Manufacturer.	

NOTE:

REMARKS OBSERV'TN BEMERKUNG	NAMES AND ADDRESSES NOMS ET ADDRESSES NAMEN UND ADDRESSEN	TRADEMARK OR TRADENAME MARQUE DE FABRIQUE - NOMS WARENZEICHEN - WORTMARKE
	SERVICES WATCH COMPANY Ltd. see 300/1 England 306/1 Reg. 522,234 Clocks/Watches 23rd Apr 1931.	
	SERVICES WATCH COMPANY Ltd. see 300/1 England 307/1 Clocks and Watches. Regist. 522 233 , 23.04.1931.	
	SKIPTON,YORKS & BOLTON Loncs ? England 348/1 Burgler Alarm, Patent filed year 1892 by.J.T.Wolf.	SKIPTON,YORKS & BOLTON
	SLATER & DALE - London. 17, Bury Street,St.Mary Axe London England 178/1 29 861, regist.01.12.1882. Watch Manufacturer.	**SLATER & DALE,** **LONDON.** 
	SICHEL, Leon and Co. In behalf of:BILLODES, Swiss enterprise,by agent: 33.Holbron Viaduct, London and 18, Vyse Str.Birmingham England 190/1 BILLODES, tradename regist. 37081, 22.04.1884. Watch Importer.	
	SICHEL ,Leon 18 Vyse Street Birmingham England 139/1 25 155, regist.05.11.1890. Wholesale Watch Manufactr. Horological Instruments, such as Watches.	

NOTE:

TRADEMARK OR TRADENAME MARQUE DE FABRIQUE - NOMS WARENZEICHEN - WORTMARKE	NAMES AND ADDRESSES NOMS ET ADDRESSES NAMEN UND ADDRESSEN	REMARKS OBSERV'TN BEMERKUNG
SIMMONS, LONDON.	SIMMONS ,Charles Charles John Simmons Electrical Engineer. 56,Leverton Street, London N.W. England 186/1 34 755, regist. 31.12.1883. Horological Instruments.	
THOS BARCLAY & SON B S LONDON No. 27,314.	SILVERSTON,Isaac,and behalf: of ISAAC SILVERSTON & Co. 23,Summer Hill Terrace, Birmingham-Warwickshire England 153/1 27 314, regist. 23.12.1881. Merchants, Horological Instruments.	
	SCHMIDT,Ludwig,Wilhelm of Self and Partner Richard Homer,trading as Schmidt&Homer. 79, Charlotte Street,Birmingham Warwickshire England 103/1 3787, regist. 11.03.1876. General Hardware Merchants. Watches and Clocks. Trademark used about 7 years before September 1877.	
ANTI-CORRODO TR & GI Co WB THE RUSTLESS & GENERAL IRON Co	SPENCER, James Ernst, behalf of:Self and Samuel Spencer,trading as: London,97 Canon Str.Rust- less and General Iron Co. England 140/1 ANTI-CORODO, tradename reg. 21 069.30.01.1880. Manufacturers and Merchants Horological Instruments.	
	SPIKINS,Fedrick,Robert George. 29,the Broadway,West Ealing London W 13 England 286/1 Reg. 470 236, & 470 237 01.06.1926. Horological Instruments. Gold & Silver- smith.	
SPIKINS	SPIKINS, Fredrick Robert 29, The Broadway, West Ealing,London W 13 England 357/1 PYRAMID, trades logo,regist. 470 237, 01.06.1926.	

NOTE:

REMARKS OBSERV'TN BEMERKUNG	NAMES AND ADDRESSES NOMS ET ADDRESSES NAMEN UND ADDRESSEN	TRADEMARK OR TRADENAME MARQUE DE FABRIQUE - NOMS WARENZEICHEN - WORTMARKE
	TOBIAS L. & Co. Watches Liverpool England /1 MFC/RET Watches Last record 1829.	TOBIAS & Co
	ASHLEY & SIMS Horological Enterprise London - Clerkenwell Family operated ?	ASHLEY & SIMS
	ND ND Anglo / German Westminster mantle clock. Movement plate PAT 421434 - FOREIGN - 13478/53 other patents pending.	
	ND ND Found on 8 bell strike,mantle clk. Found on mantle clock with music box, Maker : Unknown	
	FRODSHAM, G.E. Watch manufacturing 31, Gracechurch Street, London England /001 Historical data: Frodsham & Baker London 1857-1863 Frodsham, Charles 1863-1881 Frodsham, George CHRONOS 1857-69 Frodsham G.E.succ Frodsham & Baker 1869 - 1875	FRODSHAM G. E.

NOTE:

TRADEMARK OR TRADENAME MARQUE DE FABRIQUE - NOMS WARENZEICHEN - WORTMARKE	NAMES AND ADDRESSES NOMS ET ADDRESSES NAMEN UND ADDRESSEN	REMARKS OBSERV'TN BEMERKUNG
	SELIM, Samuel, on behalf of SElf Partner Philip Cohen, trading as THE LONDON WATCH COMPANY, 26&27 Bartlett's Buildings, Holborn Circus England 130/1 22 320, regist. 26.04.1880. Watch Makers.	
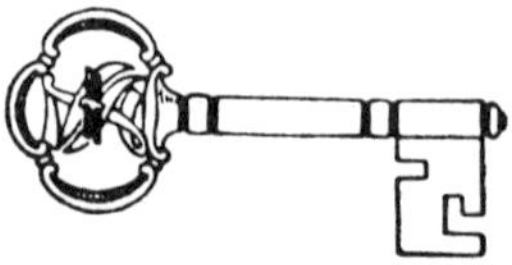	SELFRIDGE & COMPANY Ltd. Oxford Street LONDON W.1. England 282/1 Horological Instruments, General Merchants, regist. 451 344, 27.08.1924.	
	SERVICES WATCH CO.Ltd. 37, Belvoir Street, Leicester England 293/1 CORRECT TIMING, trade logo Reg.507 854 15.11.1929. Clocks and Watches and parts.	
	SERVICES WATCH COMPANY,THE Ltd. see 300/1 England 304/1 Reg. 522,231 23rd Apr. 1931 Clocks/Watches.	
	SERVICES WATCH COMPANT,THE Ltd. see 300/1 England 305/1 Reg. 522,232 23rd Apr 1931. Clocks/Watches.	

NOTE:

REMARKS OBSERV'TN BEMERKUNG	NAMES AND ADDRESSES NOMS ET ADDRESSES NAMEN UND ADDRESSEN	TRADEMARK OR TRADENAME MARQUE DE FABRIQUE - NOMS WARENZEICHEN - WORTMARKE
	STREETER,Edwin,William 18,New Bond Street, Middlesex England 104/1 STREETER,tradename regist. 15 054, 18.07.1878. Watch Manufct.- Jeweller. Trademark used 10 years before July 1878.	
	SQUIRE, Reuben 35 Myddelton Square, London, England 144/1 THE LONDON WATCH COMPANY, 25 373, regist. 11.12.1880. Watch Manufacturer, English and Foreign Watches and Clocks.	THE LONDON WATCH COMPANY L.W.C. STANDARD STANDARD.
	SUGG, William, Thomas * Vincent Works, Vincent Str. Westminster England 074/1 9365, regist.26.10.1876. Clocks. * registered as: Gas Engineer	EN AVANT.
	SYDENHAM,George,of behalf: SYDENHAM BROTHERs. Temby Street,Birmingham 1 England 141/1 25 572, regist. 22.01.1881. Clocks,Watches and Chronometers. Merchants and Jewellers.	S.Bros.
	SYNCHROME ,the Company Ltd. 32/34 Clerkenwell Road London England 350/1 ND	SYNCHROME
	TEMPOVOX,BRITISH TEMPOVOX Ltd. Tempovox Works,Holly Road, Hampton Hill, Middlesex England 323/1 TEMPOVOX,Tradename regist. 548 584, 29.03.1938. Manufacturers,Horological Instruments.	TEMPOVOX

NOTE:

TRADEMARK OR TRADENAME MARQUE DE FABRIQUE - NOMS WARENZEICHEN - WORTMARKE	NAMES AND ADDRESSES NOMS ET ADDRESSES NAMEN UND ADDRESSEN	REMARKS OBSERV'TN BEMERKUNG
"THE CYCLER."	THE CYCLIST, Edward Richard Settle see 133/1 England 134/1 22 506, regist. 12.08.1880. Watch Manufacturer.	
DURO METAL.	THE PHOSPHOR Bronze Co.Ltd. 87,SummerStreet,Southwark- Surrey England 205/1 DURO METAL,tradename regist. 43 863. 20.03.1885. Metal Foundry, Horological Instruments.	
	THE SERVICES WATCH CO.Ltd. 37 Belvoir Street, Leicester , England 300/1 Clocks and Watches and parts Reg. 522,225 23rd.April 1931 Watch/Clock factory ?	
	THE SERVICES WATCH CO.Ltd. see 300/1 England 302/1 Reg. 522,228 23rd.Apr.1931. Clocks/Watches.	
	THE SERVICES WATCH CO.Ltd. see 300/1 England 303/1 Reg. 522,230 23rd Apr 1931. Clocks/Watches.	

NOTE:

REMARKS OBSERV'TN BEMERKUNG	NAMES AND ADDRESSES NOMS ET ADDRESSES NAMEN UND ADDRESSEN	TRADEMARK OR TRADENAME MARQUE DE FABRIQUE - NOMS WARENZEICHEN - WORTMARKE
	THE SERVICES WATCH CO.LTD. see 300/1 England 301/1 23.April 1931.Reg. 522.226 Clocks/Watches	
	THE WATERBURY WATCH Co. see data 224/1 England 227/1 53 584, regist. 08.05.1886, United States of America Watch Manufacturers. Horological Instruments.	**THE WATERBURY WATCH Co.** WOW No. 53,584.
	THE WATERBURY WATCH Co. same data as 224/1 England 228/1 53 585, registr.08.05.1886, Horological Instruments.	THE WATERBURY WATCH
	THOMAS,Seth Edward, treasurer of and on behalf of the SETH THOMAS CLOCK Co. 481, BRoadway New York England 081/1 Clocks and Clock movements, trademark filed in England, Reg.12,289, 11th June 1877.	S.T.
	THOMPSON & VINE Aldersgate Street,London E.C. England 340/1 Retailer in clocks and watches.	THOMPSON & VINE
	TIME CLOCKS GLedhill Bradoaks-Halifax England 352/1 ND	TIME CLOCKS
	TWAITES & REED ND England 330/1 Watchmaker/clockmaker supply house. ND	TWAITES & REED

NOTE:

TRADEMARK OR TRADENAME MARQUE DE FABRIQUE - NOMS WARENZEICHEN - WORTMARKE	NAMES AND ADDRESSES NOMS ET ADDRESSES NAMEN UND ADDRESSEN	REMARKS OBSERV'TN BEMERKUNG
UNIVERSAL PROVIDER	UNIVERSAL PROVIDER, trade- name regist. 14 192, 06.02.1878. Tradename used nearly six years before February 1878. Clocks,Watches,Chronometers.	
VACHERON & CONSTANTIN	VACHERON & CONSTANTIN Agent:Philipp Weiss see 159/1 England 154/1 27 255, regist. 16.12.1881. Watch Manufacturers, Horological Instruments.	
VACHERON & CONSTANTIN	VACHERON & CONSTANTIN see 159/1 England 155/1 27 255, regist. 16.12.1881. Horological Instruments, Watch Manufacturer.	
	VACHERON & CONSTANTIN, tradename regist. 27 255, 16.12.1881. Watch Cases & Clock Cases being made of Prescious Metals or in Imitation thereof. Watch Manufacturer.	
	VACHERON, tradename regist. 27 258, 16.12.1881. Watch Manufacturer, 1,Rue & Quai des Moulins, Geneva, Switzerland, Watch Manufacturers.	
 ALBION	WATCH MERCHANTS, in behalf: Combine Watch Co.* -Switzerland. 110 Hatton Garden, London E.C. 1 England 283/1 ALBION, tradename regist. 155 369, 15.01.1925. Import of Swiss watches. COMBINE WATCH Co.Societe Anonyme,Hotel de la Porte La Chaux de Fonds,Switzer- land.	

NOTE:

REMARKS OBSERV'TN BEMERKUNG	NAMES AND ADDRESSES NOMS ET ADDRESSES NAMEN UND ADDRESSEN	TRADEMARK OR TRADENAME MARQUE DE FABRIQUE - NOMS WARENZEICHEN - WORTMARKE
	WATTS W.G. Nottingham England 345/1 THUNDER, tradename. Alarm clocks. ND.	WATTS
	WATERBURY WATCH COMPANY U.S.A. (sales company) 17, Holborn Viaduct LONDON E.C. England 241/1 PRINCESS, tradename regist. 71 798, 18.01.1888. Watch sellers.	PRINCESS.
	WATERBURY, THE, WATCH Co. United States of America Watch manufacturers. 17 Holborn Viaduct, London& 52 Maiden Lane, New York England 224/1 53 581, regist. 08.05.1886. Watches, Horological Instr.	WOW
	WATERBURY WATCH Co. of the U.S.A. see data 224/1 England 225/1 53 582, regist. 08.05.1886. Horological Instruments.	WATERBURY WOW
	WATERBURY WATCH Co. see data 224/1 England 226/1 53 583, regist. 08.05.1886, Horological Instruments.	WATERBURY WATCH Co WOW No. 53,583.
	WATKINS-WILFRED PITCHFORD, in behalf: South Africa Med. Institute Med.Res. Johannsbg. Feeny & Feeny, 73a Queen Victoria Str. London E.C 4 England 285/1 ISOMETER, tradename regist. 467 414, 22.02.1926. Clocks.	ISOMETER
	WEIL & HASRBURG, trading as: BARTLETTS Bldg. WATCH Co. 3, Holborn Circus, London England 223/1 51 632, regist. 04.05.1886. Watch Manufacturer.	C.F. B A B WOW BARTLETTS BUILDINGS WATCH Co NEW JERSEY U.S.

NOTE:

TRADEMARK OR TRADENAME MARQUE DE FABRIQUE - NOMS WARENZEICHEN - WORTMARKE	NAMES AND ADDRESSES NOMS ET ADDRESSES NAMEN UND ADDRESSEN	REMARKS OBSERV'TN BEMERKUNG
W H C	WEIL & HARBURG 3,Holborn Circus, London England 240/1 69 554, 16.11.1887. Watch Manufacturers, Watch movements and cases (not sold separately.	
THE ASCOT.	WEILL,Louis Henry and Harburg, trading as Weill & Harburg 3 Holborn Circus, London England 248/1 THE ASCOT, tradename regist. 67 835, 23.09.1887. Watches.	
VACHERON	WEISS,Philipp,August see 159/1 England 157/1 27 256, regist.16.12.1881. Watch Cases and Clock cases being made of precious Metals or in Imitation thereof.	
	WEISS,Philipp,August see 159/1 England 158/1 27 257,regist. 16.12.1881. Horological Instruments.	
TRADE MARK	WHEELER THOMAS, 160 Lancaster Road, Preston Lancashire England 179/1 33 138,regsit.01.08.1883. Watch Manufacturer, Horolg. Instruments.	
T W	WHEELER, Thomas see 179/1 England /1 33 138, regist. 01.08.1883. Watch Manufacturer, Horolog. Instruments.	
WELLINGTON WATCH Co. S.B. & Co.	WELLINGTON WATCH Co. Samuel Bros.& Co.,trading Wellington Watch Co. 8 & 9 Chiswell Street London E.C. England 247/1, registered 64 306, 26.04.1887 Merchants - Watches	

NOTE:

REMARKS OBSERV'TN BEMERKUNG	NAMES AND ADDRESSES NOMS ET ADDRESSES NAMEN UND ADDRESSEN	TRADEMARK OR TRADENAME MARQUE DE FABRIQUE - NOMS WARENZEICHEN - WORTMARKE
	WHITE, KELVIN & JAMES Ltd. 16-18-20 Cambridge Street, Glasgow England 269/1 Horolocigal Instruments.Reg. 311 674, 25.03.1909. Scientific Instruments Makers.	
	WHITTELEY, William 31,33,39,41,43,45,47, 49,51,53,and 14a Westbourne Grove and 147,149,151,and 157 Queens Road,Bayswater-England 080/1	
	WHITTELEY, William. William Whitteley, see 080/1 England 094/1 Registered 14 192, 06.02.1878	UNIVERSAL PROVIDER
	WILLIAMSON H. Ltd. 81, Farrington Road, London England 278/1 EMPIRE, tradename registr. 410 580, 11.12.1920. Alarm Clocks,watchmakers & Jewellers.	
	WIGSTON, secretary of and on behalf of the Conventry Co-operative WATCH MANUFCT. 32 Bishop Str.Coventry England 064/1 9619, regist.12.11.1876. Gold and Silver Watches.	
	WIDENHAM London England 353/1 ND	WIDENHAM

NOTE: 278/1 : EMPIRE, refer to page 137

TRADEMARK OR TRADENAME MARQUE DE FABRIQUE - NOMS WARENZEICHEN - WORTMARKE	NAMES AND ADDRESSES NOMS ET ADDRESSES NAMEN UND ADDRESSEN	REMARKS OBSERV'TN BEMERKUNG
WILDER	WILDER,William,Franklin Agent for:THE ELGIN WATCH WATCH COMPANY.* 6, Thavies Inn, London England 050/1 1111,regist. 20.01.1876. in the United Kingdom, of and on behalf the ELGIN NATIONAL WATCH COMPANY, Elgin, Illinois, America. Trademark used 4 years prior January 15th, 1876. Watch Importer.	
WILDER	WILDER,William,Franklin. General Agent and Attorney for:ELGIN WATCH Co U.S.A. 6, Thavies Inn, London England 051/1 NATIONAL WATCH COMPANY ELGIN, Illinois - America. 1111, regist. 20.01.1876. Watch Importer.	
	WOLF, Herbert 89 Lord Street,Liverpool England 261/1 Horologoical Instruments. Regist.258 456, 09.11.1903. Jeweller.	
	WOODCOCK, George,trading as G.Croft and Co. 7a,St.Michael's Churchyard Coventry England 078/1 11 939, regist.04.05.1877. Gold and Silver Watches, made up as Hunters, Dimi- hunters, Open face, and Crystal Bezel. Watch Manufacturer.	
	WOOG, Adolphe 10 Bartlett Bldg.London. England 063/1 10 100, regist.08.12.1876. watches,chronometers, and Clocks. Importer, Woog,12 Rue du Quatre September,Paris France.	

NOTE:

REMARKS OBSERV'TN BEMERKUNG	NAMES AND ADDRESSES NOMS ET ADDRESSES NAMEN UND ADDRESSEN	TRADEMARK OR TRADENAME MARQUE DE FABRIQUE - NOMS WARENZEICHEN - WORTMARKE
	WOOD'S MAIL ORDER STORES Ltd.Trading under: Little Wood's Mail Order... Littlewood Buildings 100/110 Oldhall Street, Liverpool England 329/1 Merchants.Horological Instr. Reg. 579,308 17th Aug. 1937.	SPINNEY
	SMITH'S CLOCKS Ltd. London England / ASTRAL , tradename ND : Registration	SMITHS ASTRAL COVENTRY ASTRAL 14416
	BRITISH UNITED CLOCK Co. Birmingham England / Manufacturer of Clocks,clock parts alarm clocks,French style travel clocks. Company was founded 1885,rapidly expanded , 1891 400 employees. About 1900 the British United Clk. Company struggle with the "MADE in GERMANY" - inexpensive imports from the Black Forest ended 1909 with the closing of plant at Erdington - Birmingham.	TRADE MARK B U C Co B U C Co
	EMPIRE ND ND England ND: Registration	EMPIRE MADE IN ENGLAND
	LONDON CLOCK ND : ND : Dial lettering: US - TRADE MARK - (star) LONDON CLOCK	U.S. TRADE.MARK LONDON CLOCK

NOTE: 000/0 : EMPIRE, refer to page
000/0 : British United Clock. Co. refer to page 152

TRADEMARK OR TRADENAME MARQUE DE FABRIQUE - NOMS WARENZEICHEN - WORTMARKE	NAMES AND ADDRESS NOMS ET ADDRESSE NAMEN UND ADDRESSE	REMARKS OBSERV'TN BEMERKUNG
BALDOCK & CO.	BALDOCK & Co. E0540 G.R. 31 Holborn Viaduct,London E.C. WHS-RET PW-WW Advertises Waltham (USA) and Swiss bracelett lever watches (London News year 1911)	
BALDOCK G.R.& Co.	BALDOCK G.R.& Co E0539 31 Holbron Viaduct London E.C. RET-WM-JW	
BENSON J.W.	BENSON J.W.- MFC E0553 62-64 Ludgate Hill and 250ld Bond Street London WHS-RET-WA-JW	
BENNETT, SIR.	BENNETT , Sir John Ltd.] E0541 London WHS-RET-PW-WW-JW Refer: Advertismt.catalogue year 1911 "Illustrated London News" Advert. year 1911. Testing the market for wristwatches, especially for "gentlemen" there was evidence of prejudice against wearing effimate watches by gentlemen.	
BLANKENSEE & Co.	BLANKENSEE & Co. E0512 MFC Birmingham - ACHILLE - 22.Jun.1899 WHS-RET-WV	
B O R G E L	BORGEL E0548 Location: ND Regist. : ND WHS-RET-JW Advertisement "BORGEL CASE" With this type of case,the bezel,dial, movement were held in brass movement holder which had an outer thread.	

T92/L NOTE:

REMARKS OBSERV'TN BEMERKUNG	NAMES AND ADDRESS NOMS ET ADDRESSE NAMEN UND ADDRESSE	TRADEMARK OR TRADENAME MARQUE DE FABRIQUE - NOMS WARENZEICHEN - WORTMARKE
LIT 120 121 122 * Village, refer: Page 270 Plate VII location ④	CAMERER CUSS & CO. E0555 London SW 1Y 6PY 17 Ryder Street, St.James's Fine Antique Watches & Clocks CHRONOLOGICAL NAME TABULATION : KAMMERER - Clock makers,Packers(Sales Agent) Organ Builder, Businessmen : 1730 Kammerer, Joseph,merchant interduced @ 1740 with Joseph Ganter the Cuckoo Clock to the Black Forest, Kammerer,Johann and his son, Kammerer,Blasius from Gutenbach Black Forest Kammerer,Joseph of Furtwangen mentioned Cuckoo Clocks,refers to Ketterer,Anton of Schönwald 1730-1794 Kammerer,Ambrosius of Furtwangen 1781-1752 Kuss, Michael of Katzensteig, Black Forest annually 300 clocks. 1787-1841 Kuss,Paul of Praeg, Black Forest 200 clocks annually. 1788 Camerer, Andrew (1) 1788-1821 Camerer, Lawrence, partner with Lawrence Hebting and Martin Thopp in 1788. 1789-1860 Kammerer,Gabriel(Dorf)* 200 clocks annually. 1791-1858 Kammerer,Andreas of Praeg, 200 clocks annually. 1792-1862 Camerer, Andrew II 1795-1858 Kuss, Zyriak of Praeg 600 clocks annually. 1799-1879 Kammerer, Max (Dorf) * 400 clocks annually. 1806 Kammerer, Valentin made Watchman time clock. 1815 Camerer ,Lawrence and Camerer, Joseph (lease taken out 1815) 1820 Camerer & Co.announced in "British Press" February 9th 1820, No.2 Broad Street Bloomsbury,import of clocks from State of Badenia - now Germany,Black Forest. 1821 Camerer, Andrew II 1821-1899 Kuss,Johann,Georg of Furtwangen ,Organ and Orchesterion maker. cont. page 140	CAMERER CUSS & Co.

NOTE: LIT = Literature reference see page 906-918 R/T92
Literature voir la page 906-918
Literaturverzeichnis siehe Seite 906-918

TRADEMARK OR TRADENAME MARQUE DE FABRIQUE - NOMS WARENZEICHEN - WORTMARKE	NAMES AND ADDRESS NOMS ET ADDRESSE NAMEN UND ADDRESSE	REMARKS OBSERV'TN BEMERKUNG
	cont.from page 139	
	1834 Import of musical clocks from the Black Forest.	
	1834 Kamerer,Johan,Clockmaker and "Packer" (Sales agent)	
	1835 Kammerer,Valentin +1835 son of Kammerer Johann Georg, founded a wire mill.	
	1836-1849 Camerer-Faller & Co. Dutch(1) Clocks for kitchen, Refered: London Post Office directory.	(1) Nickname for German emigrants.
	1837 Rombach & Kuss, 1 West Nicholson Street,Edinburgh.	
	1841 Camerer-Kuss-Faller & Co. import of clocks.	
	1843 Camerer-Kuss & Co. or Camerer-Kuss-Faller & Co. sometimes the name Camerer alone, other times with Faller on labels-letterhead.	LIT 120 121 122
	1844 Germain(2) Kuss & Co.Chariot Street, Hull.	
	1846 Kuss-German & Co.of Hull.	
	1846 Kuss,German left partnership with J.A.Romback ***	
	1848 Kuss & Co. of Newcastle - on-Tyne.	
	1849 Camerer, Kuss & Co.without the name Faller,but with Kuss,see 1843 entry.	
	1851 Kuss, Bernhard & Co of Bishopwearmouth.	
 Plate E0555A	1852 Camerer,David,eldest son of Andrew Camerer,became Senior partner. 1852-1856 Kuss,G&A of Newcastle-on-Tyne. 1858 Kuss,G&A,of Newcastle-on-Tyne 1863-1881 Kuss,Xaver of London. 1865-1868 Camerer,Kuss & Co. Tritschler Miller & Co., 201 High Holborn Street, London,Clock importer, 522 Oxford Street, renamed 56 New Oxford Street and 5 Poplar Terrace,renamed No.186 Uxbridge Road. 1866-1877 Camerer,Kuss Tritschler & Co.,London Post Offc. Directory.Shops : 2 Broad Street, Bloomsbury, 522 Oxford Street, 5 Poplar Terrace Shepherds Bush, with five partners:David Kuss, Leopold Hempting,William Woller, Joseph Tritscheler,Marcus Duffner 1868 Camerer,Kuss & Co.took over cont. page 141	

T92/L NOTE: E0555A,front page of catalogue - FRENCH CARRIAGE CLOCKS - year 1884, New Oxford Street London.
T.Camerer Archive

REMARKS OBSERV'TN BEMERKUNG	NAMES AND ADDRESS NOMS ET ADDRESSE NAMEN UND ADDRESSE	TRADEMARK OR TRADENAME MARQUE DE FABRIQUE - NOMS WARENZEICHEN - WORTMARKE

cont.from page 140

Tritscheler,Miller & Co.in 1865 whose premises were retained until 1868.A new partnership was formed.Hence the deed or indenture of 1868 and will note that the firms title was to be : Camerer Kuss & Co. This title began in 1843 (although Faller was sometimes included) and it contn. from 1843 to the present day. (Except Kuss changing to CUSS in 1914)(2)

(2) At the start of World War I.

Plate E0555B

The official title of the firm did not change in 1865/1868 but from then until 1877 Trade labels advertising. Post Office Direct. included the name in order to to utilize good will of that business.

LIT 120 121 122

1881 Camerer,Tritschler & Co. trading name for Camerer Kuss & Co.
1900 Import of "English Style Clocks" 2600 clocks made by Kammerer,Samuel, Furtwangen Badenia-Black Forest
1901 Camerer Cuss Co.London, signierte high grade Pocketwatch made under the "Ebauche"(3) system in the Clerkenwell(4) shops.

(4) See plate III, page 76

1903 Camerer Kuss & Co. Pocketwatch made according to the patent by Bonniksen - Conventry, signiert by the dealers:
- Camerer Kuss & Co. -
1905 Kuss David +
1908 -1970 T.P.Camerer-Cuss published :ANTIQUE WATCHES and EARLY WATCHES.
1914 Kuss anglicised to CUSS (2)
1915 Cuss Leopold +
1921 Agreement trading under the name :Cammerer Cuss & Co.
1930 Exterior/interior of shop restyled,Victorian/Edwardian Charles Dickens style retained.
1933 Lease at No.2 Broad Street expired.
1939-1941 War production,time pieces made for the military
1949 Start production of Cuckoo clocks,-Made in England-.
1952 Camerer Cuss & Co. Company registered with limited (Ltd) public liability.

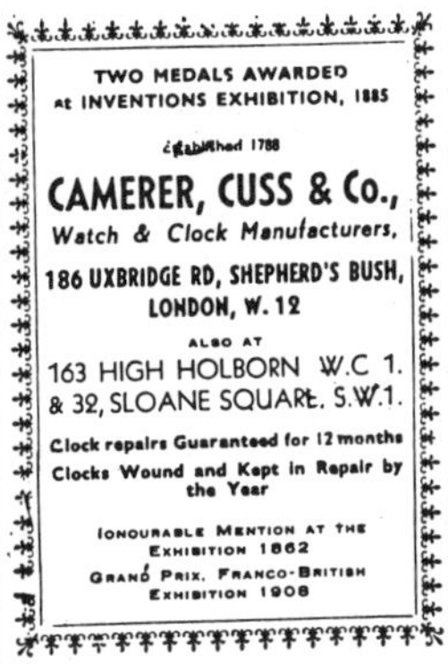

Plate E0555C

cont. page 142

NOTE: E0555B,front page of calendar year 1897,advertisement: "Queens Anniversary Skeleton Clock"-T.Camerer Archive.
E0555C,clock label @ before year 1914,H.Kahlert Archive-Germany

R/T92

TRADEMARK OR TRADENAME MARQUE DE FABRIQUE - NOMS WARENZEICHEN - WORTMARKE	NAMES AND ADDRESS NOMS ET ADDRESSE NAMEN UND ADDRESSE	REMARKS OBSERV'TN BEMERKUNG
	cont.from page 141 1976 2nd Edition of : ANTIQUE WATCHES by Terence Camerer-Cuss 1983 Camerer Cuss & Co. relocated to former Fine Art Gallery at 17 Ryder Street,London - St.James's ,Terence Camerer Cuss,associated with Carlton Smith, respected Clock dealer. Retail of modern watches,jewelery and clocks. Buyimg and selling of antique clocks and watches as well time pieces restoration. 1988 Camerer Cuss,Terence Camerer published: CAMERER CUSS & Co. 1788 - 1988 THE BICENTENARY ======	
CAMERER, KUSS TRITSCHLER & Co.	CAMERER,KUSS,TRITSCHLER &CO. 522, Oxford Street, and 2 Broad Sreet, Bloomsbury E0556 MFC WHS-RET-WA  PATRONISED BY HER MAJESTY. HONOURABLE MENTION AT THE EXHIBITION, 1862. CAMERER, KUSS, TRITSCHLER & Co., ESTABLISHED 1788. Watch and Clock Manufacturers, 522, OXFORD STREET, AND 2, BROAD STREET, BLOOMSBURY. Chronometer, Repeating, Duplex, Lever, and every other description of Watches and Clocks carefully repaired. A large assortment of Curiosity and Cuckoo Clocks always on sale. Clocks wound and kept in repair by the year. E0556 Label found on"Time only",puritan style small (9" high) plain case mantle clock.Solid brass plate spring 14 day movement, no Trade-mark *. Vintage @ 1885-1910. Size of label: 5"x3 5/8" (inch)	LIT 156,refer page 147/148 ARS publication.
 CUCKOO CLOCKS J.B. Beha & Sons, Eisenbach AGENCY and DEPOT Camerer Kuss & Cie. London WC. Plate E 0600	E0600 Business card used by: Cammerer Kuss & Co.London Year @ 1860/1868	Plate E0600 Archive: Dr.Rer.Pol. Wilhelm Schneider Regendorf-Germany

T92/L NOTE: J.B.BEHA & Sons,see:Black Forest Clockmaker and the Cuckoo Clock,page 90,© 1994,8th Ed.Antique Clocks Publishing,Concord,California U.S.A.Book depository see page 238,or contact your favoured bookstore.

REMARKS OBSERV'TN BEMERKUNG	NAMES AND ADDRESS NOMS ET ADDRESSE NAMEN UND ADDRESSE	TRADEMARK OR TRADENAME MARQUE DE FABRIQUE - NOMS WARENZEICHEN - WORTMARKE
	CAMERER KUSS & Co. E0562 56 New Oxford Str. London MFC WHS-RET-CLK-WA Mahagony dial clock, office style 14 Day Winterhalder & Hofmeier movement, stamped W.H. vintage @ 1895-1910	 Plate E0562
	CLIFFORD,Horstmann E0554 of Bath-Somerseth MFC WHS-RET-CLK Advertisement: "PRECISION MASS PRODUCED CLOCKS"	CLIFFORD, HORSTMANN
ARS 156	DYSON J E0526 Leeds MFC GS-SS-WMK-JL-CLK WHS-RET John Dyson (1845-1916), born at Woodbine Terrace/near Headingley. His first vocation bookbinder. Thru the inspiration-encouraged by his wife né Lucy Ann Hobson,to enter the Jeweller trade, the JOHN DYSON/SONS Company establ. 1865.Tradingin Watch heads,bands, pocket watches in Calls-Leeds. Purchased the premises No. 24, Briggate-Leeds,expanded to No 25 and 26. Very successfully family enterprise with his 4 sons. The eldest son,John de beau Percival (1873-1937),second born, Charles Fredrick, clockmaker, Fredrick won contracts from the admirality to supply chronometers Son John was the Gemologist. Fredrick's sons Harry and Keneth sheared the administration.Harry Dyson (1899-1938) fellow member BHI, was in charge of production. Due poor health and advanced age of the Dyson family members, the entire premises were bought by a London investment company. The historical Interior (1900) one of the last "Victorian Jeweller"shop was auctioned off,on May 23rd,1990 125 years of tradition of a Leeds landmark became history.	DYSON J.

NOTE: E0562,dial :Camerer Kuss & Co.
56 New Oxford St.
LONDON

R/T92

TRADEMARK OR TRADENAME MARQUE DE FABRIQUE - NOMS WARENZEICHEN - WORTMARKE	NAMES AND ADDRESS NOMS ET ADDRESSE NAMEN UND ADDRESSE	REMARKS OBSERV'TN BEMERKUNG
DENNISON'S	DENNISON'S E0552 London Regist.: ND WHS-RET- WA-JW Advertisement the "Jeweller and Metalworker"Year 1919. Wristlet watches.	
Elliott of London	ELLIOTT of LONDON E0537 Union Road , Croydon London MFC WHS-RET-CLK James-Jones Elliott,156 Cheapside London, apprentice to Bateman 82 St.John Street,Smithfield-London to learn clockmaking.1882,ELLIOTT established as manufacturer of fine quality clocks.Weight driven movements with chiming on tubes. Elliot sen.bought a partnership with Jeweller Walden,Brompton Rd. London. James Elliot died 1904, Frank took over the enterprise, which enjoyed a considerable trade with the United States. In the year 1909 a merger with GRIMSHAW BAXTER took place and the factory moved 1911 to Gray's Inn Lane, London.Laer location was changed to larger premises in St.Anns Road, Tottenham , London was made in 1917 but this association was short lived and Frank Elliont dissolved the partnership and joined the well-known firm of bell founders and Clockmakers, Gillett & Johnston Ltd. in Croydon. Two years later the small clock factory was 1923 under the name F.W.Elliot., and joined by his sons, Leonard and Horace Elliott, both of whom had previously served theier apprenticeship in the trade.A third son, Ronald,joined the firm 1929. At the outbreak of war 1939, production was switched making clocks for the armed forces and also test gear and apperatus for use with the Rolls Royce engines in R.A.F.aircraft. In 1943 the factory was hit by bomb raids,but production was unaffected. 1944 Frank Elliot died and left the business to his sons.With two generations behind them the firm cont. page 145	LIT RS 169

T92/L NOTE:

REMARKS OBSERV'TN BEMERKUNG	NAMES AND ADDRESS NOMS ET ADDRESSE NAMEN UND ADDRESSE	TRADEMARK OR TRADENAME MARQUE DE FABRIQUE - NOMS WARENZEICHEN - WORTMARKE
	cont. from page 144 has made sound progress, making every component of the clocks in house.Horace Elliot had two sons, Richard, director of the company, Anthony, manager of the woodworking department.Ronald Elliot's son Peter, mechanical engineer. 1965 Horace Elliott became Master of the Worshipful Company of Clockmakers, one of the London's ancient Company founded 1631. Horace Elliott joined a long line of old English Clockmakers who had previously held this office. It was fitting that such honour be received exactly 100 years after his grandfather, James Elliott founder of the Company, startet his apprenticeship.	
	ENFIELD CLOCK COMPANY E0519 London, Preroria Road Establ. 1929 MFC-WHS-CLK	ENFIELD CLOCK COMPANY
Refer: SCHATZ,page: 388 387 463 538 (1) Year 1939 (2) Year 1987 Entire plant closed. (3) refer page 415 LIT RS 169	SCHATZ,Carl (1) the founder : C.Schatz Ltd.Bradford Ave,London established a clock factory like August Schatz GmbH,(2) in Triberg Germany-Black Forest.Ernest Will, once a director of the Smith Clock and Watch Division became a close associate of C.Schatz.At the new premises at Preroria Road,London N18, the clock making machinery exclusively importet from Germany with a crew of Black Forest Clockmakers and a technical staff under the management of Freddy Kienzle (3), the first production line interduced to the market February 1932. cont. page 146	

NOTE:

R/T92

TRADEMARK OR TRADENAME MARQUE DE FABRIQUE - NOMS WARENZEICHEN - WORTMARKE	NAMES AND ADDRESS NOMS ET ADDRESSE NAMEN UND ADDRESSE	REMARKS OBSERV'TN BEMERKUNG
cont. from page 145 ENFIELD	Soon the ENFIELD enterprise faced stiff competions from Junghans, Kienzle and others from Germany. The production and market organisation of Enfield merger with Smiths Industries resulted in the weekly production of : 1,200 Strike movements 200 Westminster chime movemts. 200 Westminster/Whittington chime movements 2,000 30-hour 3 5/8" drum movemt. with : 140 employees, the working hrs. 8:00 AM - 6:00 PM Monday-Friday 8:00 AM - 1:00 PM Saturday. Business 1934 was very good. By the end of 1935,weight driven Grandfather and Grandmother movements and wall Regulator complimented the production program. 1935/36 the 14 day movement was added. Dupont Brothers, a tally business (door to door salesmen offering credit terms) boosted the production with an order of 25,000 Clock movements. Orders from the trade also poured in. "ENFIELD" was on solid ground. The de Luxe range "Enfield Royal" Westminster movement was added to the top line of movements. With the outbreak of World War II (1939-1945) the entire factory was converted into a military defense plant, clock production came to a halt.The factory escaped great war damage. When peace was declared (1945) , the Enfield enterprise returned to a modest production of the 2" (inch) movement,Smiths Industries known as the Anglo-Celtic Watch Co. factory in Wales closed the plant at Preroria Road in London. 1955 , the Welsh- Enfield Clock company,now under Smiths Industry changed to a production line of of watch cases.Ultimately all Clock production was phased out. Machinery and tools were sold as scrap steel. Freddy Kienzle retired, so ended the story of the "ENFIELD CLOCK COMPANY", who through hard work, skilfull management and devotion to manufacture a totally British made clock of dedicated poeple passed into history.	

T92/L NOTE:

REMARKS OBSERV'TN BEMERKUNG	NAMES AND ADDRESS NOMS ET ADDRESSE NAMEN UND ADDRESSE	TRADEMARK OR TRADENAME MARQUE DE FABRIQUE - NOMS WARENZEICHEN - WORTMARKE
	HIRST Bros.& Co. E0559 Oldham, Roscoe Street MFC-Assembler WHS-RET-CLK-SUPP Embossement found on clock plate: MADE IN TAMESIDE ENGLAND Vintage:	 Plate E0559
Advertisemt. @ year 1910	HIRST Bros.& Co. E0534 Oldham, Roscoe Street MFC WHS-RET-CLK-SUPP "Tasty bracket clocks " slogan for manufacture cases and movemt. assembled with standarized parts. Hirst Bros.leading importer of clocks, tools for the trade and materials. The 1910 printed catlg. shows Vienna Regulators, alarms etc. mostly of German orign. The Oldham plant, assembled clocks sold under "TAMESIDE"*tradename.	HIRST Bros.& Co.
* Catalogue: CALEDONIAN CLOCKS Year ?	Last published catalogue year 1915 At unknown date Hirst Bros. was absorbed by: SMITH'S INDUSTRIES. Valuable records of Hirst Bros. history and archives regrettable lost.	TAMESIDE
Refer page: 104 105 HOLLOWAY	HOLLOWAY & Co. E0527 Minories London E.C. MFC WHS-RET CLK London 1842 to 1883.Typical Anglo-American Clocks. Trademark letter: H & Co.and a crown.Also this mark found on back of some clock cases	HOLLOWAY
	HOLMES Wm J. E0510 MR Birmingham - THE SEMLOH LEVER - 27.Sept.1897 WA	HOLMES Wm J.
	HORSTMAN GEAR Co.LTD MFC-NEWBRIDGE WORKS- Bath - England Refer:Page 837 ,E9173	HORSTMAN GEAR Co.

NOTE: E559,R.Foord archive,Kent, U.K.(England) R/T92

TRADEMARK OR TRADENAME MARQUE DE FABRIQUE - NOMS WARENZEICHEN - WORTMARKE	NAMES AND ADDRESS NOMS ET ADDRESSE NAMEN UND ADDRESSE	REMARKS OBSERV'TN BEMERKUNG
INGERSOLL & Bros.	INGERSOLL & Bros. E0542 Robt.H. 401, Audrey House,London E.C. WHS-RET-PW-WW The INGERSOLL wristwatch, in Gunmetal or solid Nickel case. Advertisement year 1911.	
PERRIER, ALBERT - MARIE	PERRIER ALBERT-MARIE E0518 MR London 24.Feb.1891 WHS-RET-WM-WC	
POTTER & Sons.Ltd.	POTTER & Sons,Ltd. E0544 16 & 161 Aldergate Street London ,E.C. WHS-RET-WA-WMK-JW Wristwatches,registerd design 373.947, William Potter catalogue year 1912.	
WEST END WATCH Co.	WEST END WATCH COMPANY E0551 London WHS-RET-WA ROLEX-OMEGA-LONGINE-INGERSOLL and WALTHAM retailers.Placed theier names and addresses on the dials. The West End Watch Company also showed theier name and model type on the dial.	Refer page: 792 793 WEST END WATCH Co.
GUARD'S WATCH	WEST END WATCH Co. E0515 Agents for:Droz.Amstutz & Co. Switzerland London-Geneva - GUARD'S WATCH - 3.Dec.1910 MV-WP	
	WATERBURY WATCH Co. E0505 MR London-New York 15.Jan.1887 WHS-RET-MV-WP-HI NOTE: Also registered : THE WATERBURY WATCH COMPANY	

T92/L NOTE:

REMARKS OBSERV'TN BEMERKUNG	NAMES AND ADDRESS NOMS ET ADDRESSE NAMEN UND ADDRESSE	TRADEMARK OR TRADENAME MARQUE DE FABRIQUE - NOMS WARENZEICHEN - WORTMARKE
Refer page: 369 H A U Hamburg Amerikan. Uhrenfabrik LIT 142	WILLIAMSON H.Ltd. E0533 Salisbury Showrooms: 87,Gt.Saffron Hill MFC WHS-RET-CLK H.Williamson founded 1871, Clock manufacturing enterprise with the slogan (catalogue early 1900) GRANDFATHER CLOCKS BRACKET CLOCKS LANTHORN CLOCKS (Laternclocks?) TURRET CLOCKS JEWELLERS' DRUM CLOCKS CHIME CLOCKS ========== Estimates and drawings of every description of above Clocks sent on application. 1903.branch factories Coventry, Salisbury and Buren. Also branch factory operated in La Chaux-de-Fonds, Switzerland. Main office and showroom between year 1877-1879, 81 Farrington Rd. Coventry and Buren. At the Buren plant speedometer production line. Fire destroyed the factory complex. Under techn. assistance from the Hamburg -HAU-American Clock Company,Schramberg Black Forest, Germany, changed to European style-Mass produced clocks. The Buren plant expanded manufct. clock movements, with lever escp. platforms (Swiss made ?). Based on license agreements , foreign clock movements were importet and mounted in English made cases. With the outbreak of WW I (1914-1918) all imports came to an halt. H.Williamson died 1914,company operated until 1920, merged with Grimshaw & Baxter, year 1928 produced clocks under the name ASTRAL & EMPIRE. Due the world-wide depression in the year 1930 the company was forced into receivership and became then a part of the ENGLISH WATCH & CLOCK Co. which was taken over by SMITH'S ENGLISH CLOCKS Ltd.,year 1942-55. No further data after 1955 on file.	WILLIAMSON H. LTD. ENGLISH WATCH & CLOCK Co. EMPIRE "Empire" 30 HOUR ALARM

NOTE: R/T92

TRADEMARK OR TRADENAME MARQUE DE FABRIQUE - NOMS WARENZEICHEN - WORTMARKE	NAMES AND ADDRESS NOMS ET ADDRESSE NAMEN UND ADDRESSE	REMARKS OBSERV'TN BEMERKUNG
WILLIAMSON H.LTD. ASTRAL	WILLIAMSON H.Ltd. E0529 Coventry MFC WHS-RET-CLK "ASTRAL" TM	Refer page: 149, E0533 WILLIAMSON
	WILLIS J.& Co E0504 Commercial -Agent London 22.Jul.1884 WHS-RET-WA	
 Plate E0557	WINTERHALTER D. E0557 MAIDSTONE Kent RET-CLK Plaque found on "British Style", mantle clock. (without serial No. assumed German import) vintage 1895 - 1910 ?	
 	THE ENGLISH WATCH Co.Ltd. E0551 A.Lozelles - W.Braggs owner MFC Birmingham 15.Dec.1880 WHS-RET-MV	
A.-ROBERT STAUFFER F. ROBERT STAUFFER	STAUFFER & FILS (sons) E0568 A.ROBERT of Switzerland. E0569 MFC,represented by: Mojon,Montandon & Co. London 9.Apr.1881 WA	
TWAITES & REED	TWAITES & REED E0529 London MFC WHS-RET CLK	Refer page: 154 TWAITES & REED

T92/L NOTE: E0557,R.Foord Archive,Kent U.K.(England

REMARKS OBSERV'TN BEMERKUNG	NAMES AND ADDRESS NOMS ET ADDRESSE NAMEN UND ADDRESSE	TRADEMARK OR TRADENAME MARQUE DE FABRIQUE - NOMS WARENZEICHEN - WORTMARKE
	SCHNEITTER ,EMILE E0511 MR London 16.Jun.1899 -THE PLANET WATCH - WV-WP	The Planet Watch
	SMITH S.& SON Ltd. E0538 Trafalgar Square London W.C. WHS-RET-WMK-WA-JL Established 1851,Watchmaker to Admirality,further location 6 Grand Hotel Bldg.and 68 Picadilly London W.	SMITH S.& SON LTD.
	BLANKENSEF Joel & Co. E0571 MFC - LE ROI - Birmingham - England 22.Jun. 1899 WA	
	BLANKENSEE & Co. E0512 MFC Birmingham - ACHILLE - 22.Jun.1899 WHS-RET-WV	
	KLAUBER J. & Co. E0514 MR London - CORMA - 14.Jul.1900 SUPO	CORMA
	KOCH & Co. E0527 MR London - England - REFORM - 2.Dec.1898 WP-SUPP	

NOTE:

R/T92

TRADEMARK OR TRADENAME MARQUE DE FABRIQUE - NOMS WARENZEICHEN - WORTMARKE	NAMES AND ADDRESS NOMS ET ADDRESSE NAMEN UND ADDRESSE	REMARKS OBSERV'TN BEMERKUNG
BALDOCK G.R.& Co.	BALDOCK G.R.& Co E0539 31 Holbron Viaduct London E.C. RET-WM-JW	
BALDOCK & Co.	BALDOCK & Co. E0540 G.R. 31 Holborn Viaduct,London E.C. WHS-RET PW-WW Advertises Waltham (USA) and Swiss bracelett lever watches (London News year 1911)	
BAUME & Co.	BAUME & Co. E0503 MFC London - BAUME GENEVA - 18.Dec.1882 WHS-RET-MV-WC	
BRITISH UNITED CLOCK COMPANY	BRITISH UNITED CLOCK E0570 COMPANY MFC Founded 1885, by Edward Davies, John Fisher. Birmingham, York Terrace Hockley Hill. 1891 relocated to Erdington, Lamington Road, Gravelly Hill, Birmingham. Manufactured clock movements with assembly line methods. Company received merit awards: 1887 Adelaide , Australia 1888 Melbourne, " 1888 Sidney, " 1889 Int.Exhibition France. Production program: All kinds of Clocks, Watch and Clock parts for the Trade. Due the fierce import competion from Germany and the United States of America, the British United Clock Company, employing over 250 man and woman had to close the factory in the year 1909. Further data see: BRITISH REGISTRATION MARKS. NOTE: Refer to page 78, suggested British Trademark registration system @ year 1884.	

T92/L NOTE: E0570 , Pearson, Brian © - Clocks - U.K. (England) "Registration marks and what to look for."

REMARKS OBSERV'TN BEMERKUNG	NAMES AND ADDRESS NOMS ET ADDRESSE NAMEN UND ADDRESSE	TRADEMARK OR TRADENAME MARQUE DE FABRIQUE - NOMS WARENZEICHEN - WORTMARKE

HOLLOWAY & Co. E0589
MFC-MR
Minories,London E.C.
Advertised :
IMPORTER of AMERICAN CLOCKS
Refer:Page 105 ,E 001/50
CLK-WHS-RET-

"TEMPUS RAPTOR" * (Latin) **
* Shakespeare quotation
> Measure for Measure<
** - Time is a robber / thief- -
This embossement found on N.E. WELCH - American style importet box frame clock with backglas painted tablet.

HOLLOWAY & Co.

TRADE TEMPUS RAPTOR MARK

CALEDONIAN REGISTERED E0590
MFC
History:
Label plate E0590, found in typical American style box frame clock, fitted with " CALEDONIAN* REGISTERED" movement (see Plate E0590A)
* Caledonia - ancient Scotland
The clock movement in design, style, appears "American".So far "CALEDONIAN REGISTERED" is still shrouded in mystery.
The case workmanship,joiner work points to the years 1890 -1900.
CLK-Wall/mantle-

HIRST , page 147 ,E0534,importer of American style clocks.

Plate E0590A

UNION CLOCK Co. E0591
MFC -MR
London-England
In the year 1885, Merzbach,Lang & Fellheimer, London, purchased the Felix Trenkle,Clock Manufact company, Furtwangen Black Forest Germany.
Under the tradename:UNION CLOCK Co. Merzbach-Lang-Fellheimer, American style, low priced wall, mantle clocks were to England importet.
Plate E0591, shows the backside of a mantle clock (cottage clk.) stenciled:
GIVEN WITH 8 lbs of TEA.
Refer:Page 539 , G0588
UNION CLOCK Co.

Remarks: Refer page: 539, G0588 UNION CLOCK Co.

Plate E0591

NOTE: E090A, Ron Foord Archive, Kent U.K.(England)
E0591

R/T92

TRADEMARK OR TRADENAME MARQUE DE FABRIQUE - NOMS WARENZEICHEN - WORTMARKE	NAMES AND ADDRESS NOMS ET ADDRESSE NAMEN UND ADDRESSE	REMARKS OBSERV'TN BEMERKUNG
GRIMSHAW & BAXTER	GRIMSHAW & BAXTER E0532 Location: ? Production: ?	
	Grimshaw& Baxter merged 1909 with J.J.ELLIOTT Ltd. Clockmakers of Longcase and Bracket Clocks. Partnership dissolved 1921.	Refer page: 144, E0537 ELLIOT
	Further ref.see:H.WILLIAMSON ELLIOT of LONDON	Refer page: 149, E0533 WILLIAMSON
GILLET & JOHNSTON	GILLET & Johnston E0531 London Product: ? ND	
CLARION CLOCK Co.	CLARION CLOCK Co. E0531 213-4 Upper Street Islington - London 1 MFC Striking clocks,half/full hour, Westminster, company established 1935. WHS-RET-CLK	
GARRARD CLOCKS LTD.	GARRARD CLOCKS LTD. E0530 London, 123 Golden Lane London E.C. Electric Clocks GARRARD CLOCK Comp. founded 1905, by C.E.Newbegin and Major S.H. GARRARD,Garrard Enginering Co. Stonebridge Park,London. After World War II (1945) made gramaphone components. Relocated to Swindon-Wilshire.Resumed to Clockmaking.Movements incased at Depot, Golden Lane London. Last redcords: year 1940.	
TWAITES & REED	TWAITES & REED cont.E0529 MFC Bowling Green Lane, London AINSWORTH TWAITES,freeman of the Clockmakers Company-London 1751. Year 1740 Tower clock for the Horse Guards. Highlights:Restored astronom.clocks Hampton Court,astromn.dial for Smithsonian Inst.Washington USA. Aprox.total prod.Turret clocks 300.Longcase,bracket,chronometer clocks.Since 1974 in Hastings Sussex.	Refer page: 150 TWAITES & REED LIT 157

T92/L NOTE: LIT = Literature reference see page 906-918
Literature voir la page 906-918
Literaturverzeichnis siehe Seite 906-918

REMARKS OBSERV'TN BEMERKUNG	NAMES AND ADDRESS NOMS ET ADDRESSE NAMEN UND ADDRESSE	TRADEMARK OR TRADENAME MARQUE DE FABRIQUE - NOMS WARENZEICHEN - WORTMARKE

NOTE: Spare page ENGLAND

R/T92

PLATE IV
FRANCE LOCATION MAP

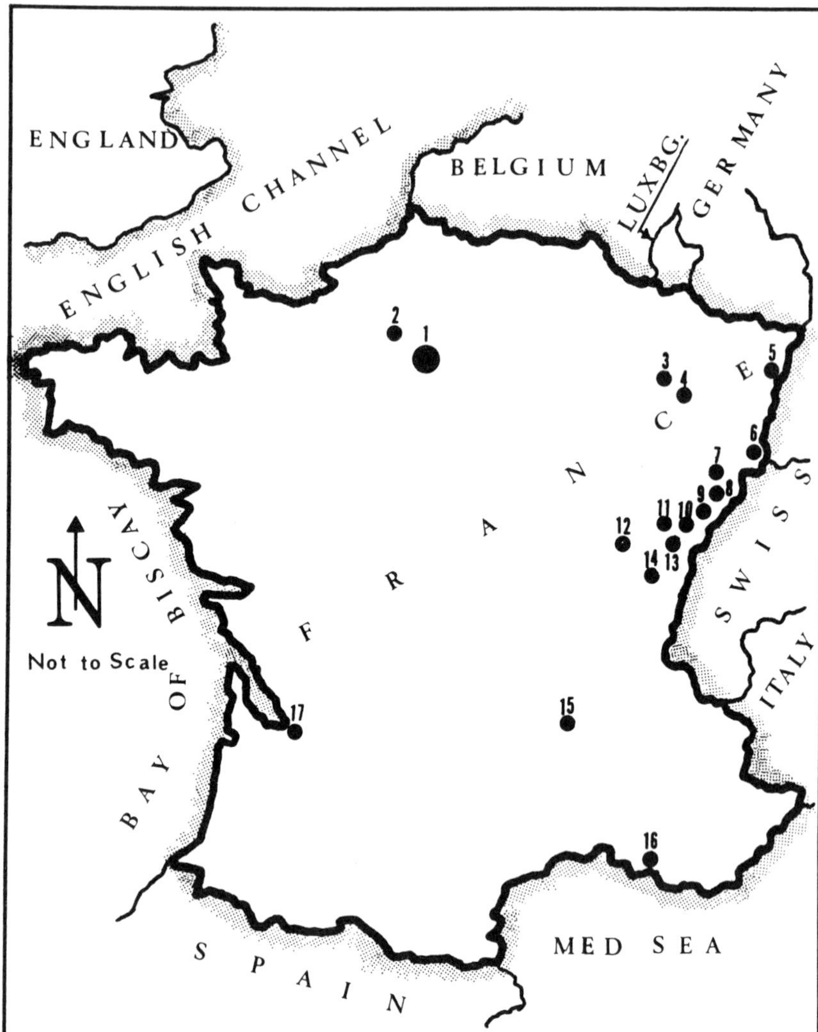

1 Paris
2 Trevillers
3 Villers-le-lac
4 Saint-Nicolas d'Aliermont
5 Strassbourg
6 Mulhouse
7 Belfort
8 Montebeliard
9 Audocourt
10 Beaucourt
11 Morbier
12 Besancon
13 Morez
14 Morteau
15 Lyon
16 Marsaille
17 Bordeaux

CHAPTER IV
FRENCH CLOCK-WATCHMAKING

The origins of early clock and watchmaking in France are obscure. Horological history credits France as an important pioneer in the art of clockmaking. Early turret clocks, made by blacksmiths and locksmiths, were installed in churches and public places and testify for the artistic execution by these artisan craftsmen.

Following the horological tradition in England, the trade of the Clockmaker in France became a very respected vocation. By the 15th century, France produced variety of iron weight operated clocks. Chamber clocks were the most popular timekeepers of this type. International influence from Italy, Switzerland and Spain inspired the French clockmakers. Large indoor clocks were replaced by small chamber clocks made in many variations; at first these were weight driven, later, they were spring driven. Table clocks shapes included square, cylindrical, or hexagonal.

During the 16th century, the French Clockmaker trade became organized, and the French Clockmaker's Guild was established, similar to the guilds in England. However, the Clockmaker's Guild was not incorporated in Paris until 1544. The Guild by-laws regulated the conduct of its members, the shops, apprentices, journeyman and master positions, defending their rights and protecting their privileges. The Clockmaker's Guild obtained from the Gold and Silversmith Guild the privilege to do gold and silver work on clock cases. By the 18th century, the clock cases were so elaborate that the clockmakers had to call on other craftsmen, such as sculptors, brass foundry artists, stone masons, mother-of-pearl inlay specialists, engravers, gold-guilders, and other specialists for assistance.

France experienced a great expansion in the clock and watch making trade during the middle of the 18th century. Paris was the center, but rural areas around Besancon, Morez, and many other places were also prominent. See the map page 152, Plate IV for locations of French horological places. The famous "Comtoise Clock" became so popular that it was marketed all over France and later, worldwide. The "Pendule Portrative" (portable clock), the "Cartel Clock" and many other elaborate designs were later replaced by regulator clocks. Other precision timepieces made in Paris were astronomical clocks and many types of scientific, mathematical clocks. The French Revolution (1792-1795) had a very significant impact on the Clockmaker's Guild

Cont. page 158

and trade. Some Royal-Appointed Master Clockmakers fell into disfavor by the new regime. Others emigrated or lived in seclusion to avoid prosecution. The changing times inspired many entrepreneurs to establish industrialized clockmaking enterprises. One of many at the end of the 18th century, Frederik Japy (*1749 +1812), named by historians "Father" of the French horological industry, built a sizable industrial hardware plant (machine shop foundry, railroad supplies, motors, household and farm hardware) in the Franche-Comte district of France. Japy's production of 100,000 clocks per year by the year 1801 was a very impressive record. The "pendule voyage" (travel clock) became a popular export to England.

Styles changed from year to year, and many famous Frenchmen contributed outstanding inventions to the horological art. Not only their homeland, but many other countries benefitted from the masters' great achievements: Berthoud (*1727 +1807), Bregeut (*1747 +1823), and Brocot (*1817 +1874), as well as over one hundred other famous craftsmen. French watchmaking concentrated mostly in the area of Besancon, the French Jura, and near the Swiss border. See location map, page 152, Plate IV. The French master watchmakers deserve much credit for their technical contributions. Many horologists from all European countries came to France to study the French watchmaking art. After the Franco-Prussian War (1870-1871), the peace treaty with the "Prussian German Empire" dictated that the French clock and watch industry must import German-made parts for clocks and watches without import duty, while the French export was drastically curtailed, giving the German watch/clock manufacturers an upper hand. Despite the war damages inflicted by Germany during the first World War (1914-1918), after 1918 the French watch and clock industry gained momentum and obtained a larger share of the world market. However, the constant European economic turmoil, the 1940 invasion by the German military, and the destruction of industrial plants during World War II caused the industry to lose its international standing, and after 1945 the lost world market was never regained.

The following pages of the TRADEMARK INDEX reflect research work French Watch/Clockmaking by the author in the archives of the British Science Library, Holborn Branch, in London, England, and data obtained by the author from the archives of the Museum International Horlogery (MIH), La Chaux-de-Fonds, Switzerland. Also, data from the publication *Carriage Clocks* (©1973) by Charles Allix, was used with the permission of Antique Collectors Club, Ltd., Woodbridge, Suffolk, England.■

CHAPITRE IV
AVANT-PROPOS SUR L'HORLOGERIE FRANÇAISE

Les origines des premières horloges et de l'horlogerie en France sont obscures. La France peut s'honorer d'avoir joué un role éminent parmi les pionniers de l'histoire de l'horlogerie et ses ouvriers et artisans furent parmi les premiers à fabriquer des horloges. Les toutes premières horloges d'édifice furent construites par des forgerons et installées par des serruriers; les églises et autres lieux publics témoignent de l'exécution artistique de ces ouvres.

Suivant la tradition de l'horlogerie en Angleterre, le commerce de l'horloger en France est devenu une vocation très respectée. Dès le 15ème siècle, la France a produit une grande variété d'horloges en fer. Les horloges d'intérieur étaient les instruments les plus populaires pour mesurer le temps. Des influences internationales venues d'Italie, de Suisse et d'Espagne ont inspiré les horlogers francais. Les grandes horloges d'édifice furent suivies par de petites horloges d'intérieur de constructions très variées; dans le premières la force motrice était fournie par des poids, puis fut introduit le ressort-moteur. Les horloges de table avaient des formes diverses: carrées, cylindriques ou hexagonales.

Au 16ème siècle, le commerce de l'horlogerie en France s'organisa et une Corporation Française des Horlogers fut créée semblable aux corporations en Angleterre. Cependant, il n'y eut pas de corporation des horlogers à Paris avant 1544. Les règlements locaux des Corporations régissaient la conduite de ses membres, les positions respectives des apprentis, des compagnons et des maîtres. La Corporation défendait les droits de ses membres et protègeait leur privilèges. La Corporation des horlogers obtenait l'or et l'argent de la Corporation des Orfèvres ainsi que le privilège de travailler les métaux précieux pour les boîtes des montres et des horloges. Au 18ème siècle, les boîtes étaient devenues si complexes que les horlogers devaient faire appel à d'autres artisans, tels que sculpteurs, fondeurs, maçons, spécialistes de la marqueterie, de la nacre, graveurs, doreurs et autres.

Au milieu du 18ème siècle la France bénéficia d'un grand développement de la fabrication et du commerce des horloges et des montres. Paris était le centre, mais des régions rurales autour de Besançon, de Morez et beaucoup d'autres devinrent aussi des centres importants (voir la carte à la page 156 tableau IV pour les emplacements des centres horlogers français).

La célèbre "horloge comtoise" était si populaire qu'on en trouvait partout en France et plus tard dans le monde. La "Pendule portative," le "cartel" et beaucoup d'autres formes élégantes avaient remplacé l'horloge régulateur. D'autres horloges de précision étaient fabriquées à Paris, telles que les horloges astronomiques ou des horloges pour applications scientifiques et mathématiques diverses.

La Révolution Française (1792-1795) produisit un choc sur la Corporation des Horlogers et sur leur commerce. Plusiers Maîtres-horlogers travaillant pour le roi tombèrent en défaveur sous le nouveau régime. Certains émigrèrent ou travaillaient en cachette pour éviter des poursuites. Les changements inspirèrent plusieurs entrepreneurs qui introduisirent des méthodes industrielles dans le travail des ouvriers et des artisans horlogers. L'un des plus célèbes, Frédéric Japy (*1749 +1812), le "Père" de l'industrie horlogère en France, établit dès la fin du 18ème siècle plusieurs fabrications industrielles (atelier de fonderie de machines, fournitures diverses pour la famille et la ferme), localiseés en Franche-Comté, une région importante de la France. La production par Japy de 100.000 horloges par an, pour l'année 1801 était un résultat impressionnant. La "Pendullette de voyage" était devenue un article d'exportation particulièrement apprécié par les Anglais. Les styles évoluaient d'année en année et de nobreux Français ont contribué par leurs inventions brillantes au développemnent de l'art de l'horlogerie. Non seulement leur patrie, mais aussi beaucoup d'autres pays ont bénéficié des réalisations des grands maîtres comme Berthoud (*1727 +1807), Breguet (*1747+1823), Brocot (*1817+1874) et plus de cent autres artisans célèbres. L'horlogerie français était principalement concentrée dans la région de Besançon, dans le Jura français et près de la frontière suisse (voir le Tableau IV de la carte des lieux, à la page 156). Les Maîtres-Horlogers français méritent beaucoup d'honneur pour leurs contributions techniques. De nombreux horologers de tous les pays d'Europe sont venus en France pour apprendre l'art de l'horlogerie français.

Après la guerre entre la France et la Prusse (1870-1871), le traité de paix avec l'"Empire allemand de Prusse" stipulait que l'industrie de la montre et de l'horloge français devait importer des pièces de fabrication allemande sans acun droit de douane, tandis que l'exportation française devait être réduite considérablement. Cela donna aux fabricants allemands de montres et d'horloges des avantages appréciables.

En dépit des dommages subits par la France au cours de la première Guerre Mondiale (1914-1918), l'industrie de l'horlogerie française gagna en élan et prit une part plus importante du marché mondial. Cependant, le tumulte économique constant en Europe, l'invasion militaire allemande et la destruction des usines pendant la seconde Guerre Mondiale (1939-1945) ont eu pour conséquence la perte par l'industrie horlogère française de son standing international et la perte, après 1945, de marchés qu'elle n'a jamais pu regagner.

Les pages de l'INDEX DES MARQUES DE FABRIQUE qui suivent reflètent les recherches de l'auteur sure la montre française et sur le travail des artisans et ouvriers fabricants de pendules en France, effectuées dans les archives de la Bibliothèque Britannique de la Science, branche de Holborn à Londres, dans les archives du Musée International Horlogerie (MIH) à La-Chaux-de-Fonds, Suisse et aussi d'après des données tirées de l'ouvrage "Carriage Clocks" (©1973) par Charels Allix, et publiées avec l'autorisation du Antique Collectors Club, Ltd., Woodbridge, Suffolk, Angleterre. ■

KAPITEL IV
UHRMACHER GEWERBE in FRANKREICH

Die Anfänge des Uhrmachergewerbes in Frankreich können nicht mit genauen Jahreszahlen festgestellt werden. Im Jahre 1292 wurde in Paris "Jehan le Aulogier" erwähnt. Seit diesem Datum Paris wurde das Zentrum der Uhrmacher in Frankreich. In den Städten Blois, Rouen, Besancon und Strassbourg entstanden Uhrmacherwerstätten. Es handelte sich meistens um "Grossuhrmacher" aus dem Stande der Schlosser, Schmiede, Waffenschmiede und Gürtler. Wie in England, in Deutschland, und der Schweiz war das Uhrmachergewerbe ein sehr angesehener Handwerkerstand. Bereits im 16. Jahrhundert schloss sich das Französische Uhrmacherhandwerk, ähnlich wie in England und in Deutschland in einer Zunft zusammen. In Paris wurde die Uhrmacherzunft im Jahre 1544 gegründet. Die Zunftbestimmungen regulierten nicht nur den Handwerkerstand, sondern nahmen auch Einfluss auf die handwerkliche Qualität. Die rechtlichen Verhältnisse zu anderen Handwerkerständen, wie Goldschmiede und Bronzegiesser, Kunstschreiner wurden von der Zunft der französischen Uhrmacher vertreten.

Während des 15.Jahrhunderts wurden in Italien, der Schweiz und Spanien Hausuhren aus Eisen mit Messinggussteile in vielseitigen Modellen hergestellt. Ähnlich wie in England, Deutschland und der Schweiz erfreute sich die *Laternenuh*r mit Gewichtsantrieb grosser Beliebtheit. Mit der Erfindung des Federantrieb wurde die äussere Form dem Federantrieb angepasst und man konnte die Uhr beliebig im Haus aufstellen, oder ihren Standort wechseln. Es war möglich, Uhren so zu bauen welche man auf Reisen mitführen konnte. Frankreich wurde führend durch die Herstellung von Reiseuhren - Kutschenuhren welche von der einfachsten Gebrauchsuhr bis zur Juwelenbesetzten, mit Repetier Schlagwerkwerk ausgestattet in alle Welt, besonders nach England exportiert wurden. Die "pendule voyage" wurde nicht nur technisch mit vielen französchisen Erfindungen Patenten, Verbesserungen, sondern auch in der Formgebung führend.

Im 18.Jahrhundert wurden französchise Uhrengehäuse für Kaminuhren, Wanduhren, Standuhren mit Hilfe, von Architekten, Bildhauer, Bronzegiesser, Steinmetzen, Kunstschreiner, Graveuren Gold und Silberschmieden Kunstwerke dem Zeitgeschmack entsprechend angepasst.

Fortsetzung Seite 163

Die "Comtoise Uhr" war nicht nur in Frankreich sehr beliebt, sie wurde weit über die Grenzen Frankreichs exportiert. Die "Cartel Uhren" auf einer Wandkonsole aufgestellt, astronomischen Uhren, Uhren für wissenschaftliche Zwecke, natürlich auch Gebrauchsuhren aller Art wurden in Frankreich hergestellt. Besonders sei zu erwähnen die "Morbier Uhr", welche nur als offene Wandkonsolenuhr hergestellt, in einer Vielahl von Eigenbaugehäusen bis heute erhalten sind. Unter vielen Meistern Berthoud (1727-1807), Breguet (1747-1823), Brocot (1827-1847) und mehr als über 100 Uhrmachermeister übten einen grossen Einfluss auf das Uhrmachergewerbe aus. Mit Recht kann man diese Meister als "Kunsthandwerker" bezeichnen. Frankreich war ein "Mekka" für Uhrmacher aus aller Welt, welche von der französischen Uhrmachertechnik nicht nur Ansporn für Verbesserungen, sondern auch reiche Kenntnisse in ihr Heimatland zurück brachten. Die französchise Revoltion (1792-1795) zog das Uhrmachergewerbe in Mitleidenschaft. Besonders Kleinuhrmacher, welche vor 1792 von regierenden Herschern bevorzugt wurden, fielen in Ungnade. Um Verfolgung, Bestrafung und Gefängniss, sogar der Todesstrafe zu entgehen, flohen viele Uhrmacher von Frankreich in die Schweiz, nach Österreich, Deutschland, Russland und nach Amerika.

In Frankreich gegann nun das industrielle Zeitallter, es wäre besonders Fredrick Japy (1749-1812), genannt der "Vater" der Französchisen Uhrenindustrie zu erwähnen. Im Distrikt Franche-Comte, siehe Seite 152, Tafel IV, begann JAPY mit einer Maschinenfabrik, mit Giesserei, Eisenwaren für den Hausgebrauch, der Landwirtschaft und Eisenbahnbedarf in einer vielseitigen Industrieanlage, zu produzieren. Auch eine Uhrenfabrik für Kleinuhren wie Wecker, Wanduhren und Taschenuhren wurde angegliedert. Bereits im Jahre 1801 wurden 100,000 Uhrwerke - ausgenommen Taschenuhren hergestellt.

Die Herstellung von Grossuhren in Frankreich war rücklaufig, während die Entwicklung der Kleinuhren-Taschenuhren Industrie entlang der Schweizer/französchischen Grenze, siehe Seite 152, Tafel IV, besonders im Gebiet des französischen Jura grosse Fortschritte machte. Nach dem Ende des Deutsch-französischen/Preussischen Krieges (1870-1871) mit der Niederlage Frankreichs legte das Deutsche Reich im Friedensvertrag Frankreich grosse Einschränkungen in Bezug auf Export Französchiser Uhren fest, womit ein Vorteil für die Deutsche und Schweizer Uhrenindustrie gewonnen wurde. Nach dem Ende des 1.Weltkrieges (1914-1918) hatte die Französchise Uhrenindustrie einen kurzen Aufschwung.

Fortsetzung Seite 164

Durch die allgemeinen politischen Verhältnisse nach dem Krieg in den zwanziger Jahren, gefolgt durch den Überfall der Deutschen Wehrmacht auf Frankreich (1940) und die Zerstörung vieler Industrieanlagen verlor Frankreich am Ende des 2.Weltkrieges (1945) obwohl als Siegermacht aus dem Krieg hervorgegangen die Vorrangstellung auf den Weltuhrenmarkt.

Die folgenden Seiten des TRADEMARK INDEX, enthalten zum grössten Teil Daten französchiser Uhrmacher aus dem Archiv der Britischen Science Library, Holborn - London - England. Aus der Biblothek des Uhrenmuseum (MIT) in La Chaux-de-Fonds - Schweiz. Die Charles Alix Publication ©1973 "Carrige Clocks" - Reiseuhren - Daten wurden mit Genehmigung Antique Collectors Club, Ltd.. Woodbridge, Suffolk, England Archivmässig erfasst. Auf Seite 966-967 wird besondere Anerkennung an alle welche uneigennützig Archivmaterial zur Verfügung stellten gezollt.■

REMARKS OBSERV'TN BEMERKUNG	NAMES AND ADDRESSES NOMS ET ADDRESSES NAMEN UND ADDRESSEN	TRADEMARK OR TRADENAME MARQUE DE FABRIQUE - NOMS WARENZEICHEN - WORTMARKE
	" A * B " ND ND 033/3 ND - some dials signed"REED & Co" Paris.	A*B
	" V.B.W." France 032/3 ND - TM embossed in heart style design.	VBW
	"AB" ND ND 030/3 Carriage clock maker,trademark found on carriage clocks, No other data on file.	AB
	"B" ND ND 031/3 - B - trademark initials. No other data on file.	- B -
	"B" ND ND 029/3 "B"embossed on carriage clocks. No other data on file. French made ?	B
	- D - ND ND 100 -D- embossement on carriage clks. No other data on file.	-D-
	A D ND France 099/3 A D , embossement on clocks. No other data on file.	AD
	AUGUSTE Rue de Grand Prieur, Paris France 001/3 Auguste engaged in carriage clock making,last record "Tardy" year 1880.	AUGUSTE
	" A L T I M A " M.Anguenot (Paul) 7,Avenue Denfert-Rocherau Besancon France 006/2 Reg.16916, 6 Mar 1930.Timepc.	"ALTIMA"

NOTE:

TRADEMARK OR TRADENAME MARQUE DE FABRIQUE - NOMS WARENZEICHEN - WORTMARKE	NAMES AND ADDRESSES NOMS ET ADDRESSES NAMEN UND ADDRESSEN	REMARKS OBSERV'TN BEMERKUNG
ABA	ABA Noel(Charles) 14, rue de la Republique,Marseille France 077/2 Reg.204357,6th Febr 1933.Manufct. horological items, timekeeper, Goldsmith-Silversmith,Jewellery.	
ABDULTRA	ABDULTRA Societe Les Petits Fils de Geismar, 4,Foubourg- Besancon, et M.Quercia usine France 137/2 Reg. 192758, 22th Apr 1932.Manuftc watch movements, and all types of timekeeper.	
A B R A M	ABRAM (pere et fils) Montecheroux France 396/2 Maker of horological tools. @ 1800-1865.	
A L C A	ALCA, Le verre, Caboullet (Albert) 17,rue Portefoin,Paris France 229/2 Reg.266756,25th Nov 1936.Manufact. watches.	
ALPHA	ALPHA Chapuzot-Dorcey (Martial) 24, quai Saint-Antoine, Lyon. France 207/2 Reg. 268518, 6th Jan 1937.Manufct. movements for watches and chronometer.	
ALOUETTE	ALOUETTE see 198 France 199/2 Reg.236709, see 198.	
ALTA	ALTA Simon (Albert) 120,rue de Rivoli,Paris France 294/2 Reg.250681,22nd Nov 1935.Manufact. Jewellery, Gold and Silversmith.	

NOTE:

REMARKS OBSERV'TN BEMERKUNG	NAMES AND ADDRESSES NOMS ET ADDRESSES NAMEN UND ADDRESSEN	TRADEMARK OR TRADENAME MARQUE DE FABRIQUE - NOMS WARENZEICHEN - WORTMARKE
	AU CHRONOMETRE D'OR Societe Mague et Charles Bloch 11, boulevard des Italiens Paris France 019/2 Reg. 60717, 21 Feb 1924.Manufct. timekeepers.	AU CHRONOMÈTRE D'OR
	AU CADRAN SOLAIRE Langer (Oscar) 10,rue Georges-Teissier Saint-Etienne (C.V.) France 089/2 Reg.238738, 4th Jan 1935.Manufact. of alarm clocks, movements for clocks, chiming clocks.	AU CADRAN SOLAIRE  CHRONOMÈTRE SOLAIRE
	AU CARILLON d'OR Societe de Plas et Alexandre 7,rue Clauzel,Paris France 336/2 Reg.204844, 21th Feb 1933.Manufac. of horological items,chronometer.	AU CARILLON D'OR
	AU REVE D' OR M. Lambert (Henri) 12, rue Mayran Paris France 032/2 Reg. 49370, 27.June 1923.Manufct. Timepieces.	AU RÊVE D'OR
	AU Roi des Carillons data see 090 France 103/2 Reg. 239066. Data see 090.	Au Roi des Carillons
	Au Clocher de l'Eglise see 090 France 127/2 Reg.239090, see 090.	Au Clocher de l'Eglise
	ARGENT FIXE Lippman Freres Besancon France 415/2 Reg.636, 31th Jan 1911.Manufact silver watch cases.	ARGENT FIXE

NOTE:

TRADEMARK OR TRADENAME MARQUE DE FABRIQUE - NOMS WARENZEICHEN - WORTMARKE	NAMES AND ADDRESSES NOMS ET ADDRESSES NAMEN UND ADDRESSEN	REMARKS OBSERV'TN BEMERKUNG
FOA ARGIT	ARGIT - S.A./Societe Francais d' Orfeurevrie d' Art-Argit 7, rue Crillon, Paris France 075 Reg. 245318, 18th July 1935. Manfct.clock decors from metal.	
ASTOR M.D.	ASTOR M.D. Stora (Charles) Alger (C.V.) 39,rue Mogador France 156/2 Reg. 174434, 22th Ja 1931.Manufact. Horological items.	
ATMOS	ATMOS ETABLISSEMENTS GAIFFE-GELLOT GELLOT et PITEAN 34, boulevard de Vaugirad, Paris France 183/2 Reg 164980, 17th Mar 1930.Manufct. and supplier of horological items, pendulum clocks, automatic clocks functioning under temperature diff. Chronographs,chronometer. Clock bells and chimes.	
AGÉFA	BOUCHET M. (Robert) 3, rue des Haudriettes, Paris France /2 Regist. 12 Feb 1936. Manufact. horological items.	
ATO	ATO S.A. Establissements Leon......? 12,rue du Faubourg Saint Honore, Paris France 190/2 Reg. 233670. 5th Dec 1934.Manufct. electrical pendulum clocks.	
S Y S T E M - A T O -	SYSTEM ATO S.A. Leon Hatot ND : location France /2 Reference from literature year 1934.	

NOTE: 190/2 : HATOT, LEON - ATO - refer to page 385/846

REMARKS OBSERV'TN BEMERKUNG	NAMES AND ADDRESSES NOMS ET ADDRESSES NAMEN UND ADDRESSEN	TRADEMARK OR TRADENAME MARQUE DE FABRIQUE - NOMS WARENZEICHEN - WORTMARKE
	APPLIC France 276/2 Reg.220334,	220334 **APPLIC**
	AMPLIC France 278/2 Reg.220336,	A M P L I C
	Anciens Etablissements DUVERDREY & BLOQUEL Saint-Nicolas- d'Aliermont Seine-Interieure France 212/2 Reg.270744,17th Febr.1937.Manufct. horolocigal items.	DUVERDREY & BLOQUEL
	ANCRE - JUPITER Picard ferer Paris France 365/2 Reg.59474,9th Sept 1898.Manufact. of watch springs.	A N C R E
	ANCRE FRANCAISE,JAPY Freres & Cie Beaucourt France 377/2 Reg.78, 8th Feb 1892, poket watch three quarter plate engraving.	BEAUCOURT ANCRE FRANCAISE
	ANGELUS France 097/2 Reg.239060.	Angélus
	ATANE Wasner (Paul) Charquemont (Doubs) (N.B.) France 139/2 Reg.201293, 28th Nov.1932.Manufct. of Horological items,chronometer.	ATANA
	ATYS Gay (Maurice) 37,rue de Chabrol, Paris France 332/2 Reg.93867, 19th Feb 1926.Manufact. Pendulumn clocks, movements,parts.	93867 **ATYS**

NOTE:

TRADEMARK OR TRADENAME MARQUE DE FABRIQUE - NOMS WAREZEICHEN - WORTMARKE	NAMES AND ADDRESSES NOMS ET ADDRESSES NAMEN UND ADDRESSEN	REMARKS OBSERV'TN BEMERKUNG
LES MOUVEMENTS ATLAS-PARIS PARIS RÈGLENT L'HEURE DU MONDE	ATLAS - PARIS Duperrey (Maurice,Georges) 19,rue de Paradis, Paris (C.V.) France 290/2 Reg.257505,01 Apr 1936.Manufact. clock movements.	
AURORE	AURORE Stavidris (Apostol) 53,cours Anatol-France, Bordaux France 319/2 Reg.129238,28th Mar 1928.Manufact. automatic alarm clocks.	
AUTOMEDON	AUTOMEDON,JAPY freres & Cie. Beaucourt France 392/2 Reg.109, 28th Feb 1899,trademark for time setting feature.	
JAPY FRÈRES & Cie BEAUCOURT (HT RHIN FRANÇAIS) PARIS RUE CHATEAU D'EAU 7 GRAND PRIX PARIS 1878 GRAND PRIX et Médaille d'or PARIS 1889 6 Montres N°: Cuvettes	AUTOMOBILE-REGULATOR Japy Freres & Cie Beaucourt France 375/2 Reg.105, 28th Febr 1899,tradenam. for time setting feature.	
AUX CARILLONNEURS	COUSESEGAL (Jean, Baptiste) 305, rue de Chareton, Paris France 100/2 Reg.239063, manufacturer of bells and chimes for clocks.	
B & G	B & G ND ND 245/3 French made? inscription "HOFUHRMACHER" (German) *	

NOTE:

REMARKS OBSERV'TN BEMERKUNG	NAMES AND ADDRESSES NOMS ET ADDRESSES NAMEN UND ADDRESSEN	TRADEMARK OR TRADENAME MARQUE DE FABRIQUE - NOMS WARENZEICHEN - WORTMARKE
	AXOR Quinett, (Marcel) Manufacture Pax, 115,rue Sybelle, Marseille France 152/2 Reg.173100, 13th Dec.1930.Manufct. Horological items, chronometers, Gold and Silversmith.	A X O R
	AXIL Balanche (Andre,Achille) Besancon (Doubs) 105,rue Belfort, France 160/2 Reg.177054,24th Mar 1931.Manufct. horological items, chronometer.	AXIL
	AZUR M.Israel (Myrtil) 9, boulevard Saint Denis Paris France 022/2 Reg. 60733, 22 Feb 1924.Manufct. horological items.	AZUR
	BEAUCOURT,JAPY Freres &Cie Beaucourt France 378/2 Reg.79, 8th Feb 1892, pocket three quarter plate engraving.	
	BEFFROI ELECTRIQUE Blanchet (Armand) 237, rue Saint Martin, Paris France 133/2 Reg.197763, 4th Dec 1931.Manufct. clocks, clock bells, and parts for automatic clocks.	BEFFROI ÉLECTRIQUE
	BELGA Augenot (Marius) Lac-ou-Villers (Doubs) France 208/2 Reg.268541, 9th Jan 1937.Manufct. horological items,chronometer.	BELGA

NOTE:

TRADEMARK OR TRADENAME MARQUE DE FABRIQUE - NOMS WARENZEICHEN - WORTMARKE	NAMES AND ADDRESSES NOMS ET ADDRESSES NAMEN UND ADDRESSEN	REMARKS OBSERV'TN BEMERKUNG
"BLANGY"	BLANGY France 331/2 Reg. 93827, 17.02.1926	
BIENFAIT	BIENFAIT Anciens Etablissements DUVERDREY & BLOQUEL Saint-Nicolas d' Aliermont (Seine) France 184/2 Reg.272614, 10Apr 1937,Manufct. Alarm clocks, pendulum clocks.	
BEN	B E N Western Clock Company, 315,East fifth street Peru ND 002/2 Reg.161218, 21.Feb 1930, Clocks, clock movements.	
BERRIC	BERRIC France 244/2 Reg,221425.	
	Boanert (Charles,Louis) Chronometer "PHIX" 12, rue de Constantine Alger (N.B.) France 029/2 Reg. 49186, 19.Jun 1923.Manufct. Pocket watches.Trademark : PHIX	
Bourdon de France	Bourdon de France France 104/2 Reg.239037,	

NOTE:

REMARKS OBSERV'TN BEMERKUNG	NAMES AND ADDRESSES NOMS ET ADDRESSES NAMEN UND ADDRESSEN	TRADEMARK OR TRADENAME MARQUE DE FABRIQUE - NOMS WARENZEICHEN - WORTMARKE
	BOCOR JAPY Freres & Cie Beaucourt France 405/2 Reg.173, 16th Mar 1903. Manufct. of pendulumn clocks.	BOCOR BOCOR
	BOCOR JAPY Freres S.A. Beaucourt France 198/2 Reg.236708, 25th Jan 1935.Manufct. timekeeper movements.	**BOCOR**
	Bourdon France 115 Reg.239078, see 090.	Bourdon
	Branger (Andre) Lusignan France 376/2 Reg.582, 3rd Jan 1914.Manufact. of horological goods and jewellery.	B R A N G E R

NOTE:

TRADEMARK OR TRADENAME MARQUE DE FABRIQUE - NOMS WARENZEICHEN - WORTMARKE	NAMES AND ADDRESSES NOMS ET ADDRESSES NAMEN UND ADDRESSEN	REMARKS OBSERV'TN BEMERKUNG
"A L'ESPÉRANCE"	" A L'ESPERANCE " Godchot (Henry) 31-31 bis, blvd Saint Martin, Paris France 258/2 Reg.305423,7th Jul 1939. Timepc. Gold and Silversmith,Jeweller. Jeweller.	
A Z U R	" AZUR " Weil (Gaston) 68,rue de Bondy,Paris France 347/2 Reg.112452, 25th Febr 1909. Horological goods. Gold and Silversmith.	
AS DE N° Marque déposée	"AS DE " M.Capdevoille (Jean-Marcel) 115, rue Marechal-Foch Tarbes France 028/2 Reg.47913, 26th May 1923.Watches , Watch movements,decor watches, part supplier.	
"Ali"	"ALI" M.Verbrugge (Bernard) Rue des Fosses, Lille France 009/2 Reg. 162446, 19th Mar 1930. Watch manufacturer.	
"ACETO"	"ACETO" Barthelay (Alexis) 93, rue de Dunkerque, Paris France 134/2 Reg.189910, 15th Febr 1932. Parts for timepc.Chronomtr.	
B R E G U E T	BREGUET (Abraham-Louis) Paris France 181/3 * 1747, + 1823. Credited as the originator of the carriage clock. Reference: PI/75,Breguet No.262, Signature. Reference literature: THE ART of BREGEUT , by c George Daniels.	NOTE: Refer to literature of Breguet by numerous authors.
	BREUGET - Abraham Louis Paris France 010/3 Outstanding Fench horologist, inventor,researcher in the horo- logical field.	

NOTE:

REMARKS OBSERV'TN BEMERKUNG	NAMES AND ADDRESSES NOMS ET ADDRESSES NAMEN UND ADDRESSEN	TRADEMARK OR TRADENAME MARQUE DE FABRIQUE - NOMS WARENZEICHEN - WORTMARKE
	BARROIS, former Delepine & Gauchy, Saint-Nicolas- d'Aliermont France 003/3 Carriage clock maker, medals award Brussels 1867, Rouen 1896, Paris 1900, for horological achievemts. Company was aquired 1913 by COUALLAIT.	BARROIS
	BASCHET Paris France 004/3 Mantle and carriage clock maker, Paris exhibition 1855.	BASCHET
	BEGUIN Rue Faubourg ,Saint -Antoine Paris France 011/3 Last records year 1870, carriage clock maker.	BEGUIN
	BERGER, O. ND Paris 012/3 Carriage clock maker.	
	BEROLLA- Rue Saint Martin, later de la Tour and Rue Oberkampf. France 013/3 Paris EXPO 1839, London EXPO 1851 Registered for Patent protection. year 1857. Detent escapement. Some clocks signature: "BEROLLA PARIS"	BEROLLA
	BERTHOUD, Ferdinand ND France 015/3 Carriage clock maker, + 1807.	BERTHOUD
	BERTHOULD Paris and Argenteuil France 014/3 Carriage clock maker. No other data on file.	BERTHOULD
	BESANCON-PILLODS Besancon France 016/3 Carriage clock maker, exhibition Paris 1889.	BESANCON PILLODS

NOTE:

TRADEMARK OR TRADENAME MARQUE DE FABRIQUE - NOMS WARENZEICHEN - WORTMARKE	NAMES AND ADDRESSES NOMS ET ADDRESSES NAMEN UND ADDRESSEN	REMARKS OBSERV'TN BEMERKUNG
D A M I E S - D U L L I V I E R	DAMIES-DULLIVIER Rue du Bouloi 10,Paris France 059/3 Maker of carriga clocks.Data: Years: 1867,1864,1880. Paris Exposition 1855.	
D E F R A N C	DEFRANC Saint-Nicolas-d'Aliermont France 060/3 Last record 1889 - carriage clk. maker.	
D E H O R T E R	DEHORTER Rue Ventadour,Paris France 061/3 Small size carriage clocks,last date to 1860.	
D E J A R D I N J.	DEJARDIN (J.) ND France 062/3 J - D trademark. Last data year 1880.	
D E L A B A R R E	DELABARRE (Alfred) Saint-Nicolas-d'Aliermont France 063/3 Carriga clock maker, but no data of his professional life.	
D E L E P I N E	DELEPINE (Emile) Saint Nicolas-d'Aliermont rance 068/3 Clockmaker who succeded O.Dumas. Carriage clocks and chronometers. Data reference 1870.	
D E L E P I N E BROME & GAUCHY	DELEPINE (Brome) & GAUCHY Saint -Nicolas-d'Aliermont France 067/3 Carriage clock maker, Borome Delepine et Gauchy, succeeded Pons, changed to : Delepine - Barrois. Later the name Pons was used.Last date 1859.	
D E L E P I N E ANTOINE	DELEPINE (Antoine) 11, Blvd.Bonne-Novelle,Paris and Saint-Nicolas-d'Aliermont. France 064/3 Display of carriage clocks 1867, Data relates to year 1849. Antoine + 1867.	
D E L E P I N E - BARROIS	DELEPINE-BARROIS Saint-Nicolas-d'Aliermont France 066/3 Trademark initials "DLB" or DLB S.G.D.C. Merged 1913 with Couaillet.	

NOTE:

REMARKS OBSERV'TN BEMERKUNG	NAMES AND ADDRESSES NOMS ET ADDRESSES NAMEN UND ADDRESSEN	TRADEMARK OR TRADENAME MARQUE DE FABRIQUE - NOMS WARENZEICHEN - WORTMARKE
	BESSON France 017/3 Platform escapement maker in the area of L'Epee.	BESSON
	BIESSY, Eugene Montherly France 018/3 Carriage clock maker, cylinder ecapement.	BIESSY
	BLANPAIN V. Paris France 019/3 Carriage clock maker succeeded by CORPET. No data on file.	BLANPAIN V.
	BLONDEAU ,freres Saint-Hippolyte (Doubs) France 021/3 Carriage clock maker,Bronce Medal Paris EXPO year 1819.	BLONDEAU FRERES
	BLONDEAU Horological merchant Rue de la Paix 19, Paris France 020/3 Dealer-Retail of Carriage clocks horological items.	BLONDEAU
	BLUMBERG & Co LTD Paris France 022/3 Carriage clock maker Paris and London. No data on file.	BLUMBERG
	BOLVILLER Paris France 197/3 Carriage clock maker, chronometer movement, Breguet style and design applied. Data reference @ 1860.	BOLVILLER
	BOLVILLER Paris,several locations,last Rue Beranger (year 1870) France 023/3 Maker of carriage clocks.Patents the year 1848,1858,some connction with Japy freres, Beaucourt.	BOLVILLER
	BRUNEAU Galerie de Valois,150, Palais -Royal , Paris France 027/3 EXPO, Paris 1839, carriage clocks mentioned.	BRUNEAU

NOTE:

TRADEMARK OR TRADENAME MARQUE DE FABRIQUE - NOMS WARENZEICHEN - WORTMARKE	NAMES AND ADDRESSES NOMS ET ADDRESSES NAMEN UND ADDRESSEN	REMARKS OBSERV'TN BEMERKUNG
BRUNELOT	BRUNELOT, Jules Rue de Oberkampf 10, Paris France 028/3 Carriageclock maker,Paris FXPO. year 1878, 1889.	
C. A.	C.A. ND ND 002 C A trademark. French ? No other data on file.	
CAMPELL	CAMPELL Place de l'Oratoire,Paris France 034/3 ND	
CAPT HENRY DANIEL	CAPT - Henry Daniel Rue d'Alger, and rue scribe, rue de la Paix. Paris France 035 CAPT maker of carriga clocks@ 1850 @ 1850 to 1890. Connected to Swiss manufacturer, operated branch in London/England.	
'AUREX'	"AUREX" Parent (Marcel) Villers-le Lac (Doubs) France 155/2 Reg.174408, 21th Jan 1931.Manufct. horological items.	
"CARILLON LOI LOUCHEUR"	"CARILLON LOI LOUCHEUR" Fabrique d'horlogerie La Vedette,Sosiety Anonyme a Saverne (Bas Rhin) France 012/2 Reg.16277 , 25th Mar 1930.Manufct. of Watch and Clock parts.Complete movements.	
"CHRONOMÈTRE ESPÉRANCE"	"CHROMETRE ESPERANCE" see 258 France 259/2 Reg.305424.	
	C X S.A/Ltd. Van Cleef et Arpels, 22, place Vendome, Paris France 145/2 Reg.203862, 31th Jan 1933.Manufct. items for horologie,jewellery. Gold and Silversmith.	

NOTE:

REMARKS OBSERV'TN BEMERKUNG	NAMES AND ADDRESSES NOMS ET ADDRESSES NAMEN UND ADDRESSEN	TRADEMARK OR TRADENAME MARQUE DE FABRIQUE - NOMS WARENZEICHEN - WORTMARKE
	CHEVALLIER et Cie Societe 72,rue d'Angouleme, Paris France 398/2 REg.14107, 11th Jul 1924.Manufact. electrical horological goods.	
	CHEVAL, see 205 France 206/2 Reg.268213, see 205.	
	CHEVAL FERES, Societe Les Fontenelles, (Doubs) France 172/2 Reg.179277. 15th May 1931.Manufct. of horological items /chronometer.	
	CHALIC same data as 062 France 067/2 Reg. 242082, same data as 062	CHALIC
	CHARMIC see 243 France 248/2 Reg. 221429, see 243.	CHARMIC
	CHATEAUBRIAND see 311 France 313/2 Reg.98450, see 311.	CHATEAUBRIAND
	CHATELEU see 024 France 025/2 Reg. 159645 , 14 Jan 1930.	CHATELEU
	CHRONOGRAPHE A RETOUR see 181 France 182/2 REg.164976, see 181.	CHRONOGRAPHE A RETOUR

NOTE:

TRADEMARK OR TRADENAME MARQUE DE FABRIQUE - NOMS WARENZEICHEN - WORTMARKE	NAMES AND ADDRESSES NOMS ET ADDRESSES NAMEN UND ADDRESSEN	REMARKS OBSERV'TN BEMERKUNG
CHARTIER	CHARTIER Paris France 043/3 Very common name clockmaker-watchmaker-jeweller. Last record @ year 1900.	
CARTIER PARIS 13 RUE DE LA PAIX LONDON 175 NEW BOND ST NEW-YORK 653 5th AVENUE	CARTIER Cartier (Society Anonyme) 13, rue de la Paix,Paris (C.V.) France 215/2 Reg. 292481,24th Aug 1938,Manufct. supplier, retail and wholesale, chronometric items, watches, pendulum clocks, alarm clocks, Gold and Silversmith,Jewellers, and office supplies-stationary.	
CARTIER	CARTIER see 215 France 216/2 Reg.292482, see 215.	
CARO	CARO Caraud (Henri) 5,boulevard Saint Martin, Paris. France 072/2 Reg. 243490, 12th Jun 1935.Manufct Horological items, timekeepers.	
CÉBÉ	CEBE - S.A.R. Ch.Brulard et ses Fils Charquemont (Doubs) France 159/2 Reg.177040. 24th Mar 1931.Manufct. Horologie and chronometrie.	
CLEMENT & BOURJOIS	CLEMENT & BOURJOIS Morez - French Jura - Morez France 046/3 Carriage clock maker,sign. clocks "Leon Clement Beurgeois a Morez" Data back from 1851 to 1831-1851.	
49471 **CENTRIC**	CENTRIC -S.A. Industrielle de Mecanique Horlogere 18,Boulevard Malesherbes- Paris. France 033/2 Reg. 49471, 30th Jun 1923.Manufct. Alarm clocks, clocks, clock mvmts. clock parts of all kinds.	

NOTE:

REMARKS OBSERV'TN BEMERKUNG	NAMES AND ADDRESSES NOMS ET ADDRESSES NAMEN UND ADDRESSEN	TRADEMARK OR TRADENAME MARQUE DE FABRIQUE - NOMS WARENZEICHEN - WORTMARKE
	CARTIER Paris France 212/3 "Art DECO" style carriage clock. Data reference @ 1920.	C A R T I E R
	CAUDRON Paris France 163/3 Carriage clock maker, signature: "ELEVE de BREGUET" Place Beaveau. (Student of Bregeut) data refer. @ year 1860.	C A U D R O N
	CHAMPAGNY J.B.Le Duc de Cadore ND France 039/3 Related to the clock industry Napoleon (1807-1811)	C H A M P A G N Y
	CHAMBET Maison Paul Garnier ND France 038/3 ND	C H A M B E R T
	CHAMPION, Emile 23 Rue des Bon-Enfants Paris France 040/3 Carriga clock maker,last record year 1889.	C H A M P I O N
	CHANTERET ND - Paris France 041/3 Carriage clock maker.Last record @ 1900.	C H A N T E R E T
	CHARLES HOUR FRENCH Paris France 208/3 Maker of small carriag clocks. Data reference 1910.	CHARLES HOUR
	CHARPENTIER Besancon France 042/3 Carriage clock maker. Last record year 1867.	C H A R P E N T I E R
	COTNA SOCIETE ANONYME SINEL, SOCIETE INDUSTRIELLE d'HORLOGERIE et d'APPARELS ELECTRIQUES 10, rue des Messageries, Paris. France /2 Regist.25 Nov 1930, electric clks	**"COTNA"**

NOTE:

TRADEMARK OR TRADENAME MARQUE DE FABRIQUE - NOMS WARENZEICHEN - WORTMARKE	NAMES AND ADDRESSES NOMS ET ADDRESSES NAMEN UND ADDRESSEN	REMARKS OBSERV'TN BEMERKUNG
C H I C	CHIC Bobillier-Chaumont (Louis) 7,Place de Hotel-de-Vile, Mortau (Doubs) France 068/2 Reg.243331, 29th May 1935 Manufct. horological items, chronometers.	
CHRONOMETRE - AZUR	CHRONOMETRE-AZUR Weil (Gaston) 68,rue de Bondy, Paris France 348/2 Reg.112451, 25th Feb 1909. Horological goods, Gold and Silversmith.	
Chronomètre Bouton d'Or	CHRONOMETRE BOUTON d'OR M.Ferret (Charles-Henri) 56,rue du commerce,Paris France 038/2 Reg. 55477, 9th Nov 1923.Manufct. chronometer movements.	
BAYARO METRE	CHRONOMETRIE Societe Anciens Establist. Duverdrey et Bloquel Saint-Nicolas-d'Aliermont (Seine Interieure) France 338/2 Reg.188349, 31th Oct 1931.manufct. chronometer, instrumentation for weather observation.	
CHRONOMÈTRE DE FRANCE	CHRONOMETRE de FRANCE S.Lip, S.A. d' Horlogerie) Besancon Usine de la Moullere France 141/2 Reg.201340, 30th Nov 1932.Manufct. timekeeper movements, chronometres.	
112450 CHRONOMÈTRE W	CHRONOMETRE "W" Weil (Gaston) 68,rue de Bondy, Paris France 346/2 Reg.112450,25th Febr 1909. Horological goods, Gold and Silversmith.	

NOTE:

REMARKS OBSERV'TN BEMERKUNG	NAMES AND ADDRESSES NOMS ET ADDRESSES NAMEN UND ADDRESSEN	TRADEMARK OR TRADENAME MARQUE DE FABRIQUE - NOMS WARENZEICHEN - WORTMARKE
	CHAUMET Maison Place Vendome 12, Paris France 044/3 Succeeded in part,representing the "Breguet" intrests in the horological area. No data on file.	CHAUMET
	CHEVELLIER Paris France 047/3 Importer,distributor of CHEVELLIER clocks, E.Pitscher & Co.Clerkenwell Road 3, England. Last data year 1913.	CHEVELLIER
	CHEVALLIER ND France 045/3 See LECHEVALLIER	CHEVALLIER
	COQUELLE Paris France 048/3 Last record year 1889,travel alrm. clocks.	COQUELLE
	C Y T A S - Mme.Chau-Ma-Thi "Maison Chau-Trac-Sang,dite Kham Ky" 33, rue Schroeder, SAIGON (former French colony) 052 Reg. in Paris 248183, 16th Aug 1935 Manufacturer of horological items, and gems.	**CYTAS**
	DELEPINE-BARROIS Saint-Nicolas-d'Aliermont,former former Delepine & Gauchy France 065/3 Gold medals awerded at exhibit. 1896 and 1900,some for general items,other than carriage clocks. French patent awarded for a 24 hour strike/time train design.	DELEPINE - BARROIS
	DELMAS Paris France 069/3 Maker of petite carriage clocks. Trademark P.G. with embossement: "Contard Brevete a Paris" No dates traceable.	DELMAS

NOTE:

TRADEMARK OR TRADENAME MARQUE DE FABRIQUE - NOMS WARENZEICHEN - WORTMARKE	NAMES AND ADDRESSES NOMS ET ADDRESSES NAMEN UND ADDRESSEN	REMARKS OBSERV'TN BEMERKUNG
C L A R T E	CLARTE France 031/2 REg. 49205, 12 Jun 1923.Manufct. of horological items	
CLERSON	CLERSON France 269/2 Reg.220327,	
C H R O N O S	CHRONOS Stromwasser (Jules) Besancon, Rue de Chaudanne France 226/2 Reg. 295024,29th Oct.1938.Manufct. parts for clocks and watches.	
CHRONO TOUR	CHRONOTOUR Creations et Etudes Publicitaires 24, rue Singer,Paris France 236/2 Reg.289263,10th Jun 1938.Manufact. parts for chronometer, general watch parts.	
L.LEROY et Cie 1785	CHRONOSTAT France 296/2 REg.252854	
CRONOMETRE	CRONOMETRE France 222/2 Reg.Paris 293570,	
CILA	CILA - Jakob Haskelson et Jean Haskelson S.A.Ltd. 5, rue Debelleyme, Paris. France 164/2 Reg.177558. 9th Apr 1931.Manufct. electric pendulum clocks,Gold and Silversmith.	

NOTE:

REMARKS OBSERV'TN BEMERKUNG	NAMES AND ADDRESSES NOMS ET ADDRESSES NAMEN UND ADDRESSEN	TRADEMARK OR TRADENAME MARQUE DE FABRIQUE - NOMS WARENZEICHEN - WORTMARKE
	COCORICO M.Fossard-Gouthier (Guy) 8, rue Porte Paris Amiens France 016/2 Reg. 58107 26 Dec 1923. Alarm clocks manufacturer.	COCORICO
	CORNEVILLE (*) CARILLON DE CORNEVILLE (**) Societe veuve Michelson et fils 18 and 20, Foubourg du Temple PARIS France 021/2 Reg.60725(*) and 60726 (**) 22 Febr 1924. Manufacturer of horological items.	CORNEVILLE CARILLON DE CORNEVILLE
	CURA * 33, rue Schroeder, Saigon THAILAND 219/2 Reg.Paris, 293567, 17th Mar 1938. of horological items. * Chau-Kham-Hi " Maison Chau-Trac -Sang)	CURA BESANÇON
	COUSSEGAL (Jean ,Baptiste) 305, rue de Charenton,Paris France 090/2 Reg.02th Mar 1935.Manufacturer of Bells and Chimes for clocks.	Rossignol
	CYT France 234/2 Reg.308138.	C Y T
	CYTAS * Besancon France 220/2 Reg.293568, see 219. * Operated enterprise in Thailand	CYTAS BESANÇON
	SOCIETE ANONYME MONTRES - CLARTE 34, Avenue de l'Opera, Paris France /2 Regist. 12 Jun 1923. Manufact. Horological items.	49205 CLARTÉ

NOTE:

TRADEMARK OR TRADENAME MARQUE DE FABRIQUE - NOMS WARENZEICHEN - WORTMARKE	NAMES AND ADDRESSES NOMS ET ADDRESSES NAMEN UND ADDRESSEN	REMARKS OBSERV'TN BEMERKUNG
C R O U T T E	CROUTTE - family Croutte of Saint-Aubin-Saint Saint Nicholas d' Aliermont FRance 054/3 Noted horological family since 1800, mentioned World Exposition Paris 1867 - Paris - Factory located in Blesdal ? , awarded patent for alarm carriage clock, other refr. data year 1864.	

NOTE:

REMARKS OBSERV'TN BEMERKUNG	NAMES AND ADDRESSES NOMS ET ADDRESSES NAMEN UND ADDRESSEN	TRADEMARK OR TRADENAME MARQUE DE FABRIQUE - NOMS WARENZEICHEN - WORTMARKE
	"COTNA" S.A.S. (Societe Indust.d'Horloger) et aperails Electrique 10,rue Messaeries ,Paris France 146/2 Reg.171961, 25th Nov 1930.Manufct. etectric pendulum clocks. Electr. alarm clocks.	C O T N A
	CORNU Jean-Louis, de la Maison Carpano Paris France 049/3 Last record year 1889.	C O R N U
	CORPET, Marcel Rue Amelot 84, Paris France 050 Succeded V.Blanpain(@ 1914) E.PITCHER & Co.Clerkenwell Road 3, England, distributor of CORPET clocks.	C O R P E T
	COUAILETT -family Saint-Nicolas-d'Aliermont France 051/3 Pitcher & Co. London-Clerkenwell sole importer of COUAILLET carriage clocks. Assembler,Ebauche style parts 1913 till 1939. After 1945, production was resumed, no serial or code numbers are record.	C O U A I L E T T
	COULON & MOLITOR Herimoncourt France 052/3 Inventor, of a special platform escapement for carriage clocks. "Brevet " COULON" year 1860.	C O U L O N & M O L I T O R
	CRETIN ND ND 053/3 See under CAPUCINE clock,	C R E T I N
	JEAGER, Edmond Paris, France /3 Trademark registered 01.26.1920. Clocks, clock movements,parts, tečhnical spring operated drives.MFC/WHS/RET	

NOTE:

TRADEMARK OR TRADENAME MARQUE DE FABRIQUE - NOMS WARENZEICHEN - WORTMARKE	NAMES AND ADDRESSES NOMS ET ADDRESSES NAMEN UND ADDRESSEN	REMARKS OBSERV'TN BEMERKUNG
D B	D.B. Burdet (Delphin) Lamprichard (Doubs) France 191/2 Reg.233815. 3rd Dec 1934. Manufct watch dials.	
D.E. H.O.	D.E.H.O.- Distribution Electrque de l'Heure Officielle,S.A. 40, rue du Colisee, Paris France 232/2 Reg.307688.13th Oct 1939.Manufct. parts and electric clock movemts.	
DAVIS	DAVIS Almeras et Cie. (Societe a respons) 117,Boulevard Sebastopol, Paris France 209/2 Reg.268909, 21th Ja 1937.Manufct. Watches and chrometer.	
DEF	D E F Societe Danton et Fountaine, 21,rue Auber, Paris France 051/2 Reg. 142691, 4th Jan 1929.Manufct. horological parts, chronometers, parts.	
DAX	DAX Beaudoing (Noel) 56,rue Arsenne-Chereau, Montreul Sous/Bois-Seine France 264/2 Reg.218015,Nov 1933.Manufact. for the horological industrie.	
Deesse	Deesee see 299 France 300/2 Reg.95305, see 299.	
DS	DEMOCRATE, Japy Freres & Cie. Beaucourt France 386/2 Reg.97, 28th Jan 1896, pocket watch trademark. D S JAPY freres et Cie Beaucourt	

NOTE:

REMARKS OBSERV'TN BEMERKUNG	NAMES AND ADDRESSES NOMS ET ADDRESSES NAMEN UND ADDRESSEN	TRADEMARK OR TRADENAME MARQUE DE FABRIQUE - NOMS WARENZEICHEN - WORTMARKE
	DETOUCHE & HOUDIN Rue Saint-Martin Paris France 077/3	D E T O U C H E & H O U D I N
	DENIS FRERES & Cie Rue Edoard-Cannevel Saint-Nicolas-d'Aliermont. France 070/3 Founded 1874 . No other data on file.	D E N I S
	DEPLANCHES-VASSY Saint-Nicolas-d'Aliermont France 071/3 Recorded date 1889, carriage clock displayed at the Paris exhibition.	D E P L A N C H E S - V A S S Y
	DESSIEUX Saint-Nicolas-d'-Aliermont France 076/3 Clock maker firm, clock parts Last records date from 1890.	D E S S I E U X
	DESPEROIS Saint-Nicolas-de'Aliermont France 074 Carriage clocks.Paris exhibition year 1889.	D E S P E R O I S
	DESFONTAINES,MAISON LEROY & Son Paris France 072/3 Clocks sold under "Le Roy & Fils" Recorded date 1851 and 1867.	DESFONTAINES MAISON LEROY
	DESHAYS Rue Cadet 26, Paris France 073/3 Chronometers,small carriage clocks Data 1839.	D E S H A Y S
	DESPLANCHES-Vassey Saint-Nicolas-d'Aliermont France 075/3 Carriage clock maker.Last records year 1889.	DESPLANCHES - VASSE Y

NOTE: 003/3 : JEAGER-PARIS , refer to page 726

TRADEMARK OR TRADENAME MARQUE DE FABRIQUE - NOMS WARENZEICHEN - WORTMARKE	NAMES AND ADDRESSES NOMS ET ADDRESSES NAMEN UND ADDRESSEN	REMARKS OBSERV'TN BEMERKUNG
D E S P R E Y	M. Desprey (Georges) Rue du president Wilson Le Havre France 005/2 Reg.16581 , 25th Feb 1930. Luxery style watch movmts. Especially very small style.	
D I S C A	DISCA, Levy (Hector) Merchandizer Paris France 400/2 Reg.91716, 13th Sept.1905. Manufct. horological goods.	
"DING-DING-DONG"	DING-DING-DONG Roder (Georges) 170,Faubourg,Saint-Honore, Paris. France 304/2 Reg.96789,15th Apr 1926.Manufact. parts for watches, clocks and clock chimes.	
DINAMIC	DINAMIC - S.A. de Manufct. Horlogerie de Bethune 13, rue Richer, Paris France 074/2 Reg. 244415, 28th Jun 1935.Manfct. of clock movements, alarm clocks movements and parts for clocks.	
DICTATOR	DICTATOR Societe Louis Brandt et freres, 20, rue Richer, Paris France 044/2 Reg. 56457, 29th Nov 1923.Manufct. of alarm clocks, clock movements parts of clocks, horolocical items.	
DOUBLE SUCCÈS	DOBLE SUCCES JAPY Freres S.A. Beaucourt France 070/20 Reg. 24336, 31th May 1935.Manufct. of Horological items, clocks, Watches.	
Doubs	JAECKLE F.J. Ribeauville (Haut Rhin) France /2 Regist. 18th Mar 1922. Manufact. of chronometer, watch, watch parts	

NOTE:

REMARKS OBSERV'TN BEMERKUNG	NAMES AND ADDRESSES NOMS ET ADDRESSES NAMEN UND ADDRESSEN	TRADEMARK OR TRADENAME MARQUE DE FABRIQUE - NOMS WARENZEICHEN - WORTMARKE
	DEVAUX ND France 078/3 ND.	D E V A U X
	DIETTE ND France 080/3 Travel clocks. Reference data 1860 1866. Recorded Trademark " DH"year 1891. Later firm name "Diette Fils Hour".	D I E T T E
	DEVERTE ND France 079/3 ND.	D E V E R T E
	DODILLET Jean Henry ND France 081/3 ND	D O D I L L E T
	DOLARD / Jean-Baptiste Morez - French Jura France 082 Industrialized clockmaker.Last record year 1890.	D O L A R D
	DORIAN ND France 083/3 Escapement-platform for clocks. Data reference 1890.	D O R I A N
	DORIUS ND France 084/3 ND	D O R I U S
	DOULLON Saint-Nicolas-d'Aliermont France 085/3 Reference data year 1900 and 1908,	D O U L L O N

NOTE:

TRADEMARK OR TRADENAME MARQUE DE FABRIQUE - NOMS WARENZEICHEN - WORTMARKE	NAMES AND ADDRESSES NOMS ET ADDRESSES NAMEN UND ADDRESSEN	REMARKS OBSERV'TN BEMERKUNG
220328 **DORTU**	DORTO see 268 France 270/2 Reg.220328, see 268.	
DOUBLE ORSOLID	DOUBLE ORSOLID see 299 France 301/2 Reg.95306, see 299.	
DOUBLE SUCCES	DOUBLE SUCCES JAPY freres & Cie Beaucourt France 404/2 Reg.175, 7th Jun 1905,manufact. of watch movements.	
	DOUBS same data as 058 France 060/2 Reg. 26860 , same data as 058.	
	DOLLAWATCH Gratton (James) Astor Building,217,Broadway New York (C.V.) U.S.A. 329/2 Reg.91023, 14th Dec 1925. Watch Manufacturer registered in Paris.	
DOLLAR	DOLLAR Etablissements Marquis,S. Verrier et Moulin 39,rue d'Isly. Alger NORTH AFRICA -ALGIER 257/2 Reg. 304915/Paris 28th Jun 1939. Manufacturer and supplier of of clock movements,bells for clk. alarm clocks.	
DOMINA	DOMINA M.Pierre (Fernand) 3, place d l Hotel de Ville Morteau (Doubs) France 024/2 Reg. 159643, 14 Jan 1930.Manufct. articles of horologie and Chronometers.	

NOTE:

REMARKS OBSERV'TN BEMERKUNG	NAMES AND ADDRESSES NOMS ET ADDRESSES NAMEN UND ADDRESSEN	TRADEMARK OR TRADENAME MARQUE DE FABRIQUE - NOMS WARENZEICHEN - WORTMARKE
	DURANDALOR Gerber Freres Societe a responsabilite Ltd. Morteau (Doubs) (C.V.) France 339/2 Reg.188354. 20th Nov. 1931.Manufct. watches,Gold and Silversmith.	Durandalor
	DUR Myer (Gilles,Hippolyte) 139, Boulevard Sebastopol, Paris. France 254/2 Reg.223087,29th Apr 1934.Manufct. horological and advertising items.	DUR
	DUREX Bertet (Violette) 19,rue Pastourelle,Paris France 210/2 Reg.270079,17th Feb 1937.Manufact. horological items, especially watch crystals.	D U R E X
	JAPY , freres et Cie Beaucourt France 411/2 Reg. 06.02.1900 Manufct. horological items, Watch movements, parts and supplies for watches.	
	DROCOURT Paris and Saint Nicolas- d' Aliermont France 087/3 D C , trademark. No other data on file.	D C
	DROCOURT ND ND 177/3 D - C ,trademark letter. No other reference.	D C D R O C O U R T
	DROCOURT (Pierre & Alfred) Rue de Limoges,Paris France 086/3 Carrige clock maker.Data refer: 1860,1862,1867,1878,1889. Trademark letters "D' and "C"also Drocourt-Paris, later location at Saint-Nicolas-d'-Aliermont.	D C

NOTE:

TRADEMARK OR TRADENAME MARQUE DE FABRIQUE - NOMS WARENZEICHEN - WORTMARKE	NAMES AND ADDRESSES NOMS ET ADDRESSES NAMEN UND ADDRESSEN	REMARKS OBSERV'TN BEMERKUNG
D R U G E O N	DRUGEON Paris France 088/3 Manager of the M.T.Leroy carriage clock company.Data refer @1878. Later manufactured carriage clks. "DRUGEON Fnt PARIS"	
	DRUGEON France 089/3 M D trademark, or MD only.Clocks, no other data on file.	
D U B O I S	DUBOIS (Emile) ND France 090/3 Finisher of carriage clocks. Reference date @ 1880.	
	DUBOIS freres Montbeliard France 091/3 Mainspring maker.Refer data 1860. Sometimes theier name embossed on the spring barrel.	
D U C O M M U N	DUCOMMUN ND ND 092/3 Main spring maker.Reference data @ 1870.	
	DUCOMMUN (Paul et Cie) Travers Swiss 093/3 Carriage clock maker ? Refer data 1898.	
D U M A S	DUMAS (A) Saint Nicolas-d'Aliermont France 094/3 A -D trademark in diamond, also AD only,reference data year 1880. travel alarm clocks? Carriage clk.	
	DUMAS (O) Saint -Nicolas-d'Aliermont and Paris France 095/3 Chronometer maker, reference data: 1855, 1862.	
D U T E R T R E	DUTERTRE (J.B.) Paris France 096 Data record ,born 1743.	
D U V E R N O Y	DUVERNOY Montbeliard France 098/3 Tool maker, last record 1860.	

NOTE:

REMARKS OBSERV'TN BEMERKUNG	NAMES AND ADDRESSES NOMS ET ADDRESSES NAMEN UND ADDRESSEN	TRADEMARK OR TRADENAME MARQUE DE FABRIQUE - NOMS WARENZEICHEN - WORTMARKE
	DUVERDREY & BLOQUEL Saint-Nicolas-d'Aliermont France 097/3 Established 1867 by Albert Villon. Carriage clock maker. Also agent for Landenberger Co. Schramberg , Black Forest/Germany. used the -Ebauche- system in theier clock manufacturing. Some clocks marked : D & B.	DUVERDREY &BLOQUEL
	ELBON Ronnet (Auguste, Emilie) Morteau (Doubs) France 195/2 Reg.234839, 20th Dec 1934.Manufct. horological items.	ELBON
	ELECTRIC SECTEUR S.A. Etablissments Henry Lepaute, 17 a 28, rue Desnounettes, Paris France 149/2 Reg.172556, 11th Dec 1930.Manufct. electric pendulum clocks, electr. small applainces.	ELECTRIC SECTEUR
	ELECTRO SECTEUR see 149 France 150/2 Reg. 1725557, see 149	ELECTRO SECTEUR
	ELOG Villemin (Henri) 60, rue Turbigo, Paris France 267/2 Reg.220009,17th Feb 1934.Manufact. horological items, especially Watches.	ELOG
	E.G. London & Paris England 175/3 E - G , tradename.No other data reference, carriage clock maker.	E. G.
	EMA see 201 France 202/2 Reg.267587, see 201.	E M A

NOTE:

TRADEMARK OR TRADENAME MARQUE DE FABRIQUE - NOMS WARENZEICHEN - WORTMARKE	NAMES AND ADDRESSES NOMS ET ADDRESSES NAMEN UND ADDRESSEN	REMARKS OBSERV'TN BEMERKUNG
EMY	EMY Moraine (Leon) 18,rue Portefoin,Paris France 201/2 Reg.267586, 17th Dec.1936.Manufct. horological Items,chronometer.	
EQUILIBROND marque déposée	EQUILIBROND Etablissements Francais de Balanciers de Precision Besancon (C.V.) 16, rue Suard France 174/2 Reg.237696, 22nd Feb 1935.Manufct.	
E R B E A U	ERBEAU 1 100 ,Boulevard,Sebastopol, Paris. France 104 Data reference 1889, ecapement maker for carriage clocks.	
86.400	EIGHTYSIX FOURHUNDRED Lip, Societe Anonyme d' Horlogerie Paris. France 253/2 Reg.223078,19th Apr 1934.Manufact. Alarm clocks,chronometers, and pendulumn clocks.	
E C A L L E	ECALLE (Auguste) Palais Royal 99,Paris France 102/3 Data: 1878, 1889, agent for: DENT/London.Later importer of English clocks.	
E L Y O R	ELYOR Paris France 103/3 ELYOR, code word of Le Roy on his clocks during the French Revolution.	
E Z	E Z see data 128 France 129/2 REg. 240528, see data 128.	

NOTE:

REMARKS OBSERV'TN BEMERKUNG	NAMES AND ADDRESSES NOMS ET ADDRESSES NAMEN UND ADDRESSEN	TRADEMARK OR TRADENAME MARQUE DE FABRIQUE - NOMS WARENZEICHEN - WORTMARKE
	E Z, Zuccolo Rochet et Cie S.R.Ltd. 3, rue de la Gare, Anney C.V. France 128 Reg.240527, 11th Apr 1935.Manufct. of horological items, jewellry.	EZ
	E.T.C. ND ND 056 E T C on clock plate , French ?	E . T . C .
	"EVA" Julhe (Maurice) 57,rue du Foubourg de Temple, Paris France 185/25 REg.272747, 16th Apr 1937.Manufct. of horological items, chronometer.	E V A
	"ESSOR" see 185 France 186/2 Reg. 272748, see 185.	**"ESSOR"**
	ECHO see 090 France 113/2 REg.239076, see 090.	Echo
	FAIVRE Trevillers France 106/3 Data reference 1860, clock maker, music boxes and bells.Animated and operated by the clock work.	F A I V R E
	FARRET Rue Chapon,23, Paris. France 107/3 Data reference year 1849, small travel clocks.(Carriage clocks).	F A R R E T
	FENON (Auguste) Paris France 108/3 Data reference 1878,1880,1889. Watch/Clockmaker for the Observatory , Paris/France.Fenon was a student of Joseph,Thadeus Winnerl, Austrian born,sine 1829 resident/ Paris. Marinechronometer maker. later director of the Watchmaker in Besancon/France.	F E N O N

NOTE:

TRADEMARK OR TRADENAME MARQUE DE FABRIQUE - NOMS WARENZEICHEN - WORTMARKE	NAMES AND ADDRESSES NOMS ET ADDRESSES NAMEN UND ADDRESSEN	REMARKS OBSERV'TN BEMERKUNG
ERVANA	ERVANA Boef (Gaston) 10, cours Victor Hugo, Caivaillon, (Vancluse) France 204/2 Reg.268206, 22th Dec 1936.Manufct. horological and chronometry .	
	EVER HARD EASTERN TRADING Agency 45, rue Dupleix, Pondichery India. France 048/2 Reg. 247470 8th Jun 1935.Manufct. timepieces, trading agency.	
Extra-Renommée	EXTRA-RENOMMEE Izerabie (Louis) 32,rue de la Republique Lyon France 355/2 Reg.6992, 25th Feb 1908.Manufact. of watch movements, parts, and display package for watches.	
FANEX	FANEX Jouhaud (Maurice) 170 bis, avenue de Paris, Vincennes (Seine) France 316/2 Reg.124110,10th Jan 1928.Manufact. small horological items,watches, movements,chronometer.	
FASTIC	FASTIC - Compagnie Indust. de Mecanique Horlogere S.A. 18, Boulevard Malesherbes, Paris France 062/2 REg.242077, 17th May 1935.Manufct.	
FAVORI	FAVORI Bougeniere (Foedora) 44, rue Carnot, Wattrelos France 086/2 Reg.208526, 11th May 1933.en gros (wholesaler) of horological items.	
FÉTICHE	FETICHE,Joanot(Ferdinand),49 rue de la Repblique;Faure(Marius),26 rue Grenette;Pegaz(Marius), 8 rue Denferet-Rocherau et Vianey(Ernest) rue du Jardin-des-Plantes, Lyon France 154/2 Reg.174400, 20th Ja 1931.Manufct. horological items.	

NOTE:

REMARKS OBSERV'TN BEMERKUNG	NAMES AND ADDRESSES NOMS ET ADDRESSES NAMEN UND ADDRESSEN	TRADEMARK OR TRADENAME MARQUE DE FABRIQUE - NOMS WARENZEICHEN - WORTMARKE
	FLEURON, JAPY, freres & Cie Beaucourt France 385/2 Reg.96, 28th Jan 1896, pocket watch trademark.	F L E U R O N
	FIRMIN-CARTIER (Maurice) 30 et 32, rue Monsingeur-Auguard, Pontier France 318/2 Reg.125869, 7th Feb 1928. Manufact. parts for watches, especially cylinder escapements.	F I R M I N - C A R T I E R
	FORMI-Goetschel freres et Cie/ S.R.Ltd. Besancon 3, bis, rue d'Alsac, France 175/2 Reg.237973, 18th Febr 1935. Manufct. watch movements and watch parts. fixture relatet to horological Industry.	FORMI
	FERNIER Louis et Frere Paris and Besancon. France 109/3 LE PARIS, trademark. Carriage clk. No data record on file.	F E R N I E R
	FUMEY ND France 111/3 Carriage clock maker. Data refr. year 1855.	F U M E Y
	FUTVOYE ND France 112/3 Data reference year 1850.	F U T V O Y E
	DESPREY, Georges 35, rue du President-Wilson Le Havre (Seine) France /2 Regist. 25 feb. 1930. Manufact. of watch cases.	'FACETTA'

NOTE:

TRADEMARK OR TRADENAME MARQUE DE FABRIQUE - NOMS WARENZEICHEN - WORTMARKE	NAMES AND ADDRESSES NOMS ET ADDRESSES NAMEN UND ADDRESSEN	REMARKS OBSERV'TN BEMERKUNG
G	G. Paris France 129/3 - G - letter on French carriage clocks?	
G L	G L ND ND 182 ND - Carriage clocks ?	
G A N T O I S	GANTOIS AMEDE Paris France 113/3 Data reference 1889.	
G A R N I E R	GARNIER (Thomas) ND France 115/3 ND , but try LEROY.	
G A R R Y	GARRY O. 106 Rue Vielle-du-Temple Paris France 036/3 Dealer in clocks and misc.hardware advertised as " Clock Factory" year 1912.	
G A R N I E R	GARNIER ,Paul Paris France 114/3 * 1801, + 1869. Serial production of carriage clocks.Later maker/ supplier of Railroad station clks. Data reference:1827,1839,1844,1855 Son Paul took over the business until his death 1916 ?	
G A S T E L L I E R	GASTELLIER 28 Place Vendome, Paris France 116/3 Associated with Breuguet/ Brown, data 1970.	
 	Gaveau M. (Arnold,Lucien) 51,Ave du Moulin-de-Saquet Vitry-sur-Seine (C.V.) France 011/2 REg.1625571 26th Mar 1930.Manuftc. watch parts,especially ecapements, cylinder.	

NOTE:

REMARKS OBSERV'TN BEMERKUNG	NAMES AND ADDRESSES NOMS ET ADDRESSES NAMEN UND ADDRESSEN	TRADEMARK OR TRADENAME MARQUE DE FABRIQUE - NOMS WARENZEICHEN - WORTMARKE
	GAUCHY ND France 037/3 see DELEPINE	GAUCHY
	GAULOISE, JAPY,Freres &Cie Beaucourt France 384/2 Reg.95, 28th Ja 1896,pocket watch trademark.	GAULOISE
	GAY-LAMAILLE & Co Paris and London France 176/3 Data record year 1880, carriage clock making enterprise.	GAY-LAMAILLE
	GELIN Montbelliard France 117 /3 Data reference 1889,1890.Escapt. maker.	GELIN
	GEM Etablissements Georges Meyer, 139, Boulevard de Sebasopol, Paris. France 289/2 Reg.257117,25th Mar 1936.Manufact. parts for jewellery, Gold and Silversmith.	GEM
	G E O M.Sahli (Georges) 16,Rue de la Gare, Morteau (Doubs) a Besancon France 003/2 Reg.16557, 25th Feb. 1930.Horolg. items .	GEO
	GRIGNON-MEUSIER Paris France 124/3 Maker of large carriga clocks.	GERIGNON
	G.C. Gimel (Ernest) 1,rue d'Amiens, Lille France 188/2 Reg.273178, 21th Apr 1937.Manufct. of horological items.	G.C
	GALLIA Ateliers de Mecanique Automobile Hoff, Moselle France 192/2 Reg.233836, 4th Dec 1934.Manufct. bord watches for Automobles and Aircraft and Bicycles.	Gallia

NOTE:

TRADEMARK OR TRADENAME MARQUE DE FABRIQUE - NOMS WARENZEICHEN - WORTMARKE	NAMES AND ADDRESSES NOMS ET ADDRESSES NAMEN UND ADDRESSEN	REMARKS OBSERV'TN BEMERKUNG
G I N D R A U X	GINDRAUX ND France 118/3 ND	
G O N T R A R D	GONTRARD & BOLVILLER Paris France 130/3 ? carriage clock assembler.	
G R A R D	GRARD (Benedict) St.-Nicolas-d-"Aliermont France 122/3 Teacher of horology,St.Petersburg (Now Leningrad) Russia. Referenc. data: Year 1900.	
G R E N O N	GRENON PAUL Paris France 123 /3 Dealer in clocks.Data refer. Year 1912.	
GOUOUILHOU	GOUNOUILHOU & FRANCOIS ND ND 121 Carriage clock - assummed once belonged to Napoleon, while in exil in St.Helena.	
GOLF-TIME	GOLF TIME Hellstern (Henri) 23,place Vendome, Paris France 151/2 Reg.172883, 15th Dec.193o.Manufct. of special Golf-watches.	
C O N T R A D	GONTRAD (C.P.) Paris France 120 P.G. trademark. 1848 French Patent awarded for escapement. Travel clocks-carriage clocks. Last data reference year 1870.	
G U I B A U D E T	GUIBAUDET (Gustave E.) Paris France 125/3 ND	
G U I G N O N	GUIGNON J.L. Paris France 126/3 Data reference: 1889, maker of inexpensive travel alarm clocks.	

NOTE:

REMARKS OBSERV'TN BEMERKUNG	NAMES AND ADDRESSES NOMS ET ADDRESSES NAMEN UND ADDRESSEN	TRADEMARK OR TRADENAME MARQUE DE FABRIQUE - NOMS WARENZEICHEN - WORTMARKE
	GUILMET Paris France 127/3 Filed patent French patent 119,862 year 1878 for the "Guilimet Pendulumn" clock. Data reference: Year 1898.	G U I L M E T
	GUYERDET ND France 128/3 ND	G U Y E R D E T
	H.E.C. Vuez (Henri Joseph) 1,place Carnot, Morteau (Doubs) France 161/21 Reg.177102, 27th Mar 1931.Manufct.	H.E.C.
	H L (Trademark) ND France 183/3 H L , embossement on French made carriage clock.Data reference: Year 1827.	H L
	H.W. see 279 France 280/2 REg.220886, see 279.	H.W
	HENRY Paris France 131/3 ND	H E N R Y
	HERMA Anguenot Freres ,S.A. Villers-le-Lac (Doubs) France 320/2 Reg.143430,19th Nov 1928.Manufact. horological items,chronometer.	HERMA
	HEURE - FRANCE Simon (Albert Vital) 120, rue de Rivoli, Paris France 053/2 Reg. 248598, 2nd Oct 1935.Manufct. horological items.	HEURF-FRANCE
	HESSEN Paris France 132/3 ND	H E S S E N

NOTE:

TRADEMARK OR TRADENAME MARQUE DE FABRIQUE - NOMS WARENZEICHEN - WORTMARKE	NAMES AND ADDRESSES NOMS ET ADDRESSES NAMEN UND ADDRESSEN	REMARKS OBSERV'TN BEMERKUNG
HUITA	HUITA see 308 France 309/2 Reg.98425, see 308.	
H O L D T	HOLDT ND ND 133/3 ND / Name on some carriage clks. French made ?	
H O L I N G U E	HOLINGUE, or HOLLINGE Saint-Nicolas-d'Aliermont France 134/3 Family operated clockmaking. Data reference 1858, 1875-1876.	
HOP	HOP Manufacture d' Horlogerie de Bethune S.A. 13,Rue Richer, Paris France 138/2 Reg.201085, 28th Nov 1932.Manufct. horological items,chronometer.	
H O H O R L O L O	HORLO Mournier (Leon) 91,avenue de l'Arsenal France 158/2 158 Reg.175543, 9th Febr 1931.Manufct. Horological items, Gold and Silversmith.	
HORLOGERIE LUMIERE	HORLOGERIE LUMIERE Mm.Veuve Laibziger, nee Moudlic (Maya) 11, rue de Pont- Louis-Philippe, Paris France 130/2 Reg.186859, 2th Dec 1931.Manufct. especially of movements watches.	
H O R B I J U	HORBIJU Weil Gaston 689,rue de Bomdy, Paris France 349/2 Reg.112453, 25th Feb.1909, Horological goods. Gold and Siversmith.	

NOTE:

REMARKS OBSERV'TN BEMERKUNG	NAMES AND ADDRESSES NOMS ET ADDRESSES NAMEN UND ADDRESSEN	TRADEMARK OR TRADENAME MARQUE DE FABRIQUE - NOMS WARENZEICHEN - WORTMARKE
	HOTIC see 268 France 275/2 Reg, 220333, see 268.	H O T I C
	HUBERT, (Jules,Edouard) et Cheval(Gabriel,Edmond, Anatole Les Fontenelles (Doubs) (C.V.) France 205/2 Reg.268212,28th Dec 1935.Manufct. of watch staffs.	
	HUFSCHMITT et Cie Hoffmuhl (Moselle) (Elsacc Lorraine) FRance 017/2 Manufacturer of crystals andbezels for watch and clock movements .Reg 58143 and 58144, 28 Dec 1923.	H U F S C H M I T T
	HUMA Varaud (Georges) 38,rueMichel-Servet, Villeurbanne (Rhone) France 279/2 Reg.220885,26th Feb 1934.Manufct. watch movements and watches, Chronometer.	220885 **HUMA**
	HOUR (Charles) Paris France 135/3 CH or CH.H.trademark.Data refer. 1852,1900. Also operated under the name DIETTE.	H O U R
	HULMAN ND ND 137/3 Platform-escapement maker. No data recorded.	H U L M A N
	FALLARD W. (Paul) rue Proudhon, Besancon France /2 Regist. 24th Mar 1922. Manufact. of watch movements and parts.	MOUVEMENT GARANTI CONTRE TOUS DÉFAUTS DE FABRICATION Made in France P.F.&Co. BESANÇON DÉPOSÉE

NOTE:

TRADEMARK OR TRADENAME MARQUE DE FABRIQUE - NOMS WARENZEICHEN - WORTMARKE	NAMES AND ADDRESSES NOMS ET ADDRESSES NAMEN UND ADDRESSEN	REMARKS OBSERV'TN BEMERKUNG
J A P Y	JAPY freres et Cie industriels a Paris Clock & Watch Factory Beaucourt France 251/3 Founder of the Japy industrial dynasty: Fredric JAPY, * 1749, + 1812, watchmaker and inventor of fixtures and machinery for the clock/watchmaking trade. The JAPY company held the top rank as a leading enterprise in the clock & watch making industry. Adolphe JAPY of the Japy-family was very influencial for the industrialized development for mass produced clocks/watches. A foundry, machine factory, produced hardware. Houshold,kitchen and cooking ware.Food processing machinery, motors, electric motor operated sewing machines,farm equipment, tools and hardware rounded up the JAPY enterprise. Adolphe JAPY,knighted and member of the French Legion of Honour was for several terms the major of the city of Beaucourt,held many public offices,died in Paris 1897. The JAPY clock movements are regarded of best FRENCH ORIGINAL CLOCK-making.	
LA DÉMOCRATE	JAPY brothers France 258/2 VIGILANTE, tradename registered 09.27.1894. JAPY brothers France 257/2 DEMOCRATE, tradename registered 02.28.1896.	
LE FLEURON	Japy brothers France 256/2 FLEURON, tradename registered 02.28.1896.	
LA GAULOISE	JAPY brothers France 255/2 GAULOISE,tradename registered, 02.28.1892.	

NOTE:

REMARKS OBSERV'TN BEMERKUNG	NAMES AND ADDRESSES NOMS ET ADDRESSES NAMEN UND ADDRESSEN	TRADEMARK OR TRADENAME MARQUE DE FABRIQUE - NOMS WARENZEICHEN - WORTMARKE
	JAPY FRERES & Cie France 372/2	J A P Y
	JAPY FRERS & Cie Beaucourt France 366/2 Reg.34278, 29th Aug 1890.Copyrth. and label for decor packaging.	see label below
	JAPY FRERES & Cie Industry-Paris Beaucourt France 367/2 Reg.34280, 29th Aug 1890.Copyrht. DEcor packaging and label.	see label below
	JAPY Freres& Cie Industry-Paris Beaucourt France 368/2 Reg.34282,29th Aug.1890,copyright. Decor and Label of Packaging.	see label below
	JAPY FRERES & Cie Beaucourt France 373/2 Reg.34287, 29th Aug 1890.Copyrht. for label on watch packaging box.	see label below

366/2:

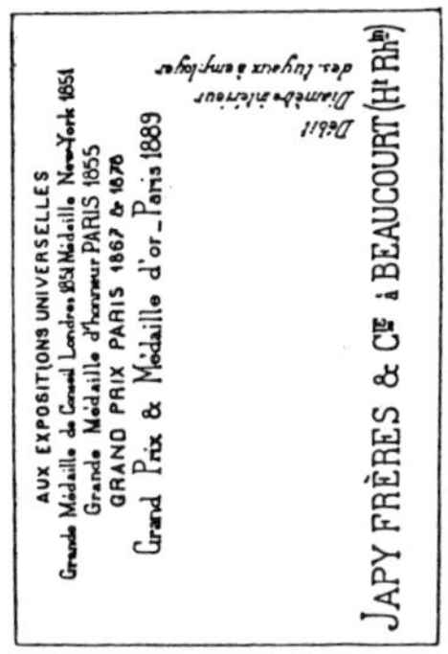

367/2:

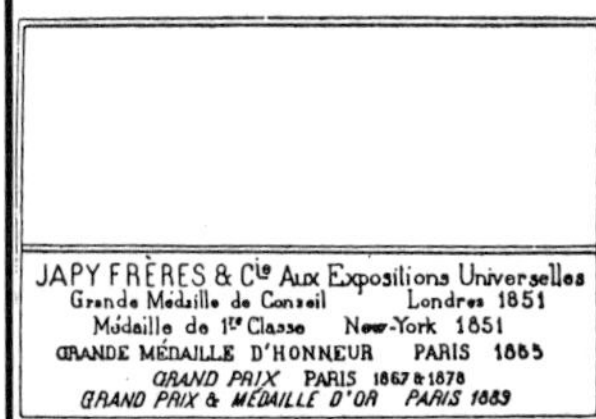

368/2:

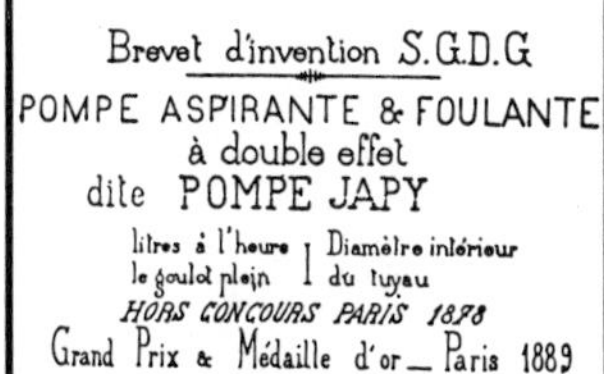

373/2:

NOTE:

TRADEMARK OR TRADENAME MARQUE DE FABRIQUE - NOMS WARENZEICHEN - WORTMARKE	NAMES AND ADDRESSES NOMS ET ADDRESSES NAMEN UND ADDRESSEN	REMARKS OBSERV'TN BEMERKUNG
JAPY.FRÈRES & Cie à BEAUCOURT (H^t R^n) Aux Expositions Universelles GRAND PRIX PARIS 1867 à 1878 Grande Médaille de Conseil Londres 1851 Grande Médaille New-York 1853 GRANDE MÉDAILLE D'HONNEUR . PARIS 1855 GRAND PRIX & MÉDAILLE D'OR. PARIS 1889	JAPY FRERES Beaucourt FRANCE 374 Reg.34287, 29th Aug 1890.Copyrht. label for watch packaging box.	
	JAPY FRERES et Cie Beaucourt France 379/2 Reg.83, 19th Jul 1893. TRADEMARK LOGO "JAPY" / general horological goods.	
JF	JAPY FRERES et Cie. Beaucourt France 383/2 Reg.256, 30th Dec.1913. Manufact. of watch movements,watches.	
PARIS	JAPY FRERES & Cie Beaucourt France 389/2 Reg.103, 17th Sept 1898. Trademark stamping for watch movements.	
CYRANO	JAPY FRERES & Cie Beaucourt France 390/2 Reg.101, 8th SEpt 1898.Trademark stamping for watch movements.	
BEAUCOURT	JAPY FRERES & Cie Beaucourt France 391/2 Reg.102,8th Sept 1898,Trademark stamping for pocket watches.	
PARIS	JAPY FRERES & Cie. Beaucourt France 393/2 Reg.121, 6th Dec 1901.Trademark stamp on pendulumn clocks.	

NOTE:

REMARKS OBSERV'TN BEMERKUNG	NAMES AND ADDRESSES NOMS ET ADDRESSES NAMEN UND ADDRESSEN	TRADEMARK OR TRADENAME MARQUE DE FABRIQUE - NOMS WARENZEICHEN - WORTMARKE
	JAPY FRERES et Cie Beaucourt France 397/2 Reg.5410, 28th Jan 1921.Manufact. of horological goods,chronometer and pedulumn clocks.	
	JAPY FRERES & Cie Beaucourt France 402/2 Reg.91730, 13th Sept 1905.Copyrht. for clock & watch packaging label.	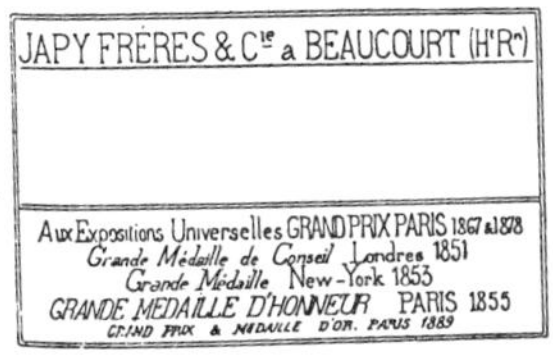
	JAPY FRERES Beaucourt France 410/2 Reg.in Vienna(Austria) No 18949, 1st Jul 1903. Trademark for Horological goods sold under the name of Japy freres, France.	
	J F Japy freres & Cie Beaucourt France 413/2 Reg.211, 20th Dec.1910.Manufact. electric clocks.	J F
	L'ALOUETTE,JAPY Freres & Cie. Beaucourt France 394/2 Reg.122, 22Mar 1902. Trademark for pocket watch stem windup feature.	
	JAPY brothers France 259/2 La FAVORITE, tradename registered 09.27.1894.	
	JAPY brothers France 260/2 La PARISIENN,tradename registered 09.27.1894.	

NOTE:

TRADEMARK OR TRADENAME MARQUE DE FABRIQUE - NOMS WARENZEICHEN - WORTMARKE	NAMES AND ADDRESSES NOMS ET ADDRESSES NAMEN UND ADDRESSEN	REMARKS OBSERV'TN BEMERKUNG
BOCOR BOCOR	JAPY brothers France 266/2 BOCOR, tradename registered 03.16.1905.	
J A P Y	JAPY brothers France 267/2 Tradesymbol registered year 1921.	
	JAPY brothers France 268/2 Tradesymbol registered 02.29.1921.	
	JAPY brothers France 269/2 CYRANO, tradename registered 09. 08.1898.	
	JAPY brothers France 270/2 BEAUCOURT, tradesymbol registered 09.08.1898. Complete information on JAPY see page 245	
JAPY FRERES & CIE GRAND PRIX 1867 1878 1889	JAPY FRERES & Cie Beaucourt France 369/2 31st Jan 1921, company engaged in non horological merchandize production, household goods, office supplies and sundries.	
JAPY FRERES & Cie	JAPY FRERES & Cie Beaucourt France 370/2 31th Jan 1921, company filed tradename protction for non-horological merchandize product.	
5767	JAPY FRERES & Cie Beaucourt France 371/2	

NOTE:

REMARKS OBSERV'TN BEMERKUNG	NAMES AND ADDRESSES NOMS ET ADDRESSES NAMEN UND ADDRESSEN	TRADEMARK OR TRADENAME MARQUE DE FABRIQUE - NOMS WARENZEICHEN - WORTMARKE
	JAPY freres Beaucourt France 142/2 See records under JAPY .	J A P Y
	JAPY (Albert) Beaucourt France 141/2 Family member of the Industrial dynasty of FREDRIC JAPY. Albert Japy 4th generation Grandson of F.Japy. No other data on file.	
	JAPY (Louis) ND France 143/2 Namesake and related to the JAPY enterprise.Operated shop in Bern/Switzerland. Data reference: Year 1849.	J A P Y
	JAPY brothers French 253/2 Trademark label registered 08.29.1890.	
	JAPY brothers France 254/2 JAPY,trademark.Regst.02.08.1892	
	JAPY brothers France 264/2 Tradesymbol registered 12.29.1913 for clocks?watches.	J A P Y
	JAPY brothers France 265/2 AUTOMOBILE-REGULATOR and AUTOMEDON, tradenames registered 02.28.1899.	 
	JAPY,MARTI,ROUX Paris France 144/2	J A P Y

NOTE:

TRADEMARK OR TRADENAME MARQUE DE FABRIQUE - NOMS WARENZEICHEN - WORTMARKE	NAMES AND ADDRESSES NOMS ET ADDRESSES NAMEN UND ADDRESSEN	REMARKS OBSERV'TN BEMERKUNG
MOTEUR JAPY	JAPY brothers France 261/2 JAPY, SOCIETE, registered 09.17. 1898.	
ALOUETTE	JAPY brothers France 262/2 L' ALOUETTE, tradename registered 03.22.1902.	
	JAPY Brothers France 263/2 SUCCES, tradename registered 03.22.1902.	
	JAPY FRERES & Cie France VIGILANTE,tradename registered 09.27.1894. Pocketwatches	
	JAPY FRERES & Cie France BEAUCOURT,tradename registered 02.08.1892. Pocketwatches	
	JAPY FRERES & Cie France ANCRE FRANCAISE,tradename registered 02.08.1892	
J A C O T	JACOT (Henri) Saint Nicolas d-'Aliermont France 139/3 Data reference: 1855,1867,1878, Exhibitions in France. Company sized all operations year 1920.	
J A C O B	JACOB (Aime) Saint Nicolas-d'Aliermont France 138/3 Data reference: 1855,1872,related exhibitions of his carriage clocks	

NOTE:

REMARKS OBSERV'TN BEMERKUNG	NAMES AND ADDRESSES NOMS ET ADDRESSES NAMEN UND ADDRESSEN	TRADEMARK OR TRADENAME MARQUE DE FABRIQUE - NOMS WARENZEICHEN - WORTMARKE
	JANNERET - GRIS Le Locle SWISS 146/3 Tool and fixture maker clock / industry, time frame @ 1840-1865.	J A N N E R E T
	JANVIER (Joseph) French-Jura France 140/3 Clockmaker between 1771? - 1820. Originated typical French-Jura style clocks.	J A N V I E R
	J M Missere (Joseph) 9, avenue Wilson, Belfort (C.V.) France 050/2 Reg.247768, 3rd Sept 1935.Manufct. horological items and chronometers	JM
	JAZBAND see 268 France 272/2 Reg.220330, see 268.	JAZBAND
	JAZ see 268 France 271/2 Reg.220329, see 268.	JAZ
	JAMS see 166 France 169/2 Reg.179099. see 166.	JAMS
	J I M Imhof (Jean) 14th, rue des Poissonniers, Neuilly (Seine) France 328/2 Reg.148 217,19th Apr 1929.Manufact horological parts and components.	J·I·M
	JOCKER Liebundgut (Charles) rue Pertusier, Morteau (Doubs) France 225/2 Reg. 294984,19th Oct.1938,Manufct. horological items, chronometer.	JOCKER

NOTE:

TRADEMARK OR TRADENAME MARQUE DE FABRIQUE - NOMS WARENZEICHEN - WORTMARKE	NAMES AND ADDRESSES NOMS ET ADDRESSES NAMEN UND ADDRESSEN	REMARKS OBSERV'TN BEMERKUNG
	JUNGHANS Gebrueder Junghans, Aktiengesellschaft (A.G.) Schramberg,Wuerttemberg Germany 056/2 Reg. 249248, 18th Oct 1935, Paris. Manufacturer of Clocks, watches, movements, parts and clock-watch manufacturing machinery.	
	JULES PIAULT Robert Linzeler 9,rue Argenson,Paris France 358/2 Reg.106391.6th Mar 1908.Manufact. Gold-Silversmith. Watch sales.	
	ROBERT LINZELER 9,rue Argenson, Paris France Reg.106391.6th Mar 1908.Manufct. Watch sales	
J U P I T E R	JUPITER Henri Picard Frerer factory owner Paris France 364/2 Reg.59473, 9th Sept.1898.Manufact. of watch springs.	
	JUPITER, Henri Picard Paris France 388/2 Reg.59474, 9th Sept.1898,copyrth. watch spring packaging label.	
IDEAL PRIMA RAPID	IDEAL PRIMA RAPID Etablissements Meylan et Cie. 42, rue Pastourelle,Paris Paris (C.V.) France 227/2 Reg. 295115,09th Nov 1938.Manufct. watch and clock springs.	
INDICATEUR B. C. V. J. VIAL	INDICATEUR B.C.V. J.VIAL Jules Vial 55, rue Caulaincourt, Paris France 181/2 Reg.164975. 16th May 1930.Manufct. parts of watches and chronometer.	

NOTE:

REMARKS OBSERV'TN BEMERKUNG	NAMES AND ADDRESSES NOMS ET ADDRESSES NAMEN UND ADDRESSEN	TRADEMARK OR TRADENAME MARQUE DE FABRIQUE - NOMS WARENZEICHEN - WORTMARKE
	ILGEN WATCH COMPANY Paris France 387/2 Reg.49429, 30th Jan 1896, maufacturer of pocket watches.	**ILGEN WATCH COMPANY**
	JEAN de PARIS ND France 145/3 ? made trav elling clocks in @ 15th century ?	JEAN DE PARIS
	JOLY Bayeux France 147/3 18th centr.clockmaker.	J O L Y
	JOROSAY Paris France 148/3 ND	J O R O S A Y
	JOSEPH (Charles) Rue Amelot 114 Paris France 149/3 Carriag clock maker. Data refer. 1888 , 1890.	J O S E P H
	JULES Clockmaker Paris France 150 JULES PARIS,trademark signature. Data reference 1840.	J U L E S
	"JOER" Joyerot (Ernest) 1, rue Luc-Breton, Besancon France 057/2 Reg. 25113, 17th Feb 1922.Manufct. watch movements, to fit up and exchange malfunctioning movements.	J O E R **Etablissements " JOER "**
	KELVIA Beuchat (Constant) 24,rue Senac, Marseille. France 282/2 Reg.254305,20th Jan 1936.Manufact. horological items,chronometer.	KELVIA
	KIVI Poletti (Ange,Marle, dit Marius) 1,Boulevard Garibaldi, Marseille France 140/2 Reg.201333, 39th Nov.1932.Manufct. of timepieces, chronometers.	**KIVI**

NOTE:

TRADEMARK OR TRADENAME MARQUE DE FABRIQUE - NOMS WARENZEICHEN - WORTMARKE	NAMES AND ADDRESSES NOMS ET ADDRESSES NAMEN UND ADDRESSEN	REMARKS OBSERV'TN BEMERKUNG
"HENRY A LA PENSÉE"	"HENRY A LA PENSEE" Henry a la Pensee 3-5 Foubourg, Saint Honore, Paris. France 200/2 Reg.237376, 21 Feb 1935.Manufct. of variety in clocks,watches, jewellery small appliances, photo and optical items.	
"FEMINA" Chronomètre de Dame	"FEMINA" Chronometre de Dame Picard (Emile) factory Beauregard-Besancon France 361/2 Reg.436, 3rd Sept 1904.Manufct. of watches.	
"LEBOIS & C°"	"LESBOIS & Co " Dondane (Raymond) Besancon 21,Glacis d' Arenes, France 193/2 Reg.234222, 14th Dec 1934.Manufct. chronometer and horolocigal items.	
"LE COQ"	"LE COQ " M.Steinfinkel (Georges) 36,boulevard du Temple Paris France 018/2 Reg. 60709, 21th Febr 1924.Manufct of timekeepers, especially Alarm clocks.	
LONGINES	LONGINES S.R. 57, boulevard Haussmann, Paris. France 176/2 Reg.238241, 6th Mar 1935.Manufct. horological items and chronometer.	

NOTE:

REMARKS OBSERV'TN BEMERKUNG	NAMES AND ADDRESSES NOMS ET ADDRESSES NAMEN UND ADDRESSEN	TRADEMARK OR TRADENAME MARQUE DE FABRIQUE - NOMS WARENZEICHEN - WORTMARKE
	KREMER Adam Paris France 152/3 Data reference: 1800-1900 ? Clockmaker.	K R E M E R
	L'EPEE (Frederic & Cie. Doubs France 169/3 A L C , tradename.Inventor of a platfrom escapement for carriage clocks. Company exportet World-wide. Survieved WW II.Last record from the year 1970.	L ' E P E E
	La CHAUX ND ND 153/3 Tool maker for the horolog. trade. (files?)	LA C H A U X
	La MAILLE (E.) Paris France 154/3 E G L , trademark. Carriage clock maker. La Maille London & Paris, data reference: Year 1880. Some clocks bear the initial G L. No other data on file.	LA M A I L L E
	LAMBERT Saint-Nicolas-d'Aliermont France 156/3 Dealer of horological items, also travel clocks - carriage clocks?-.	L A M B E R T
	LAMZIERE & BUNZLI Saint -Nicolas d-'Aliermont France 155/3 ND	L A M Z I E R E & B U N Z L I
	LANGE ND ND 158/3 Carriage clock frame maker. No time records.	L A N G E
	LECHEVALLIER (Auguste) Saint-Nicolas d'-Aliermont France 160/3 Clock factory forman? manager ? No time data on hand.	LECHEVALLIER
	LEBREJAL ND ND ?France 159/3 ND	L E B R E J A L

NOTE:

TRADEMARK OR TRADENAME MARQUE DE FABRIQUE - NOMS WARENZEICHEN - WORTMARKE	NAMES AND ADDRESSES NOMS ET ADDRESSES NAMEN UND ADDRESSEN	REMARKS OBSERV'TN BEMERKUNG
La Champenoise	LA CHAMPENOISE same data as 082 France 083/2 Reg. 207507, same data as 082.	
LA CHANSON MERVEILLEUSE DES HEURES	LA CHANSON MERVELEUSE DES HEURES see 311 France 312/2 Reg.98449, see 311.	
LA FAVORITE	LA FAVORITE,JAPY Freres & Cie. Beaucourt France 380/2 Reg.88, 27th Sept.1894, pocket watch three quarter plate engraving.	
LA FOURMILLIERE	LA FOURMILLIERE same data as 055 France 037/2 Reg. 51558, 7th Au/ 1923.	
La Laborieuse	La Laborieseuse same data as 082 France 084/2 Reg. 208508, same data as 082.	
LA MANUFACTURE CENTRALE	LA MANUFACTURE CENTRALE D'Orfeverie d'Horlogerie Cleper (Leon) 30,boulevard de Strasbourg, Paris France 324/2 Reg.146379,15th Mar 1929.Manufact. Gold and Silversmith. Horological items.	

NOTE:

REMARKS OBSERV'TN BEMERKUNG	NAMES AND ADDRESSES NOMS ET ADDRESSES NAMEN UND ADDRESSEN	TRADEMARK OR TRADENAME MARQUE DE FABRIQUE - NOMS WARENZEICHEN - WORTMARKE
	La MANUFACTURE CENTRALE d' HORLOGERIE Cleper , Leon 30, boulevard de Strasbourg,Paris France 326/2 Manufacturer of precision horological instruments. Registered 15.03.1929.	LA MANUFACTURE CENTRAL D' HORLOGERIE
	LA MECANIQUE see 166 France 167/2 Reg.179097, see 166.	LA MÉCANIQUE
	LA MELISSA Societe JAPY FRERES et Cie Beaucourt France 363/2 Reg. 167, 22nd Sept 1904.Manufact. of watch movements.	
	LA PARISIENNE,JAPY Freres & Cie Beaucourt France 382/2 Reg.90, 27th Sept 1894, pocket watch three quarter plate engraving.	
	La Pendule marque les heures Le Travail les fait oublier Rousselett (Eugene) 132 , rue de Rivoli,Paris. FRANCE 286 Reg.255262,21 Feb 1936.Manufct. horological items,parts, and parts.	La Pendule marque les heures Le Travail les fait oublier'
	La Pendule marque les heures l' Etude les fait oublier 132,rue de Rivoli,Paris France 287/2 Reg.255263, see 286.	
	La Pendule marque les heures l'Etude les fait oublier see 287 France 288/2 Reg.255263, see 287.	La Pendule marque les heures L'Étude les fait oublier

NOTE:

TRADEMARK OR TRADENAME MARQUE DE FABRIQUE - NOMS WARENZEICHEN - WORTMARKE	NAMES AND ADDRESSES NOMS ET ADDRESSES NAMEN UND ADDRESSEN	REMARKS OBSERV'TN BEMERKUNG
LA PENDULE-EPARGNE	LA PENDULE - EPARGNE Duquenelle (Robert) 16,rue d' Arnes,Paris France 266/2 REg.219596,9th Feb 1934.Manufact. parts and components for watches and clocks.	
LA SEMEUSE	LA SEMEUSE- Fabrique de Maladrie et Revigny (Societe anonyme) commune de Hoff,Sarrebourg (Mosele) (C.V.) France 242/2 REg.221283,6th Mar 1934.Manufact. of clock and watch springs.	
La Source	La Source Faraud (Marius) 29, rue de Rome, Marseille (N.B.) France 213/2 Reg,272069, 12th Mar 1937.Manufct. horological and chronometry items.	
LA VEDETTE	La VEDETTE Societe Anonyme a Saverne (Bas-Rhin) France 334/2 Reg.93999, 15th Feb 1926.Manufact. Parts and components for clocks of all types.	
LAUREA	LAUREA Geismard et Cie Besancon France 403/2 Reg.455, 3rd Jun 1905.Manufact. of watch movements, gears and parts for horological goods.	
LAURENS	LAURENS Melli (Vicenco) "Maison Laurens Watch" 32,rue le Peletier, Paris France 265/2 Reg.219341,2nd Feb 1934.Manufact. watches and chronographs.	
LEFEBRURE	LEFEBRURE Freres Paris France 246/3 Data reference 1880.	

NOTE:

REMARKS OBSERV'TN BEMERKUNG	NAMES AND ADDRESSES NOMS ET ADDRESSES NAMEN UND ADDRESSEN	TRADEMARK OR TRADENAME MARQUE DE FABRIQUE - NOMS WARENZEICHEN - WORTMARKE
	LeFRANCE Paris France 162/3 Maker of carriage clocks. Data reference 1878,1880.	LE FRANCE
	LEPAUTE Paris France 168/3 Data reference 1827, 1889 . Founded 1846. No other data on file.	LE PAUTE
	LEPINE (family owned) Paris France 171/3 LEPINE,PALAIS ROYAL,RUE de VALOIS, signature on carriage clocks. No data records.	LEPINE
	LE DOMINO Worms (Maurice) 76,boulevard Haussmann, Paris. France 297/2 Reg.252594,10th Jan 1936.Manufact. horological items,chronometer, Gold & Silversmith.	LE DOMINO
	" L E D A " M. Robert (Maurice) 51, boulevard Lefebure, Paris France 027/2 Reg. 160395 . 4 Febr 1930. horological items, jewellery.	"LEDA"
	LEGAL - Societe Regionale Parisienne d'Horlogerie, (Societe resp.limit) 82 bis,rue de Saint-Denis, Paris France 285/2 REg.254877,12 Feb 1936.Manufact. horological items,chronometer.	LEGAL
	LONGUEVIE Charpier (Andre,Paul) 11,rue d'Helvetie, Morteau (Doubs) France 162/2 REg.177103, 27th Mar 1931.Horolg. Manufacturer for timepieces parts chronometres.	LONGUEVIE

NOTE:

TRADEMARK OR TRADENAME MARQUE DE FABRIQUE - NOMS WARENZEICHEN - WORTMARKE	NAMES AND ADDRESSES NOMS ET ADDRESSES NAMEN UND ADDRESSEN	REMARKS OBSERV'TN BEMERKUNG
LE SEXTANT	LE SEXTANT M. d' Escrivan (Paul) 12, cours Lieutand, Marseille France 015/2 Reg.58066, 18th Dec 1923.Manufct. of horological items.	
Le Violon BREVETÉ S.G.D.G	Le Viodon Altmann (Jacob) 1,rue des Arquebusiers, Paris (N.B.) France 314/2 REg.122731,16th Jan 1927.Manufact. wall clocks, chimes,especially Westminster chimes.	
LE BOUTILLIER	Le BOUTILLIER Paris France 210/3 Travel alarm clock maker, carriage clocks with 14 day movements.Data: Year 1870.	
LE FEBRE	Le FEBRE ND France 161 Agent for JAPY INdustries.	
LEROY ET CIE.	LEROY et Cie, est.1875 Leroy et Cie, Societe/resp. limitee. 7, boulevard de la Madeleine, Paris. France 295/2 Reg.252853,6th Jan 1936.Manufact. horological items,Gold and Silversmith, Jeweller.	
LE ROY	LE ROY L.LEROY & CIE, later LEROY Paris France 173/3 Company founded 1756,after the death of his founder, the company operated under his son Charles- Loius. 1845 the enterprise was relocated and operated under: Le ROY & FILS. Clocks bear the trademark: L.Leroy & Cie, or L.Le Roy & Cie.	

NOTE:

REMARKS OBSERV'TN BEMERKUNG	NAMES AND ADDRESSES NOMS ET ADDRESSES NAMEN UND ADDRESSEN	TRADEMARK OR TRADENAME MARQUE DE FABRIQUE - NOMS WARENZEICHEN - WORTMARKE
	LEROY Paris France 174/3 No relation to Le Roy, company founded @ 1813, used the tradename: LEROY et FILS.Reference data year 1871,1883. Last record from the year 1960 indicates that the LEROY company closed all operations.	L E R O Y
	LEROY (Theodore Marie) Paris France 172/3 Marine chronometers. Leroy * 1827, + 1899.	L E R O Y
	LEZE ND France 178/3 Carriage clock escapement maker.	L E Z E
	Le Champenois 94 et 96 ,rue Emile-Zola / Troyes France 085/2 Reg.208509 - SUPPLISSON-PRIN (Charles)	**Le Champenois**
	F P Paris France 026/2 Reg. 159645, 14 Jan 1930. Horological merchandizer.	F P MARQUE DEPOSEE
	LE CARRILLON NATAL Societe Horlogere AGU 3,rue du Buisson, Saint Louis, Paris France 311/2 Reg.98448,21th May 1926.Manufact. chimes for clocks, and parts for clocks.	LE CARILLON NATAL
	SERIN, Edouard Paris France /2 E S , tradesymbol ND ND	EDOUARD SERIN E S à PARIS

NOTE:

TRADEMARK OR TRADENAME MARQUE DE FABRIQUE - NOMS WARENZEICHEN - WORTMARKE	NAMES AND ADDRESSES NOMS ET ADDRESSES NAMEN UND ADDRESSEN	REMARKS OBSERV'TN BEMERKUNG
FOT BTÉ	ND ND ND France ? / ND ND FOT - BTE	
CARREZ MODELLE DEPOSE	ND ND France ? / ND ND CARREZ, tradename ND	
V	ND ND France / ND ND "Production Francaise" Made in France (stamp on movement backplate)	

NOTE:

REMARKS OBSERV'TN BEMERKUNG	NAMES AND ADDRESSES NOMS ET ADDRESSES NAMEN UND ADDRESSEN	TRADEMARK OR TRADENAME MARQUE DE FABRIQUE - NOMS WARENZEICHEN - WORTMARKE
	COUSSELGAL, Jean , Baptiste Foundry for Bells 305, rue de Charenton Paris France /2 Manufacturer of bells and chimes for clocks. The following tradenames were registered and may be used as trademarks on clocks "MADE in FRANCE" l'Abbaye Registered 1935 l'Carillon des Cloches du Beffroi from No 239057 239074 l'Carillon des Cloches du sacre Ceur de Montmartre l'Carillon des Cloches du Village l'Carillon des Cloches Angelus l'echo des Cloches l'Cloches Francaises l'Cloches des du Logis l'Carillon des cloches du Martin l'Carillon des Cloches de Notre-Dame l'Carillon des Cloches du Pays l'Carillon des Cloches de France l'Son des Cloches l'Veritable l'Carillon des Cloches de la Vitorie l'Carillon des Cloches Merveilleuses l'Carillon des Cloches de la Valle l'Carillon des Cloches du vallon l'Carillon des Cloches des Bois l'Carillon des Cloches de Paris l'Carillon des Cloches des Forets l'Carillon des Cloches du Soir l'Carillon de France l'Carillon des Cloches du Bonheur	B E L L S FOR C L O C K S

NOTE:

TRADEMARK OR TRADENAME MARQUE DE FABRIQUE - NOMS WARENZEICHEN - WORTMARKE	NAMES AND ADDRESSES NOMS ET ADDRESSES NAMEN UND ADDRESSEN	REMARKS OBSERV'TN BEMERKUNG
C H I M E S OF F R E N C H C L O C K S	 	
M E L O D Y OF FRENCH CHIMING CLOCKS	 	
S C H U H M A C H E R	SCHUHMACHER, F. Manufacturer ND : location Registered in France 28.02.1935 manufacturer of clock parts. The Schuhmancher & Co. (Germany)	

NOTE:

REMARKS OBSERV'TN BEMERKUNG	NAMES AND ADDRESSES NOMS ET ADDRESSES NAMEN UND ADDRESSEN	TRADEMARK OR TRADENAME MARQUE DE FABRIQUE - NOMS WARENZEICHEN - WORTMARKE
	France 247/2 Reg.221428, see 243.	**LORRIC**
	LIORET ND France 179/3 Patent 122 278, winder for carriage clocks.Data refer:1878.	L I O R E T
	LOUIS GALLOPIN & Cie ND France 165/3 Carriage clock maker, signature: MARTIE & CIE. No other data.	G A L L O P I N
	LUCTA Taron (Georges,Emile) 225, avenue Daumesnil, Paris France 081/2 Reg.206102, 25th Mar 1933.Manufct. horological items.	**LUCTA**
	LUGDA see 279 France 281/2 Reg.220887, see 279.	**LUGDA**
	LYNDA see 166 France 170/2 REg.179100, see 166.	LYNDA
	LYNEL Louis Marguet et Cie. Societe a responsabilite Lac-ou-Villers (Doubs) France 260/2 Reg.259722,15th May 1936.Manufact. horological items, chronometer.	**LYNEL**
	LYSY Les Petitis Fils de Geismar 2,foubourg Tarragnoz, Besancon France 317/2 Reg.125834,27th Jan 1928.Manufact. watches and horological items.	**LYSY**

NOTE:

TRADEMARK OR TRADENAME MARQUE DE FABRIQUE - NOMS WARENZEICHEN - WORTMARKE	NAMES AND ADDRESSES NOMS ET ADDRESSES NAMEN UND ADDRESSEN	REMARKS OBSERV'TN BEMERKUNG
"MADA"	"MADA" Societe Aux Trois (Societe Anonyme) 21 boulevard de la Madeleine . Paris France 163/2 REg.177196, 2nd Apr 1931.Manufct. Horological items.	
"MACO"	MACO see 305 France 307/2 Reg.97684, see 305.	
93868 **MAG**	GAY M. (Maurice) 37, rue de Chabrol, Paris France /2 Regist. 19th Feb 1926. Manufact. of pendulumn clocks.	
MAGNO	"MAGNO" Stetten et Cie, 32, rue de la Victoire, Paris Paris. France 223/2 REg. 293774, 7th Oct.1938.Manufct. horological items,jewellery, Gold Silversmith.	
Ma Normandie	Ma Normandie same data as 086 France 087/2 Re.208527, same data as 086.	
MAILLARD	MAILLARD - SALINS ND France 185/3 EBAUCHE enterprise , parts maker. Data reference 1860.	
MALLET	MALLET (Louis) Paris France 186/3 MALLET L.a Paris, trademark sign. No data reference.	
MARC	MARC (Henry) Paris France 187/3 Hry MARC PARIS, tradename, signat. carriage clocks. No other data on file.	

NOTE:

REMARKS OBSERV'TN BEMERKUNG	NAMES AND ADDRESSES NOMS ET ADDRESSES NAMEN UND ADDRESSEN	TRADEMARK OR TRADENAME MARQUE DE FABRIQUE - NOMS WARENZEICHEN - WORTMARKE
	MARCHAND ND France 188/3 French registered patent 127 663, carriage clock with music box. Data reference : Year 1878. ne	M A R C H A N D
	MARGAINE, Francois-Arse Rue Beranger 22,Rue Bondy 54 Paris France 190/3 A - M and MARGAINE PARIS, trade-name.Data reference: 1880 / 1912. Used the "Ebauche" sytem to produce in serials assembling fine carriage clocks.Paris Exhibition: 1889 and 1900.	M A R G A I N E
	MARTI (S.& Cie) Rue Vielle-du-temple Paris France 191/3 Carriage clock making enterprise. Data reference:1863,1867. Later the company merged with the Peugot automobile Industries-France.	M A R T I
	MARTIE & Cie. ND France 166 PI/1976 Data reference 1870,carriage clk. maker , clocks with compass and thermometer.	M A R T I E & CIE
	MARTIN (Emile) Saint-Nicolas-d'-Aliermont France 192/3 Carriage clock maker,data refer: 1859, 1867, Paris-Exposition. Company operated in Doubs-Haut-Rhin. No other data on file.	M A R T I N
	MAURICE & Co. Paris France 247/3 E.M.& Co.Trademark. Embossed on plate.Data refrerence year 1870.	M A U R I C E
	MATHEY-TISSOT Les-Ponts-de-Martel SWISS 193/3 Carriage clock maker.Data : company operated @ 1900 till 1939.	M A T H E Y - TISSOT
	INDUSTRIELLE de MECANIQUE HORLOGER S.A. 18, boulevard Malesherbes, Paris Regist. 23 Feb 1933. Manufct.clock movements, clocks and parts.	220332 **MARTEX**

NOTE:

TRADEMARK OR TRADENAME MARQUE DE FABRIQUE - NOMS WARENZEICHEN - WORTMARKE	NAMES AND ADDRESSES NOMS ET ADDRESSES NAMEN UND ADDRESSEN	REMARKS OBSERV'TN BEMERKUNG
MARTEX	MATREX France 274/2 Reg.220332	
M A N O R	MANOR- Pendulette-Reveil Manufacture d'Horlogerie de Bethune 13,rue Richer ,Paris France 341/2 Reg.179087,15th May 1931.Manufact. movements for pendulumn clocks, alarm clocks,parts for clock supl.	
M A U R I C E	MAURICE & Cie Rue Charlot 75,Paris France 194/3 Data reference 1889, carriage clock maker of fine quality.	
M A Y E R & SCHATZ	MAYER & SCHATZ Paris France 195/3 Carriage clocks, no data on file.	
M A Y E T	MAYET - freres Morbier France 196/3 Clockmaker dynasty rooting back to the 16th century.Reference literature: MORBIER la MOREZ , © Moreau 1930. Reprinted,Maitzner Moreau year 1976.	
MAYA	MAYA Berthier (Jules) Clos Montriant, Chamalieres (Puy-de-Dome) France 135/2 REg. 190196, 20th Febr 1932.Manufct of pendulum clocks, alarm clocks, movements for timekeeper.	
M E R C U R E	MERCURE Bellevue S.R.Ltd. Saarebourg - Moselle Usines de Ressorts France 088/2 Reg.------ ? 23th Nov 1934.Manufct. watch springs.	
M E R C U R E	MERCURE OR SURFIXE Mm.Veuve Hurler(Elisabeth) 41,rue Massue, Vincennes la Seine France 352/2 Reg. 112054 3rd Feb 1909. Horological Manufacturer.	

NOTE:

REMARKS OBSERV'TN BEMERKUNG	NAMES AND ADDRESSES NOMS ET ADDRESSES NAMEN UND ADDRESSEN	TRADEMARK OR TRADENAME MARQUE DE FABRIQUE - NOMS WARENZEICHEN - WORTMARKE
	METRIC same data as 062 France 065/2 Reg.242080	METRIC
	MIROY freres Paris France 199/3 Carriaga clock maker, data refer. 1851, 1860. Some clocks signature: "Mirey freres Prize medal"	M I R O Y
	"MICRO" Manufacture d' Horlogerie de Bethune S.A. 13, rue Richter, Paris France 045/2 Reg. 246738, 13th Aug 1935.Manufct alarm clocks, clock movements, pendulum clocks.	"MICRO"
	MINUTI see 238 France 239/2 Reg.290063. see 238.	MINUTI
	MIRANDE Simon (Juda) 75, rue Lafayette, Paris France 166/2 Reg.179101, 16th May 1931.Manufct. Horological items.	MIRANDE
	MINUMETRE S.A.Etablissements Georges Meyer, 139,Blvd. de Sebastopol, Paris. France 189/2 Reg.233412, Dec. 1934.Manufct. horological items.	MINUMETRE
	M O D same data as 003 France 004/2 Reg. 161558, 25th Feb 1930.Horolg. items.	MOD
	MODIC Compagnie Industrielle de Mecanique Horlogere (S.A.) 46, rue Edouar-Vaillant, Puteaux. France 218/2 Reg.233095,14th SEp 1938.Manufct. Alarm clocks,pendulumn clocks and parts for clocks.	MODIC

NOTE:

TRADEMARK OR TRADENAME MARQUE DE FABRIQUE - NOMS WARENZEICHEN - WORTMARKE	NAMES AND ADDRESSES NOMS ET ADDRESSES NAMEN UND ADDRESSEN	REMARKS OBSERV'TN BEMERKUNG
MODIC	MODIC 041/2 France 042/2 Reg. 56443, 20th Nov 1923.	
MONTRE ET CHRONOMETRE ALGOL	MONTRE et CHRONOMETRE "ALGOL" same data 039 France 040/2 REg. 55585, 6th Nov 1923.Manufct. of chronometer movements.	
MONTRE ET CHRONOMÈTRE ·GLORIA	MONTRE et CHRONOMETRE "GLORIA" M.Troncin (Paul) 4, place du Jura, Besancon France 039/2 Reg. 55384, 6th Nov 1923.Manufct. chronometer movements.	
MORBIER	MORBIER Societe a responsabilite Ltd. Auguste Girod et Fils, 15,rue de Doile, Besancon (C.V.) France 340/2 Reg.172787, 12th Dec 1930.Manufct. clock movements. Also refer to detail : MORBIER, page : 224	
MUPO	MUPO Mm.Jeanneret, nee Labourey (Marcelle) 18, Boulevard Bandin, Alger Alger (North Africa) 073/2 Reg. 243684 in Paris, 13th Jun 1935 Manufacturer of Horological items, Timekeeper.	
MORVIL	MORVIL Parent (Marcel) Laeson-Villers (Doubs) France 239/2 REg.308367,15th Apr 1939 Manufct. of parts for the horological trade	
Moselle	MOSELLE same data as 058 France 059/2 Reg. 26859, same data as 058.	
MELISSA	MELISSA Societe JAPY FRERES et Cie Beaucourt France 362/2 Reg.166, 22nd Sept 1904.Manufct. of watch movements, parts.	

NOTE:

REMARKS OBSERV'TN BEMERKUNG	NAMES AND ADDRESSES NOMS ET ADDRESSES NAMEN UND ADDRESSEN	TRADEMARK OR TRADENAME MARQUE DE FABRIQUE - NOMS WARENZEICHEN - WORTMARKE
	NADEGE, M.Jourdan (Lucien) 66, rue Taitbout, Paris France 020/2 Reg. 60724, 22 Feb 1924.Manufct. of all types of timepieces. Movements, Jewellery.	N A D E G E
	NERVOR Mm Vve Boulay,nee Merville (Martha) 17,rue Pasteur,Paris France 315/2 Reg.124074,9th Jan 1928.Manufact. horological fixtures to be attached to phonographs.	MARQUE NERVOR DÉPOSÉE
	NIT M.Coulaud (Henri) a Besancon-Chastres-Montjoux (C.V.) France 010/2 Reg. 162525.22 Mar 1930.Watch Manufacturer.	NIT
	NORDIC see 243 France 245/2 Reg.221425. see 243.	NORDIC
	NUMA-HINFRAY Saint-Nicolas-d'-Aliermont France 204/3 Carriage clock maker. Data record: Year 1888.	N U M A H I N F R A Y
	NORMA Schaul et Cie, 55, rue du Faubourg, Montmartre,Paris France 228/2 Reg.866745,23rd Nov 1936.Manufct. parts for the horological trade.	NORMA
	NORMIC see 243 France 246/2 Reg. 221426, see 243.	NORMIC
	NYMPHIC, Compagnie Industr. de Mecanique, Horlogere (Societe Anonyme) 18, Boulevard Malesherbes, Paris. France 243/2 REg.221424,13th Mar 1934.Manufact. Alarm clocks and pendulumn clocks.	NYMPHIC

NOTE:

TRADEMARK OR TRADENAME MARQUE DE FABRIQUE - NOMS WARENZEICHEN - WORTMARKE	NAMES AND ADDRESSES NOMS ET ADDRESSES NAMEN UND ADDRESSEN	REMARKS OBSERV'TN BEMERKUNG
M O N N I N	MONNIN Paris France 201/3 Agent and warehouse manager of JAPY, enterprise.Data reference: Year 1851 - 1861.	
M O S E R	MOSER Boulevard du temple 15 Paris France 202/3 MOSER et Cie,tradename,also name Backplate: " MOSER a PARIS " Carriage clock maker, data refer: Year 1851,1860.	
OBA	OBA Industrielle de Mecanique Horlogerie S.A. 18, Boulevard Malesherbes, Paris. France 268/2 Reg.220326,23th Feb 1934.Manufact. Alarm clocks, Pendulum clocks, supplier for the horological trade.	
OBLIC	OBLIC Compagnie Industrielle Mecanique S.A. 18, boulevard, Malesherbes Paris. FRANCE 255 Reg.293288,year 1934.Manufact. alarm clock and pendulumn clocks.	
OCTA METRE	OCTAMETRE M.Ouzil (Isidor) 28, boulevard de Strasbourg, Paris France 014/2 Reg. 56697 3rd Dec 1923.Manufct. of Horological items.	
Le Gai Carillon *(Mélodie de Vincent Scotto)*	ODO, La Fabrique d' Horlogerie S. a responsabilite limite) Morez (Jura) France 261/2 Reg.259746,16th May 1936.Manufct. Bells and chime rods for clocks.	
O L I E R	OLLIER (Adolphe) 20 Rue des Marais, Paris France 205/3 Carriage clock making enterprise of fine quality and style.Data : French Patent 116 868, year 1877. Musical alarm clocks.Last records year 1907.	

NOTE:

REMARKS OBSERV'TN BEMERKUNG	NAMES AND ADDRESSES NOMS ET ADDRESSES NAMEN UND ADDRESSEN	TRADEMARK OR TRADENAME MARQUE DE FABRIQUE - NOMS WARENZEICHEN - WORTMARKE
	Oiseau see data 090 France 098/2 Reg. 239061	O I S E A U
	OPEX Societe JAPY FRERES et Cie Beaucourt France 359/2 Reg.181, 25th Apr 1906.Manufact. of clocks and watches. Supplier of precision parts.	Opex
	OPTEUR Societe JAPY FRERES Beaucourt France 360/2 Reg.185. 18th Feb 1908.Manufact. of clock and watch movements. Precision part supplier.	O P T E U R
	OR SURFIX Mm.Veuve Hurler (Elisabeth) 41,rue Masue, Vincennes la Seine France 350 Reg.112051,3rd Feb 1909,Manufct. Horological-Optical goods. Watches,Gold and Silversmith.	OR SURFIX
	ORSURFIXE Mm.Veuve Hurler (Elisabeth) 41,rue Massue, Vincennes France 353/2 Reg.112052,3rd Feb 1909.Manufact. Horological-Optical goods. Watches, Gold-Silversmith.	ORSURFIXE
	OREX Gerber feres a Motreau (Doubs) (C.V.) France 302/2 Reg.96239,10th Feb 1926.Manufact. parts for watches and jewellery.	OREX
	ORTHOMAGNETIQUE Simon (Maurice) 12, rue Daubigny, Paris France 047/2 Reg.247115, 23th Aug 1935.Manufct. parts horological items, single parts.	ORTHO MAGNETIQUE
	Nicol (Robert) 11,rue Curset,Annemasse (Haute-Savoie) France 298/2 Reg.253543,11th Jan 1936,Manufact. Horological Items,chronometer.	N I C O L

NOTE:

TRADEMARK OR TRADENAME MARQUE DE FABRIQUE - NOMS WARENZEICHEN - WORTMARKE	NAMES AND ADDRESSES NOMS ET ADDRESSES NAMEN UND ADDRESSEN	REMARKS OBSERV'TN BEMERKUNG
O U D I N - C H A P E N T I E R	OUDIN-CHAPENTIER Paris-London-New York-Madrid- Moscow-Geneva Paris (prime location) France 207/3 Data reference: 1862, maker of top quality carriage clocks, appointed clockmaker Kings Court of Spain.	
O U D I N	OUDIN Paris France 206/3 Carriage clocks with calendar,alarm repeater. Signature "CH OUDIN PARIS Data reference : OUDIN-CHARPENTIER	
OUZ	OUZ Ouziel (Isidor) 28, boulevard de Starsbourg, Paris France 035/2 Reg.51556, 7th Aug 1923.Manufct. timepieces, chronometers, Jewellery.	
220331 **OZARM**	OZARM see 268 France 273/2 REg.220331	
OUZOR 51558	OUZOR see 035/2 France 036/2 Reg. 51557, 7th Aug 1923.	
PARIS-PROVINCE	PARIS-PROVINCH/ Societe Cooperative de Services et Achats Comptoir Paris 8, rue Charlot, Paris (C.V.) France 136/236 REg.192275, 15th Apr 1932.Manufct. horological items, jewellery,Gold and Silversmith.	
PARIS JE T'AIME	PARIS JE T'AIME Schuler (Karl,Hapus) Munich/Germany Germany 143/2 Reg.202189 in Paris-FRANCE, 22th Dec 1922. Manufct.illuminated components for timepieces.	
P A T A Y	PATAY Rue Vielle du Temple,Paris France 209/3 Data reference: 1862, no other details on file.	

NOTE:

REMARKS OBSERV'TN BEMERKUNG	NAMES AND ADDRESSES NOMS ET ADDRESSES NAMEN UND ADDRESSEN	TRADEMARK OR TRADENAME MARQUE DE FABRIQUE - NOMS WARENZEICHEN - WORTMARKE
	PAT Patron (Moise) 76, Blvd. du Marechal-Petain Mulhouse (Haut -Rhin) France 217/2 Reg.292642, 25th Aug 1938.Manufct. horological and chrometry items.	PAT
	PERFCT HORA France 310/2 REg.98426	Perfect-Hora
	PERSIC France 066/2 Reg.242081	PERSIC
	PEERLESS Math Bauerle, Saint Georgen - Forell Noire Black Forest GERMANY 061/2 Reg.28179, 21th Apr 1922. in Paris Manufacturer of clocks and clock movements of all types.	PEERLESS
	PHONIC France 043/2 Reg. 56444 , 20th Nov 1923.	PHONIC
	PLANTADE (Louis) 62,rue de la Concorde, Toulouse. Toulouse (C.V) France 241/2 Reg.292223.12th Jul 1937.Manufact watch movement, watch cases for ladies and gents watches.	P L A N T A D E
	PLAQUE OR SURFIXE Mm.Veuve Hurler (Elisabeth) 41,rue Massue, Vincennes la Seine. France 351/2 Reg.12053, 3rd Feb 1909. Manufct. Horological-Optical goods. Watches, Gold and Silversmith.	PLAQUÉ OR SURFIXE
	PIERRE L. Andre (L.) Grande-Rue Besancon France 416/2 Reg.637, 2nd FEb 1911.Manufact of watch cases.	P I E R R E

NOTE:

TRADEMARK OR TRADENAME MARQUE DE FABRIQUE - NOMS WARENZEICHEN - WORTMARKE	NAMES AND ADDRESSES NOMS ET ADDRESSES NAMEN UND ADDRESSEN	REMARKS OBSERV'TN BEMERKUNG
P I T O U	PITOU Paris, Rue Turenne 85. France 219/3 Independent carriage clock maker. Last records year 1971.	
P I E R R E T	PIERRET ,Victor Paris France 217/3 Carriage clock maker,calendar system. Data reference:1853,1862.	
P I N C H O N	PINCHON Paris France 218/3 Carriage clock maker - ND.	
P I E R R E B R E Z I A T	PIERRE BREZIAT, Etablism. Pierre Breziat et Cie.S.A. a responsabilite limite. 7, boulevard, Saint-Denis, Paris France 263/2 Reg.217111.28th Nov 1933.Manufct. all types of clocks,watches, illuminated clocks,pendulum clk. Silversmith, Jeweller.	
PRIMUS	PRIMUS Prevot (Jules) 4,rue Saint-Georges, Nancy France 323/2 Reg.146210,8th Mar 1929.Manufact. horological Items.	
PRINCE	AXOR, Quinett, Manufacture -PAX- Marcel Quinett, - Chronometers - 115, rue Sybelle, Marseille France 152/2 Reg. 173100, 13th Dec 1930	
PRECIA	PRECIA Robin (Ferdinand) 9,Boulevard Denain,Paris France 187/2 Reg.272769, 17th Apr 1937.Manufct. horological items, and precision parts.	
P R E M A	PREMA -Societe Anonyme) Compagnie pour la Fabric. Compteurss et Material 12,Place des Etats-Unis, Muntrogne (Seine) France 342/2 Reg.267590, 18th Dec 1936.Manufct. electrical pendulumn clocks.	

NOTE:

REMARKS OBSERV'TN BEMERKUNG	NAMES AND ADDRESSES NOMS ET ADDRESSES NAMEN UND ADDRESSEN	TRADEMARK OR TRADENAME MARQUE DE FABRIQUE - NOMS WARENZEICHEN - WORTMARKE
	PRESTA Alliot (Marcel) 13-15,rue des Minimimes, Paris. France 305/2 Reg.97682,3rd May 1926.Manufct. horological items,chronometer.	"PRESTA"
	POLAIRE see 213 France 214/2 Reg. 272070	POLAIRE
	POMA CHARLES TURIN ITALY 164/3 Carriage clock maker,data refer. @ 1800.	P O M A CHARLES
	PONS (Pons-de Paul) Paris & Saint-Nicolas- d'Aliermont France 220/3 Appointed by the French Goverment to re-organize the failing clock industry.Name PONS used by other clock enterprises.Data reference: 1806,1823, Paris exhibition.	P O N S
	PUBLI-HORA Duval (Paul,Marie,Alexis) 103,rue Orfils, Paris France 071/2 Reg. 243441, 17th Apr 1935.Manufct clocks, pendulum clocks, movements	**PUBLI-HORA**
	PUBLI-HORA Armand (Henry,Francois) 1,quai de Passy, Paris France 046/2 Reg. 247106, 23 Aug. 1935.Manufct. of clocks for public places,train stations public buildings.	**PUBLI-HORA**
	QUADRIC France 277/2 Reg.220335	Q U A D R I C

NOTE:

TRADEMARK OR TRADENAME MARQUE DE FABRIQUE - NOMS WARENZEICHEN - WORTMARKE	NAMES AND ADDRESSES NOMS ET ADDRESSES NAMEN UND ADDRESSEN	REMARKS OBSERV'TN BEMERKUNG
R A I N G O	RAINGO (freres) Paris France 227/3 Carriage clocks, signature: "RAINGO FRERES" or "RAINGO FRERES-PARIS" Data refrence 1834,1860.	
R E C L U S	RECLUS (Victor) Paris, Rue du Temple 14. France 229/3 V R , trademanrk.Carriga clocks, alarm clocks,electric pendulumn clocks.Data: 1867,1878. Also purchased (ebauche) from JAPY.	
R E C T O R	RECTOR Lip, Societe Anonyme, Besancon usines de la Moulliere France 237/2 Reg.289395.08th Jun 1938.Manufct. watches and chronmeter, also parts.	
R E D	R E D ND ND 101/3 BREVETE RED, french trade logo.	
R E D I E R	REDIER (Antoine) Paris, Rue de Chatelet. France 230/3 Travel alarm clocks,repeat strike. Data : * 1817 , + 1892. Exporter to the British market. Later located his enterprise to: St.Nicolas -d'Aliermont.	
REGIAL	REGIAL same data as 053 France 054/2 Reg. 248599, 2nd Oct. 1935.	
«CHRONOMÉTRES» RÉGINA Marque Déposée	REGINA Fournials (Raymond Leon) Casres (Tarn) Avenue de Roqucourbe. France 173/2 Reg.186584, 12th Nov 1931.Manufct. parts of horlogical items.	
Rhin	R H I N JAECKLE F.J. Ribauville-Rhin,(Haut Rhin) France 058/2 Reg. 26858, 18th Mar 1922.Manufct. horological items, chronometers.	

NOTE:

REMARKS OBSERV'TN BEMERKUNG	NAMES AND ADDRESSES NOMS ET ADDRESSES NAMEN UND ADDRESSEN	TRADEMARK OR TRADENAME MARQUE DE FABRIQUE - NOMS WARENZEICHEN - WORTMARKE
	Revei llez-vous par le Son et la Lumiere,Societe Anonyme Sinel, Societe Industrielle d'Horlogerie 10, rue des Messageries, Paris. France 148/2 Reg.172480, 8th Dec 1930.Manufct. electric pendulum clocks,electr. alarm clocks.Light fixtures with built in clocks.	Réveillez-vous par le Son et la Lumière
	REPLIC same data as 033 France 034/2 Reg. 49472, 30th Jun 1923.	49472 **REPLIC**
	"REVEIL VEDETTE" Fabrique d' Horlogerie la Vedette (Societe Anonyme) Saverne , (Bas-Rhin) France 144/2 Reg.202247, 28th Nov.1932.Manufct. parts for timepieces.	**"RÉVEIL VEDETTE'**
	"RHODONACRO" Societe du Bronce d'Art'et Imitation 2,Rue des Arquebusiers, Paris France 007/2 Reg.162205, 17th Mar 1930.Manufct. art, design, casting of metal clock decor for clocks.	R H O D O N A C P O
	RIVAL Societe Anonyme: Lip Usines de la Mulliere, Besanccn France 224/2 Reg.293907,5th Oct 1938.Manufact. of watches, chronometer,horolgc. parts.	R I V A L
	REQUIER (Charles) Paris France 232/3 Assembler of carriage clocks.Data refrence 1878.	R E Q U I E R
	REX Barral et Cie 10,rue de la Republique, Lyon. France 203/2 Reg.268202, 11th Dec.1936.Manufct. Horological and chronometrie.	R E X

NOTE:

TRADEMARK OR TRADENAME MARQUE DE FABRIQUE - NOMS WARENZEICHEN - WORTMARKE	NAMES AND ADDRESSES NOMS ET ADDRESSES NAMEN UND ADDRESSEN	REMARKS OBSERV'TN BEMERKUNG
ROVIC	FASTIC - Compagnie Industr. de Mecanique Horlogere S.A. 18, Boulevard Malesherbes, Paris France 062/2 ROVIC,traden.reg.242077,17.05.35. Alarm,pendul.clocks,parts.	
R O D A N E T	RODANET (Julien) Paris France 237/3 Clock and watch maker. Carriage clocks of premier quality.Data : * 1810, + 1885. Received awards for carriage clocks Paris exhibt. year 1885.	
ROSKOPF R	ROSKOPF -R- M.Russbach (Jules) 36,Boulevard d'Ormesson, Bains(Seine-et-Oise) France 008/2 Reg.162410, 15th Mar 1930.Watch movements and complete Watches.	
R O U S A I L L E	ROUSAILLE (Denis,Jaques) Lyon,Rue de la Republique 58 France 238/3 Carriage clock enterprise, alarm, Date refrence: 1889.	
R O M A N T	ROMANET F. Les Fils de F.Romanet, Morbier (Jura) (C.V.) France 231 Reg.396399,24th Apr 1939.Manufct. of bells and chimes for clocks.	
RUBIS	RUBIS Dutrain (Armand) 5,rue Bayard,Toulouse. France 321/2 REg.146092,4th Mar 1929.Manufact. watches and watch movements. S.F.L.- Societe Francais	
R I C H A R D & CIE	RICHARD & Cie Paris, Rue de Bondy France 234/3 Founded 1848 Lemaitre & Bergmann, in London / England under the name RICHARD & Co.(1875), Trademark: R & C, dealer in carriage clocks. Later trading under:FRENCH CLOCK HOUSE,Ltd. London 8/9 Greenville Street.	

NOTE:

REMARKS OBSERV'TN BEMERKUNG	NAMES AND ADDRESSES NOMS ET ADDRESSES NAMEN UND ADDRESSEN	TRADEMARK OR TRADENAME MARQUE DE FABRIQUE - NOMS WARENZEICHEN - WORTMARKE
	ROUSSELET, Eugene 132, rue de Rivoli, Paris France /2 Registered 07.02.1936, manufact. of horological items, parts for the trade.	SLOGAN "A" **" Il faut être plus avare de son temps que de son argent "** SLOGAN "B" **" L'amour fait passer le temps Le temps fait passer l'amour "**
	SAMSPORT MM.Lipman freres, Usines de la Moulliere. France 013/2 REg.162848 38Mar 1930.Manufct. watches, parts and Horological items.	S AMSPORT
	SAMP Societe Anonyme de Mecanique Precision BLanquigue. 130,rue La Fayette, Paris France 330/2 Reg.93826, 17th Febr 1926.Manufact Parts,components for the trade.	"SAMP"
	SANDOZ (Gustave) Paris, Rue Royal 10 France 239/3 Carriage clock maker.Data refer. year 1870 and 1900.	S A N D O Z
	SE Scherer (Henri) rue Fredric-Japy Beaucourt (Territoire de Belfort) (C.V.) France 284/2 Reg.254723,4th Feb 1936.Manufct. horological items.	
	SEDUCTA France 306/2 Reg.97683,	"SEDUCTA"

NOTE:

TRADEMARK OR TRADENAME MARQUE DE FABRIQUE - NOMS WARENZEICHEN - WORTMARKE	NAMES AND ADDRESSES NOMS ET ADDRESSES NAMEN UND ADDRESSEN	REMARKS OBSERV'TN BEMERKUNG
SEMCA	SEMCA Kaufmann (Samuel) 63. rue du Foubourg- Poissoniere, Paris (C.V.) France 240/2 Reg. 290164.01th Jul 1938.Manufct. of horological items.	
SONIC	Industrielle de Mecanique , Horlogerie 18, boulevard Maleherbes, Paris France 041/2 REg. 56442, 29th Nov. 1923.Manufct of Alarm clocks, clock movements parts.	
SOLEIL	SOLEIL M.Guerre (Henri) 7,rue Chavanne, Lyon France 023/2 Reg. 60878, 12 Feb 1924.Manufct. of movements. SONIC - S.A. Compagnie	
S O L D A N O	SOLDANO Paris France 240/3 Carriage clock maker. Data refer. 1855 and 1878.	
S O C I E T E F R A N C A I S	SOCIETE FRANCAIS pour l' HORLOGERIE Boulvd. Haussmann, Paris (C.V.) France 180/2 Reg. year 1930. Manufacturer of horological items.	
STÉLOR SFN STÉLOR	STELOR Stefanaggi (Francois) 5,rue du Katz, Bordeaux (N.B.) France 256/2 Reg.303689,15th May 1939.Manufact. watches with chimes.	

NOTE:

REMARKS OBSERV'TN BEMERKUNG	NAMES AND ADDRESSES NOMS ET ADDRESSES NAMEN UND ADDRESSEN	TRADEMARK OR TRADENAME MARQUE DE FABRIQUE - NOMS WARENZEICHEN - WORTMARKE
	STAR WATCH Co Blauband (Benjamin) 14,rue Cadet,Paris France 147/2 Reg.171961, 25th Nov.1930.Manufct. watches,watch movements.	STAR WATCH Co
	STATIC same data as 062 France 063/2 Reg. 242078,	**STATIC**
	JAPY FRERES et Cie Beaucourt France 354/2 Reg.No???, 4th Mar 1908.Manufact. of clock and watch movements. Part supplier.	**TROCADERO**
	STYLITES - Compagnie Indst. de Mecanique Horlogere S.A. 18, Boulevard Malesherbes, Paris France 076/2 Reg. 245711, 25th Jul 1935.Manufct alarm clocks - movements.	**STYLITES**
	SUCCES, JAPY Freres & Cie Beaucourt France 395/2 Reg.123, 22th Mar 1902.Trademark for pocket watch stem windup feature.	S U C C E S
	Suplisson-Prin (Charles) 94 et 96, rue Emile-Zola, Troyes (C.V.) France 082/2 Reg. 208506, 10th May 1923.Manufct of horological items, chronometers	S U P L I S S O N
	SUPER France 343/2 Reg.267591	S U P E R
	SUPER - S.A. d ' Horlogerie Usines de la Moulliere, Rue des Chalets, Besancon. France 194/2 Reg.234126, 10th Dec 1934.Manufct. movements, chronometer parts.	**SUPER**

NOTE:

TRADEMARK OR TRADENAME MARQUE DE FABRIQUE - NOMS WARENZEICHEN - WORTMARKE	NAMES AND ADDRESSES NOMS ET ADDRESSES NAMEN UND ADDRESSEN	REMARKS OBSERV'TN BEMERKUNG
SYLPHE	SYLPHE A.Thomas et Cie, 15, rue Martel, Paris France 131/2 Reg.186929, 4th Dec 1931,Manufct. of timekeepers.	
SYLVIC	SYLVIC France 250/2 Reg.221431	
T E M P O G R A P H E	TEMPOGRAPHE Simon (Judas) Morteau (Doubs) France 069/2 Reg. 243333, 29th May 1935.Manufct. of Horlogical items and time keeper	
T . F . C .	T.F.C. ND ND 057/3 T F C on clock plate .French ?	
T I F F A N Y	TIFFANY Raison Sociale Tiffany et Company. Fifth Avenue and 37th Street, New York,Regent Str. London, France /England/USA 293/2 Reg.130665,3rd May 1928 in Paris, France.Manufacturer and Wholesale, Retail in fine watches, Clocks Chronometers.	
S. F. L.	SOCIETE FRANCAISE LONGINES S.R.Lt. 57, boulevard Haussmann, Paris France /2 Regist. 6 Mar 1935. Manufact. chronometer and watches.	
TIMIOS	TIMIOS France 168/2 REg.179098	
TROIMINUT	TROIMINUT 3, rue des Jardins-Caulier, Lille, France 252/2 Reg.??? 1934.Manufact.Horological and chronometric items.	
" MOTOR SONN "	" MOTOR SONN " Menot (Henri,Georges,Leon) 88,rue de la Marc , Paris France 132/2 Reg.187340, 12th Dec 1931.Manufct. horological items.	

NOTE:

REMARKS OBSERV'TN BEMERKUNG	NAMES AND ADDRESSES NOMS ET ADDRESSES NAMEN UND ADDRESSEN	TRADEMARK OR TRADENAME MARQUE DE FABRIQUE - NOMS WARENZEICHEN - WORTMARKE
	TOURISTE Japy freres & Cie Beaucourt France 412/2 Reg. 195, 7th May,1909.Manufct. of pedulumn and alarm clocks.	TOURISTE
	TOISON D'OR Societe P.Guillaume et Cie, 29, rue du Louvre, Paris France 049/2 Reg. 142569, 4th Dec 1928.Manufct. of Horological items, jewellery, and smokers equipment.	TOISON D'OR
	TOPUTI S.A. des Etablissements Georges Meyer, 139,Boulevard de Sebastopol, S.A. France 238/2 Reg.290062.27th Jun 1938.Manufact. precision parts,horological parts.	TOPUTI
	TRIJINTA Boussion (Eugene) 47,rue Reamur,Paris France 308/2 Reg.98424,20th May 1926.Manufct. Horological items. TROCADERO	TRIJINTA
	TYPE-S.A.Manufacture Francais,d' Armes et Cycles de Saint-Etienne cours Fauriel, Saint-Etienne France 322/2 Reg.146191,8th Mar 1929.Manufact. gears,parts for watches, watch movements.	TYPE
	TYS Bossy Fils (Georges) Besancon 9, rue de Lorraine France 233/2 Reg.308137,10th Nov 1939.Manufct. parts for clocks.	TYS

NOTE:

TRADEMARK OR TRADENAME MARQUE DE FABRIQUE - NOMS WARENZEICHEN - WORTMARKE	NAMES AND ADDRESSES NOMS ET ADDRESSES NAMEN UND ADDRESSEN	REMARKS OBSERV'TN BEMERKUNG
U T I	UTI Levy (Hector) Merchandizer PARIS France 401/2 Reg.91717, 13th Sept.1905. Manufact.horological goods.	
U N I C O R	UNICOR Societe Anonyme des Montres Unic. 20,rue des Quatre-Fils, Paris. France 337/2 Reg.187832, 24th Dec.1931.Manufact. chronometer,parts ,movements,and parts for the trade.	
U. S. A. PARIS	U. S. A. Paris same data as 053 France 055/2 Reg.248600. same data as 053.	
VALENTA	VALENTA Societe Anonyme Montres Clarte 34, avenue de l'Opera Paris France 030/2 Reg. 49204 , 12 Jun 1923.Manufct. of Timepieces.	
V. E. C.	V E C S.R.Ltd.Etablissements Marseille Rue Thubaneau 44. France 142/2 Reg.201983, 12th Dec 1932.Manufct. Timepieces and horological items.	
Vergo	V E R G O Goetzenbruck,Walter Berger et Cie S.A. 9, rue du Marche,Strassbourg, Elsac-Lorraine France 078/2 Reg.204418, 9th Feb 1933.Manufct. watch crystals (glass) maker of Alarm clocks. Chronometers, and instruments for science and research. Importer-Exporter.	

NOTE:

REMARKS OBSERV'TN BEMERKUNG	NAMES AND ADDRESSES NOMS ET ADDRESSES NAMEN UND ADDRESSEN	TRADEMARK OR TRADENAME MARQUE DE FABRIQUE - NOMS WARENZEICHEN - WORTMARKE
	V F Georges Verhger et Fils 51,rue Sainte-Anne, Paris (C.V.) France 291/2 Reg.257791,7th Apr 1936.Manufct. watches and watch movements.	V. F. 126082 F V 126081
	V F Societe Fisseau et Cochol 13-134 rue du Temple,Paris France 299/2 REg.95304,17th Mar 1926.Manufact. horological parts.	V F
	VIGILANTE,JAPY freres &Cie Beaucourt France 381/2 Reg.89, 27th Sept 1894,pocket watch three quarter plate engraving.	R S F A VIGILANTE LA
	VK Katz (Angel,Henri) Firme: VEKA 10,rue du Baigneur , Paris (C.V.) France 165/2 Reg.178095, 21 Apr 1931.Manufct. watch stands.	VK Made in France

NOTE:

TRADEMARK OR TRADENAME MARQUE DE FABRIQUE - NOMS WARENZEICHEN - WORTMARKE	NAMES AND ADDRESSES NOMS ET ADDRESSES NAMEN UND ADDRESSEN	REMARKS OBSERV'TN BEMERKUNG
VARDA	VARDA France 171/2 Reg. 179101	
VEDETTE	VEDETTE. le Carillon de de France,Fabrique S.A. d' Horlogerie "La VEDETTE" Saverne (Bas-Rhin) France 196/2 Reg.236697, 24th Jan 1935.Manufct. horological items.	
VEDETTE	VEDETTE France 197/2 Reg.236698	
VERA	VERA France 344/2 Reg.267592	
VERAX	VERAX France 345/2 Reg.267593	
W. B. C 204420	VERRIES-GOETZENBRUCK - WBC 1721 - France 080/2 Reg. 204420	
VICI	VICI Duc (Maurice) 12,rue Bruce, Alger France-Algier 303/2 Reg.96437 in Paris 2th Apr.1926. Manufacturer of chronometer, movements, and watch part suppl.	
AROLA	WENGER, M. Manufacturer of time pieces Main plant: Geneva / Swiss Registered in France 276/3 Registered tradename AROLA 03.04.1930. WHS/RET	

NOTE:

REMARKS OBSERV'TN BEMERKUNG	NAMES AND ADDRESSES NOMS ET ADDRESSES NAMEN UND ADDRESSEN	TRADEMARK OR TRADENAME MARQUE DE FABRIQUE - NOMS WARENZEICHEN - WORTMARKE
	VICEROY Societe Anonyme Francaise des Montreus ROLEX, 15, rue Monsigny, Paris France 251/2 REg.221451,13th Mar 1934.Manufact. of premier quality wrist watches, Chronometers.	VICEROY
	VIDAL M.Vidal Paris France 356/2 Reg.112106. 4th Feb 1909.Manufact. of Horological goods.	V I D A L
	Vieilles Cloches France 099/2 Reg. 239060.	VIEILLES CLOCHES
	WALTHAM "Waltham WAtch Co" Waltham, Massachusetts U.S.A. 262/2 Reg.210963.15th Dec 1933,in Paris. Manufacturer of Pocket watches.	WALTHAM
	W . B . C . France 079/2 Reg. 204419	W . B . C .
	WINDSOR Ferrand (Robert) 84,rue Michel-Ange, Paris France 211/2 Reg.270669, 5th Mar 1937.Manufact. horological items,chronometer. Parts for the trade.	WINDSOR
	VILLON (Albert) Saint-Nicolas-d'Aliermont France 249/3 Industrial enterprise maker of alarm and carriage clocks.Data reference: 1867,1889, later operated under the Name: DUVERDREY & BLOQUEL.	V I L L O N
	YRIA Chazerand (Henri) Alger (C.V.) 3,rue Boeldieu France 157/2 Reg. 175024, 3th Febr 1931.Horlg. Manufacturer.	YRIA

NOTE:

TRADEMARK OR TRADENAME MARQUE DE FABRIQUE - NOMS WARENZEICHEN - WORTMARKE	NAMES AND ADDRESSES NOMS ET ADDRESSES NAMEN UND ADDRESSEN	REMARKS OBSERV'TN BEMERKUNG
YOCS	YOCS Spingarn (Henri) Establishements YOKS 350 ,rue Saint-Honore,Paris France 327/2	
Ajax	FUHRMANN J. Strasbourg / Elsac-Lorrain France 271/3 Tradename AJAX, registered 04.19.1912	
 	JAECKLE J. Rappoltsweiler / Elsac-Lorrain France 272/3 ALSACTHGONG tradename. Regist. 08.17.1911 WHS/MFC wall clocks	
Rêve d'or	CORBAT, Edouard Manufacturer horological parts Pfettenhausen / Elsac-Lorrain France 273/3 MFC/WHS parts.	
Innig	MONIER , Henry Manufacturer horological parts Pfettenhausen / Elsac-Lorrain France 274/3 Registered 07.21.1909. Clocks / watches ?	
EM	MONIER , Emile Manufacturer horological parts Pfettenhausen / Elsac-Lorrain France 275/3 AK04	

NOTE:

REMARKS OBSERV'TN BEMERKUNG	NAMES AND ADDRESS NOMS ET ADDRESSE NAMEN UND ADDRESSE	TRADEMARK OR TRADENAME MARQUE DE FABRIQUE - NOMS WARENZEICHEN - WORTMARKE

NOTE: France - spare page R/T92

TRADEMARK OR TRADENAME MARQUE DE FABRIQUE - NOMS WARENZEICHEN - WORTMARKE	NAMES AND ADDRESS NOMS ET ADDRESSE NAMEN UND ADDRESSE	REMARKS OBSERV'TN BEMERKUNG

T92/L NOTE: France - spare page

REMARKS OBSERV'TN BEMERKUNG	NAMES AND ADDRESS NOMS ET ADDRESSE NAMEN UND ADDRESSE		TRADEMARK OR TRADENAME MARQUE DE FABRIQUE - NOMS WARENZEICHEN - WORTMARKE
	BARRE C. MFC Bessaucourt (France) - L I L A - - O R E B A - 29.Jun.1910 WHS-WV-SUPP	F0558 F0558A	LILA OREBA
	Blum L. MR Paris 25.Nov.1897 WA-WHS	F0538	
	BLUM L. MR Paris - P O L O - 25.Nov.1897 WA-WHS	F0597	POLO
	BRUHL FRERES MR Paris (France) 24.Apr.1897 WHS-WA-WM-SUPP H I R A -	F0532 to F0533 F0534 F0535 F0536 F0537	533 534 535 536 537

NOTE:

R/T92

TRADEMARK OR TRADENAME MARQUE DE FABRIQUE - NOMS WARENZEICHEN - WORTMARKE	NAMES AND ADDRESS NOMS ET ADDRESSE NAMEN UND ADDRESSE		REMARKS OBSERV'TN BEMERKUNG
	BRUHL FRERES MR Paris 24.Apr.1897 WA-WC-SUP	F0595	
	BRUHL FRERES (brothers) MR Paris 24.Apr.1897 WA-WC-SUP	F0595	
	BRUHL FRERES MR Paris (France) 30.Dec.1897 WHS-WA-WM-SUPP	F0540	
	BRUHL FRERES MR Paris (France) 30.Dec.1897 WHS-WA-WM-SUPP	F0541	
	BRUHL FRERES MR Paris (France) 30.Dec.1897 WHS-WA-WM-SUPP	F0542	
	BRUHL FRERES MR Paris (France) 30.Dec.1897 WHS-WA-WM-SUPP	F0543	

T92/L NOTE:

REMARKS OBSERV'TN BEMERKUNG	NAMES AND ADDRESS NOMS ET ADDRESSE NAMEN UND ADDRESSE	TRADEMARK OR TRADENAME MARQUE DE FABRIQUE - NOMS WARENZEICHEN - WORTMARKE
	DREYFUS FRERES & Co. F0557 MFC Pery (France) - PERY WATCH - 5.Jan.1903 WHS-WA-WV-WC	PéryWatch
	DUREL & Co. F0504 SOCIETE GENERALE MERCANTILE (General merchant cooperative) former House of Rumpf & Hadert Paris 19.Sept.1888 WHS-MV-WC-AR	DUREL & Cie
	FRANIER P.ET SES FILS(sons)F0544 MFC Morteau (France) - ELECTROPERFECTOR - 24.Jun 1898 WHS-WC	ELECTRO PERFECTOR
	FREYDIER GEORGES -DUBREUL F0506 & XAVIER JANICOT Civil mining engineers Lyon (France) 4.Feb.1889 WA-SUPP	BEAUMONT
	FOREST C. F0555 F0556 MR Paris (France) - V E N C E D O R - 10.Jul.1902 WHS-RET-WA	VENCEDOR CFC
	HAUSER ZIVY, & Co. F0508 MFC Paris (France) - E S M E R A L D A - 13.Oct.1890 WA-AR	LA ESMERALDA
	HIRSCH W. F0568 MR Paris 3.Nov.1892 - MERIDIONAL WATCH - WHS-WA	MERIDIONAL WATCH

NOTE: R/T92

TRADEMARK OR TRADENAME MARQUE DE FABRIQUE - NOMS WARENZEICHEN - WORTMARKE	NAMES AND ADDRESS NOMS ET ADDRESSE NAMEN UND ADDRESSE	REMARKS OBSERV'TN BEMERKUNG
	JAPY FRERES & Co. F0552 MFC Beaucourt (France) 26.Dec.1898 WHS-RET-WA Refer : Page 208 - JAPY - F 251/3	
DOUBLE SUCCES	JAPY FRERES & Co. F0564 MFC Beaucourt (France-French Rhine district) 26.Jan.1925 WHS-WA-WV	
ALTO WATCH CFC	Forest, C. F0591 MR Paris - ALTO WATCH - 10.Jul. 1902 WA-WHS	
GRUMBACH, MAURICE	GRUMBACH, MAURICE F0515 MR Paris (France) 14.Jan.1895 WHS-WA	
	LAPEYROUSE de Gabriel F0559 General Supplier Paris (France) Boulevard de Courcelles,104 WHS-RET-SUPP-JL	
CASANETTE	LAMBERT & LEVY F0514 MR Paris (France) - C A S A N E T T E - 24.Apr.1893 WHS-RET-WM-WC-SUPP	
	LEVIS E.H. FRERES F0507 MFC Paris (France) 22.Feb.1889 WHS-WA	

T92/L NOTE:

REMARKS OBSERV'TN BEMERKUNG	NAMES AND ADDRESS NOMS ET ADDRESSE NAMEN UND ADDRESSE	TRADEMARK OR TRADENAME MARQUE DE FABRIQUE - NOMS WARENZEICHEN - WORTMARKE
	LEVY,IRMAOS & Co. F0501 Consignment Agents Paris (France) - THE MERIDIAN - 25.Jan.1886 WA	
	Lipman freres (brothers) F0570 MFC Paris - L I P - 16.Dec.1912 WA-Chronomtr-SUP	"LIP"
	MARX ARMAND F0553 MR Paris (France) - LA REGENTE - 18.Jul.1899 WHS-RET-WA-SUPP	LA RÉGENTE
	MARTON & Co. a PARIS F0505 SOCIETE GENERALE MERCANTILE (General merchant cooperative) Paris (France) 17.Nov.1880 WHS-WV-WC	MARTON & C° A PARIS
LIT 156	B R E V E T E F0590 Clock plates stamped with the graphic symbol of a rooster, used by French clock/watch makers, such as JAPY, also used in Swiss and German graphics, Trademark registration.	 Plate : F0590
	MARTI S.& Cie (Co) F0584 F0585 MFC France MEDAILLE DE BRONZE CLK-WHS - Plate stamped G.V. 1 7 8 9 3 6 0 5	 F0584

R/T92

NOTE: Plate :F0584,R.Foord Archive
Rochester-Kent U.K.
Plate : F0590, ARS Archive - England

TRADEMARK OR TRADENAME MARQUE DE FABRIQUE - NOMS WARENZEICHEN - WORTMARKE	NAMES AND ADDRESS NOMS ET ADDRESSE NAMEN UND ADDRESSE	REMARKS OBSERV'TN BEMERKUNG
 F0585	MARTI S. F0585 MFC France MEDAILLE D' ARGENT S.Marti et Cie (Co) year 1889 CLK-WHS	
 F0579	MARTI,S.& Co. F0579 MFC France Initials J / S & S Year 1889 CLK-WHS	
 F0582	MARTI,Samuel F0582 MFC France MEDAILLE D' OR -Samuel Marti- Paris 1900 (year) CLK-WHS	
 F0583	MOUGIN A.D. F0583 MFC France DEUX MEDAILLES CLK-WHS	

T92/L NOTE: Plate:F0585,579,582,583
R.Foord Archive,Rochester-Kent U.K.

REMARKS OBSERV'TN BEMERKUNG	NAMES AND ADDRESS NOMS ET ADDRESSE NAMEN UND ADDRESSE	TRADEMARK OR TRADENAME MARQUE DE FABRIQUE - NOMS WARENZEICHEN - WORTMARKE
	OPPENHEIMER FRERES F0516 MR to Paris (France) F0517 5.Aug.1895 F0518 WHS-WA-SUPP F0519 F0520	 F0516  F0517  F0518  F0519  F0520
	OPPENHEIMER FRERES F0521 MR Paris (France) 5.Aug.1895 WHS-RET-WA-SUPP	

NOTE: R/T92

TRADEMARK OR TRADENAME MARQUE DE FABRIQUE - NOMS WARENZEICHEN - WORTMARKE	NAMES AND ADDRESS NOMS ET ADDRESSE NAMEN UND ADDRESSE		REMARKS OBSERV'TN BEMERKUNG
 F0532  F0524  F0525 F0526   F0527  F0528	OPPENHEIMER FRERES MR Paris (France) 24.Jun.1896 WHS-WA 3.Aug.1896	F0532 to F0524 F0525 F0526 F0527 F0528	

T92/L NOTE:

REMARKS OBSERV'TN BEMERKUNG	NAMES AND ADDRESS NOMS ET ADDRESSE NAMEN UND ADDRESSE	TRADEMARK OR TRADENAME MARQUE DE FABRIQUE - NOMS WARENZEICHEN - WORTMARKE
	OPPENHEIMER FRERES F0573 MR Paris 11Dec.1896 WA-SUP-WHS	
	PARRENIN H. F0554 MFC Lac-ou-Villiers (France) 3.Jul.1902 WA-SUPP	HP
	PATOU, Jean S.A. F0592 Societe Chimique des Usines du Rhone (Rhone dsitrict) Paris - U. R. - 30.Apr.1925 SUPP	*Jean Patou*
	SOCIETE CHIMIQUE des USINES du Rhone (Rhone district) F0592 MR - U. R. - 30.Apr.1925 WHS-SUPP	**U. R.**
	SOCIETE GENERALE MERCANTILE F0508 (General merchant cooperative) Paris 4.May 1889 WHS-MV-WA	
	TRIBAUDEAU G. F0513 MFC Besancon (France) 27.Mar.1893 F0513A WHS-RET-WM-WC-SUPP	9A3 BREVETE S.G.D.G F0513 9A8 MARQUE DEPOSEE F0513A

NOTE:

R/T92

TRADEMARK OR TRADENAME MARQUE DE FABRIQUE - NOMS WARENZEICHEN - WORTMARKE	NAMES AND ADDRESS NOMS ET ADDRESSE NAMEN UND ADDRESSE	REMARKS OBSERV'TN BEMERKUNG
 F0582A	VINCENTI M. F0582A MFC France MEDAILLE D' ARGENT VICENTI & Cie (Co.) 1855 (year) CLK-WHS	
	VERGER, Ferdinand F0549 MFC Paris - F V - 9.Sept.1898 WM-WC-WHS	
	VILLON JULES & Co. F0510 JL Paris (France) 12.Sept.1891 WHS-RET-WA	
V. A. P.	V. A. P. F0589 Stamp on French clock movements "Volonge a Paris" indicates, the craftsmen was living during the mid of the 18th century in Paris. (French) Le poinqon V.A.P.(Volonge à Paris) frappé sur des mouvements de pendules francais, indique que cet horloger vivait à Paris au milieu du 18è siècle. (German) Stempel V. A. P. an der Uhrenplatine bedeuted, dass der Uhrmacher während der Mitte des 18.Jahrhundert in Paris lebte.	
M P K	M P K F0588 ND Found on clock very similar to "Lenzkirch" french design, possible "Japy"?	

T92/L NOTE: Plate : F0582A,R.Foord Archive
Rochester-Kent, U.K.

REMARKS OBSERV'TN BEMERKUNG	NAMES AND ADDRESS NOMS ET ADDRESSE NAMEN UND ADDRESSE	TRADEMARK OR TRADENAME MARQUE DE FABRIQUE - NOMS WARENZEICHEN - WORTMARKE
LIT 114/115	FURDERER & JAEGLER & Co. F0598 Company headquarter : Registered year 1855 under the name: "Lenzkirch Handelsgesellschaft" (trading company) "ELSAC COMPANY" -Buchsweiler- Elasc-Lorrain district -France- Year 1865 , Buchsweiler plant dissolved. June 30.1865 a new plant under the Name: "FURDERER & JAEGLER & Co." Neustadt / Black Forest-Germany established. Sales organisation-distributors: Strassbourg - Elsac Lorrain Muhlhausen - " " Hagenau - " " Metz - " " Paris - France Basel - Switzerland, and about a total of 20 outlets selling and distributing clocks of all types. The Neustadt enterprise and the various distribution centers were not very profitable, therefore it was deceided to convert the the trading company into a open Stockholder Company (A.G.) but with any further profits,year 1886 Furderer & Jaegler closed the factory complex in Neustadt. Year 1887, reopened : "CLOCKFACTORY NEUSTADT" A.G.Black Forest but short lived until December 89, operation was scaled down ,closed January 25th 1892. CLK-WHS-RET-SUP-SUPP-EXPORT	FURDERER & JAEGLER & Co. R CLOCKFACTORY NEUSTADT
	PICARD, EMILIE F0543 MFC Besancon (France) CHRONOMETRE MILITAIRE 31.Oct.1898 WHS-RET-SUP-SUPP	LA FRONTIÈRE CHRONOMÈTRE MILITAIRE
	AUTO OMNIA S.A. F6916 MFC- ME Paris-France 27.07.1912 Automobil watches : - NIAXA AUTOMOBILE - WA-WP	NIAXA AUTOMOBILE

NOTE: LIT = Literature reference see page 906-918 R/T92
Literature voir la page 906-918
Literaturverzeichnis siehe Seite 906-918

TRADEMARK OR TRADENAME MARQUE DE FABRIQUE - NOMS WARENZEICHEN - WORTMARKE	NAMES AND ADDRESS NOMS ET ADDRESSE NAMEN UND ADDRESSE	REMARKS OBSERV'TN BEMERKUNG
PALTOT, HENRI	PALTOT, HENRI F0607 MASTER WATCHMAKER Watchmaker / Teacher Watch/Clockmaker School at ** Cluses - France * year 1919 - 22 Designed and constructed electric clock with features: > Electric clock windup motor > Jewelled pallets > Compensation pendulumn driving large second hand. > Pendulumn bob weight @ 10kg (22lbs) * Cluses, a small town in the French Alps / District Savoie. ** The school active in the eighties, no other data on file.	ASP Refer page: 854 855 PALTOT, Henri

T92/L NOTE: ASP/ Shapiro,Adolphe,Archive -France-

REMARKS OBSERV'TN BEMERKUNG	NAMES AND ADDRESS NOMS ET ADDRESSE NAMEN UND ADDRESSE	TRADEMARK OR TRADENAME MARQUE DE FABRIQUE - NOMS WARENZEICHEN - WORTMARKE

NOTE: spare page - FRANCE - R/T92

PLATE V
CENTRAL EUROPE, YEAR 1900
Historical Location Map

1 Freiburg
2 Braunau
3 Warzaw
4 Reichenberg
5 Silberberg
6 Komotau
7 Berlin

HISTORICAL

CENTRAL EUROPA

YEAR 1900

PLATE VI
GERMANY LOCATION MAP
Year 1989

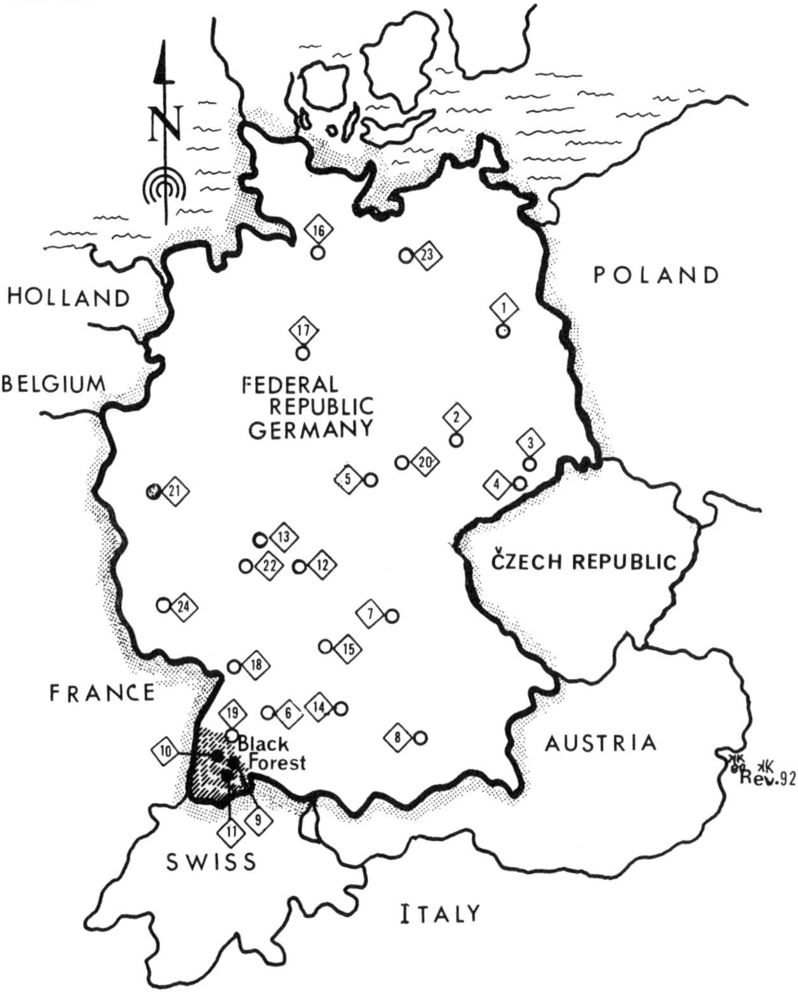

1 Berlin
2 Leipzig
3 Dresden
4 Glashütte
5 Ruhla
6 Gosheim
7 Nürnberg
8 München
9 Gutenbach
10 Eisenbach
11 Niedereschach
12 Schwäb.Gmünd
13 Bad Dürkheim
14 Mühlheim/Donau
15 Pforzheim
16 Hamburg
17 Hannover
18 Karlsruhe
19 Rottweil
20 Kraftsdorf /Thür.
21 Köln
22 Stuttgart
23 Magdeburg
24 Offenburg

PLATE VII
BLACK FOREST - GERMANY
Clock/Watchmaking Centers

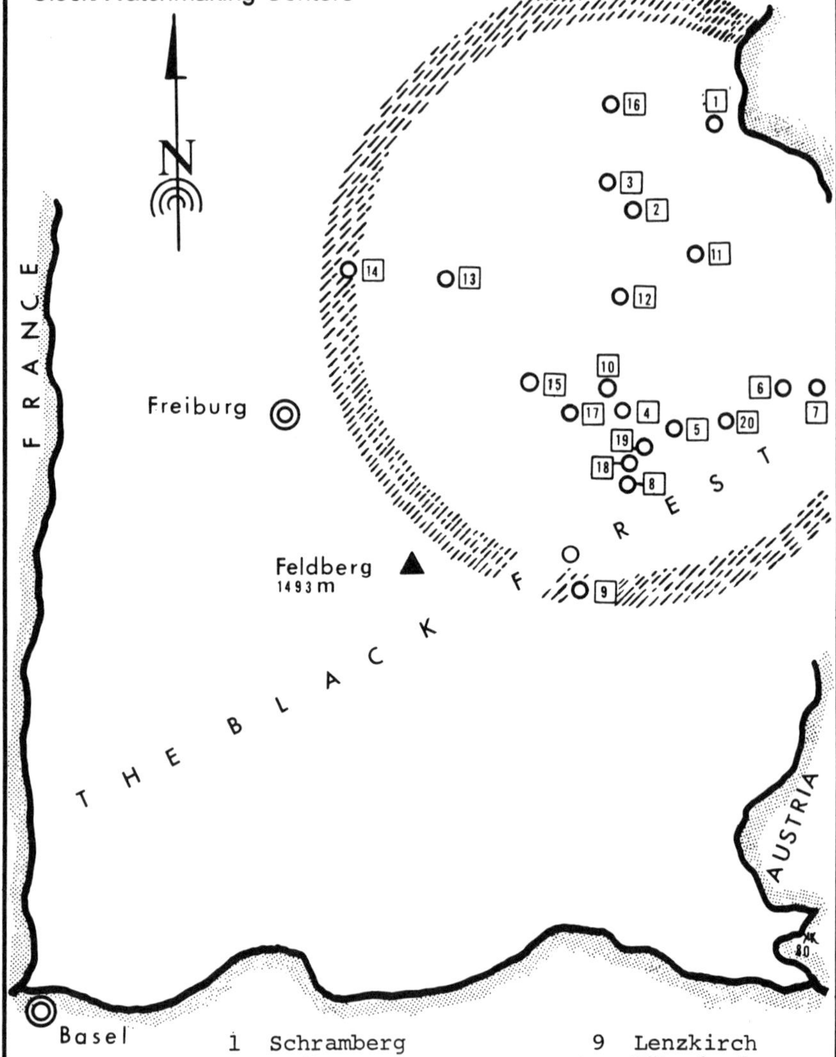

1	Schramberg	9	Lenzkirch
2	Triberg	lo	Gütenbach
3	Schonach	11	St.Georgen
4	Furtwangen	12	Schönwald
5	Eisenbach	13	Simonswald
6	Villingen	14	Waldkirch
7	Schwenningen	15	St.Märgen
8	Neustadt	16	Gutach
		17	Neukirch
		18	Friedenweiler
		19	Eisenbach
		20	Vöhrenbach

CHAPTER V
GERMAN WATCH-CLOCKMAKING

Historical records from medieval times do not provide very accurate information as to where, when and by whom the mechanical clock was invented. One might suppose that the bordering territories of Germany, Switzerland, Austria, Italy and France are the cradle of the mechanical clock. Craftsmen travelling from northern Italy, southwestern Austria, the southern part of the Black Forest and areas bordering Switzerland and France probably copied and interchanged mechanical clock inventions.

The leading German watch and clockmakers were highly concentrated in the Black Forest. The scholastic influence of numerous Catholic cloisters in this area contributed to the development of the mechanical clock. After all, the cloisters held a very strong religious, cultural and political influence on the inhabitants of the Black Forest, Austria, Italy and France. Astronomical clocks, especially tower clocks with large dials, showed features of the sun, moon and star constellations. Monks studied and taught astronomy, mathematics and science, and the lesser-educated craftsman/farmer came to the cloister schools for assistance and help in resolving basic design, mathematical calculations and technical layout problems.

During the Renaissance (15th and 16th centuries), German clockmaking evolved into a fine art, and many innovations took place. Numerous fine examples from this period are now exhibited in museums.

After the middle of the 17th century, the dominating centers of artisan clockmakers were Augsburg and Nürnberg. Clockmaking was then introduced to the Black Forest and other parts of Germany, northern Germany, Westphalia, and the area of Brandenburg/Berlin.

The traditional Black Forest clockmakers originated from a cottage shop. The farmer clockmakers formed typical family enterprises with many very inexpensive helpers on hand. "Black Forest Peddlers" visited the European markets from May to August, travelling to England, Scotland, Russia and the Orient, and Black Forest clocks were very popular. The expanding business engaged agents, called packers, who supplied overseas markets with clocks of all types. Around 1860, a sharp decline in the export market occurred. Imported mass-produced American clocks, often copies of German clocks with more appealing advanced features, were strong competitors to the domestic clock industry.

Cont. page 272

As there was no other way to fight the American imports, clock manufacturers in the Black Forest began to copy the American imports as well as American production methods. Around the year 1868, the Junghans Brothers in Schramberg, (see page 270, Plate VII ①) sent their sons to the United States to practice clockmaking with the Gilbert Clock Company in Winsted, a village within the town of Winchester, Connecticut. Some Black Forest clockmakers hired American ex-patriots to re-tool and reorganize the production facilities and introduce American mass-production methods. Some German clock factories direct-marketed their products and advertised with the slogan "produced with American technology." These clocks were made as cheaply as possible. Other companies, such as the Furtwängler in Furtwangen-Black Forest around the year 1836, and Winterhalder & Hofmeir in Neustadt (see page 270, Plate VII⑧) around the year 1908, specialized in English-style clocks for the English export market.

Around the year 1851, the Lenzkirch Clock Company in Lenzkirch, Badenia/Black Forest produced one of the finest wall regulators and enjoyed an esteemed reputation, but priced themselves out of the market and were forced to close in 1932. Eventually many other clock manufacturers returned to high quality manufacturing standards and marketed a typical Germany-style clock called the "Regulator," a design version of the famous "Viennese Wall Clock."

In Silesia (Prussia/Germany, now Poland), the Gustav Becker Clock enterprise, (see page 268, Plate V①), a grass-root enterprise founded in the year 1846, captured a large share of the European and overseas markets by producing outstanding clock models. Next to the Junghans Brothers Clock/Watch manufacturer in Schramberg, Black Forest, the Hamburg American Clock Company, (see page 270, Plate VII ①) opened a very competitive clock company in 1875. The founder and president, Paul Landenberger, was the son-in-law of Luise Junghans-Tobler. The Hamburg American Clock (HAU) Company merged with Junghans A.G. Schramberg in 1926.

With the worldwide Industrial Revolution in 1860, the cottage industry rapidly lost ground. The once self-employed clockmakers at first resented industrialization, but soon preferred to work in factories. The entire social and technological structure of the Black Forest changed to a very prosperous industrial area.

Cont. page 273

The German Clock and Watchmaking enterprises enjoyed very good business years until the beginning of World War I (1914-1918). Some companies published catalogs with over 1,000 different clocks and watches! The clock and watch manufacturers in Germany filed nearly 85,000 patent applications between the years 1872 and 1939. In the Patent Office in Berlin, 45,000 patents and countless Trademark/ Tradename registrations were granted.

After the end of World War I in 1918, post-war times were not favorable to the European and overseas clock and watch markets and German manufacturers never regained the lost world market. During the Third Reich regime, 1933-1945, all raw and finished material was under State Control. Brass and other noble metals were rationed. The private industrial sector had limited raw material allowances. The military industrial complex had priority in production, and the many clock/watch manufacturers were assigned to military production (the Winterhalder Hofmeier company refused, and the entire plant was closed in 1934).

With the end of World War II in 1945, horological enterprises in Germany started a very slow recovery. Inexpensive alarm clocks were first in the production lines, followed by the noted Cuckoo Clock and 400 Day Clocks. After the establishment of the Federal Republic of Germany in 1952, German Watch/Clock manufacturers were once again able to enter the world market. Shortly thereafter, Japanese managers began to visit the Black Forest region, pretending to buy German clocks and watches. The watch industry received an almost mortal blow as Japan began to produce watches, and the German watch industry lost a substantial world market share. The Federal Republic of Germany never recovered the loss of the world market they once enjoyed. Out of over 100 clock/watch manufacturers in the Black Forest, only 10 were still in business in 1990.

After World War II, extensive territorial changes took place, and new boundaries changed the central European map. In Freiburg-Schlesien (see page 268, Plate V①), the famous GUSTAV BECKER Clock Factory was unconditionally confiscated. The now Polish territory was renamed Freiburg-Swibodzice.

In the divided Germany, the communist regime in East Germany confiscated and converted the GEBRÜDER THIEL Watch and Clock Factory into a state-owned enterprise. After the reunification of the two Germanys in 1989, the company was under a "holding company" receivership. A West Germany industrial conglomerate purchased the entire factory complex, and all production was halted.

Cont. page 274

The famous ADOLPH LANGE Watch Factory in Glashutte, Saxonia (see page 269, Plate VI) was seized and dismembered by the communist regime. The Red regime confiscated all privately-owned watch and subcontractor fixture companies. However, in 1991, almost 145 years to the day after Adolph Lange started his enterprise (and after the reunification of East and West Germany in 1989), a distant relative of the Adolph Lange family, Walter Lange, established a cooperative named Adolph Lange Glashutte/Saxonia Unified Germany (1989) - IWC International Watch Company, Schaffhausen, Switzerland. Adolph Lange / IWC initiated a limited production of high grade watches.

In the region of German ethnic settlements now called the Czech Republic (formerly called Bohemia) of the all privately-owned Austro-Hungarian Danube Federation until 1918 (see page 268, Plate - **V** -), clock manufacturing plants were confiscated from private owners by the communist regime in 1945.

With all these changes, immeasurable value was lost forever. Inventions, documents, business records, catalogues, historical records and markers all fell victim to the attempt to destroy evidence that German horological pioneers lived there. Plaques on buildings of former clock and watch factories, and even cemetery plots, gravestones with names of the industrial pioneers were levelled to the ground.

The following pages of the TRADEMARK INDEX are the result of research work done by the author in the archives on the British Science Library, Holborn Branch, London, England; additional data was obtained by the author in 1991 in the archives of the MIH, Museum International Horlogery, La Chaux-de-Fonds, Switzerland. Horological collectors, catalogs, shop sketches and many write-ins were of great value for the TRADEMARK INDEX publication. See pages 963-64 for proper credit of all who made data contributions. ■

CHAPITRE V
AVANT-PROPOS SUR L'HORLOGERIE ALLEMANDE

Les registres médiévaux ne donnent pas de renseignements précis sur le lieu ni sur la date de l'invention de l'horloge mécanique. On admet généralement que ce sont les territoires frontaliers entre l'Allemagne, la Suisse, l'Autriche, l'Italie et la France qui furent le berceau de l'horloge mécanique. Les artisans voyageant entre l'Italie du nord, le sud-ouest de l'Autriche, la Suisse et probablement les régions frontalières de la France copiaient et échangeaient les renseignements sur les inventions des premières horloges mécaniques.

En Allemande l'activité dominante dans ce domaine était concentrée en Forêt Noire. L'influence scholastique des nombreux monastères catholiques de cette région à contribué au développement de l'horloge mécanique. Ces monastères exercaient un forte influence religieuse, culturelle et politique sur les habitants de la Forêt Noire, de l'Italie et de France. Des horloges astronomiques, surtout des horloges d'édifice, avec de grands cadrans, montraient la marche du soleil, de la lune et des constellations. Les moines enseignaint l'astronomie, les mathématiques et les sciences et les artisans ou les fermiers peu éduqués venaient aux écoles des monastères pour demander de l'aide afin de résoudre leurs problèmes fondamentaux, mais aussi pour des calculs mathématiques et autres problèmes techniques.

Pendant la Renaissance, au 15è et au 16è siècles, les artisan-ouvriers allemands, qui fabriquent des horloges, furent à l'origine de nombreuses innovations artistiques et techniques. On peut voir de nombreux exemples de ces créations exposées das des musées.

Vers le milieu du 17è siècle les principaux centres de fabrication d'horlogerie était Augsburg et Nuremberg. Les artisans-horlogers introduisirent ensuite leur art en Forêt Noire et dans d'autres parties d'Allemagne: Allemagne du Nord, Westphalie et la région de Brandenbourg-Berlin.

Selon la tradition, la fabrication horlogère en Forêt Noir débuta dans les chaumières. Le fermier-horloger formait son entreprise avec sa famille et de nombreuses aides à bas salaire trouvés sur place. Les colporteurs de la Forêt Noire parcouraient les marchés européens de Mai à Août, voyageant en Angleterre, en Russie et en Orient. Les horloges de la Forêt Noire étaient très populaires. L'affaire prenant de l'importance, des agents d'expédition envoyaient des horloges de tous les types au-delà des mers. Vers 1860, il se produisit une baisse

Voir à la page 276

brutale de l'exportation. Les horloges américaines avec des techniques d'avant-garde présentaient plus d'atraits et l'importation d'horloges produisit une forte concurrence vis-à-vis du marché national.

Ne pouvant pas combattre les articles d'importation américains, les fabricants de l'horloges de la Forêt Noire se mirent à copier les méthodes de production américaines. Vers 1868, les Freres Junghans de Schramberg envoyèrent leur fils aux États-Unis pour travailler avec les artisans-ouvriers qui fabriquent des pendules, puis, d'autres entreprises de la Forêt Noir engagèrent des ex-émigrés afin de se rééquiper en outillage et de réorganiser la production à l'image de le production de masse américaine. Plusieurs fabriques d'horloges allemandes utilisaient le slogan "produit avec la technologie américain." Ainsi ils produisaient des à très bas prix. D'autres fabricants, comme Furtwangler à Furtwangen, Forêt Noire et Winterhalder & Hofmeir à Neustadt se specialisèrent, vers 1908, dans la production d'horloges de style anglais pour l'exportation sur le marché anglais.

Vers 1851, la Lenzkirch, fabrique d'horlogerie à Lenzkirch, Badenia, en Forêt Noire, produisit un regulateur mural qui a acquis une réputation méritée. Cependant son prix excessif a conduit l'entreprise à fermer définitivement en 1932. De nombreux autres fabricants se mirent à produire une horloge de type allemand désignée sous le nom de "Regulateur" qui rappelle par sa conception la célèbre horloge murale "Viennoise."

En Silésie (Prusse, aujourd'hui en Pologne), l'entreprise Gustav Becker, fondée en 1846, a conquis une part importante du marché européen et des marchés d'au delà des mers, grâce à la production d'horloges de grand qualité. A coté de la fabrique des Frères Junghans à Schramberg, la Hamburg Companie Américaine d'Horlogerie créa en 1875 une fabrication de montres très compétitive. Son fondateur et président, Paul Landenberger, était le gendre de Erhard Junghans. La Hamburg Companie Américain d'Horlogerie fusionna avec Junghans A.G. en 1926-1930.

La fabrication dans les chaumières a rapidement perdu du terrain. L'horloger indépendant essaya d'abord de s'industrialiser mais a préféré ensuite de travailler dans les fabriques. L'entière structure sociale et technologique de la Forêt Noire à subi une mutation pour devenir très prospère à l'ère industrielle.

L'horloge allemande et les entreprises d'horlogerie ont connu des années fastes jusqu'au début de la première Guerre Mondiale en 1914. Plusieurs entreprises publièrent des catalogues renfermant plus de 1.000 modèles différents d'horloges et de montres! Les fabricants

Voir à la page 277

d'horloges et de montres allemands ont déposé près de 85.000 demandes de brevet d'invention de 1872 à 1939. Le Bureau des Brevets d'invention de Berlin a enregistré 45.000 brevets et marques de fabrique.

Après la fin de la première Guerre Mondiale, en 1918, les conditions économiques de l'après-guerre n'étaient pas favorables aux marchés de la montre et de l'horloges et les fabricants allemands n'ont jamais regagné leur place perdu sur les marchés mondiaux. Au cours de la période du Troisième Reich, 1933-1945, l'approvisionnement de toutes les matières premières et l'écoulement des produits finis étaient placés sous l'autorité de l'État. Le cuivre et autres métaux nobles étaient rationés. L'ensemble de l'industrie militaire bénéficiait d'une priorité et de nombreux fabricants de montres ou d'horloges étaient assignés à la production militaire (la firme Winterhalder Hofmeier atabt refusé de collaborer, l'usine fut fermée en 1934). Le secteur privé n'avait qu'un accès limité aus allocations de matières premières.

Avec la fin de la deuxième Guerre Mondiale, les firmes horlogères allemandes reprirent très lentement leur production. Les réveils bon marché furent les premières à être fabriqués. Leur production fut suivie par celle des coucous, qui attegnit 400 unités par jour. Avec l'établissement de la République fédérale d'Allemagne en 1952, les fabricants allemands de montres et d'horloges eurent de nouveau accès au marché mondial. Peu de temps apès des directeurs d'entreprises japonaises visitèrent la Forêt Noire. L'industrie de la montre subit un coup mortel lorsque le Japon commença à produire des copies de ces montres, ce qui fit perdre à l'industrie allemande une part substantielle du marché mondial qu'elle n'a jamais pu regagner par la suite. Sur plus de 100 fabricants d'horloges et de montres dans la Forêt Noire, seulement 10 conservèrent une activité en 1990.

Les pages qui suivent de l'INDEX DES MARQUES DE FABRIQUE sont le résultats des recherches que l'auteur a effectuées dans les archives de la Bibliothèque britannique des Sciences, branche de Holborn à Londres. Des données supplémentaires ont été trouvées par l'auteur en 1991 dans les archives du Musée International d'Horlogerie à La Chaux-de-Fonds, en Suisse. Les collections de catalogues d'horlogerie, les dessins d'atelier et de nombreuses notes ont été d'un grand secours pour la publication de l'INDEX DES MARQUES DE FABRIQUE. À les pages 963-64 figurent les remerciements à tous ceux qui ont contribué à fournir ces données.■

KAPITEL V
UHRMACHER in DEUTSCHLAND.

Geschichtliche Aufzeichnungen aus dem Mittelalter, enthalten keine genauen Angaben wann und von wem wurden die erste mechanische Räderuhr erfunden wurde. Es ist mit Sicherheit anzunehmen, dass wandernde Uhrmacher - Kunsthandwerker aus Deutschlands Nachbarländern, die Schweiz, Norditalien, südwestliches Österreich und entlang der Rheinebene aus Frankreich mit ihren Kentnissen und Fertigkeiten bei deutschen Meistern Aufnahme fanden, sie kopierten Uhrwerke aus ihren Heimatländern. Die Tradition der reisenden Wandergesellen hat sich fur Jahrhunderte aufrecht erhalten, die Geschichte der Uhrmacherkunst setzte sich aus einer Vermischung von Handwerkern und Kunsthandwerkern aus allen Ländern Europas zusammen. Nächst der Schweizer-Österreichischen-Französischen Grenze liegt der Schwarzwald (siehe Seite 269, Tafel VI), gab günstige Voraussetzung eines der wichtigsten Zentren der Uhrenindustrie in Deutschland zu werden. Die Klimatischen Verhältnisse, der karge Boden in der bergigen Landschaft ernährte mühevoll die Bevölkerung. Schlichte einfache Holzräderuhren wurden von den Bergbauern während der langen Wintermonate hergestellt und von dem Hersteller odervon wanderden Händlern vertrieben. Diese einfachen Zeitmesser waren oft mit mechanischen Mängel behaftet. Der Bergbauer-Heimuhrmacher verbesserte mit Hilfe von Lehrern aus den Zahlreichen Katholischen Klöstern die Grundkonstruktion der Uhr festgelegt, damit war der Anfang und die Herstellung zuverlässiger Zeitmesser mit Gewichtsantrieb und vorerst mit Stundenzeiger gegeben. Es entwickelte sich eine Heimindustrie der Uhrmacher, welche ihre Erzeugnisse auf Wandermärkten in den Sommermonaten zum Verkauf anboten. Damit war der "Schwarzwälder Uhrmacher", einstmals abgeschieden in seinen einsamen Bergbauernhof, in der Lage, sein Betätigungsfeld zu erweitern. Es entwickelte sich im 17.Jahrhundert ein Anerkannter Uhrmacher-Handwerkerstand. Mit der Erschliessung von Strassenetzen, Eisenbahnverbindungen und gewandte Arbeitskräfte zur Hand konnte man wirtschaftlich Uhren produzieren. In dieser Periode des starken Wachstum innerhalb des Uhrmachergewerbes, gründete man Interessengemeinschaften, Meisterbetriebe, Lehrlings-Ausbildung und Fachschulen.

Die von England ausgehende industrielle Revolution (1850) gab den Anstoss für die Schwarzwälder Uhrmacher, sich mit der industriellen Herstellung von Uhren zu befassen.

Fortsetzung Seite 279

Ein Schwarzwälder, Arthur Junghans (1823-1870) ein Nicht-Uhrmacher, gründete in Schramberg - Schwarzwald (siehe Seite 270, Tafel VII) einen Uhrenteile Vorfertigungsbetrieb um den Heimhandwerker mit genormten Uhrenbauteilen zu beliefern. Anfänglich erlitt Junghans Rückschlage. Nach seinen frühen Tod sandte seine Witwe Luise Junghans - Tobler (1821-1910) ihre Söhne nach den Vereinigten Staten von Amerika, um an Ort und Stelle Massen-produktion für Uhren zu studieren. Arthur Junghans Junior, fand vorerst Arbeit als Hilfsarbeiter bei der Firma Wm. L. GILBERT in Winsted, Connecticut. In die Heimat zurückgekehrt überzeugte er seine Mutter dass nur mit amerikanischen Maschinen eine starke Rationalisierung bei der Uhrenproduktion erzielt, Uhrwerke mit der perfektionierung der Technik hergestellt worden konnten und als Massenware Zuverlässig funtionierend über eine ausgedehnte Verkaufsorganisation in alle Welt vertrieben werdenkann. Es entstand bald eine Zubringerindustrie für Geräte, Maschinen, Apperate, Werkzeuge und Messinstrumente Fabrikation änfanglich im Raume Württemberg - Baden, Schwaben, später sich in ganz Deutschland - Schweiz - Frankreich ausdehnte. Uhrenfabriken welche sich zu führenden weltweiten Unternehmen, wie WINTERHALDER und HOFMEIER in Neustadt, LENZKIRCH UHREN-FABRIK in Lenzkirch, FURTWÄNGLER UHRENFABRIK in Furtwangen gegründet, (siehe Seite 270, Tafel VII④) In Ostdeutschland, in Schlesien beschäftigte GUSTAV BECKER A.G. UHRENFABRIK (siehe Seite 268, Tafel V①) über 800 Mitarbeiter. In Schramberg wurde die HAMBURG AMERIKANISCHE UHRENFABRIK -HAU - unter Leitung von Paul Landenberger gegründet (1848-1939), ehemals leitender Angestellter der Junghans A.G. und Schwiegersohn von Luise Junghans-Tobler, unter der Nachfolge und Leitung der Landenberger Söhne über 1000 Mitarbeiter beschäftigt. Nach dem Industrialisierungsboom 1880 - 1901 und der Erste Weltkrieg (1914-1918), zwang die Wirtschaftskrise im gefolge von Arbeitslosen aus allen Berufsklassen viele Uhrenfabriken mussten endgültig schliessen. 1933 war ein schrittweiser Aufschwung in der Uhrenindustrie zu verzeichnen, welcher nicht lange anhielt, die Hiltlermachthaber kontrollierten zu 80% die Uhrenindustrie für wehrwirtschaftliche Produktion.

Nach dem Zweiten Weltkrieg (1939-1945) verzeichnete die Uhrenindustrie im besetzten Deutschland nur mässige Anfänge. Im Jahre 1952 fasste die Uhrenindustrie aus dem Schwarzwald Fuss im Weltmarkt. Bald erschienen Japanische Industrieleute, unter dem Vorwand einen Uhrenexport aufzubauen. Nach Japan zurückgekehrt versetzte die Japanische Kleinuhrenindustrie der Schwarzwald

Fortsetzung Seite 280

Uhrenindustrie einen fast tödlichen Schlag. Deutschland und der Schwarzwald verloren den Weltmarkt an Japan. Von über 100 Betrieben, bestehen noch etwa 10 Betriebe (1991). Durch die Gebietsabtrennung von Deutschland nach den zweiten Weltkrieg besteht nicht mehr die GUSTAV BECKER A.G. UHRENFABRIK, Freiburg in Schlesien - nun Polen - (siehe Seite 268, Tafel V①). Die kommunistischen Machthaber im geteilten Deutschland (Ostzone) enteigneten die Uhrenfabrik GEBRUDER THIEL in RUHLA Thüringen (sieh Seite 269, Tafel VI ⑤).

Welche in einen staatlichen Betrieb umgewandelt wurde. Alle Zubringerbetriebe fur die Uhrenindustrie, nun in der Ostzone Deutschlands wurden ebenfalls ohne Entschädigung enteignet. Unter den Namen VEB - RUHLA, nach der Wiedervereinigung Deutschlands (1989) produzierte man bis zum Jahre 1991 Uhren in Ruhla. Der gesamte Fabrikkomplex wurde von einen Industrie - Konsotorium aufgekauft und die Uhrenproduction stillgelegt (siehe Seite 269, Tafel VI). Nach der Wiedervereinigung Deutschlands wurde unter Walter Lange, ein Nachfahre des Firmengründers Adolph LANGE, zusammen mit dem deutsch-schweizerischen Konzern - IWC - (International Watch Company) im Jahre 1990, 145 Jahre nach den Beginn der Uhrenindustrie in Glashütte/Sachsen (sieh Seite 269, Tafel VI) mit der Produktion vorerst mit einer kleinen Stückzahl hochwertiger Uhren begonnen.

Einige Uhrenfabriken in Böhmen, ehemals in der Österreich-Ungarischen Donau Monarchie, nach dem Weltkrieg (1914-1918) als Tschechoslovakei bekannt, wurden nach dem Weltkrieg 1945 von dem Kommunistischen Regime ohne Entschädigung enteignet und verstaatlicht. Damit gingen Geschaftspäpiere, Kataloge, Erfindungen, Firmengeschichte, Modelle gingen für immer verloren. Deutsche Uhrmacher gründeten in Böhmen eine mehr als seit über 100 Jahre bestehende Uhrenindustrie. Nach 1945, aus Unkenntnis des historischen Wertes fielen der sinnlosen Zerstörungswut zum Opfer, Gedenktafeln an Gebäuden, Grabsteine der Uhrenpioniere wurden entfernt und eingeebnet. Eine Ausnahme ist die Ruhestätte der Gustav Becker Familie welch unter Polnischen Denkmalschutz, steht und im jetzigen Polen von dem Nachfahren der Becker Familie unterhalten wird.

Im Trademark Index findet man Warenzeichen/Wortmarken welche unter Deutschen Namen vor dem Jahre 1945 entweder beim Patentamt in Berlin, Wien oder Prag angemeldet wurden.

Fortseitzung Seite 281

Wortmarken Warenzeichen sind aus dem Archiv der "British Science Library" Holborn - Zweigstelle London/ England entnommen worden. Weitere Daten stammen aus dem Archiv des Museum für Internationale Zeitforschung (MIT) La Chaux-de-Fonds Schweiz, aus dem ehem. Firmenarchiv Gebrüder Junghans GmbH., Hamburg Amerikanische Uhrenfabrik A.G. ehemals Schramberg / Schwarzwald. Archivmaterial von namhaften Uhrensammlern in Deutschland, Leserzuschriften, Werkstattskizzen von Uhren aus einen Zeitraum von 1850 bis 1941 in Reperaturwerkstatten in Amerika, und einige aus Deutschland angefertigt und gesammelt wurden. Anerkennung für alle welche dem Author des TRADEMARK INDEX selbstlos Beiträge einsadten findet man auf Seite 966-967 ■

PLATE XIV
CLOCK MOVEMENT BACK PLATE CODE IDENTIFICATION
PLATINE ARRIERE DU MOUVEMENT, CODE d'IDENTIFICATION
WERKPLATINE HERSTELLER WERKNUMMER SYSTEM

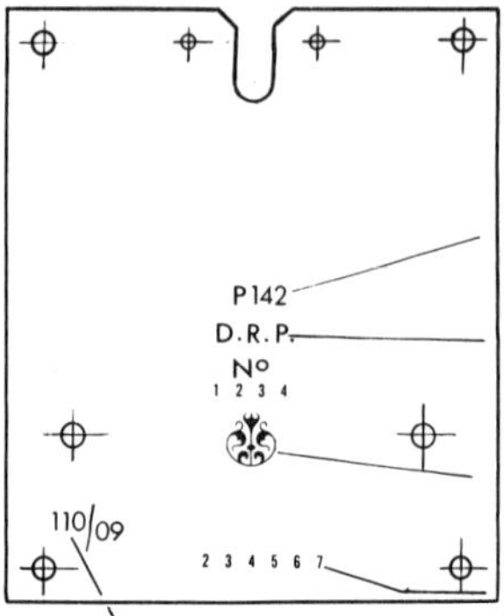

ENGLISH ANGLAIS ANGLETERRE	FRENCH FRANCAIS FRANZÖSISCH	GERMAN ALLEMAND DEUTSCH
Indicates pendulum length in **Centimeters**	Longeur du pendule	Pendel lange
See Tabulation below	Voir tableau dessous	Siehe Tabelle
Tradmark Symbol	Symbole du fabricant	Fabrik Marke
Serial No.	No. de serie	Serien Nummer
Movement Plate Code	No. de code du Mouvement	Werk Platine Modell

ENGLISH ANGLAIS ANGLETERRE	FRENCH FRANCAIS FRANZÖSISCH	GERMAN ALLEMAND DEUTSCH
Stockholder Corporation	Corporation d'actionaires	A.G. Aktien Gesellschaft
Registered Trademark	Marque Déposée Cooperative Enregistree	E.G. Eingetragene Warenmarke
Corporation with limited liability (Ltd.)	Société anonyme à responsabilité limitée	G.m.b.H. Gesellschaft mit beschränkter Haftung
With limited liability	Brevet garantie par l'État	m.b.H. beschränkter Haftung.
Restricted liability S.R. Ltd.	Société a responsabilité limitée commerciale libre	Beschränkter Haftung
Open trade corporation	Société de négoce libre	O.H.G. Offene Handels Gesellschaft
Austrian Patent Office	Office des brevets autrichien, Vienne	O.P.W. Österreichisches Patentburo Wien
Registered Corporation non-public	Registre Corporation anonyme	K.G. Kommandit Gesellschaft
German Empire Patent	Office des brevets de l'Empire allemand	D.R.P. Deutsches Patent
Registered Cooperative	Registre Coopératif	E.G. Eingetragene Genossenschaft
Without Government Guarantee	S.G.D.G. Sans Garantie du Gouvernement	Ohne Staatliche Garantie
Company registered under ficticious name	Firme enregistre sous un nom d'emprunt	Firma unter Decknamen angemeldet

REMARKS OBSERV'TN BEMERKUNG	NAMES AND ADDRESSES NOMS ET ADDRESSES NAMEN UND ADDRESSEN	TRADEMARK OR TRADENAME MARQUE DE FABRIQUE - NOMS WARENZEICHEN - WORTMARKE
	A.LANGE DRESDEN Glashuette / Saxonia Germany 069/4 Registered 23.11.1892 Pocket watches and watch parts.	
	ABEL, Richard Berlin Germany 225/5 RABELUS, tradename registered 12.02.1919, clocks/watches of all types.	Rabelus
	ABEL & SOHN Berlin Germany 044/5 RABELUS tradename- No other data on file.	A.
NOTE: AK04 denotes archive Watchmkr. address Handbook year 1904 ------ DB40 denotes archive DIEBNER Watchmkr. Calendar year 1940 ------ HE denotes archive HENNIG ------ KN00 denotes archive Knapp ------	ABRAHAM, S.Jr. Berlin Germany 007/1a AK04 WHS/RET Watches/Jewellery	ABRAHAM, S.JR.
	AGNER, Jacob Esslingen /Neckar Germany 007/1b AK04 Watchmaker ?	
	ALTERMANN Loebau/ Saxonia Germany 007/1c AK04 Watchmaker	K. A.
	APEL , Bernhard Hamburg Germany 002/7a AK04 / ND /	A.
	ASSMANN J. Glashutte i.Sa. (Saxonia) Germany 280/5 GLASHUTTER ASSMANUHR,tradename registered 07.05.1917, as a branch of the Thuringer Uhrenfabrik A.G.	„Glashütter Assmannuhr“
	ASSMANN J. Germany 281/5 ASSMANN-UHR, tradename registr. 05.07.1917. Pocket watches branch of the Thuringer Uhrenfabrik A.G.	„Assmann-Uhr“

NOTE:

TRADEMARK OR TRADENAME MARQUE DE FABRIQUE - NOMS WARENZEICHEN - WORTMARKE	NAMES AND ADDRESSES NOMS ET ADDRESSES NAMEN UND ADDRESSEN	REMARKS OBSERV'TN BEMERKUNG
Le PURE	AGRIPINA Germany 227/6 Registered 25.08.1928,manufacturer and distributor of watches/clocks.	
„Lepina"	AGRIPINA- UHRENGROSSHANDLG. GmbH (clock/watch wholesale) Essen Germany 154/6 LEPINA, tradename registered 11.05.1928. Manufacturer and distributor of clocks/watches.	
324760. ADUG	ADUG -Alpine Deutsche Uhrmacher Genosssenschaft e. GmbH* Berlin Germany 048/6 ADUG, cooperative of the German * Clock/watchmaker association to warehouse and distribute under the name ADUG, registration: 24.05.1924.	
A	ABEL & SOHN (son) Kommandit Gesellschaft * UHRENFABRIK (clocks/watches) Berlin Germany 098/6 Pocket watch/wall/hall/alarm/ control clocks/ technical clocks stop watches/electric clocks, timesheet clocks. Registered 02.07.1926.	
385920. In das Auto nur Abels Auto-Uhr	ABEL & SOHN (son) Kommanditgesellschaft * KG * Berlin,Oranienstr.130 Germany 155/6 Trademark slogan registered 27.10.1927. : "In the automobil only the Abel's automobil-clock"	
GARANTIE ANKRA UHREN	ALEX, Max Cottbus, Neumarkt 2 Germany 345/6 Registered trademark 27.06.1935, wholesale of clocks and watches.	

NOTE:

REMARKS OBSERV'TN BEMERKUNG	NAMES AND ADDRESSES NOMS ET ADDRESSES NAMEN UND ADDRESSEN	TRADEMARK OR TRADENAME MARQUE DE FABRIQUE - NOMS WARENZEICHEN - WORTMARKE
	ALLGEMEINE ELEKTRICITAETS GESELLSCHAFT * Berlin NW 40,Friedrichstr. Germany 273/6 ELECTROCHRONOS -AEG- registered 12.11.1929. Automatic time syst. electric. controlled. * Abbreviated: A = Allgemeine E = Elektrizitaets G = Gesellschaft	A E G
	ALBRECHT, Richard Luwigshafen/Rhein Germany 331/6 Retail and wholesale of watches. gold and silversmith, registered 27.03.1935.	
	ALPINA-DEUTSCHE-UHRMACHER Germany-Swiss 081/6 Trademark registered 31.07.1926. cont.from 080/6: After WWI the cooperative faced difficulties due the political restructuring of Europe and changed to: Alpina Deutsche-Uhrmacher-Genossenschaft e.mbH Berlin.The 50th anniversary was overshadowed by the central European depression. The WWII inter rupted normal business activities. 1946 the cooperative relocated to	364011.
	ALPINA Germany 082/6 FESTA,tradename registered 09.12. 1930.Cont.from 081/6: Under the new name DUGENA operated until1972 The headquarter relocated to Biel- Switzerland.MONTANA UhrenA.G.Koeln represented DUGENA,last data year 1977.	A L P I N A
	ALPINA Germany 085/6 Tradesymbol registered under 473635, year 1927.	473635
	ALPINA Germany 086/6 ARTINA, tradename registered 17.09.1935.Further information see 080/6-082/6.	486624 Artina

NOTE:

TRADEMARK OR TRADENAME MARQUE DE FABRIQUE - NOMS WARENZEICHEN - WORTMARKE	NAMES AND ADDRESSES NOMS ET ADDRESSES NAMEN UND ADDRESSEN	REMARKS OBSERV'TN BEMERKUNG
32528  	ALPINA-DEUTSCHE-UHRMACHER GENOSSENSCHAFT e.GmbH Berlin Germany 080/6 ALPINA,trademark registered 09.01.1924. Founded under the name: Alpina Union Horlogre S.A. Biel-Switzerland @ 1883,with the goal to unify the purchase and distrib. of watch/clocks parts, based on a cooperative membership of leading watch/clock manufacturer. In the U.S.A. Hamilton and the Gruen watch company joined.1905 the Glashuette -Saxonia watch manufacturer joined, 1908, the 25th anniversary.	
A L P I N A	ALPINA Berlin SW 19,Wallstrasse 23/24. Germany 075/6 Trademark registered 13.04.1939. Further information see page 302.	
Meton	ALPINA Germany 083/6 METON,tradename registered 30.09. 1932. General information see page 302.	
467328 Tresor	ALPINA Germany 084/6 TRESOR, tradename registered 27.01.1934. Further information see page 302	
516409 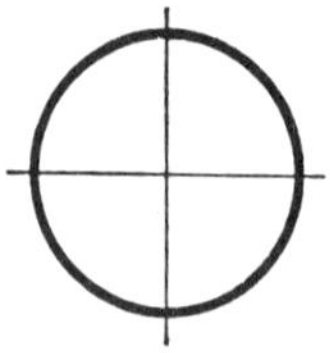	ALPINA Germany 088/6 Trademark registered 12.08.1938. Further information see page 302.	
A L P I N A	ALPINA Germany Trademark registered 29.11.1924. Further information see page 302	

NOTE:

REMARKS OBSERV'TN BEMERKUNG	NAMES AND ADDRESSES NOMS ET ADDRESSES NAMEN UND ADDRESSEN	TRADEMARK OR TRADENAME MARQUE DE FABRIQUE - NOMS WARENZEICHEN - WORTMARKE
	ALPINA Germany 192/6 DAS ROTE DREIECK, the tradename: "The red triangle" registered 28.03.1927, manufacturer of metal wares, clocks, watches, gold and silver jewelery.	370706. DAS ROTE DREIECK
	ALPINA, Germany 282/6 FESTA, tradename registered 09.12.1930. Manufacturer and distributor of watches.	343832.
	ALPINA Germany 297/6 METON , trademark registered 30.09.1932, clocks/watches.	
	ALPINA Germany 315/6 TRESOR, tradename registered 27.01.1934. " Alpina German Watchmaker Association"	51655
	ALPINA Germany Trademark registered 11.01.1935.	
	ALPINA Germany 087/6 TRESOR,tradename registered 17.09.1938.	510426 Tresor
	ANGLO-INDISCHE HANDELS-GESELLSCHAFT A.G./Anglo India-Trade-Corporation Berlin Germany 029/6 MARVELIA, tradename registered 08.05.1923, export of clocks/ watches.	ANGLO- INDISCHE HANDELSGESELLSCHAFT

NOTE:

TRADEMARK OR TRADENAME MARQUE DE FABRIQUE - NOMS WARENZEICHEN - WORTMARKE	NAMES AND ADDRESSES NOMS ET ADDRESSES NAMEN UND ADDRESSEN	REMARKS OBSERV'TN BEMERKUNG
Ankra	ANKRA, PURCHASING ANGENCY for the DEUTSCHE UHRMACHER e.GmbH. Leipzig C1, Burgstrasse 26 Germany 169/6 ANKRA, tradename copyright registered 12.03.1929.	
GARANTIE ANKRA UHREN	ANKRA C.B. Cottbus, Neumarkt 2 Germany 412/6 Trade logo registered 24.04.1939, Clocks/watches.	
EINKAUFS-UND GARANTIERING DEUTSCHER UHRMACHER ANKRA	ANKRA, Germany 175/6 Logo of the " Prucurement Associat. of the GERMAN WATCHMAKER COOPERAT. e.GmbH, registered 13.11.1926.	
287789. Armetta	ARMETTA GmbH, Otto Kramer & Paul Werbeck Stuttgart Germany 204/6 ARMETTA, tradename registered 22.03.1922, manufacturer of pocket and wrist watches.	
301670. 21. „Bim-Bam“	Germany 106/16 ANGLO-INDISCHE HANDELS GESELLSCHAFT A.G. / Berlin Germany 106/16 Registered 08.05.1923. Export Clocks/Watches	NOTE: AK04 denotes archive Watchmkr. address Handbook year 1904 ------ DB40 denotes archive DIEBNER Watchmkr. Calendar year 1940 ------ HE denotes archive HENNIG ------ KN00 denotes archive Knapp ------
BECHTHOLD HAERTER	BECHTHOLD HAERTER Pforzheim Germany 068/7c DB40,MFC, Watches/Watch cases.	
BECKER & GRUPP	BECKER & GRUPP Pforzheim Germany 068/7b DB40,MFC Watches	
DUROWE	DUROWE L.Hummel & Co. Deutsche Uhren-Rohwerke) Pforzheim Germany 069/7b DB40,MFC Watch/movemts/parts	

NOTE:

REMARKS OBSERV'TN BEMERKUNG	NAMES AND ADDRESSES NOMS ET ADDRESSES NAMEN UND ADDRESSEN	TRADEMARK OR TRADENAME MARQUE DE FABRIQUE - NOMS WARENZEICHEN - WORTMARKE
	EHRMANN, Karl Pforzheim Germany 069/7c DB40,MFC Wristwatches only.	E H R M A N N
	EXENTRA, tradename registered 20.07.1928, manufacturer of wrist and pocket watches.	E X E N T R A
	FELLS & Co Pforzheim Germany 074/7b DB40, MFC Watches	F E L L S & Co
	HELMA-UHRENFABRIK Linde & CO Bremen Germany 066/7c DB40,MFC Watches? Clocks?	HELMA HELMA
	HAUSCH, Moritz A.G. Pforzheim Germany 066/7b DB40,MFC Wristwatches	H A U S C H
	HUMMEL, Adolf,Regulatoren Fabrik Freiburg/Breisgau Germany 036/7c -BADENIA-LUCCA- AK04 MFC Clocks WHS/RET	AHF Badenia Lucca
NOTE:	HAHNLE & BRENK /owner E.Brenk Pforzheim Germany 076/7b -HOREX- DB40,MFC Watches/ -TYREX-	HOREX (Anker) TYREX (Cylinder)
AK04 denotes archive Watchmkr. address Handbook year 1904 ------	HABMANN,Karl Pforzheim Germany 076/7c DB40,MFC,Watches/Watch Case.	Kaha
DB40 denotes archive DIEBNER Watchmkr. Calendar year 1940 ------	HESS, Fritz Pforzheim Germany 071/7b DB40,MFC Watchcases	HESON
HE denotes archive HENNIG ------ KNOO denotes archive Knapp ------	KRAUS, Walter Pforzheim Germany 088/7b DB40, MFC Watches.	Weka

NOTE:

TRADEMARK OR TRADENAME MARQUE DE FABRIQUE - NOMS WARENZEICHEN - WORTMARKE	NAMES AND ADDRESSES NOMS ET ADDRESSES NAMEN UND ADDRESSEN	REMARKS OBSERV'TN BEMERKUNG
Deutsche Anker-Uhren-Fabrik J. Assmann	ASSMANN ,Julius GLASHUETTE i.Sa. Glasheutte i.Sa.(Saxonia) Germany 074/4 Julius Assmann,*02,Oct.1827,+15.8. 1868 in Glashuette. After apprenticeship as watchmaker,Assmann arrived 1850 in Glasahuette,joined the Adolf Lange enterprise.Later became the son-in-law of A.Lange. Son Paul Assmann joined the pocket-watch fabrikation under ASSMANN. Son Ernst,Master Watchmaker - then went to the U.S.A. joined the GREUN enterprise till 1950. Paul Assmann + 1911. Fritz Assmann, son of Paul A. manager of the Assmann GmbH till 1933.	
	ASSMANN J. (Julius) GLASHUETTE i.Sa. Glashuette i.Sa.(Saxonia) Germany 081/4 Data reference see above 074/4	
	AULER, P. Pforzheim Germany 002/7b AK04 / MFC/Watches/Jewellery	
	BAHER, Franz Duesseldorf Germany 002/7c AK04 / WHS/RET/Jewellery	NOTE:
	BAHNER, Lonis Berlin Germany 003/7a AK04 WHS/RET Watches/Jewellery	AK04 denotes archive Watchmkr. address Handbook year 1904 ------ DB40 denotes archive DIEBNER Watchmkr. Calendar year 1940
	BAMBERGER & Co.,Michael Frankfurt / Main Germany 003/7b Ak04 Jewelry/Watch WHS/RET	------ HE denotes archive HENNIG
	BASSE & FISHER Luedenscheid/Westfalia Germany 003/7c AK04 Jewelery/Watches WHS/RET	------ KNOO denotes archive Knapp

NOTE:

REMARKS OBSERV'TN BEMERKUNG	NAMES AND ADDRESSES NOMS ET ADDRESSES NAMEN UND ADDRESSEN	TRADEMARK OR TRADENAME MARQUE DE FABRIQUE - NOMS WARENZEICHEN - WORTMARKE

BECKER

Germany 093/16

Clock label, two colour beige paper,black and red ink printing full size : 4 1/4 x 41/4 inch. Note: Original label found year 1979 at a flea market in London England.

Germany 096/16

Trademark slogan:
WOHNKULTUR durch BECKERUHR,
(Culture in your living room with a Becker Clock)
Registered 26.06.1929, by United Freiburg Clock Factories.

B E C K E R U H R

Germany 094/16

GUSTAV BECKER / SCHWINGHAMMER tradename, registered Gebrueder Junghans A.G. Schramberg 24.01. 1931.

430 887

Germany 095/16

G B - G.BECKER, trademark filed by Gebrueder Junghans A.G. 03.07.1936.

486 625

NOTE:

TRADEMARK OR TRADENAME MARQUE DE FABRIQUE - NOMS WARENZEICHEN - WORTMARKE	NAMES AND ADDRESSES NOMS ET ADDRESSES NAMEN UND ADDRESSEN	REMARKS OBSERV'TN BEMERKUNG
B E C K E R GUSTAV **Gustav Becker** **in Freiburg in Schlesien.** 	BECKER, Gustav operated : GUSTAV BECKER- UHRENFABRIK (Clock Factory) Freiburg / Schlesien now: "Poeple Republic Poland" Germany 086/16 Gustav Becker * 02.05.1819 , + 17.09.1885. the founder of the giant GUSTAV BECKER WORKS, by education -clockmaker of the Viennese School, announced April 01.1847, to open his clock shop in Freiburg / Silesia. It was a modest beginning, struggle,set = backs until the Prussian State provided funds to relieve the chronic unemployement in the very Freiburg district. Year after year the Gustav Becker enterprise came in the foucus of the world clock market. During the Silesian Trade exhibition , year 1854,the BECKER clocks received numerous awards, later known as : Medaille d' or (French) embossed on the back of of clock movements and registered under the Trade Symbol protection. See page 310 for reference. The Gustav Becker enterprise employed during their peack product. over 1000 employees. The Becker Clock Factory, continued under various merger/reorganizations until the year 1926, see page	
Der Freiburger **Amts-**  **Bote.** Sechster Jahrgang. № 15. **Etablissements-Anzeige.** Hiermit gebe ich mir die Ehre ergebenst anzuzeigen, daß ich mich hierorts Bahnhofstraße Nr. 257 a. im Hause des Hrn. Maurermeister Päsler als Uhrmacher etablirt habe. Indem ich dieses Unternehmen geneigter Beachtung empfehle und um wohlwollendes Vertrauen für dasselbe bitte, erlaube ich mir die Versicherung, daß es mein eifrigstes Bestreben sein wird, dasselbe durch streng rechtliches Wirken zu erhalten und mich dessen werth zu zeigen. Zugleich empfehle ich mein wohl assortirtes Uhren-Lager, für deren Solidität und richtigen Gang garantirt wird. Freiburg, den 1. April 1847. **Gustav Becker.** Excerpt from the pamphlet "25 YEARS UNITED FREIBURG CLOCK FACTORIES,former GUSTAV BECKER	Germany 089/16 Advertisement in local gazette "Freiburger Amtsbote" No 15 : It is my extreme pleasure, and reverend honour that I have es= stablished at the permises Bahnhofstrasse No.27 in the house of the plasterer Mr.Pasler a clockmaker shop. I beg you for your patronage and confidence in my skills and assure you, it is my diligent goal to serve you honest and prudent. I invite you to examine the merchandize and guarantee good timing clocks.	

NOTE: 086/16 :BECKER, GUSTAV, refer to page 294, Table IX and to 295,Table X. G.B.STORY 1847 - 1927,7th Ed.1993

REMARKS OBSERV'TN BEMERKUNG	NAMES AND ADDRESSES NOMS ET ADDRESSES NAMEN UND ADDRESSEN	TRADEMARK OR TRADENAME MARQUE DE FABRIQUE - NOMS WARENZEICHEN - WORTMARKE
	GUSTAV BECKER Freiburg - Silesia Germany (now Poland) 025/4 Trademark registered 3.July 1875. Wall,hall,regulator,	
	GUSTAV BECKER Freiburg- Silesia Germany - (now Poland) 027/4 Trademark since December 1883.	
	GUSTAV BECKER Freiburg-Silesia Germany (Now Poland) 028/4 Trademark on backplate: Two Gustav Becker seals Registered 10.Nov.1887. And later reregistered date..........?	 
	GUSTAV BECKER Freiburg - Silesia Germany (now Poland) 034/4 Trademark: German Eagle with GUSTAV BECKER and crown. Registered 01.March 1900 and October 1900.	GUSTAV BECKER
	Germany 090/16 Trademark symbol of the Gustav Becker enterprize, after merger and reorganization 14.05.1901, under:VEREINIGTE FREIBURGER UHRENFABRIKEN, former Gustav Becker Works.	
	Germany 091/16 Trademark, VEREINIGTE UHRENFABR FREIBURG, Gustav Becker Works. (United Freiburg Clock Factories) former Gustav Becker Works) Registered 16.07.1903.	

NOTE:

TRADEMARK OR TRADENAME MARQUE DE FABRIQUE - NOMS WARENZEICHEN - WORTMARKE	NAMES AND ADDRESS NOMS ET ADDRESSE NAMEN UND ADDRESSE	REMARKS OBSERV'TN BEMERKUNG
	Germany 092/16 Embossement on clock backplate: GUSTAV BECKER, E = Pendulumn lenght P35 (cm) centimeter F = Vibration SCH 118/ minute G = Silesia (englisch) Schlesien	LIT 146 Refer page: 294 / X 295 / XI
	Germany (now Poland) 032/4 Typical embossement on found on clock backplate: A Pendulumn lenght B German Patent No. C Registration No. D Serial Number	
	VEREINIGTE FREIBURGER G0635 UHRENFABRIK A.G. vormals GUSTAV BECKER (United Freiburg Clockfactory A.G.former Gustav Becker) MFC Trademark used since 26.Feb.1900 Found on clock backplate, serial No 1 378 845★	★See Table IX - Page 294
	GUSTAV BECKER Braunau-Bohemia * Austria* 026/4 Movement plates embossed: BRAUNAU BÖHMEN Year of registration 1902. * former Austrian-Hungarian Danube Federation.Annexed 1920 by Czechoslovakia. The Braunau works operated as independent branch factory. No serial number records are found.	
GUSTAV BECKER MADE IN BRAUNAU TSCHECHOSLOVAKIA	GUSTAV BECKER Braunau - Bohemia former Austrian Danube Federation now Czechoslovakia 036/4 After annexation of Bohemia:* the production of the former Becker branch factory was sold with embossement since 1918: MADE in BRAUNAU * after WWI. TCHECHOSLOVAKIA	

T92/L NOTE: G0536,Fred Bausch Archive,California U.S.A.

REMARKS OBSERV'TN BEMERKUNG	NAMES AND ADDRESSES NOMS ET ADDRESSES NAMEN UND ADDRESSEN	TRADEMARK OR TRADENAME MARQUE DE FABRIQUE - NOMS WARENZEICHEN - WORTMARKE

TABLE IX

GUSTAV BECKER ENTERPRISE , SERIAL NUMBER INDEX - MISC. DATA

YEAR	SERIAL NUMBER	REMARKS
1850	480	
1860	4,000	
1863	10,000	
1865	15,000	
1867	25,000	
1872	50,000	
1875	100,000	From here on:MEDAILLE d'OR *(French)* GOLDEN MEDAL
1880	260,000	
1885	500,000	
1890	800,000	
1892	1,000,000	
1900	1,500,000	From 1899 on:UNITED FREIBURG CLOCK FACTORIES
1913	1,850,000	Full production of clocks limited during World War I (1914-1918)
1923	1,860,000	
1925	1,945,399	Number found on a 2 weight wall clock with attached invoice,dated year 1925
1926	2,244,868	Number found on a hall clock,invoice dated 1926. UNITED FREIBURG CLOCK FACTORIES merged with JUNGHANS
1927 till 1935		Clock production within the JUNGHANS organisation, numbering index not tracable,it is assumed that the index was lost during World War II (1939-1945)
	Braunau works	Numbering index-or system not tracable.
Hennig Archive Dresden - GDR		

TABLE IX A

GUSTAV BECKER

WORK FORCE

COMPARISION of CLOCK PRODUCTION
--- GUSTAV BECKER ---
-- UNITED FREIBURG CLOCK FACTORIES --

	Year	Number of Employees		Annual Production
*	1850	* Gustav Becker	15	480
*	1860	Works	50	4,000
*	1870		300	24,000
*	1880		500	120,000
*	1890		800	105,000
	1900		1,400	120,000
	1913		2,300	350,000
	1923		2,050	360,000

Note: Data compiled "DEUTSCHE UHRMACHER ZEITUNG" (year 1924)

NOTE:

TRADEMARK OR TRADENAME MARQUE DE FABRIQUE - NOMS WARENZEICHEN - WORTMARKE	NAMES AND ADDRESSES NOMS ET ADDRESSES NAMEN UND ADDRESSEN	REMARKS OBSERV'TN BEMERKUNG

TABLE X THE GUSTAV BECKER ENTERPRISE, FOUNDING, CONSOLIDATION, MERGER.

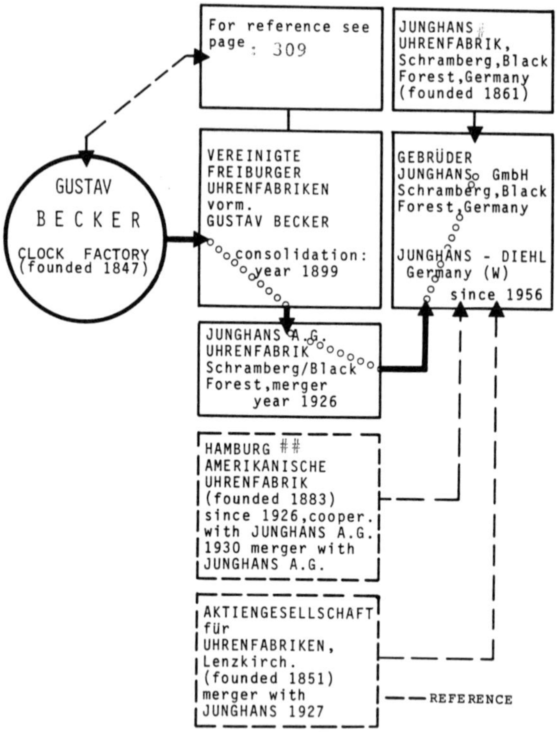

NOTE: All above titles registered under the German name as stated.

Germany 099/16

NOTE: Complete literature:
" THE GUSTAV BECKER STORY "
4th Edition / 1983 by
© Karl Kochmann, Antique Clocks Publishing, Concord Calif. U.S.A.

NOTE:

REMARKS OBSERV'TN BEMERKUNG	NAMES AND ADDRESSES NOMS ET ADDRESSES NAMEN UND ADDRESSEN	TRADEMARK OR TRADENAME MARQUE DE FABRIQUE - NOMS WARENZEICHEN - WORTMARKE
	BADISCHE UHRENFABRIK A.G. Furtwangen- Black Forest Germany 013/TM Clockfactory for mantle-wall & hall clocks. Wholesale and retail of clock parts and movements.Registered 12.16. 1890.Founded by Adam Fehrenbach 1860-1877,Carl Rombach merged with Uhrenfabrik Furtwangen AG Branch in London(1886) Milan, Zuerich and Hong Kong. 1906 700 employees,closed after 1918, resumed production 1927,closed after 1945, 1979 production with @ 180 employees,wall,mantle and household clocks.	
	BADISCHE UHRENFABRIK (Aktien Gesellschaft) A.G. Furtwangen/Badenia/Black Forest Germany 095/78c KN00,MFC/WHS Clocks of all Types	
	BADISCHE UHRENFABRIK A.G. Furtwangen -Black Forest Germany 014/TM Trademark registered 01.03. 1896. Further reference see 0013.	
NOTE: AK04 denotes archive Watchmkr. address Handbook year 1904	BADISCHE UHRENFABRIK A.G. Furtwangen- Black Forest Germany 015/TM Trademark registered .... Also used tradename: BADENIA BADUF	E.M.C
------ DB40 denotes archive DIEBNER Watchmkr. Calendar year 1940	BADISCHE UHRENFABRIK,sales Rich.Beyer,Breslau/Selisia Germany 015/7c Germany AD04 MFC Clocks of all Types	
------ HE denotes archive HENNIG ------ KN00 denotes archive Knapp	BADISCHE UHRENFABRIK A.G. (clockfactory) Furtwangen/Badenia Black Forest Germany 136/6 BADUF, tradename registered 10.06.1926. More data see 014/4.	358141. B. 537 Baduf

NOTE:

TRADEMARK OR TRADENAME MARQUE DE FABRIQUE - NOMS WARENZEICHEN - WORTMARKE	NAMES AND ADDRESSES NOMS ET ADDRESSES NAMEN UND ADDRESSEN	REMARKS OBSERV'TN BEMERKUNG
	BADENIA CLOCK MANUFACTORY Furtwangen - Black Forest "Badenia" * Germany 017/4 * free State of Germany, BADENIA BLACK FOREST CLOCK MANUFACTORY Furtwangen Black-Forest Germany 019/4	
	NOTE: Label exclusive for the export market.	
BADISCHE UHRENFABRIK A.G.	BADISCHE UHRENFABRIK A.G. Furtwangen -Black Forest Germany 016/TM Elaborate paper label, grafic design: Sailing ship, with arch over the letter < G B >	
	BADISCHE UHRENFABRIK (Clockfactory) Furtwangen - Black Forest Germany 022/4 J O K E R , trademark. Registered 11.April 1906.	
BADISCHE UHRENFABRIK	BADISCHE UHRENFABRIK (Clockfactory) Furtwangen Black Forest Germany 020/4 Trademark: Paddle steamer with the inscription" SHIP REGULATOR" registered 18.Nov. 1898.	
BADISCHE UHRENFABRIK A.G.	BADISCHE UHRENFABRIK A.G. Furtwangen -Black Forest Germany 016/4 Large size paper label,grafic design: Sailing ship, with arch over the letter < G B >	
A K R I E B I E	BADISCHE UHRENFABRIK (Clockfactory) Furtwangen - Black Forest Germany 021/4 AKRIEBIE, trademark . Registered 06.October 1904.	

NOTE:

REMARKS OBSERV'TN BEMERKUNG	NAMES AND ADDRESSES NOMS ET ADDRESSES NAMEN UND ADDRESSEN	TRADEMARK OR TRADENAME MARQUE DE FABRIQUE - NOMS WARENZEICHEN - WORTMARKE
	BAUER's Nachf.,Gg.Th. Schwabach/Nuernberg Germany 004/7a AK04 , ND	
	BAUMS, Robert Koeln/Rhein Germany 004/7c AK04 Watch/Jewelry WS/RET	R. B.
	BAUER - Gebrueder - (Brothers) ND Germany 001/4 ND	
	BAUER GEBRUEDER (Brothers) ND Germany 012/4 ND	
	BAUER F.(Herman) Weiler Germany 018/4 Clocks and timepieces. ND	
NOTE: AK04 denotes archive Watchmkr. address Handbook year 1904 ------ DB40 denotes archive DIEBNER Watchmkr. Calendar year 1940 ------ HE denotes archive HENNIG ------ KN00 denotes archive Knapp ------	BACHRODT N.Rudolf Triberg-Black Forest Germany 006/4 BACHRODT,founded 4th Feb.1898 scale clock factory, last records @ 1893.	
	BAKER C. Nauen Germany 023/4 Trademark registered 12.19. 1892. Timepieces of all types, movements for industrial application, optical and metrological instruments.	
	BIRMINGHAM Leipzig Germany 010/4 Registered 29.Sept.1875.	

NOTE:

TRADEMARK OR TRADENAME MARQUE DE FABRIQUE - NOMS WARENZEICHEN - WORTMARKE	NAMES AND ADDRESSES NOMS ET ADDRESSES NAMEN UND ADDRESSEN	REMARKS OBSERV'TN BEMERKUNG
465175 8 „Duotric"	BALLIN, Ludwig Pforzheim Germany 311/6 DUOTRIC, tradename registered 25.09.1933. Watches/clocks/ jewelery.	
BECHTHOLD & HAERTER	BECHTOLD & HARTER Pforzheim Germany 258/6 BEHA, tradname registered 27.12.1929. Pocket watch and wrist watch manufacturer.	
Begu	BEKER & GRUPP Pforzheim,Bahnhofstr.10 Germany 235/6 Manufacturer of wrist and pocket watches, registered 17.09.1928.	
297319. EBAG	BELL, Ernst A.G. Koeln/Rhein Germany 205/6 EBAG, tradename registered 31.07.1922. Manufacturer of clocks/watches ?	
B E L L	BELL , Ernst A.G. Koeln/ Rhein Germany 326/6 Registered 20.10.1934, clock/ watch manufacturer, wholesale.	
B E N Z I G	BENZIG, Wilhelm Leipzig Germany 246/5 HAUSFREUND, tradename registered 03.09.1922, manufacturer of clocks movements incl.clock cases for all types of clocks.	
„Stürmer"	BEUTLER, Wilhelm Pforzheim Germany 300/6 STUERMER, tradename registered 27.12.1932, ladies, gents watches. Watch case for the trade.	

NOTE:

REMARKS OBSERV'TN BEMERKUNG	NAMES AND ADDRESSES NOMS ET ADDRESSES NAMEN UND ADDRESSEN	TRADEMARK OR TRADENAME MARQUE DE FABRIQUE - NOMS WARENZEICHEN - WORTMARKE
	BAUERLE, Tobias UHRENFABRIK (clock factory) St.Georgen, Black Forest / Germany Founder: Tobias Bauerle, * 01.03. 1841, + 26.02.1914. Enterprise founded @ 1865,manufact. of Wall/Hall/Mantle and all types of clocks. Worldwide export market,England, U.S.A.,Russia and the Orient. Trademark " DEER ", registered year 1897. Sons Christian and Tobias jr. joined the enterprise 1903 as full partners, company registered: TOBIAS BAUERLE & Sons. Company weathered WWI,recessions, inflation, after WWII the entire plant was dismantled. After a new start, satellite plant in Friedrichshafen (lake constantine/Germany).Company expanded rapidly to a world leading manufct. of high grade motor drives for all kind of technical applications. Instrumentation, signal systems and timers. Company was forced in the early years of 1980 to curtail operation. No other data on file. Literature reference: © Gerd Bender, " DIE UHRENMACHER des HOHEN SCHWARZWALD" (printed in German)	MARKE HIRSCH Fabrik-Marke
NOTE: AK04 denotes archive Watchmkr. address Handbook year 1904 ------ DB40 denotes archive DIEBNER Watchmkr. Calendar year 1940 ------ HE denotes archive HENNIG ------ KN00 denotes archive Knapp ------	BAUERLE TOBIAS St.Georgen-Black Forest Germany 011/4 Trademark registered 20.May 1875. BAUERLE T. & Soehne (sons) St.Georgen / Black Forest Germany 004/7b AK04 /MFC Clocks of all Types BAUERLE T.& SOEHNE (sons) UHREN (clockfactory) St.Georgen/ Black Forest Germany 096/7a KN00, MFC/WHS Clocks of all Typ. BAUERLE Tobias & Sohne(sons) St.Georgen/Schwarzwald Germany 250/6 FERRAMO, tradename registered 21.10.1929, clock and percision mechanics enterprise, automatic electric -mechanical switch gear.	Baeuerle „Ferramo“

NOTE:

TRADEMARK OR TRADENAME MARQUE DE FABRIQUE - NOMS WARENZEICHEN - WORTMARKE	NAMES AND ADDRESSES NOMS ET ADDRESSES NAMEN UND ADDRESSEN	REMARKS OBSERV'TN BEMERKUNG
	BAUERLE ,Mathias St.Georgen- Black Forest Germany 065/4 Data reference: Small home opera enterprise founded 1863. Changed to large scale assembly plant of clock movements for wall,mantle, and hall clocks (1880) founder + 1916. No further data recorded.	NOTE: Trademark registered 19.12.1903.
289899.	BAUERLE Mathias St.Georgen/Badenia Black Forest Germany 201/6 PEERLESS, tradename registered 21.04.1922,manufacturer of clocks, mechanical calculator, technical clocks.Also pocket watches.	
	BAUERLE, Mathias,UHRENFABRIK (clock factory) St.Georgen/Black Forest Germany 104/6 EMBEE, tradename registered 17.12.1924, clocks of all types, mechanical office equipment.	
	BAUERLE, Mathias Germany 397/6 EMBEE, trade logo registered 15.06.1938. Clocks of all types office equipment.	
	BAUERLE, Mathias GmbH Germany 387/6 Trade logo registered 15.06.1938. Clocks and clock movements for all types of clocks.	
344329.	BAUERLE, Mathias St.Georgen/Black Forest Germany 275/6 RHEINGOLD-GONG, trademark regist. 08.08.1930 for strike-gong syst. EMBEE, tradename, reg.344329	
	BIDLINGMAIER Schwäbisch - Gmuend Germany 007/4 BIFORA, registered tradename, year @ 1960 . Started a small watch factory. Year 1960 @ 1000 employee. Rising production cost,overseas competition forced the mamagement to close in the year 1977.	

NOTE:

REMARKS OBSERV'TN BEMERKUNG	NAMES AND ADDRESSES NOMS ET ADDRESSES NAMEN UND ADDRESSEN	TRADEMARK OR TRADENAME MARQUE DE FABRIQUE - NOMS WARENZEICHEN - WORTMARKE
	BURKHARDT & Co. Pforzheim Germany 002/4 BURKHARDT, founded 1872 ND	B & Co
	BURGER K.G. Precision Machine and Stamping factory. Schonach-Black Forest Germany 030/4 Josef Burger, Sohne (Sons) founded in 1860, clock parts manufacturer, tools dies and fixtures for the clock trade. Burger became the leading supplier of clock movements in the middle-price range. Especially maker and supplier of all types of cuckoo clock movements.As of this printing the SCHWARZWAELDER UHRWERK FABRIK BURGER G.m.b.H has weathered all up and down business trends.	REGULA BURGER K. G.
	BURGER Joseph & Soehne (Sons) Schonach-Black Forest and Triberg Germany 005/4 BURGER,founded 28.01.1901. Reference see : THE BLACK FOREST CLOCKMAKER , c Karl Kochmann.	G B
NOTE: AK04 denotes archive Watchmkr. address Handbook year 1904 ------ DB40 denotes archive DIEBNER Watchmkr. Calendar year 1940 ------ HE denotes archive HENNIG ------ KNOO denotes archive Knapp ------	BURGER Joseph & Soehne (Sons) Schonach-Black Forest Germany 004/4 BURGER	G G B
	BURSCHE,jun.GEBR. (brothers) Oppach/Saxonia Germany 092/7a DB41, MFC Clocks.	BURSCHE
	BURKHARDT & Co. Magdeburg - N,Inslebener Str.1 Germany 092/7b DB41, MFC, Clocks for the Home.	
	BISCHOF Max Pforzheim Germany 008/4 BISCHOFF, MAX tradename Clocks and Watches in Pforzheim. ND	BISCHOFF

NOTE:

TRADEMARK OR TRADENAME MARQUE DE FABRIQUE - NOMS WARENZEICHEN - WORTMARKE	NAMES AND ADDRESSES NOMS ET ADDRESSES NAMEN UND ADDRESSEN	REMARKS OBSERV'TN BEMERKUNG
	BERGER & WÜRKER Leipzig Germany 237/5 Manufacturer mantle,wall,hall clocks. Registr.06.32.1910.	
„Monsalvat-Geläute"	BERGER & WUERKER Leipzig,Katharinen Str.22 Germany 200/6 MONSALVAT-GELAUTE, tradename registered 27.12.1926, wholesale of interior clocks.	
	BERGER & WUERKER Leipzig Germany 429/5 Manufacturer of Hall/wall/mantle clocks.Registered 17.09.1912.	
BERLINER ZIMMERUHREN FABRIK	BERLINER ZIMMERUHREN FABRIK GmbH (room clocks factory) Berlin Germany 243/5 Registered year 1921,manufact. of hall,wall,mantle clocks.	NOTE: AK04 denotes archive Watchmkr. address Handbook year 1904 ------ DB40 denotes archive DIEBNER Watchmkr. Calendar year 1940 ------ HE denotes archive HENNIG ------ KNOO denotes archive Knapp ------
	BERLINER ZIMMER UHREN FABRIK GmbH Berlin O 17, Fruchtstrasse 37 Germany 090/7a DB41,MFC Hall/WAll/Mantle Clk.	
BERLINER HAUS UND ZIMMERUHREN INDUSTRIE	BERLINER HAUS und ZIMMERUHREN-INDUSTRIE, Max Grase Berlin, Beuthstrasse 16 Germany 090/7b DB41,WHS Hall/Wall/Mantle Clks.	
	BERNHOLD & SCHEURLEN Cannstadt Germany 230/5 Trademark registered 09.16.1881 watches.	

NOTE:

REMARKS OBSERV'TN BEMERKUNG	NAMES AND ADDRESSES NOMS ET ADDRESSES NAMEN UND ADDRESSEN	TRADEMARK OR TRADENAME MARQUE DE FABRIQUE - NOMS WARENZEICHEN - WORTMARKE
	BECKER, Christoph Dresden Germany 005/7a AK04 ND	C. B. M. B.
	BEER, Samuel Berlin Germany 005/7b AK04 Jeweller/Watches	S. B. B.
	BEHRENS, Karft Leipzig Germany 005/7c Ak04 Jeweller/Watches	B Hecht
	BERGER, M.V. Berlin C Germany 006/7a Jewelery AK04 WHS/RET Watches/Clocks/	M.W.B. B.
	BERGER, Walter & Co. Glashuette /Saxonia and Goetzbrueck/Elsac-Lorrraine Germany/France 006/7b AK04 MFC/ Watches	W.B.&Cie.
NOTE: AK04 denotes archive Watchmkr. address Handbook year 1904 ------ DB40 denotes archive DIEBNER Watchmkr. Calendar year 1940 ------	BERLINER UHRENFABRIK "URANIA" GmbH Berlin Germany 292/5 URANIA, tradename regist. 07.07.1921. Clockfactory. BERLINER UHRENFABRIK GmbH "URANIA" (Clockfactory) Berlin Germany 245/5 RHENANIA, tradename registrered 10.10.1922, clocks, movements and parts.	BERLINER UHRENFABRIK U R A N I A **Rhenania**
HE denotes archive HENNIG ------ KNOO denotes archive Knapp ------	BERGHOFF, Wilhelm Koeln/Rhein Germany 378/6 BERGHOFF , tradename logo regist. 24.03.1938, jewelery and clocks/ watches retail.	BERG HOFF

NOTE:

TRADEMARK OR TRADENAME MARQUE DE FABRIQUE - NOMS WARENZEICHEN - WORTMARKE	NAMES AND ADDRESSES NOMS ET ADDRESSES NAMEN UND ADDRESSEN	REMARKS OBSERV'TN BEMERKUNG
	BERLINER ZIMMER=UHREN=FABRIK (interior clocks) Berlin Germany 015/6 Registered 08.06.1921, clocks and clock parts for the trade.	
BER PA	BERLINER-PATENT-TREPPEN= AUTOMAT (Patent staircase light timer) Neukoelln/Berlin Germany 150/6 Trademark registered 19.07.1926. Manufacturer of clock/short timer mechanical/electrical signal systems.	
„Bellag“	BELL, ERNST A.G. Koeln Germany 037/6 BELLAG, tradename registered 04.12.1922, clocks of all types.	
Berg-Uhr Die Qualität	BEUTTER , Wilhelm Pforzheim Germany 180/6 Trademark registered 04.07.1927. Clocks/watches and jewelery manufacturer.	
BEUTTER	BEUTTER, Wilhelm Pforzheim Germany 090/7c DB41, Watches.	
Marke ALBO	BUEHRER, Albert Pforzheim Germany 067/7b DB40, MFC, Watches and W/cases 067/7c	

NOTE:

REMARKS OBSERV'TN BEMERKUNG	NAMES AND ADDRESSES NOMS ET ADDRESSES NAMEN UND ADDRESSEN	TRADEMARK OR TRADENAME MARQUE DE FABRIQUE - NOMS WARENZEICHEN - WORTMARKE
	BIHLMEYER & Co. Schwab.Gmuend Germany 006/7c AK04 MFC/Watches Jewellery	B. C.
	BING , Eugen & Co. Pforzheim Germany 091/7a DB40 ,MFC Watches	B I N G
	BINDER, Wilhelm Schwab.Gmuend Germany 007/7a AK04 MFC Watches/Jewellery	WB
	BISTRIK, Walter Koenigsberg/after 1945 now:Kalingrad Former Germany 172/6 WALTHARI, tradename registered 07.10.1927.Wholesale house for the watchmaker & jeweler.	382510. „WALTHARI“
	BLESSING, Heinrich Schwab.Gmuend Germany 096/7b KN00, MFC Jewellery	HB
NOTE: AK04 denotes archive Watchmkr. address Handbook year 1904 ------ DB40 denotes archive DIEBNER Watchmkr. Calendar year 1940 ------ HE denotes archive HENNIG ------ KN00 denotes archive Knapp ------	BLUEMCHEN Joh.Gust. jr. Berlin C25 -VICTORIA- Germany 007/7c Watches/ AK04 WHS/RET,Jewellery/Watches	J.G.B. Berlin „Victoria“
	BLUEMCHEN ju.Johann Gustav Berlin C 2, Poststrasse 31 Germany 091/7b DB41,WHS, Clocks/Watches/Parts.	B L U E M C H E N
	BLUMENSTOCK, Wilhelm Villingen a.N. Germany 234/5 Wholesale and retail of clocks/ watches, registered 04.04.1896.	

R/T88

NOTE:

TRADEMARK OR TRADENAME MARQUE DE FABRIQUE - NOMS WARENZEICHEN - WORTMARKE	NAMES AND ADDRESSES NOMS ET ADDRESSES NAMEN UND ADDRESSEN	REMARKS OBSERV'TN BEMERKUNG
B E N O E H R	BENOEHR, Wilhelm Hamburg Germany 421/5 Alarm clock manufacturer regist. 12.08.1915.	
B I D L I N G M A I ER	BIDLINGMAIER J.(Josef) Schwabisch Gmuend Germany 025/6 Josef Bidlingmaier * 25.12.1870, + 1948,startet a small costum jewelery home-industry,changed to wristwatch straps(metal)later to watch cases,under the managment of his sons (2) the company achieved exellent reputation of watch exporter. Enterprise fell victim to the foreign competition, caused by the salary spiral in West Germany, and was forced to declare bankruptcy in the year 1977.	
„Bimetta"	BIDLINGMAIER J. Germany 026/6 BIMETTA, tradename registered 06.03.1934. Also see 025/6 for detail data.	
	BIDLINGMAIER J. Germany 027/6 BIFORA, tradename for watches date of registration unknown.	
Sigilla	BIDLINGMAIER J. GmbH Germany 028/6 SIGILLA, tradename registered 08.06.1937. Watsches, and watch parts, wrist watch bands (straps) made from metal.	
	BIDLINGMAIER J.GmbH Schwaeb.Gmuend Germany 377/6 ANIMA, tradename registered 16.10.1937. Wrist watch manufact. and wrist band enterprise.	

NOTE:

REMARKS OBSERV'TN BEMERKUNG	NAMES AND ADDRESSES NOMS ET ADDRESSES NAMEN UND ADDRESSEN	TRADEMARK OR TRADENAME MARQUE DE FABRIQUE - NOMS WARENZEICHEN - WORTMARKE
	Germany 215/16 Johann Baptist Beha * 1815 , + 1898, trained by his father the Master-Clockmaker Vincenz Beha * 1784, + 1868.Clockshop located in the Eisenbacher Zinken, hamlet of Harzerhauser auf dem Hoechst, (Black Forest), the Beha clan designed, constructed the first, FUSE, the first haevy brass cast plate clocks of outstanding quality.Beha constructed precision calendar and master clocks. The sons of Johann Beha, designed -manufactured cuckoo,quail,music clocks.The BEHA clocks achieved international recognition. The report of the Industrial Fair in Karlsruhe/Germany statet:Year 1861 "Johann Baptist Beha in Eisenbach, displayed thirty Cuckoo Clocks in various sizes and models, some with blinking eyes, cuckoo and quail calls" Father Beha (Vincenz) devoted most of his time,inventing,constructing top grade precision clocks. One of his masterworks can be seen in the Inn "Zum Bade" in Eisenbach.	BEHA B E H A J. B. BEHA. EISENBACH.
	Germany 218/16 BEHA, tradename, BECHTOLD/HARTER Watches and watch cases. Pforzheim, Holzgartenstrasse 20 Germany 218/16, MFC/WHS/RET. DB41	Beha
	Germany 217/16 BECKER & GRUPP / Rudolf Wagner UHRENFABRIK / Clocks ? Watches ? Pforzheim, Schulberg 19 Germany 217/16 , MFC/WHS/RET	BEGU
	Germany 220/16 Andrew Camerer founded the the Watch/clock making firm -London- in the year 1788. After several changes in partnership registerd as : CAMERER & CUSS and Co.Import of high quality clocks from the Furtwangen/ Neustadt area to the U.K.The local achives/Furtwangen state, that the "KAMMERER" from Furtwangen, Black Forest, were prime Exporter of clocks, it is recorded that:Clocks exported to Oxford Street 56, London.	Established 1788 CAMERER CUSS & CO Terence Camerer Cuss

NOTE: E 0555:Camerer Cuss & Co.additional data page 139-143

TRADEMARK OR TRADENAME MARQUE DE FABRIQUE - NOMS WARENZEICHEN - WORTMARKE	NAMES AND ADDRESSES NOMS ET ADDRESSES NAMEN UND ADDRESSEN	REMARKS OBSERV'TN BEMERKUNG
CAMERER CUSS, cont. from page 327.	Germany 223/16 The late T.P.Camerer Cuss was head of the clock/watch making enterprise, CAMERER CUSS & Co. As representing the sixth generation Terrence A.Camerer Cuss continues the tradition as head of the family firm in London/ England. - Year 1984 -	
	Germany 222/16 Calling Card , year @ 1885. Original size @ 4 1/2 x 2 5/8 ".	
	Germany 221/16 Signature on "Winterhalder" clock dial: KAMMERER KUSS & Co L O N D O N Alternate signature : CAMERER CUSS & Co 56 Oxford Street L O N D O N	

NOTE:

REMARKS OBSERV'TN BEMERKUNG	NAMES AND ADDRESSES NOMS ET ADDRESSES NAMEN UND ADDRESSEN	TRADEMARK OR TRADENAME MARQUE DE FABRIQUE - NOMS WARENZEICHEN - WORTMARKE
LITERATURE: "DIE UHREN-MACHER des HOHEN SCHWARZ-WALD c Gerd Bender 1975 (printed in German)	BLACK FOREST, time and strike train clock. Rope barrels, year estim. @ 1810. Maker unknown ,for reference detail see page 330 prototype movement 155/16 I ? D = DILGER ?	BLACK FOREST ID
	BLACK FOREST ALARM CLOCK, vintage @ year 1810, time and strike,chain wheels. Maker : M = MICHAEL D = DILGER * 1799 + 1833 Area: Furtwangen, later Neukirch Black Forest / Germany	MD
	BLACK FOREST Wall clock. Time and strike, chain wheels Maker : ?	F F
	BLACK FOREST Wall clock. Time and strike. Rope barrels, year estim. @ 1805. Cast brass wheels, hand filed finish.	IW

NOTE:

TRADEMARK OR TRADENAME MARQUE DE FABRIQUE - NOMS WARENZEICHEN - WORTMARKE	NAMES AND ADDRESSES NOMS ET ADDRESSES NAMEN UND ADDRESSEN	REMARKS OBSERV'TN BEMERKUNG

Germany 104/16

BLACK FOREST CLOCK PLATE
INDENTIFICATION - TRADEMARKS

B L A C K
F O R E S T

From historical records,literat. it is evident that during the prime time of Black Forest Clock making, the cottage clock maker kept very poor records of theier production line.
It is estimated that between the year 1815 - 1860, the beginning of the industrial Black Forest Clockmaking about over 1,000.000 Clocks were produced.
The following pages show a very small variations of the makers indentification. Some Clock faces bear the names,but not the name of the maker, it is the name of the owner,or inscription,remem-brance of an engagement, wedding or in friendship dedicated.
Regarding the age estimation see the schematic grafic tabulations on the following pages 323 - 326

Germany 151/16

Black Forest " Schild Uhr "
(@ 1810 - 1865) " Shield clock "
with face signature :
" Maria Schneider Johann Rapp "
Schramberg 1878
Typical sample of the famous Schotten Uhr, named after the farm/estate " Schottenhof " his real name Johann Dilger , farmer clockmaker + 1780.
Note that with a very LIMITED exeption clocks of the "Schotten" style with face signature are mostly engagement/ wedding dates.

Germany 152/16

SCHOTTEN - STRIKING CLOCK,
year 1900. Exerpt from the Haas & Soehne (Sons) catalogue * published in the year 1900,
" German Watchmaker/ Clockmaker Cooperative Ltd. Leipzig "
Tradename registered:
Federation Horlogere de Garantie , Leipzig.
Verkaufskatalog der Garantie-Gemeinschaft Deutscher Uhrmacher.

* refer to page 330

NOTE:

REMARKS OBSERV'TN BEMERKUNG	NAMES AND ADDRESSES NOMS ET ADDRESSES NAMEN UND ADDRESSEN	TRADEMARK OR TRADENAME MARQUE DE FABRIQUE - NOMS WARENZEICHEN - WORTMARKE
Germany 153/16	Section view, Black Forest Clock. Hardwood movement plates. Combination wood/brass wheels, brass casting escapement. Anchor pivot of wood or of steel. Time and strike train in one unit arranged next to each other back and center plate. 12-hour, 24-hr. and 8-day movememt. @ from the year 1800 on.	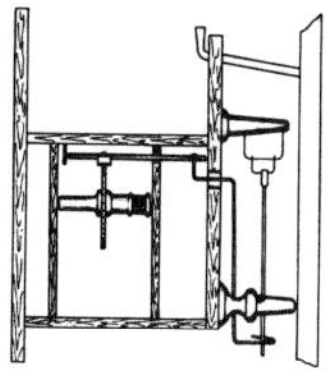
Germany 154/16	Time and strike train between wall plate and rear movement plate. 12- or 24 - hour or 8 day movement. Typical Black Forest clock plates, all hardwood construction, with rolled in brass/sheet metal bushing year @ 1810 to 1850	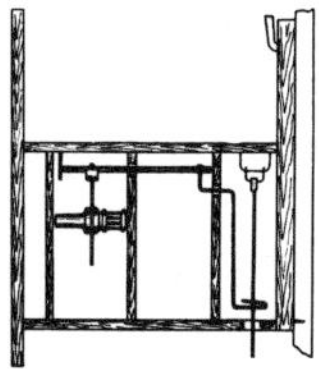
Germany 155/16	From the year 1820 on, typical wood-brass wheels, later all wheels full brass stock, or cast brass with steel pivots. After the year 1852,full stock machined steel gears. Anchor brass, all steel pivot. Pendulumn support between wall and movement back plate.	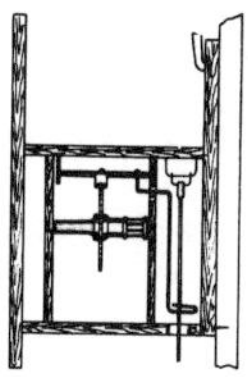
Germany 156/16	Type " A " before the year 1730. Type" B " after 1730, some clocks with wood arbor and steel pinion. Cast brass wheels were widely manufactured after 1787 in Black Forest brass foundries.	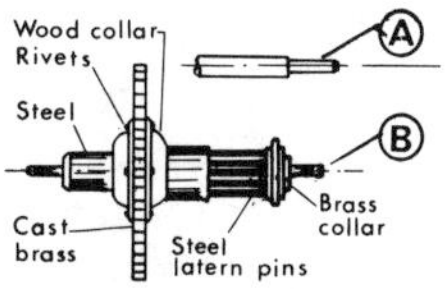
Germany 157/16	Latern pinion gear with steel arbor, from the year 1830 on. Small drive gears (7 leaves max.) made from steel.	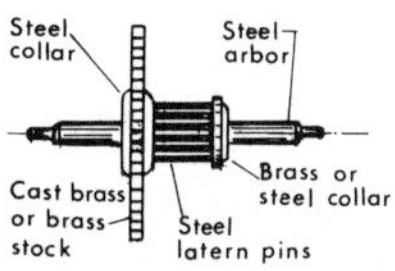
Germany 158/16	From the year 1840 till 1895, full stock cut pinion, brass stock gears, arbors and small gears made from full stock steel. After the year 1852, gears were milled from full stock steel, especially for premier quality clocks.	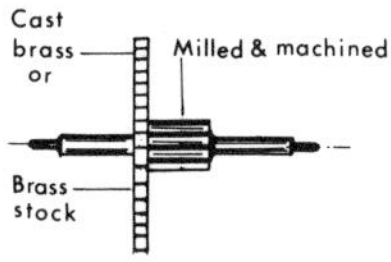

NOTE:

TRADEMARK OR TRADENAME MARQUE DE FABRIQUE - NOMS WARENZEICHEN - WORTMARKE	NAMES AND ADDRESSES NOMS ET ADDRESSES NAMEN UND ADDRESSEN	REMARKS OBSERV'TN BEMERKUNG
F M PRECAUTION Jugend. 	BLUM & MEYERS , freres Pforzheim Germany 007/7b AK04 Importer Swiss Watches	
„Blumus“	BLUEMELINK,Adolf Muenchen Prinz Ludwig Str.1 Germany 196/6 BLUMUS, tradename registered 30.03.1927, watch manufacturer and parts for the trade.	
B.G	BODERSEN, Gebrueder (brother Hamburg Germany 009/7c AK04 Exporter Watches?	
	BOESSEROTH,Gustav Berlin,S 42, Ritterstrasse Germany 164/6 Manufacturer of household clocks, parts and parts made to order, registered 13.04.1928.	
	BOESSEROTH,Gustav Germany 165/6 see 164/6.	

NOTE:

REMARKS OBSERV'TN BEMERKUNG	NAMES AND ADDRESSES NOMS ET ADDRESSES NAMEN UND ADDRESSEN	TRADEMARK OR TRADENAME MARQUE DE FABRIQUE - NOMS WARENZEICHEN - WORTMARKE
	BOESSEROTH,Gustav Germany 166/6	
	BOESSENROTH, Gustav Berlin-Marienfelde Germany 244/6 Clockfactory, wall clocks, regist. 18.01.1932.	
	BOESSEROTH, Gustav Germany 320/6 Manufacturer of clocks/watches registered 07.09.1934.	
	BOESSENROTH,Gustav Germany 365/6 GARANT, tradename registered 27.05.1936, kitchen clocks, and movements for clocks.	„Garant"
NOTE: AK04 denotes archive Watchmkr, address Handbook year 1904 ------	BOESSENROTH, Gustav Berlin Germany 009/7a AK04,Watches/Jewellery WHS/RET	G. B. Berlin
DB40 denotes archive DIEBNER Watchmkr. Calendar year 1940 ------	BOESSENROTH, Gustav Berlin,S 42, Ritterstrasse 92 Germany 091/7c DB41,MFC Clocks	
HE denotes archive HENNIG ------ KNOO denotes archive Knapp ------	BOESE, Wilhelm & Co Berlin Germany 008/7a AK04 WHS/RET Watches/Jewellery	W. B. & Co. Wilh. Boese & Co., Berlin

NOTE:

TRADEMARK OR TRADENAME MARQUE DE FABRIQUE - NOMS WARENZEICHEN - WORTMARKE	NAMES AND ADDRESSES NOMS ET ADDRESSES NAMEN UND ADDRESSEN	REMARKS OBSERV'TN BEMERKUNG
BOEHM	BOEHM, Carl-UHRENFABRIK - (Clockfactory) Freiburg- Silesia Germany 196/5 Incomplete data on file, but Carl Boehm joined 1899 the merger and fusion of the "UNITED FREIBURG CLOCK FACTORIES" year 1899. Refer to 184/5.	
	BOHMEYER C. Factory for electric clocks and small apperatus. Halle/Saale Germany 404/5 ZISSEA, tradename registered 12.05.1914. manufacturer of electric powered clocks, timer and controls.	
	BOHRMANN B.Nachf.(succeeder) Frankfurt/Main Germany 008/7c AK04 ND	
	BON, J.M. Leipzig Germany 231/5 Trademark registered 02.11.1887, watches.	
BONNECK	BONNECK, Emil Berlin S 59 Germany 212/6 Trademark registered 28.09.1929. Retail of clocks/watches/jewelery.	
	BORSCHEIN, Ernst Braunschweig Germany 239/6 Trademark registered 21.08.1929. Clocks/watches ? No other data on file.	

NOTE:

REMARKS OBSERV'TN BEMERKUNG	NAMES AND ADDRESSES NOMS ET ADDRESSES NAMEN UND ADDRESSEN	TRADEMARK OR TRADENAME MARQUE DE FABRIQUE - NOMS WARENZEICHEN - WORTMARKE
	BOSCH Fr.Carl Pforzheim Germany 033/6 TRISTAN, tradename registered 30.06.1923. Manufacturer of ladies and gents watches.	Tristan
	BOSCH Fr. Carl Pforzheim Germany 244/5 BOSCH-tradename,registered 08.03. 1921. Manufacturer of ladies-gents watches.	Bosch
	BORGFELDT & Co A.G. Berlin Germany 006/6 TRU-TIC tradename registered 10.01.1921. Export of clocks/ watches ? and parts for the trade.	265811. B. 39598. Tru-Tic
	BORGFELDT & Co A.G. Berlin Germany 239/5 MARATHON, tradename registr. 06.28.1912. Wholesale and distr. Of alarm clocks.	Marathon
	BORE & BERGER Magdeburg Germany 232/5 Trademark registered 11.15.1887, Pocket watches.	B. B. M
	BRANKMANN, Hermann Konigsfeld Germany 233/5 Manufacturer of "Schablonenuhren" (prototye-model-clock movement) Registered 02.04.1890.	FABRIK-MARKE SCHABLONENUHR
	BRŪNING H. Koblenz/Mosel Germany 419/5 Wholesale/Retail clocks/watches registered 26.05.1913.	H. BRÜNING H B UHRENHANDLUNG. COBLENZ

NOTE:

TRADEMARK OR TRADENAME MARQUE DE FABRIQUE - NOMS WARENZEICHEN - WORTMARKE	NAMES AND ADDRESSES NOMS ET ADDRESSES NAMEN UND ADDRESSEN	REMARKS OBSERV'TN BEMERKUNG
G. B.	BREUNING, GEBRUDER Hanau / Germany AK04	
J. B.	BRUSCHKE, Johann Breslau Germany 010/7a AK04 ND	
289900. AMB	BRUENZ. Anton Mengen/Wuerttemberg Germany 202/6 AMB, tradename registered 18.05.1920. Manufacturer of regulators, cuckoo clocks, alarm and 400day-1000 day clocks. Office and household clocks. Jockele clocks.	
B. & L.	BRINKMANN & LANG Bremen Germany 009/7b AK04 WHS/RET Importer /Watches	
WÜRTTEMBERGISCHE UHRENFABRIK WUS SCHWENNINGEN BÜRK SÖHNE	BUERK & SOEHNE (sons) Wuerttembergische Uhrenfabrik (clockfactory) Schwenningen a.N. Germany 012/6 Manufacturer of precision mechan. drives, instruments, security control clocks, timecard printer parts and service, registered 13.05.1921.	
Bürk	BÜRK Schwenningen a.N. Germany 206/5 Trademark date ?	
Bürk Original	BÜRK ORIGINAL Germany 208 BURK ORIGINAL, tradename registr. 05.13.1921. Also refer to: Württembergische Uhrenfabrik 203/204/205.	

NOTE:

REMARKS OBSERV'TN BEMERKUNG	NAMES AND ADDRESSES NOMS ET ADDRESSES NAMEN UND ADDRESSEN	TRADEMARK OR TRADENAME MARQUE DE FABRIQUE - NOMS WARENZEICHEN - WORTMARKE
	WÜRTTEMBERG UHREN FABRIK (clock factory) Schwenningen a.N. Germany 003/4 BUERK, Johannes founder of the Württemberg Clock Factory BUERK& Sons K.G.Schwenningen registerd December 1855.Buerk invented the "Night watchman control clock" Literature : F.L.NEHER "Johannes Buerk" 1855-1955 (printed in German)	WUS
	BURK, Rene Germany 241/5 DIXI, tradename registered 05.26. 1919. Pocketwatch manufacturer, also watch cases, parts and movements.	DIXI
	BURK, Rene Germany 238/5 SONIA,tradename registr.06.27.1910 manufacturer of pocketwatches.	B. 20296. SONIA
	BURK, Rene Konstanz Germany 236/5 Manufacturer of Pocketwatches. Registr. 22.10.1910.	B. 20252. ORIFIN
	BURKHARDT,Adolf Pforzheim Germany 140/6 HELVECO, tradename registered 05.07.1927. Manufacturer and dist. of clocks/watches?	„Helveco“
	BURKHARDT & Co. Pforzheim Germany 295/6 DELCONA, tradename registered 22.09.1932, wirst watch and pocket watch manufacturer.	Delcona
NOTE: AK04 denotes archive Watchmkr. address Handbook year 1904 ------ DB40 denotes archive DIEBNER Watchmkr. Calendar year 1940 ------ HE denotes archive HENNIG ------ KN00 denotes archive Knapp	BUSCH A.G. Rathenow/near Berlin Germany 010/7b AK04 Jewellery/ WHS/RET	R

NOTE:

TRADEMARK OR TRADENAME MARQUE DE FABRIQUE - NOMS WARENZEICHEN - WORTMARKE	NAMES AND ADDRESSES NOMS ET ADDRESSES NAMEN UND ADDRESSEN	REMARKS OBSERV'TN BEMERKUNG
WHB Exakta	BUSCHER, Wilhelm-Hugo Köln/Rhein Germany 240/5 Wholesale and Retail of pocket-watches,parts, safety cases for watches. Regist.10.03.1913.	
MB	BUSSE, Max Berlin Germany 247/5 Trademark registered 03.22.1922, wholesale of clocks/watsches, automobil clocks.	
Primula	BUSSE, Julius Berlin Germany 235/5 PRIMULA, wholesale and retail clk. watches, movements,parts. Registr. 06.08.1910.	
·EMBE·	BUSSE, Max Berlin Germany 431/5 EMBE, tradename registered 09.07.1921. Wholesale/retail clocks & watches ?.	
Alsatia.	BUSER, Albert & Co. Huningen Germany 408/5 ALSATIA, tradename, manufacturer of clocks-clock parts, registered 02.18.1899.	
BOHMEYER	BOHMEYER & Co. Halle/ Saxonia Germany 008/7b AK04 Watch/Clock Exporter	NOTE: AK04 denotes archive Watchmkr. address Handbook year 1904 ------ DB40 denotes archive DIEBNER Watchmkr. Calendar year 1940 ------ HE denotes archive HENNIG ------ KNOO denotes archive Knapp

NOTE:

REMARKS OBSERV'TN BEMERKUNG	NAMES AND ADDRESSES NOMS ET ADDRESSES NAMEN UND ADDRESSEN	TRADEMARK OR TRADENAME MARQUE DE FABRIQUE - NOMS WARENZEICHEN - WORTMARKE
	CENTRA, Dr.jur.Felsing Berlin,Unter den Linden 20. Germany 097/6 Trademark registered 10.11.1924. Clocks/watches/jewelery wholesale.	337631. CENTRA
	C E N T R A GLASHUETTE i.Sa. Glashuette i.Sa.(Saxonia) * Germany 079/4 C E N T R A , tradename year 1949, no other data on file.	C E N T R A
	CHINA EXPORT-IMPORT BANK COMPANIE Hamburg Germany 105/6 Export/Import of pocket/wrist watches, also clocks of all types. Registered 24.08.1925.	CEIBCO CEIBCO CEIBCO CEIBCO
	CAFTAN & KOTALIK Pforzheim Germany 341/6 ROXY, tradename registered 04.06.1935, manufacturer of watches.	ROXY
	CAFTAN & KOTALIK Germany 362/6 CYLO, tradename registered 06.10.1936, watch/clock manufct.	491022 Cylo
	CAFTAN, Helmut Germany 384/6 DELPHIN, tradename registered 12.11.1938, watch manufacturer.	500264 DELPHIN

NOTE:

TRADEMARK OR TRADENAME MARQUE DE FABRIQUE - NOMS WARENZEICHEN - WORTMARKE	NAMES AND ADDRESSES NOMS ET ADDRESSES NAMEN UND ADDRESSEN	REMARKS OBSERV'TN BEMERKUNG
 C. 26637. CARLOWITZ	CARLOWITZ & Co Hamburg Germany 090/6 (chinese lettering) Import/export of c locks and watches, registered 14.08.1924.	
CARLOWITZ	CARLOWITZ & Co Hamburg Germany 123/6 Export of clocks and parts for the trade. Registered 29.05.1926.	
514298 利得亨	CARLOWITZ & Co. Hamburg Germany 407/6 Tradelabel -EXPORT- to China registered 22.02.1939. Clocks/ watches.	
	CARLOWITZ & Co. Hamburg Germany 010/7c Jewellery AK04 WHS/RET/Import/Watches	
333987. „Talisman“	CONCORDIA,Deutsch-Schweizer Uhrenfabrikation and Handel Gesellschaft GmbH Dortmund Germany 064/6 TALISMAN,tradename for the German-Swiss Watch/manufacturing cooperative, registered 09.08.1924. Manufacturing and wholesale of watches,gold/silver jewelery.	
403430 Burgia	CASPARI,David Berlin SW 19,Gertraudt Str. Germany 170/6 BURGIA,tradename registered 28.03.1929.Clock/watch wholesale.	

NOTE:

REMARKS OBSERV'TN BEMERKUNG	NAMES AND ADDRESSES NOMS ET ADDRESSES NAMEN UND ADDRESSEN	TRADEMARK OR TRADENAME MARQUE DE FABRIQUE - NOMS WARENZEICHEN - WORTMARKE
	CASPARI, David Germany 217/6 Registered 03.08.1929, wholesale and distributor of clocks/watches.	409003 BURGIA-UHREN SIND GUTE UHREN
	CASPARI Germany 236/6 DECA, tradename registered 06.10.1928, wholesale of clocks & watches.	402320 Deca
	CREUZBURG , Richard Dresden-Altstadt Germany 228/5 ATOMETER, tradename registered 09.27.1921.Manufacturer and distributor for precision mech. parts, clocks/watches parts and movements for the trade.	CREUZBURG
	CREUZBURG, Richard Dresden-Altstadt Germany 248/5 NOR-MI-MAX, tradename registered 09.27.1921. precision mechanics factory for watch movements,parts.	
	CONCORDIA- UHRENFABRIK (Clockfactory) Freiburg - Silesia Germany 194/5 CONCORDIA, tradename startet production of clocks for the home @ 1881, merger to form the "UNITED FREIBURG CLOCK FACTORIES"	CONCORDIA

NOTE:

TRADEMARK OR TRADENAME MARQUE DE FABRIQUE - NOMS WARENZEICHEN - WORTMARKE	NAMES AND ADDRESSES NOMS ET ADDRESSES NAMEN UND ADDRESSEN	REMARKS OBSERV'TN BEMERKUNG
C U C K O O CLOCKS	CUCKOO CLOCK PLATE INDENTIFICATION - TRADEMARKS On most cuckoo clock movement plates,especially those made from brass casting, a trademark /name can very seldom be found . The cuckoo clock movement plates made from flat or rolled brass stock, bear in some cases the stamping manufacturer's production contr. code, sometimes provide a lead to the year the movement was made, or to the order in which name the movement was made. In some cases it becomes a very detective assignment, to trace the wood caver, the assembler, the dealers name to the vintage of the cuckoo clock. Competition and rivalery between assembler/ wholesaler/ retailer, restricted the indexing of production line cuckoo clocks, due to the fact that the makers of these movements were reluctant to disclose / release any informat. because they do not wish to upset any of their many customers.	
	Germany 159/16 Early Black Forest Cuckoo clock. Hardwood movement plates, wood arbor, steel pinion gears, or full stock wood gears. Paper dial water colour filled. Vintage of clock @ 1760, maker unknown.	

NOTE:

REMARKS OBSERV'TN BEMERKUNG	NAMES AND ADDRESSES NOMS ET ADDRESSES NAMEN UND ADDRESSEN	TRADEMARK OR TRADENAME MARQUE DE FABRIQUE - NOMS WARENZEICHEN - WORTMARKE
	Germany 160/16 Typical Black Forest " Railroad Gate Attendant" case style, credited to architect - Eisenlohr - chief designer Wuerttemberg Railroad station and exteriors. Oak case, decor carving,scroll work. Shown clock made by Jacob Bauerle & Sohne (sons) Furtwangen Black Forest vintage year 1860.	
	Germany 161/16 Black Forest Cuckoo Clock @ year 1860.Thirty hour movement,hard . wood movement plates. Cast brass gears,typical " Black Forest - Anchor escapement " 30 hour windup. Back Glass painting, masterful executed. It is assumed, that the persons showm on the tablet posed to the artist for a "family picture "	
	Germany 162/16 " Biedermeier " style Black Forest Forest Cuckoo clock. Inlaid work, black Japan laquer case. 30 hour movement. Year @ 1870.	

NOTE:

TRADEMARK OR TRADENAME MARQUE DE FABRIQUE - NOMS WARENZEICHEN - WORTMARKE	NAMES AND ADDRESSES NOMS ET ADDRESSES NAMEN UND ADDRESSEN	REMARKS OBSERV'TN BEMERKUNG
 340 Height 21 ins. Light Oak or Dark Walnut. Best Carving. 8-day Cuckoo. Solid Pinion Movement. Going Barrel.	Germany 163/16 Shelf, Black Forest Cuckoo Clock, 8 day FUSE ! cast brass plates and gears. Exerpt from a trade catalogue published year 1900. Oak case, or Walnut case.	
	Germany 164/16 Black Forest 30 hour cuckoo clock, striking on the half and full hr. Case oak wood, grape vine style decor. Made @ year 1900.	
	Germany 165/16 Thirty hour Cuckoo/Quail clock, striking on the quarter and full hour. The movement and the case made in the Black Forest and shipped in lots . Cast brass plates, full stock gears. Movement and case made in Germany, shipped unassembled to the U.S.A. Shown clock sold by the " AMERICAN CUCKOO CLOCK " Manufacturing Company. Similar Models sold by SEARS - ROEBUCK. Vintage @ 1925. **American Cuckoo Clock Co.** **MANUFACTURERS, Philadelphia, Pa.**	

NOTE:

REMARKS OBSERV'TN BEMERKUNG	NAMES AND ADDRESSES NOMS ET ADDRESSES NAMEN UND ADDRESSEN	TRADEMARK OR TRADENAME MARQUE DE FABRIQUE - NOMS WARENZEICHEN - WORTMARKE

Germany 166/16

The " LYRA " type cast brass clock plates date from @ 1865 - 1885. The surface of the plates bears the typical " Ring " marks. Production line brass plates, stamped from full stock brass strips made cast brass clock plates obsolete.

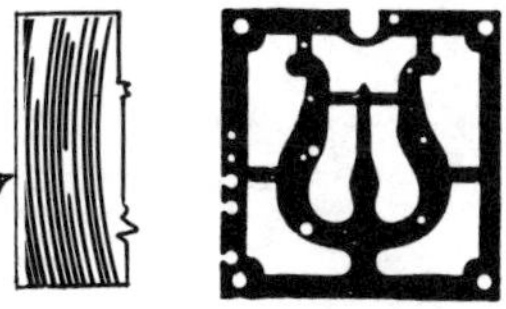

Germany 167/16

The " Straight bar " type cast brass clock plate, widely used for mantle fuse, cuckoo and trumpeter clocks received a more perfect tolerance machined finish, the typical machined edge applied indicated often the makers top grade shop standards.

Germany 168/16

Brass casting , cuckoo clock plate, year @ 1875. Note the
- G.K.- Gebrueder Kuner ,
(Kuner brothers)
Villingen a.N. Black Forest. Further information see page .

Germany 169/16

Cast brass " LYRA " type cuckoo clock plates, - MADE in GERMANY- Maker unknown, year @ 1875.

NOTE:

TRADEMARK OR TRADENAME MARQUE DE FABRIQUE - NOMS WARENZEICHEN - WORTMARKE	NAMES AND ADDRESSES NOMS ET ADDRESSES NAMEN UND ADDRESSEN	REMARKS OBSERV'TN BEMERKUNG

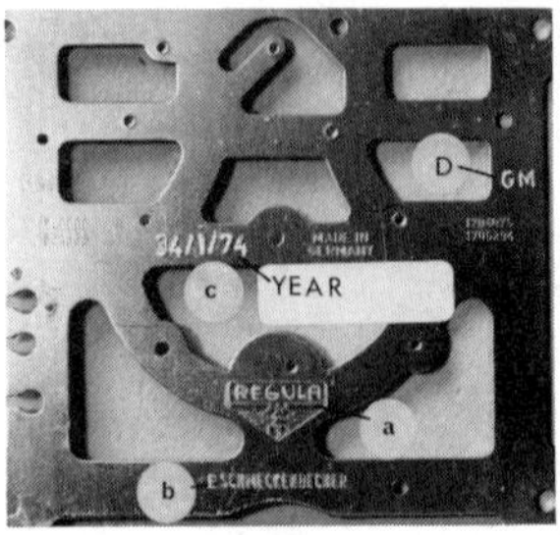

Germany 170/16

Production line cuckoo clock movement plate. Stamped from brass strip, production method since the year 1900 until the present time with numerous stamping technique variations, using thin gauge brass strip, but the typical " LYRA " basic concept applied.

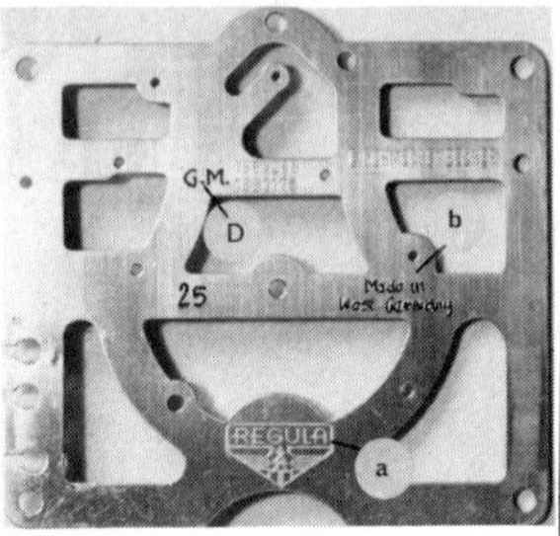

NOTE:

Typical cuckoo clock movement plates see page 328 - 332

Typische Platinen Größe Kuckuckuhrwerke siehe Seite 328 - 332

Coucou mouvement-platine mesure voir la page 328 - 332

Germany 171/16

C U C K O O C L O C K

MOVEMENT PLATE CODE

CUCKOO CLOCK MOVEMENT CODE:

English	French	German
a Manufacturer stamp	Fabricant brevets	Hersteller Warenzeichen
b Clock case manufacturer	Horloger exterieur fabricant	Uhren Geäuse Hersteller
c Year code	anne	Jahreszahl
D Manufacturer production number	Fabricant produit nombre	Hersteller Serien Nummer

NOTE:

REMARKS OBSERV'TN BEMERKUNG	NAMES AND ADDRESSES NOMS ET ADDRESSES NAMEN UND ADDRESSEN	TRADEMARK OR TRADENAME MARQUE DE FABRIQUE - NOMS WARENZEICHEN - WORTMARKE

The cuckoo clock movement plates on this page shall assist the craftsmen, the hobbyist identify and classify the type of movement in question.

Corresponding with clockmaker supply houses, the plate code and dimension provide helpful information.

Data was furnished by a leading watch/clockmaker supply house*.

* *FLUME BERLIN*
DÜSSELDORF FRG = Germany

MANUFACTURER PLATE CODE:

a x b = Dimension of plate MILLIMETER
c = Manufacturer code

WERK HERSTELLER DATEN:

a x b = Platinen Grosse MILLIMETER
c = Werk - Serie

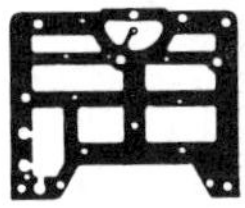

63 x 77
23,5
AMS

84 x 84
23
Baduf 10

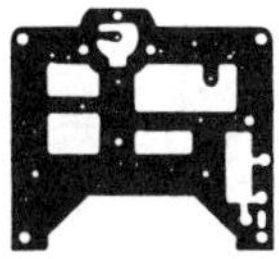

79 x 90
23,5

(c) — Baduf 95
215 mm

a x b
62 x 77

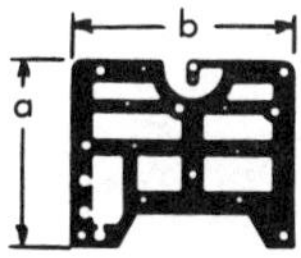

Baduf 100
215 mm

66 x 68,5
21

Herr

79 x 75,5
23
Herr

NOTE: Manufct.code : French axb measurement millimetre
c No de serie

TRADEMARK OR TRADENAME MARQUE DE FABRIQUE - NOMS WARENZEICHEN - WORTMARKE	NAMES AND ADDRESSES NOMS ET ADDRESSES NAMEN UND ADDRESSEN	REMARKS OBSERV'TN BEMERKUNG

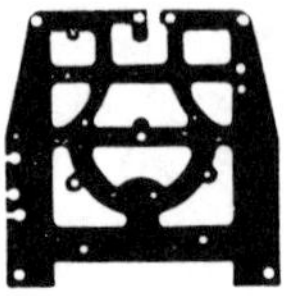

90 x 92
23
Regula

47 x 45
14
Regula 18/1/2

42,5 x 34
14
Regula 18/3/4

75 x 77
23
Regula 20

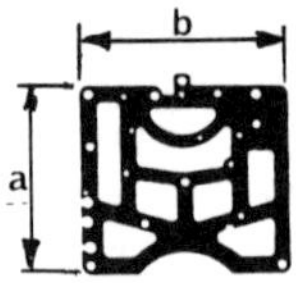

66 x 71
17,5
Regula 21
(c)

48 x 39
10
Regula 22/1/2

73 x 84
20
Regula 24

68 x 73
20
Regula 25

The cuckoo clock movement plates on this page shall assist the craftsmen, the hobbyist identify and classify the type of movement in question.

Corresponding with clockmaker supply houses, the plate code and dimension provide helpful information.

Data was furnished by a leading watch/clockmaker supply house*.

* *FLUME BERLIN (West)*
DÜSSELDORF FRG = Germany

MANUFACTURER PLATE CODE:

a x b = Dimension of plate MILLIMETER
c = Manufacturer code

WERK HERSTELLER DATEN:

a x b = Platinen Grosse MILLIMETER
c = Werk - Serie

NOTE:

REMARKS OBSERV'TN BEMERKUNG	NAMES AND ADDRESSES NOMS ET ADDRESSES NAMEN UND ADDRESSEN	TRADEMARK OR TRADENAME MARQUE DE FABRIQUE - NOMS WARENZEICHEN - WORTMARKE

The cuckoo clock movement plates on this page shall assist the craftsmen, the hobbyist identify and classify the type of movement in question.

Corresponding with clockmaker supply houses, the plate code and dimension provide helpful information.

Data was furnished by a leading watch/clockmaker supply house*.

* *FLUME BERLIN (West)*
DÜSSELDORF FRG = Germany

MANUFACTURER PLATE CODE:

a x b = Dimension of plate MILLIMETER
c = Manufacturer code

WERK HERSTELLER DATEN:

a x b = Platinen Grosse MILLIMETER
c = Werk - Serie

79 x 75

23,5

Regula 01

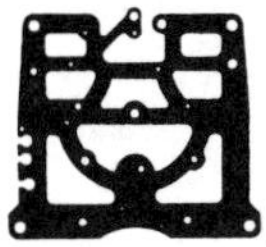

76 x 85

20

Regula 3

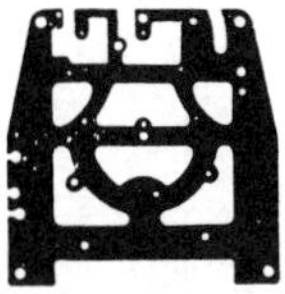

90 x 92

23

(C)

Regula 03

53 x 45

17,5

Regula 04/05

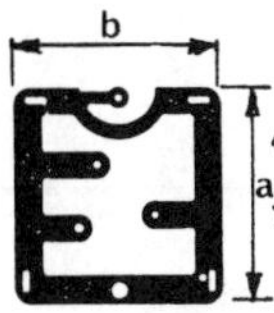

47 x 46

17,5

Regula 04/05

66 x 46

17

Regula 09

88 x 88

27

Regula 10

NOTE:

TRADEMARK OR TRADENAME MARQUE DE FABRIQUE - NOMS WARENZEICHEN - WORTMARKE	NAMES AND ADDRESSES NOMS ET ADDRESSES NAMEN UND ADDRESSEN	REMARKS OBSERV'TN BEMERKUNG

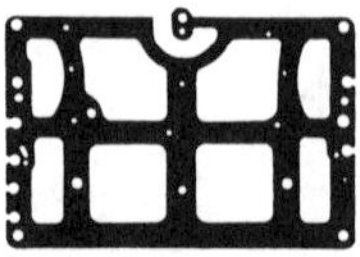

78,5 x 115
23
Herr

90 x 85
25
Herr

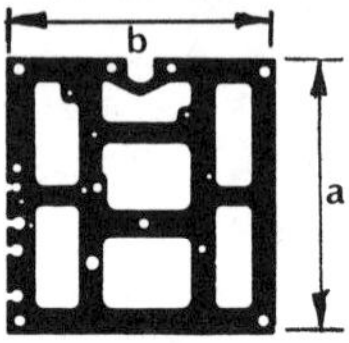

90 x 90
27
Herr
c

75 x 77
23
Imius

46,5 x 39,5
16
Jerger

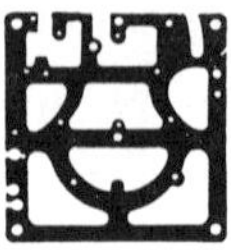

75 x 75
23
Regula 02

The cuckoo clock movement plates on this page shall assist the craftsmen, the hobbyist identify and classify the type of movement in question.

Corresponding with clockmaker supply houses, the plate code and dimension provide helpful information.

Data was furnished by a leading watch/clockmaker supply house*.

* *FLUME BERLIN (West)*
DÜSSELDORF FRG = Germany

MANUFACTURER PLATE CODE:

a x b = Dimension of plate MILLIMETER
c = Manufacturer code

WERK HERSTELLER DATEN:

a x b = Platinen Grosse MILLIMETER
c = Werk - Serie

NOTE:

REMARKS OBSERV'TN BEMERKUNG	NAMES AND ADDRESSES NOMS ET ADDRESSES NAMEN UND ADDRESSEN	TRADEMARK OR TRADENAME MARQUE DE FABRIQUE - NOMS WARENZEICHEN - WORTMARKE

The cuckoo clock movement plates on this page shall assist the craftsmen, the hobbyist identify and classify the type of movement in question.

Corresponding with clockmaker supply houses, the plate code and dimension provide helpful information.

Data was furnished by a leading watch/clockmaker supply house*.

* *FLUME BERLIN (West)*
DÜSSELDORF FRG = Germany

MANUFACTURER PLATE CODE:

a x b = Dimension of plate MILLIMETER
c = Manufacturer code

WERK HERSTELLER DATEN:

a x b = Platinen Grösse MILLIMETER
c = Werk - Serie

DOLD - SÖHNE (sons)
the name DOLD relatet to a long line of Black Forest Clockmakers. Karl Josef Dold, last record, (1978) Josef Dold founded 1842 in the hamlet Schonwald, pendulum and Cuckoo clocks were the production for nearly 90 years. Under the economical state controlled defense program 1933-1945, the Dold company had to curtail their clock product. After 1945 Cuckoo clock product. Due internal owner complication, the company was forced to close in the year 1961.
The latest catalogue (1987) indicates that the DOLD company made a comeback with all types of " handcarved " Cuckoo clocks. The movements are furnished by sub - contractor.
No other data on file.

65,5 x 40

16; 10

Regula 28

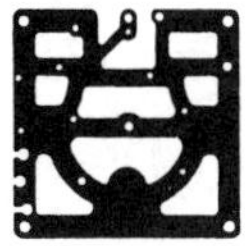

75 x 77,5

20

Regula 35

50,5 x 46

17

Regula 44/45

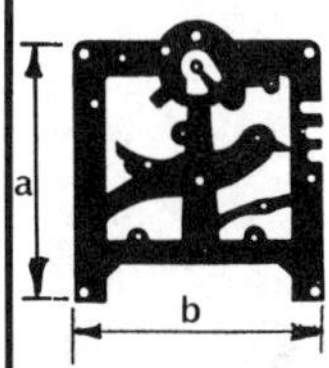

92 x 84,5

32

©

Schatz 50

92 x 84,5

32

7200

Schatz KU 50/8

D O L D - S Ö H N E

NOTE:

TRADEMARK OR TRADENAME MARQUE DE FABRIQUE - NOMS WARENZEICHEN - WORTMARKE	NAMES AND ADDRESSES NOMS ET ADDRESSES NAMEN UND ADDRESSEN	REMARKS OBSERV'TN BEMERKUNG
Elde	DAHMEN, Leopold Koln/Rhein Germany 270/5 ELDE, tradename registered 08.27. 1920, export of clocks/watches, parts and tools for the trade.	
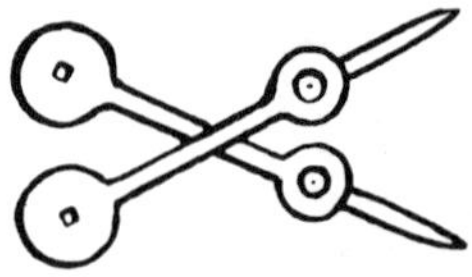	DAHMEN, Leopold Koln/Rhein Germany 251/5 Export enterprise for clocks/ watches,watchmaker tools,supplies and machinery. Regist.05.10.1920.	
DAMMANN	DAMMANN, Karlheinz Germany 389/6 CHRONOLOC, tradename registered 30.09.1938, electriuc clocks.	
DAUM & HILDEBRANDT	DAUM & HILDEBRANDT Gera, Heinrichsplatz 7 Germany 092/7c DB40 , WHS,Clocks/Watches.	
400835 „Nomos"	DEETZ & Sohn (son) Leipzig C 1, Barfussgasse, Germany 229/6 Registered 06.011.1928, watches, parts for the trade.	
	DEGRAA, Casper Aachen Germany 011/7b AK04 Jewellery/Watches	
	DIE ZEITANSAGE UHR (the speaking clock) GmbH Berlin Germany 255/5 Registered 06.28.1910, talking clock, exclusive manufacturer of novelty clocks.	NOTE: AK04 denotes archive Watchmkr. address Handbook year 1904 ------ DB40 denotes archive DIEBNER Watchmkr. Calendar year 1940 ------ HE denotes archive HENNIG ------ KN00 denotes archive Knapp ------
 	DIETRICH,Wilhelm Leipzig Germany 012/7b AK04 ND	

NOTE:

REMARKS OBSERV'TN BEMERKUNG	NAMES AND ADDRESSES NOMS ET ADDRESSES NAMEN UND ADDRESSEN	TRADEMARK OR TRADENAME MARQUE DE FABRIQUE - NOMS WARENZEICHEN - WORTMARKE
	DIENST A. Leipzig-Gohlis Germany 012/7a AK04 Watches	
	DEPPE E. Berlin Germany 011/7c Ak04 WHS/RET,Watches/Jewellery	D
NOTE: AK04 denotes archive Watchmkr. address Handbook year 1904 ------ DB40 denotes archive DIEBNER Watchmkr. Calendar year 1940 ------ HE denotes archive HENNIG ------ KN00 denotes archive Knapp ------	DEUTSCHE PRAZISIONS UHREN- FABRIK e. GmbH Glashuette i.Sa.(Saxonia) Germany 257/5 Regist.10.3.1919, manufacturer and distributor of precision instruments,nautical,electro.techn. micro weighing system, optical survey instr.calculator and watch/clocks production. Founded 1917,by Watchmakers of Germany to pruduce on a cooperativ base pocketwatches ,since all many watch factories were engaged inthe WWI industry.The new formed enterprise had a very promising future, rapidly expanded buildings were erected. 05.13.1921. The enterprise in Glashuette survived the devastat. inflation. The depression added to the struggle and 1925 the company had to declare bankruptcy, a large segment of the Glasheutter populat was without work. The 3000 German watchmaker-cooperative faced large debts and had to make large payments to the banks. 1927 the UFAG AG took over, no further data on file.	D E U T S C H E P R A Z I S I O N S U H R E N G Reg.5.13.1921
	DEUTSCHE PRAZISIONS Germany 259/5 Trademark registr.10.03.1919.	S ORIGINAL GLASHÜTTE

NOTE:

TRADEMARK OR TRADENAME MARQUE DE FABRIQUE - NOMS WARENZEICHEN - WORTMARKE	NAMES AND ADDRESSES NOMS ET ADDRESSES NAMEN UND ADDRESSEN	REMARKS OBSERV'TN BEMERKUNG
S DEUTSCHE PRÄZISIONSUHR „ORIGINAL GLASHÜTTE"	DEUTSCHE PRAZISIONS WATCH Germany 260/5 Registered 10.03.1919.	
K DEUTSCHE PRÄZISIONSUHR „ORIGINAL GLASHÜTTE"	DEUTSCHE PRAZISIONS Germany 261/5 Registr.10.03.1919.	
243922. P ORIGINAL GLASHÜTTE	DEUTSCHE PRAZISIONS Germany 262/5 Registr.03.10.1920.	
243826. E DEUTSCHE PRÄZISIONSUHR „ORIGINAL GLASHÜTTE"	DEUTSCHE PRAZISIONS Germany 263/5 Regist.10.03.1919.	
243920. R ORIGINAL GLASHÜTTE	DEUTSCHE PRAZISIONS Germany 264/5 Registr. 10.03.1919.	
243921. G ORIGINAL GLASHÜTTE	DEUTSCHE PRAZISION Germany 265/5 Registr.10.03.1919.	
	DEUTSCHE PRAZISIONS Germany 266/5 Tradesymbol for office calculator and machines.	

NOTE:

REMARKS OBSERV'TN BEMERKUNG	NAMES AND ADDRESSES NOMS ET ADDRESSES NAMEN UND ADDRESSEN	TRADEMARK OR TRADENAME MARQUE DE FABRIQUE - NOMS WARENZEICHEN - WORTMARKE
	DEUTSCHE PRAEZISIONSUHR -ORIGINAL GLASHUETTE- e.GmbH Glasheutte /Saxonia Germany 002/6 Deutsche Praezissions-Uhrenfabrik Glasheutte (Sa) -Saxonia e.GmbH registered 16.07.1920.Manufacturer and distributor of watches,precision instruments,nautical,physical geodetic instruments.Mechanical calculator, watches and parts for the horological trade.	249674. K DEUTSCHE PRÄZISIONSUHR „ORIGINAL GLASHÜTTE" 273177.
	DEUTSCHE PRAEZISIONS UHREN FABRIK Germany 018/6	G
	DEUTSCHE PRAEZISIONS TASCHEN- UHREN- FABRIK Glashuette / Saxonia Germany 095/7b KNOO,MFC/WHS Watches	J.ASSMANN Schutz-Marke GLASHÜTTE
	DEUTSCHE STEINUHREN INDUSTRIE GmbH Berlin O 17,Markgrafendamm 14 Germany 093/7a DB40 ,MFC Clock Cases from Stone	DEUTSCHE STEINUHREN
NOTE: AK04 denotes archive Watchmkr. address Handbook year 1904 ------	DEUTSCHE UHREN-FABRIK Popitz & CO Leipzig, Querstrasse 4 Germany 093/7b DB41,MFC/WHS Clocks of all Types	DEUTSCHE UHRENFABRIK
DB40 denotes archive DIEBNER Watchmkr. Calendar year 1940 ------	DEUTSCHE UHRENFABRIK POPITZ & Co. Leipzig C1 ,Querstrasse 6 Germany 156/6 PENG, tradename registered 01.10.1927, alarm clocks.	386164. Peng
HE denotes archive HENNIG ------ KNOO denotes archive Knapp ------	DEUTSCHE UHRGLAS FABRIK GmbH Freden /Lahn Germany 093/7c DB41,MFC/ ND.	DEUTSCHE UHRGLAS FABRIK

NOTE:

TRADEMARK OR TRADENAME MARQUE DE FABRIQUE - NOMS WARENZEICHEN - WORTMARKE	NAMES AND ADDRESSES NOMS ET ADDRESSES NAMEN UND ADDRESSEN	REMARKS OBSERV'TN BEMERKUNG
Deutsche Steinuhren-Jndustrie G. m. b. H. BERLIN.	DEUTSCHE STEIN UHREN INDUSTRIE GmbH Berlin Germany 418/5 Clocks encased in marble or other stoneware cases. Register. 10.08.1913.	
	DEUTSCHLAND UHREN MANUFACTURER Frank Leo Berlin Germany 254/5 Registered 08.32.1921, clock and watch export incl.parts.	
Deutschland Uhren-Manufaktur Leo Frank"	Germany 267/5 FRANK,Leo Berlin DEUTSCHLAND UHREN-MANUFACTUR, tradename regist.01.28.1919. Export-Import of clocks/watches.	
351363. ELIDA	DOERFLER & Co. Mainz/Main,Ludwigstrasse 12. Germany 114/6 ELIDA, tradename for pocket/and wristwatsches, registered 21.12.1925.	
365035. Elida DIE GUTE UHR	DOERFLER & Co. Mainz/Main Germany 149/6 ELIDA, tradename registered 19.11.1926.manufacturer of pocket/ wristwatches, also clocks for the home.	
COLUMBUS	DURRSTEIN & Co. Dresden Germany 250/5 COLUMBUS, tradename registered 12.19.1895, pocket watches,cases movements, parts.	
FELSENBURG	DUERRSTEIN & Co/Fabrik Dresden-Altstadt Germany 095/7a DB40 , MFC/WHS Watches	

NOTE:

REMARKS OBSERV'TN BEMERKUNG	NAMES AND ADDRESSES NOMS ET ADDRESSES NAMEN UND ADDRESSEN	TRADEMARK OR TRADENAME MARQUE DE FABRIQUE - NOMS WARENZEICHEN - WORTMARKE
	DUERRSTEIN & Co. Dresden-Altstadt Germany 414/5 UNION, tradename registered 24.04.1911. Pocket watch manufct. of high grade watches.	Union
	DUERRSTEIN & Co. Germany 415/5 Tradesymbol registered 18.05.1912.	D + C
	DUERRSTEIN & Co. "UNION" Glashuetter Uhrenfabrik Glashuette /Saxonia Germany 049/7a AK04 MFC WHS, Watches	DURRSTEIN
	DUBAIL, Monin FOSSARD & Co Berlin W Germany 249/5 EROS, tradename registr.11.15. 1895, watch manufacturer.	EROS
	DUBAIL, Monin FOSSARD & Co. Berlin W Germany 224/5 ARGUS, tradename registered 08.07.1895 -Pocket watches ?	ARGUS
	DOHRMANN, E. Bremen,Domsheide 5, and Stettin Rossmarktsr.73 Germany 094/7a DB41,WHS Clocks/Watches/Suppls.	DOHRMANN
	DOHRMANN, E. Bremen Germany 146/6 E D , tradename registered 17.07.1926. Wholesale house for clocks/watches.	366640. E D
	DOHRMANN E. Bremen Germany 153/6 Trademark registered 17.07.1926 wholesale of clocks and watches, parts for the trade.	e D o

NOTE:

TRADEMARK OR TRADENAME MARQUE DE FABRIQUE - NOMS WARENZEICHEN - WORTMARKE	NAMES AND ADDRESSES NOMS ET ADDRESSES NAMEN UND ADDRESSEN	REMARKS OBSERV'TN BEMERKUNG
Rolanduhr 	DOHRMANN, E. Germany 147/6 ROLANDUHR, tradename registered	
DOHRMANN	DOHRMANN E. Bremen Germany 346/5 STAHLIT, tradename registered 17.03.1936, wholesale house for clocks/watsches, tools and suply. for the trade.	
ED 	DOHRMANN, Ernst Bremen Germany 012/7c AK04 ND	
375804. **Dolektra**	DOLL, Carl Koblenz /Rhein Germany 182/6 DOLEKTRA, tradename registered 14.07.1927,wholesale house for watchmaker.	
DRUSENBAUM	DRUSENBAUM, Paul Pforzheim Germany 094/7b DB41, ND	
367264. 	DRUSENBAUM, Paul Pforzheim Germany 148/6 Manufacturer of clocks,spring powered small motors, pocket/wrist watches. Registered 17.08.1926.	
370707. 	DRUSENBAUM , Paul Pforzheim/Badenia Kaiser Friedrich Str.7 Germany 193/6 Manufacturer of watch cases, registered 12.04.1927.	

188/L

NOTE:

REMARKS OBSERV'TN BEMERKUNG	NAMES AND ADDRESSES NOMS ET ADDRESSES NAMEN UND ADDRESSEN	TRADEMARK OR TRADENAME MARQUE DE FABRIQUE - NOMS WARENZEICHEN - WORTMARKE
	DRUSENBAUM, Paul Pforzheim Germany 256/5 DRUSUS, tradename regist.11.30. 1912, watches, cases, movements.	Drusus
	DRUSENBAUM Paul. Germany 284/6 Registered 27.03.1930, watch factory, watch cases, movements complete watches, wholesale,parts for the trade.	DRUSENBAUM
	DANNHORN, Max Nuernberg Germany 011/7a AK04 ND	M. D.
	DUNZELT, A.H. Zwickau/Saxonia Germany 013/7a AK04 ND	AHD.
	D U F DEUTSCHE UHREN FABRIK Dresden i.Sa.(Saxonia) Germany 075/4 D U F , Duerrstein & Co.Watch factory.	D U F
	DUROWE G.m.b.H. Pforzheim Germany 044/4 "DEUTSCHE UHREN-ROHWERKE FABRIK" "D" "U" "RO"WE" "German Ebauche Factory" Founded in 1933 to produce standarized wristwatch movements. Year 1939, monthly production @ 30,000 movements. Entire production and marketing facilities destroyed during WW II.Rebuilt in 1949. 1959 company sold to U.S.TIME CORPORATION. Sold 1965 to EBAUCHES S.A.of Switzerland.	DEUTSCHE UHREN - ROHWERKE D
	DUERRSTEIN & Co Dresden Germany 045/4 Registered Trademark 03.15.1910. Manufacturer and Retailer of time pieces.Note "D" in center of star. Alternate design without "D".	D

NOTE:

TRADEMARK OR TRADENAME MARQUE DE FABRIQUE - NOMS WARENZEICHEN - WORTMARKE	NAMES AND ADDRESSES NOMS ET ADDRESSES NAMEN UND ADDRESSEN	REMARKS OBSERV'TN BEMERKUNG
NORMAL	DUERRSTEIN & Co. Dresden-Altstadt Germany 054/4	
243826. DEUTSCHE PRÄZISIONSUHR „ORIGINAL GLASHÜTTE"	DEUTSCHE PRAEZISIONS UHREN GLASHUETTE i.Sa. Glasheutte i.Sa. (Saxonia) Germany 078/4 Founded in 1904 by E.Kassiske,but actually in operation since 1890. Selected program for production of FINEST pocket watches of top quality. With end of WWI all operation ended and the factory was dissolved.	
ALS = ADOLF LANGE SONS	DEUTSCHE UHRENFABRIKATION GLASHUETTE i.SA. A.Lange & Sohne Glashuette Germany 071 Signature on watches:	
LLF	E C LI P S E ND ND 052/4 ND	
	EBERLE & Co J.A. Augsburg Germany 013/7c AK04 WHS/RET/Clocks/Watches	
E	EISPERT, Julius Breslau Germany 014/7a AK04 ND	NOTE: AK04 denotes archive Watchmkr. address Handbook year 1904 ------
371906. KAUFMANN & CO HALLE A. SAALE E.N.U.G	ELEKTRO-NORMAL-UHR GESELLSCHAFT -Kaufmann & Co Halle/Saale Germany 184/6 Manufacturer of electri operated central master time systems, time-control clocks, electric clocks for public locations. Registerat. 12.03.1927.	DB40 denotes archive DIEBNER Watchmkr. Calendar year 1940 ------ HE denotes archive HENNIG ------
E L E K T R A	ELEKTRA - UHRENFABRIK Elberfeld Germany 096/7c KNOO, MFC Electr.Clocks	KNOO denotes archive Knapp ------

NOTE:

REMARKS OBSERV'TN BEMERKUNG	NAMES AND ADDRESSES NOMS ET ADDRESSES NAMEN UND ADDRESSEN	TRADEMARK OR TRADENAME MARQUE DE FABRIQUE - NOMS WARENZEICHEN - WORTMARKE
	ELECTROZEIT AKTIENGESELL- SCHAFT Frankfurt/Main Germany 283/6 ELEKTROZEIT/Synchron Uhr,regist. 31.10.1931. Electro/central/autom. time systems.	E L E K T R O Z E I T
	ELEKTRISCHE UHREN GESELLSCHAFT m.b.H. (Electric power clocks) Frankfurt/Main Germany 268/5 Registered 07.07.1903, electric power operated clocks.	
	ELEKTRO-MECHANIK GmbH Berlin Germany 285/5 WATTVOLTA,tradename regist. 02.28.1912. Electro-mechanical clocks with autmatic windup.	Wattvolta
	ELGG, Fridolin Berlin,W 35,Magdeburger Str. Germany 141/6 CHRONOS, tradename registered 31.03.1927. Distributor/Wholesale of clocks and watches.	375063. 
	ELSTER- NORMALUHR Gera Germany 005/6 Robert Ziegengeist Nachfg.(succed) Herman Erdenberger,regist.15.04. 1921. Clocks/watches?	E L S T E R NORMALUHR
	E M E S Schwenningen/Neckar Germany 053/4 EMES,tradename enterprise,time- pieces operated under the name: MUELLER - SCHLENKER, founded 1879 especially maker of movements for the instrument industry,alsopocket and wrist watches, later maker of automobil clocks.1960 expanded production facilities. Last data records "EMES" electornic.	510538 Emes Regist. 04.07.1938

NOTE:

TRADEMARK OR TRADENAME MARQUE DE FABRIQUE - NOMS WARENZEICHEN - WORTMARKE	NAMES AND ADDRESSES NOMS ET ADDRESSES NAMEN UND ADDRESSEN	REMARKS OBSERV'TN BEMERKUNG
AH C F M TEUTONIA	ENGELKEMPER , Carl Muenster/Westfalia Germany 014/7b AK04 WHS/RET,Watches/Jewellery	
E P P L E	EPPLE ,Otto Koenigsbach/Pforzheim Germany 046/4 EPPO, watch manufacturer. Later expanded to wrist watch production under the Tradename of " EPPO WATCH COMPANY" from 1944 till 1951 Epple also was the co-owner of the PALLAS WATCH COMPANY.	
469686 Epifo	EPPLE, Julius Pforzheim Germany 305/6 EPIFO, tradename registered 16.06.1934, manufacturer of pocket/wrist watch cases. Also complete watch manufacturing.	
466261 DEUTSCHE WERTARBEIT JE	EPPLE, Julius Pforzheim Germany 314/6 Registered 01.02.1934, watch case manufacturer, also watches.	
481720 JE	EPPLE, Julius Germany 344/6 Trademark registered 01.11.1935, Watch and watch case manufacturer.	
E P P L E	EPPLE, Julius Germany 347/6 JERANA, tradename registered 31.01.1936, watch cases, wrist/ pocket watsches, in gold and silver cases, also in alloy cases.	

NOTE:

REMARKS OBSERV'TN BEMERKUNG	NAMES AND ADDRESSES NOMS ET ADDRESSES NAMEN UND ADDRESSEN	TRADEMARK OR TRADENAME MARQUE DE FABRIQUE - NOMS WARENZEICHEN - WORTMARKE
	EPPLE, Julius Germany 351/6 ARISTO, tradename registered 31.01.1936, watch case gold and silver and from alloys made. Ebauche movements for pocket and wrist watches.	486493 **Aristo**
	EPPLER W. Bad Duerrheim Germany 290/6 Registered 06.06.1932,manufact. of wrist watches,pocket watches.	448965 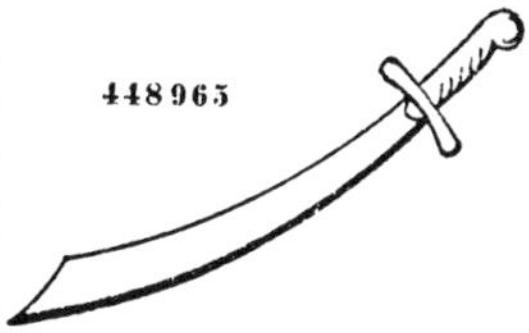
	EPPNER A.& Co. Silberberg/Silesia Germany (now Poland) 037/4 EPPNER, Eduard,born July 12,1812, in Halle,Saxonia-Germany, died July 2,1887, in Silberberg.Watch-maker apprentice in Switzerland. Returned to Silberberg,opened a watchmaker School in Silberberg, changed the economical structure by operating a large factory 1875. The production of fine quality pocketwatches 1900 @ 5000, sold under the Tradename: DEUTSCHE UHRENFABRIK SILBERBERG.	
	ERKA,Stand Uhren VERTRIEB GmbH (hall clocks) * Berlin 027,Alexander Str. Germany 214/6 ERKASTA,tradename registered 12.09.1929. Distributor and Whoesale of hall clocks * grand-father clocks).	410979 **ERKASTA**
	ESSER, Albert Aachen Germany 222/6 Registered 04.12.1928,wholesale and distributor of clocks/watches.	E S S E R
	E S C O Pforzheim Germany . 050/4 ESCO, tradename under the name:	E S C O
	E S U ND Germany 048/4 E S U ND	E S U

NOTE:

TRADEMARK OR TRADENAME MARQUE DE FABRIQUE - NOMS WARENZEICHEN - WORTMARKE	NAMES AND ADDRESSES NOMS ET ADDRESSES NAMEN UND ADDRESSEN	REMARKS OBSERV'TN BEMERKUNG
249399.	ETZOLD & POPITZ Leipzig Germany 001/6 Clock/watch factory, registered 29.06.1920. Export and import enterprise of household hardware.	
Dufa	ETZOLD & POPITZ Leipzig Germany 253/5 DUFA,tradename regist.03.27.1920 clock factory, wholesale and retail, clock movements and parts.	
E. 12670.	ETZOLD & POPITZ UHRENFABRIK (Clockfactory) Leipzig Germany 269/5 Export and import of clocks and watches, resgistr. year 1920.	
EUROPA UHREN	EUROPA UHREN FABRIK SENDEN G.m.b.H. SENDEN /Iller, Ulm-Donau Germany 049/4 EUROPA UHREN, founded 1949, production plant of small clocks of all types, especially alarm clocks, travel alarm clocks. Last records @ 1956.	
E T T E & MISCHKE	ETTE & MISCHKE Berlin, SW 19 Germany 159/6 Trademark registered 23.02.1928 Wholesale enterprise for pocket/ wrist watches. Clocks and parts for the trade.	
F U R T W Ä N G L E R	FURTWAENGLER - SOEHNE (sons) L.Furtwaengler A.G. Furtwangen/ Black Forest Germany 047/7b AK04 MFC/WHS/RET Hall-Wall Clk	
SCHUTZ MARKE HE Co	ENDLER H. & Comp. PRODUKTIVGENOSSENSCHAFT * der UHRMACHER von FREIBURG i.Schl. (Silesia) Germany /16 Registered 08.10.1877 Manufact. of Regulator Clocks, clock movement and clock cases. MFC/WHS/RET - * Clockmaker Cooperative .	

NOTE: Furtwaengler - Söhne (sons),additional data see page 397.

REMARKS OBSERV'TN BEMERKUNG	NAMES AND ADDRESSES NOMS ET ADDRESSES NAMEN UND ADDRESSEN	TRADEMARK OR TRADENAME MARQUE DE FABRIQUE - NOMS WARENZEICHEN - WORTMARKE
	FANTA Arthur Berlin Germany 107/6 ATENA,tradename registered 19.02.1925. Wholesale/retail clocks/watches, parts for the trade.	343973. „Atena"
	FANTA, Arthur Germany 108/6 AETERA, tradename registered 19.02.1925.	343974. „Aetera'
	J.FELD, NATIONAL UHRENWERK Villingen a.N. Germany 226/7 Trademark registered 16.04.1928. Manufacturer of hall,wall,mantle clocks.	398745 F
	F E LS U S Pforzheim Germany 055/4 FELSUS, tradename. ND	Felsus
	FELSING, Conrad Berlin Germany 056/6 CENTA , tradename registered under the name Dr.jur.W.Felsing 22.11. 1924, wholesale of jewelery,clocks and watches.	342612. „Centa"
	FLAIG M. Kirchentellinsfurt Germany 274/5 Manufacturer of pocket watches, ladies watches. Reg.04.05.1909.	F L A I G
	FLEMMING, Werner, Bruno Wittenberg Juristenstr. Germany 325/6 WFB, trade logo registered 06.11.1934, retail clocks and watches.	473594 WBF

NOTE:

TRADEMARK OR TRADENAME MARQUE DE FABRIQUE - NOMS WARENZEICHEN - WORTMARKE	NAMES AND ADDRESSES NOMS ET ADDRESSES NAMEN UND ADDRESSEN	REMARKS OBSERV'TN BEMERKUNG
Weltfriede	FRANKEL Germany 276 WELTFRIEDE, tradename registr. 01.20.1917. Pocket watch manufct.	
FRIEDE DÉPOSÉE	FRANK,Leo Berlin Germany 267/5 DEUTSCHLAND UHREN-MANUFACTUR, tradename regist.01.28.1919. Export-Import of clocks/watches.	
346024.	FRICK & Co Schwenningen a.N. Germany 111/6 Manufacturer of "Westminster" strike clocks, registered 28.02. 1925.	
LFS 21-09- 1881 LFS 22-01-1895	FURTWÄNGLER L.& Sohne(sons) UHRENFABRIK -Clockfactory Furtwangen Germany 169/5 Trademark registered 10.03.1911. Lorenz Furtwängler * July 26,1807, founded the clockfactory 1836. Sons Theophil,Hector,Oskar and Adolf all clockmakers joined the fathers enterprise in 1868 and the company changed to:UHRENFABRIK vormals (former) L.FURTWÄNGLER & SOHNE(sons).Clocks of top precision in workmanship, movement and cases made the Furtwängler enterprise world famous.1900 changed to A.G. (Stockholder Corporation). Beginning with World War I, the clockmaking was by law drastically curtailed, the company did participate in the production within the defense industry. After 1918,the tough com-competition (mass produced clocks) less expensive movements and clock cases forced the once famous clock maker Family of the Futwängler's out of business. All operations stopped 1929. Trademark registered 10.03.1914.	
FJ	FURTWÄNGLER SOEHNE (Sons) Furtwangen/Black Forest Germany Trademark registered 22.January 1895.	171/5
FURTWÄNGLER	UHRENFABRIK vorm.(former) L.Furtwaengler Sohne A.G. Germany 109/16.Reg.24.11.1925.	109/16

NOTE: 169/5 : Sohne= Söhne -Furtwängler -

REMARKS OBSERV'TN BEMERKUNG	NAMES AND ADDRESSES NOMS ET ADDRESSES NAMEN UND ADDRESSEN	TRADEMARK OR TRADENAME MARQUE DE FABRIQUE - NOMS WARENZEICHEN - WORTMARKE
	FIRCHOW, Paul Nachfolger (succeeded) Landis & Gyr Berlin Germany 045/5 Electrical clocks, last records year 1929.	PFN
	FISCHER, Artur Pforzheim Germany 342/6 FISCHERNIXE, tradename registered 20.06.1935, manufacturer of wrist, pocket,stop and sport watches.	479156 Fischernixe
	FISCHER & TRABANDT Pforzheim Germany 381/6 Manufacturer of pocket and wrist watches. Registered 26.05.1937.	498698 F.T TRABANT
	FISCHER & TRABANDT Germany 382/6 STABIL, trademark registered 26.05.1937. Pocket/wrist watches.	498699 F.T STABIL
	FOIT & Co. Frankfurt/Main Germany 289/6 SWASTIKA, tradename registered 25.01.1932, manufacturer of clocks watches all types.	446662 swastika
	FRANKEL N.R. Frankfurt/Main Germany 272/5 Pocketwatch manufacturer, registr. 08.26.1892.	
	FRANKEL N.R. Frankfurt/ Main Germany 273 Trademark NRF F, regiştered 10.14.1892, pocket watch manufct.	NRF F
	FRANKEL & Co. Frankfurt/ Main Germany 275/5 FRIEDE , tradename registr.07.28. 1914, wholesale of pocketwatches.	Friede

NOTE:

TRADEMARK OR TRADENAME MARQUE DE FABRIQUE - NOMS WARENZEICHEN - WORTMARKE	NAMES AND ADDRESSES NOMS ET ADDRESSES NAMEN UND ADDRESSEN	REMARKS OBSERV'TN BEMERKUNG
* 441333 Das Haus des Uhrmachers * RF * FLUME UHRENTECHNIK · SCHMUCK	FLUME-UHRENTECHNIK - BERLIN Berlin-West Germany 058/4 Watchmaker supply house founded in 1881.Pioneered and developed a spare parts system.Branches in Austria,Sweden,South Africa, The "FLUME" book, very comprehensive index and catalogue of spare parts for European made clocks and watches.Rudolf Flume, startet with 140 emploees(year 1912) and expanded from yaer to year.1937 celebrated 50. Anniversary.During WWII the Flume House in Berlin totally destroyed.Since 1951 a new beginning in Essen& Berlin Germany.	
F I L I U S	FILIUS, C. Germany 131/6 GARDE, tradename registered 04.12.1935, wholesale house for clocks and watches.	
Filia	FILIUS C. Berlin Germany 277/5 FILIA, tradename registr.12.27. 1919. Special supply house for watchmaker,parts,movements and tools.	
CF	FILIUS Germany 278/5 Trademark registr.06.28.1921. Watchmaker supply house	
F I L I U S	FILIUS Germany 301/6 PRINZIP, tradename registered 18.10.1932. Manufacturer of clocks/watches, wholesale and parts for the trade.	
F I L I U S	FILIUS Germany 302/6 PRINZIP, trade logo registered 13.04.1933. Manufacturer and wholesale clocks/watches.	

NOTE:

REMARKS OBSERV'TN BEMERKUNG	NAMES AND ADDRESSES NOMS ET ADDRESSES NAMEN UND ADDRESSEN	TRADEMARK OR TRADENAME MARQUE DE FABRIQUE - NOMS WARENZEICHEN - WORTMARKE
	FUCHS, Josef Peissenberg/Upper Bavaria Germany 173/6 Registered 22.08.1927, high grade watchmaker,optical instruments, gold/silversmith.	383383. JFU
	FUSS, Max Berlin Germany AETERNA,tradename regist. 02.13.1910, electric operated clocks.	Aeterna
	FRYTAG, Ingomar Erfurt Germany 152/6 INGOMAR, tradename registered 27.08.1926.Manufacturer,distrib. of watches, parts for the trade. Also silverware.	362100. Ingomar
	FABER, Julius Stuttgart Germany 014/7c AK04 ND	
	FADDERJAHN M. Berlin Germany 015/7a AK04 ND	M. F.
	FALLER & SOHN B. (son) Guetenbach/Black Forest Germany 015/7b AD04 MFC Clocks/Cuckoo Clock	B S F
NOTE: AK04 denotes archive Watchmkr. address Handbook year 1904 ------ DB40 denotes archive DIEBNER Watchmkr. Calendar year 1940 ------ HE denotes archive HENNIG ------ KNOO denotes archive Knapp ------	FREUND, Robert Berlin Germany 016/7a AK04 ND	
	FRANKEL & Co. Frankfurt/Main Germany 047/4 FRANKEL, manufc.pocket watches, and pendant watches for ladies. Registered Trademark under: M.Flaig, Kirchentellinsfurt (Wuerttemberg) data: 04.05.1909, and under the Name FRANKEL & Co. Frankfurt/Main 07.28.1914.	FRANKEL
	FOSTER, Bernhard Pforzheim Germany 062/4 ND	FOSTER

NOTE:

TRADEMARK OR TRADENAME MARQUE DE FABRIQUE - NOMS WARENZEICHEN - WORTMARKE	NAMES AND ADDRESSES NOMS ET ADDRESSES NAMEN UND ADDRESSEN	REMARKS OBSERV'TN BEMERKUNG
Jauch (letterhead graphic)	By name the JAUCH enterprise was related to one of the traditionnally oldest Black Forest clockmaker families. The GEBRUEDER JAUCH company manufactured hall,wall and mantle clocks. Movements for the trade, spring and weight operated.In the late seventies, the company fell victim to a curtailed export.Last record, dated year 1978.Remaining stock was purchased by a leading Clock/Watch supply house in the U.S.A.	
	Germany 111/16 GEBRUEDER MAIER, UHRENFABRIK Villingen a.N. (clock factory) Germany 111/16 . All types of clocks. Registered 21.07.1892.	
GEBRUEDER JUNGHANS	GEBRUEDER JUNGHANS Amerikanische Uhrenfabrik (American Clockfactory) Schramberg Black-Forest Germany 158/4 Trademark registered 10.01.1894.	
GEBRUDER JUNGHANS	GEBRUEDER JUNGHANS A.G. Schramberg-Wuerttemberg Germany 184/4 Registered 14.01.1922, clocks & watches, parts and movements for the trade.	
GEBRUDER JUNGHANS TULAN	GEBRUEDER JUNGHANS A.G. Schramberg- Wuerttemberg Germany 185/4 Tradename " TULAN" registered 12.03.1922. Rolling mill and foundry, parts for the horological trade.	
GEBRUEDER JUNGHANS TULA	GEBRUEDER JUNGHANS A.G. Schramberg-Wuerttemberg Germany 182/4 JUNGHANS TULA, tradename regist. 21.03.1922, watches,rolling mill metal foundry.	

NOTE: 158/4 : JUNGHANS, Table XIII,page 392, refer LIT 144

REMARKS OBSERV'TN BEMERKUNG	NAMES AND ADDRESSES NOMS ET ADDRESSES NAMEN UND ADDRESSEN	TRADEMARK OR TRADENAME MARQUE DE FABRIQUE - NOMS WARENZEICHEN - WORTMARKE
	GRUMBACH, Richard Pforzheim Germany 290/5 Regist.01.21.1895. Pocketwatch manufacturer.	
	GUDEMANN, Emil Koeln/Rhein Germany 051/6 Clocks/watch wholesaler, regist. 09.03.1925.	338866.
	GLASER & STUEBING Hanau Germany 016/7b AK04 Jewellery/Watches?	
	GARLAND, Wilhelm Triberg /Black Forest Germany 064/4 Trademark registered 15.09.1909.	
	GERSTENKORN, Adolph Hamburg Germany 067/6 Import/Export clocks/watches and parts for the trade,registered 04.03.1924.	328617.
	G U B GLASHUETTER UHREN BETRIEB Glashuette i.Sa (Saxonia) * Germany 086/4 This " poeple owned " watchmaking enterprise existed between the years 1946 - 1951. No other data on file. * GDR = German Democartic Republic.	G U B
	GERING & WANDPFLUG Pforzheim Germany 075/7c DB40,MFC Wristwatsches	

NOTE:

TRADEMARK OR TRADENAME MARQUE DE FABRIQUE - NOMS WARENZEICHEN - WORTMARKE	NAMES AND ADDRESS NOMS ET ADDRESSE NAMEN UND ADDRESSE	REMARKS OBSERV'TN BEMERKUNG
A. LANGE & SÖHNE (SONS	English translation: Official ANNOUNCEMENT Launenstein i. Saxonia logo recorded under No 1 in the name of A.Lange & Sons, German Horological enterprise - Glashuette (location of the administrave headquarter after filing on 23.November 1892, at AM 9¼ hour, for pocket - watches under the sign: (LOGO) Royal Courthouse in Lauenstein i.S.(Saxonia) Ficker	LIT 130 131 German text page 422 066/4
	HAMBURG AMERIKANISCHE UHRENFABRIK G0627 (Hamburg American-Clock Factory) Schramberg - Black Forest -Germany- MFC Registered Trademark Label 10.Feb.1886,County Court Hamburg	LIT 142 Hamburg Amerikan. Uhrenfabrik page 369
	HAMBURG AMERIKANISCHE UHRENFABRIK G0628 (Hamburg American-Clock Factory) Registered Trademark Label Year 1886	LIT 130/134 164/169
	HAMBURG AMERIKANISCHE UHRENFABRIK G0629 (Hamburg American-Clock Factory) Registered Trademark Label Year 1886	
	TORAN GESELLSCHAFT m.b.H.* G0608 MFC Berlin-Germany - TORAN - 13.Mar.1925 SUPW-SUP * limited corporation	
	UHRENFABRIK LANDAUER & Co. G9615 MFC Villingen /Badenia -Germany- DB 29 PC-CLK-REG-WHS	

T92/L NOTE: G0627-G0629,additional info.see page371

REMARKS OBSERV'TN BEMERKUNG	NAMES AND ADDRESSES NOMS ET ADDRESSES NAMEN UND ADDRESSEN	TRADEMARK OR TRADENAME MARQUE DE FABRIQUE - NOMS WARENZEICHEN - WORTMARKE
	GEBRUEDER JUNGHANS A.G. Schramberg -Wuerttemberg Germany 189 PNEULECTRO, tradename regist. 02.01.1928. Clocks and watches, automatic-electric controlled time systems for schools and offices, the system based on masterclock with slave clocks interconnected with a pneumatic actuated network.	**JUNGHANS PNEU-ELECTRO**
	GEBRUEDER JUNGHANS A.G. Germany 237/4 EXACTALARM, registered 21.08.1950. Clocks and clock parts.	
	GEBRUEDER JUNGHANS GMBH UHRENFABRIKEN-Zweigwerk* Diehl GmbH & Co. Schramberg Germany 166/4 Letterhead since the year 1956 ? * (branch factory) Also see under DIEHL INDUSTRIES GmbH.	**JUNGHANS** **DIEHL** DIEHL (letterhead logo)
	GERMANIA-REGULATOR-Fabrik (factory) Freiburg-Silesia Germany (now Poland) 061/4 Clock manufacturer of mantle, wall, hall pendulum and spring movements. Company merged with other factories in the Freiburg area in 1899 to form the UNITED FREIBURGE CLOCKFACTORIES -former Gustav Becker Works.Reference literature:Antique Clocks Publish. Concord-CAL.Trademark registered 12.11.1896. The BERLINER UHREN-FABRIK "URANIA" registered in the year 1921 also under "GERMANIA" See GUSTAV BECKER STORY, © 1975 by Karl Kochmann.	G E R M A N I A REGULATOR

NOTE: 166/4 : JUNGHANS, Table XIII,page 392, refer LIT 144

TRADEMARK OR TRADENAME MARQUE DE FABRIQUE - NOMS WARENZEICHEN - WORTMARKE	NAMES AND ADDRESSES NOMS ET ADDRESSES NAMEN UND ADDRESSEN	REMARKS OBSERV'TN BEMERKUNG
„Mars“	GENGENBACH A. Uhrenfabrik (Watches/Clocks) Pforzheim Germany 004/5 ND	
517312 Mars	GENGENBACH, Adolf Pforzheim Germany 415/6 MARS, tradename registered 13.06.1939. Wrist and pocket watch manufacturer.	
426108 N W O S	GERL& SCHIPPER Koeln/Rhein Germany 253/6 Registered 28.06.1930, wholesale of pocket/wristwatches, also clocks.	
478814 Rebus	GERL & SCHIPPER Germany 340/6 REBUS,tradename registered 12.03.1935, ditributor of watches.	
G E R M A N I A UHRENFABRIK	GERMANIA - UHRENFABRIK (Clockfactory) Freiburg - Silesia Germany 193/5 Startet @ 1870 with the production of medium priced "homeclocks" merger 1899 to form the "UNITED FREIBURG CLOCK FACTORIES" Refer to 184.	
470014 KGL	GEUTSCH, Karl Leipzig C1, Katharinen Str. Germany 306/6 KGL, trademark pocketwatch case manufacturer, registered -4.07. 1934.	

NOTE:

REMARKS OBSERV'TN BEMERKUNG	NAMES AND ADDRESSES NOMS ET ADDRESSES NAMEN UND ADDRESSEN	TRADEMARK OR TRADENAME MARQUE DE FABRIQUE - NOMS WARENZEICHEN - WORTMARKE
	GAUSS, Eugen Pforzheim Germany 375/6 GAUSS, tradename registered 24.08.1938, Jewelery and wrist watch bands.	503729 **Gauss**
	GARANTIEGEMEINSCHAFT Deutscher UHRMACHER e.V.* Wuppertal/Barmen Germany 367/6 GEDU,* "Association of German Watchmaker for Quality Guarantee" Registered 17.12.1936.	497618 Verbandszeichen **Gedu**
	GEBRUEDER JUNGHANS A.G. WERK GUSTAV BECKER Schramberg / Black Forest Germany 233/6 Registered 14.02.1936,manufacturer of clocks made by Junghans, but sold under the GUSTAV BECKER label	486625 G B G.BECKER
	GEBRUEDER JUNGHANS A.G. Germany 359/6 GOLDSTERN, tradename registered 30.03.1937.	GOLDSTERN
	GEBRUEDER JUNGHANS A.G. Germany 420/6 BRAVETTINO, tradename registered 01.06.1938.	BAVETTINO
	GELLES,Heinrich Essen,Kastanien-Allee 26 Germany 167/6 LORETTO, tradename registered 11.02.1928. Wholesale house for clocks and watsches.	390418 LORETTO
	GENGENBACH, Adolf Pforzheim,Salier Str.35 Germany 224/6 MARS, tradename registered 20.11.1928, manufacturer of wrist and pocket watches.	GENGENBACH

NOTE:

TRADEMARK OR TRADENAME MARQUE DE FABRIQUE - NOMS WARENZEICHEN - WORTMARKE	NAMES AND ADDRESSES NOMS ET ADDRESSES NAMEN UND ADDRESSEN	REMARKS OBSERV'TN BEMERKUNG
K G Original Karl Griesbaum	GRIESBAUM, Karl Singvogelwerk(animated birds) Triberg-Black Forest Germany 062/4 Griesbaum Karl * 04.August,1872 + 14.July 1941.Founded the family enterprise in 1905 to produce the singing bird music box, as well the whistling automated figures playing from a selction of 160 tunes. The Griesbaum production was exported worldwide. 1941, son Karl and Josef Griesbaum and son in-law Karl Kiefer contiuned the Griesbaum fabrication program. Latest data (1987) the Griesbaum company has sized all operations.	
GROSSMANN DEUTSCHE UHRMACHER SCHULE	GROSSMANN M. (Karl Moritz) Dresden-Glashuette Glashuette i.Sa. German 072/4 Karl Moritz Grossmann, * 27.03. 1826, + 23.01.1885. Joined the "Classic Watchmaker" dynasty of Adolf Lange in the year 1855, started his own independent shop, the Glasheutter"Second beat pend. clock" Translated Saunier's handbook for Watch-Clockmaking from French to German (5 Volumes). Charter founder of the famous: "DEUTSCHE UHRMACHER SCHULE" * in Glashuette (01.05.1878), * German Watchmaker/clockmaker School.	
	GROSSE. Richard Berlin Germany 016/7c AK04 ND	NOTE: AK04 denotes archive Watchmkr. address Handbook year 1904 ------ DB40 denotes archive DIEBNER Watchmkr. Calendar year 1940 ------ HE denotes archive HENNIG ------ KNOO denotes archive Knapp ------
E.	GUST, Eberhard Berlin Germany 013/7b AK04 ND	
„Goldisan"	GOLDISAN Gesellschaft (corporation) Pforzheim Germany 291/5 GOLDISAN, tradename regist. 07.04.1910. Watch manufacturer.	

NOTE:

REMARKS OBSERV'TN BEMERKUNG	NAMES AND ADDRESSES NOMS ET ADDRESSES NAMEN UND ADDRESSEN	TRADEMARK OR TRADENAME MARQUE DE FABRIQUE - NOMS WARENZEICHEN - WORTMARKE
	- G - Glashuette Glashuette i.Sa. (Saxonia) * Germany 084/4 This enterprise was a short lived watch factory, incorporated into the "VEB" (poeple owned factory) in the RUHLA - UHRENFABRIK. Refer to 087/4-088/4 no other data on file. Hersay year 1948-1951. GDR= German Democratic Republic.	
	GLASHUETTE i.Sa.* A.LANGE & SOEHNE Glashuette/Saxonia Germany 068/4 Dail imprintment. * = in Saxonia (Sachsen) . Further data: 066/4 . A.LANGE * SOEHNE GLASHUETTE *b/ DRESDEN Glashuette /Saxonia Germany 067/4 Dial imprintment. * = near. Further data see 066/4.	GLASHÜTTE A.LANGE & SÖHNE
	GLASHUETTER UHRENFABRIK DUERRSTEIN & Co Glashuetter /Saxonia Germany 043/4 Registered Trademark 07.13.1886. Some trademark with letter " A " or " D " in center square.The Wholesale house of Duerrstein, Johannes founded 1874. 1893 Johannes and brother Friedrich founded the "UNION" Watch Co. which achieved a highly respected position inn the watch trade. In the year 1926, due to the depression, the famous UNION WATCH Co. was unable to survive and the company ended in liquidation.	
	GLASHUETTER PRAEZISION UHREN - GLASHUETTE i.Sa. Glashuette i.Sa. Germany 080/4	GLASHÜTTER PRAEZISION UHREN

NOTE: 068/4 : GLASHÜTTE i.Sa. refer to page 353/392 LIT 169/134

TRADEMARK OR TRADENAME MARQUE DE FABRIQUE - NOMS WARENZEICHEN - WORTMARKE	NAMES AND ADDRESSES NOMS ET ADDRESSES NAMEN UND ADDRESSEN	REMARKS OBSERV'TN BEMERKUNG
PHS	HAAS & SOEHNE (Sons) (Phillipp Haas & Soehne) St.Georgen - Black Forest Germany 090/4 Founded by Philipp Haas in 1867. Company dissolved in the year 1920. Karl Haas, a very dynamic manager of the enterprise secured a world wide market of the "HAAS" clocks, especially high quality cuckoo clk. 1898 the sons took over, so the Haas enterprise was managed by the 4th generation. Literature reference: "The Black Forest Clockmaker & the Cuckoo Clock" Antique Clocks Publ. Concord Caif. USA. 94521.	
PHS	HAAS & Soehne (Philipp Haas & Soehne) St.Georgen- Black Forest Germany 091/4 Trademark registered 16.July 1895. Further data see form 092, literature reference : THE BLACK FOREST CLOCKMAKER and THE CUCKOO CLOCK c 1987 by Karl Kochmann.	
13-03-1883	HAAS PH.& SOEHNE (sons) St.Georgen /Black Forest Germany 097/7a KNOO,MFC/WHS Clocks of all Typ.	
	HAAS Rudolf & Sohn (son) Karlsruhe i.B. (Badenia) Germany 092/4 Manufacturer and wholesale of clock movemnents, parts for the trade. Retail speciality high quality Black Forest Clocks with eloborate wood carved decor. Trademark registered 06.15.1914.	
„Kaska“	Germany 114/16 HAAS Rudolf & Sohn (son) Karlsruhe i.B. Germany 114/16. Reg.02.09.1922. Clocks of all types "KASKA"	

NOTE:

REMARKS OBSERV'TN BEMERKUNG	NAMES AND ADDRESSES NOMS ET ADDRESSES NAMEN UND ADDRESSEN	TRADEMARK OR TRADENAME MARQUE DE FABRIQUE - NOMS WARENZEICHEN - WORTMARKE
	HALLER - UHRENFABRIK Thomas Haller-Clockfactory Schwenningen Germany 093/4 Haller, Thomas * 1854 - + 1917, clock manufacturing enterprise of wall,mantle 400 day (annivers) and hall clocks. First data 1880 and 1888 reference. 1900 merger with JUNGHANS-Schramberg, regist. under:VEREINIGTE UHRENFABRIKEN von GEBR. JUNGHANS & THOMAS HALLER AG> Schramberg-Schwenningen. Expanded fabrikation program:Pocketwatches Worldwide export market.Further data:JUNGHANS AG-Schramberg.Thomas Haller,a very dynamic industrial leader in the long line of HALLER. 1904 Thomas-Ernst Haller co-owner of the enterprise.Fabrikation and advertised under:American style clocks,especially:Pendulumn,Cuckoo wall and hall regulator.The THOMAS ERNST HALLER AG merged 1928 with KIENZLE AG.(Clocks & Watches) see for reference under KIENZLE A.G.	H A L L E R
	HALLER, Thomas-Ernst HALLER GmbH UHRENFABRIK (Clock & Watch Factory) Schwenningen Germany 094/4 Thomas-Ernst Haller son of Thomas Haller (ref.form 93) *1878-+1956, became the general manager of the reorganized: UHRENFABRIK HALLER AG Schwennigen after the JUNGHANS merger in the year 1903 was dissolv.	„Umpire“
	HALLER THOMAS Uhrenfabrik-(Clocks-Watches) Schwennigen Germany 097/4 Registered trademark @ year 1850.	1903
	HALLER THOMAS-Ernst Schwennigen Germany 096/4 HALLER THOMAS	1850
	HALLER, Thomas-Ernst UHRENFABRIK GmbH Clockfactory Schwenningen/ N (Neckar) Germany 102/4 P A L , trademark registered 10.30.1920.	Pal

NOTE: 093/4 : HALLER-UHRENFABRIK, refer to Table XI, page 365

TRADEMARK OR TRADENAME MARQUE DE FABRIQUE - NOMS WARENZEICHEN - WORTMARKE	NAMES AND ADDRESSES NOMS ET ADDRESSES NAMEN UND ADDRESSEN	REMARKS OBSERV'TN BEMERKUNG
324939.	HALLER,Thomas,Ernst Uhrenfabrik (clocks/watches) Schwenningen a.N. Germany 068/6 Trademark registered 18.06.1924. Also see 093/4 - 102/4 , 110/4 - 116/4 for general information and cross reference : Thomas Ernst HALLER A.G.	
343975.	HALLER, Thomas ,Ernst Germany 069/6 Trademark registered 28.01.1925.	
365824. **Beatall**	Germany 115/16 HALLER,Thomas Ersnst. A.G. Schwenningen a.N. Germany 115/16 BEATALL, tradename registered 19.03.1927. Clocks / Watches.	
365036. **Lloyd**	HALLER,Thomas,Ernst Germany 071/6 LLOYD, tradename registered 03.12.1926.	
391676 **TEH**	HALLER,Ernst,Thomas Germany 072/6 TEH, tradename registered 13.02. 1928.	
H A L L E R	HALLER,Thomas,Ernst Germany 073/6 Trademark registered 14.07.1927.	

NOTE: 068/6 : HALLER, Thomas, refer to page 365

REMARKS OBSERV'TN BEMERKUNG	NAMES AND ADDRESSES NOMS ET ADDRESSES NAMEN UND ADDRESSEN	TRADEMARK OR TRADENAME MARQUE DE FABRIQUE - NOMS WARENZEICHEN - WORTMARKE
	HALLER,Thomas,Ernst Germany 074/6 SUNRISE,tradename registered 23.01.1930.Further information see 068/6.	H A L L E R
	HALLER, Thomas Ernst Germany 076/6 HALLER, name copyright registered 22.05.1928.Further information see 068/6.	192857 **Haller**
	HALLER,Thomas,Ernst Germany 077/6 BONZO,tradename registered 17.12.1928. For more informatior see 068/6.	
	HALLER,Thomas,Ernst Germany 078/6 TORRERO,tradename registered 17.12.1928. Further information see 068/6.	401842 **Torrero**
	HALLER,Thomas,Ernst Germany 079/6 (chinese lettering) registered 10.12.1928.	401771 祥 玉 馮
	HALLER THOMAS Schwennigen Germany 098/4 HALLER, Thomas refer to 095/4	H A L L E R

NOTE: 074/4 : HALLER,Thomas Ernst, refer to page 365

TRADEMARK OR TRADENAME MARQUE DE FABRIQUE - NOMS WARENZEICHEN - WORTMARKE	NAMES AND ADDRESSES NOMS ET ADDRESSES NAMEN UND ADDRESSEN	REMARKS OBSERV'TN BEMERKUNG
HALLERERNST	HALLERERNST Thomas E.Haller Clock and Watch Factory Schwenningen a.N.(Neckar) Germany 110/4 "HALLERSERNST" tradename regist. 13.01.1909.	
HALLER THOMAS	HALLER THOMAS-Uhrenfabrik Clockfactory Schwenningen a.N. Germany 111/4 Registered 31.July 1890, fabric. program Wall-Hall-Mantle clocks.	
	HALLER THOMAS-Uhrenfabrik Clockfactory Schwenningen a.N. Germany 112/4 Trademark registered 29.Jan.1896.	
HALLER THOMAS	HALLER THomas E.Uhrenfabrik Watch & Clockfactory Schwenningen a.N. Germany 113/4 THE PEARL BABY, trademark regist. 13.01.1905.	
Alpha	HALLER THOS.E.Uhrenfabrik Watch & Clocksfactory Schwenningen a.N. Germany 114/4 ALPHA, trademark registered 18.12.1905.	
HALLER THOS. E.	HALLER THOS.E.Uhrenfabrik Watch & Clockfactory Schwennigen a.N. Germany 115/4 HOLLA, tradename registered 15.06.1906.	
META	HALLER THOMAS E.UHRENFABRIK Watch & Clockfactory Schwenningen a.N. Germany 116/4 META, trademark registered 09.01.1908	

NOTE: 110/4 : HALLERERNST, refer to page 365

REMARKS OBSERV'TN BEMERKUNG	NAMES AND ADDRESSES NOMS ET ADDRESSES NAMEN UND ADDRESSEN	TRADEMARK OR TRADENAME MARQUE DE FABRIQUE - NOMS WARENZEICHEN - WORTMARKE
	HALLER, Ernst Uhrenfabrik (clockfactory) Schwenningen a.N. Germany 296 MORNING GLORY, tradename regist. 08.18.1908.	Morning Glory
	HALLER,Ernst Germany 297/5 HALLERERNST, tradename regist. 01.13.1909.	Hallerernst
	HALLER, Thomas & Ernst Uhrenfabrik (clockfactory) Schwenningen a.N. Germany 299/5 SALVOS, tradename registered 02.26.1913.	Salvos
	HALLER, Thomas, Ernst Germany 220/6 Trademark for the Chinese market registered 10.12.1928.	HALLER THOMAS
	HALLER,Thomas,Ernst Germany 256/6 SUNRISE, tradename registered 23.01.1930. Alarm clocks.	416452, „Sunrise"
	HALLER, Ernst Germany 298/5 PRIOR, tradename regist.07.08.1913	PRIOR HALLER ERNST
	HALLER, THOMAS, Ernst UHRENFABRIK (Clocks/watsches) Schwenningen a.N. Germany 392/5 HTUE, tradename registered 01.02.1920.	HTUE

NOTE: 296/0 : HALLER,Ernst, refer to page 365

TRADEMARK OR TRADENAME MARQUE DE FABRIQUE - NOMS WARENZEICHEN - WORTMARKE	NAMES AND ADDRESSES NOMS ET ADDRESSES NAMEN UND ADDRESSEN	REMARKS OBSERV'TN BEMERKUNG
H A L L E R & B E N Z I N G	HALLER & BENZING UHRENFABRIK GmbH.. Schwenningen a.N. Germany 394/5 Clock movements,alarm clocks, pocket watches, registered @ 1928 also manufacturer of clocks for home and office.	
K L O S E	KLOSE,Johann,Gottlieb UHRMACHER Breslau-Silesia,* former Germany Germany-now Poland 189/3 Klose Johann,Berlin-Germany,data reference 1768, clockmaker and carriage clock maker. * Now Wroclaw/Poland.	

TABLE XI

THOMAS HALLER A.G. - GEBRÜDER JUNGHANS A.G. MERGER

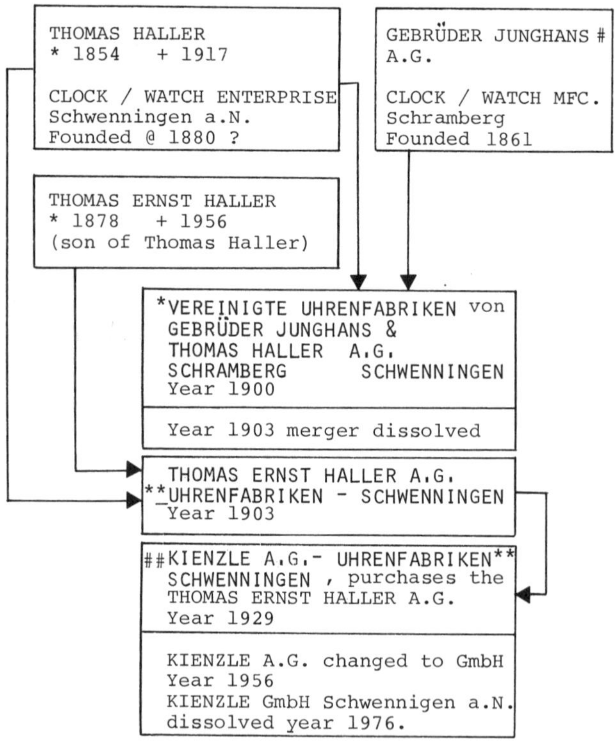

* UNITED CLOCK FACTORIES / (WATCHES)   ** CLOCKFACTORY (WATCHES)

NOTE:

REMARKS OBSERV'TN BEMERKUNG	NAMES AND ADDRESSES NOMS ET ADDRESSES NAMEN UND ADDRESSEN	TRADEMARK OR TRADENAME MARQUE DE FABRIQUE - NOMS WARENZEICHEN - WORTMARKE
	HAGENLOCHER ,Gustav K.G. Pforzheim Germany 075/7á DB40,WHS, especially Wristwtch.	„Geba"
	HABENICHT,Adolf,Nachf. (Succeeder) Hamburg Germany 300/5 Registered 09.11.1909. Clock/watch wholesale/retail.	HABENICHT
	HABMANNN, Karl Pforzheim Germany 317/6 KAHA, tradename registered 14.07.1934, watch case manufct. also watches.	471809 Kaha
	HAERTER , Ernst Pforzheim Germany 304/6 Registered 12.10.1934, manufact. of petit size clocks, cases for wrist/pocket watches.	470959
	HAHNLE & Brenk Germany 405/6 HOREX, tradename registered 09.02.1939. Watch manufact.	HAHNLE & BRENK
	HANLE & BRENK Pforzheim Germany 404/6 TYREX, tradename registered 09.02.1939, watch manufacturer.	
	HAHMACHER & HAHN Dortmund Germany 294/5 Clocks/Watches wholesale/retail regist.08.29.1895.	
	HAHMACHER & HAHN Dortmund Germany 017/7c AK04 Watch/Jewellery WHS/RET	H&H D TOBIAS
	HAMACHER & HAHN Dortmund Germany 303/5 CONCORDIA, tradename registered 02.14.1912. Clocks/watches.	HAMACHER & HAHN

NOTE:

TRADEMARK OR TRADENAME MARQUE DE FABRIQUE - NOMS WARENZEICHEN - WORTMARKE	NAMES AND ADDRESSES NOMS ET ADDRESSES NAMEN UND ADDRESSEN	REMARKS OBSERV'TN BEMERKUNG
	HANHART,Adolf UHRENFABRIK - Clocks-Watches Guetenbach - Black Forest Germany 099/4 Adolf Hanhart enterprise since 1882 in Diessenhofen/Switzerland. 1902 relocated to Schwenningen, then Guetenbach-Black Forest, 1935 startet with the watch fabrication, after WWII companys machinery was totally confiscated.1950 the comp. rebuilded,stopwatches,automatic timers,1958 absolut waterproof stop-watches.1962 stopwatch"AMIGO" "ELVISTO" "ROBOTIMER" electronic batterie-alarmclock, 1970 electron. Stopwatch.No further data on file.	
	HANHART, Adolf Schwenningen /Neckar Germany 062/7a DB40 MFC Clocks/Watches?	
	HANHART, Adolf Schwenningen /Neckar Germany 072/7c DB40, MFC Clocks/parts	
HANHARDT	HANHARDT, Adolf Gutenbach & Schwenningen Schwenningen a.N. Germany 148/4	
503668	HANHARDT, Adolf Schwenningen a.N. Germany 374/6 Watch factory, watch movements for the trade. Registered 18.05.1938.	NOTE:
	HAHN C.E.& Co. Berlin Germany 017/7a AK04 Watches.watch case.	AK04 denotes archive Watchmkr. address Handbook year 1904 ------ DB40 denotes archive DIEBNER Watchmkr. Calendar year 1940 ------
	HAHN E.Theodor Lengenfeld/Vogtland Germany 017/7b AK04 Watches/Watch case	HE denotes archive HENNIG ------
	HARMs,Fritz Pforzheim Germany 073/7a DB40, MFC Watches	KNOO denotes archive Knapp ------

NOTE:

REMARKS OBSERV'TN BEMERKUNG	NAMES AND ADDRESSES NOMS ET ADDRESSES NAMEN UND ADDRESSEN	TRADEMARK OR TRADENAME MARQUE DE FABRIQUE - NOMS WARENZEICHEN - WORTMARKE
	HAMBURGER STANDUHREN FABRIK G.m.b.H. Hamburg Germany 301/5 Hall,wall clocks. Regist. 09.20.1912.	Ha-Sta-Fa
	HAUPT -UHRENFABRIK Clockfactory ND Germany 145/4 ND	HAUPT
	HAUPT, Heinrich Duesseldorf Germany 018/7a AK04 ND	
	HAUSLER Gustav Hannover Germany 388/5 TORPEDO, tradename resgistered 10.03.1905. Wholesale and retail of watsches,parts for the trade.	Torpedo
	HOLZWEISSIG,Ernst Nachfolg. (successor) Leipzig Germany 295/5 ND	HOLZWEISSIG
	HANS (Junghans ?) Germany 242	HANS
	HAMACHER & HAHN Uhrenfabrik Clocks & Watches Dortmund Germany 107/4 COPERNICUS, tradename filed 12.09.1907, advertised as "WHOLE- SALE HOUSE" only. No other data on file.	HAMACHER & HAHN
	HAMACHER & HAHN UHRENFABRIK Dortmund Germany 106/5 Founded 1878 pocketwatch manufct. last records @ 1908. No other data on file. NOTE: Trademark "UNION" filed 02.11.1907, but also the Uhrenfabrik " UNION" # Glashuette / Saxonia / Germany # Watch factory " UNION "	UNION

NOTE:

TRADEMARK OR TRADENAME MARQUE DE FABRIQUE - NOMS WARENZEICHEN - WORTMARKE	NAMES AND ADDRESSES NOMS ET ADDRESSES NAMEN UND ADDRESSEN	REMARKS OBSERV'TN BEMERKUNG
HAMBURG AMERIKANISCHE UHRENFABRIK Schutz-Marke  	HAMBURG AMERIKANISCHE UHRENFABRIK- Hamburg American- Clock Factory Schramberg- Black Forest Germany 118/4 Clocks of all types, cases,parts for the trade,wholesale. International export,manufacturer of a wide selection of clocks, mantle, hall,wall,ship and special industrial clocks.Parts,dials,cases, hardware and decor for the clock trade.Founded by Paul Landenberger, 1883, with his partner Philipp Lang LANDENBERGER & LANG,later changed to Hamburg Amerik.Uhrenfabrik. For all historical details: THE HAU Company,Antique Clocks Publishing, Concord Calif 94521 USA.	NOTE: Trademark, Eagle / Flag registered 10.02.1886 under No.: 732, County Court Hall Hamburg/ Germany
HA **U**	HAMBURG AMERIKANISCHE UHRENFABRIK-Clockfact. Schramberg Black Forest Germany 119/4 H A U HAU, trademark registered since 1891, numerous re-registerations were filed, to re-activate the trade mark/name international protection.	
	HAMBURG AMERIKANISCHE UHRENFABRIK -Clockfactory Schramberg Black-Forest Germany 120/4 The typical cross-arrow symbol registered in Hamburg-Germany 02.18.1892.	
	HAMBURG AMERIKANISCHE UHRENFABRIK - Clockfactory Schramberg Black-Forest Germany 121/4 Trademark cross-arrow registered 02.29.1892 in Hamburg for International registeration.	
	HAU-HAMBURG UHRENFABRIK, Landenberger & Lang Schramberg Black-Forest Germany 122/4 Registered 07.28.1893.	

NOTE:

REMARKS OBSERV'TN BEMERKUNG	NAMES AND ADDRESSES NOMS ET ADDRESSES NAMEN UND ADDRESSEN	TRADEMARK OR TRADENAME MARQUE DE FABRIQUE - NOMS WARENZEICHEN - WORTMARKE
	HAMBURG AMERICAN CLOCK COMPANY = H A C Schramberg Black-Forest Germany 123/4 Label found on export clocks. H = HAMBURG A = AMERICAN C = CLOCK company * = Independent Dukedom in the State of Germany @ 1900.	
	HAMBURG AMERIKANISCHE UHRENFABRIK A.G.* Clockfactory Schramberg Black-Forest Germany 124/4 * A = Stockholder G = Corporation (Public stocks) A = Aktien (German) G = Gesellschaft (German)	
	HAMBURG AMERIKANISCHE UHRENFABRIK -Clockfactory Schramberg Black-Forest Germany 125/4 COLONIST, tradename registered 06.15.1909.	„Colonist"
	HAMBURG AMERIKANISCHE UHRENFABRIK-Clockfactory Schramberg Black-Forest Germany 126/4 PHLOX, tradename registered 06.30.1911.	Phlox
	HAMBURG AMERIKANISCHE UHRENFABRIK Clockfactory Schramberg Black Forest Germany 127/4 PANSY, tradename registered 07.01.1911.	Pansy
	HAMBURG AMERIKANISCHE UHRENFABRIK - Clockfactory Schramberg Black-Forest Germany 128/4 CHLORIS, tradename registered 07.01.1911.	Chloris
	HAMBURG-AMERIKANISCHE UHRENFABRIK in SCHRAMBERG Schramberg Black-Forest Germany 129/4 Registered 02.04.1910.	126107. „Hamburg-Amerikanische Uhrenfabrik in Schramberg"

NOTE:

TABLE XII

FOUNDING AND MERGER of the HAMBURG AMERICAN CLOCK Co.

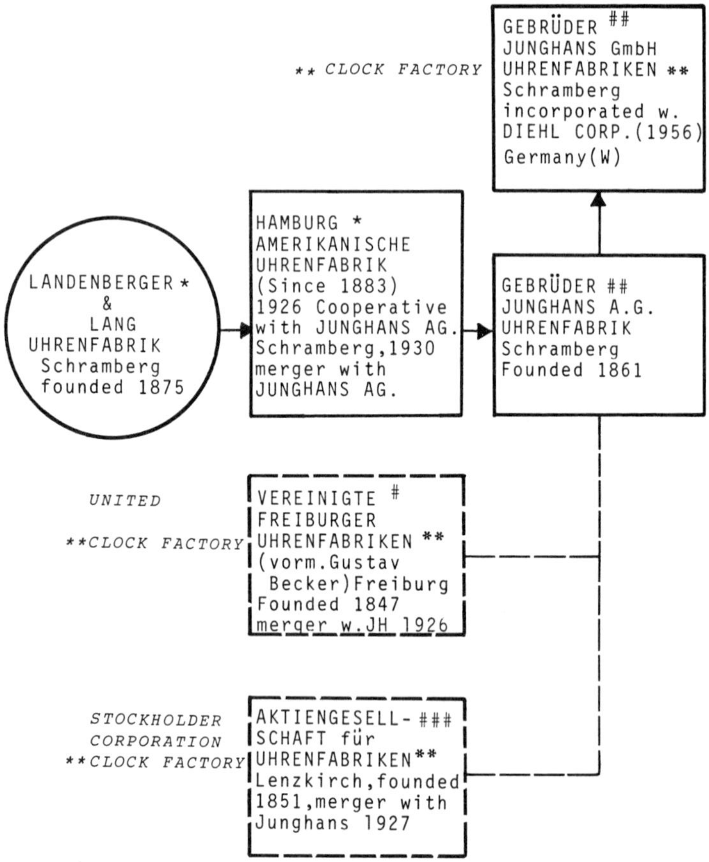

Literature reference:
THE HAMBURG AMERICAN CLOCK Co.
© 1980 Karl Kochmann, Antique Clocks Publishing, Concord CA. 94521 - U.S.A.

rev88 kk
80

NOTE:

REMARKS OBSERV'TN BEMERKUNG	NAMES AND ADDRESSES NOMS ET ADDRESSES NAMEN UND ADDRESSEN	TRADEMARK OR TRADENAME MARQUE DE FABRIQUE - NOMS WARENZEICHEN - WORTMARKE
	HAU Schramberg Germany 405/4 MAXIM, tradename , registered 17.08.1907,	M A X I M
	HAU Schramberg Germany 406/4 PHONOS, tradename registered 17.10.1907.	H A U
	HAMBURG AMERIKANISCHE UHRENFABRIK- Hamburg American- Clock Factory Schramberg- Black Forest Germany 118/4	H A M B U R G
	HAU Schramberg Germany 409/4 GRALS, tradename registered 01.19.1909.	Grals-
	HAU Schramberg Germany 410/4 AMFORTAS, tradename registr. 02.05.1912.	Amfortas
	HAU Schramberg Germany 411/4 KLINGSOE, tradename regist. 02.05.1912.	Klingsoe
	HAU Schramberg Germany 412/4 KUNDRY, tradename registr. 12.27.1911.	Kundry
	HAU Schramberg Germany 413/4 K I R I , tradename regist.02.12 1912.	Kiri
	HAU Schramberg Germany 414/4 TITOURELLE, tradename regist. 02.05.1912.	Titourelle

NOTE:

TRADEMARK OR TRADENAME MARQUE DE FABRIQUE - NOMS WARENZEICHEN - WORTMARKE	NAMES AND ADDRESSES NOMS ET ADDRESSES NAMEN UND ADDRESSEN	REMARKS OBSERV'TN BEMERKUNG
I N F A N T	HAMBURG AMERIKANISCHE UHRENFABRIK -Clockfactory Schramberg Black-Forest Germany 130/4 INFANT, tradename registered 07.28.1910.	
K O S M O S	HAMBURG AMERIKANISCHE UHRENFABRIK-Clockfactory Schramberg Black-Forest Germany 131/4 KOSMOS, tradename registered 01.10.1911.	
Lux	HAMBURG AMERIKANISCHE UHRENFABRIK - Clockfactory Schrámberg Black Forest Germany 117/16 L U X , tradename Registered ND	117/16
R E L L A H	HAMBURG AMERIKANISCHE UHRENFABRIK Clockfactory Schramberg Black Forest Germany 133/4 RELLAH, tradename registered 08.09.1906.	
M A X I M	HAMBURG AMERIKANISCHE UHRENFABRIK-Clockfactory Schramberg Black-Factory Germany 134/4 MAXIM, tradename registered 17.08.1907.	
P H O N O S	HAMBURG AMERIKANISCHE UHRENFABRIK-Clockfactory Schramberg Black-Forest Germany 135/4 PHONOS, tradename registered 17.10.1907.	
Diadem	HAMBURG AMERIKANISCHE UHRENFABRIK-Clockfactory Schramberg Black-Forest Schramberg 136/4 DIADEM, tradename registered 21.01.1911.	
Timp	HAMBURG AMERIKANISCHE UHRENFABRIK Schramberg Black-Forest Germany 137/4 T I M P , tradename registered 30.06.1911.	

NOTE:

REMARKS OBSERV'TN BEMERKUNG	NAMES AND ADDRESSES NOMS ET ADDRESSES NAMEN UND ADDRESSEN	TRADEMARK OR TRADENAME MARQUE DE FABRIQUE - NOMS WARENZEICHEN - WORTMARKE
	HAMBURG AMERIKANISCHE UHRENFABRIK-Clockfactory Schramberg Black-Forest Germany 138/4 PLACET, tradename registered 30.06.1911.	Placet
	HAMBURG AMERIKANISCHE UHRENFABRIK Clockfactory Schramberg Black-Forest Germany 139/4 SPAEHREN, tradename registered 12.08.1909.	„Sphären“
	HAMBURG AMERIKANISCHE UHRENFABRIK Clockfactory Schramberg Black-Forest Germany 140/4 BUCCO, tradename registered 07.01.1911.	Bucco
	HAMBURG AMERIKANISCHE UHRENFABRIK Clockfactory Schramberg Black-Forest Germany 141/4 PFEIL, tradename registered 18.08.1908.	P F E I L
	HAMBURG AMERIKANISCHE UHRENFABRIK Clockfactory Schramberg Black-Forest Germany 142/4 KRONNENWECKER, tradname registered 18.02.1903.	K R O N E N WECKER
	HAMBURG AMERIKANISCHE UHRENFABRIK Clockfactory Schramberg Black-Forest Germany 143/4 KLING- KLANG, tradename registered 27.10.1902.	K L I N G - K L A N G
	HAMBURG AMERIKANISCHE UHRENFABRIK Clockfactory Schramberg Black-Forest Germany 144/4 SCHELLENKOENIG, tradename registered 30.06.1911.	S C H E L L E N - K Ö N I G
	HAMBURG AMERIKANISCHE UHRENFABRIK A.G. Schramberg Black-Forest Germany 403/4 Trade symbol registered in the year 1905.	HAMBURG AMERIKANISCHE UHRENFABRIK A.G.
	HAMBURG AMERIKANISCHE UHRENFABRIK Schramberg Black-Forest Germany 404/4 RELLAH, tradename , registered	R E L L A H

NOTE:

TRADEMARK OR TRADENAME MARQUE DE FABRIQUE - NOMS WARENZEICHEN - WORTMARKE	NAMES AND ADDRESSES NOMS ET ADDRESSES NAMEN UND ADDRESSEN	REMARKS OBSERV'TN BEMERKUNG
310667. „Presto“	HAU Schramberg Germany 424/4 PRESTO, tradename registered 31.01.1924. Clocks and clock parts, execpt striking clocks.	
327063. Deux Flèches croisées	HAMBURG-AMERIKANISCHE UHRENFABRIK Schramberg Germany 091/6 DEUX FLECHES CROISES,tradename registered 30.08.1924. Further information see: 432/4.	
327064. Dos Flechas cruzadas	HAU Germany 092/4 DOS FLECHAS CRUZADAS, tradename registered 30.08.1924. Further data see : 432/4.	
327065. The Cross Arrows	HAU Germany 093/4 THE CROSS ARROWS, registered 30.08.1924. Further data see 432/4.	
	HAU Germany 094/6 (chinese lettering) YACHIGAN, registered 03.12.1924. Further data see: 432/4.	
	HAU Schramberg Germany 425/4 Tradename for the overseas market- export to China, regist. 03.08.1925, clocks and clock parts ONLY -	
353613. Romeo	HAU Schramberg Germany 426/4 ROMEO, tradename registered 15.06.1926, Clocks and clock parts, timer and odometer, industrial type windup movements, control intsruments mith mech. movement chart drive, taximeter for TAXIS.	
368192. „HAU“	HAU HAMBURG-AMERIKANISCHE UHRENFABRIK (clockfactory) Schramberg (Wuerttemberg) Germany Registered 07.05.1927,clocks MFC/WHS/RET	

NOTE:

REMARKS OBSERV'TN BEMERKUNG	NAMES AND ADDRESSES NOMS ET ADDRESSES NAMEN UND ADDRESSEN	TRADEMARK OR TRADENAME MARQUE DE FABRIQUE - NOMS WARENZEICHEN - WORTMARKE
	HAU Schramberg Germany 415/4 SAGITTOL, tradename registered 01.24.1913.	„Sagittol"
	HAU Schramberg Germany 416/4 P O , tradename registered 10.10.1913.	„PO"
	HAU Schramberg Germany 417/4 L U , tradename registered 10.24.1913.	„LU"
	HAU Schramberg Germany 418/4 MELBA, tradename registered 01.25.1922, on some labels of the HAMBURG AMERIKANISCHE UHRENFABRIK, Schramberg-Wuerttemberg * * State of Germany	M E L B A
	HAU Schramberg Germany 419/4 MOLLY, tradename registered 01.25.1922.	M O L L Y
	HAU Schramberg Germany 420/4 MARION, tradename registered 01.26.1922.	M A R I O N
	HAU Schramberg Germany 421/4 MODERATO, tradename registered 30.11.1923.	M O D E R A T O
	HAU Schramberg Germany 422/4 KLIPP - KLAPP, tradename regist 30.10.1924, clocks and clock parts.	323305. Klipp-Klapp
	HAU Schramberg Germany 423/4 LARGO, tradename registered 04.03.1924.Clocks and clock parts.	311970. „Largo"

NOTE:

TRADEMARK OR TRADENAME MARQUE DE FABRIQUE - NOMS WARENZEICHEN - WORTMARKE	NAMES AND ADDRESSES NOMS ET ADDRESSES NAMEN UND ADDRESSEN	REMARKS OBSERV'TN BEMERKUNG
M U L L E R DRESDEN	MUELLER, Johann Georg Dresden Germany 170/3 Travel clock-carriage clock maker data refrence year 1670 !	
„GAMA"	MULLER G.A. Pforzheim Germany 074/7c DB40, MFC Watches	
ROME	METZGER, Robert Pforzheim Germany 087/7b DB40, MFC Wrist/Pocket Watches.	
Nila	NIRSCHL, A. Pforzheim Germany 084/7c DB40,MFC Wrist Watches.	
PARA	RAFF,Paul Pforzheim Germany 086/7b DB40,MFC Watches.	
R A I S C H & WOESSER	RAISCH & WOESSNER Pforzheim Germany 085/7c DB40,MFC Watches.	
	REHABER, F.X. Passau/Donau Germany 037/7b AK04 ND	
	REINER, Josef Krumbach/Bavaria Germany 037/7c AK04 ND	
„Eszeha" „Idol"	SCHEUFELE, Karl Pforzheim Germany 073.7c DB40, MFC Watches	NOTE: AK04 denotes archive Watchmkr. address Handbook year 1904 ------ DB40 denotes archive DIEBNER Watchmkr. Calendar year 1940 ------ HE denotes archive HENNIG ------ KN00 denotes archive Knapp ------
S C H A U F E L BERGER	SCHAUFELBERGER & Co Pforzheim Germany 073/7b DB40, MFC Watches	
	SCHAUFELBERGER & Co. - Production of medium price range clocks, clock movements and parts for the trade. No data recorded.	
Gersi	SICKINGER, German Pforzheim Germany 075/b DB40, MFC Watches	

NOTE:

REMARKS OBSERV'TN BEMERKUNG	NAMES AND ADDRESSES NOMS ET ADDRESSES NAMEN UND ADDRESSEN	TRADEMARK OR TRADENAME MARQUE DE FABRIQUE - NOMS WARENZEICHEN - WORTMARKE
	HALLER, Siegfried Simonswald-Black Forest Germany 100/4 H A S I , tradename no other data on file.	H A L L E R SIEGFRIED
	HELM & GRAEFE Breslau Germany 018/7c AK04 ND	
	HELD, Karl Berlin-Steglitz Germany 103/6 RADIO-WAECHTER, tradename registr. 22.01.1925. Manufacturer of clocks.	346809. „Radio-Wächter"
	HELD C. Uhrenfabrik (Clock/watch factory) Hoefen a.Enz Germany 302/5 ALERT, tradename regist.02.11.1911 watch manufcturer, also clocks.	H E L D C.
	HELMA - UHRENFABRIK Linde & Co. Bremen Bremen Germany 147/4 ND	H E L M
	H E N N ND Germany 101/4 ND	H E N N
NOTE: AK04 denotes archive Watchmkr. address Handbook year 1904 ------ DB40 denotes archive DIEBNER Watchmkr. Calendar year 1940 ------ HE denotes archive HENNIG ------ KNOO denotes archive Knapp ------	HEILBRONNER J.& H. Watch/Clock Wholesale Munchen Germany 293/5 Tradesymbol registered 08.11.1890.	HEILBRONNER 
	HEILBRONNER.Heinrich Muenchen Germany 018/7b AK04 Watch/Jeweller/WHS/RET/MFC	Unitas Germania Superbe
	HEILIGER, Alfred Duesseldorf, Leopoldstr.1 Germany 070/7a DB40, WHS, Clocks/watches	AHD

NOTE:

TRADEMARK OR TRADENAME MARQUE DE FABRIQUE - NOMS WARENZEICHEN - WORTMARKE	NAMES AND ADDRESSES NOMS ET ADDRESSES NAMEN UND ADDRESSEN	REMARKS OBSERV'TN BEMERKUNG
HA U	HAU Schramberg Germany 432/4 HAMBURG-AMERIKANISCHE - UHRENFABRIK (Clock Factory) in Schramberg-Wurttemberg, registered 11.09. 1928. NOTE: Within the year 1927-1928 the merger of HAU with the "GEBRUEDER JUNGHANS A.G." Schramberg took place. Reference: THE HAMBURG-AMERICAN-CLOCK CO.c Antique Clocks Publishing, Concord, California USA-94521	
AH	HILLER Alfred & Sohn (son) Stuttgart Germany 020/7a AK04 ND	
A. H. St.	HILLER ALFRED /SOHN (son) Stutgart Germany 020/7b AK04 ND	
407005 JGEHA	HINKEL, Johann Georg Germany 242/6 Registered Trademark 25.06.1928. Clocks, saving clocks.	
H I N K E L	HINKEL, Johann,Georg Frankfurt / Main Germany 176/6 Distributor and wholesale of clocks/watches, registered 20.10.1928.	
ORIGINAL BLACK FOREST CUCKOO-CLOCK HUBERT HERR	HERR Hubert,Uhrenfabrik Clockfactory Triberg Black-Forest Germany 146/4 Factory for cuckoo clocks, and home clocks, enterprise founded by woodcarver Herr in the year 1918. Herr designed and made his own clock movements. The company (family owned) operates in Triberg with European and International market connections.	

NOTE:

REMARKS OBSERV'TN BEMERKUNG	NAMES AND ADDRESSES NOMS ET ADDRESSES NAMEN UND ADDRESSEN	TRADEMARK OR TRADENAME MARQUE DE FABRIQUE - NOMS WARENZEICHEN - WORTMARKE
	HERTEL & Co.Carl-Wilhelm Berlin Germany 019/7c AK04 ND	
	HILSE, Max Berlin Germany 020/7c AK04 ND	MH
	HERMLE & SOEHNE-Uhrenfabrik & Sons-Clockfactory Gosheim-Black Forest Germany 108/4 Founded @ 1922 as a supplier-contractor for the Kienzle clock enterprise in Schwenningen a.N. Gebhard Hermle + 1976 joined his father in 1929. Due the worldwide recession large clocks were not in big demand,Hermle changed to small clocks. Son Franz Hermle +1935. After WWII the Hermle enterprise was totally dismantled. 1951 the Hermle enterprise with spirit and a dedicated staff returned toclock production.Present day managment under Hans&Heinrich Hermle 450empl.	Hermle UHREN
	HERMLE , Franz & Sohn (son) Germany 350/6 Trademark registered 13.03.1936, clock factory for all types of clocks.	485231
	HETTICH, Gordian SOHN GmbH. Gordian Hettich & Soehne Uhrenfabrik-Clockfct.(Sons) Furtwangen-Black Forest Germany 103/4 Black Forest clock making enterprise founded @ 1836 in Furtwangen fabrication program: Cuckoo,Trumpeter and animated clocks. Data reference,1887,1895,1902,1905. 1902 changed in:UHRENFABRIK GORDIAN HETTICH Sohn GmbH. Gordian Hettich,developed in coopration with others a lithographic method to print colered clockfaces on zinc sheet metal,since the wood clock faces were not suitable for overseas export- the salty sea air pealed the paint off.	Eingetragene Schutzmarke GHS

NOTE:

TRADEMARK OR TRADENAME MARQUE DE FABRIQUE - NOMS WARENZEICHEN - WORTMARKE	NAMES AND ADDRESSES NOMS ET ADDRESSES NAMEN UND ADDRESSEN	REMARKS OBSERV'TN BEMERKUNG
G.H.S.F. No	HETTICH ,Gordian & Sohn (son) Furtwangen -Black Forest Germany 024/4 Clock factory founded 1836. Manufacturing wholesale and retail of wall-mantle-cuckoo clocks.Specialized trumpeter and animated music clocks. Data reference 1902,1905, Registered: UHRENFABRIK	
	HETTICH Gordian & Sohn (son) GmbH Furtwangen/Black Forest Germany 019/7a AK04 MFC Clocks of all Types	
S. H. S.	HETTICH, Sal. Sohn (son) Schonach/Black Forest Germany 019/7b AK04 Clocks	
H E R R M A N N	HERRMANN, Erwin Pforzheim Germany 390/6 Trade logo registered 12.06.1939 Manufacturer of clock/watch hands.	
ANKRA	HORRMANN, Hermann Leipzig C1, Peterstr.2 Germany 255/6 Registered 08.07.1930, wholesale clocks/watches/supplies for the trade.	
517670 Hona	HOHNER , Mathias Trossingen Germany 414/6 HONA, tradename manufacturing of clocks/watches , registered 11.10.1938.	
387465 „Unus“	HOHENSTEIN-UHRENFABRIK GmbH (clocks/watch) manufacturer Hohenstein/Ernstal Germany 163/6 UNUS, tradename registered 13.12.1927.	

NOTE:

REMARKS OBSERV'TN BEMERKUNG	NAMES AND ADDRESSES NOMS ET ADDRESSES NAMEN UND ADDRESSEN	TRADEMARK OR TRADENAME MARQUE DE FABRIQUE - NOMS WARENZEICHEN - WORTMARKE
	HUBER, Andreas Uhren- Clocks-Watches Muenchen Germany 105/4 Andreas Huber * July 14, 1831, + 1915. Founded a modest clock factory in 1856. 1880 received the title "Court appointed manufacturer of Clocks-Timepieces" Since 1880 the enterprise established first rate reputation in the clock-watch trade. Chronometric equipment for precision timekeeping for observatorys, 1936 timing contract forthe Olympic "Winter Games" Also equipt. the Airship "Graf Zeppelin" with bord clocks. The enterprise still operating in Muenchen.	H U B E R ANDREAS
	HUBER , Andreas UHRENFABRIK Munchen Germany 020 HUBER, tradename registered 07.07. 1921. Manufacturer of high grade clocks and watches.	272888. Huber
	HUBER, Andreas Muenchen Germany 203/6 Registered 21.03.1922, manufacturer of high grade clocks and watches. Detail data see: 105/4	287549. HUBER UHREN
	HUBER, Andreas UHREN- (watches/clocks) Munchen Germany 304/5 Manufacturer, fabrication of top grade precision timepieces. Registered 11.06.1912.	365 286. UHREN -HUBER
	HUBER, Andreas Germany 305/5 REICHSKRONE-ANKER-UHR, tradename regist. 11.06.1912. Precision timepieces, 400 day clocks.	169460. REICHSKRONE-ANKER UHR
	Germany 120/16 HUBER, Andreas Germany 120/16 Tradename registerd 10.27.1913. Watches, precision timepieces.	H. 28285.

NOTE:

TRADEMARK OR TRADENAME MARQUE DE FABRIQUE - NOMS WARENZEICHEN - WORTMARKE	NAMES AND ADDRESSES NOMS ET ADDRESSES NAMEN UND ADDRESSEN	REMARKS OBSERV'TN BEMERKUNG
319075. Aha	HUBER,Andreas Germany 307/5 AHA, tradename registr.17.12.1923 Clocks/watches, parts manufcturer.	
346806. ‚Romah'	HUBER, R& A. Germany 308/5 ROMAH,tradename registr.10.08.1925 Wholesale, clocks/watches especial. dials.	
493093 HUBER-UHREN	HUBER - UHREN Germany 310/5 HUBER - UHREN , registered under Andreas Huber,Muenchen,Vetrinaer- strasse.Manufacturer /wholesale/ retail of high grade clocks and watches.	
Huber	HUBER,Andreas Germany 306/5 HUBER, copyright tradename regist. 10.05.1921.Manufacturer-Wholesale and retail of top grade timepiecs.	
H U M M E L LUCCA	HUMMEL, Adolf Adolf HUMMEL & Sohn Freiburg i.B.* Black Forest Germany 104/4 Clockfactory enterprise since @ the year 1900. Startet in Furt- wangen - pocketwatch manufact - relocated to Freiburg i.B. * = Breisgau/county in the Black Forest. Data reference 1877/1880 1900.	
308543. MODERATO H.A.U.	Germany 121/16 HAMBURG AMERIKANISCHE UHRENFABRIK (clockfactory) Schramberg/ Black Forest Germany 121/16, registered 10.09.1923. Trademark :MODERATO Clocks of all types,clock parts.	

NOTE:

REMARKS OBSERV'TN BEMERKUNG	NAMES AND ADDRESSES NOMS ET ADDRESSES NAMEN UND ADDRESSEN	TRADEMARK OR TRADENAME MARQUE DE FABRIQUE - NOMS WARENZEICHEN - WORTMARKE
	HAU Schramberg Germany 427/4 TOMTIT, tradename registered 20.03.1926. Clocks,clock parts, industrial clock movements,chart drives for instrumentation,odometer, signal instrumentation for ship and railroad application.	349661. **Tomtit**
	HAU Schramberg Germany 428/4 H A U , tradename re-registered 07.05.1927. Clocks and clock parts	H A U
	HAU Schramberg Germany 429/4 LUXOR, tradename registered 22.03.1927. Clocks and clock parts, large clocks-hall clocks (grandfather clocks).	365 908. **Luxor**
	H A U Germany 095/6 BACKWAECHTER,tradename registered 07.12.1926. Further data: 432/4.	364 012. Backwächter
	HAU Schramberg Germany 430/4 HAU, tradename , registered 22.03.1927, clocks and clock parts,odometer, industrial type mechanical - spring operated drives, control instruments for signal systems for ship and rail application.	H A U
	HAU Schramberg Germany 431/4 CLARARO, tradename registered 31.03.1927, clocks and clock parts.	H A U
	HAU Germany Trademark registered 21.06.1928. Further data see 432/4.	HAU

NOTE:

TRADEMARK OR TRADENAME MARQUE DE FABRIQUE - NOMS WARENZEICHEN - WORTMARKE	NAMES AND ADDRESSES NOMS ET ADDRESSES NAMEN UND ADDRESSEN	REMARKS OBSERV'TN BEMERKUNG
A T O ATO - LARM ATO - CLOCK ATO - GONG JUNGHANS ATO	ATO SOCIETE ANONYME des ETABLISSEMENTS Leon HATOT, 12,rue du Faunbourg-Saint-Honore; Paris France /2 Manufacturer of batterie operated elctrical pendulumn clocks. Trademark registered 05.12.1934 in Paris. The Hamburg American Clock Company had cooperative agreements with ATO prior to 1934. After the merger HAU-Junghans, the JUNGHANS A.G. marketed the ATO pendulumn clock under theier name. Catalogue data @ 1932 refer to: HALLER & BENZING and to JUNGHANS. JUNGHANS marketed the ATO clock with transformer AC-DC for office and public places central time systems.	
D I E H L DIEHL HEINRICH	DIEHL GmbH & Co NURNBERG / GERMANY Germany / Founder Heinrich Diehl, * 1878 + 1938 founded in the year 1914,a modest engraver shop. Soon Diehl expanded to a small hardware brass foundry;During WWI, the DIEHL enterprise expanded to produce rolling stock for the German Railroad System. The DIEHL enterprise became a leading Industrial Group, holding over 1300 active technical patents. 1956 the DIEHL Group purchased the JUNGHANS BROTHERS Enterprise in Schramberg / Black Forest. DIEHL provided very liberal funds to support the Quartz clock and watch research, design and manufacturing. During the year 1985 the DIEHL GmbH & Co. Nürnberg, reorganized the JUNGHANS Schramberg operation under the new name: JUNGHANS UHREN GmbH	

NOTE: 000/2 : ATO, page 168/846
000/0 : DIEHL GmbH & Co., refer to page 354/392,Table XIII page 392

REMARKS OBSERV'TN BEMERKUNG	NAMES AND ADDRESSES NOMS ET ADDRESSES NAMEN UND ADDRESSEN	TRADEMARK OR TRADENAME MARQUE DE FABRIQUE - NOMS WARENZEICHEN - WORTMARKE
	ILLG,KOSSMANN & Co. Stuttgart Germany 208/6 LUZ, tradename registered 07.09.1922, manufacturer of pocket/wrist watches.	301636. LUZ
	IDEA INDUSTRIE-DIENST Ein/Ausfuhr/Gesellschaft m.b.H. Leipzig Germany 021/6 TERMINATOR, tradename "the time-keeper for the busy person" Registered 23.02.1922.	T E R M I N A T O R
	ISARIA-ZAEHLERWERK A.G. Muenchen Germany 109/6 Manufacturer of remote control electric clocks registered 28.05.1925.	I S A R I A
	ISA_RIA-ZAEHLERWERK Muenchen Germany 113/6 TELECHRON,tradename for electric powered clock movemnets-instrumts. Remote control electric clocks. Registered 28.05.1925.	348681. 
	JAUCH & SCHMID UHRENFABRIK GmbH (Clockfactory) Schwenningen a.N. Germany 115/5 NOVOCHRON, tradename registered 17.10.1930, clocks, special clock with electromagnetic windup syst.	J A U C H & S C H M I D
	JONASS & Co GmbH Berlin Germany 410/5 WUNDERUHR, tradename registered 15.12. 1908. Pocketwatch manufct.	„Wunderuhr"

NOTE:

TRADEMARK OR TRADENAME MARQUE DE FABRIQUE - NOMS WARENZEICHEN - WORTMARKE	NAMES AND ADDRESSES NOMS ET ADDRESSES NAMEN UND ADDRESSEN	REMARKS OBSERV'TN BEMERKUNG
J	J (Junghans ?) Germany 238/4 ND	
JUNGHANS	J and UNGHANS (Junghans) Germany 235/4 This abbreviation for the South American Market. ND	
J. 14122.	JACOB Georg GmbH Leipzig,Katharinen Str.19 Germany 198/6 Trade logo registered 29.10.1927. Established at the end of 19th century as the leading supplier of watchmaker/clockmaker parts and fixtures, in-house designed fixtures and tools, expanded to export market. No other detail data on file, but it can be safely assummed that this famous enterprise belongs to past history.	
	JACOB,Georg Germany 199/6 Logo registered 12.04.1928, Manufacturer of watches, clocks, fixtures and small precision machinery for the watch/clock=	
378816. Metis	JAECKLE ,Johann GmbH Schwenningen a.N. Germany 178/6 METIS, tradename registered 10.05.1927. Clocks and metal stamping enterprise.	
300665. J C O	JAECKLE & Co. Schwenningen a.N. Germany 207/6 Trademark registered 06.07.1922. Manufacturer of clocks and parts for the trade.	

NOTE:

REMARKS OBSERV'TN BEMERKUNG	NAMES AND ADDRESSES NOMS ET ADDRESSES NAMEN UND ADDRESSEN	TRADEMARK OR TRADENAME MARQUE DE FABRIQUE - NOMS WARENZEICHEN - WORTMARKE
	JAKCKLE, Johann,Uhren Clocks Schwenningen a.N. Germany 149/4 Enterprise registered 08.26.1903 No other data on file.	
	JAUCH & SCHMID Schwenningen a.N. Germany 396/4 Clockfactory for industrial operated movements founded 1912 by Heinrich Schmid * 1888 + ?, later expanded to"Guard Control Clocks" Timeclocks for timecards, Synchron clocks with master-slave system. Last records year 1956.	 Regist.04/08/1922
	JAUCH - GEBRUEDER (brothers) Uhrenfabrik Deisslingen a.N. Germany 395/4 Hall-wall-and mantle clocks, no other data on file.	J A U C H G E B R Ü D E R
	JAHRESUHRENFABRIK A.G. Triberg Black-Forest Germany 150/4 August Schatz * June 25,1854, + February 07, 1927. Under the famous Master Watchmaker Erhard Emmler, August Schatz served a four year apprentice ship.Inventor Anton Harder submitted an incomplete 400 day clock(Anniversary clock) to August Schatz,Harder's invention was production ready improved,registered 1881 and 1882, under:AUGUST SCHATZ & Soehne(sons) The company produces a variety of top quality clocks for world wide export in Triberg.	 
	JAHRESUHRENFABRIK A.G. (Anniversary Clock Factory) Triberg Black-Forest Germany 152/4 Registered 01.18.1892. 400 day clocks,decor clocks,cuckoo clocks. Main merchandize line:Anniversary clocks 400 and 1000 day.	
	JAHRESUHRENFABRIK A.G. (Anniversary Clocks) Triberg Black-Forest Germany 151/4 Registered 01.18.1892.	

NOTE: 395/4 : JAUCH-GEBRÜDER, refer to page 351
150/4 : JAHRESUHRENFABRIK A.G.
1986 Bankruptcy.the wrecking ball levelled the entire plant in Triberg after 108 yearsis now history.

TRADEMARK OR TRADENAME MARQUE DE FABRIQUE - NOMS WARENZEICHEN - WORTMARKE	NAMES AND ADDRESSES NOMS ET ADDRESSES NAMEN UND ADDRESSEN	REMARKS OBSERV'TN BEMERKUNG
266017. J. 9659. 	JAHRESUHRENFABRIK-TRIBERG Triberg Black-Forest Germany 153/4 Data reference see Tradename "JAHRESUHRENFABRIK" (anniversary clocks) registered 06.22.1900.	
JAHRESUHRENFABRIK JAHRESUHREN-FABRIK G.m.b.H. GERMANY	JAHRESUHRENFABRIK G.m.b.H. August Schatz & Soehne (sons) Triberg-Badenia Black-Forest Germany 391/4 See for details of company history. Trademark regist. 05.27.1921.	
	Germany 122/16 JAECKLE , Conrad UHRENFABRIK (Clockfactory) Freudenstadt / Black Forest Germany 122/16 WHS/RET Clocks of all types. Registered 04.08.1922.	
JAHRESUHRENFABRIK M E R C O	JAHRESUHRENFABRIK GmbH, August Schatz Triberg/Black Forest Germany 281/6 MERCO, tradename registered 11.02.1931. 400/1000 day clocks. Other data see:	
445413 S.S.C.	JAHRESUHRENFAB GmbH August Schatz Germany 287/6 S. S . C . trademark registered 01.04.1932. 400/1000 day clocks. Other data see:	
J U F	J - U - F August Schatz Triberg Black-Forest Germany 154/4 General data see J = Jahres Year U = Uhren Clock F = Fabrik Factory	

NOTE:

REMARKS OBSERV'TN BEMERKUNG	NAMES AND ADDRESSES NOMS ET ADDRESSES NAMEN UND ADDRESSEN	TRADEMARK OR TRADENAME MARQUE DE FABRIQUE - NOMS WARENZEICHEN - WORTMARKE
	JUDITH, Karlheinz Berlin SW 19,Wallstrasse Germany 318/6 JUDITH, tradename registered 08.11.1934. Wholesale of clocks/ watches.	J U D I T H
	JASSER, A. Liegnitz/Silesia Germany 021/7a AK04 Watches/Jeweller ?	
	JUNGE Nachf. Dresden- Altstadt Germany 267/6 SEDINA, tradename registered 20.02.1931. Wholesale of watches.	J U N G E
	JUNGE Nachf. Germany 272/6 WEGA, tradename registerd 20.06.1930. Wholesale house for the watchmaker/clockmaker jeweler.	
	JU (Junghans ?) Germany 239/4 ND	J U
	JO (Junghans ?) Germany 240/4 ND	J O
	JUNG (Junghans ?) Germany 241/4 ND	J U N G
	JUNGE, Nachf. Germany 270/6 EDISSA, tradename registered 16.02.1931. Wholesale watches.	J U N G E
	JUNGHANS Germany 370/4 PILOT-tradename, registered 09.02.1906, clock movements for hall, wall and regulator clocks.	P I L O T
	JUNGHANS GEBRUEDER A.G. Germany 419/6 LARGETTIONO, tradename registered 01.06.1938.	L A R G E T T I N O

NOTE:

TRADEMARK OR TRADENAME MARQUE DE FABRIQUE - NOMS WARENZEICHEN - WORTMARKE	NAMES AND ADDRESSES NOMS ET ADDRESSES NAMEN UND ADDRESSEN	REMARKS OBSERV'TN BEMERKUNG
467415 NEULAND	JAUCH, Christian Schwenningen a.N. Germany 316/6 Registered 24.04.1934, manufact. of clocks, all types.	
409967	JAUCH, Friedrich Schwenningen a.N. Germany 237 Trademark registered 03.07.1929. Manufacturer of clocks spring or electric powered.	
JAUCH & SCHMID	JAUCH & SCHMID GmbH Schwenningen a.N. Germany 274/6 Registered 17.10.1930,clockfact. manufacturer of all types of clocks, electro.magnet windup system.	
328228. Edona	JONGH ED de Hamburg Germany 066/6 EDONA; tradename registered 21.10.1924, wholesale of clocks/ watches, gold/silver jewelery.	
JONGH	JONGH de Hermann Hamburg Germany 034/6 EDONA, tradename with slogan: "Edona for a lifetime" Wholesale clocks/watches/jewelery. Registered 10.11.1926.	
„Marke Wunderwerk"	JONASS & Co GmbH Berlin Germany 340/5 MARKE WUNDERWERK, tradename Regist.09.01.1908. Clocks.	

NOTE:

TABLE XIII

JUNGHANS - DIEHL ENTERPRISE - NAME CHANGE - MERGER

OPERATED UNDER:

UHRENFABRIK
JUNGHANS & ZELLER
SCHRAMBERG
Year 1861

GEBRÜDER JUNGHANS OHG
SCHRAMBERG *
Year 1866
* (OHG/OPEN TRADE Co)

GEBRÜDER JUNGHANS
AMERIKANISCHE *
UHRENFABRIK
SCHRAMBERG - Year 1876
* American Clock
Factory

VEREINIGTE UHRENFABRIK
von GEBRÜDER JUNGHANS
& THOMAS HALLER A.G. *
SCHRAMBERG/SCHWENNIGEN
Year 1900 till 1903
* United Enterprise of
Junghans Brothers &
Thomas Haller

GEBRÜDER JUNGHANS A.G.
SCHRAMBERG *
* Junghans Brothers
open Stockholder
corporation,year
1902

JUNGHANS A.G.
SCHRAMBERG *
Year 1921
* Junghans - Open
Stockholder corp.

GEBRÜDER JUNGHANS A.G.
SCHRAMBERG *
UHRENFABRIKEN GEBRUDER
JUNGHANS - SCHRAMBERG
Year 1927
* Junghans Enterprise
Open Stockholder
corporation

JUNGHANS UHRENFABRIKEN
GmbH ? - Year 1945 *
*Junghans Enterprise
Corporation limited
liability.

JUNGHANS, GEBRÜDER,
JUNGHANS GMBH
ZWEIGWERK DIEHL GMBH
& CO *
Year 1956 - 1985
*Junghans Brothers,
Branch factory of
Diehl GmbH & Co.

JUNGHANS UHREN GMBH
SCHRAMBERG *
Since year 1985
*Junghans, corporation
with limited liability.

MERGER / FUSION :

RESCH, LORENTZ
EBENSEE / AUSTRIA
Year 1901 merger with
Junghans A.G./year 1901

BECKER, GUSTAV *
UHRENFABRIK / FREIBURG
SCHLESIEN,founded 1847
*Becker, Gustav
Clock Factory / Freiburg
Silesia

VEREINIGTE FREIBURGER
UHRENFABRIKEN-FREIBURG
SCHLESIEN *
*United Freiburger
Factories (former
Gustav Becker)
merger with Junghans A.G.
Year 1926

HAMBURG AMERIKANISCHE
UHRENFABRIK A.G.
SCHRAMBERG / GERMANY*
*Cooperative with
Junghans A.G.since 1926

Hamburg American Clock
Company / Schramberg
Founded 1883, merger
with Junghans A.G.
after 1930.

AKTIENGESELLSCHAFT FUR
UHRENFABRIKATION
LENZKIRCH/BLACK FOREST*
*Stockholder Corporation
for Clock Manufacturing
Lenzkirch, founded 1851
merger with Junghans A.G.
Year 1927

HAWINA - UHRENFABRIK
NEUSTADT - GERMANY *
*Hans Winterhalder K.G.
Year 1927 merger with
Junghans A.G.Schramberg

VEREINIGETE UHRENFABRIKEN
von GEBRUDER JUNGHANS &
THOMAS HALLER A.G.*
SCHRAMBERG / SCHWENNINGEN
*United Clock Factories
Junghans Brothers &
Thomas Haller A.G.
Year 1900 - 1903(fusion)

Fusion dissolved 1903

NOTE:

TRADEMARK OR TRADENAME MARQUE DE FABRIQUE - NOMS WARENZEICHEN - WORTMARKE	NAMES AND ADDRESSES NOMS ET ADDRESSES NAMEN UND ADDRESSEN	REMARKS OBSERV'TN BEMERKUNG
	JUNGHANS - UHRENFABRIK (Clockfactory) Schramberg Black-Forest Germany GENERAL NOTE: Since the Junghans enterprise was founded by Erhard Junghans sen. and Jacob Zeller in the year 1861 until to day(1988) the company underwent several name changes, for reference see: TABLE of the JUNGHANS enterprise NAME CHANGES. (American Clockfactory) Schramberg Black-Forest Germany 168/4 Trademark label found in clock cases @ year 1876 on.	
 Translation of the Latin inscript.: PLURIBUS UNUM (out of many ONE)	JUNGHANS, Erhard Clock Factory Trademark Reg.05.04.1877. Schramberg Black-Forest Germany 155 Complete historical account refer "THE JUNGHANS STORY" © 1976 Karl Kochmann, Concord Calif USA----- (Publication out of print) The Junghans Enterprise founded 1861 by Erhard Junghans & Jacob Zeller weathered all economical-polital changes in Germany-Europe and operates now on a scaled- down work-force with about 500 employees. Prime product : Electronic watches of all types and price range,also wall and mantle clocks with solid state movements.	
	JUNGHANS Gebrueder Amerikanische Uhrenfabrik (American Clock Factory) Schramberg Black-Forest Germany 170/4 Trademark same design as shown on form 168, instead a clock dial the inscription shows the coat of arms of the city of Schramberg. "TIME is MONEY" inscription was used for the export market only.	
	UHRENFABRIK GEBRUEDER JUNGHANS- A.G. Schramberg/Wuerttemberg Germany 236/4 Alternate design (form 168) for the domestic and European market only.	

NOTE: 168/4 : JUNGHANS UHRENFABRIK,refer to table XIII,page 392

REMARKS OBSERV'TN BEMERKUNG	NAMES AND ADDRESSES NOMS ET ADDRESSES NAMEN UND ADDRESSEN	TRADEMARK OR TRADENAME MARQUE DE FABRIQUE - NOMS WARENZEICHEN - WORTMARKE
	Germany 123/16 GEBRUEDER JUNGHANS (letterhead) - AMERIKANISCHE UHRENFABRIK - (American Clock Factory) Year 1879	
	JUNGHANS , Gebrueder Amerikanische Uhrenfabrik (American Clock Factory) Schramberg Black Forest Germany 171/4 Typical label found in clocks designated for the export market. Year @ 1875-1879.	
	Germany 124/16 JUNGHANS, Gebrueder (brothers) Schramberg / Black Forest Germany 124/16 Label for clock case manufactur. Registered 03.02.1882.	
	JUNGHANS GEBRUEDER (brothers) Uhrenfabrik-Clockfactory Schramberg Black-Forest Germany 156/4 Trademark registered 11.19.1888.	
	JUNGHANS GEBRUEDER Uhrenfabrik (Brothers) Clockfactory Schramberg Black-Forest Germany 157/4 Detail data see 155/4 Trademark registered 05.10.1890. Trademark re-registered 09.13.1917	
	Germany 126/16 JUNGHANS , Gebrueder (brothers) Uhrenfabrik -Clockfactory Schramberg / Black Forest Germany 126/16 Trademark registered 01.10.1894 re-rgistered 10.29.1928.	

NOTE:

TRADEMARK OR TRADENAME MARQUE DE FABRIQUE - NOMS WARENZEICHEN - WORTMARKE	NAMES AND ADDRESSES NOMS ET ADDRESSES NAMEN UND ADDRESSEN	REMARKS OBSERV'TN BEMERKUNG
	Germany 127/16	
	JUNGHANS, GEBRUEDER (brothers) UHRENFABRIK (clockfactory) Schramberg / Black Forest Germany 127/16. Trademark regist. 11.19.1888, re-regist. 09.19.1959	
J U N G H A N S	JUNGHANS Germany 247/4 8 point star with J or UNGHANS registered 01.10.1894. Clocks,clock cases, clock dials.	
J U N G H A N S & H A L L E R	JUNGHANS & HALLER Schwenningen-Schramberg Black Forest Germany 385/4 Tradename registered 05.10.1905.	
B R A V O	JUNGHANS & HALLER Uhrenfabrik (Clockfactory) Schramberg Black-Forest Germany 176/4 BRAVO, tradename registered 03.29.1905.	
J U N G H A N S U.H R E N F A B R I K	JUNGHANS UHRENFABRIKEN Schramberg Germany 387/4 Tradename registered 07.07.1905.	
J U N G H A N S & H A L L E R E G O	JUNGHANS & HALLER Uhrenfabrik Schramberg Black-Forest Germany 177/4 EGO, tradename registered 10.25.1909.	
	JUNGHANS GERMANY 250/4 JUNGHANS,graphic handwriting Registered 05.11.1910. Calibration measuring instruments, clocks and watches, movements,cases,parts for clocks and watches.	

NOTE:

REMARKS OBSERV'TN BEMERKUNG	NAMES AND ADDRESSES NOMS ET ADDRESSES NAMEN UND ADDRESSEN	TRADEMARK OR TRADENAME MARQUE DE FABRIQUE - NOMS WARENZEICHEN - WORTMARKE
	JUNGHANS GEBRUEDER & THOS HALLER (Brothers) Schramberg Germany 389/4 ERGO, tradename registered 09.15. 1910.	Ergo
	JUNGHANS, Gebrueder A.G. Schramberg Black-Forest Germany 175/4 VON, tradename registered 11.29.1913.	Von
	JUNGHANS, Gebrueder A.G. Schramberg Black-Forest Germany 172/4 Tradename " CRESCENDO " registered 03.31.1913 und Gebreuder Junghans Schramberg/Wuerttemberg.	Crescendo
	JUNGHANS Gebrueder A.G. Schramberg Black-Forest Germany 174/4 JOTA, tradename registered 03.11.1914.	Jota
	JUNGHANS, Gebrueder A.G. Schramberg Black-Forest Germany 173/4 PICEA, tradename registered 05.09.1914.	Picea
	JUNGHANS & HALLER Uhrenfabrik Schramberg Black-Forest Germany 178/4 JORA, tradename , registered 05.07.1914.	JUNGHANS & HALLER
	JUNGHANS GEBRUEDER A.G. Schramberg-Wuerttemberg * Germany 161/4 * Dukedom within the Confederation of Germany (Prussia) since 1872. Trademark registered 11.09.1917 under: Manufacturer and distrib. of clocks-watches, odometer, flash-lights, chemical fluorocent clock hands and watch/clock dials. Hand -generator operated flashlights.	
	JUNGHANS GEBRUEDER A.G. Uhrenfabrik Schramberg Black-Forest Wuerttemberg Germany 179 Registered 03.16.1918, manufacturer of clocks, odometer, flashlights with built in generator, radium flourocent paint for clock hands/ watch dails.	JUNGHANS GEBRUDER

NOTE:

TRADEMARK OR TRADENAME MARQUE DE FABRIQUE - NOMS WARENZEICHEN - WORTMARKE	NAMES AND ADDRESSES NOMS ET ADDRESSES NAMEN UND ADDRESSEN	REMARKS OBSERV'TN BEMERKUNG
JUNGHANS JUNGHANS I	Germany 128/16 JUNGHANS Gebrueder A.G. Schramberg / Black Forest Germany 128/16 Trademark registered @ year 1917?	
JUNGHANS J	Germany 129/16 JUNGHANS, Gebrueder (brothers) Schramberg / Black Forest Germany 129/16 Trademark registerd 01.17.1918	
JUNGHANS J	Germany 130/16 JUNGHANS , Gebrueder (brothers) Schramberg / Black Forest Germany 130/16 Trademark registered @ 1918 ?	
J	JUNGHANS Gebrueder A.G. Schramberg Black-Forest Germany 162/4 Trademark registered 08.31.1920,	
J	JUNGHANS GEBRUEDER (brothers) Trademark registered WZ/ 251310 - 03.12.1921 Junghans Index: JWZ 108 155	

NOTE:

REMARKS OBSERV'TN BEMERKUNG	NAMES AND ADDRESSES NOMS ET ADDRESSES NAMEN UND ADDRESSEN	TRADEMARK OR TRADENAME MARQUE DE FABRIQUE - NOMS WARENZEICHEN - WORTMARKE
	JUNGHANS GEBRUEDER A.G. Schramberg Black-Forest Germany 180/4 EXEPTION, tradename registered 02.21.1921.- 265812.	265812. Excepcion
	JUNGHANS GEBRUEDER A.G. Schramberg Germany 181/4 IHIA, tradename registered 22.03.1921. Clocks-Watches manufacturer wholesale and retail.	Ihla
	JUNGHANS Gebrueder A.G. Schramberg Black-Forest Germany 163/4 Trademark registered 10.19.1921.	V U
	JUNGHANS Germany 246/4 5 point star with J,registered 19.11.1888, clocks,clock cases and clock dials.	J
	JUNGHANS Germany 330/4 PFEILKREUZ , registr.11.01.1897, Wall,hall,mantle clocks of all types- watches excepted.	Fabrik Marke
	JUNGHANS Germany 249/4 JUNGHANS - (Printed letters) registered 10.12.1904, clocks and watches,cases and parts.	J U N G H A N S
	JUNGHANS & HALLER Schramberg Germany 390/4 GOLD - RING ,tradename registered 02.28.1905.	G O L D - R I N G
	JUNGHANS Germany 350/4 BRAVO , tradename registered 14.02.1905, clocks and clock parts.	B R A V O
	JUNGHANS Germany 367/4 MAXIM-tradename, registered 17.08.1907, alarm clocks.	M A X I M
	JUNGHANS Germany 369/4 PHONOS-tradename, registered 15.06.1907, alarm clocks.	P H O N O S

NOTE:

TRADEMARK OR TRADENAME MARQUE DE FABRIQUE - NOMS WARENZEICHEN - WORTMARKE	NAMES AND ADDRESSES NOMS ET ADDRESSES NAMEN UND ADDRESSEN	REMARKS OBSERV'TN BEMERKUNG
H A L L E R JUNGHANS - HALLER	JUNGHANS & HALLER Schwenningen Germany 388/4 HALLER, tradename registered 05.19.1908.	
	JUNGHANS Germany 289/4 JHS 8 point star with "J", first registration 12.03.1920.Clocks & watches,odometer,hand generator operated flashlights, (patent).	
T A L U	JUNGHANS GEBRUEDER A.G. Schramberg Germany 183/4 TALU, tradename registered 21.03.1922, manufacturer of clocks and watches,rolling mill and metal foundry,parts for the horological trade.	
	JUNGHANS Germany 331/4 PFEILSPITZE (Arrowtip) (grafic) trademark symbol registered 14.02.1924.	
C R O S S - A R R O W	JUNGHANS Germany 248/4 Cross arrow - Junghans (word tradename) registered 30.08.1924. Clocks, and clock parts.	
	JUNGHANS Germany 332/4 THE CROSS ARROWS (tradename) registered 30.08.1924. Clocks, and clock parts - no watches or wristwatches.	
P F E I L K R E U Z	JUNGHANS Germany 252/4 Pfeilkreuz (Word-tradename) Registered 21.01.1924. Clocks and watches and parts.	
	JUNGHANS Germany 335/4 DEUX FLECHES CHROISSES, regist. 30.08.1924. Clocks and clock parts pocket and wrist watches exepted.	
	JUNGHANS Germany 336/4 DOS FLECHES CRUZADAS, regist. 30.08.1924. Clocks and clock parts, pocket and wrist watches exceptet.	

NOTE:

REMARKS OBSERV'TN BEMERKUNG	NAMES AND ADDRESS NOMS ET ADDRESSE NAMEN UND ADDRESSE	TRADEMARK OR TRADENAME MARQUE DE FABRIQUE - NOMS WARENZEICHEN - WORTMARKE
	G F G0575 ND Fortwaegler (Furtwängler) -German spelling- Bracia-Poland former Georg Fortwaengler in Warzawa (Poland) Plate trademark found on typical 2 weight Viennese wallclock. ND	- G F -
LIT 144 Refer:Page 125 JUNGHANS ---- Table XIII page 392	GEBRÜDER JUNGHANS G0607 (Junghans brothers) Schramberg -Germany MFC 13.Feb.1925 CLK-WA-WM-WC-SUPW-WHS	
	GEBRÜDER JUNGHANS A.G. G0625 MFC-MR Schramberg - Germany - S I T R A - 18.Dec.1925 CLK-WA	SITARA
	GEBRÜDER JUNGHANS A.G. G0628 (brothers) Schramberg - Germany - - E L K R O N A - 22.Aug.1927 MFC-MR CLK-WHS-RET	Elkrona
	GEBRÜDER JUNGHANS A.G. G0632 (brothers) MFC Schramberg-Germany - A S T R A - CLK-WHS	Astra
	GRUMBACH,Richard G0631 MFC Pforzheim-Germany -PORTA HERCYNIAE- 10.Aug.1895 WC-WM-WHS	
	GRUMBACH,Richard G0519 MFC Pforzheim-Germany - MILLION UHR - 10.Aug.1895 PW-WHS	

NOTE: R/T92

TRADEMARK OR TRADENAME MARQUE DE FABRIQUE - NOMS WARENZEICHEN - WORTMARKE	NAMES AND ADDRESSES NOMS ET ADDRESSES NAMEN UND ADDRESSEN	REMARKS OBSERV'TN BEMERKUNG
JUNGHANS GEBRUDER	JUNGHANS GEBRUEDER A.G. Schramberg-Wuerttemberg Germany 188/4 Trademark registered 30.03.1927 Clocks and watches,parts for the horological trade,electric-techn. instrumentation and apperatus.	
	JUNGHANS Germany 337/4 H.A.U. Hamburg Amerikanische Uhrenfabrik) (Hamburg-American-Clock factory) tradename registered 14.01.1927, clocks and clock parts.	
ELKRONA	JUNGHANS Germany 355/4 ELKRONA-tradename, registered 28.03.1927, clocks and clock components for master-slave time system, also technical instruments,electrical alarm clocks.	
400049 Duophon	JUNGHANS GEBRUEDER A.G. Schramberg - Wuerttemberg Germany 197/4 "DUOPHON" tradename registered 26.11.1927. Pneumatic components for time control systems.	
396386 Electra hora Junghans	JUNGHANS GEBRUEDER A.G. Schramberg-Wuerttemberg Germany 198/4 "ELECTRA HORA JUNGHANS " tradename registr. 04.04.1928 , automatic operated time systems,alarm with telegraphic and or pneumatic actuator controlled from the main control center with master clock and slave clocks.	
JUNGHANS	JUNGHANS GEBRUEDER A.G. Schramberg-Wuerttemberg Germany 193/4 Automatic operated time system consisting of the master clock and slaves, wireless operated * with built in time-windup reserve. Registered 03.01.1928. 390204. * pneumatic.	
ELECTRONOM	JUNGHANS GERMANY 354/4 ELECTRONOM-tradename,registered 15.06.1928, clocks and clock patrs for electric operated master-slave time systems.	

NOTE:

REMARKS OBSERV'TN BEMERKUNG	NAMES AND ADDRESSES NOMS ET ADDRESSES NAMEN UND ADDRESSEN	TRADEMARK OR TRADENAME MARQUE DE FABRIQUE - NOMS WARENZEICHEN - WORTMARKE
	JUNGHANS GEBRUEDER A.G. Schramberg-Wuerttemberg Germany 194/4 "THERMOCHRON" trade name regist. 05.04.1928. Electric clocks, oper. with a master clock and slave clk. Also alarm systems, telegraph and or pneumatic controlled circuits.	392858 **Thermochron**
	JUNGHANS GEBRUEDER A.G. Schramberg -Wuerttemberg Germany 195/4 "JUNGHANS PNEU-ELECTRO" regist. 02.01.1928. Automatic controlled time system, master clock and slave based on electro-pneumatic function. 387046.	394974 **Pneu-Electra**
	JUNGHANS GEBRUEDER A.G. Schramberg-Wuerttemberg Germany 196/4 "JUNGHANS RADIO-CHRONOMETER " tradename registerd 03.01.1928. Automatic controlled time syst. master clock and slave clocks,. electro wireless system.	387463 **JUNGHANS RADIO-CHRONOMETER**
	JUNGHANS GEBRUEDER A.G. Schramberg-Wuerttemberg Germany 191/4 "PNEULECTRA" tradename registered 02.01.1928. Automatic-controlled clocks and time systems with master and slave clocks, operated pneumatic.	386017. **Pneulectra**
	JUNGHANS GEBRUEDER A.G. Schramberg -Wuerttemberg Germany 200/4 "RADIOCHRON" tradename registered 05.04.1928. Parts and complete clocks operated pneumaticly,with the exception of electr. systems.	RADIOCHRON
	JUNGHANS GEBRUEDER A.G. Schramberg-Wuerttemberg Germany 192/4 "AEROTHERM" tradename registered 05.04.1928, parts and apperatus to operate fully automatic electric-pneumatic time systems consistg.	391677 **Aerotherm**
	JUNGHANS GEBRUEDER A.G. Schramberg-Wuerttemberg Germany 199/4 "ELECTORA" tradename registered 05.04.1928.	396812 **Electora**

NOTE:

TRADEMARK OR TRADENAME MARQUE DE FABRIQUE - NOMS WARENZEICHEN - WORTMARKE	NAMES AND ADDRESSES NOMS ET ADDRESSES NAMEN UND ADDRESSEN	REMARKS OBSERV'TN BEMERKUNG
339320.	GEBRUEDER JUNGHANS A.G. (Junghans brothers) Schramberg / Germany 133/16 Timepieces, regist. 27.05.1925.	132/16
	JUNGHANS Germany 315/4 JUNGHANS in Russian lettering tradename registered 25.01.1929. Clocks and watches,cases and parts.	
	JUNGHANS Germany 234/4 Russian letters(JUNGHANS) regist. 25.01.1929, clocks and watches, cases, and movements and parts.	
S T E R N M A R K E	JUNGHANS Germany 255/4 STERNMARKE,registered 03.01.1930. Clocks and watches, also parts.	
S T A R	JUNGHANS Germany 318/4 STAR- tradename registered 03.01.1930. Clocks and watches, and parts.	
J U B I L A T E	JUNGHANS GEBRUEDER A.G. Schramberg-Wuerttemberg Germany 202/4 JUBILATE, tradename registered 08.09.1932 Clocks and watches and parts for the trade.	
JUNGHANS 1861-1986 125 YEARS OF INNOVATION		
R E F O R M	JUNGHANS GEBRUEDER Schramberg-Wuerttemberg Germany 204/4 JUNGHANS-REFORM, tradename registered 24.05.1933. Clocks watches and parts.	
DEUTSCHE QUALITÄTSARMBANDUHR	GEBRUEDER JUNGHANS A.G. (Junghans brothers) Germany 132/16 Watches,Wristwatches reg.13.01.33.	133/16

NOTE:

REMARKS OBSERV'TN BEMERKUNG	NAMES AND ADDRESSES NOMS ET ADDRESSES NAMEN UND ADDRESSEN	TRADEMARK OR TRADENAME MARQUE DE FABRIQUE - NOMS WARENZEICHEN - WORTMARKE
	JUNGHANS Germany 319/4 SILBERSTERN - silverstar- regist. 30.03.1937.Clocks and watches and parts.	494647 **Silberstern**
	JUNGHANS Germany 320/4 GOLDSTERN - Goldstar - tradename registered 30.03.1937,clocks and watches,parts.	494648 **Goldstern**
	JUNGHANS Germany 362/4 JOTA-ESTRELLA-tradename,registered 21.05.1937, clocks and clock parts	494831 **Jota Estrella**
	JUNGHANS Germany 349/4 BRAVETTO, tradename register. 01.06.1938, clocks and clock parts	506802 **Bravetto**
	JUNGHANS-MEISTER Germany 229/4 Tradename registered 05.08.1940. Copyright design of clock case and movement. (Architect Ziegler)	UHRENFABRIKEN Gebrüder Junghans A.G. WERK-LENZKIRCH ANTON ZIEGLER ARTHUR JUNGHANS
	JUNGHANS Germany 376/4 STJERNEUR -tradename (swedisch?) registered 25.05.1940, clocks and watches.	
	JUNGHANS Germany 375/4 STJAERNUR-THATIKELLO (swedish ?) tradename registered 25.05.1940 clocks and watches.	
	Germany 134/16 Catalogue - Advertisememt Gebrueder Junghans A.G. WERK GUSTAV BECKER / Schramberg Germany 134/16 . Year 1935.	GEBRÜDER JUNGHANS A.-G. WERK GUSTAV BECKER SCHRAMBERG Schwarzwald Black-Forest Forêt Noire Selva negra
	JUNGHANS Germany 256/4 MEISTER JGHs,registered 05.08.1940 clocks, clock cases and clock movements. (Architect Ziegler-Schramberg copyright design)	JUNGHANS Meister

NOTE:

TRADEMARK OR TRADENAME MARQUE DE FABRIQUE - NOMS WARENZEICHEN - WORTMARKE	NAMES AND ADDRESSES NOMS ET ADDRESSES NAMEN UND ADDRESSEN	REMARKS OBSERV'TN BEMERKUNG
Radium	RADIUM, trademark registered year 1910, followed by the Patent registeration , German. Patent Office Berlin, under the number 229481, illuminated clock/ watch hands, hour numbers on dail effective 01.14.1910.	049/5
J 251310.	JUNGHANS BROTHERS A.G. Schramberg-Black Forest Germany 101/5 8 point star with J in center registered 12.03.1920.	
	Germany 135/16	
343288. kar-ma	GEBRUEDER JUNGHANS A.G. (Junghans brothers) Schramberg , Wuerttemberg Germany 135/16. Tradename kar-ma registered 11.11.1925. Timepieces of all types.	
JUNGHANS BROTHERS	JUNGHANS BROTHERS A.G. Germany 040/6 Trademark registered 14.01.1922.	
302089 Niellan	JUNGHANS GEBRUEDER Schramberg Germany 036/6 NIELLAN, tradename registered 16.03.1923. Clocks /watches of all types.	
JUNGHANS GEBRUDER	JUNGHANS GEBRUEDER A.G. Germany 039 Trademark registered 18.01.1924.	
JUNGHANS BROTHERS	JUNGHANS BROTHERS A.G. Germany 052 Trademark registered 27.05.1925.	
KAR-MA	JUNGHANS BROTHERS A.G. Germany 060 KAR-MA, tradename registered 09.05.1925.	
	Germany 136/16	
301349. Fidelio	GEBRUEDER JUNGHANS A.G. Germany 136/16 -FIDELIO-tradename registered 01.05.1923.Timepieces.	

NOTE:

REMARKS OBSERV'TN BEMERKUNG	NAMES AND ADDRESSES NOMS ET ADDRESSES NAMEN UND ADDRESSEN	TRADEMARK OR TRADENAME MARQUE DE FABRIQUE - NOMS WARENZEICHEN - WORTMARKE
	JUNGHANS GEBRUDER A.G. Germany 262/6 JUWEL, tradename registered 29.06.1936.	JUNGHANS JuWeL
	JUNGHANS GEBRUDER A.G. Germany 263/6 SILBERSTERN, tradename regist. 30.03.1937.	494647 **Silberstern**
	JUNGHANS, GEBRUEDER A.G. Germany 422/6 ROTSTERN, tradename registered 25.10.1938.	510427 **Rotstern**
	JUNGHANS, GEBRUEDER A.G. Germany 418/6 EINSTERN, tradename registered 13.01.1938.	E I N S T E R N
	JUNGHANS GEBRUEDER A.G. Germany 423/6 BLAUSTERN, tradename registered 25.10.1938.	510428 **Blaustern**
	JUNGHANS BROTHERS A.G. Germany 386/6 GELBSTERN, tradename registered 31.03.1938.	503567 **Gelbstern**
	JUNGHANS BROTHERS A.G. Germany 396/6 GRUENSTERN, tradename registered 31.03.1938.	503568 **Grünstern**
	JUNGHANS BROTHERs A.G. Germany 417/6 STERNBILD, tradename registered 01.04.1938.	503569 **Sternbild**
	JUNGHANS GEBRUEDER A.G. Germany 421/6 BRAVETTO, tradename registered 01.06.1938.	B R A V E T T O

NOTE:

TRADEMARK OR TRADENAME MARQUE DE FABRIQUE - NOMS WARENZEICHEN - WORTMARKE	NAMES AND ADDRESSES NOMS ET ADDRESSES NAMEN UND ADDRESSEN	REMARKS OBSERV'TN BEMERKUNG
324150.	Germany 137/16 GEBRUEDER JUNGHANS A.G. (Junghans brothers) Schramberg, Wuerttemberg Germany 137/16 Trademark regist.18.01.1924 Timepieces of all types.	
353171. **Astra**	Germany 138/16 GEBRUEDER JUNGHANS A.G. ASTRA , tradename reg.09.03.1926 Germany 138/6	
384878. **Pneulectro**	GEBRUEDER JUNGHANS Schramberg , Wuerttemberg Germany 139/16,tradename PNEUELECTRO regist. 02.01.1928. Pneumatic/electric time system.	
407826 **Boxer**	Germany 140/16 GEBRUEDER JUNGHANS A.G. Germany 140/16, tradename BOXER registered 1928. Timepieces.	
449378 **Jubilate**	GEBRUEDER JUNGHANS A.G. Germany 141/16,tradename JUBILATE regist. 08.09.1932. Timepieces.	
Junghans Lautlos	Germany 142/16 GEBRUEDER JUNGHANS A.G. Schramberg, Wuerttemberg Germany 142/16, tradename "JUNGHANS LAUTLOS" (Junghans silent) regist. 03.11.1932 (silent ticking alarm clocks)	
Junghans Notick	Germany 143/16 GEBRUEDER JUNGHANS A.G. Schramberg, Wuerttemberg Germany 143/16. Tradename "JUNGHANS NOTICK" regist.03.11. 1932. (Junghans non ticking alarm clocks)	
495976 **JuWeL**	Germany 144/16 GBEBRUEDER JUNGHANS A.G. Schramberg, Wuerttemberg Germany 144/16.Trademark regist. for special clock springs " JUWEL " , regist. 29.06.1936.	

NOTE:

REMARKS OBSERV'TN BEMERKUNG	NAMES AND ADDRESS NOMS ET ADDRESSE NAMEN UND ADDRESSE	TRADEMARK OR TRADENAME MARQUE DE FABRIQUE - NOMS WARENZEICHEN - WORTMARKE
	GEBRUEDER JUNGHANS A.G. Schramberg, Wuerttemberg Germany 145/16, tradename LARGETTO, regist.01.06.1938 Timepieces.	506764 **Largetto**
LIT 144 152	GEBRUEDER JUNGHANS A.G. Schramberg,Wuerttemberg Germany 146/16, tradename LARGETTINO, regist. year 1938. Timepieces.	506763 **Largettino**
	BRAVETTINO, tradename. GEBRUDER JUGHANS, Schramberg Germany 147/16 Registered year 1938. MFC/WHS/ RET.Clocks.	506762 **Bravettino**
	Germany 213/16 GEBRUEDER JUNGHANS THOMAS HALLER / UHRENFABRIKEN Schramberg - Villingen. Tradename FULMINE, registered @ year 1900.	473476 FULMINE
	Germany 214/16 ELKRONA, tradename registered 30.03.1927. GEBRUEDER JUNGHANS Schramberg Germany 214/16.Clocks,complete central time system for schools and offices.	375223. ELKRONA J
	JUNGHANS BROTHERS G0552 **MFC** **Schramberg - Black Forest** **Germany** **Label found inside of mantle clock, vintage @ 1870.** **WHS-RET-CLK** Translation of the Latin motto: PLURIBUS UNUM (Out of many ONE)	 G0552

NOTE: G0522,P.Starsy Archive-Germany. R/T92

TRADEMARK OR TRADENAME MARQUE DE FABRIQUE - NOMS WARENZEICHEN - WORTMARKE	NAMES AND ADDRESSES NOMS ET ADDRESSES NAMEN UND ADDRESSEN	REMARKS OBSERV'TN BEMERKUNG
	KAESSER, August Schwab.Gmuend Germany 021/7c AK04 ND	
	KAISER J.Uhrenfabrik G.m.b.H. (Clockfactory) Villingen Germany 380/4 Josef Kaiser * 07.03.1875 in Lenzkirch-Black Forest, + 01.10. 1940, founded 1922 the alarm clock factory, based on his exellent first hand knowledge in the clock manufacturing field, soonJ.Kaiser produced in the year 1930 @ 6000 clocks DAILY ! Son Oskar and Franz assumed managment. 1945, theentire factory was dismantled. 1948 a new start, but by 1973 the company fell victim of the strong overseas Japan) competition and was forced to close for good.	
314044. TING-TANG	KAISER GmbH UHRENFABRIK VILLINGEN a.N. Germany 041/6 TING-TANG, tradename registered 25.02.1924.	
355841. UVIKA	KAISER, J.UHRENFABRIK GmbH (clockfactory) Villingen a.N.(Badenia) Germany 124/6 UVIKA, tradename registered 26.02.1926.Clocks and parts,electr components,signal instrumentation, measuring instruments. More data see 380/4.	
354732. „UHRJKA"	KAISER J. Germany 125/6 UHRJKA, tradename registered 17.07.1926. More data see 380/4	
377772. J.KAISER	KAISER J. Germany 130/6 Trademark registered 20.06.1927 Clockfactory,parts for the trade.	

NOTE:

REMARKS OBSERV'TN BEMERKUNG	NAMES AND ADDRESSES NOMS ET ADDRESSES NAMEN UND ADDRESSEN	TRADEMARK OR TRADENAME MARQUE DE FABRIQUE - NOMS WARENZEICHEN - WORTMARKE
	KAISER, J.UHRENFABRIK GmbH Villingen a.N. Germany 269/6 Registered 14.02.1931, clock/watch factory , wholesale and mail order Alarm clocks, etc. Other data see: 380/4	K A I S E R
	KAISER J. Germany 126/6 Trademark registered 14.02.1931. More data see 380/4	K A I S E R
	KAISER, J. Germany 296/6 Registered trademark 27.12.1932. Clocks/watches. Other data see: 380/4	KAISER
	KAISER J. Germany 127/6 BRILLIANT, tradename registered 15.03.1932. Clock manufacturer mail order house for clocks, alarm clocks,clock cases,radio/speaker/ antennas, earphones. More data see 380/4	446368
	KAISER J. Germany 128/6 Trademark registered 24.08.1936. Mail order house for clocks.	491421
	KAISER J. Germany 129/6 Trademark registered 24.08.1936 Clock manufacturer and mail order house for clocks.	
	KAISER J. GmbH Villingen/Neckar Germany 071/7c DB40,MFC,small Clks- Alarm Clk.	K A I S E R

NOTE:

TRADEMARK OR TRADENAME MARQUE DE FABRIQUE - NOMS WARENZEICHEN - WORTMARKE	NAMES AND ADDRESSES NOMS ET ADDRESSES NAMEN UND ADDRESSEN	REMARKS OBSERV'TN BEMERKUNG
491422 Kaiser	KAISER J. Germany 373/6 Trademark registered 24.08.1936. Clock factory and mail order house	
491423	KAISER J. Germany 372/6 Trademark registered 24.08.1936. Clock factory and clock mail order house.	
Kaiser	KAISER, J. Germany Trade logo registered 24.08.1936. Clock/watch factory, export and mail order house.	
	KAISER, GEBRUEDER (brothers) Schonach/Black Forest Germany 022/7a AK04 MFC Clocks	
KKoS	KALTENBACH , Karl & Soehne Altensteig Germany 021/7b AK04 ND	
842613. ZUVERLÆSSIG	KAMM, Max Aachen Germany 057/6 Distributor of clocks/watches registered 01.07.1925.	

NOTE:

REMARKS OBSERV'TN BEMERKUNG	NAMES AND ADDRESSES NOMS ET ADDRESSES NAMEN UND ADDRESSEN	TRADEMARK OR TRADENAME MARQUE DE FABRIQUE - NOMS WARENZEICHEN - WORTMARKE
	KAMMERER, Erwin Bielefeld Germany 408/6 MONTRA-PANZER, tradename regist. 27.10.1938. Watch case manufact.	514410 MONTRA PANZER
	KAMMERER, Erwin Pforzheim Germany 084/7a DB40,MFC Steel Clock cases.	K A M M E R E R
	KAPPEL & Co. UHRENFABRIK (Clockfactory) Freiburg- Silesia Germany 195/5 Clock manufacturing enterprise, @ 1882, formed the "UNITED FREIBURG CLOCK FACTORIES" in 1899.	K A P P E L & Co
	KASPER K.G. Uhrenfabrik Pforzheim Germany 383/4 Founded in the year 1911, by Watchmaker Wagner, later changed to KASPER K.G., operated (1977) by Gisela,Peter and Wolfgang Wagner, production of wristwatches, watch cases and Ebauche-parts.No other data on file.	KASPER
	KASPER & Co. Pforzheim,Hohenzollern Str.24 Germany 285/6 Trademark registered 18.09.1934. Manufacturer of wrist/pocket watch cases. Also complete wrist and pocket watches.	470848 K Co
	KASPER & Co Pforzheim Germany 409/6 Trade logo registered 21.04.1939, watch casings, watch movements, wrist watch bands.	515065 Kasper & Co
	KASPER & Co Pforzheim Germany 072/7a DB40, MFC Watch movemts/parts	K A S P E R

NOTE:

TRADEMARK OR TRADENAME MARQUE DE FABRIQUE - NOMS WARENZEICHEN - WORTMARKE	NAMES AND ADDRESSES NOMS ET ADDRESSES NAMEN UND ADDRESSEN	REMARKS OBSERV'TN BEMERKUNG
K A S P E R	KASPER & Co Pforzheim Germany 067/7a DB40, MFC,watch/clock movemts.	
K A S K A L I T	KASKALIT (tradename) RUDOLF HAAS & Sohn (son) Karlsruhe Germany 095/4 Trademark registration 08.22.1921 clockfactory of wall,mantle and Cuckoo-clocks. Wholesale andretail of clock movements-parts.Register. also under Haas & Sohn (son) ,no other data registered.	
K A S K A	KASKA - Clockfactory Rudolf Haas & Son Karlsruhe Germany 109/4 KASKA, tradename registered 02.09. 1922. Clocks of all types, especially cuckoo clocks.	
414833 **Provita**	KATZ,Leo Berlin-Charlottenburg Marburger Str.7 Germany 246/6 PROVITA, wholesale of pocket and wristwatches, registered 08.01. 1930.	
371638. **Punto**	KETT, Eugen Pforzheim, Gueterstrasse Germany 195/6 PUNTO, tradename registered 19.04.1927, export of pocket watches.	
K E T T	KETT, Eugen Pforzheim Germany 174/6 TROVAO, tradename registered 19.04.1927. Alarm clock exporter.	
	KERN & LINK (also under Kern und Soehne) Marbach /near Villingen Germany 381/4 In the year 1929 the production of 400 day-clocks under the name: KERN & LINK,Schwenningen a.N. After managment changes, partner Link left the company, son Karl Kern - production manager of Kern & Link, moved the entire plant to Marbach. Registered from KERN to "KERN & SOEHNE" in the year 1937 three sons entered the buisiness. Latest data year 1977.	

NOTE:

REMARKS OBSERV'TN BEMERKUNG	NAMES AND ADDRESSES NOMS ET ADDRESSES NAMEN UND ADDRESSEN	TRADEMARK OR TRADENAME MARQUE DE FABRIQUE - NOMS WARENZEICHEN - WORTMARKE
	KIEFER, Emil Pforzheim Germany 392/6 Registered 27.05.1938, manufact. of clocks and watches.	505981 KIEFER
	KING, Josef Schramberg, Black Forest Germany 307/6 Registered 07.12.1933, springs for clocks and watsches.	„Jki"
	KINDERVATTER & SCHWERZEL Frankfurt/Main Germany 022/7b AK04 WHS/RET Jeweller/Watches	
	KIENINGER & OBERGFELL St.Georgen Black-Forest Germany 397/4 Founded 1899 by Johann Obergfell, as subcontractor for gears and clock parts of all types. Inventor of the rod gong, expanded 1918with clock designer Georg Kieninger, registered the tradename "KUNDO",production of all type of clocks, incl. 400 day clocks.1964 branch factory in Maria-Zell, 1972 plant expand. in St.Georgen,KUNDO introduced the first electronically controlled clock movements, company has a universal production program in the field of precision instrumentation.	Kundo KIENINGER+OBERGFELL (Letterhead)
	KIENINGER,Joseph Uhrenfabrik (Clockfactory) Aldingen, Black-Forest Germany 393/4 Factory for mantle-wall- office and kitchen clocks, last records year 1939.	
NOTE: AK04 denotes archive Watchmkr. address Handbook year 1904 ------ DB40 denotes archive DIEBNER Watchmkr. Calendar year 1940 ------ HE denotes archive HENNIG ------ KNOO denotes archive Knapp ------	KIENINGER UHRENFABRIK K.G. Aldingen/Tuttlingen Germany 070/7b DB40, MFC Clocks	

NOTE:

TRADEMARK OR TRADENAME MARQUE DE FABRIQUE - NOMS WARENZEICHEN - WORTMARKE	NAMES AND ADDRESSES NOMS ET ADDRESSES NAMEN UND ADDRESSEN	REMARKS OBSERV'TN BEMERKUNG
	KIENZLE-UHRENFABRIK SCHWENNINGEN a.N. Germany 382/4 Founded in the year by master watch-maker Johannes Schlenker * 1787, + ? his son Christian took over and tranfered the company to son Karl-Johannes and to his son-in-law, Dr. Ing.Jacob Kienzle (1859-1935),branch factory in Komotau(Bohemia) now Czechoslovakia. 1888 65,000 clocks 1892 162,000 clocks. Name changed KIENZLE UHRENFABRIKEN (year 1919) 1929 merger with Th.Ernst Haller, 1939 3500 employees, 5,000.000 clocks, notable KIENZLE-MUSEUM, the company is still activ.	
249113. Erika	KIENZLE-UHRENFABRIKEN KG Germany 086 ERIKA, tradename registered 26.02.1920.	
Erika	KIENZLE Germany 315/5 ERIKA, tradename registered o2.14.1920. Small alarm clocks.	
„Kienzle Uhren"	KIENZLE Germany 088/5 KIENZLE UHREN, tradename regist. 06.12.1920.	
260351. „Kienzle"	KIENZLE Germany 089/5 KIENZLE, tradename copyright registered 06.12.1920.	
Neckarwerk	KIENZLE Germany 314/5 NECKARWERK,tradename registr. 01.05.1920, clocks/watches of of all types.	
258647. Peggy	KIENZLE Germany 090/5 PEGGY, tradename registered 28.10.1920.	
„Sphinx"	KIENZLE UHRENFABRIKEN K.G. (Clockfactory) Schwenningen a.N. Germany 384/4 Trademark "SPHINX" registered 05.04.1920.	

NOTE: 382/4 : KIENZLE,refer to Table XI,page 365, LIT 109

REMARKS OBSERV'TN BEMERKUNG	NAMES AND ADDRESSES NOMS ET ADDRESSES NAMEN UND ADDRESSEN	TRADEMARK OR TRADENAME MARQUE DE FABRIQUE - NOMS WARENZEICHEN - WORTMARKE
	KIENZLE K.G. Germany 100/5 KLIM-BIM, tradename registered 16.08.1921.	Klim-Bim
	KIENZLE Germany 087/5 KIENZLE UHR, tradename registered 14.02.1921.	260349. „Kienzle Uhr"
	KIENZLE Germany 312/5 HELKA, tradename regist.06.24. 1921. Automobil watches.	Helka
	KIENZLE Germany 316/5 KIENZLE-UHREN, tradename regist. 02.14.1921, clocks of all types.	260350. „Kienzle Uhren"
	KIENZLE Germany 317/5 KIENZLE-UHR, tradename registr. 02.14.1921. Clock/watch factory.	„Kienzle Uhr"
	KIENZLE- UHR Germany 321/5 Kienzle Trademark, registered 11.24.1921.	
	KIENZLE Germany 318/5 KIENZLE, copyright name, registr. 02.14.1921. Manufacturer of clocks watches.	„Kienzle"
	KIENZLE Germany 091 SILENTIUM, tradename registered 27.12.1922.	301350. ‚Silentium'
	KIENZLE A.G. Germany 099/5 Manufacturer of clocks/ trade-symbol advertises for bicycle-theft-alarm-bell, registered 20.12.1927.	391905 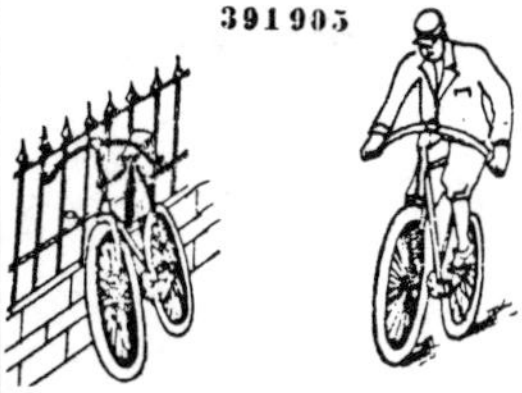
	KIENZLE A.G. Germany 219/6 Slogan copyright 15.12.1928: " The dependable, priceworthy, pleasing style watch/clock carries always the name Kienzle".	KIENZLE A.G.

NOTE:

TRADEMARK OR TRADENAME MARQUE DE FABRIQUE - NOMS WARENZEICHEN - WORTMARKE	NAMES AND ADDRESSES NOMS ET ADDRESSES NAMEN UND ADDRESSEN	REMARKS OBSERV'TN BEMERKUNG
K I E N Z L E	KIENZLE A.G. Germany 218/6 Trade slogan,copyright 15.12.1928: " A true good watch/clock - from Kienzle "	
	KIENZLE A.G. Germany 221/6 Advertising slogan copyright 09.01.1929 : "The German bell on the Rhein"	
404 184	KIENZLE UHRENFABRIKEN A.G. Schwenningen a.N. Germany 098/5 Manufacturer of clocks/watches registered 18.05.1929.	
K I E N Z L E	KIENZLE Germany 093/5 CHROMETA,tradename registered 08.08.1931.	
	KIENZLE Germany 094/5 METACHROM, tradename registered 08.08.1931.	
460433	KIENZLE-UHRENFABRIKEN A.G. Schwenningen a.N. Germany 095/5 Manufacturer of clocks/watches, registered 05.08.1933.	
K I E N Z L E	KIENZLE A.G. Germany 096/5 Manufacturer of clocks/watches, registered 18.01.1936.	
	KIENZLE A.G. Germany 097/5 Manufacturer of clocks/watches registered 06.02.1936.	
484211 Kienzle	KIENZLE, A.G. Germany 348/6 Kienzle, longhand signature copyright 06.02.1936. Clock/watch manufacturing.	

NOTE:

REMARKS OBSERV'TN BEMERKUNG	NAMES AND ADDRESSES NOMS ET ADDRESSES NAMEN UND ADDRESSEN	TRADEMARK OR TRADENAME MARQUE DE FABRIQUE - NOMS WARENZEICHEN - WORTMARKE
	KUNDO -UHRENFABRIK (Clockfactory) St.Georgen Black-Forest Germany 398/4	KIENINGER & OBERGFELL MADE IN GERMANY Kundo KIENINGER & OBERGFELL
	KNOBLAUCH Hugo & Cie Berlin Germany 394/4 Clock factory, registered 20.June 1885.	KNOBLAUCH
	KRAUSE , Fritz Altenburg i.Thuringia Germany 145/6 Trademark registered 05.11.1925. Manufacturer and wholesale of clocks.	350047. DUU
	KRAUSE, Fritz Altenburg/Saxonia Josephplatz 4 Germany 110/6 DUU, trademark/name registered 06.05.1925. Clocks of all types.	348988. DUU
	KREIS F.W. UHRENFABRIK (Watches) Charlottenburg Germany Trademark registered 08.16.1921 Manufacturer for chronographs, automobil clocks.	FKW
	KREIS Germany 326/5 Clock factory reg.02.06.1922	

NOTE: 398/4 : KUNDO - UHRENFABRIK, LIT 109

TRADEMARK OR TRADENAME MARQUE DE FABRIQUE - NOMS WÅRENZEICHEN - WORTMARKE	NAMES AND ADDRESSES NOMS ET ADDRESSES NAMEN UND ADDRESSEN	REMARKS OBSERV'TN BEMERKUNG
KREIS	KREIS KREIS,tradename registered 10.13. 1921. Clocks.	
392469  	KRATZ, Albert Minden / Westfalia Germany 161/6 Registered under ZENTRA trademark 42.04.1928, manufacturer of clocks watches,jewelery,gold and silver- smith, costum jewelery.	
417795 Wer klug ist kauft bei Uhren-Klose! Normalia ist die Beste für Arm und Weste! 	KLOSE, Paul Berlin SW 29, Zosser Str. Germany 265/6 Registerd 07.02.1930, mail order house for watches.	
	KNOLL Th.& Co. Freiburg/Breisgau Germany 022/7c AK04 ND	
Kape Goldsiegel Uhren	KNOLL & PREGIZER Pforzheim Germany 398/6 KAPE GOLDSIEGEL UHREN, Registered 23.07.1938, jewelery designed wrist watches.	NOTE: AK04 denotes archive Watchmkr. address Handbook year 1904 ------
475693 KAPE	KNOLL & PREGIZER Pforzheim Germany 332/6 KAPE, tradename registered 02.03.1935. Watch/jewelery manufacturer.	DB40 denotes archive DIEBNER Watchmkr. Calendar year 1940 ------ HE denotes archive HENNIG ------
	KNOLL & PREGIZER Pforzheim Germany 070/7b DB40,MFC Watches/Jewellery	KNOO denotes archive Knapp ------

NOTE:

REMARKS OBSERV'TN BEMERKUNG	NAMES AND ADDRESSES NOMS ET ADDRESSES NAMEN UND ADDRESSEN	TRADEMARK OR TRADENAME MARQUE DE FABRIQUE - NOMS WARENZEICHEN - WORTMARKE
	KOBOLD, Ernst,Uhrenfabrik (Clocks/watches) Wandsbeck Germany 323/5 Tradesymbold registered 1921. Clock/watch factory fixtures for the trade.	
	KOBOLD,Ernst Germany Clockfactory registered 1921.	ErnstKobold
	KOEHLER & Co, Uhrenfabrik Lasamholz (clockfactory) Lasamholz/Nuernberg Germany 309/6 Registered 05.01.1934, clocks for automobil and motor bikes.	464382
	KOEHLER & Co Germany 321/6 KOEHLER-KAMERA, tradename registered 26.07.1934. Clocks/watches.	472400 Köhler Kamera
	KOHLER,Karl Neustadt/Black Forest Germany 023/7a AK04 Clocks	„Greif“
	KOHLER & EHMAN UHRENFABRIK A.G. (clocks/watches) Nurnberg Germany 242/5 BAVARIA, tradename, registered 02.22.1920.	Bavaria
	KOEHLER & EHMAN A.G. UHRENFABRIK (clockfactory) Laufamholz/ Nuernberg Germany 427/5 BAVARIA , tradename registered 05.04.1920. No other data on file. Company operated under the name Koehler, Wilhelm & Ernst Ehmann? since the year 1904. Manufact.of 400 day clocks, based on Wilhelm Koehler patent issued year 1895.	Bavaria

NOTE:

TRADEMARK OR TRADENAME MARQUE DE FABRIQUE - NOMS WARENZEICHEN - WORTMARKE	NAMES AND ADDRESSES NOMS ET ADDRESSES NAMEN UND ADDRESSEN	REMARKS OBSERV'TN BEMERKUNG
Bavaria	KOEHLER & EHMAN Germany 428/5 BAVARIA, tradename registered 02.06.1919. Manufacturer of 400 day clocks.	
	KOELTSCH, Albrecht Dresden- Altstadt 20 Germany 071/7a DB40,WHS,Watches/Clocks/Jewell.	
373152. Ceka	KOENIG, Carl jun. Grafenwoehr Germany 187/6 CEKA,tradename registered 04.12.1926, watch manufacturer and parts for ist.	
	KUEHN,Herrmann Heiligenhaus Germany 299/6 SPARUHR D.K.W. registered 01.02. 1933. Saving-clock manufacturer.	
	KUEHN, GEBRUEDER (brothers) Schwabisch Gmuend Germany 024/7a AK04 MFC Clocks	
A. K.	KUEHN, GEBRUEDER (brothers) Freiburg/Breisgau Germany 023/7c AK04 MFC Clocks	
	KUTTROFF.GEBR. (brothers) Pforzheim Germany 061/7a DB41 MFC WHS Watch Cases	
472343 K	KUTTROFF, Gebr. (brothers) Pforzheim Germany 322/6	NOTE: AK04 denotes archive Watchmkr. address Handbook year 1904 ------ DB40 denotes archive DIEBNER Watchmkr. Calendar year 1940 ------ HE denotes archive HENNIG ------ KNOO denotes archive Knapp ------
3 3 3 MK BEROLINA K Unicum — Hela	KOHN , Moritz Berlin Germany 023/7b AK04 WHS/RET/Clocks/Watches	

NOTE:

REMARKS OBSERV'TN BEMERKUNG	NAMES AND ADDRESSES NOMS ET ADDRESSES NAMEN UND ADDRESSEN	TRADEMARK OR TRADENAME MARQUE DE FABRIQUE - NOMS WARENZEICHEN - WORTMARKE
	LACHER & Co Pforzheim Germany 413/6 LACO, trademark registered 09.02.1939, clock/watch manufct. Watch casing,parts for the trade.	516914 LACO
	LANDENBERGER und LANG in Schramberg Schramberg Black-Forest Germany 401/4 Registered October 30. 1879 under No.2, at the Royal Superior Court Oberndorf a.N.(Neckar) , clock movements,clock parts,dials,and clock cases for all type of clocks Also refer to: The Hamburg Amer. Clock Company, Antique Clocks Publ Concord, California USA 94521.	
	LANDENBERGER und LANG Schramberg Black-Forest Germany 402/4 Initials found on clock dials of early production models of the Landenberger & Lang enterprise,Clock Factory.	
NOTE: AK04 denotes archive Watchmkr. address Handbook year 1904 ------ DB40 denotes archive DIEBNER Watchmkr. Calendar year 1940 ------ HE denotes archive HENNIG ------ KNOO denotes archive Knapp	LANGE F.A. Glashuette i.Sa.(Saxonia) Germany 066/4 Data reference: LANGE,ADOLF & SONS registerd 1868 trademark under the name of Adolf Lange and his sons Emil and Richard. The LANGE enterprise produced pocket watches of "premier" quality. Literature reference:Kurt Herkner:GLASHUETTE und seine Uhren.* Martin Huber:Die Uhren von A.Lange & Soehne * G.A.Nijssen:F.A.Lange and Glashuette. * German text,some parts in English a) Regist.11.23.1892 in Lauenstein.	Amtliche **Bekanntmachungen.** Lauenstein i. S. Als Marke ist eingetragen unter No. 1 zu der Firma A. Lange & Söhne, Deutsche Uhrenfabrikation — Glashütte (Ort ihrer Hauptniederlassung) nach Anmeldung vom 23. November 1892, Vormittags 9½ Uhr, für Taschen-Uhren das Zeichen: Schutz-Marke GLASHÜTTE A. LANGE & SÖHNE K. Amtsgericht zu Lauenstein i. S. Ficker Schutz-Marke GLASHÜTTE A. LANGE & SÖHNE
	LANGE & SOEHNE (sons) Glashuette/ Saxonia Germany 024/7b AK04 MFC/Premier Quality Watchs.	GLASHÜTTE A. LANGE & SÖHNE

NOTE: 401/4 : LANDENBERGER & LANG, refer to page 392, LIT 142 additional data see page 392,Table XIII

TRADEMARK OR TRADENAME MARQUE DE FABRIQUE - NOMS WARENZEICHEN - WORTMARKE	NAMES AND ADDRESSES NOMS ET ADDRESSES NAMEN UND ADDRESSEN	REMARKS OBSERV'TN BEMERKUNG
GLASHÜTTE A. LANGE & SÖHNE	LANGE A.& Soehne (sons) GLASHUETTE i.Sa. Glashuette i.Sa.(Saxonia) Germany 073/4	
	LANGE, Ludwig Essen,Selmanstr.18 Germany 142/6 Trademark registered 03.11.1926 Wholesale house for clocks/watches	
410385 Lge	LANGE, Ludwig Essen Germany 238/6 Registered 14.08.1929, wholesale of watches, also fabrikation of wrist and pocketwatches.	
Der Bund 480469	LANGE, Ludwig Germany 343/6 DER BUND, tradename registered 13.03.1935. Wholesale of clocks and watches.	
477068	LANGE, Ludwig Germany 335/6 Trademark registered 13.03.1935. Clocks/watches and parts for the trade.	
498700 Optal	LANGE, Willi Berlin N113 Germany 379/6 OPTAL, tradename registered 12.06.1936. Merchandizer in clock bezel, and watch crystal.	
Patricia	LANGENHEIM, Carl Celle i.H. Germany 349/5 PATRICIA, tradename, pocket watch manufacturer, registered 04.25.1902.	

NOTE: 073/4 : LANGE & SÖHNE,refer page 282,353,422, LIT 169/134

REMARKS OBSERV'TN BEMERKUNG	NAMES AND ADDRESSES NOMS ET ADDRESSES NAMEN UND ADDRESSEN	TRADEMARK OR TRADENAME MARQUE DE FABRIQUE - NOMS WARENZEICHEN - WORTMARKE
	LANDAUER & Co GmbH Villingen/Badenia Germany 143/6 Trademark registered 26.10.1925. Manufacturer of clocks and clock parts.	349426. LANDAUER VILLINGEN-B.
	LANGENHEIM, Carl Celle, Zoellnerstr. 2 Germany 185/6 PATRICIA, tradename, wholesale house, registered 29.04.1927.	372832. Patricia
	LANKENAU, Georg Hannover Germany 247/6 GELA, tradename registered 02.08.1929, wholesale of wrist and pocket watches.	415222 Gela die zuverlässige Uhr
	LANKENAU Germany 248/6 Registered 24.12.1929.	
	LANKENAU, Georg Hannover, Schillerstrasse Germany 223/6 GELA, tradename registered 22.07.1929, wholesale wrist and pocket watches.	418444 Gela
	LAUFFER, E. GmbH Schwenningen a.N. Germany 364/6 Registered 19.02. Clocks of all types.	
	LAUER & KUHN Villingen a.Neckar Germany 024/7c AK04 MFC Clocks	L&K

NOTE:

TRADEMARK OR TRADENAME MARQUE DE FABRIQUE - NOMS WARENZEICHEN - WORTMARKE	NAMES AND ADDRESSES NOMS ET ADDRESSES NAMEN UND ADDRESSEN	REMARKS OBSERV'TN BEMERKUNG
	LESSER, Arthur,Uhrenfabrik (clock factory) Berlin Germany 333/5 PUNKTUAL, tradename, alarm clock manufacturer registr. 11.02.1915.	
„Artle-Allerweltsuhr"	LESSER,Arthur Germany 334/5 "ARTLE-ALLERWELTSUHR" tradename, Registr.04.09.1921. Clocks.	
JAL	LEMOR, Julius Breslau Germany 025/7a AK04 ND	
194494 Ulato	LENNARTZ=MICHELS Aachen Germany 369/6 ULATO, tradename registered 23.03.1937, distributor of clocks/watches.	
266019. 	LEUTHOLD & Co UHRENFABRIK (clock factory) Schwenningen a.N. Germany 335/5 Registered 05.27.1921. No other data on file. LEUTHOLD & Co.Uhrenfabrik Schwenningen a.N. Germany 010/6 Clockfactory, registered 18.03. 1921.	
Elco	LEUTZ, Erwin & Co. Stuttgart/O, Haussmann Str.66 Germany 062/7c DB40 WHS/Clocks/Watches/WMS	
Linco	LINK & Co. Uhrenfabrik (Clockfactory) Schwennigen a.N. Germany 392/4 Refer to form 381/4 for deatails.	
„Rhenania"	LUECKHOFF C. & SÖHN (son) Elberfeld Germany 025/7c AK04 WSH/RET/Watch/Jewellery	

NOTE:

REMARKS OBSERV'TN BEMERKUNG	NAMES AND ADDRESSES NOMS ET ADDRESSES NAMEN UND ADDRESSEN	TRADEMARK OR TRADENAME MARQUE DE FABRIQUE - NOMS WARENZEICHEN - WORTMARKE
	LOESKE L. Berlin Germany 328/5 APOLLO, tradename,manufacturer for watch cases & movements. Registered 08.07.1890.	
	LOESKE Germany 329/5 Pocket watch manufacturer,cases and parts.Registered 06.16.1904.	
	LODE, Hermann Berlin Germany 025/7b AK04 ND	
	LUECKHOFF,Robert Elberfeld Germany 026/7a AK04 WHS/RET/Clocks/Watches	
	LUDWIG & FRIES, Frankfurt/Main Germany 330/5 GEZET, tradename registered 12.23.1908, wholesale and supply house for the watch/clockmaker.	Gezet
NOTE: AK04 denotes archive Watchmkr. address Handbook year 1904 ------ DB40 denotes archive DIEBNER Watchmkr. Calendar year 1940 ------ HE denotes archive HENNIG ------ KNOO denotes archive Knapp ------	LUDWIG & FRIES, Germany 331/5 DIE-DA, tradename registered 01.06.1913. LUDWIG & FRIES Frankfurt/Main Germany 417/5 CEWE, tradename registered 23.01.1913. Supplier for clock/ watchmaker trade. LUDWIG & FRIES Germany 332/5 CEWE- tradename registered 10.11.1913. LUDWIG & FRIES Frankfurt/Main ADMIRAL-BECEDE-EXCELLA- Germany 100/7a-FRANKOFURTIA- KNOO,WHS/RET Clocks/Watches	DIE-DA CEWE CEWE „Frankofurtia“

NOTE:

TRADEMARK OR TRADENAME MARQUE DE FABRIQUE - NOMS WARENZEICHEN - WORTMARKE	NAMES AND ADDRESSES NOMS ET ADDRESSES NAMEN UND ADDRESSEN	REMARKS OBSERV'TN BEMERKUNG
L E N Z K I R C H U H R E N F A B R I K A K T I E N G E S E L L S C H A F T UHRENFABRIKATION	LENZKIRCH - UHRENFABRIK Lenzkirch-Badenia Black Forest Germany 069/16 The small,modest workshop of the "LENZKIRCH - UHRENFABRIK,founded 1849 by Eduard Hauser (1825-1900) and Ignaz Schoepperle (1810-1882) with the formation of the AKTIEN-GESELLSCHAFT / UHRENFABRIKATION registered 08.31.1851. The Lenzkirch Uhrenfabrikation, in short time achieved due the exellency in craftsmanship,design and style a leading position in the fast expanding Black Forest Clock industry. The Lenzkirch clocks were made and machined from full stock brass and steel. All gears were precision machine finished. Under Eduard Hauser technical skill and dynamic leadership the Lenzkirch Clocks were of first Quality, but the Lenzkirch clocks priced themself out of the market. Economical circumstances finally forced the LENZKIRCH enterprise in the year 1927 to merge with the GEBRUEDER JUNGHANS A.G.Schramberg. For detail literature of the LENZKIRCH AKTIENGESELLSCHAFT für UHRENFABRIKATION (Lenzkirch Stockholder Corporation for Clock Manufacturing) Lenzkirch Badenia Black Forest : THE LENZKIRCH CLOCKS / -Part I- THE WINTERHALDER & HOFMEIER CLOCKS -Part II-, © Karl Kochmann Antique Clocks Publishing / Concord California. U.S.A.	
U H R E N F A B R I K A T I O N L E N Z K I R C H	Germany 072/16 Trademark engraving : UHREN FABRIKATION LENZKIRCH * @ before the year 1851. * Clock Manufacturing Lenzkirch	

NOTE: 069/16: LENZKIRCH-UHRENFABRIK,refer page 429/430/431

REMARKS OBSERV'TN BEMERKUNG	NAMES AND ADDRESSES NOMS ET ADDRESSES NAMEN UND ADDRESSEN	TRADEMARK OR TRADENAME MARQUE DE FABRIQUE - NOMS WARENZEICHEN - WORTMARKE
	Germany 073/16 Trademark found on Lenzkirch clocks: AKTIEN GESELLSCHAFT UHRENFABRIK* * After the year 1851 NOTE: Serial Number reference see page 447/ 449	AKTIEN GESELLSCHAFT UHRENFABRIK
	Germany 074/16 Trademark registered 20.05.1875 LENZKIRCH AKTIENGESLLSCHAFT fur UHRENFABRIKATION - LENZKIRCH. * * Lenzkirch Open Stockholder Corporation for Clock Manufact. Lenzkirch.	LENZKIRCH A.G.U. GEGRÜNDET 1851
	Germany 075/16 LENZKIRCH AKTIENGESELLSCHAFT - Fabrik - Marke - (Factory - Trademark) Registered 26.05. 1875. A G U	LENZKIRCH A G U FABRIK MARKE
	Germany 076/16 LENZKIRCH - AKTIENGESELLSCHAFT fuer UHRENFABRIKATION in LENZKIRCH. Registered 23.01.1878, under No. 2, County Courthouse Neustadt/B+ (+ Badenia free State of Germany)	unter Nr. 2: LENZKIRCH A G. U
	Germany 077/16 LENZKIRCH-AKTIENGESELLSCHAFT Registered 26.09 1910 / No 3 AKTIEN 1 Stockholder GESELLSCHAFT 2 Corporation UHRENFABRIKAT. 3 Clock factory LENZKIRCH 4 Location 5 Protrected by Law	unter Nr. 3: LENZKIRCH A. G. U. GESETZLICH GESCHÜTZT.
	Germany 078/16 AKTIEN ① GESELLSCHAFT ② UHRENFABRIKATION ③ LENZKIRCH ④	Agul ①②③④

NOTE:

TRADEMARK OR TRADENAME MARQUE DE FABRIQUE - NOMS WARENZEICHEN - WORTMARKE	NAMES AND ADDRESSES NOMS ET ADDRESSES NAMEN UND ADDRESSEN	REMARKS OBSERV'TN BEMERKUNG
Agul	AKTIENGESELLSCHAFT fuer UHRENFABRIKATION - LENZKIRCH Lenzkirch / Badenia Black Forest Germany *A* = Aktien — Stockholder *g* = Gesellschaft — Corporation *u* = Uhren — Clocks *l* = Lenzkirch — Lenzkirch	
LENZKIRCH A G U 1 MILLION *4 95149* **56**	Germany 079/16 NOTE: 1 Million / 2 Million indicates that over one or two million clocks were made. EXAMPLE: 5 Serial Number 4 95149 56 = Plate code No.	
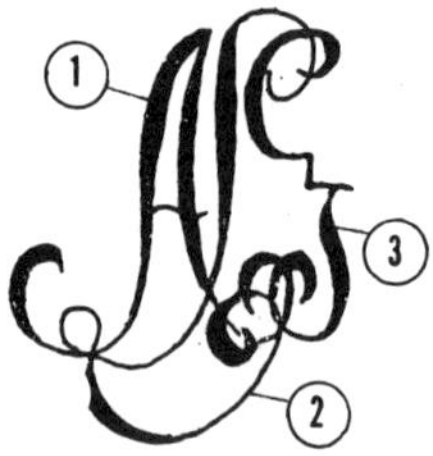	AKTIENGESELLSCHAFT LENZKIRCH Engraved initials found on Lenzkirch clocks after the year 1851. Germany 084/16 1 Aktien (stock) 2 Lenzkirch (location) 3 Gesellschaft (corporation)	
	GESELLSCHAFT für UHRENFABRIKATION Lenzkirch / Badenia Black Forest Germany 083 /16 Engraved initials shown on adverisement: " LEIPZIGER ILLUSTRIERTE ZEITUNG" No 1670 03.07.1875 with the notation: Until now our factory serial number 227,000. The new Factory logo startet as of the year 1875 as shown on page 446 / Germany 074/16 with 227,001	
LENZKIRCH A G. U.	1 Gesellschaft (corporation) 2 für (for) 3 UHRENFABRIKATION (clock-manufacturing)	

NOTE:

LENZKIRCH PLANT - *LENZKIRCH / BADENIA*
Artist rendering @ year 1885

FOUNDING / MERGER of the LENZKIRCH CLOCK MANUFACTURING

The principal founder : Year 1849

Eduard Hauser
(1825-1900)

Ignaz Schöpperle
(1810-1882)

5

Formation of :

AKTIENGESELLSCHAFT für UHRENFABRIKATION
in LENZKIRCH

Registered August 31. 1851

Translation:

STOCKHOLDER CORPORATION for CLOCKMANUFACTURING in LENZKIRCH , Badenia Black Forest.

8

The associate founder :

Franz Josef FALLER [24-28]
1820-1887
Eduard HAUSER
Nikolaus ROGG
Ignaz SCHÖPPERLE
Nikolaus TRITSCHELLER
1825-1867
Paul TRITSCHELLER
1822-1892
Josef WIEST
Albert TRITSCHELLER
1833-1889
(joined 1856)

The MERGER:

Year 1927
with:

GEBRÜDER
JUNGHANS A.G.

GEBRÜDER JUNGHANS A.G.
UHRENFABRIK,
founded 1861, Schramberg
Black Forest.

BROTHERS JUNGHANS, STOCKHOLDER CORPORATION CLOCKFACTORY.

NOW: JUNGHANS,*
Gebrüder Junghans
GmbH, Branchfactory
of the DIEHL GmbH
& Co.Nürnberg FRG

* since 1956

NOTE:

TRADEMARK OR TRADENAME MARQUE DE FABRIQUE - NOMS WARENZEICHEN - WORTMARKE	NAMES AND ADDRESSES NOMS ET ADDRESSES NAMEN UND ADDRESSEN	REMARKS OBSERV'TN BEMERKUNG

LENZKIRCH

BECKER

Advertisement refers to serial No. 227,000 from the year 1875 and up.

Warnung für Uhrmacher.

Die unterzeichneten Uhrenfabrikanten sehen sich veranlaßt, um Verwechslungen und Misbrauch mit ihren anerkannt guten Fabrikaten vorzubeugen, hierdurch öffentlich bekannt zu machen, daß ihre sämmtlichen Uhrwerke mit nachstehenden, durch das Markenschutzgesetz garantirten Fabrikmarken versehen sind, und alle Werke ohne diese Marken fälschlich für ihr Fabrikat ausgegeben werden. (F. 5143) 1050

Die Actiengesellschaft für Uhrenfabrikation in Lenzkirch (Baden).

Bisheriges Fabrikzeichen auf Nr. 185,000 bis Nr. 227,000.

LENZKIRCH A G. U.

Neue Fabrikmarke auf Nr. 227,000 und darüber.

Gustav Becker in Freiburg in Schlesien.

GB

Fabrikmarke.

Germany 080/16

Paperclip : DEUTSCHE UHRMACHER ZEITUNG Year 1875 : (German Watchmaker Journal)

WARNING for CLOCKMAKER - WATCHMAKER

The undersigned manufacturer found that misuse and forgery of their goods took place and announce to the public,our products are stamped with the trademarks as shown below.

AKTIENGESELLSCHAFT fuer UHRENFABRIKATION in LENZKIRCH (Baden)
Trademark serial 185,000 to 227,000
New trademark 227,000 and above.

GUSTAV BECKER in Freiburg Schlesien (Silesia)
( ) Trademark.

SERIAL NUMBERS LENZKIRCH - CLOCK MANUFACTURING

Year	Employees *	Annually product.	Clock unit per worker#	Clocks @/ day	Serial No	Remarks:
1851	21	4,600		16	4,600	The serial numbers
1855					21,000	relate to finished
1860	100				31,800	movements encased
1865	350	9,000	1,6	30	40,000	in clocks of all
1870					165,000	types.
1873	640	14,300		49,8		
1875	650##	18,000	1,73		227,000**	
1880					500,000	##400 worker at the
1885	ND	ND			655,000	plant,250 worker
1890					700,000	"homeworker"
1895	575	17,280			810,000	
1900	500			60	1,000.000	Lenzkirch Clock Co.
1925	180	ND			ND	made movements for
1928	285	ND			1,600.000	others,encased by
1929	20	ND			ND	other enterprises.

NOTE: * Shop and office worker # shop worker only, ND = No data on file
** see advertisement (translation) above.

*Source: Archive Karl Kochmann,*Furtwanger Beiträge zur Uhrengeschichte 1985 Prof.Kahlert (printed in German)*

LUTZ & WEIS GmbH
Pforzheim
Germany
AK04 WHS/RET/Jewellery/Watches

NOTE:

REMARKS OBSERV'TN BEMERKUNG	NAMES AND ADDRESSES NOMS ET ADDRESSES NAMEN UND ADDRESSEN	TRADEMARK OR TRADENAME MARQUE DE FABRIQUE - NOMS WARENZEICHEN - WORTMARKE
	MANHARDSCHE THURM UHREN FABRIK (tower clock) E.Hartmann Muenchen Germany 406/5 Manufacturer of tower clocks, registered 03.22.1890. Mannhardt Johann * 31.08.1798 - + 25.08.1878. Produced @ over 1300 tower clocks, 1928 Philipp Hoerz -towerclock enterprise Ulm/Germany purchased the entire Manhardt company.	
	MAIDLE, Hans Erlangen Germany 341/4 Pocket watch manufacturer, regist. 12.05.1921.	
	MAIDLE, Hans Erlangen Germany 003/6 Wholesale od clocks and watches, clock movemnets and pocket watches registered 27.12.1921.	 265032. [21. 1515]
	MAIER A. St.Georgen /Black-Forest Germany 166/5 Trademark registered 05.07.1903.	
	MAISCHOFER, Alfons Liebenzell/Calw Wurttemberg Germany 337/5 Pocket watch manufacturer regist. 04.23.1900.	
	MARTZ, Oskar Stuttgart Germany 343/5 MARITZA, tradename for techn. clock drives, timer & counter, registr. 02.11.1922.	Maritza

NOTE:

TRADEMARK OR TRADENAME MARQUE DE FABRIQUE - NOMS WARENZEICHEN - WORTMARKE	NAMES AND ADDRESSES NOMS ET ADDRESSES NAMEN UND ADDRESSEN	REMARKS OBSERV'TN BEMERKUNG
290793. JUMA	MARX, Julius Frankfurt/Main Bibergasse 8 Germany 024/6 Pocketwatch/wristwatch manufact. registered 30.01.1922.WHS/RET, Wristwatch bands.	
	MAYER, Alois, Uhrenwerkstatt (Clock-Shop) Schonach Black-Forest Germany 003/5 ND, except the trademark.	
	MAYER, Alois Schoenenbach-Furtwangen (Black Forest) Germany 078/7a DB40,MFC Clock Maker Shop.	
	MAYER , Anton St.Georgen/Black Forest Germany 028/7a AK04 MFC, Clocks of all Types.	
	MAYER, Max Berlin Germany 028/7b AK04 WHS/RET Jewellery/Watches	NOTE:
	TIETSCH, Paul Berlin Germany 046/7b AK04 ND	AK04 denotes archive Watchmkr. address Handbook year 1904 ------
TEXHEIMER	TEXHEIMER, Paul Berlin O 12 Germany 086/7c DB40,MFC Kitchen/Mantle Clocks.	DB40 denotes archive DIEBNER Watchmkr. Calendar year 1940 ------
V K „NAUTA"	VOLLE & KRAUTH Pforzheim Germany 084/7b DB40,MFC,Watch cases. -NAUTA-Vk-	HE denotes archive HENNIG ------
	VOEGELE, Stephan Pforzheim Germany 083/7c DB40, MFC Watches	KNOO denotes archive Knapp ------

NOTE:

REMARKS OBSERV'TN BEMERKUNG	NAMES AND ADDRESSES NOMS ET ADDRESSES NAMEN UND ADDRESSEN	TRADEMARK OR TRADENAME MARQUE DE FABRIQUE - NOMS WARENZEICHEN - WORTMARKE
	MARSCHNER, Raimund Dresden Germany 344 RAMAX, tradename, clocks and watches, registr. 02.22.1922.	
	MARKENUHR GmbH Halle/Saale Germany 099/6 Wholesale/retail clocks/watches/ jewelery, watchmaker supplies, clock/watch parts. Registered 24.09.1925.	353931.
	MARKENUHR Gmb Halle/Saale Germany 162/6 Wholesale of clocks/watches, parts and tools for the trade registered 06.01.1928.	3866966
	MARKENUHR GmbH Germany 279/6 Registered 14.02.1930, manufct. and distributor of clocks/watches gold and silver jewelery.	347345.
	MARKENUHR GmbH Koeln/Rhein Germany 257/6 Manufacturer of clocks/watches wholesale and parts for the trade. Registered 10.05.1930.	
	MARKENUHR GmbH Germany 266/6 Manufacturer and wholesale of watches. Registered 28.08.1930.	MARKENUHR
	MARKENUHR GmbH Germany 278/6 EXCENTRA, tradename registered 28.11.1930.Watches.	MARKENUHR
	MAURER & PFAFF & SCHLENKER UHRENFABRIK (clockfactory) Villingen a.N. Germany 173/5 Trademark registered 09.18.1901. Clocks of all types.	

NOTE:

TRADEMARK OR TRADENAME MARQUE DE FABRIQUE - NOMS WARENZEICHEN - WORTMARKE	NAMES AND ADDRESSES NOMS ET ADDRESSES NAMEN UND ADDRESSEN	REMARKS OBSERV'TN BEMERKUNG
	ZENTKA,MARKENUHRVEREIN e.V. * Halle /Saxonia Koenigstrasse 84 Germany 158/6 ZENTKA, logo of the trade *Association of German Watchmaker/ jeweler registered 12.12.1927.	
Z O M E	ZOLL , Hermann & Hermann MERKLE Pforzheim Germany 380/6 ZOME, tradename registered 03.07.1937, watch manufacturer.	
T U R A L T O	ZORN, J.F. Pforzheim Germany 313/6 TURALTO, tradename registered 20.02.1834, wrist watch manufc.	
	MARKENUHR GMBH Koeln/Rhein, Alter Markt 69. Germany /16 Tradename registered 10.05.1930 MFC/WHS/RET watches and jewellery.	
S T R A S S E R & R H O D E	STRASSER & RHODE; Mechanische Werkstätten** (mechanical workshop)** Glashütte i.Sa. (Saxonia) Germany /16 Founded 1875 by Prof.L. Strasser * 1853 + 1917, and Watchmaker G.RHODE (partnership). ** It was more than a workshop,it was a research facility for mech. calculator,odometer and numerous other precision mechanic invention Finally the STRASSER & RHODE enterprise produced the finest "PREMIER" quality pendulum clocks for astronomical, standard time-keeping.For the next twenty years Strasser and Rhode made only the best of the best pendulumn clocks. 1945 the company was dissolved.	

NOTE:158/6 : ZENTKA-MARKENUHRENVEREIN,refer to page 434,578

REMARKS OBSERV'TN BEMERKUNG	NAMES AND ADDRESSES NOMS ET ADDRESSES NAMEN UND ADDRESSEN	TRADEMARK OR TRADENAME MARQUE DE FABRIQUE - NOMS WARENZEICHEN - WORTMARKE
	MAUTHE, Friedrich UHRENFABRIK GmbH, (Clocks/Watches) Schwenningen a.N. Germany 005/5 Friedrich Mauthe * June 02,1822, + February 02, 1884. Started as general supplier for clockmakers' tools and equipment. Mauthe accepted clocks on a barter system. As the demand for clocks increased, Mauthe started his own manufacturing enterprise in 1860. His sons Christian and Jacob joined the family enterprise in 1876. 1886, the Mauthe factory started her own spring drawing facilities. 1899 a case factory was added, by 1900 @ 1000 employees were on the payroll. 1915 Mauthe added their own sawmill and milling shop 1923, the year of inflation made competition for Mauthe tough.1930 @ 2000 workers produced 45,000 !! clocks and watches a week. 1937 60% German clocks exported to London (England) were MAUTHE.1970 Mauthe struggled for survival,1975 the company was in receivership. 1976 MAUTHE was forced to close.	M A U T H E
	Germany 175/16 MAUTHE, Friedrich - UHRENFABRIK (Clock factory) Schwenningen a.N. neben der Krone (next to the KRONE INN -landmark) Registered 17.08.1888. Clocks and Clock parts WFC/WHS/RET.	TRADE MARK M
	MAUTHE Germany 007/5 VENI VIDI, tradename registered 14.12.1902.	veni vidi
	MAUTHE Germany 008/5 ZEPPELIN, tradename registered 22.07.1908, re-registered year 1929.	411475 Zeppelin
	MAUTHE Germany 009 CAILE FERATE ROMANE, tradename registered 09.10.1908.	CAILE FERATE ROMANE

NOTE:

TRADEMARK OR TRADENAME MARQUE DE FABRIQUE - NOMS WARENZEICHEN - WORTMARKE	NAMES AND ADDRESSES NOMS ET ADDRESSES NAMEN UND ADDRESSEN	REMARKS OBSERV'TN BEMERKUNG
S I R E N E	MAUTHE Germany 013 SIRENE , tradename registered 05.06.1909.	
 	MAUTHE Germany 017/5 CHIMES of the MONASTRY, regist. 01.19.1909.	
 	MAUTHE Germany 016/5 OEIL de BOEUF (Eye of the Ox) registered 09.12.1910.	
Mauthe	MAUTHE Germany 012/5 MAUTHE, name copyright 04.10.1911.	
Winett	MAUTHE Germany 015/5 WINNETT, tradename 06.21.1912.	
Nonida	MAUTHE Germany 019 NONIDA, tradename registered 11.23. 1912.	
Divina-Gong	MAUTHE Germany 018/5 DIVINA-GONG, tradename regsitered 09.09.1912.	

NOTE:

REMARKS OBSERV'TN BEMERKUNG	NAMES AND ADDRESSES NOMS ET ADDRESSES NAMEN UND ADDRESSEN	TRADEMARK OR TRADENAME MARQUE DE FABRIQUE - NOMS WARENZEICHEN - WORTMARKE
	MAUTHE Germany 020/5 Registered 05.27.1914. Manufact. of all types of clocks,clock and watch parts made to order for the trade. Clocks made to order, hall,wall, mantle clocks, regulator clocks American style and system.	
	MAUTHE Germany 014/5 TOURIST, tradename registered 10.15.1921.	„Tourist"
	MAUTHE Germany 011 VINETA, tradename registered 08.24.1921.	MAUTHE VINETA
	MAUTHE, Friedrich GmbH Schwenningen a.N. Germany 013/6 VINETA, tradename registered 12.03.1921. Clocks/watches.	„Vineta"
	MAUTHE Germany 025/5 MIGNON GONG, tradename registered 18.05.1922.	MIGNON GONG
	MAUTHE Germany 024/5 WIZARD, tradename registered 11.09.1922.	Wizard
	MAUTHE Germany 022/5 TRUSTYTIMER, tradename registered 11.09.1922.	Trustytimer
	MAUTHE Germany 021 FLORA, tradename registered 30.10.1922.	301004. „Flora"
	MAUTHE Germany 023/5 TILTOSTOP, tradename registered 11.09.1922	Tiltostop
	MAUTHE Germany 030 TAMBOURIL, tradename registered 07.12.1928.	TAMBOURIL

NOTE:

TRADEMARK OR TRADENAME MARQUE DE FABRIQUE - NOMS WARENZEICHEN - WORTMARKE	NAMES AND ADDRESSES NOMS ET ADDRESSES NAMEN UND ADDRESSEN	REMARKS OBSERV'TN BEMERKUNG
303002.  Tiny	MAUTHE Germany 026/5 TINY, tradename registered 29.03.1923.	
334218. 	MAUTHE Germany 028 Tradesymbol registered 28.01.1925.	
342614. 	MAUTHE Germany 027/5 Tradesymbol registered 13.07.1925.	
413298 ‚Eagle'	MAUTHE Germany /5 EAGLE, tradename, registered 1925.	
413297 Adler	Germany 178/16 ADLER, trademark, MAUTHE GmbH UHRENFABRIK (Clock factory) Schwenningen a.N. Wuerttemberg Registered 16.01.1930. Clocks Clock parts, MFC/WHS/RET.	
VoLKSGONG	MAUTHE GmbH Germany 308/9 MAUTHES- VOLKSGONG, registered 24.01.1934. Clock factory, clock cases. Clocks of all types.	

NOTE:

REMARKS OBSERV'TN BEMERKUNG	NAMES AND ADDRESSES NOMS ET ADDRESSES NAMEN UND ADDRESSEN	TRADEMARK OR TRADENAME MARQUE DE FABRIQUE - NOMS WARENZEICHEN - WORTMARKE
	MAUTHE Germany 010/5 Tradesymbol registered 1936.	
	MAUTHE, Friedrich Schwenningen a.N. Germany 027/7c AK04 MFC/ Clocks/Watches	
	MEHNE J.G. UHRENFABRIK (Clockfactory) Schwennigen a.N. Germany 002/5 Johann Mehne founded in the year 1891 the Clock Factory for hall-clocks and wall regulator. About 1900 the company expanded their production to electric clocks last records of the company 1972.	Mehne
	MEHLHOSE, Wilhelm Berlin Germany 028/7c AK04 ND	W. M.
	MEISS, Fritz Germany 363/6 ROTPUNKT, tradename registered 27.10.1936, retail of electric powered synchron clocks.	491023 Rotpunkt
	MEIER, GEBRUDER (brothers) UHRENFABRIKANT Villingen a.N. Germany 279/5 Trademark registr.07.18.1887, Manufacturer of clock movements, clock cases and complete clocks.	TRADE MARK
	MEISENZAHL, Theodor Mainz/Main Germany 029/7b AK04 ND	
	MEISENZAHL & Co Mainz/Main Germany 029/7a AK04 ND	MEISENZAHL & Co DARMSTADT

NOTE:

TRADEMARK OR TRADENAME MARQUE DE FABRIQUE - NOMS WARENZEICHEN - WORTMARKE	NAMES AND ADDRESSES NOMS ET ADDRESSES NAMEN UND ADDRESSEN	REMARKS OBSERV'TN BEMERKUNG
340323 CONSTANTIA	METZNER & Co Konstanz Germany 062/6 CONSTANTINA, tradename registered 16.05.1925,manufacturer of clocks/ watches and parts for the trade.	
W. M. 3. W. 3. M. 3.	MENDELSOHN W. Berlin C 25 Germany 029/7c WM 3W 3W·3 AK04 WHS/RET/Jwellery/Watches	
M	MERKEL, Rudolph Loebau/Saxonia Germany 030/7a AK04 ND	
M&E. LP.	MEY & ENDLICH, UHRENFABRIK (watches/clocks) Plagwitz Germany 336/5 Registr. 09.08.1887. Pocket watches.	
H.TH.M. Prima Qualitat H.Th.M. II Qualität	MYLIUS, H.Th. Ulm/Donau Germany 033/7a AK04 ND	
360674. SENIOR	MISCHKE,Karl senior Berlin Germany 151/6 SENIOR, tradename registered 05.08.1926. Manufacturer of pocket/ wrist watches.	
396586 EXCENTRA	MISCHKE, Karl Uhrenfabrikation Berlin SW 19,Kommandanten Str.79 Germany 225/6	NOTE: AK04 denotes archive Watchmkr. address Handbook year 1904
ERMI	MITSCHELE, Ernst Pforzheim Germany 069/7a DB40,MFC, Watches	------ DB40 denotes archive DIEBNER Watchmkr. Calendar year 1940
410552 „Rütli"	Germany 179/16	------ HE denotes archive HENNIG
	MITTELDEUTSCHE AUTOMATEN GESELLSCHAFT mbH Frankfurt / Main Germany 213/6, Manufacturer of "Saving clocks" coin operated.	------ KN00 denotes archive Knapp

NOTE:

REMARKS OBSERV'TN BEMERKUNG	NAMES AND ADDRESSES NOMS ET ADDRESSES NAMEN UND ADDRESSEN	TRADEMARK OR TRADENAME MARQUE DE FABRIQUE - NOMS WARENZEICHEN - WORTMARKE
	Germany 180/16	
	MOSGAU , Franz Berlin O 27 Germany 030/7c / AK04	
	MOEHRING F.W. Hannover Germany 234/6 DIGUMA< tradename registered 24.08.1928, clock/watch wholesale. Parts and supplies for the trade.	MOEHRING
	MOLLER,Max UHRENFABRIK (clock factory) Altona/Elbe Germany 339/5 Clocks of all types, espec. electric clocks.Regist.03.23.1905.	
	MORAT Joh.& Soehne (sons) Eisenbach/Badenia Black Forest Germany 030/7b AK04 MFC/Clocks/parts f.Clocks	
	MOOSMANN, Hermann Magdeburg Germany 342/5 Pocket watch manufacturer, regist. 05.03.1921.	
	MOSSNER, Gustav Pforzheim Germany 034/5 ND	

NOTE:

TRADEMARK OR TRADENAME MARQUE DE FABRIQUE - NOMS WARENZEICHEN - WORTMARKE	NAMES AND ADDRESSES NOMS ET ADDRESSES NAMEN UND ADDRESSEN	REMARKS OBSERV'TN BEMERKUNG
U M	MÜLLER & Co.UHRENFABRIK (Clockfactory) Mühlheim/ Donau (River) Germany 001/5 The precision-mechanik journeyman Amman Hubert.After changing ownership several times, the company of Schneckenberger GmbH, after bankruptcy was taken over by the MÜLLER brothers (year 1900 ?) Under the "LION" Trademark the clock company employed nearly 500 persons. Due internal complication (family owned) enterprise filed 1959 bankruptcy. A Swedish company purchased the factory building, but notfor clock manufacturing.	
U-M	MÜLLER,Wilhelm & Co. Uhrenfabrik (Clockfactory) Mühlheim/Donau Germany 175/5 Trademark registerd 01.10.1910.	
C. M.	MUELLER ,Carl & Co. Hamburg Germany 032/7b AK04 ND	
Adler FABRIK FEINE HOLZWAREN	MUELLER, Guido & Co. Eppendorf Germany 032/7c AK04 MFC/Clocks/Cases	
	MUELLER Wilhelm Schwab.Gmuend Germany 064/7b DB40 Jeweller WHS/RET	
M. & Co.	MUELLER & Co Freiburg/Silesia Germany 031/7c AK04 MFC/Clocks	NOTE: AK04 denotes archive Watchmkr. address Handbook year 1904 ------ DB40 denotes archive DIEBNER Watchmkr. Calendar year 1940 ------ HE denotes archive HENNIG ------ KNOO denotes archive Knapp ------
M. & K.	MUELLER & KERN Breslau/Silesia Germany 031/7b AK04 ND	
R S M	MUELLER & Co Muehlheim/Donau Germany 032/7a AK04 MFC Clocks	

NOTE:

REMARKS OBSERV'TN BEMERKUNG	NAMES AND ADDRESSES NOMS ET ADDRESSES NAMEN UND ADDRESSEN	TRADEMARK OR TRADENAME MARQUE DE FABRIQUE - NOMS WARENZEICHEN - WORTMARKE
	MUELLER, Wilhelm Berlin Germany 031/7a AK04 WHS/RET/HOR/Jewellery	
	MULLER, Wilhelm UHRENFABRIK Germany 174/5	MULLER ,WILHELM
	MUELLER, Wilhelm (founded 1847) Berlin C2 Germany 078/7b DB40,WHS,Watch/Clocks/Jewellery	MULLER , WILHELM
	MUELLER K.W. Luebeck Germany 064/7a DB40 Watchmaker Supplies	KWM
	MÜLLER, Karl-Max Leipzig Germany 311/5 HORA, tradename registered 10.05.1921. Manufacturer of timepieces. Wholesale/Retail.	Hora
	MUELLER, Karl, Max Leipzig, Koenigsplatz 5 Germany 016/6 HORA, tradename , clock factory, wholesale and retail, parts for the tade, registered 11.04.1921.	272889. Hora
NOTE: AK04 denotes archive Watchmkr. address Handbook year 1904 ------ DB40 denotes archive DIEBNER Watchmkr. Calendar year 1940 ------ HE denotes archive HENNIG ------ KNOO denotes archive Knapp	MUELLER, Josef Muenchen Germany 401/6 Registered 18.07.1938,wholesale house for clocks/watches.	510042
	MUELLER-SCHLENKER Schwenningen a.N. Germany 388/6 Trade logo registered 04.07.1938, Manufacturer of clocks, percision instruments, pocket and wrist watches, mechanical counter.Spring powered small motors.	507450
	MÜLLER-SCHLENKER Schwenningen a.N. Germany 084/5 Manufacturer of clocks,precision instruments and apperatus. Hall-wall-mantle-alarm-automobil clocks Mechanical/electrical energized drives for industrial applications	Registered 21.05.1890.

NOTE:

TRADEMARK OR TRADENAME MARQUE DE FABRIQUE - NOMS WARENZEICHEN - WORTMARKE	NAMES AND ADDRESSES NOMS ET ADDRESSES NAMEN UND ADDRESSEN	REMARKS OBSERV'TN BEMERKUNG
MÜLLER - SCHLENKER	MÜLLER-SCHLENKER Schwenningen a.N. Germany 082/5 Manufacturer of clocks and precision instruments and apperatus. Hall-wall-mantle-alarm-automobil clocks. Pocketwatch-wrist-and pendant watch. Electric operated clocks, counter,timer for technical appl. Registered 04.07.1939.	
MADER	MADER, Anton & Co. Augsburg Germany 338/5 Springs for watch / clock movements and music box drives.	
MANN & SOHN	MANN & SOHN (son) Pforzheim Germany 063/7a DB40 RET/Watches/Clocks	
KOMA	MAUCH - Uhrenfabrik (Clockfactory) Schwenningen a.N. Germany 399/4 The clock factory founded 1921 by Konrad Mauch, main line hall clocks later 400 day clocks, no further data on file.	
	MAURER , GEBR. (brothers) Kreuznach Germany 027/7b AK04 ND	
MARCA DE FABRIC	MAURER, Oswald, Uhrenfabrik (Clockfactory) Eisenbach / Black Forest Germany 182/16. Registered 06.08.1885. Clocks MFC/WHS/RET. Refer also to page	NOTE: AK04 denotes archive Watchmkr. address Handbook year 1904 ------ DB40 denotes archive DIEBNER Watchmkr. Calendar year 1940 ------ HE denotes archive HENNIG ------ KNOO denotes archive Knapp
M·W·R	MARX,Theodor Witten/Ruhr Germany 027/7a AK04 ND	
MOEHRING	MOEHRING F.W. Hannover a/d.Christus Kirche Germany 063/7b DB40 WHS/Watches/Clocks	

NOTE:

REMARKS OBSERV'TN BEMERKUNG	NAMES AND ADDRESSES NOMS ET ADDRESSES NAMEN UND ADDRESSEN	TRADEMARK OR TRADENAME MARQUE DE FABRIQUE - NOMS WARENZEICHEN - WORTMARKE
	NATIONAL MARINEUHREN GESELLSCHAFT , Gerdes & Co. Hamburg,Amelungenstr.15 Germany 395/6 Registered 16.05.1938, manufacturer of ship clocks, nautical instrumt.	506390 
	NEIMANN, Kurt Leipzig/Eutritsch Germany 345 Pocket watch manufacturer, regist. 05.21.1910.	
	NIEDERESCHACH-ROTTWEIL UHRENFABRIK, Andreas Peter Rottweil, Wuerttemberg Germany 177/6 ALZIATIK-AVIATIK, tradename registered 04.07.1927, clock factory, parts for the trade.	NIEDERESCHACH - ROTTWEIL A L Z I A T I K A V I A T I C
	NIEDLING Paul Duesseldorf,Karlstrasse 7 Germany 215/6 PRECIA, tradename registered 22.03.1929. Wholesale and distr. of clocks/watches, parts for the trade.	407423 **Précia**
	NIPPEL, Ernst Kottbus Germany 035/5 Trademark registered 10.20..1892.	

NOTE:

TRADEMARK OR TRADENAME MARQUE DE FABRIQUE - NOMS WARENZEICHEN - WORTMARKE	NAMES AND ADDRESSES NOMS ET ADDRESSES NAMEN UND ADDRESSEN	REMARKS OBSERV'TN BEMERKUNG
E N	NIPPEL,Ernst Kottbus Germany 036/5 Trademark, clock factory ,alarm clocks,wall regulator, mantle clocks.	
260686.	NEUMANN, Hermann Goerlitz/Silesia (now Poland) Germany (former) 348/5 Watchmaker for high grade watches and restorer of rare timepieces. Reg.02.22.1921.	
N. B.	NEUHAUS & BECKER Elberfeld Germany 033/7b AK04 ND NO	
Nomos	N O M O S - UHRGESELLSCHAFT Guido Mueller & Co. Glashuette i.Sa. Germany 083/4 The NOMOS enterprise was managed from Switzerland. The NOMOS watches in Glashuette were of Ebauche -Swiss made - origin. The NOMOS watches assembled in Glashuette capitalized from the reputation associated with Glashuette. Lange & Sons filed suit against NOMOS and won several decisions in their favour. The Swiss managment was forced by court order to stop all production by the end of 1900. No other data on file, except by hersay 1890-1900 in production.	
Nomos	NOMOS Dresden Germany 346/5 Export enterprise exclusiv for pocket watches, made in Glashuette	
510888 Kano	NONNENMACHER, Karl Pforzheim Germany 400/6 KANO, tradename registered 28.11.1938, watch manufacturer export of small clocks, movements and parts for the trade.	
KANO die Qualitätsmarke	NONNENMACHER,Karl Pforzheim Germany 077/7a DB40,MFC Watches	

NOTE:

REMARKS OBSERV'TN BEMERKUNG	NAMES AND ADDRESSES NOMS ET ADDRESSES NAMEN UND ADDRESSEN	TRADEMARK OR TRADENAME MARQUE DE FABRIQUE - NOMS WARENZEICHEN - WORTMARKE
	NORDDEUTSCHE UHRENFABRIK GmbH (Clock factory) Berlin Germany 347/5 NOTRE-DAME-GONG, tradename regist. 04.10.1921.	Notre-Dame- -Gong
	NORMALZEIT GmbH Berlin Germany 245/6 Logo registered 01.11.1929. Manufacturer of complete central automatic controlled time syst. Timeclocks, singnal control instrumentation.	414253
	NOAKES, Charles Hamburg Germany 033/7c AK04 ND	
	OEHMICHEN. E.M&A Dresden Neustadt 6, Blockhausgasse 3 Germany 240/6 PALADIN, tradename registered 02.02.1929, export of clocks/watches.	404828 Paladin
NOTE: AK04 denotes archive Watchmkr. address Handbook year 1904 ------ DB40 denotes archive DIEBNER Watchmkr. Calendar year 1940 ------ HE denotes archive HENNIG ------ KN00 denotes archive Knapp	OLIW GLASHUTTE-DRESDEN A.Lange & Sohne Glashutte i.Sa.(Saxonia) Germany 282/5 The A.Lange & Sohne enterprise interduced to the watchmaker/Jeweller the "OLIW" type pocket watch, manufactured and distributed under: "OLIW Glashutte " This watch incorporated all the technical features of the "A.LANGE & Sohne" watch, except the design was simplified,the cases came in silver, stainless steel, nickel alloy and "Gold Double" -,to market a affordable watch for the public. Trademark regist. 01.11.1921. Watches,and parts, tools and special fixtures for the discrimating watchmaker.	GLASHÜTTE-DRESDEN. OLIW

NOTE:

TRADEMARK OR TRADENAME MARQUE DE FABRIQUE - NOMS WARENZEICHEN - WORTMARKE	NAMES AND ADDRESSES NOMS ET ADDRESSES NAMEN UND ADDRESSEN	REMARKS OBSERV'TN BEMERKUNG
O L I W OLIW O = Orginal L = Lange I = International W = Watch	O L I W ORGINAL LANGE INTERNATIONAL WATCH Glashuette i.Sa.(Saxonia) Germany 076/4 O L I W, tradename reference see: 066/4 OLIW trademark used between @ 1919 - 1925.	
WALOR	OSTERMAYER, Walter Pforzheim Germany 088/7a DB40, MFC Watches.	
J. P. S.	PALMTAG,Jacob UHRENFABRIK (Clockfactory) Schwenningen a.N. Germany 039/5 Clock factory founded 1875 by Jacob Palmtag to manufacture tools and fixture for the watch-clock= maker and jewelers trade. Jacob Palmtag jr. expanded the company to include watchman control clocks, electrical clocks, synchronclocks, timers, and related industrial applications. Due the tough foreign competition (Japan) the company was forced to close for good in the year 1970.	
386 203. „ACTAGRAPH"	PALMTAG, Jakob,UHRENFABRIK (clockfactory) Schwenningen a.N. Germany 157/6 ACTAGRAPH, tradename registered 24.08.1927.Nautical,electro.magnet instruments, nautical clocks, control instruments. More data see: 039/40/41/4	
PALMTAG	PALMTAG Germany 041/5 Tradesymbol for industrial clocks, mechanical-electrical timer, control clocks, watchman clocks, no other data on file.	
Palmtag	PALMTAG Germany 040/5 Tradesymbol. ND.	
P A L M T A G	PALMTAG,JaKob Founded 1875. Schwenningen /Neckar Germany 080/7a DB40, MFC Clocks of all Types.	

NOTE:

REMARKS OBSERV'TN BEMERKUNG	NAMES AND ADDRESSES NOMS ET ADDRESSES NAMEN UND ADDRESSEN	TRADEMARK OR TRADENAME MARQUE DE FABRIQUE - NOMS WARENZEICHEN - WORTMARKE
	PASCHEN, Bernhard Hagen i.Westfalia Germany 350/5 HARMONIE, tradename for supply house for watchmaker, toools and fixtures. Regist. 03.22.1909.	HARMONIE
	PASCHEN, Willi Hagen i.Westfalia Germany 351/5 Factory for electric clocks, registr. 01.23.1911.	B. 8482. OE.O F.O U.
	PASCHEN, Willi Hagen i.Westfalia Germany 412/5 FAELUH,tradename registered 02.03.1911, manufacturer of electric powered clocks.	Faeluh
	PASCHEN, Berhard Hagen/Westfalia Germany 034/7a -NORA- AK04 ND	B.P. „Nora"
	PEERBOOM & SCHUERMANN Maschinenfabrik-Apparatebau (Machine/apperatus factory) Duesseldorf Germany 101/6 P&S Trademark registered 10.01. 1925. Manufacturer of clocks and clock parts to order.	826715. „P&S"
NOTE: AK04 denotes archive Watchmkr. address Handbook year 1904 ------ DB40 denotes archive DIEBNER Watchmkr. Calendar year 1940 ------ HE denotes archive HENNIG ------ KNOO denotes archive Knapp	PETER, Adreas UHRENFABRIK Clockfactory Villingen i.B. (Badenia) Germany 117/4 Clock factory for mantle,wall, and hall clocks. Trademark reg. 05.03.1922.	
	PETER-UHREN GmbH Rottweil a.Neckar Germany 333/6 Registered 16.02.1935,manufacturer of alarm clocks, clock parts and clock movements for misc.applict.	475829 PETER
	PETER-UHREN Germany 339/6 Registered 17.04.1935, alarmclocks of all styles.	478150 Peter
	PETER-UHREN GmbH Rottweil/Neckar Germany 080/7b DB40,MFC.Alarm/Kitchen/Clocks.	Fabrikmarke

NOTE:

TRADEMARK OR TRADENAME MARQUE DE FABRIQUE - NOMS WARENZEICHEN - WORTMARKE	NAMES AND ADDRESSES NOMS ET ADDRESSES NAMEN UND ADDRESSEN	REMARKS OBSERV'TN BEMERKUNG
	PETERSFEDT, GEBR. (brothers) Berlin Germany 034/7b AK04 ND	
	PETERSEN, Walter UHRENFABRIK (Clockfactory) Germany 043/5 400 day clock manufacturer, last records @ 1934 .	
PEWETA	PEWETA Germany 354/5 Tradename for Prien & Witten Hamburg, clocks/watches.	
OPE	PFAFF, Otto Pforzheim Germany 076/7a DB40,MFC,Watches/parts PFAFF, Otto Pforzheim Germany 080/c DB40,MFC,Watches/Clocks/Parts.	
	PFALZER & SOEHNE (sons) Stuttgart Germany 034/7c AK04 ND	
	PFORZHEIMER UHRENROHWERKE (Ebauche) Pforzheim Germany 038/5 ND	NOTE:
Phi-Dü.	PHILIPPEN J. Duesseldorf Germany 352/5 PHI-DU, pocket watch and alarm clock factory, registered 10.01.1912.	AK04 denotes archive Watchmkr. address Handbook year 1904 ------
417664 „Rhenus"	PIEPENBRING Fritz Bonn/Rhein.Haendel Str. Germany 264/6 RHENUS, tradename registered 28.01.1930, manufacturer and wholesale of watches.	DB40 denotes archive DIEBNER Watchmkr. Calendar year 1940 ------ HE denotes archive HENNIG ------ KN00 denotes archive Knapp

NOTE:

REMARKS OBSERV'TN BEMERKUNG	NAMES AND ADDRESSES NOMS ET ADDRESSES NAMEN UND ADDRESSEN	TRADEMARK OR TRADENAME MARQUE DE FABRIQUE - NOMS WARENZEICHEN - WORTMARKE
	POPPER & Co. Leipzig Germany 035/7a AK04 MFC/WHS/RET Clocks.	
	PORCHER, Eugen Pforzheim Germany 035/7b AK04 MFC/Watches/Jewellery	EP
	PRESTINARI, Heinrich Pforzheim Germany 035/7c AK04 MFC/Watches/Jewellery	P
	PRIEN & WITTER Hamburg Germany 353/5 PEWETA, tradename, export of clocks & watches, registered 03.17.1922.	PEWETA
	QUIST F.W. Esslingen Germany 036/7a AK04 ND	
NOTE: AK04 denotes archive Watchmkr. address Handbook year 1904 ------ DB40 denotes archive DIEBNER Watchmkr. Calendar year 1940 ------ HE denotes archive HENNIG ------ KN00 denotes archive Knapp ------	RAISCH & WOESSNER Pforzheim,Gruenst. Germany 280/6 ORMO, tradename registered 31.12.1930, pocket/wrist watches.	RAISCH & WOESSER ORMO
	RAFF, Paul Pforzheim, Gymasiumstrasse Germany 216/6 PARA, tradename registered 03.06.1929. Watches, and parts for the trade.	408027 PARA
	RAU, G. Pforzheim Germany 081/7b DB40, MFC Pocketwatch cases.	
	REGER, August Schwab. Gmuend Germany 036/7b AK04 ND	AR

NOTE:

TRADEMARK OR TRADENAME MARQUE DE FABRIQUE - NOMS WARENZEICHEN - WORTMARKE	NAMES AND ADDRESSES NOMS ET ADDRESSES NAMEN UND ADDRESSEN	REMARKS OBSERV'TN BEMERKUNG
Hannovera	REINHARD, Julius Hannover Germany 358/5 HANNOVERA, tradename registered 08.29.1912. Manufacturer of Pocket watches.	
391906 **Ara**	REICH & GOLOMBECK Berlin,Rosenthaler Str.20 Germany 160/6 ARA, tradename registered 30.01.1028, manufacturer and distributor of watches and parts for the trade.	
393709 **Rego**	REICH & GOLOMBECK Berlin N54 Rosenthaler Str. Germany 209/6 REGO, tradename registered 30.01.1928, manufacturer and distributor of clocks/watches?	
	REICHSVERBAND DES UHREN-GROSSHANDEL e.V. * Halle/Saale Germany 328/6 Registered 05.11.1934, "Unified association of the German Watch/ Clock Wholesale houses"	
512704 **Gedu**	REICHSVERBAND des DEUTSCHEN UHRENGROSSHANDEL e.V. * Halle/Saale Germany 403/6 GEDU, registered 01.12.1937, *"Nationwide Association of the German Clock/watch Wholesale Houses"	
	REICHSVERBAND DEUTSCHER UHRMACHER und UHRENEINZEL-HAENDLER e.V. * Leipzig Germany 402/6 Registered 05.10.1937. * Nationwide German Watchmaker/ Clockmaker & Retailer Association"	
Das Zeichen des Uhren-Fachgeschäftes	REICHSVERBAND des DEUTSCHEN UHREN GROSSHANDEL e.V. * Halle/Saale Germany 410/6 Logo registered 17.03.1939. * " Nationwide Association of the German Clock/watch Wholesale Houses."	

NOTE:

REMARKS OBSERV'TN BEMERKUNG	NAMES AND ADDRESSES NOMS ET ADDRESSES NAMEN UND ADDRESSEN	TRADEMARK OR TRADENAME MARQUE DE FABRIQUE - NOMS WARENZEICHEN - WORTMARKE
	Reichardt Dr. Martin Wurzburg Germany 359/5 RIEGERs - TERTIEN- UHR, tradename registered 05.01.1909.	„Riegers Tertien-Uhr"
	REINER, M. Furtwangen Black-Forest Germany 042 ND.	R E I N E R
	REGULATOR UHRENFABRIK "URANIA" (Clockfactory) Freiburg - Silesia Germany 191/5 URANIA, tradename and trademark last data records year 1895. NOTE: The tradename "Urania" also used by other clock/watch making enterprise.	R U F URANIA FREIBURG i./SCHL.
	RENNER Carl and Sohn (son) Glashuette /Saxonia Germany 038 CITOTYP, tradename registered 14.06.1923, precision mechanical shop, complete clock/watch movemants or and parts only.	302952. Citotyp
	RENZ, Wilhelm Pforzheim Germany 081/7a DB40, MFC Watches	R E N Z
	RENZ, Wilhelm Germany 361/6 Trade logo registered 21.01.1937, manufacturer of watches.	493861
	REUTSCHLER & Co. Pforzheim Germany 336/6 REWA, tradename registered 08.04.1935, clock/watch manufact. Parts for the trade.	477113 REWA
	RICHTER & GLUECK Berlin Germany 038/7a AK04 ND	

NOTE:

TRADEMARK OR TRADENAME MARQUE DE FABRIQUE - NOMS WARENZEICHEN - WORTMARKE	NAMES AND ADDRESSES NOMS ET ADDRESSES NAMEN UND ADDRESSEN	REMARKS OBSERV'TN BEMERKUNG
477349 	RITSCHEL, Erich Berlin W 50, Prager Str. Germany 337/6 Registered 19.01.1935, warehouse and distributor for clocks/watches gold and silver jewelery.	
RIESSLEIN	RIESSLEIN,Josef Dresden Altstadt Thiergarten Strasse 35 Germany 168/6 MUTHA, tradename registered 26.10.1927. Manufacturer of pocket and wrist watches.	
	RIESSLEIN, Josef Dresden Altstadt Germany 133/6 MUGEA, tradename registered 26.10.1927. Manufacturer of pocket and wrist watches.	
	RIESSLEIN, Josef Germany 132/6 EMUGA, tradename registered 26.10.1927. Pocket watch and wrist watch manufacturer.	
	RIEMAN,Theodor Hamburg Germany 356/5 Manufacturer of timepieces, regist 04.16.1910.	NOTE: AK04 denotes archive Watchmkr. address Handbook year 1904 ------ DB40 denotes archive DIEBNER Watchmkr. Calendar year 1940 ------ HE denotes archive HENNIG ------ KNOO denotes archive Knapp
R I V O I R	RIVOIR, Carl Pforzheim Germany 074/7a DB40, MFC Watches	
	PRODUKTIVGENOSSENSCHAFT der * UHRMACHER H.ENDLER & Comp. Freiburg i.Schl. Germany /16 Trademark regist.08.10.1877 Clocks/Regulator- * Cooperative	

NOTE:

REMARKS OBSERV'TN BEMERKUNG	NAMES AND ADDRESSES NOMS ET ADDRESSES NAMEN UND ADDRESSEN	TRADEMARK OR TRADENAME MARQUE DE FABRIQUE - NOMS WARENZEICHEN - WORTMARKE
	RODI & WIENENBERGER A.G. Pforzheim Germany 078/7c DB40,MFC Pocket/Wristw. cases.	RODI & WIENENBERGER
	RODI & WIENENBERGER Pforzheim Germany 259/6 GUERRIER, tradename registered 07.04.1930, manufacturer of watches, parts for the trade.	
	RODOLF, Willibald Hamburg Germany 360/5 Nautical clocks and watches. Registered 01.27.1922.	W. RUDOLF.
	ROEHRIG , Moritz Leipzig, Reichstrasse 27 Germany 055/6 CONTRA, tradename registered 17.06.1925, watches and watch case manufacturer, also other clocks.	342309. CONTRA
	ROLAND -MASCHINEN Gesell-scahft m.b.H. Koeln Germany 357/5 DIABOLO, tradename, export of clocks, registered 12.29.1912.	„Diabolo“ 371483.
	ROMBACH & HAAS Schonach/Black Forest Germany 194/6 Trade logo registered 20.04.1927 Clock manufacturer and parts for the trade.	
	ROHRIG , Moritz Leipzig Germany 038/7b AK04 WHS/RET/Watches/Jewellery	Chic HR MR JR

NOTE:

TRADEMARK OR TRADENAME MARQUE DE FABRIQUE - NOMS WARENZEICHEN - WORTMARKE	NAMES AND ADDRESSES NOMS ET ADDRESSES NAMEN UND ADDRESSEN	REMARKS OBSERV'TN BEMERKUNG
	RHODE Hamburg Germany 048/5 Trade symbol applied for year 1897.	
RHOTAKER	RHOTHAKER, Alphons Pforzheim Germany 379/5 MONTINAS, manufacturer of watch cases and watch movements, regist. 10.11.1890.	
	ROSENHAFT, Michael Hamburg Germany 355/5 Manufacturer of timepieces,regist. 12.12.1908.	
	ROSE, H Schwerin/Meklenburg Germany 038/7c AK04 ND	
 	ROPOHL H. Koln /Rhein Germany 050/5 Manufacturer of movements for pocket watches, also complete pocketwatches. Tradesymbol regst. 06.16.1876. ROPOHL, H. Koeln/Rhein Germany 405/5. Registered 11.08.1878, no other data on clocks/watches ?	
340673. **Iduna**	ROTHE, Carl Siegburg,Kaiserstrasse 16 Germany 063/6 IDUNA, manufacturer and distributor watches,jewelery,gold/silver regist Also clocks,optical instruments, costum jewelery.	
374493. 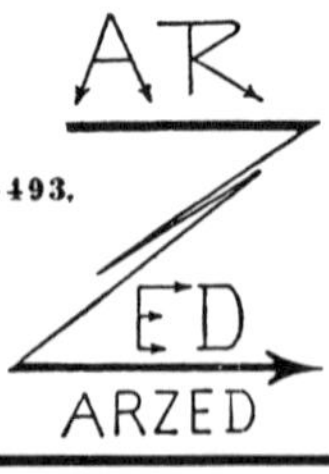	RUSS & ZWEIGENHAFT GmbH Berlin W 15,Kurfuerstendamm Germany 190/6 ERZET, tradename registered 21.05.1927, manufacturer of outomobile clocks, wholesale and retail.	

NOTE:

REMARKS OBSERV'TN BEMERKUNG	NAMES AND ADDRESSES NOMS ET ADDRESSES NAMEN UND ADDRESSEN	TRADEMARK OR TRADENAME MARQUE DE FABRIQUE - NOMS WARENZEICHEN - WORTMARKE
	MITTELDEUTSCHE AUTOMATEN GESELLSCHAFT mbH Frankfurt/M - Germany RUETLE, tradename registered 28.08.1929 - Money saving clock, activated by inserting a coin every day.	MITTELDEUTSCHE AUTOMATEN R U E T L E
	SANDIG, Paul Liegnitz/ Silesia Germany 039/7a AK04 ND	
	Germany 184/16	342615.
	SANDER F.W. Hannover,Georg Strasse 5.Germany Registered 30.10.1925. Pocket and wrist watches. MFC/WHS/RET. Germany 058/6	EFWESA
	SEMLER & WILLERS Hamburg Germany 183/6 Export of clocks/watches registr. 11.07.1927.	376718. S&W Simpatico Novedad-Especial
	SEITZ, Mathias Pforzheim Germany 037/5 Casemaker for timepieces.	SEPO
NOTE: AK04 denotes archive Watchmkr. address Handbook year 1904 ------ DB40 denotes archive DIEBNER Watchmkr. Calendar year 1940 ------ HE denotes archive HENNIG ------ KNOO denotes archive Knapp	SEITZ, Mathias Pforzheim Germany 081/7c DB40,MFC Watches/Watch cases.	SEPO
	SEITZ, Mathias Germany 334/6 SEPO, tradename registered 21.02.1935. Clocks, and clock case manufacturer.	476242 Sepo
	SEITZ, Mathias Pforzheim Germany 319/6 MS, tradelogo registered 31.10. 1934, watch case factory.Also watches.	472017 MS

NOTE:

TRADEMARK OR TRADENAME MARQUE DE FABRIQUE - NOMS WARENZEICHEN - WORTMARKE	NAMES AND ADDRESSES NOMS ET ADDRESSES NAMEN UND ADDRESSEN	REMARKS OBSERV'TN BEMERKUNG
SICKINGER	SICKINGER, German Pforzheim Germany 030/6 GERSI, tradename registered 09.04.1923.Watches,jewelery, ladies and gents watches.	
475390 SIPA	SICKINGER, German Pforzheim Germany 329/6 SIPA, trade logo registered 28.02.1935. Watch manufacturer.	
341681. ARISTA	SIEGELE & Gerwig Pforzheim Germany 054/6 ARISTA, tradename watch case and watch manufacturer registered 09.01.1925.	
380939. A.S.C.	SOELTER A. & Co. Frankfurt/Main Schaefergasse 29. Germany 179/6 A.S.C. trade logo registered 14.09.1927. Clocks/watch manufact. Wholesale/retail, pocket watches, wrist watches and movements made for others.	
M & S	SPERRHAKE, Martin Duesseldorf Germany 364/5 Wholesale and retail of clocks and parts for the trade. Regist. 02.15.1922.	
A & C	SPERRHAKE Germany 365/5 See 364/5	
M S	SPERRHAKE Germany 366/5 See 364/5	

NOTE:

REMARKS OBSERV'TN BEMERKUNG	NAMES AND ADDRESSES NOMS ET ADDRESSES NAMEN UND ADDRESSEN	TRADEMARK OR TRADENAME MARQUE DE FABRIQUE - NOMS WARENZEICHEN - WORTMARKE
	SPECK, Emil UHRENFABRIK (clockfactory) Schwenningen a.N. Germany 191/6 Manufacturer of clocks/watches of all types registered 16.08.1927	S P E C K
	SPEER, Wilhelm Hamburg Germany 366/6 DIEDA, die moderne Uhr, slogan (the modern clock) registered 19.08.1937. Manufact. and distributor of clocks/watches jewelery.	497277 Dieda die moderne Uhr ohne Modetorheiten
	STADLER, Gustav Konstanz/Altmannsdorf Germany 324/6 LUGA, tradname registered 04.01.1934. Watch manufacturer.	472553 Luga
	STAHL, Karl Pforzheim Germany 082/7a DB40,MFC Watches.	KASTA
	STAHLBERG, Johannes Hamburg Germany 430/5 PETOCRONO, tradename registered 17.12.1920.Wholesale/retail of clocks and watches ?	PETOCROND
NOTE: AK04 denotes archive Watchmkr. address Handbook year 1904 ------- DB40 denotes archive DIEBNER Watchmkr. Calendar year 1940 ------- HE denotes archive HENNIG ------- KN00 denotes archive Knapp ------	STANGE, Albert Dresden Neustadt Germany 043/7c -REFORM- AK04 Watches ? Clocks ?	Reform
	STEIGL, Robert Koeln/Merheim Germany 399/6 Registered 16.05.1938, distributor of clocks and watches.	514665 DER GLÖCKNER STEIGL UHREN

NOTE:

TRADEMARK OR TRADENAME MARQUE DE FABRIQUE - NOMS WARENZEICHEN - WORTMARKE	NAMES AND ADDRESSES NOMS ET ADDRESSES NAMEN UND ADDRESSEN	REMARKS OBSERV'TN BEMERKUNG
O.S.	STEINBISS, Oskar Schwab.Gmuend Germany 082/7b DB40, MFC, Watches	
289136. MOENUS	STEIN, Ernst Frankfurt a/Main Germany 023 MOENUS, tradename registered 03.03.1922. Wholesale of jewelery and pocket watches.	
 	STEININGER Emil Munchen Germany 382/5 Registered 10.19.1921.	
W B C	STEINMEYER Hermann F. Pforzheim Germany 385/4 W B C , manufacturer of pocket-watches incl.cases. Registered 04.09.1913.	
Badenia Watch Case	STEINMEYER Hermann, F. Pforzheim Germany 381/5 BADENIA WATCH CASE, tradename registered as pocket watch manuf. also clocks, 09.19.1911.	NOTE:
413778 Elbero	STEINMEYER ,Hermann , F. Germany 251/6 ELBERO, tradename registered 31.10.1928. Pocket watch and wrist watch manufacturer.	AK04 denotes archive Watchmkr. address Handbook year 1904 ------ DB40 denotes archive DIEBNER Watchmkr. Calendar year 1940
415613	STEINMEYER, UHRENFABRIK Muenchen Germany 249/6 Registered 21.10.1929. Manufacturer of clocks.	------ HE denotes archive HENNIG ------ KNOO denotes archive Knapp

NOTE:

REMARKS OBSERV'TN BEMERKUNG	NAMES AND ADDRESSES NOMS ET ADDRESSES NAMEN UND ADDRESSEN	TRADEMARK OR TRADENAME MARQUE DE FABRIQUE - NOMS WARENZEICHEN - WORTMARKE
	STERN, Sigmund Frankfurt Germany 361/5 Trademark registered 03.31.1890, dealer in timepieces.	
	STETTIN, Wilhelm Wilhelmshaven Germany 416/5 SEEADLER, tradename registered 03.10.1911, pocket watch manufct.	Seeadler
	STORZ,Walter Pforzheim Germany 087/7c DB40, MFC Watches.	STOWA
	STORZ,Walter Pforzheim Germany 411/6 STOWA, tradename registered 05.06.1939, clocks/watches, export.	515900 Stowa
	STURM. Gustav Leipzig Germany 380/5 Pocket watch manufacturer, regist. 03.19.1910.	
NOTE: AK04 denotes archive Watchmkr. address Handbook year 1904 ------ DB40 denotes archive DIEBNER Watchmkr. Calendar year 1940 ------ HE denotes archive HENNIG ------ KN00 denotes archive Knapp	STRUMPF, Max Berlin-Wilmersdorf Germany 120/6 Warehouse for mechanical music boxes and clocks of all types. Registered 03.06.1926. Germany 187/16 SUEVA GmbH Sindelfingen/Wuerttemberg Germany 383/6 NONTOP, tradename registered 27.08.1937, electric powered clocks, MFC/WHS/RET.	359192.  499415 Nontop

NOTE:

TRADEMARK OR TRADENAME MARQUE DE FABRIQUE - NOMS WARENZEICHEN - WORTMARKE	NAMES AND ADDRESSES NOMS ET ADDRESSES NAMEN UND ADDRESSEN	REMARKS OBSERV'TN BEMERKUNG
Iris	SEIDEL, Julius Berlin Germany 386/5 IRIS, tradename registered 12.09. 1912, retailer in watches and jewelery.	
Liebe u.Glück im Haus.	SCHADLICH , Max Mainz/Rhein Germany 420/5 Wholesale/Retail clocks/watches registered 04.03.1914.	
JAHRESUHREN-FABRIK GmbH GERMANY	SCHATZ & Soehne (sons) JAHRESUHREN-FABRIK GmbH Triberg/Badenia Black Forest Germany 007/6 Manufacturer of 400 day clocks, registered 21.02.1921. Also see :	
SCHATZ ,AUGUST MERCO	SCHATZ AUGUST Germany 008/6 MERCO, tradename registered 11.02. 1931. 400 day clocks and parts for the trade.	
SCHATZ & SOEHNE S. S. C.	SCHATZ & SOEHNE Germany 009/6 S.S.C. trademark registered 01.04. 1932, 400 day clocks and other style clocks.Parts for the trade.	
SCHATZLE & THUDIN	SCHATZLE & TSCHUDIN Pforzheim Germany 038/4 FAVOR, trademark, also operated branch in Switzerland.	NOTE: AK04 denotes archive Watchmkr. address Handbook year 1904 ------ DB40 denotes archive DIEBNER Watchmkr. Calendar year 1940 ------ HE denotes archive HENNIG ------ KNOO denotes archive Knapp ------
FAVOR	SCHAETZLE & TSCHUDIN Pforzheim,Zerennerstr.55 Germany 079/7a DB40,MFC. Pocket/Wristwtch.	
SCHAELER	SCHAELER, Georg Dresden/Saxonia Germany 039/7b AK04 ND	

NOTE: 007/6 : SCHATZ & SOHNE, refer to page 388/389

REMARKS OBSERV'TN BEMERKUNG	NAMES AND ADDRESSES NOMS ET ADDRESSES NAMEN UND ADDRESSEN	TRADEMARK OR TRADENAME MARQUE DE FABRIQUE - NOMS WARENZEICHEN - WORTMARKE
	SCHARF, Wilhelm Dresden/Saxonia Germany 039/7c AK04 ND	W.S.
	SCHARKE & Co Berlin Germany 387/5 KOH - I - NOOR , tradename regist. 06.24.1910. Export agent for all type of watches.	KOH-I-NOOR Scharkefa
	SCHERF & Co Hamburg Germany 385/6 HUGS, tradename registered 06.01.1938, Electric powered clocks.	501258 Hugs
	SCHEPPERHEYN, Hugo & Co. Watch factory. Schwenningen a.N. Germany 043/6 EXACT, tradename registered 28.07.1924.	324151. EXACT SCHUTZ-MARKE
	SCHEPPERHEYN, Hugo Schwenningen a.N. Germany 363/5 Pocket watch manufacturer regist. 06.03.1921.	HSH SCHUTZ-MARKE
	SCHEPPERHEYN, Hugo Schwenningen a.N. Germany 004/6 Pocketwatch manufacturer, regist. 17.01.1921.	SCHEPPERHEYN
NOTE: AK04 denotes archive Watchmkr. address Handbook year 1904 ------ DB40 denotes archive DIEBNER Watchmkr. Calendar year 1940 ------ HE denotes archive HENNIG ------ KN00 denotes archive Knapp	SCHEURLE, Franz Schwab.Gmuend Germany 040/7a AK04 ND	F.S.
	SCHLESINGER, Max Berlin SW 19, Rosstr.26 Germany 186/6 CENTROPA, tradename registered 29.04.1927. Distributor of Swiss high grade watches and parts for it.	372909. „Centropa"
	SCHLESIKY F. Frankfurt /Main Germany 223/5 ADMIRAL, tradename registered 01.13.19003. Pocket watch and parts for watches factory.	Admiral

NOTE:

TRADEMARK OR TRADENAME MARQUE DE FABRIQUE - NOMS WARENZEICHEN - WORTMARKE	NAMES AND ADDRESSES NOMS ET ADDRESSES NAMEN UND ADDRESSEN	REMARKS OBSERV'TN BEMERKUNG
LIBELLE	SCHLESIKY F. Frankfurt/ Main Germany 383/5 LIBELLE, tradename registered manufcaturer of timepieces 07.04.1913.	
346703. Hercinia	SCHNEIDER & Co Pforzheim Germany 102/6 HERCINIA, tradename registered 30.09.1925. Manufacturer of clocks/ watches and parts, especially wrist watches.	
346702. Albus	SCHNEIDER & Co. Pforzheim Germany 112/6 ALBUS, tradename registered 30.098.1925. Manufacturer and Distributor of clocks, also wrist watches.	
SCHWARZWÄLDER AS UHREN	SCHNEIDER, Anton & Söhne (sons) Schonach-Black Forest Germany 112/5 Manufacturer of Cuckoo-Clocks of all types. from the simple'Tourist' sovenier to the most elaboratee in house wood carved "giant"clocks carved by master wood carver. Company activ in Schonach, but no other data on file.	
SCHNEIDER & SÖHNE	SCHNEIDER & Söhne (Sons) Schonach Black-Forest Germany 114/5 B.Schneider & Sohne (sons) registered 09.08.1930 the enterprise as a : Pocketwatch Factory, also , Towerclocks.	
425757 S S	SCHNEIDER B. & Soehne(sons) Schonach/Black Forest Germany 254/6 Registered 09.08.1930, pocket watches, tower clock manufact. Other data see: 113/5 & 114/5.	
351564. Granit	SCHNEIDER & Co. Germany 139/6 GRANIT,tradename registered 30.09.1925. Clocks/watches.	

NOTE:

REMARKS OBSERV'TN BEMERKUNG	NAMES AND ADDRESSES NOMS ET ADDRESSES NAMEN UND ADDRESSEN	TRADEMARK OR TRADENAME MARQUE DE FABRIQUE - NOMS WARENZEICHEN - WORTMARKE
	SCHNEIDER & WESENFELDT GmbH Langenfeld Germany 362/5 Manufacturer of electric powered clocks, trademark registered 12.22.1906.	
	SCHNEIDER & Co. Germany 115/6 KRANICH, tradename registered 30.09.1925. Manufacturer of watches, and parts for the trade.	350284. Kranich
	SCHNEIDER,Benedikt TURMUHRENFABRIK (Towerclock Factory) Schonach -Black Forest Germany 113/5 Benedikt Schneider founded @ 1862 the Tower-Clock Factory.1892 his sons Josef, Benedikt jr. and Valentin Schneider took the enterprise over. 1923 Benedikt jr. transfered the factory to his son Wilhelm, Valentin and Josef. 1950 under the managment of Bruno and Willy Schneider the " TURMUHRENFABRIK SCHNEIDER " is a much sought enterprise, to maintain, restore and or modernize clocks built with in 4 generation and exported world wide (USA & Mexico) etc.	SCHNEIDER, BENEDIKT TOWER CLOCKs
NOTE: AK04 denotes archive Watchmkr. address Handbook year 1904 ------ DB40 denotes archive DIEBNER Watchmkr. Calendar year 1940 ------ HE denotes archive HENNIG ------ KN00 denotes archive Knapp ------	SCHMIDT, Hugo Hattingen/ Ruhr Germany 271/6 Trademark registered 19.11.1930 Watches.	SCHMIDT, HUGO
	SCHNURR, Franz Pforzheim Germany 087/7a DB40, MFC Watches.	PROVITA
	SCHOCH & FRANK Schwaeb.Gmuend Germany 085/7a DB40,Export of Watches.	Ofra Eingetragene Marke
	SCHRODER Germany 046/5 ND	

NOTE:

TRADEMARK OR TRADENAME MARQUE DE FABRIQUE - NOMS WARENZEICHEN - WORTMARKE	NAMES AND ADDRESSES NOMS ET ADDRESSES NAMEN UND ADDRESSEN	REMARKS OBSERV'TN BEMERKUNG
J. R.	SCHMITT, Gustav Stuttgart Germany 041/7b AK04 ND	
	SCHULER K.G. UHRENFABRIK (Clockfactory) Schwenningen a.N. Germany 047/5 Founded in the twenties, maker of alarm clocks, small novelty clocks. Last records year 1963.	
394091 Celesta	SCHULER & KUN Pforzheim Germany 211/6 CELESTA, tradename registered 08.11.1928. Clocks/watches, watch chains.	
„ORLYS" SK	SCHULER & KUHN Pforzheim Germany 085/7b DB40,MFC Watches/Jewellery	
Frevegu	SCHUTZ, Adalbert Berlin Germany 384/5 FREVERGU, tradename registered 04.09.1913. manufacturer of time-pieces.	
Strada	SCHUETZ,Hch. Pforzheim Germany 327/6 Strada, tradename registered 08.10.1934, manufacturer of wrist, pocket and stop watches.	
SUPRA	SCHUETZ, Heinrich Pforzheim Germany 079/7c DB40,MFC.Watches/Jewellery	NOTE: AK04 denotes archive Watchmkr. address Handbook year 1904 ------ DB40 denotes archive DIEBNER Watchmkr. Calendar year 1940 ------ HE denotes archive HENNIG ------ KNOO denotes archive Knapp ------
497863 HSP	SCHUETZ, Heinrich Pforzheim Germany 368/6 Trademark registered 23.09.1937, manufacturer of watches,jewelery.	
	SCHUETZ, Friedrich Hanau Germany 042/7c AK04 ND	
	SCHUETT GEBR.(brothers) Neumuenster / Holstein Germany 042/7b AK04 ND	

NOTE:

REMARKS OBSERV'TN BEMERKUNG	NAMES AND ADDRESSES NOMS ET ADDRESSES NAMEN UND ADDRESSEN	TRADEMARK OR TRADENAME MARQUE DE FABRIQUE - NOMS WARENZEICHEN - WORTMARKE
	SCHULTZE G.A. Berlin SW 11 Germany 042/7a AK04 ND	G A.S.
	SCHWARZWAELDER KUNST & GEWERBE- AUSTELLUNG * Hauser B.A. Freiburg /Black Forest Germany 291/6 Registered 13.09.1932. Exhibitor of Black Forest trade. * Black Forest Art and Trade Exhibitor B.A.Hauser.	Sch 43426
	SCHWARZWAELDER LAMPENUHREN- FABRIK GmbH * Freiburg/ Badenia Eckerstrasse 6 Germany 197/6 GLOBURAS, tradename registered 01.12.1927, clocks and parts for the trade. * Black Forest Desklamp-Lampclock Factory .	Globura SCHUTZMARKE
	SCHWARZ, Hans Pforzheim Germany 293/6 Registered 11.11.1932. Watch case manufacturer.	431304 DESCH
NOTE: AK04 denotes archive Watchmkr. address Handbook year 1904 ------ DB40 denotes archive DIEBNER Watchmkr. Calendar year 1940 ------ HE denotes archive HENNIG ------ KN00 denotes archive Knapp ------	SCHWAB, Albert Karlsruhe-Ruppur Germany 107/5 Manufacturer-assembler of Cuckoo clocks, no other data on file.	TRADE MARK
	SCHWARZENBERGER Th. Isny/ Allgau Germany 043/7a AK04 MFC Clocks	
	SCHWECHTEN W. Berlin S Germany 043/7b AK04 ND	S

NOTE:

TRADEMARK OR TRADENAME MARQUE DE FABRIQUE - NOMS WARENZEICHEN - WORTMARKE	NAMES AND ADDRESSES NOMS ET ADDRESSES NAMEN UND ADDRESSEN	REMARKS OBSERV'TN BEMERKUNG
	SCHWEIZER, Hermann Uhrenfabrik (Clockfactory) Schramberg Black-Forest Germany 105/5 Data reference: Trademark regist. 09.22.1910, records year 1895 & 1905. Startet as clock-wholesale ditributor, later manufacturer of mantle,wall and hall clocks. No other data on file.	
STERN, SIGMUND RHEINGOLD	STERN Sigmund & Co. UHRENFABRIK (clockfactory) Fankfurt/Main :RHEINGOLD Germany 097/7c :KORNBLUME KNOO,MFC/WHS Clocks:A B C,ERIKA	
 St. & Sch.	STEINLEITNER & SCHOTT Wurzburg Germany 044/7a ST & SCH AK04 ND	
„Morning"	STEINMEYER F. Pforzheim Germany 044/7b -MORNING AK04, WHS/RET Watch/Jewellery	
	STEINWEHR C. Hannover Germany 044/7c AK04 ND	
	STRECK P.W. Niesky / Silesia Germany 046/7a AK04 ND	NOTE: AK04 denotes archive Watchmkr. address Handbook year 1904 ------ DB40 denotes archive DIEBNER Watchmkr. Calendar year 1940 ------ HE denotes archive HENNIG ------ KNOO denotes archive Knapp ------
	STOLL , Otto & Co. Pforzheim Germany 045/7b AK04 WHS/RET Jewellery/Watches?	
	STORR & STEIN Berlin Germany 045/7b AK04 ND	

NOTE:

REMARKS OBSERV'TN BEMERKUNG	NAMES AND ADDRESSES NOMS ET ADDRESSES NAMEN UND ADDRESSEN	TRADEMARK OR TRADENAME MARQUE DE FABRIQUE - NOMS WARENZEICHEN - WORTMARKE
	SCHLENKER, Johannes Schwennigen a.N. Germany 059/5 Patriarch of the Schlenker family * 1787 , + 1885 . Founded 1822 his clockmaking enterprise and later partnership with his son Christian Schlenker.	SCHLENKER, JOHANNES
	SCHLENKER C.J. UHRENFABRIK (Clockfactory) Schwenningen a.N. Germany 051/5 Schlenker, Carl Johannes, son of Christian Schlenker founded in 1822 his clockmaking enterprise, joined by Jacob Kienzle.Carl J. Schlenker seperated 1897 from Kienzle and founded his own comp. In the year 1899 sold company to his brother-in-law Jacob Kienzle.	SCHLENKER C.J.
	SCHLENKER, Christian Schwennigen a.N. Germany 054/5 Founded clockmaking enterprise 1822. 1883 Jacob Kienzle joined the firm and in the same year married Christian's daughter, Agathe ne Schlenker. Together with brother-in-law Carl Johannes Schlenker and Jacob Kienzle, formed a partnership of SCHLENKER & KIENZLE	SCHLENKER, CHRISTIAN
	SCHLENKER & KIENZLE UHRENFABRIK (Clocks/watches) Schwenningen a.N. Germany 053/5 Trademark registered 03.06.1898. The Schlenker & Kienzle enterpr. founded 1883 by Christian Schlenker. Avoiding hight import duty to the Austrian market, a branch factory was openend 1887 in Komotau (Austro-Bohemia until 1918) In the year 1922 the wholly family operated enterprise,changed to a stockholder corporation under the name Kienzle Clock Factories A.G.	SCHLENKER- KIENZLE KIENZLE
	Germany 189/16 SCHLENKER - KIENZLE	TRADE MARK

NOTE:

TRADEMARK OR TRADENAME MARQUE DE FABRIQUE - NOMS WARENZEICHEN - WORTMARKE	NAMES AND ADDRESSES NOMS ET ADDRESSES NAMEN UND ADDRESSEN	REMARKS OBSERV'TN BEMERKUNG
	SCHLENKER-KIENZLE Germany 062 Trademark registered 06.10.1889. Re-registered year 1897.	
S C H L E N K E R - K I E N Z L E	SCHLENKER - KIENZLE Germany 061/5 Tradesymbol registered 06.10.1889, re-registered year 1895.	
	SCHLENKER-KIENZLE Germany 063 Tradessymbol, eagle holding a chapter ring, registered 22.03. 1899.	
W A C H A U F	SCHLENKER-KIENZLE Germany 064/5 WACH AUF, tradename registered 29.02.1899.	
Vice Versa	SCHLENKER-KIENZLE Germany 071 VICE VERSA, tradename registered 05.02.1900.	
Celerina	SCHLENKER-KIENZLE Germany 065/5 CELERINA, tradename regsitered 09.05.1905.	
S C H L E N K E R K I E N Z L E	SCHLENKER-KIENZLE GERMANY 072 GOOD MORNING, tradename register. 12.08.1908.	
	SCHLENKER-KIENZLE Germany 066/5 Trademark used as letterhead in accordance of design from the year 1908.	

NOTE:

REMARKS OBSERV'TN BEMERKUNG	NAMES AND ADDRESSES NOMS ET ADDRESSES NAMEN UND ADDRESSEN	TRADEMARK OR TRADENAME MARQUE DE FABRIQUE - NOMS WARENZEICHEN - WORTMARKE
	SCHLENKER-KIENZLE GERMANY 074/5 le ROI a PARIS, tradename regist. 16.03.1909.	LE ROI A PARIS
	SCHLENKER - KIENZLE Germany 073/5 JONIUM, tradename registered 25.09.1909.	J O N I U M
	SCHLENKER & KIENZLE UHRENFABRIK (Clocks and watches) Schwenningen a.N. Germany 367/5 MIDGET, tradename registered 04.11.1910.	Midget
	SCHLENKER-KIENZLE Germany 077/5 TAM TAM, tradename registered 04.06.1910.	Tam Tam
	SCHLENKER-KIENZLE Germany 076/5 DRUMMER ALARM, tradename regist. 06.01.1910.	DRUMMER = ALARM
	SCHLENKER -KIENZLE Germany 075/5 TROMMLER, tradename registered 06.01.1910.	T R O M M L E R
	SCHLENKER-KIENZLE Germany 068 PHLOX, tradename registered 30.06.1911.	P H L O X
	SCHLENKER-KIENZLE Germany 067/5 AUTOSUN, tradename registered 20.06.1911.	AUTOSUN
	SCHLENKER-KIENZLE Germany 078/5 CYMBAL, tradename registered 27.03.1911.	S C H L E N K E R - KIENZLE C Y M B A L
	SCHLENKER-KIENZLE Germany 069/5 ESKA, tradename registered 12.04.1911.	E S K A

NOTE:

TRADEMARK OR TRADENAME MARQUE DE FABRIQUE - NOMS WARENZEICHEN - WORTMARKE	NAMES AND ADDRESSES NOMS ET ADDRESSES NAMEN UND ADDRESSEN	REMARKS OBSERV'TN BEMERKUNG
	SCHLENKER & KIENZLE Germany 368/5 Trademark registered 02.11.1911.	
Joung Australia	SCHLENKER & KIENZLE Germany 374/5 JOUNG AUSTRALIA, tradename regist. 11.08.1912.	
Joung England	SCHLENKER & KIENZLE GERMANY 373/5 JOUNG ENGLAND, tradename regist.. 24.10.1912.	
Boy Scout	SCHLENKER & KIENZLE Germany 378/5 BOY SCOUT, tradename registered, 12.30.1912.	
Pfadfinder	SCHLENKER & KIENZLE Germany 370/5 PFADFINDER, tradename registered 06.08.1912.	
Jung Deutschland	SCHLENKER & KIENZLE GERMANY 371/5 JUNG DEUTSCHLAND, tradename registered 05.09.1912.	
Bajazzo	SCHLENKER & KIENZLE Germany 372 BAJAZZO, tradename registered 08.29.1912.	
Walküregong	SCHLENKER & KIENZLE Germany 369/5 WALKUEREGONG, tradename regist. 15.01.1912.	
Wehrkraft	SCHLENKER & KIENZLE Germany 375/5 WEHRKRAFT, tradename registered 02.11.1912.	
„Jung Bayern"	SCHLENKER & KIENZLE Germany 377/5 JUNG BAYERN, tradename registr. 05.20.1913.	

NOTE:

REMARKS OBSERV'TN BEMERKUNG	NAMES AND ADDRESSES NOMS ET ADDRESSES NAMEN UND ADDRESSEN	TRADEMARK OR TRADENAME MARQUE DE FABRIQUE - NOMS WARENZEICHEN - WORTMARKE
	SCHLENKER & KIENZLE Germany 376/5 JUNG BADEN, tradename registr. 05.19.1913.	„Jung Baden“
	SCHLENKER-KIENZLE Germany 079/5 MELLO, tradename registered 09.24.1914.	Mello
	SCHLENKER-KIENZLE Germany 070/5 SCHLENKER-KIENZLE copyright name registered 11.04.1940.	SCHLENKER- KIENZLE
	SCHLENKER & KIENZLE Schwenningen / Neckar Germany 041/7a AK04 MFC/WHS Clocks/Watches	
	JONIUM,tradename SCHLENKER & KIENZLE, UHRENFABRIK (clockfact.) Schwenningen/ Neckar Germany 073/5 , Registered 25.09. 1909, MFC/WHS/RET.	Jonium.
	le ROI a PARIS,tradename . SCHLENKER-KIENZLE, UHRENFABRIK Schwenningen a.N. Germany 074/5, registered 16.03. 1909. MFC/WHS/RET.	le Roi à Paris
NOTE:	MADRIGAL, tradename SCHLENKER- KIENZLE, UHRENFABRIK (clockfact.) Schwenningen a.N. Germany 192/16, MFC/WHS/RET.	„Madrigal“
AK04 denotes archive Watchmkr. address Handbook year 1904 ------	SCHLENKER & KIENZLE UHRENFABRIK (clockfactory) Schwenningen/Wuerttemberg Germany 097/7b KNOO,MFC/WHS Clocks/Watches	SCHLENKER & KIENZLE
DB40 denotes archive DIEBNER Watchmkr. Calendar year 1940 ------	STRAUSS, Heinrich Nuernberg Germany 045/7c AK04 ND	H.H.S. N.
HE denotes archive HENNIG ------ KNOO denotes archive Knapp ------	SCHMID F.W. Muenchen/Bavaria Germany 061/7b DB40 WHS,Clocks/Watches	SCHMID F.W.

NOTE:

TRADEMARK OR TRADENAME MARQUE DE FABRIQUE - NOMS WARENZEICHEN - WORTMARKE	NAMES AND ADDRESSES NOMS ET ADDRESSES NAMEN UND ADDRESSEN	REMARKS OBSERV'TN BEMERKUNG
SCHLENKER- GRUSEN Isgus	SCHLENKER - GRUSEN UHRENFABRIK (Clockfactory) Schwenningen a.N. Germany 052/5 ISGUS, tradename registered 04.09.1915. Clocks of all types. Jacob Schlenker -Grusen started in 1888 as a supplier of clock suspension springs, later complete clock movements. Company expanded to produce watchman-clocks. 1895 new production plant completed. 1962 ownership transfered from Alfred Schlenker to his son-in-law and nephew Alfred Wurthner ph.Eng. production of automatic timekeeper industrial small drives and signal instrumentation.	
„Isgus"	SCHLENKER-GRUSEN A. Schwenningen Germany 083/5 ISGUS, tradename registered ...?	
SCHLENKER GRUSEN	SCHLENKER-GRUSEN Schwenningen a.N. Germany 080/5 SENI, tradename regsitered 22.04. 1931.	
	SCHLENKER J. - GRUSEN Schwenningen/Neckar Germany 040/7c AK04 MFC/WHS/Clocks/Watches	
Isgus	SCHLENKER J. - GRUSEN Schwenningen /Neckar Germany 079/7b DB40,MFC.Clocks/Watches/Instrm.	NOTE: AK04 denotes archive Watchmkr. address Handbook year 1904 ------ DB40 denotes archive DIEBNER Watchmkr. Calendar year 1940 ------ HE denotes archive HENNIG ------ KNOO denotes archive Knapp
SCLENKER E.R.	SCHLENKER E.R. Schwennigen Germany 057/5 Small enterprise, maker of Cuckoo clocks, also wall clocks.Last records year 1904.	
SCHUTZ-MARKE SCHLENKER CHRISTIAN & SONS	SCHLENKER Christian Sohne (sons) Schwennigen a.N. Germany 055/5 Clockfactory for household-office and advertising clocks in the medium pricerange. Last records year 1922.	

NOTE:

REMARKS OBSERV'TN BEMERKUNG	NAMES AND ADDRESSES NOMS ET ADDRESSES NAMEN UND ADDRESSEN	TRADEMARK OR TRADENAME MARQUE DE FABRIQUE - NOMS WARENZEICHEN - WORTMARKE
	SCHLENKER E.R. Schwenningen/Neckar Germany 040/7b AK04 MFC/WHS/ Clocks/Watches	S C H L E N K E R E.R.
	SCHLENKER, Elias Schwennigen a.N. Germany 056/5 Data reference * 1828 , + 1884. Maker of Cuckoo-Quail clocks, with calendar attachements ? (one clock on display Schwenniger Clock Museum)	S C H L E N K E R , ELIAS
	SCHLENKER, Erhard Schwennigen a.N. Germany 058/5 Clockmaker in Schwennigen, last data year 1850.	S C H L E N K E R , ERHARD
	SCHLENKER-SCHNEKENBURGER UHRENFABRIK (Clockfactory) Schwennigen a.N. Germany 060 Manufacturer for medium pricerange kitchen and mantle clocks. Last records 1938.	S C H L E N K E R - SCHNECKENBURGER
	SCHLENKER-SCHNECKENBURGER (Christian) Schwenningen a.N. Jakob-Kienzle Str.15 Germany 081/5 Manufacturer of all types ofclocks small and large, registered 20.04. 1936.	
	SCHMECKENBECHER, Emil UHRENFABRICK (Clockfactory) Schwenningen a.N. Germany 193/16 Founded in 1948,the one-man enter- prise consisted of the owner,who was production manager,bookkeeper, delivery boy, sometimes delivering clocks by hand wagon.bicycle,later by motorbike- during gas shortage by backpack. The Schmeckenbecher enterprise achieved a leading marketplace in the cuckoo clock production. By the year 1969 more than three million cuckoo clocks , and other clocks were produced. The company is activ in the export market.	ORIGINAL SCHMECKENBECHER

NOTE:

TRADEMARK OR TRADENAME MARQUE DE FABRIQUE - NOMS WARENZEICHEN - WORTMARKE	NAMES AND ADDRESSES NOMS ET ADDRESSES NAMEN UND ADDRESSEN	REMARKS OBSERV'TN BEMERKUNG
EZ	TELEFON & NORMALZEIT G.m.b.H Frankfurt a.Main Germany 400/4 Founded 1899, as German-Privat-Telefon- and Time corporation. The company engaged in large centr. controlled time systems. The company filed numerous patents. Literature reference: 1899-1969 TELEFONBAU und NORMALZEIT © 1973 by Karl Gundelfinger.	
TN	TELEFON & NORMALZEIT GmbH Frankfurt/Main Munchen-Berlin Germany 168/5	
TN	TELEFONBAU und NORMALZEIT GmbH Frankfurt/Main Germany 082/7 DB40 MFC,Electr.Centr.Time Syst.	
TELOFONBAU & NORMALZEIT	TELEFONBAU & NORMALZEIT GmbH Frankfurt/Main Germany 065/7a DB40, Electric operated clocks	
	TELEFONBAU & NORMALZEIT GmbH Frankfurt/ Main Germany 065/7b DB40 ,Central Time systems	
Uhrenfabrik Teutonia made in Germany Schutzmarke	TEUTONIA - UHRENFABRIK (Clockfactory) Phillip Haas & Sohne (sons) St.Georgen / Black Forest Germany 164/5 TEUTONIA , tradename registered @ between 1880-1878: UHRENFABRIK TEUTONIA - made in Germany - Schutzmarke- label for the European market.	NOTE: AK04 denotes archive Watchmkr. address Handbook year 1904 ------ DB40 denotes archive DIEBNER Watchmkr. Calendar year 1940 ------ HE denotes archive HENNIG ------ KNOO denotes archive Knapp
TEUTONIA CLOCK MANUFACTORY TRADE MARK Warranted.	TEUTONIA CLOCK MANUFACTORY, Trade Mark, Warranted,label for the export market, registered 06.20.1876. Germany 165/5	

NOTE:

REMARKS OBSERV'TN BEMERKUNG	NAMES AND ADDRESSES NOMS ET ADDRESSES NAMEN UND ADDRESSEN	TRADEMARK OR TRADENAME MARQUE DE FABRIQUE - NOMS WARENZEICHEN - WORTMARKE
195/16	TIFFANY & Co, New York U.S.A. Registered in Germany 15.04.1921. Watches, fine Jewellery, also high grade mantle and wall clocks sold under the name: TIFFANY, but made to order by foreign clock-maker.	266514. TIFFANY & Co
	THEINER & JANOWITZER Hamburg Germany 370/6 COPELIA, tradename registered 11.12.1936, distributor of clocks, watches, export, parts for the trade.	THEINER & JANOWITZER
	THEIKEN, Dr. Pretschendorf/Saxonia Germany 228/6 WELTZEIT, trade logo registered 14.01.1929. Clocks with automatic 24 hour -worldwide time indication	THEIKEN WELTZEIT
	THIEL BROTHERS GmbH RUHLA i.THUERINGEN Ruhla i.Thuer. Germany 089/4 Started in 1862 as a modest tabacco pipe factory by Siegmund Thiel,father of the Thiel broth. Christian & Georg.As a sideline small brass hardware wer produced. 1878, marketed a "inexpensive" pocketwatch,(12 hour windup) 1901 change to corporation- wholly family owned- 1937 celebrated the 75th anniversary,by this timeTHIEL had achieved a secure place in the World market. Orginally Thiel designed and constructed machinerv made Thiel famous. World War I, inflation and the depression this all contributed to severe economic difficulties regarding the export market. Due the determination and sacrifices of all workers of the Thiel company, the company survived. The THIEHL clocks and watches became a household word. The company was drafted in the military production program of the "Third Reich" economy system.After World War II, the company changed to a VEB * corporation of the GDR. * VEB= Poeple owned Corporation (Socialistic economy)	THIEL BROTHERS V. E. B.

NOTE: 089/4 : V E B - dissolved since the unification of East-West-Germany, year 1989,now owned by a holding comp.

TRADEMARK OR TRADENAME MARQUE DE FABRIQUE - NOMS WARENZEICHEN - WORTMARKE	NAMES AND ADDRESSES NOMS ET ADDRESSES NAMEN UND ADDRESSEN	REMARKS OBSERV'TN BEMERKUNG
ruhla		
VEB Uhrenkombinat Ruhla	V E B UHRENKOMBINAT Ruhla in Thuringia GDR*(German Democratic Repuplic) of Germany, also known as "East Germany".Including the Glashutte -Saxonia watch factory are operated under the name of : V = Volks / poeple E = Eigener / owned B = Betrieb / enterprise	
	THIEL-GEBRÜDER (brothers) Germany Trademark registered 07.31.1905.	
	THIEL-GEBRÜDER GmbH (brothers) Ruhla i.Th.(Thuringia) Germany 116/5	
Thiel	THIEL-GEBRÜDER GmbH (brothers) Germany 142/5 Trademark registered 03.21.1919, manufacturer of clocks/watsches/ movements and parts for the trade.	
Thiel	THIEL-GEBRÜDER GmbH (brothers) Germany 143/5 Trademark registered 02.25.1920, stamping and cold pressing plant for clockcases,watches and parts for the trade.	

NOTE:

REMARKS OBSERV'TN BEMERKUNG	NAMES AND ADDRESSES NOMS ET ADDRESSES NAMEN UND ADDRESSEN	TRADEMARK OR TRADENAME MARQUE DE FABRIQUE - NOMS WARENZEICHEN - WORTMARKE
	THIEL-GEBRÜDER (brothers) Germany Trademark registered 01/07/1921. Clocks and watches, all types of pocket and wrist watches.	THIEL
	THIEL BROTHERS GmbH RUHLA/ Thuringia Germany 044/6 Trademark registered 01.07.1924, Manufacturer of clocks,watches, writwatches, pocket alarm clocks, pedimeter, hall,wall clocks,watch stands.	324430.
	THIEL-GEBRÜDER GmbH (brothers) Germany 122/5 ACCURATIC, tradename registered 19.07.1926. Watches and clocks and parts for the trade.	353172. Accuratic
	THIEHL-GEBRÜDER GmbH (brothers) Germany 046/6 ACCURATIC, tradename registered 25.03.1926. Pocket watches, and parts for Pocket watches.	357267. Accuratic
	THIEL -GEBRÜDER GmbH Germany 047/6 Trademark registered 03.10.1929, pocket/wristwatches and parts. Motto: POCKET and WRISTWATCHES the HAPPY UNIFICATION of Inexpensive and Quality TIMEKEEPER.	415040 THIEL LEVER
	THIEL-GEBRÜDER GmbH (brothers) Germany 139/5 Trademark registered 30.01.1929. Clocks/watches and parts.	400933 THIEL

NOTE:

TRADEMARK OR TRADENAME MARQUE DE FABRIQUE - NOMS WARENZEICHEN - WORTMARKE	NAMES AND ADDRESSES NOMS ET ADDRESSES NAMEN UND ADDRESSEN	REMARKS OBSERV'TN BEMERKUNG
	THIEHL-GEBRÜDER (brothers) Germany Trademark, clocks,watches and high performance automatic precision machine factory. No data on file.	
THIEL - GEBRÜDER	THIEL-GEBRÜDER GmbH (brothers) Germany 124/5 Manufacturer of clocks/watches of all types registered 03.10.1929.	
491210 **Hubertus**	THIEL-GEBRÜDER GmbH (brothers) Germany 132/5 HUBERTUS, tradename registered 25.1.1936, Clocks/watsches and parts.	
HECTOR	THIEL-GEBRÜDER GmbH (brothers) Germany 138/5 HECTOR, tradename registered 23.11.1936, clocks/watches and parts.	
492725 **Sportic**	THIEL-GEBRÜDER GmbH (brothers) Germany 135/5 SPORTIC,tradename registered 27.11.1936.Clocks/watches and parts.	
491211 **Jupiter**	THIEL-GEBRÜDER GmbH (brothers) Germany 134/5 JUPITER, tradename registered 28.11.1936,clocks/watches and parts.	
492727 **Startic**	THIEL-GEBRÜDER GmbH (brothers) Germany 137/5 STARTIC,tradename registered 02.12.1936, clocks/watches and parts.	
492726 **Ceres**	THIEL-GEBRÜDER GmbH (brothers) Germany 136/5 CERES, tradename registered 02.12.1936, clocks/watsches and parts.	

NOTE:

REMARKS OBSERV'TN BEMERKUNG	NAMES AND ADDRESSES NOMS ET ADDRESSES NAMEN UND ADDRESSEN	TRADEMARK OR TRADENAME MARQUE DE FABRIQUE - NOMS WARENZEICHEN - WORTMARKE
	THIEL -GEBRÜDER GmbH (brothers) Germany 125/5 VENUS, tradename registered 19.11.1935. Clocks, watches especially wristwatsches for ladies and gents.	482970 **Venus**
	THIEL-GEBRÜDER GmbH (brothers) Germany LOLA, tradename registered 02.01. 1936. Clocks/watches.	483288 **Lola**
	THIEL-GEBRÜDER GmbH Germany VINETA, tradename registered 08.01.1936. Clocks/watches.	483345 **Vineta**
	THIEL-GEBRÜDER GmbH (brothers) Germany SURPRISE, tradename registered 04.12.1935. Clocks/watches.	485517 **Surprise**
	THIEL-GEBRÜDER GmbH (brothers) Germany 129/5 DARLING, tradename registered 08.01.1936. Clocks/watches.	485518 **Darling**
	THIEL-GEBRÜDER GmbH Germany DIVINA, tradename registered 21.01.1936, wristwatches only.	486717 **Divina**
NOTE:	THIEL GEBRÜDER GmbH (brothers) Germany /5 START, tradename registered year 1936	493862 **Start**
AK04 denotes archive Watchmkr. address Handbook year 1904 ------	THIEL-GEBRÜDER GmbH (brothers) Germany 131 ORION, tradename registered 07.12.1936. Pocket/wristwatches.	494278 **Orion**
DB40 denotes archive DIEBNER Watchmkr. Calendar year 1940 ------	THIEL, GEBRÜEDER (brothers) Ruhla/Thuringia Germany 083/7a DB40,MFC Pocket and Wristwtch.	THIEL, GEBRÜDER
HE denotes archive HENNIG ------ KNOO denotes archive Knapp ------	THIEL, GEBRÜEDER (brothers) Ruhla / Thuringia Germany 098/7a KNOO,MFC/WHS/Clocks/Watches	

NOTE:

TRADEMARK OR TRADENAME MARQUE DE FABRIQUE - NOMS WARENZEICHEN - WORTMARKE	NAMES AND ADDRESSES NOMS ET ADDRESSES NAMEN UND ADDRESSEN	REMARKS OBSERV'TN BEMERKUNG
THIEL - GEBRÜDER LEVER	THIEL-GEBRÜDER GmbH (brothers) Germany 140/5 LEVER,tradename and trademark registered 30.10.1929, precision machinery,tools/fixtures, clocks/ watches.	
465400 STABIL	TRABANDT,Karl Pforzheim Germany 312/6 STABIL, tradename registered 02.01.1934, manufacturer of watches.	
	TRAM,Alois TASCHENUHREN FABRIK (pocketwatch) (factory) Neustadt-Baden Germany 413/5 Pockwatch manufacturer, registered 02.01.1910.	
	TRAPP ,Ludwig UHRENFABRIK, (clockfactory) Glashuette i.Saxonia Germany 426/5 Manufacturer of precision instr. and spring powered small motors. Registered 25.09.1919. Company operated under Luwig Trapp, G.Weicholds Nachfolger(succeeder) founded 1859, @ 1912 under Trapp ownership. Manufacturer of precision pendulumn clocks.	
LUDWIG TRAPP FABRIK f.UHREN u.FEINMECHANIK GLASHÜTTE (Sa)	TRAPP, Luwig UHRENFABRIK Germany 432/5 Registered 10.10.1919.	
296008.	THOMAS ERNST HALLER UHRENFABRIKEN Schwenningen a.N. Germany 035/6 Clocks of all types, registered 28.09.1922. General reference see 68/6.	
	THOR, Paul Breslau/Silesia Germany 047/7a AK04 ND	

NOTE:

REMARKS OBSERV'TN BEMERKUNG	NAMES AND ADDRESSES NOMS ET ADDRESSES NAMEN UND ADDRESSEN	TRADEMARK OR TRADENAME MARQUE DE FABRIQUE - NOMS WARENZEICHEN - WORTMARKE
	TRUXA A. & Co Berlin C2,Wallstr. 12 Germany 083/7b DB40, MFC Watches.	T R U X A
	TRUXA & Co. Berlin Germany 106/5 ND	
	THÜRINGER UHRENFABRIK A.G. Edmund Herrmann CLOCK-WATCH FACTORY Kraftsdorf i.Thur.(Thuringia) Germany 145/5 Registered 01.06.1917 Eisenberg/ Thuringia, the administration in Berlin,Friedrichstrasse.Joint venture consisted:The Kraftsdorf plant,J.Assmann Glashutte i.Sa. CHRONOS in Schwenningen a.N. and Schwarzwalder Uhrenfab.Villingen The enterprise struggle for hold in the horological market ended with bankruptcy.Creditors request. a complete liquidation. Fritz Assmann was the court apptd. truste. 1927 the THURINGER UHRENFABRIK ended manufacturing. Various notes in tradepapers indicate that about in the year 1930, the THÜRINGER UHRENFABRIK faded out of the clock/watchmaking trade.	T H Ü R I N G E R U H R E N F A B R I K
	THÜRINGER UHRENFABRIK (Clockfactory) Germany HERRMANN-WECKER,tradename regist. 05.24.1903. Alarm clocks.	H E R R M A N N W E C K E R
	THÜRINGER UHRENFABRIK AG. Germany 160/5 TUF, tradename registered 11.04.1915.	Tuf
	THÜRINGER UHRENFABRIK Germany HEKRA, tradename registered 02.21.1916. Clock factory,hall wall,mantle and clocks of all types.	Hekra

NOTE:

TRADEMARK OR TRADENAME MARQUE DE FABRIQUE - NOMS WARENZEICHEN - WORTMARKE	NAMES AND ADDRESSES NOMS ET ADDRESSES NAMEN UND ADDRESSEN	REMARKS OBSERV'TN BEMERKUNG
THÜRINGER UHRENFABRIK ARMILIA	THÜRINGER UHRENFABRIK Germany 147/5 ARMILLIA,tradename registered 11.09.1916,clock factory.	
Tufag	THÜRINGER UHRENFABRIK AG Germany 146/5 TUFAG, tradename registered 16.02.1921. Cont.from 145/5:	
267178. Tufarecta	THÜRINGER UHRENFABRIK AG. Germany 151/5 TUFARECTA, tradename registered 03.04.1921.	
267179. Tufarex	THÜRINGER UHRENFABRIK AG. Germany 152/5 TUFAREX, tradename registered 03.04.1921.	
267186. Tufador	THÜRINGER UHRENFABIK AG. Germany 159/5 TUFADOR, tradename registered 06.15.1921.	
Tufalarma	THÜRINGER UHRENFABRIK AG. Germany 150/5 TUFALARMA,tradename registred, 06.15.1921. Alarm clocks.	
Herrmann-Gong-Wecker	THÜRINGER UHRENFABRIK AG. Germany HERRMANN-GONG-WECKER, tradename registered 08.06.1921.	
Atufa	THÜRINGER UHRENFABRIK AG. Germany 227/5 ATUFA, tradename registered 06.15.1921, clocks/watches.	
Tufactum	THÜRINGER UHRENFABRIK AG. Germany 158/5 TUFACTUM, tradename registered 06.15.1921.	
Atufan	THÜRINGER UHRENFABRIK AG Edmund Herrmann, Berlin Germany 226/5 ATUFAN, tradename registered 06.15.1921, clocks/watches.	

NOTE:

REMARKS OBSERV'TN BEMERKUNG	NAMES AND ADDRESSES NOMS ET ADDRESSES NAMEN UND ADDRESSEN	TRADEMARK OR TRADENAME MARQUE DE FABRIQUE - NOMS WARENZEICHEN - WORTMARKE
	THÜRINGER UHRENFABRIK AG. Edmund Herrmann AG. Berlin Germany 153/5 CHRONOTUFA, tradename registered 06.15.1921.	267180. Chronotufa
	THÜRINGER UHRENFABRIK AG. Germany 154/5 TUFANA,tradename registered 06.15.1921.	267181. Tufana
	THÜRINGER UHRENFABRIK AG. Germany 155/5 TUFANETTA, tradename registered 06.15.1921.	267182. Tufanetta
	THÜRINGER UHRENFABRIK AG. Germany 156/5 TUFANETTE, tradename registered 06.15.1921.	267183. Tufanette
	THÜRINGER UHRENFABRIK AG. Edmund Herrmann A.G. Berlin Germany 157/5 TUFACTA,tradename registered 06.15.1921.Clock factory,wall, hall & mantle clocks,clocks of all types.	267184. Tufacta
	THIEL-GEBRUDER GmbH (brothers) Germany 144/5 Manufacturer and distributor of clocks/pocket watches/ alarm clk. wrist watches, pedimeter. Registr. 12.17.1921.	THIEL- GEBRÜDER
	THIEL BROTHERS GmbH Germany 047/6 Manufacturer of watches,clocks and parts for the trade. Regist. 03.10.1929.	

NOTE:

TRADEMARK OR TRADENAME MARQUE DE FABRIQUE - NOMS WARENZEICHEN - WORTMARKE	NAMES AND ADDRESSES NOMS ET ADDRESSES NAMEN UND ADDRESSEN	REMARKS OBSERV'TN BEMERKUNG
 U. M 353371.  U. M. 	UHRENFABRIK MUEHLHEIM MUELLER & Co. Muehlheim/Donau Germany 137/6 U.M. trademark with lion regist. 09.06.1926. Manufacturer of clocks clock parts,timers,alarm clocks, hall clocks.Also spring powered small motors for instrument chart drive etc.Fonded 1867 by Ammann Hubert.Changed several times owner ship,after bankruptcy the Mueller brothers expanded the enterprise to several hundred employees.Due internal family-conflicts the company was 1959 dissolved and purchased by a Swedish enterprise.	
U H R E N F A B R I K MUELLER & Co	UHRENFABRIK MUEHLHEIM Mueller & Co. Muehlheim/Donau Germany 098/7b	
UHREN - FUEHRER	UHREN-FUEHRER Bamberg Germany 066/7a DB40, WSH Watches/clocks	
LFS	UHRENFABRIK, vorm.(former) L.FURTWANGLER & Sohne A.G. Furtwangen i.B.(Badenia) Germany 171/5 Trademark registered 09.24.1919. Clocks,joiner cabinetworks, wood-carving, complete clocks made to special order for the private person or for the trade. Clock movements, for the trade.	
U H R E N F A B R I K VORM. L. FURTWÄNGLER - SOHNE	UHRENFABRIK vorm.(former) L.Furtwaengler Soehne (sons) Furtwangen/Badenia Germany 206/6 Registered 23.07.1925.	
UHRENFABRIK GEBRUEDER JUNGHANS	UHRENFABRIK GEBRUEDER JUNGHANS- A.G. Schramberg/Wuerttemberg Germany 236/4 ND	
U H R E N F A B R I K U N I O N	UHRENFABRIK UNION Glasheutte i.Sa. Germany 077/4 UNION, registered between the year 1918-1925. No other data on file.	

NOTE:

REMARKS OBSERV'TN BEMERKUNG	NAMES AND ADDRESSES NOMS ET ADDRESSES NAMEN UND ADDRESSEN	TRADEMARK OR TRADENAME MARQUE DE FABRIQUE - NOMS WARENZEICHEN - WORTMARKE
	UHRENFABRIK VILLINGEN MAURER, PFAFF & MAIER Niedereschach. Germany 162/5 Uhrenfabrik Villingen AG. founded 1899, registered tradename 01.12. 1895. Fabrication program of "American design" clock movements for wall,hall,mantle and alarm clocks. Also music-clocks. Last records year 1904 ?	U H R E N F A B R I K VILLINGEN
	UHRENFABRIK VILLINGEN GmbH Villingen a.N. Germany 163/5 Fabrication of kitchen and alarm clocks. Registration 12.01.1908.	
	UHREN FABRIK VILLINGEN A.G. Villingen/Neckar/Badenia Germany 048/7a AK04 MFC WHS Clocks of all Types.	J.
	UHRENFABRIK VILLINGEN AKTIENGESELLSCHAFT Villingen/Neckar Germany 098/7c KN00,MFC/WHS Clocks	U H R E N F A B R I K VILLINGEN
	UHRENFABRIK,AKTIENGESELL-SCHAFT * Glashuette /Saxonia Germany 261/6 Registered 26.03.Wholesale of clocks/watches. Other data see: 375 / 376 * Watch factory, Stockholder Corporation.	U H R E N F A B R I K AKTIENGESELLSCHAFT G L A S H U T T E
	UHRENWERK SCHWARZWALD GmbH Villingen a.N. Germany 330/6 Registered 27.03.1935 , Warehouse and distributor of Black Forest Clocks of all types. Also registered as manufacturer of clocks.	475629 UWS
	UHREN INDUSTRIE GESELLSCHAFT mbH Schwenningen a.N. Grmany 065/6 GLOBUS, tradename registered 08.05.1924, manufacturer of clocks watches and parts for the trade.	330508. „Globus“

NOTE:

TRADEMARK OR TRADENAME MARQUE DE FABRIQUE - NOMS WARENZEICHEN - WORTMARKE	NAMES AND ADDRESSES NOMS ET ADDRESSES NAMEN UND ADDRESSEN	REMARKS OBSERV'TN BEMERKUNG
354407. Tellus	ULRICH, Wilhelm Frankfurt/Main Germany 134/6 TELLUS,tradename registered 22.03.1925. Wholesale pocket/ wristwatches and parts for the trade.	
U L R I C H WILHELM	ULRICH, Wilhelm Frankfurt/Main Germany 122/6 U O T , tradename registered 26.05.1926. Wholesale and dist. clocks/watches? Parts for the trade.	
356543. Victoria	ULRICH,Wilhelm Frankfurt/Main Germany 119/6 VICTORIA,tradename registered 18.03.1926. Wholesale/distributor of clocks/watches,parts and supply for the trade.	
373730.	ULRICH, Wilhelm Germany 360/6 TELLUS-UHREN, trade logo register. 28.04.1927. Wholesale/distributor clocks/watches, parts for the trade	
488977 TELLUS	ULRICH, Wilhelm Frankfurt/Main Germany 352/6 TELLUS, tradename registered 30.05.1936, distributor and ware-house for clocks/watches, parts for the trade. Gold and silver jewelery.	
U L R I C H WILHELM S Y N T A K T	ULRICH, Wilhelm Germany 355/6 SYNTAKT, tradename, Tellus watch/ clock shop, registered 18.06.1937.	
T E L L U S	ULRICH, Wilhelm Germany 353/6 TELLUS, tradename registered 26.10.1937, shop for watch repair, distributor for the trade.	

NOTE:

REMARKS OBSERV'TN BEMERKUNG	NAMES AND ADDRESSES NOMS ET ADDRESSES NAMEN UND ADDRESSEN	TRADEMARK OR TRADENAME MARQUE DE FABRIQUE - NOMS WARENZEICHEN - WORTMARKE
	ULRICH,Wilhelm Germany 354/6 DER ZEITPUNKT, trade logo regist. 26.10.1937.	DER ZEITPUNKT
	ULRICH, Wilhelm Germany 356/6 GOLF, tradename registered 01.11.1937, Tellus clock/watch shop.	500534 Golf
	ULRICH, Wilhelm Germany 394/6 VICTORIA, tradename registered 06.07.1938. Wholesale and distrbt. of clocks/watches.	506347 Victoria
	ULRICH, Wilhelm Frankfurt a.M. Germany ZEITPUNKT,tradename registered 19.05.1939. Wholesale/distributor of clocks/watches.	517637 Z
NOTE: AK04 denotes archive Watchmkr. address Handbook year 1904 ------ DB40 denotes archive DIEBNER Watchmkr. Calendar year 1940 ------ HE denotes archive HENNIG ------ KNOO denotes archive Knapp ------	ULRICH, Wilhelm Germany 357/6 ZEITPUNKT, trade logo registered 19.05.1939. Manufacturer /distrbt. of clocks/watches of all types.	515582 Zeitpunkt
	UHRENFABRIK NIEDERESCHACH-ROTTWEIL, Andreas Peter Rottweil / Wuerttemberg Germany /16 VIVA, trade logo registered 03.02.1928.Manufact./Distrbt. horological parts, movements.	388592 „Viva“
	UHRENFABRIK J.KAISER GmbH Villingen/ Neckar Germany 062/7b DB40 MFC WHS Clocks,Alarm Clocks	UHRENFABRIK J. KAISER

NOTE:

TRADEMARK OR TRADENAME MARQUE DE FABRIQUE - NOMS WARENZEICHEN - WORTMARKE	NAMES AND ADDRESSES NOMS ET ADDRESSES NAMEN UND ADDRESSEN	REMARKS OBSERV'TN BEMERKUNG
ALORA	UNGER & Co. Hamburg Germany 390/5 ALORA, tradename registered 09.16. 1911, eport enterprise for pocket watches and parts for the trade.	
Delta	UNGERER Fr. Max Pforzheim Germany 048/7b AKO4 ND	
 	UNION ClOCK Co. m.b.H. Furtwangen i.B. (Badenia) Germany 176/5 Started as a clock case milling and assembly plant by August Weisser, 1882 in partnership with Josef Villing & Rudolf Fehrenbach the clock making enterprise as UNION CLOCK co.registered 12.06. 1894. Fehrenbach terminated his partnership.Villing & Trenkle the new registration. Merzbach,Lang & Fellheimer London-England are the new owners- UNION CLOCK Co.- The entire factory relocated for better transportation access (River Donau) TM regist.12.06.1894.	
 	1910 the comp. was in receivership (bankrupt) Machinery and material was pur-chased by Jaekle-Schwenningen. The factory building fell victim to the wrecking ball @ 1924. Trademark Nr.929, registered 12.07.1894.	
 	UNION CLOCK Co Merzbach,Lang, J.Fellheimer London-England Furtwangen i.B. (Badenia) Germany 179/5 Clocks of all types, registered 05.20.1885. UNION CLOCK Co. m.b.H. Germany 178/5 Trademark registered 12.10.1894.	
WART UND HÖR WAIT AND HEAR WAIT AND SEE	UNION CLOCK Co. m.b.H. Germany 180/5 WART und HOR WAIT and HEAR WAIT and SEE , trade motto regist. 08.22.1910.	

NOTE:

REMARKS OBSERV'TN BEMERKUNG	NAMES AND ADDRESSES NOMS ET ADDRESSES NAMEN UND ADDRESSEN	TRADEMARK OR TRADENAME MARQUE DE FABRIQUE - NOMS WARENZEICHEN - WORTMARKE
NOTE: AK04 denotes archive Watchmkr. address Handbook year 1904 ------ DB40 denotes archive DIEBNER Watchmkr. Calendar year 1940 ------ HE denotes archive HENNIG ------ KN00 denotes archive Knapp ------	UNVERFEHRT, Oskar Bromberg/ Germany 049/7b AK04 ND	
	UNVERFEHRT, Richard Pforzheim Germany 048/7c AK04 ND	R. U.
	URANIA - UHREN & SÄULEN (clocks & poster column) Breslauer & Dr.von Orth Berlin Germany 389/5 Clocks and sign located at prominent public places, registr. 06.21.1892.	
	URGOS - UHRENFABRIK (Clockfactory) Haller-Jauch & Papst Schwenningen a.N. Villingen Germany 108/5 Manufacturer of clock movements, for hall,wall, and decor clocks. Precision parts for industrial application and clocks. The enterprise founded 1920 by Christian Haller, Johannes Jauch, Robert Papst, Heinrich Rumminger registered: RUMMINGER & Co GmbH. 1923 the associates changed the enterprise name to URGOS.Product. of solid stock plates movements, striking Westminster and other tunes. 1925 @ 50 employees, 1936 140 employees.But not before long the entire company was mustered and pressed into the military production line during the "Third Reich-Regime".1945,all machinery was dismanteled as WWII repar - tiation. After years of idleness the new management secured a new world wide market for hall clocks. The URGOS clock movements entered a large export market, especially to the U.S.A. encased in U.S.A. made Grandfather clocks (Ridgeway) and other enterprises.	U R G O S * Urgos * (Letterhead)

NOTE:108/5 : URGOS - UHRENFABRIK.Press notice Oct.09.1992, the entire URGOS manufacturing plant auctioned. After 70 years of the - URGOS - enterprise,the name is now history.

TRADEMARK OR TRADENAME MARQUE DE FABRIQUE - NOMS WARENZEICHEN - WORTMARKE	NAMES AND ADDRESSES NOMS ET ADDRESSES NAMEN UND ADDRESSEN	REMARKS OBSERV'TN BEMERKUNG
304846.	URGOS UHREN-GONGFABRIK GmbH Schwenningen a.N. Germany 031/6 Clocks, and clock movements, parts for the trade.Contract manufacturer of clock movements for hall/wall/ mantle clocks. URGOS movements sold to leading USA furniture manufact. Trademark registered 25.08.1923.	
U R G O S	URGOS - UHRENFABRIK (Clockfactory) Haller,Jauch & Papst Schwenningen a.N. Germany 111/5 Manufacturer of clocks and clock parts, registered 17.05.1938.	
503477	URGOS UHRENFABRIK Haller,Jauch & Papst Schwenningen a.N. Germany 032/6 Clocks of all types, registered 17.05.1938.	
U R A N I A BERLINER UHRENFABRIK R H E N A N I A	URANIA, BERLINER UHRENFABRIK GmbH (Clockfactory) Berlin Germany 017/6 RHENANIA, tradename registered 10/10/1921. Manufacturer of clocks and clock parts.	
	URANIA - REGULATORENFABRIK Freiburg/Silesia Germany 037/7a AK04 MFC/WHS/ Clocks	
V O G E L E S.	VOGELE S. - UHRENFABRIK (clocks/watches) Pforzheim Germany 197/5 ND	
W I E G & Co.	WIEG & Co Altona Germany 099/7b KNOO, MFC Pocketwatches	

NOTE:

REMARKS OBSERV'TN BEMERKUNG	NAMES AND ADDRESSES NOMS ET ADDRESSES NAMEN UND ADDRESSEN	TRADEMARK OR TRADENAME MARQUE DE FABRIQUE - NOMS WARENZEICHEN - WORTMARKE
	U R O F A UHREN ROHWERKE FABRIK Glashuette A.G.Glashuette i.Sa. (Saxonia) Germany 085/4 Between the years 1924-1924, the worldwide economical depression in Europa left ist mark on the entire Glashuette industrial complex. To stem cathastrophic unemployment the UROFA and UFAG* were founded to produce - as in Switzer land -EBAUCHE- system, standard pocket and wrist watches. Last data records 1930. * UHREN FABRIK A.G.	Urofa Uhren-Rohwerke-Fabrik Glashütte A.G. Glashütte i.Sa
	UROFA, Raumnutzwerk Glashuette /Saxonia Germany 349/6 UROFA, tradename registered 03.01.1936. To stem the catastrophic market situation of the Glashuette/watch industry, where many reputable Glasheutte manufct. had to close,or declare bankruptcy, the UROFA intendend like the Swiss EBAUCHE system, manufacture standard movements, to achieve a competive marketing, the complex enterprise with Swiss-German know how, never achieved any remarkable success. No other data on file.	484537 Raumnutzwerk der Urofa 379810. *Urofa*
	UHRENKOMBINAT RUHLA RUHLA THUERINGEN Ruhla i.Thueringen Germany 088/4 Data refer to page 496/501 After WW II, the Company was dissolved and tranformed into a poeple-owned combine wich included several other watch and clock factories,like the Adolf Lange & Soehne Watch factory, and other in the Glashuette area located precision industries. The present fabrication progam of mechanical and quartz timepieces is mostly to the East-Block market oriented. No other details on file	U H R E N K O M B I N. R U H L A
	MULLER A.B. Hamburg Germany 201/16 Registered 08.08.1914.Watches, MFC/WHS/RET.	Uhren-Müller

NOTE:

TRADEMARK OR TRADENAME MARQUE DE FABRIQUE - NOMS WARENZEICHEN - WORTMARKE	NAMES AND ADDRESSES NOMS ET ADDRESSES NAMEN UND ADDRESSEN	REMARKS OBSERV'TN BEMERKUNG
	ND : Manufacturer ND : location ND : country Reference : Initials U Y or U V	
	ND : Manufacturer : ND : location ND : country OMNIA - BZ tradename	
 	ND : Manufacturer ND : location ND : country ? Germany -GOLDENE MEDAILLE- (German) -K- M P	
	ND : Manufacturer ND : location ND : country Trademark P C Bear - upright in center.	

NOTE:

REMARKS OBSERV'TN BEMERKUNG	NAMES AND ADDRESSES NOMS ET ADDRESSES NAMEN UND ADDRESSEN	TRADEMARK OR TRADENAME MARQUE DE FABRIQUE - NOMS WARENZEICHEN - WORTMARKE
	ND : Manufacturer ND : @ Germany ? Initials on clock backplate: C M	
	Manufacturer @ ,by the letter " J " on face, = UHRENFABRIK VILLINGEN - (Germany) on the backplate the starburst center initial " J " Uhrenfabrik Villingen,Maurer, Pfaff u.Maier,founded under the name of "UHRENFABRIK VILLINGEN" Manufacturer of - American style-movements for alarm clocks. Movements for Regulator,wall and hall clocks of solid design.	

NOTE: 000/0 : UHRENFABRIK VILLINGEN

TRADEMARK OR TRADENAME MARQUE DE FABRIQUE - NOMS WARENZEICHEN - WORTMARKE	NAMES AND ADDRESSES NOMS ET ADDRESSES NAMEN UND ADDRESSEN	REMARKS OBSERV'TN BEMERKUNG
	ND : Manufacturer ND : @ Germany Initials on movement backplate: ST M + L	
	ND : Manufacturer ND : @ Germany Movement backplate points to a German style design, the serial number is of typical characterist. on German clocks.	
	ND : Manufacturer ND : ND : Land of origin On movement backplate : M L	
	ND : Manufacturer On movement backplate A	
	ND : Manufacturer ND : Germany, the D R 147023 on the movement backplate and the serial No code is typical "German" ELUS, tradename. ND : Registration	
	JORPEL, tradename found on above plate (D R 147023)	

NOTE:

REMARKS OBSERV'TN BEMERKUNG	NAMES AND ADDRESSES NOMS ET ADDRESSES NAMEN UND ADDRESSEN	TRADEMARK OR TRADENAME MARQUE DE FABRIQUE - NOMS WARENZEICHEN - WORTMARKE
	ND : Manufacturer ND : Germany / "Made in Baden" once -Baden- independt.state of Germany ANVIL,tradename ND : Registrattion	
	ND : Manufacturer ND Germany / D.R.P. 145732 - 127224 on backplate	
	ZIMBER, J. Furtwangen Germany /16 ND :Registration	
	ND : Manufacturer ND : Initial on backplate movement : MANN. / 95451 (typical) serial	 9 5 4 5 1
	WERNER, ND : Country ND : Registr.	
	ND : Manufacturer ND : Germany / SCHUTZ R & K MARKE ND : Registration	
	ND : Manufacturer ND : ND : Country ND : Registration	

NOTE:

TRADEMARK OR TRADENAME MARQUE DE FABRIQUE - NOMS WARENZEICHEN - WORTMARKE	NAMES AND ADDRESSES NOMS ET ADDRESSES NAMEN UND ADDRESSEN	REMARKS OBSERV'TN BEMERKUNG
V E B	V E B - UHRENKOMBINAT RUHLA i.Thueringen Ruhla - Thueringia Germany 087/4 Clock and watch factory united in the RUHLA-COMBINE, poeple owned enterprise,clocks and watches, precision machinery. V E B Volks Eigener Betrieb (Poeple) (owned) (enterprise) No other data on record. But see under: GEBRUEDER THIEL GmbH Ruhla i.Thuer.	
VEREINIGTE FREIBURGER UHRENFABRIK.	VEREINGTE FREIBURGER UHRENFABRIKEN A.G.,vorm. GUSTAV BECKER * Freiburg-Silesia Germany (now Poland) 031/4 Trademark registered 14.May 1901 * UNITED FREIBURG CLOCK/WATCH FACTORIES Stockholder Corp. former GUSTAV BECKER Works. Reference: © 1975 Karl Kochmann THE GUSTAV BECKER STORY.	
	VEREINIGTE FREIBURGER UHRENFABRIKEN A.G. Germany 183/5 Trademark registered 05.14.1901. VEREINIGTE =United FREIBURGER =Freiburg UHRENFABRIKEN =Clock factory A.G. incl. =Stockholder corporation vormals former GUSTAV BECKER GUSTAV BECKER	
	VEREINIGTE FREIBURGER UHRENFABRIKEN A.G. Germany 184/5 UNIVERSAL, tradename and trade-mark registered 06.10.1904. .	

NOTE:

REMARKS OBSERV'TN BEMERKUNG	NAMES AND ADDRESSES NOMS ET ADDRESSES NAMEN UND ADDRESSEN	TRADEMARK OR TRADENAME MARQUE DE FABRIQUE - NOMS WARENZEICHEN - WORTMARKE
	VEREINIGTE FREIBURGER UHRENFABRIKEN A.G. inclusive former Gustav Becker Works. Freiburg - Silesia Germany (now Poland) 035/4 Trademark registration: BECKER 01.21. 1905 .	**Becker**
	VEREINIGTE FREIBURGER UHENFABRIKEN Germany 185/5 DOMGONG, tradename and trade- mark registered 02.08.1907.	
	VEREINIGTE FREIBURGER UHRENFABRIKEN Germany 187/5 SILESIA, tradename registered 03.10.1907.	VEREINIGTE FREIBURGER UHREN FABRIKEN
	VEREINIGTE FREIBURGER UHRENFABRIKEN Germany 186/5 HARFEN, tradename registered 07.18.1907.	HARFEN
	VEREINIGTE FREIBURGER UHRENFABRIKEN A.G. Germany 182/5 The following enterprise consolidated their production under the : UNITED FREIBURG CLOCK WORKS, incl.former GUSTAV BECKER A.G. Gustav Becker, Freiburg Gustav Becker, Braunau Germania Clk.Co.A.Willman Concordia Clock Co. Kappel & Co. Clock Co. Boehm Clock enterprise, and sold their stocks from June 22.1899. Refer to:1899-1924, Publishing by © Karl Kochmann, -1978- Ed.	KAPPEL & Co BOEHM
	VEREINIGTE FREIBURGER UHRENFABRIKEN Germany 188/5 TRIO GONG, tradename registered 24.10.1907.	TRIO GONG

NOTE: 035/4 : VEREINIGTE FREIBURGER UHRENFABRIKEN,refer page 292,295. LIT 141

TRADEMARK OR TRADENAME MARQUE DE FABRIQUE - NOMS WARENZEICHEN - WORTMARKE	NAMES AND ADDRESSES NOMS ET ADDRESSES NAMEN UND ADDRESSEN	REMARKS OBSERV'TN BEMERKUNG
VEREINIGTE FREIBURGER UHREN FABRIKEN	VEREINIGTE FREIBURGER UHRENFABRIKEN A.G. incl. vormals GUSTAV BECKER Freiburg i.Schl.(Silesia)* Germany (until 1945) 181/5 AT the turn of the century, the clock industry in Silesia felt the impact of stiff rivalry between various Freiburg clock manufacturer not only at the local level, also others outside of the Freiburg area begun producing the "Clocks in the Freiburg style" The banker E.Heimann in Breslau (now Wroclaw-Poland) formed a the UNITED FREIBURG CLOCK WORKS.	
VEREINIGTE FREIBURGER UHREN FABRIKEN A.G.	VEREINIGTE FREIBURGER UHRENFABRIKEN A.G. Freiburg,Schlesien Germany 189/5 Reference to 183-188 : United Freiburg Clockfactory -Stockholder Co. Freiburg (now Swiebozice) Poland Silesia (former part of Germany-since 1945 Poland) Further literature: UNITED FREIBURG CLOCK FACTORIES, Ltd. by Antique Clock Publishing, Concord, California USA- 94521. © Karl Kochmann,(out of print)	
VEREINIGTE FREIBURGER UHREN GENOSSENSCHAFT	VEREINIGTE FREIBURGER UHREN GENOSSENSCHAFT United Freiburg Clock Freiburg / cooperative. (Sillesia) Germany 190/5 Trademark registered 04.09.1908.	
VEREINIGTE FREIBURGER UHRENFABRIKEN A.G.	VEREINIGTE FREIBURGER UHRENFABRIKEN A.G. vorm. Gustav Becker Works Freiburg /Silesia Germany(nowPoland) 230/6 Trademark registered 26.06.1929. Manufacturer of clocks of all types and models.	
366366. Corneville	CORNEVILLE, tradename.VEREINIGTE FREIBURGER UHRENFABRIKEN A.G.vorm. Gustav Becker Works.Regist.29.03. 1927. Former Germany 203/16	

NOTE:

REMARKS OBSERV'TN BEMERKUNG	NAMES AND ADDRESSES NOMS ET ADDRESSES NAMEN UND ADDRESSEN	TRADEMARK OR TRADENAME MARQUE DE FABRIQUE - NOMS WARENZEICHEN - WORTMARKE
	VEREINIGTE FREIBURGER UHRENFABRIKEN Schramberg/Wuerttemberg Germany 232/6 Registered 14.02.1930 by the Junghans Brothers, Clockfactory in Schramberg, clocks of all types and models sold under: VEREINIGTE FREIBURGER UHRENFABRIKEN (United Freiburg clock factories) Additional data see: Page 309 / 313	V E R E I N I G T E F R E I B U R G E R U H R E N FABRIKEN SCHRAMBERG
	VEREINIGTE FREIBURGER Germany 231/6 BIJOU, tradename registered 22.01.1930. Clock factory, striking clocks.	417665 Bijou
	VEREINIGTE FREIBURGER UHRENFABRIKEN A.G.Gustav Becker Freiburg/ Silesia Germany 050/7a AK04, MFC WSH, Clocks all Types	GB MEDAILLE D'OR GUSTAV BECKER GB FREIBURG IN SCHL V. F. U. Universal Domgong
	VEREINIGTE FREIBURGER UHRENFABRIK A.G.vorm.Gustav Becker Works. Freiburg/Silesia Germany 204/16, Registr.ND Trademark: Two lions with crown GUSTAV BECKER (center)	
	VEREINIGTE UHRENFABRIKEN von Gebrueder Junghans & Thomas Haller A.G. Schramberg-Schweningen a.N. Germany 159/4 Trademark registered 12.10.1904.	Junghans
	VEREINIGTE UHRENFABRIKEN von Gebrueder Junghans & Thomas Haller A.G. Schramberg-Schwenningen a.N. Germany 160/4 Trademark registered in Austria 04.13.1905.	Junghans
	VEREINIGTE JUNGHANS & HALLER Schramberg - Black Forest Germany 198/5 VETO, tradename registered 02.18. 1905.	V E R E I N I G T E JUNGHANS & HALLER V E T O

NOTE:

TRADEMARK OR TRADENAME MARQUE DE FABRIQUE - NOMS WARENZEICHEN - WORTMARKE	NAMES AND ADDRESSES NOMS ET ADDRESSES NAMEN UND ADDRESSEN	REMARKS OBSERV'TN BEMERKUNG
VEREINIGTE JUNGHANS& HALLER	VEREINIGTE*JUNGHANS &HALLER Uhrenfabriken (Clockfactory) Schwenningen-Schramberg Germany 386/4 * = United , registered 04.02.1905	
Ergo	VEREINIGTE UHRENFABRIKEN von Gebrueder Junghans & Thos. Haller A.G. Schramberg-Schwenningen a.N. Germany 164/4 Trademark registered 09.15.1910.	
	VEREINIGTE UHRENFABRIKEN von Gebrueder Junghans & Thomas Haller A.G. Schramberg -Schwenningen Germany 165/4 Trademark registered 11.10.1915. For cross reference see under HALLER, Thomas. HALLER Thomas- Ernst.	
J JUNGHANS J Luoca-Gong. HT	VEREINIGTE UHRENFABRIKEN von Gebr.Junghans&Thomas Haller A.G. Schramberg - Schwenningen Germany 050/7b AK04 MFC WHS Clocks/Watches	
353703. VauWe	VEREINIGTE WERKE DEUTSCHER UHRMACHER (United German Watchmaker works) GmbH Leipzig Germany 138/6 VAU WE, tradename registered 27.01.1926. Wholesale house for the watch/clockmaker.	
FORTUNA VERBAND* DEUTSCHER UHREN GROSSISTEN	VERBAND DEUTSCHER UHREN- GROSSISTEN.* Leipzig, Bruehl 26 Germany 260/6 FORTUNA, trade logo registered 24.03.1930. * Organisation of the German clock/watch/jewelery whole- sale houses.	

NOTE: 386/4 : VEREINIGTE UHRENFABRIKEN JUNGHANS-HALLER,refer page 392,Table XI

REMARKS OBSERV'TN BEMERKUNG	NAMES AND ADDRESSES NOMS ET ADDRESSES NAMEN UND ADDRESSEN	TRADEMARK OR TRADENAME MARQUE DE FABRIQUE - NOMS WARENZEICHEN - WORTMARKE
	VERHAGEN J. & Cie Koeln/Rhein Germany 100/6 AGRIPPINA,manufct.& distributor of clocks/watches of all types, clock / watch movements, clock /watch cases. Registered 03.04.1925	347715. „Agrippina"
	VERHAGEN & Cie Koeln/Rhein Germany 059/6 VERCO, tradename registered 06.04.1925, clocks/watch wholesale, parts, clock/watch movements,	342616. „Verco"
	VERHAGEN & Cie Germany 189/6 Manufacturer and distributor of clocks and watches of all types, watch case, clock case, movements for the trade. 06.05.1927.	VERHAGEN & Co.
	VERHAGEN & Cie Koeln/Rhein Germany 171/6 AGRIPPA ,tradename registered 30.11.1928. Pocket watch/wrist watch and watchmakers supply wholesale house.	403468 AGRIPPA
NOTE: AK04 denotes archive Watchmkr. address Handbook year 1904 ------ DB40 denotes archive DIEBNER Watchmkr. Calendar year 1940 ------ HE denotes archive HENNIG ------ KNOO denotes archive Knapp ------	VETTERLEIN, Fr. Doebeln/ Saxonia Germany 050/7c AK04 ND	
	VICTORIA CLOCK Co. St.Georgen /Black-Forest Germany 167/5 Trademark registered 02.07.1905. Maier A. clocks of all types: "Amercan system" Wall,hall,mantle clocks.	 V.C.C.
	VICTORIA CLOCK Co. A.Maier St.Georgen/ Black Forest Germany 099/7a KNOO, MFC,WHS Clocks	 V.C.C.

NOTE:

TRADEMARK OR TRADENAME MARQUE DE FABRIQUE - NOMS WARENZEICHEN - WORTMARKE	NAMES AND ADDRESSES NOMS ET ADDRESSES NAMEN UND ADDRESSEN	REMARKS OBSERV'TN BEMERKUNG
V O L K E R S E.	VOLKERS E. Berlin/Lankwitz Cornelius Str.27 Germany 276/6 TIMER, trademark registered 16.01.1930, manufacturer of electro-mechanical timer- electr. balance wheel system (patent).	NOTE: AK04 denotes archive Watchmkr. address Handbook year 1904 ------ DB40 denotes archive DIEBNER Watchmkr. Calendar year 1940 ------ HE denotes archive HENNIG ------ KNOO denotes archive Knapp
	VOGT & Co Schwab.Gmuend Germany 052/7a AK04 ND	
	VAUSCH , Louis Berlin Germany 049/7c AK04 ND	
V A	V A Germany 172/5 ND	
314097. „Rataplan"	VEREINIGTE FREIBURGER UHRENFABRIKEN former Gustav Becker works Freiburg/Silesia Germany(now Poland) 042/6 RATAPLAN, tradname registered, clocks, parts of clocks, odometer, timer, counter and metering devices. 25.02.1924.	
477611	WAGNER, Ernst Pforzheim Germany 338/6 Registered 14.02.1935,manufacturer of wrist and pocket watches .	
513230 Wagner	WAGNER, Ernst Pforzheim Germany 406/6 WAGNER, tradename registered 22.12.1938, pocket/wrist watch manufacturer.	
W A G N E R , ERNST	WAGNER, Ernst Pforzheim Germany 088/7c DB40,MFC Special Wristwatches.	
W A E C H T L E R	WAECHTLER , Carl Weimar, Woerthstrasse 4 Germany 252/6 Registered 27.08.1929,manufact. ladies and gents watches, gold and silversmith.	

NOTE:

REMARKS OBSERV'TN BEMERKUNG	NAMES AND ADDRESSES NOMS ET ADDRESSES NAMEN UND ADDRESSEN	TRADEMARK OR TRADENAME MARQUE DE FABRIQUE - NOMS WARENZEICHEN - WORTMARKE
	WEHRLE UHRENFABRIK GmbH (Clockfactory) Schonwald/ Black Forest Germany 209/5 cont.from 208/5:Since the year 1968 the brothers Karl Raimund and Franz Wehrle managed the Wehrle enterprise including a branch factory for alarm clocks in Fischerbach/ Black Forest. It begun in a modest cottage-workshop of Andreas Hilser in the year 1815. After Hilser's death, his son Raimund continued, but his son-in-law Carl Wehrle expanded the modest shop into a clock - factory.1924 erection of a modern assembly plant.Leading alarm clock manufacturer in the Black Forest. The Wehrle enterprise continued under the generation Carl J.Wehrle * 1880,+1968.As of the year 1978 the "WEHRLE UHRENFABRIK GmbH" Schonwald produced alarm clocks.	W E H R L E U H R E N F A B R I K
	WEHRLE Emilian, EM.WEHRLE & COMP. Trompeteruhrenfabrikation(1) Furtwangen i.B. (Badenia) Germany 210/5 The catalogue page from the year 1866 advertises: Trompeteruhren von E.WEHRLE & COMP. (1) trumpeter clocks, and the leaf-let from the year 1874 avertises: Uhren mit singenden Vögeln, (2) (2) clocks with singing birds. The industrielle fabrication of musical-singing birds animated clocks, the improoved design and construction of the Jacob Bauerle and sons family enterprise (year 1858) is largely credited to Emilian Wehrle,*1832,+1896 Emilian Wehrle startet on Jan.1860 his workshop for trumpeter-animated bird clocks. His shop located on the boundry of the city of Furtwangen/ village Schonenbach produced trumpeter clocks of outstanding quality. The enterprise/family owned operat. Julian Wehrle, son of Julian Wehrle cont.but changed to mech.precision parts factory, Erwin Wehrle + 1975. The "Wehrles" were very secretive, only special machines and fixtures were operated by family members.	W E H R L E , EMILIAN Trompeteruhrenfabrikation E.WEHRLE & COMP. Furtwangen. FABRIK EWG MARKE E M I L I A N W E H R L E Trompeteruhrenfabrikation von EM. WEHRLE & COMP in FURTWANGEN

NOTE:

TRADEMARK OR TRADENAME MARQUE DE FABRIQUE - NOMS WARENZEICHEN - WORTMARKE	NAMES AND ADDRESSES NOMS ET ADDRESSES NAMEN UND ADDRESSEN	REMARKS OBSERV'TN BEMERKUNG
WEBER & ESCHBACH ARCTOS-GLASHUTTE	WEBER & ESCHBACH Pforzheim Germany ARCTOS-GLASHUETTE, tradename registered 07.07.1933. Watch factory , parts for the trade.	NOTE: AK04 denotes archive Watchmkr. address Handbook year 1904 ------ DB40 denotes archive DIEBNER Watchmkr. Calendar year 1940 ------ HE denotes archive HENNIG ------ KNOO denotes archive Knapp ------
506289 WAP	WEBER & AESCHBACH Pforzheim Germany 393/6 WAP, tradename registered 07.06.1938, manufactuer of wrist and pocket watches.	
ARCTOS	WEBER & AESCHBACH Pforzheim Germany 089/7a DB40,MFC Wristwatches.	
	WEBER & AESCHBACH Pforzheim Germany 068/7a DB40,MFC-ARCTOS-ELITE,watches	
Akkordograph	WEINMANN, Gebruder (brothers) Berlin Germany 229/5 AKKORDOGRAPH, tradename registr. 11.30.1921, timecard clocks, timing equipment.	
311646. 'WELI'	WEIHENMEYER & Co. GmbH Zuffenhausen/Stuttgart Germany 050/6 WELI, tradename registered 17.12. 1923, manufacturer of clockcases.	
	WEIGLER, JUlius GmbH Berlin Germany 402/5 Clock factory, registered 12.15.1921.	
	WEIKERT & ENKE Leipzig Germany 395/5 Export of clocks/watches registr. 07.10.1902.	

NOTE:

REMARKS OBSERV'TN BEMERKUNG	NAMES AND ADDRESSES NOMS ET ADDRESSES NAMEN UND ADDRESSEN	TRADEMARK OR TRADENAME MARQUE DE FABRIQUE - NOMS WARENZEICHEN - WORTMARKE
	WEISS & Co. Freiburg i.Breisgau (lower Black Forest) Germany 400/5 Manufacturer of timepieces regist. 05.12.1920.	
	WEISS & Co Germany 401/5 WEISCO, tradename registered 05.25.1921. Manufact. clocks/ watches ?	,Weissco'
NOTE: AK04 denotes archive Watchmkr. address Handbook year 1904 ------ DB40 denotes archive DIEBNER Watchmkr. Calendar year 1940 ------ HE denotes archive HENNIG ------ KN00 denotes archive Knapp ------	WEINRANCK & SCHMIDT Hanau Germany 052/7c AK04 ND	W. S. H.
	WEMPE G.D. Altona Germany 411/5 MOEVE, tradename ,registered 19.08.1910, pocket watch manfct.	MÖVE
	WENDT, Hermann Bremen Germany 188/6 Watch manufacturer and export of watches, trade logo registered 17.05.1927.	W E N D T
	WERBECK, Paul Germany 294/6 ELIDA, tradename registered 25.07.1932. Pocket/wrist watch manufacturer.	451548 Elida
	WERNER C. UHRENFABRIK (Clockfactory) Villingen a.N. Germany 199/5 Trademark registered 01.02.1887. The following data on file: Carl Werner,married 1861, the daughter of a clock trading post. Catalogue of C.Werner date the founding year 1861,but safely assumed the company started @ 1826 (Church records).1899 the company sold to Braukmann , 1908 @ 850 employees, 1913 the company in receivership, takeover by Schlenker& Kienzle, KIENZLE UHREN- FABRIKEN A.G.Schwenningen,with branch factories Villingen a.N.	W E R N E R C. U H R E N F A B R I K Fabrikmarke

NOTE:

TRADEMARK OR TRADENAME MARQUE DE FABRIQUE - NOMS WARENZEICHEN - WORTMARKE	NAMES AND ADDRESSES NOMS ET ADDRESSES NAMEN UND ADDRESSEN	REMARKS OBSERV'TN BEMERKUNG
	WEHRLE, Emilian & Co. Schonenbach/Furtwangen Germany 212/5 Emilian Wehrle trademark for Watermeter, the traditional clock factory, changed to the manufacturing of water meters under the name: EMILIAN WEHRLE KG.	
WEHRLE & KLAGER	WEHRLE & KLAEGER, UHRENFABRIK (clockfactory) Schoenwald / Black Forest Germany 268/6 Registered 27.01.1931, manufactur. of clocks - alarm clocks -	
454978	WEHRLE & KLAEGER Schonwald/Black Forest Germany 292/6 Registered 18.01.1933, clocks, alarm clocks.	
	WEHRLE UHRENFABRIK K.G. Schoenwald/ Black Forest Germany 089/7b DB40, MFC Clocks/Music works.	
WEHRLE UHRENFABRIK	WEHRLE-UHRENFABRIK (clockfact) GmbH Schoenwald/Black Forest Germany 065/7c DB40,Clocks/Cuckoo/400 day Clk.	NOTE: AK04 denotes archive Watchmkr. address Handbook year 1904 ------ DB40 denotes archive DIEBNER Watchmkr. Calendar year 1940 ------ HE denotes archive HENNIG ------ KN00 denotes archive Knapp ------
406878	WALZ & PFEIFFER Frankfurt /Main Germany 241/6 Wholesale house of clocks/watches Registered 04.06.1929.	
	WEBER, Richard Soegel /Westfalia Germany 052/7b AK04 ND	
WEBER & AESCHBACH	WEBER & AESCHBACH Pforzheim Germany 323/6 A W C , trade logo registered 19.09.1934, wrist and pocket watch manufacturer.	

NOTE:

REMARKS OBSERV'TN BEMERKUNG	NAMES AND ADDRESSES NOMS ET ADDRESSES NAMEN UND ADDRESSEN	TRADEMARK OR TRADENAME MARQUE DE FABRIQUE - NOMS WARENZEICHEN - WORTMARKE
	WERNER C.UHRENFABRIK (Clockfactory) Villingen a.N. Germany 200 Enterprise operated under the name of " REGULATOR - FABRIK" and under "WERNER - WERKE " (Werner - Works" The founder Carl Werner * 1832, + 1890, operated his company with @ 250 employees from the year 1870 till 1904 ? After the death of Carl Werner, his son's Carl jr. and Hermann,already in the company, with dynamic management skill, the enterprise was able to expand export in Europe. The most outstand. achievement of the Werner son's was the design and construction of a "TAXIMETER" for horse carriges, with the automobil, the Werner enterprise was the leading manufacturer of taximeter. The KIENZLE-enterprise continued with the TAXIMETER, based on the Werner inventions.	WERNER C. UHRENFABRIK
	VERNA, tradename WERNER C. Uhrenfabrik Villingen a.N. Germany 206/16 Registered 26.11.1908, Clocks, Clock parts MFC/WHS/RET.	„Verna“
	WEMPE, Gerhard A.G. Hamburg Germany 210/6 WEMOE, tradename registered 16.12.1927, manufacturer and wholesale of clocks/watches, jewelery from gold and silver.	WEMPE Wie spät ist es?
NOTE: AK04 denotes archive Watchmkr. address Handbook year 1904 ------ DB40 denotes archive DIEBNER Watchmkr. Calendar year 1940 ------ HE denotes archive HENNIG ------ KN00 denotes archive Knapp	WIEG & Co. Altona Germany 053/7b AK04 ND WIEGOLD & CO GmbH Elberfeld Germany 049/6 OBERMEISTER,tradename registered 07.04.1924. Wholesale of clocks/watches of all types.	W.&Co. 320864. Obermeister

NOTE:

TRADEMARK OR TRADENAME MARQUE DE FABRIQUE - NOMS WARENZEICHEN - WORTMARKE	NAMES AND ADDRESSES NOMS ET ADDRESSES NAMEN UND ADDRESSEN	REMARKS OBSERV'TN BEMERKUNG
W I E G O L D & Co.	WIEGOLD & Co. Germany 053/6 Slogan copyright: Look,how Muller runs,because he is without a Wiegold watch, never in a hurry, never late, punctuallty her reputation. Regist.11.05.1925.	
„Ringeltaube"	WIEGOLD & Co. Germany 425/5 RINGELTAUBE, tradename registered 10.01.1910. Wholesale/retail clocks & watches ?	
Wiegold	WIEGOLD & Co. GmbH Elberfeld Germany 422/5 Clocks/watches? tradesymbol registr.23.01.1919.	
Pilatus	WIEGOLD & Co. Germany 424/5 PILATUS, tradename registered 01.15.1920. Wholesale/retail clocks & watsches ?	
Gotthard.	WIEGOLD & Co. Germany 423/5 GOTTHARD, tradename registered 01.05.1920. Wholesale/retail clocks & watches ?	
Dubissa	WIEGOLD & Co. GmbH Elberfeld Germany 252/5 DUBISSA, tradename registered 06.04.1920, wholesale and retail for watches/clocks.	
W I E G O L D & Co.	WIEGOLD & Co GmbH Elberfeld Germany 144/6 Trade slogan: A look at the Wiegold timepiece, is a look in the true present time. A look at the Wiegold timepiece assures the true presence. Registered 07.12.1925.	
376122. 25 Jahre Gewähr	WIEGOLD & Co. Germany 181/6 Watch manufacturer and wholesale registered 15.03.1927.	

NOTE:

REMARKS OBSERV'TN BEMERKUNG	NAMES AND ADDRESSES NOMS ET ADDRESSES NAMEN UND ADDRESSEN	TRADEMARK OR TRADENAME MARQUE DE FABRIQUE - NOMS WARENZEICHEN - WORTMARKE
NOTE: AK04 denotes archive Watchmkr. address Handbook year 1904 ------ DB40 denotes archive DIEBNER Watchmkr. Calendar year 1940 ------ HE denotes archive HENNIG ------ KNOO denotes archive Knapp ------	WIEDEL, Damasius Triberg/ Black Forest Germany 243/6 Manufacturer of clocks and clock parts, registered 13.06.1929.	407066 DWT
	WIEBKING G. Oldenburg Germany 398/5 LEHSAHN, tradename registered 12.10.1912. manufactrurer of	„Lensahn“
	WIEMER, Otto Pforzheim Germany 086/7a DB40,MFC Watches.	OTIMO
	WILDE, Emil Bielefeld Germany 053/7c AK04 ND	W
	WILDE, Gebr. (brothers) Villingen /Neckar Germany 054/7a AK04 MFC WHS Clocks	
	WILLMANN & Co. Owner: E.R.Schlenker Freiburg /Silesia Germany 054/7b AK04 MFC WHS Clocks	NON PLUS ULTRA
	WILLMANN A.& Co. REGULATOR-UHRENFABRIK Freiburg - Silesia Germany 192/5 Enterprise started @ 1872 with the production of wall clocks -REGULATOR-, travel alarm clocks, display clocks. Merger 1899 with other clock enterprises to form the "UNITED FREIBURG CLOCK FACTORIES"	WILLMANN & Co. REGULATOR - UHRENFABRIK
	Trademark" NON PLUS ULTRA " Registered 03.09.1861 ?	NON PLUS ULTRA
	WINTER, Robert Schwab.Gmuend Germany 054/7c AK04 ND	RW

NOTE: 392/5 : WILLMANN & Co.refer page 291,294,295

TRADEMARK OR TRADENAME MARQUE DE FABRIQUE - NOMS WARENZEICHEN - WORTMARKE	NAMES AND ADDRESSES NOMS ET ADDRESSES NAMEN UND ADDRESSEN	REMARKS OBSERV'TN BEMERKUNG
	WILKENS M.H. & SOEHNE (sons) Hemelingen Germany 051/7b AK04 ND	
379140. M. Winterhalder & Hofmeier G.m.b H Neustadt, Baden Regist.09/09/1927 **379141.** **W. & H.** **Sch.** Regist.09/09/1927 (1) **W & H** (2) **SCH** (3) Variation on clock plate stamping: W&H SCH 2 W&H in SCH 2 W&H in SCH Germany 2 M. WINTERHALDER & HOFMEIER NEUSTADT BADEN Germany 1	WINTERHALDER & HOFMEIER UHRENFABRIK (Clockfactory) Neustadt-Schwarzenbach Friedenweiler Germany 213/5 Nickolaus Winterhalder (1710-1743) clockmaker-cottage industry. Thomas Winterhalder established factory in Friedenweiler. Son's Mathaus,Thomas and Karl joined the fathers enterrise. Anton Hofmeier joined them and satellite shops between Neustadt/Schwarzenbach produced clocks of premier quality.The entire Winterhalder family clan was involved in clocks Hans Winterhalder founded HAWINA, clock company, worldwide export. England,Russia etc.1908 @ 800 employees. With the crash of the New York Stock Exchange, Winterhalder enterprise lost ALL their assets.1933 with the new regime in Germany, the religiously oriented Winterhalder's were unable to secure credits, 1937 200 years' of Winterhalder Clocks ended. Reference : © K.Kochmann, THE CLOCK FACTORY-LENZKIRCH// THE WINTERHALDER & HOFMEIER CLOCK Antique Clocks Publishing,Concord Calif.94521 USA.	
356329. **Hawina** WINTERHALDER HANS	WINTERHALDER Hans, A.G. UHRENFABRIK (clockfactory) Neustadt/Badenia Black Forest. Germany 116/6 HAWINA,tradename registered 07.12.1925. Manufacturer of hall/wall/mantle clocks. Founded in April 1925 by Hans Winterhalder.Due to world-wide economical difficulties,HAWINA was hard pressed to survive.Hans Winterhalder's father Johannes suggested liquidation of the company and HAWINA was bought by the Junghans Brothers enterprise.	

NOTE: 213/5 : WINTERHALDER & HOFMEIER,refer page 392,Table XIII
LIT 143
116/1 : WINTERHALDER HANS -HAWINA- LIT 143

REMARKS OBSERV'TN BEMERKUNG	NAMES AND ADDRESSES NOMS ET ADDRESSES NAMEN UND ADDRESSEN	TRADEMARK OR TRADENAME MARQUE DE FABRIQUE - NOMS WARENZEICHEN - WORTMARKE
	WINTERHALDER-HAUSUHRENFABRIK K.G. Neustadt Black-Forest Germany 216/5 HAWINA, Hans Winterhalder regist. @ 1925 the tradename for clocks of all types, especially "Grandfather Clocks"	W 40730 
	WINTERHALDER Linus UHRENFABRIK (clockfactory) Neustadt, Badenia Black Forest Germany 117/6 WINTERHALDER ges.gesch.WZ. regist. 28.9.1925. (tradename protect.by International Trade-Symbol law.) Cont.from:116/6,Hans Winterhalder emigrated to the United Stats and startet another clock enterprise in the Philadelphia area, but without success.Clemens Winterhalder last known address (1976) Philadelphia. Anton Winterhalder was manager of the Miller Clock Company,before he retired in New Zealand Mich.	Klasse 40. 40. 348038. W. 35723. „Winterhalder ges. gesch. Wz." 28/9 1935. Linus Winterhalder, Neustadt i. Schwarzw. 17/2 1928 Geschäftsbetrieb: Uhrenfabrik. Waren: Uhren und Uhrteile. (Gr. 40.) [26. 840] W I N T E R H A L D ER LINUS
	WINTERHALDER,Hans A.G. UHRENFABRIK (clockfactory) Neustadt/Black Forest Germany 118/6 Trade logo, registered 15.12.1928.	W I N T E R H A L DER HANS
	WINTERHALDER & HOFMEIER Germany 215/5 Winterhalder, tradename registr. 28.Sept. by Linus Winterhalder.	W I N T E R H A L D E R & H O F M E I E R
	WINTERHALDER, Hans A.G. UHRENFABRIK Neustadt i.B.(Badenia) Germany 217/5 HAWINA registered 12.12.1925.	

NOTE:215/5 : WINTERHALDER & HOFMEIER,refer page 516,LIT 143

TRADEMARK OR TRADENAME MARQUE DE FABRIQUE - NOMS WARENZEICHEN - WORTMARKE	NAMES AND ADDRESSES NOMS ET ADDRESSES NAMEN UND ADDRESSEN	REMARKS OBSERV'TN BEMERKUNG
WINTERMANTEL	WINTERMANTEL GEBRUDER UHRENFABRIK Triberg Black Forest Germany 221/5 Established 1924 by the Gebruder Wintermantel (Wintermantel broth) specialized in petit one day clocks (miniatures) from 1925 - 1935. WWII interupted the clock manufacturing. 1954 production of "WINET" clocks resumed. Eugen and Otto Wintermantel retired @ 1986. The plant deeded as a foundation for handicapped poeple contiunes to produce the "Miniatures" much sought by tourists, visiting the Black Forest.	
	WINTERMANTEL GEBRÜDER (brothers) Germany 222 Trademark symbol. No other data on file.	
504705 Verbandszeichen	WIRTSCHAFTSVERBAND der DEUTSCHEN UHRENINDUSTRIE e.V. * Schwenningen a.N. Germany 376/6 Registered 05.10.1937: * "Commerce Association of the German Watch/clock Industry"	
Venus Löwen Globus Premier Parlament Imperial	WOLFF & Co Hamburg -IMPERIAL- Germany 051/7c -VENUS-LOEWEN- AK04,WHS-GLOBUS-PREMIER-IMPERIAL	NOTE: AK04 denotes archive Watchmkr. address Handbook year 1904 ------ DB40 denotes archive DIEBNER Watchmkr. Calendar year 1940 ------ HE denotes archive HENNIG ------ KN00 denotes archive Knapp ------
W	WOTTRICH, A. Koenigsberg/East Prussia Germany 055/7a AK04 ND	

NOTE:

REMARKS OBSERV'TN BEMERKUNG	NAMES AND ADDRESSES NOMS ET ADDRESSES NAMEN UND ADDRESSEN	TRADEMARK OR TRADENAME MARQUE DE FABRIQUE - NOMS WARENZEICHEN - WORTMARKE
	WITTENBERG J. Breslau /now Wroclaw-Poland Germany(former) 399/5 GARIZEIT, tradename registered 11.21.1911, manufacturer of timepieces.	W I T T E N B E R G J. G A R I Z E I T
	WÜRTTEMBERG UHRENFABRIK (Clock & Watchfactory) Schwenningen a.N. Germany 202/5 Johannes Bürk,invetor,promoter of the "Watchman control Clock" startet 1858 the"WÜRTTEMBERGISCHE UHRENFABRIK",control clocks and Black-Forest clocks,also electric operated clocks!fabricated in a farmhouse.The great demand required expansion into a new constructed plant (year 1860), Bürk was a non clockmaker, Michael Vosseler by trade a watchmaker was the shop superintentend, J.Bürk the general manager,+ 1872. His son Richard followed in his fathers steps.	W Ü R T T E M B E R G UHRENFABRIK
	WÜRTTEMBERGISCHE UHREN-FABRIK Germany 203/5 : Richard Bürk was the general manager for the next 60 years, he retired 82 years old. Trademark registered 13.Oct.1889, re-registered 12.March 1895 under Johannes Bürk, with associate Richard Bürk. Fabrication program: Pocket watches,security control watchman clocks,technical- indust. spring windup movements.Literature reference: JOHANNES BÜRK © by Franz Ludwig Neher.	
	WÜRTTEMBERGISCHE UHREN-FABRIK BÜRK & SÖHNE (sons) (Clock/watch factory) Schwenningen a.N. Germany 204/5 Trademark registered @ year 1920. Founder Johannes Bürk * 1819 , + 1872, Richard Bürk general manager * 1851, + 1934. Important inventions: Time-control clocks, Pigeon-mail-time registrationclock Taxagraph for tickets, 1917 automatic time control-calculator.The Bürk enterprise held about 50 patents, all related to timekeeping.	Bürk Original

NOTE: 202/5 : BÜRK & SÖHNE, refer LIT 118

TRADEMARK OR TRADENAME MARQUE DE FABRIQUE - NOMS WARENZEICHEN - WORTMARKE	NAMES AND ADDRESSES NOMS ET ADDRESSES NAMEN UND ADDRESSEN	REMARKS OBSERV'TN BEMERKUNG
WURTTEMBERGISCHE UHRENFABRIK BURK & SOHNE	WURTTEMBERGISCHE UHREN- FABRIK BURK & SÖHNE (sons) Germany 205/5	
GW	WURTHNER & Co Schwenningen a.N. Germany 219/5 Clocks/Watches ? No other data on file.	
JANUS	WURTH & Co. JAHRESUHR (Annivers.Clock) Schwenningen a.N. Germany 220/5 Trademark registered 09.26.1906. Manufacturer of "ANNIVERSARY CLOCKS" (400 day clocks)rotating or pendulumn system.	
W	WURM, H. Braunschweig Germany 055/7b AK04 ND	NOTE: AK04 denotes archive Watchmkr. address Handbook year 1904 ------ DB40 denotes archive DIEBNER Watchmkr. Calendar year 1940 ------ HE denotes archive HENNIG ------ KN00 denotes archive Knapp ------
EW Elastik.	WUERTZ, Ernst Pforzheim Germany 055/7c AK04 ND	
Dacapo	WUSTHOFF, Ernst Hamburg & Martin Krimnitz Magdeburg Germany 409/5 DACAPO, tradename registered 10.10.1906, manufacturer of clocks/watsches ?	
FAC	WOLF, Philip Frankfurt a. Main Germany 396/5 FAC, tradename registered 09.11. 1909, manufacturer of pocket watches.	
W O L L F & Co.	WOLLF & Co. Hamburg Germany 397/5 Manufacturer of watches, registr. 05.09.1910.	
368266. Tell	TELL, tradename SCHNEIDER & Co. Pforzheim, Westliche Karlfriedst. Germany 188/16 Registered 26.02.1927. Watches, watch parts MFC/WHS/RET.	

NOTE: 205/5 : WÜRTTEMBERGISCHE UHRENFABRIK BÜRK & SÖHNE,refer page 516

REMARKS OBSERV'TN BEMERKUNG	NAMES AND ADDRESSES NOMS ET ADDRESSES NAMEN UND ADDRESSEN	TRADEMARK OR TRADENAME MARQUE DE FABRIQUE - NOMS WARENZEICHEN - WORTMARKE
NOTE: AK04 denotes archive Watchmkr. address Handbook year 1904 ------ DB40 denotes archive DIEBNER Watchmkr. Calendar year 1940 ------ HE denotes archive HENNIG ------ KN00 denotes archive Knapp ------	ZIEGENGEIST Robert Nachf. Erdenberger (succeded) Hermann Gera Germany 284/5 ELSTER-NORMALUHR,tradename regist. 06.03.1921.Clock-manufacturing.	ELSTER NORMALUHR
	ZERFFI, William D. Berlin Germany 403/5 COMBINATUHR, tradename, regist. 19.11.1909, wholesale /retail distributor of cloks/watches.	Combinatuhr
	ZENKER, Erwin Leipzig Germany 056/7b	Freya
	ZAHN, Paul Pforzheim Germany 056/7a AK04 ND	P. Z.
	ZIPPERER C.W. München Germany 056/7c Watches/Clocks WHS/RET. Germany 208/16	C. W. Z.
	ZIEPEL, Johannes Stettin Germany 310/6 Manufacturer of clocks/watches registered 16.01.1934.	1 Pf. Werbung schafft Arbeit 358190.
	ZENTRALVERBAND der DEUTSCHEN UHRMACHER-Einheitsverband e.V. * Halle/Saale Germany 121/6 CENTRA, tradename registered 19.05.1926. * Central Organisation of the German Watschmaker - Uniform Association.	
	ZENTRALVERBAND der DEUTSCHEN UHRMACHER Halle/Saale Germany Trademark re-registered 19.05.1926	Das Zeichen des Uhren-Fachgeschäftes

NOTE: 121/6 : ZENTRALVERBAND der UHRMACHER, refer page 434

TRADEMARK OR TRADENAME MARQUE DE FABRIQUE - NOMS WARENZEICHEN - WORTMARKE	NAMES AND ADDRESS NOMS ET ADDRESSE NAMEN UND ADDRESSE	REMARKS OBSERV'TN BEMERKUNG
 Plate G0553	" A " G0553 MFC Germany British Export Agent of " Gustav Becker Clocks " London CLK	LIT 146
AA	A A G0585 MFC Amann, Arthur Villingen, Badenia Black Forest Germany. Data: @ 1910 - 1926 CLK	
A. B. N.	A B N G0576 ND ND Plate stamping: Patent 140705 ND	
	ALPINA DEUTSCHE UHRMACHER G0609 GENOSSENSCHFT e.G.m.b.H.* MR- Agents Berlin Germany - ALPINA - 13.Mar.1925 SUP-SUPW-SUPP * German Watchmaker Cooperativ	Refer page: 303, G 080/6 ALPINA
B	BADISCHE UHRENFABRIK G0568 Aktiengesellschaft (A.G.) (Stockholder Corporation) Furtwangen -Black Forest Germany,advertisement year 1913 See also under: BADISCHE UHRENFABRIK CLK-WHS-RET-Export.	Refer page: 296, G 013/TM
	BECKER, Gustav G0559 Clock Factory, Freiburg Schlesien (Silesia) since 1945 annexed by Poland. VEREINIGTE FREIBURGER UHRENFABRIK FREIBURG - SCHLESIEN - (United Freiburg Clockfactory) Embossement on clock plates since the year 1900.	LIT 146 Refer page: 294 / X 295 / XI

T92/L NOTE: G0553, Fred Bausch Archive,California,U.S.A.

REMARKS OBSERV'TN BEMERKUNG	NAMES AND ADDRESS NOMS ET ADDRESSE NAMEN UND ADDRESSE	TRADEMARK OR TRADENAME MARQUE DE FABRIQUE - NOMS WARENZEICHEN - WORTMARKE
LIT 114 115 145 Refer page: 308, 215/16 BEHA	Johann,Baptist BEHA,* 1815, son of Vincenz Beha, Cuckoo Clock maker @ year 1810. 1858,medal regional exhib.Villingen, 1861,medal exhib.Karlsruhe/Germany 1862,medal exhib.London and Paris. 1873,medal World.exhib.Vienna/Austria Firm contionued under sons Lorenz & Engelbert Beha, further medals: 1876 and 1877 Karlsruhe/Germany and 1885 London, Freiburg/Germany 1887, 1893/1895 Strassbourg/France Also see: BEHA,Johann,Baptist Eisenbach, Black Forest Cuckoo Clocks	B E H A, JOHANN,BAPTIST
	BEUTTER, Wilhelm G9503 MFC Pforzheim -Germany- DB 29 WA-WHS	Berg-Uhr Die Qualität
Refer page: 303, 243/5 BERLIN ZIMMER UHREN	BERLIN ZIMMERUHREN G0501 FABRIK G.m.b.H. -Germany-o Berlin, O 17,Fruchtsr.17 DB 29 MFC-WHS-PCL-REG-HC	BERLIN ZIMMERUHREN
	BERLIN-HAUS-u.ZIMMERUHREN- G0503 INDUSTRIE Berlin,Beuthstr.16 -Germany- DB 29 MFC-WHS-PCL-REG-HC	BERLIN-HAUS-UND ZIMMERUHREN
	BRUHN, Fiedrich Wilhelm G0629 MFC Berlin-Wilmersdorf/Germany 7.Nov.1927 CLK-MV-HI-Instruments	BRUHN, FRIEDRICH WILHELM
	BURKHARDT & Co. G9508 MFC Magdeburg N -Germany- Inslebner Str.1 DB 29 PCL-CLK-WHS-RET	

NOTE: LIT = Literature reference see page 906-918
Literature vois la page 906-918
Literaturverzeichnis siehe Seite 906-918

R/T92

TRADEMARK OR TRADENAME MARQUE DE FABRIQUE - NOMS WARENZEICHEN - WORTMARKE	NAMES AND ADDRESS NOMS ET ADDRESSE NAMEN UND ADDRESSE	REMARKS OBSERV'TN BEMERKUNG
Gardenia **Primula**	BUSSE, Julius G0542 Commercial agent Berlin - Germany - GARDENIA - - PRIMULA - 1th Jul.1910 WA-SUP-WHS	
Temok	BOCKEMANN, Otto G0605 Agent Bielefeld - Germany - TEMOK - 13.Aug.1912 WA-SUPW	
BONSMANN, E.	BONSMANN, E. G0614 MR Ohligs - Germany - SINOX - 6.Aug.1925 SUP	
	BOSSENROTH,Gustav G9506 MFC Berlin S 42,Ritterstr.42 DB 29 PCL-CLK-WHS-RET	
	BRUHN,Friedrich-Wilhelm-Gustav MFC G0629 Berlin-Wilmersdorf -Germany- - IN AETERNUM- Orginal BRUHN 7.Nov.1927 CLK-CLK MV-Chart drives-HI-WHS	
BLÜMCHEN JUN.JOHANN GUSTAV	Blümchen ju.Joh.Gust. G0556A MR Berlin C2,Postrasse 31 " VICTORIA " Founded year 1873 WHS-RET-SUPP-SUP	Refer page: 306, 091 /7b BLÜMCHEN

T92/L NOTE:

REMARKS OBSERV'TN BEMERKUNG	NAMES AND ADDRESS NOMS ET ADDRESSE NAMEN UND ADDRESSE	TRADEMARK OR TRADENAME MARQUE DE FABRIQUE - NOMS WARENZEICHEN - WORTMARKE
	c H s G0584 ND ND Stamp found on clock of German construction @ year 1900	c H s
	CARLOWITZ & Co. G0553A Sole agents of: Junghans Gebr.(brothers) A.G. Schramberg,Black Forst Germany Year 1929.	GEBR.JUNGHANS, ACT.-GES. SCHRAMBERG-SCHWARZWALD-DEUTSCHLAND 世界第一大鐘錶工廠 德國約翰生兄弟公司 Sole Agents for China & Hongkong Carlowitz & Co. G0553A
* German Emperial Patent	COPPEL "C" G0557 MFC Germany " D.R. Patent 1470023 " * Stamp found on clock plate. ND	COPPEL " C "
LIT 143 114 115 Refer page: 427 to 431 LENZKIRCH	CLOCK FACTORY FURDERER G0591 & JAEGLER & Co. Neustadt / Black Forest Germany. Rgistered under: Year 1855, "Lenzkirch Handelsgesellschaft (trading company) Furderer Jeagler & Co. named: "ELSAC COMPANY" - Buchsweiler (after year 1918 France) . Buchsweiler enterprise -factory manufactured typical Lenzkirch clock movements,assembled clocks operated in Strasbourg-Elsac (since 1918 France) wholesale and retail clock shop. Operation Buchsweiler dissolved in the year 1865. June 30.1865 in Neustadt, Black Forest, Germany "Furderer - Jeagler & Co. established with sales organisation in Paris- France. CLK-WHS-RET-SUP-SUPP	CLOCK FACTORY FURDERER & JAEGLER & Co.
	FURDERER & JAEGLER & Co. Buchsweiler - Elsac (now France) cont.page 523	FURDERER & JAEGLER & Co.

NOTE: G0553A,Fred Bausch of California -USA- Archive R/T92

TRADEMARK OR TRADENAME MARQUE DE FABRIQUE - NOMS WARENZEICHEN - WORTMARKE	NAMES AND ADDRESS NOMS ET ADDRESSE NAMEN UND ADDRESSE	REMARKS OBSERV'TN BEMERKUNG
cont.from page 522	ELSAC COMPANY - Buchsweiler Elsac (now France) Satellite company of : "Lenzkirch Handelsgesellschaft" (trading company) of Lenzkirch -Badenia Black Forest -Germany -	Refer page: 522
	D A D G0579 MFC DANKWERTH,A.D. Hannover - Germany Chr.Heinr.Dankwerth Vital data:* 27.2.1802 + 14.8.1870 Royal Court appointed Watch-Clockmaker 1854 - 1864	
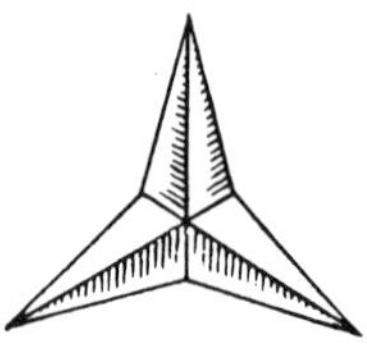	DAIMLER A.G. G0598 MFC Untertürkheim-Germany 22.Apr.1911 Automobil Clocks	
Dewaf	DEUTSCHE WAFFEN & FAHRRAD *G0602 H.Burgmüller & sons Kriensen - Germany - DEWAF - 13.Nov.1911 WA-WM-WHS * German ordenance & bicycle - company.	
	DÜRRSTEIN & Co. G0621 MFC-MR Dresden - Germany 15.Oct.1926 WA-WM-WC-WHS	
	DÜRRSTEIN & Co. G0622 MFC-MR Dresden -Germany - D - 12.Mar.1927 WA-WM-WC-WHS	
	EGGLI & SPÜHLER G9521 MFC Berlin SW 68 -Germany- Charlottenstr.37 DB 29 WHS-WA-PC-REG-CLK	

T92/L NOTE:

REMARKS OBSERV'TN BEMERKUNG	NAMES AND ADDRESS NOMS ET ADDRESSE NAMEN UND ADDRESSE	TRADEMARK OR TRADENAME MARQUE DE FABRIQUE - NOMS WARENZEICHEN - WORTMARKE
	EMRICH G.m.b.H. G0624 MFC-MR Pforzheim -Germany - J E - 14.Feb.1927 WA-WM-WC-CLK-WHS	
	ETZOLD & POPITZ G0567 Uhrenfabrik (Clockfactory) Leipzig and Villingen Black Forest - Germany Founded year 1864. Mentioned in trade literatur year 1904: "Modern Home Clocks" Gold medal World Exposition St.Louis 1904. CLK-WHS-RET-Export.	ETZOLD & POPITZ
	FALLER, Erhard G9523 MFC Schwenningen a.N. -Germany- DB 29 WA-PC-REG-CLK-WHS-RET	
	FALKENSTEIN,Karl MR Frankfurt /Main - ZUKUNFT - K F - 6.Mar.1899 PW-WHS	FALKENSTEIN, KARL
Refer page: 320, G097/6 518, G121/6	FELSING, Willibald Dr.jur. G0619 MR- Agent Berlin - Germany - CENTRA - 8.Oct.1925 SUPP-SUP	CENTRA
	FISCHER,Georg G9525 MFC Ludwigsburg -Germany- DB 29 WHS-PE-REG-CLK	
	FRANZ & Co. G0623 MFC-MR Pforzheim - Germany - INTERCOT - 21.May 1927 WA-WM-WC-WHS	Intercot

NOTE: R/T92

TRADEMARK OR TRADENAME MARQUE DE FABRIQUE - NOMS WARENZEICHEN - WORTMARKE	NAMES AND ADDRESS NOMS ET ADDRESSE NAMEN UND ADDRESSE	REMARKS OBSERV'TN BEMERKUNG
Y YPSILON	FRERES (brothers) Lion G0523 MFC Hamburg-Germany - YPSILON - 23.May 1898 PW-WHS	
FRÖHLICH, MAX	FRÖHLICH, Max G9528 MR Breslau I (now Poland) Ohlauer Str.58 DB 29 WA-SUP-WHS-RET	
F.	FOLCH , H. & Co. G0610 Import / Export Hamburg Germany - F - 27.mar.1925 SUP-SUPW-SUPP	
FURDERER & JAEGLER "ELSAC COMPANY"	FURDERER & JAEGLER - MFC F0587 " ELSAC COMPANY " Buchsweiler -Elsac Lorrain-France , branch Factory of Lenzkirch Clock Enterprise, Lenzkirch,Badenia Black Forest Germany. Year 1855 - 1865 Sales organisation under the name : FURDERER & JAEGLER & Co. Paris France with @ 5 distribution centers in France, and one in Basel (Switzerland). Year 1882, trading company Furderer & Jaegler changed into Stockholder company. Unable to generate any profits entire factory complex in Neustadt, Black Forest-Germany was closed 1886. CLK-WHS-RET	Refer page: 427 to 431
UHRENFABRIK NEUSTADT SCHWARZWALD A.G.	"UHRENFABRIK NEUSTADT / SCHWARZWALD A.G. " year 1882, "Clockfactory Neustadt/Black Forest A.G.(Stockholder Comp.) operated until the year 1889, officially all operations ended during the year 1889. Further references see under: LENZKIRCH UHRENFABRIK A.G. (Clockfactory)	LIT 114/115

T92/L NOTE: LIT = Literature reference see page 906-918
Literature voir la page 906-918
Literaturverzeichnis siehe Seite 906-918

REMARKS OBSERV'TN BEMERKUNG	NAMES AND ADDRESS NOMS ET ADDRESSE NAMEN UND ADDRESSE	TRADEMARK OR TRADENAME MARQUE DE FABRIQUE - NOMS WARENZEICHEN - WORTMARKE
	G F G0575 ND Fortwaegler (Furtwängler) -German spelling- Bracia-Poland former Georg Fortwaengler in Warzawa (Poland) Plate trademark found on typical 2 weight Viennese wallclock. ND	
	GEBRÜDER JUNGHANS G0607 (Junghans brothers) Schramberg -Germany MFC 13.Feb.1925 CLK-WA-WM-WC-SUPW-WHS	
	GEBRÜDER JUNGHANS A.G. G0625 MFC-MR Schramberg - Germany - S I T R A - 18.Dec.1925 CLK-WA	SITARA
	GEBRÜDER JUNGHANS A.G. G0628 (brothers) Schramberg - Germany - - E L K R O N A - 22.Aug.1927 MFC-MR CLK-WHS-RET	Elkrona
	GEBRÜDER JUNGHANS A.G. G0632 (brothers) MFC Schramberg-Germany - A S T R A - CLK-WHS	Astra
	GRUMBACH,Richard G0631 MFC Pforzheim-Germany -PORTA HERCYNIAE- 10.Aug.1895 WC-WM-WHS	
	GRUMBACH,Richard G0519 MFC Pforzheim-Germany - MILLION UHR - 10.Aug.1895 PW-WHS	

NOTE:

R/T92

TRADEMARK OR TRADENAME MARQUE DE FABRIQUE - NOMS WARENZEICHEN - WORTMARKE	NAMES AND ADDRESS NOMS ET ADDRESSE NAMEN UND ADDRESSE	REMARKS OBSERV'TN BEMERKUNG
	FRICK & Co. G9527 MFC Schwennigen a.N. -Germany- DB 29 MFC-PCL-CLK-WHS-RET	
M. G. F.	GESSNER,Max G9530 MFC Frankfurt a.M.-Germany Weiszfrauenstr.2 DB 29 WC-SUPP-WHS-RET	
Byrolin	GRAF & Co. Dr. G0618 MFC - MR Neubabelsberg /Berlin -Germany - BYROLIN - 25.Sept.1925 SUPP-SUP	
H & B	Haller & Benzing MFC G0560 Uhrenfabrik GmbH (clock factory) -Schwenningen Black Forest - Germany Refer Haller & Benzing, regist. @ year 1928 CLK-WHS	
HALDO H&D	HALLER & DORSCH G0572 MFC Uhrenfabrik (Clockfactory) Schwennigen, Kutzenbuhl, Bert Brecht Strasse -Germany Dissolved year 1928 CLK-WHS-	
	HASSIG F.& C. G0603 Wanduhren und Holzwaren (Wall Clk - Wood sundries) Angenstein - Germany 20.Nov.1911 CLK-WHS	
WERK Gehren	HAMMER WERK GEHREN G9541 Hunger & Halbritter Gehren -Thuringia-Germany- DB 29 WHS-CLK-REG	

T92/L NOTE:

REMARKS OBSERV'TN BEMERKUNG	NAMES AND ADDRESS NOMS ET ADDRESSE NAMEN UND ADDRESSE	TRADEMARK OR TRADENAME MARQUE DE FABRIQUE - NOMS WARENZEICHEN - WORTMARKE
	HAMM, Aloys G0595 MR Neuss/Rhine -Germany - AL. H. - 20.Feb.1889 WM-WA-WC-WHS	AL. H.
	HAMACHER & HAHN G0604 MFC-MR Dortmund-Germany - CONCORDIA - - IDEAL - 10.Aug.1912 WA-WM-WC-SUPW	Concordia — JDEAL
	HANNOVERSCHE HAUSUHRENFABRIK MFC G9542 Hersefeld -Germany- DB 29 PC-REG-CLK-WHS	
	HEILBRONNER, Isidor G0508 MR Munich - Germany - J. H. M . - 25.Mar.1889 WM-WA-WC-WHS	J H M
	HETTICH, Sal. Sohn, (Son) G0632 UHRENFABRIK (Clockfactory) Schonach i.Ba. (Badenia Black MFC Forest-Germany) DB 29 CLK-Cuckoo CLK-WHS-RET	
	" H S V S " G0558 MFC Germany Stamp found on clock plate ND	" H S V S "
	ND G0581 ND Germany Embossement on plate : FABRIKMARKE H C	" H C "

NOTE: R/T92

TRADEMARK OR TRADENAME MARQUE DE FABRIQUE - NOMS WARENZEICHEN - WORTMARKE	NAMES AND ADDRESS NOMS ET ADDRESSE NAMEN UND ADDRESSE	REMARKS OBSERV'TN BEMERKUNG
	HÖFLER,Albert G9548 MFC Eisenbach -Black Forest DB29 PC-CLK-WHS-RET	
18 cm P.  HOLLANDIA PATENT 221536	H O L L A N D I A G0578 ND ND Jumping deer, ? Tobias Bauerle graphic design Stamped : Patent 221536	
HUMMER, A.	HUMMER, A. G9550 MFC Villingen /Badenia -Germany- DB29 WHS-RET-Cuckoo CLK	
KALTENBACK	KALTENBACK * G0633 (error in English spelling) Should read : KALTENBACH * Refer:"THE NORTHHAMTON MERCURY" No.35/Vol LXXVI,Saturday,Nov.7, 1795,advertises: Never before seen in this part of the Kingdom (England) : MUSICAL CLOCKS,To be seen and sold,by Mr.Kaltenback* - Germany THE Proprietor of those much admired Pieces of Art,HARMONIUS and MUSICAL CLOCKS, respectfully informs the Ladies and Gentlemen of NORTHHAMPTON and its VICINITY.	LIT 155
	KERSTING & LABORENZ G9559 MFC Berlin SW 61 Gitschinger Str.92 -Germany- Db 29 WHS-PC-CLK	
	KETTERER & Co. G.m.b.H. G9637 MFC Schwenningen a.N.-Germany- Karlstr.101 DB 29 CLK-PC-WHS-RET	

T92/L NOTE:G0633,David Penney Archive,London U.K.

REMARKS OBSERV'TN BEMERKUNG	NAMES AND ADDRESS NOMS ET ADDRESSE NAMEN UND ADDRESSE	TRADEMARK OR TRADENAME MARQUE DE FABRIQUE - NOMS WARENZEICHEN - WORTMARKE
Refer page: 414, G 397/4 871, G 9075 KIENINGER & OBERGFELL	KIENINGER, Josef G9560 MFC Aldingen/Spaichingen -Germany- DB 29 PC-CLK-AL-WHS-RET	
	KLAUKE, Gustav G9563 MFC Remscheid /Germany DB 29 CLK-WHS-RET	
	KRAFT BEHRENS G0565 MFC Leipzig - Germany Apelstrasse 4 and Katzenbach- strasse 5 Established year CLK-WHS-RET- speciality : "Jugendstil Clocks" G0565: Advertisement "DEUTSCHE UHRMACHER ZEITUNG" "German Horological Journal Year 1913 "	
	KREUZER, Placidus G0548 Artist painter of clock dials. Furtwangen, Black Forest-Germany family operated enterprise year @ 1870. Signature :Jackob Winterhalder owner of the clock? 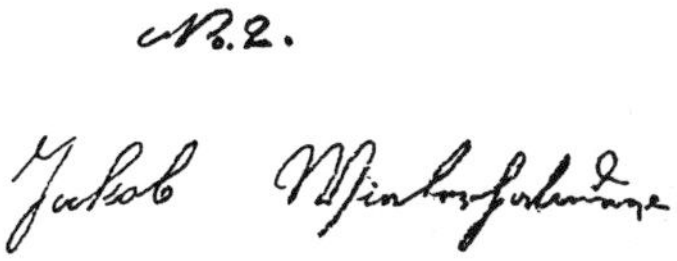	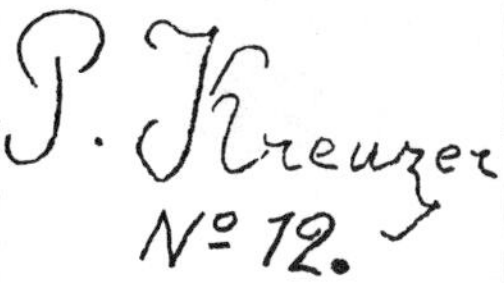
	KUNER,Gebr. (brothers) G9569 MFC Schonach/Black Forest -Germany- DB 29 PC-REG-CLK-Cuckoo CLK-WHS-RET	
	KONKURRENZ G0574 MFC Villingen-Badenia Black Forest Germany Founded 1870. Last records : Year 1904 CLK-WHS-RET	KONKURRENZ

NOTE:

R/T92

TRADEMARK OR TRADENAME MARQUE DE FABRIQUE - NOMS WARENZEICHEN - WORTMARKE	NAMES AND ADDRESS NOMS ET ADDRESSE NAMEN UND ADDRESSE	REMARKS OBSERV'TN BEMERKUNG
	KOHN,M. G0529 MR Berlin -Germany - K - 3.Feb.1899 PW-WHS	
Adelante	KORFF & HONSBERG G0521 MFC Remscheid-Germany- -ADELANTE- 16.Jan.1925 SUP-WHS-RET	
	KRAUSE, Fritz G9565 MFC Altenburst -Thuringia- Germany DB 29 PW-WHS-RET	
	KREIS, F.W. G9567 MFC-MR Berlin SW 21,Blucherstr.7 Germany DB 29 PW-SUP-SUPP-WHS-RET	
	KNY,Johann G9568 MFC Johanngeorgenstadt /Saxonia Germany DB 29 PC-CLK-WHS-RET	
	KORNHÄNDLER & ROSEN, Gebr. G9564 MFC (brothers) Berlin NW 87,Jagowstr.39 DB 29 PC-CLK-REG-WHS-RET	
	LAUFER,Ernst G9572 MFC Schwennigen a.N.-Germany- DB 29 PC-REG-CLK	

T92/L NOTE: DB 29,Diebner Uhrmacher Kalender Year 1929-Watch/Clockmaker Calendar

REMARKS OBSERV'TN BEMERKUNG	NAMES AND ADDRESS NOMS ET ADDRESSE NAMEN UND ADDRESSE	TRADEMARK OR TRADENAME MARQUE DE FABRIQUE - NOMS WARENZEICHEN - WORTMARKE
	LOESKE L. G0504 MR Berlin-Germany - APOLLO - 17.Jul.1890 WC-WM-WHS	
	20.Jul.1898	Apollo
	20.Jul.1898 - L U C I A -	
	19.Feb.1894	
	30.Oct.1895	
Refer page: 437, G005/5	MAUTHE,Friedrich G0593 MFC Schwenningen - Germany - F M S - 19.Jul.1902 CLK-WHS	MAUTHE, FRIEDRICH
	MAUTHE , Friedrich G.m.b.H.G0626 MFC-MR Schwennigen a.N. - Germany - F M S - 18.Dec.1925 CLK-WA-WHS	
	MAUTHE, Friedrich G0564 MFC Uhrenfabrik (Clockfactory) Schwennigen a.N. Founded year 1860,dissolved due economical hardship year 1976.Also see under MAUTHE. CLK-WHS-RET-Export.	

NOTE:

R/T92

TRADEMARK OR TRADENAME MARQUE DE FABRIQUE - NOMS WARENZEICHEN - WORTMARKE	NAMES AND ADDRESS NOMS ET ADDRESSE NAMEN UND ADDRESSE	REMARKS OBSERV'TN BEMERKUNG
MAUTHE & Co.	ND. G0563 MFC Germany Eagle with wing prefered design of MAUTHE Co. see under Mauthe. Note: Pendulum hanger stamped: DGMS 1 2 3 4 1 Deutscher Germann 2 Gebrauchs Merchandize 3 Muster Sample 4 Schutz Protection CLK-WHS-Export.	Refer page: 437, G005/5 MAUTHE
	MARX, Julius G9573 MFC-MR Frankfurt a.M. Biebergasse 8 Germany DB 29 SUP-CLK-WA-WHS-RET	
	MAYER - BECKH & Co. G0512 MR Stuttgart - Germany -CHRONOMETRO- EXELSIOR - 21.Feb.1893 WA-WHS	
	MEUCHE, Hermann G9576 MFC Frankfurt a.M. -Germany- DB 29 WC-WHS	
	MÜLLER & SCHMIDT G0613 MFC Grafrath - Germany - PFEILRING - 31.Jul.1925 SUP-	
	MORAT, Franz G9578 MFC Eisenbach, Black Forest Germany DB 29 Clockwork drives-MFC-WHS for techn.apperatus.	
	MYLUS, H.Th. G9580 MFC Ulm /Danube ,Heimstr.15 Germany DB 29 PC-CLK-REG-WHS	

T92/L NOTE:

REMARKS OBSERV'TN BEMERKUNG	NAMES AND ADDRESS NOMS ET ADDRESSE NAMEN UND ADDRESSE	TRADEMARK OR TRADENAME MARQUE DE FABRIQUE - NOMS WARENZEICHEN - WORTMARKE
	NACHTRIPP, Gebrüder G9581 MFC (brothers) Edenkoben -Germany- DB 29 WC-WHS	
	PANITZ W. G0571 MR Leipzig C 4, Marienstrasse 5 Germany Postcard dated @ 1931, found in Hall Clock,importet from East Germany to the U.S.A.by Dutch Importer (year 1978). Hall CLK-Wall CLK-WHS-RET	Fa. W. Panitz Standuhren Sprech-Apparate Leipzig C
Refer page: 450, G034/7a 875, G9090 PASCHEN	PASCHEN, Bernhard G0561 MFC Hagen / Westfalia Germany Wilhelmstr.12 Founded year 1876, in trade-literatur mentioned year 1902/4 CLK-WHS-RET,Black Forest CLK.	
LIT 145 Refer page: 359, G090/4 HAAS & SOHNE	PHILIP HAAS & Söhne (sons)G0562 MFC ST.Georgen - Black Forest Germany Established year 1831. Operation dissolved year 1920. CLK-WHS-RET- Black Forest CLK Cuckoo CLK.	UHREN FABRIK & EXPORT GEGR. 1831. WIEN 1873 Schwarzw. Uhren Amerikan Clocks
	PRAKTISCHE MASCHINEN G0610 MFC Berlin-Germany - PRAKMA- 7.Jun.1927 OFFICE CLK-WHS-RET	Prakma
Refer page: 536, G0549 SCHNEIDER JOHANN	J S U G0549 MFC see:Schneider, Johann Cuckoo Clocks WHS-RET- Worldwide export.	J S U

R/T92

NOTE: LIT = Literature reference see page 906-918
Literature voir la page 906-918
Literaturverzeichnis siehe Seite 906-918

TRADEMARK OR TRADENAME MARQUE DE FABRIQUE - NOMS WARENZEICHEN - WORTMARKE	NAMES AND ADDRESS NOMS ET ADDRESSE NAMEN UND ADDRESSE	REMARKS OBSERV'TN BEMERKUNG
PEWETA	PRIEN & WITTERN G9590 MFC Hamburg,Neuerwall -Germany DB 29 - PEWETA - WC-WHS	
	REHABER F.X. G052X MR Passau 14.March 1898 WA-WP-WHS	
Turmuhren aller Art für Hand- und automatisch-elektrischen Aufzug liefert unter Garantie zu soliden Preisen **Georg Richter,** Turmuhrmacher und Mechaniker, Hoflieferant Sr. Majestät des Kaisers und Königs, Fernspr. Amt Mpl. 2420, **Berlin S. 61,** Gneisenaustrasse 66 m. *Kostenanschläge gratis und franko.*	Richter,Georg G0569 MFC Tower clocks Berlin S.61,Gneisenaustrasse 66 Germany. Advertisement year 1899 and 1913 Towerclocks,hand and or electr. operated windup.German Emperor appointe	Refer page: 876, G09098
	ROTHACKER & MÜLLER G9592 MFC Pforzheim-Germany PW-WHS	
Roeder	ROEDER, S. G0612 MR Berlin - Germany - ROEDER - 31.Jul.1925 SUP	
Stand Uhren	RÜGER & BUNGE G9593 MFC-MR Hartha / Saxonia -Germany- PC-CLK-WHS-RET	
URANIA	U R A N I A G0570 MFC Phillipp Lehmann, Leipzig, Sudstrasse 52, Germany. Watch-Chronometer Maker, year 1913 advertisement. WA-WHS-RET	

T92/L NOTE:

REMARKS OBSERV'TN BEMERKUNG	NAMES AND ADDRESS NOMS ET ADDRESSE NAMEN UND ADDRESSE	TRADEMARK OR TRADENAME MARQUE DE FABRIQUE - NOMS WARENZEICHEN - WORTMARKE
	SCHARKE & Co. G0599 Agent Treptow-Berlin Germany 11.May 1911 SUP-SUPP-WA	SCHARKE & Co.
	SCHIELE & BRUCHSALER Ind. G0615 MF-MR Baden-Baden /Germany 25.Sept.1925 SUP-SUPP-SUPW	
	SCHNEIDER, Alfred G9597 MFC-MR Magdeburg,Berliner Str.1b -Germany- DB 29 WA-PW-WHS	
	SCHEINDER, Johann G0549 MFC Triberg - Black Forest Founded:1885 Closed :1956 Cuckoo Clocks of all styles. WHS-RET- Worldwide export. Trademark catalogue reference: year 1930.	
	SCHERZINGER, Anton G0547 Gütenbach - Black Forest Germany. Clockmaker (1773 -1808) Signature found on Shieldclock 8 day ! with month - calendar graduation.	
	SCHWARZWÄLDER HAUSUHRENFABRIK WALTHER G9600 MFC Königsfeld /Black Forest-Germany DB 29 PC-CLK-REG-Cuckoo CLK-WHS-RET	
	SCHWARZWÄLDER UHRENZENTRALE AGENT G9601 Freiburg i.Br. Black Forest -Germany- DB 29 CLK-WHS	

NOTE: R/T92

TRADEMARK OR TRADENAME MARQUE DE FABRIQUE - NOMS WARENZEICHEN - WORTMARKE	NAMES AND ADDRESS NOMS ET ADDRESSE NAMEN UND ADDRESSE	REMARKS OBSERV'TN BEMERKUNG
	STARKER, Oswald G9607 MFC Pforzheim -Germany- DB 29 PW-WA-SUP-WHS	
STALF, OTTO	STALF,Otto G0600 MR Hamburg-Germany - STALFIT - 17.Oct.1911 SUP-WA-WHS	
	STAEHLE ,Karl Friedrich G9606 MFC Pforzheim -Germany- DB 29 PW-WA-WHS	
Serenata=Gong	SERENATA = GONG G0567A advertised @ year 1913: Etzold & Popitz Uhrenfabrik (Clockfactory) Leipzig - Villingen Badenia Black Forest -Germany See also under ETZOLD & POPITZ CLK-WHS-RET-Export.	
	STEINBISS , O. G9608 MFC Schwäbisch Gmund -Germany- DB 29 SUP-WHS	
STERN, SIGMUND	STERN, Sigmund G0522 MR Frankfurt / Main 10.Sept.1897 WA - WHS	
	SILBERHORN G9605 MFC-MR Nister/Hachenburg -Germany- DB29 PC-CLK-WHS	
St & Sp	STÜREN & SPANN G0579 MR Ulm - Donau , Germany Plate embossement: St & Sp. U 2751 9 1 34 (Serial No.) WA-CLK-SUPP-SUP-WHS	

T92/L NOTE:

REMARKS OBSERV'TN BEMERKUNG	NAMES AND ADDRESS NOMS ET ADDRESSE NAMEN UND ADDRESSE	TRADEMARK OR TRADENAME MARQUE DE FABRIQUE - NOMS WARENZEICHEN - WORTMARKE

SPRECHENDE UHR G0000
MFC
Sprechende Uhr A.G.
(talkking clock) Stockh.Corp.
Berlin N 54, Brunnenstr. 181
Advertisement trade literatur
year 1913.
CLK

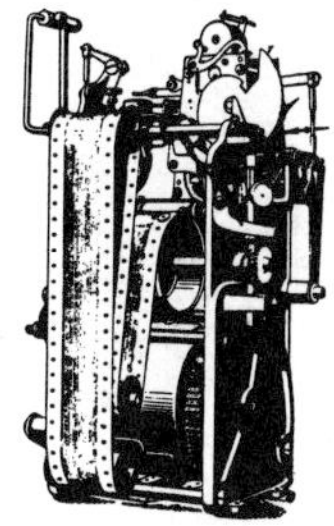

Sprechende Uhr

LIT
115
163

JAHRESUHRENFABRIK G.m.b.H. G0637
MFC
Triberg - Germany Black Forest
Historical data:
Year:
1866 Attempt of the "Uhrmacherschule Furtwangen"Germany, to market > inexpensive pocket watches; failed.
1900 Jahresuhrenfabrik, among other watch manufacturer tried to market watches in a very low price range,but soon the Jahresuhrenfabrik stopped the pocketwatch assembly line.
1885 Wall regulator and alarm clocks > American Style<
1897 Major manufacturing line (Jahresuhren) 400 / 1000 day clocks.

1923 August Schatz ,
August Jun.,
Carl Schatz, sole owner of the
> JAHRESUHRENFABRIK G.m.b.H.
AUGUST SCHATZ & SÖHNE (sons)
TRIBERG <
1927 7.2.1927 + August Schatz
1978 Charles Schatz, Kurt Schatz (Grandson's) manager.
Fierce competition, cheap Japanese copies of 400 day clocks, loss of the export market.
1986 Bankruptcy filed.
1987 Jahresuhrenfabrik "CLOSED"

1991 Entire factory complex fell victim to the wrecking ball.

Additional reference page:
388-387-463-538

Refer:
Page 145
E 0519
ENFIELD
Carl
Schatz.

NOTE: LIT = Literature reference see page 906-918
Literature voir la page 906-918
Literaturverzeichnis siehe Seite 906-918

R/T92

TRADEMARK OR TRADENAME MARQUE DE FABRIQUE - NOMS WARENZEICHEN - WORTMARKE	NAMES AND ADDRESS NOMS ET ADDRESSE NAMEN UND ADDRESSE	REMARKS OBSERV'TN BEMERKUNG
UNION CLOCK Co. Company 3 Clock 2 Union 1	UNION CLOCK Co. G0588 MFC-MR Furtwangen, Badenia Black Forest - Germany Founded by August Weisser,clock case maker, recorded 1882 by Rudolf Fehrenbach und the name: Villing & Fehrenbach. Year 1883,partner Fehrenbach left the company. His place taken by Felix Trenkle, regist. 1883 Villing & Trenkle. Year 1885 the Merzbach comp.of London-England,Lang&Felheimer bought the entire factory and changed the name : UNION CLOCK Co. Relocated to Donaueschingen - Germany, again relocated 1908 Strasbourg (France) Year 1910, company came into receivership. Auctioned off ,all machinery and material bought by Johann Jäkle, Schwennigen, Black Forest Badenia-Germany. Company dissolved between the year 1921-1924 (Inflation in Germany)	Refer page: 114, E183/1 491, G176/5 Refer page: 542, E520 UNION CLOCK Co.
,Vigilia'	UHRENFABRIK MÜHLHEIM G0634 MÜLLER & Co. Mühlheim/Danube - Germany - VIGILIA- 12.07.1894 MFC-CLK-WHS	
	WEIGLER, Julius G9633 G.m.b.H. MFC-MR Berlin C2 ,an der Schleuse 10 -Germany- DB 29 PC-REG-WA-SUP-WHS	
	WETZEL Albert, O. G9628 MFC Aulendorf -Württemberg-Germany- DB 29 SUP-WHS	
	WENDT, Hermann G9627 MFC Bremen-Germany- DB 29 SUP-WHS	

T92/L NOTE:

REMARKS OBSERV'TN BEMERKUNG	NAMES AND ADDRESS NOMS ET ADDRESSE NAMEN UND ADDRESSE	TRADEMARK OR TRADENAME MARQUE DE FABRIQUE - NOMS WARENZEICHEN - WORTMARKE
Refer page: 886, G9135 WEULE	WEULE, J.F. G9629 MFC Bockenem -Harz-Germany- DB 29 Tower CLK- WHS	J F.
LIT 115	W E H R L E PH G0579 CLK Maker Ph.Wehrle , Rudenberg ,Black Forest - Germany Last record : Year 1812 Rubbing found on wood plate Black Forest Shield clock. CLK.	
	WERKSTÄTTE für DEUTSCHE G0586 HOLZKUNST Oskar Engelmann K.G. Leipzig N 21, Flughafen Advertisement : Year 1913 Qualitat ist Trumpf - OL - HAUSUHREN Quality is trump-OL-HOMECLOCKS	WERKSTÄTTE FUR DEUTSCHE HOLZKUNST
Refer page: 885, G9133	WEMPE -CHRONOMETER - WERKE G0589 MFC Hamburg-Germany,since year 1938 see under : CHRONOMETER WERKE Gesellschaft mit beschrankter Haftung HAMBURG WHS-RET-Marine chronometer.	Chronometer-Werke Gesellschaft mit beschränkter Haftung Hamburg.
LIT 109 AB	WEMPE-CHRONOMETER- WERKE GmbH Hamburg Germany. Company was founded Oct.10.1905, by a Cooperative - Business Group of the HAMBURG MARETIME CORPORATION - HAMBURG - Germany. Company participated in award competition offered by "Deutsche Seewarte" (Maretime Nautical Weatherstation) of Germany and received in the year 1921 numerous awards for exellence in design, qualitity precision time keeping Marine Chronometers.In the year 1938 the Chronometer-Werke were purchased by the in the year 1878 registered GERHARD WEMPE COMPANY. Since 1938 all ship chronometers marked : WEMPE-CHRONOMETER - WERKE (works) GmbH. During air raids WW II, 1943 the entire plant was destroyed. All records lost. Plant relocated. Since 1968 the company opened new manufacturing facilities in Hamburg 11 -Germany.	TM9202320 C W

NOTE: LIT = Literature reference see page 906-918 R/T92
Literature voir la page 906-918
Literaturverzeichnis siehe Seite 906-918

TRADEMARK OR TRADENAME MARQUE DE FABRIQUE - NOMS WARENZEICHEN - WORTMARKE	NAMES AND ADDRESS NOMS ET ADDRESSE NAMEN UND ADDRESSE	REMARKS OBSERV'TN BEMERKUNG
WINTERHALDER M. & HOFMEIER	WINTERHALDER M. & HOFMEIER G0546 Friedenweiler & Schwarzenbach Black Forest - Germany MFC Label found on mantle clock, vintage @ 1870 - 1880 CLK-WHS-RET Further information see under: W & H  Plate G0546	LIT 143/114 115
WOLLF & Co.	WOLLF & Co. G0526 MFC Hamburg-Germany -PWC - VENUS - 21.Nov.1896 WA-WHS	
V I C T O R I A	- V I C T O R I A - G0573 ND ND- ? Austria or Germany Inscription : - VICTORIA - 5194-PIVILEGIUM- K-K VICTORIA - Tradename 5194 Factory No. PRIVILEGIUM- Privilege K - Emperor K - King History : Befor year 1918 !	
VOSLA	VOSS & CO, G.m.b.H. G0543 Import Hamburg - Germany - V O S L A - 9.Jan.1925 SUP-WA-WHS	
	" O. W. & Co " G0556 FABRIK - ZEICHEN (Trade Mark) Germany Stamp found on movement plate Oswald & Co.Freiburg i.Schl. MFR. Last record year 1910.	

T92/L NOTE: Plate 0546,R.Foord Archive,Rochester- Kent, U.K.
& John Savery,Cuxton-Kent U.K.

REMARKS OBSERV'TN BEMERKUNG	NAMES AND ADDRESS NOMS ET ADDRESSE NAMEN UND ADDRESSE	TRADEMARK OR TRADENAME MARQUE DE FABRIQUE - NOMS WARENZEICHEN - WORTMARKE
LIT 114 Refer page: 539 UNION CLOCK Co.	UNION CLOCK Co. E0520 MR London - England ND Year: 1885 Import trading company, > UNION CLOCK Co.< partner: Jacob Fellheimer Merzbach Lang, registerd in London and Furtwangen-Germany. Manufacturer and exporter of English/American style Regulator - wall clocks, mantle clocks. 1900 Under the management of Jacob Fellheimer /Germany Merzbach and Lang /England 1910 The entire Furtwangen plant once up on a time with 300 employees -CLOSED- for good. Plate E0520, artist reproduction of the label: JACOB 1 J FELLHEIMER 2 F MERZBACH 3 M LANG 4 L CLK- Regulator-mantle CLK-EX-	UNION CLOCK Co.  E0520 
LIT 109	SCHABLONENUHR* -VICTORIA- G0638 PATENT No 98543 (German Patent) MFC/MR ND *Clock manufacturer or trader who sells clock movements without dial and hands for encasement in clock cases by others. The center logo indicates , CARL WERNER, refer page : Clock Factory 508, G199/5 Villingen/Germany 510, G200/0 NOTE: Between the year 1905 - 1926 about 10 different Swiss and German manufacturer / retailer traded under the name "VICTORIA" CLK-WHS-RET-	
	LOEWENTHAL, HERMANN G7830 MFC-MR Berlin - Germany 24.10.1925 WA-WP-WC-WHS - A L G -	

NOTE: E0520,Murry A.Falk,Canada- Ron Foord,Kent U.K.(England)Archive.

TRADEMARK OR TRADENAME MARQUE DE FABRIQUE - NOMS WARENZEICHEN - WORTMARKE	NAMES AND ADDRESS NOMS ET ADDRESSE NAMEN UND ADDRESSE	REMARKS OBSERV'TN BEMERKUNG
Gongschlag DEUTSCHES REICHS PATENT Nº 55006 24052	ND G0636 MFC Germany - GONGSCHLAG - (gong strike) Deutsches Reichs Patent 55006 (German Empire Patent) CLK-WHS	

T92/L NOTE:

PLATE VIII
SWITZERLAND
Clock/Watchmaking Centers

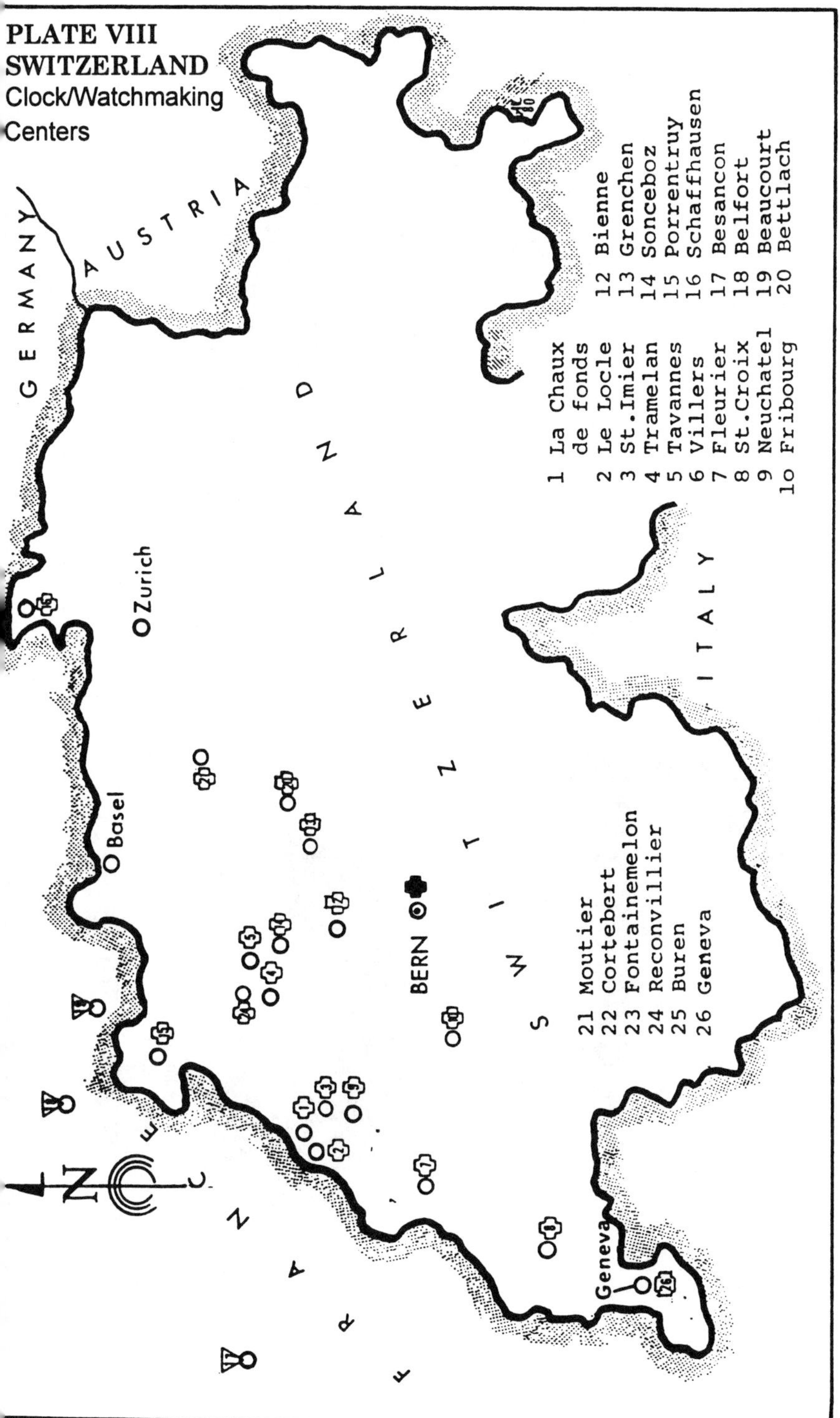

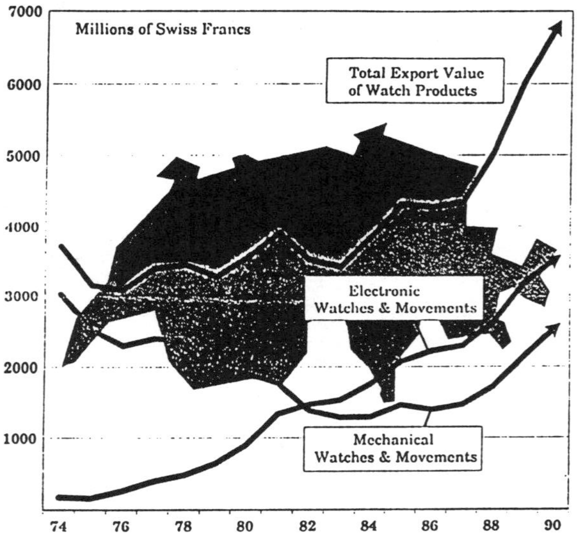

The Mechanical Watches & Movements curve indicates the overwhelming recovery of a watch type once believed obsolete. It also clearly reflects the strong demand from international clientele for fine mechanical watches. For statistical purpose, this curve also includes the Roskopf-type watches (simplified mechanical watches), although this category represents a very low percentage share of the Swiss watch exports.

The Electronic Watches & Movements curve indicates a strong growth rate primarily in the export of quartz analog watches and movements. It reflects the worldwide demand, as well as the increased production and marketing efforts of Swiss watch companies.

The Total Export Value of Watch Products curve represents the sum of all watch products including finished watches, movements, clocks, components, spare parts, etc.

PLATE X
DEVELOPMENT OF SWISS WATCH EXPORTS

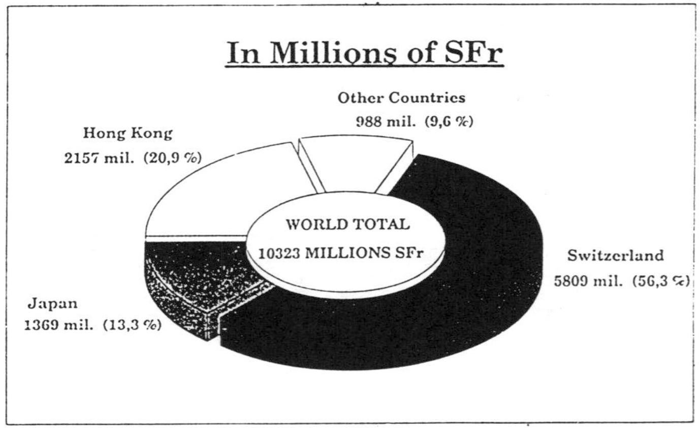

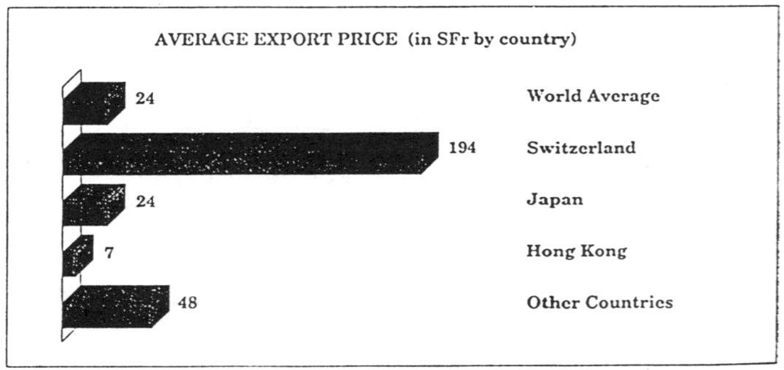

TABLE IX
WORLD EXPORT OF COMPLETE WATCHES

CHAPTER VI
SWISS CLOCK/WATCHMAKING

In the year 1991, Switzerland celebrated the 700th anniversary of the founding of the Swiss Confederation. Very fitting to this historical event, the Horological Museum in La Chaux-de-Fonds displayed an outstanding collection of horological masterpieces drawn from eight prestigious Swiss museums. The "1291 - 1991 MAN and TIME" exhibition gave a comprehensive image of how the Swiss clockmakers, and later the watchmakers, have developed horological technology for Switzerland and the world over the past seven centuries.

The rapid industrialization of Europe stimulated the demand for clocks and watches. In particular, the portable travel clock became smaller and smaller, eventually resulting in the pocket watch. The geographical location of Switzerland, close to the French clock and watchmaking centers, and the economic and climactic conditions in the remote valleys of the Jura in southwestern Switzerland stimulated the establishment of the "homecraft" of watchmaking. Many small and medium-sized parts and watchmaking enterprises were strung from village to village. To economize and standardize the watchmaking, the so-called "EBAUCHE" system was widely used. See Chapter VII, pages 803, 805-809.

During the 18th century, the mechanical industry, which supplied fixtures and machinery for Swiss weaving enterprises, soon became a leading watchmaking machinery manufacturer. The farmhouse homecraft watchmaking declined, although some family-operated enterprises continued operating. Large watchmaking factories employing thousands of workers changed the demographic and economic landscape of the Swiss Jura. Before long, the Swiss watch became the queen of precision watches, and "Made in Switzerland" was the mark of undisputed quality.

Many graphic symbols compiled in the Trademark Index refer to enterprises which are no longer in business; some have dropped by the wayside and will not be heard from again. Between 1975 and 1990, one travelling through the Jura would have noted that in many villages, watchmaking enterprises were closed; doors and windows were boarded up for good. In the latter half of this century, Japanese competition, flooding the world market with all types of watches, gave an almost deadly blow to Swiss watch industry. The Swiss workforce fell from 86,000 to about 27,000 employees.

Cont. page 547

"The number rose later to around 34,000 but it will never go back to the earlier figure because the technology of watch production has changed. The difference now is that the people employed in the industry are all specialists, not just machine-feeders. They are skilled with their hands and can think."[1] See page 545, Plate X, Swiss Watch Exports.

In some exceptional cases, other watchmaking enterprises have regained ground. For example, the S.A. Montres BLANCPAIN, nestled in a Jura village: A modern manufacturing factory in a former farmhouse -- the Swiss tradition is not dead! The Swiss watchmaking industry, in order to compete with the changing world market situation, has consolidated their EBAUCHE factories organization. They have selected their best quality, premier watches to be manufactured in several new factories. ETA, for example, have incorporated A. Shield-Schield and Fontaine Melone into their operation. The IWC, PHILIPPE PATEK, and BREITLING are doing very well in the "mechanical watch" market. See page 545, Plate IX, World Watch Exports.

Chapter VI, SWISS TRADEMARKS, is generally revised and largely expanded. Approximately 8,000 trademark symbols had to be sorted. It was decided that only the most prominent, premier names of watches/clocks would be included with graphic symbols, and all remaining watch and clock manufacturers who registered their trademarks from 1880 to 1927 would be included in an alphabetic name listing, without graphic symbols. See Chapter VIII, pages 810-811 for reference.

The Swiss watch/clockmaking data was gathered in the archives of the British Science Reference Library, Holburn Branch, in London, England. The extensive expansion of Chapter VI is the result of the author's visit to the Museum for International Time (MIH) in La Chaux-de-Fonds, Switzerland. Other data was obtained from private collectors' files. For proper acknowledgement and credit, please see pages 963 - 964.

NOTE:

If sufficient interest arises, an exclusive second volume of approximately 5,000 graphic symbols which relate to the Swiss Word Index (1880-1927), will be published. Please send your name to the bookseller from which you purchased the TRADEMARK INDEX, or refer to the advertisement page 955.

[1] *Simonin, Antoine. "Future of the Watchmaker's Profession." Summary of a lecture given on the occasion of the 25th anniversary of the Watchmakers of Switzerland Training and Educational Program (WOSTEP) (September 26-30, 1991). © WOSTEP 1991.*

CHAPTRE VI
L'HORLOGERIE SUISSE

En 1991, La Suisse a célébré le 700è anniversaire de la Confédération. Cet evènement historique a été fêté for à propos par le Musée de La Chaux-de-Fonds qui a exposé une collection de chef-d'oeuvres de l'horlogerie rassemblée à partir de nombreux musées. L'Exposition "L'Homme et le Temps 1291-1991" a donné une image du développement de l'horlogerie en Suisse et dans le monde au cours des sept siècles passés.

L'industrialisation rapide de l'Europe a stimulé une demande de montres et d'horloges. En particulier, l'horloge portative de voyage est devenue de plus en plus petite pour aboutir à la montre de poche. La position géographique de la Suisse, près des centres d'horlogerie français et ceux d'Europe centrale et les conditions économiques arrivées à leur apogée dans les vallées éloignées du Jura suisse ont favorisé l'établissement de "travailleurs à façon" en horlogerie. De nombreuses pièces d'horlogerie petites et de taille moyenne étaient fabriquées dans des entreprises villageoises. On utilisait largement des EBAUCHES pour économiser et standardiser les éléments de l'horlogerie. On trouvera à la page 803, 805-809, Chapitre VII des renseignements supplémentaires sur les EBAUCHES et leur histoire.

Au 18è siècle, l'industrie mécanique fournissait des machines à l'induistrie textile suisse et elle s'orienta bientôt vers la fabrication de machines pour l'horlogerie. Le travail a façon dans les fermes déclina bien que quelques entreprises familiales se soient maintenues. De grandes fabriques d'horlogerie employant plus de 1.000 ouvriers changèrent le paysage économique et démographique du Jura suisse. Bientôt la montre suisse devint la reine des montres de précision et le label "fabriqué en Suisse" fut une marque de qualité indiscutable.

De nombreuses marques de fabrique citées dans l'index se rapportent à des entreprises qui ne sont plus en activité; quelque unes ont vu leur activité réduite mais on en parle à nouveau aujourd'hui. Entre 1975 et 1990 un voyage dans le Jura, montrait dans de nombreux villages des maisons d'hologerie fermées; les portes et les fenêtres des étages supérieurs de ces maisons sont barricadées. Au cours de la dernière moitié de ce siècle, la concurrence japonaise a inondé le marché mondial avec tous les types de montres et a presque anéanti l'industrie de la montre suisse.

Voir à la page 549

Le nombre des ouvriers dans les fabriques ou à domicile fut réduit d'environ 86.000 à 27.000. "Ce nombre augmenta ensuite à environ 34.000 mais n'atteignit jamais le nombre initial car la technologie de la fabrication des montres a changé. La différence est que les personnes employées maintenant dans l'industrie sont tous des spécialistes et pas seulement des "alimenteurs de machines." Ils sont agiles de leurs mains et savent réfléchir."[1] Voir page 545, Tableau IX, "WORLD WATCH EXPORT".

Dans quelques cas exceptionnels des entreprises ont regagné du terrain. Par exemple, les Montres Blancpain S.A. ont établi une fabrique moderne dans une maison ancienne d'un village du Jura - la tradition suisse n'est pas morte! Pour rivaliser avec la situation changeante du marché mondial, l'industrie horlogère suisse a restructuré la fabrication des Ébauches (voir les pages 803, 805-809). Elle a choisi la meilleur qualité; des montres de premier choix sont réalisées dans plusieurs fabriques nouvelles. Par exemple ETA a incorporé Schield-Shield et Fontainemelon dans sa production. IWC, Patek Philippe et Breitling réussissent très bien sur le marché de la "montre mécanique." Voir à page 545, Tableau X, "Total Swiss Watch Export."[1]

Après révision du chapitre VI des marques de fabrique suisses, celui-ci a été agrandi de pres de 8.000 symboles graphiques qu'il a fallu trier. Il fut décidé de ne conserver que les noms les plus marquants des fabricants de montres de première qualité et d'horloges avec leurs symboles graphiques et de classer par ordre alphabétique, sans symboles graphiques, les noms des fabricants de montres et d'horloges qui ont enregistré leurs marques de fabrique entre 1880 et 1927. Pour reference, voir à la page 810-811.

Les données concernant la montre suisse et les artisans fabriquant des pendules ont été rassemblées d'après les archives de la Bibliotheque Britannique (Bibliotheque de référence et de la Science) à Londres. L'expansion générale du Chapitre VI est le resultat de la visite de l'auteur au MUSÉE INTERNATIONAL D'HORLOGERIE (MIH) à La Chaux-de-Fonds, Suisse. D'autres données ont été obtenues de dossiers de collectionneurs privés. Les remerciements concernant toutes ces sources sont donnés à les pages 965.

NOTE: Si un intéret suffisant s'exprime, un deuxième volume des marques de fabrique suisses, comprenant les 5.000 symboles restants 1880-1927 sera publié. Tout lecteur intéressé par une telle l'éditeur: souscription est prié d'envoyer son nom ou voir la réclame à la page 955.■

[1] *Simonin, Antoine. "L'avenir de la Profession de l'Horloger." Le Résumé d'une conférence a donné sur l'occasion du 25 anniversaire des Horlogers de l'Entraînement Suisse et le Programme d'Education (WOSTEP)(Septembre 26-30, 1991). © WOSTEP 1991.*

KAPITEL VI
DAS SCHWEIZER UHRENGEWERBE

Ein historischer Nachweis über die Schweizer Uhr in Quellen aus den Archiven geht bis auf das Jahr 1291 in der Schweiz zurück. Die berühmte Schweizer Uhrenindustrie feierte im Jahre 1991, "700 JAHRE DER MENSCH und die ZEIT in der Schweiz." Mit der raschen Industriealisierung etwa ab 1815 in Mitteleuropa entwickelte sich in der Schweiz eine Uhrenindustrie, welche besonders vom benachbarten Frankreich stark beeinflusst wurde (siehe Seite Tafel VIII). Das harte Klima und die kargen Ernteerträge auf den Hängen des Schweizer Jura erforderten einen Zweiterwerb als Familienbetrieb, um den Lebensstandard der Bewohner das Jura zu verbessern. Noch war ein weiter Weg vom der Bauernhof werkstaff zur Uhrenfabrik. Der Schweizer Grossuhrmacher stellte Pendeluhren meistens während des Winters her. Diese Uhren erscheinen uns heute als primitiv, sind aber Zeugen vom Anfang der Holz und Eisenuhr Entwicklung. Neben Grossuhren begann man kleinere Uhren herzustellen, es waren die Modelle Französischer Reiseuhren, welche in der Kutsche mitgeführt werden konnten. Französische Emigranten siedelten sich in der Jura an und begannen die anfänglch "klobige Taschenuhr" zu verbessern und damit war der Anfang der Schweizer Uhrenindustrie gemacht. Es bestanden bereits mechanische Werkstätten, welche Teile für die Weberei Maschinen herstellten. Diese Werkstätten stellten bald Maschinen für die Uhrenfabrtikation her. Entlang der Hauptverkehrswege in der Jura fand man eine Kette von Fabrikationsbetrieben für die Uhrenindustrie und den Handwerkerstand. Nicht nur Kleinuhren, sondern auch Pendeluhren wurden weiterhin in der Schweiz hergestellt, man denkt dabei meistens an die "Neuchatel Cartell Uhr". Nach dem Jahr 1945 begann ein sehr Erfolg verspechender Aufstieg der Schweizer Uhrenindustrie mit einen reichen Sortiment von Armband und Taschenuhren der durch den 2ten Weltkrieg am Weltmarkt veloren wurde, wurde wieder aufgebaut, die Nachfrage nach der sprichwörtlichen Schweizer Präzisionsuhr war weltweit. Der weltweite Uhrenmarkt wurde plötzlich mit Japanischen Uhren aller Art überschwemmt. Trotz aller Bemühungen die Schweizer Uhrenindustrie konnte man nicht die harte Konkurenz der Japanischen Uhrenindustrie am Weltmarkt verhindern. Wenn man heute durch das Schweizer Jura reist sieht man dass viele Betriebe geschlossen, Türen und Fenster mit Brettern vernagelt sind. Die Japanische Uhrenindustrie versetzte der Schweizer Uhrenindustrie einen fast tödlichen Schlag. Von einstmals 86.000 Beschäftigten in der

Fortsetzung Seite 551

Schweizer Uhrenindustrie zählte man 27.000 Beschäftigte, diese Zahl erhöhte sich später auf 34.000 Arbeitnehmer. Siehe Seite 545, Tafel X und Tafel XI, Statistische Angaben der Schweizer Uhrenindustrie, Jahr 1992.[1]

Durch Reorganisation, Rationalisierung der Schweizer Uhrenindustrie, besonders die EBAUCHE - Organisation war es möglich, ein Umgruppierung durchzufuhren. Zum Beispiel die S.A. MONTRES BLANCPAIN betreibt in der Jura einen modernen Betrieb für hochwertige Armbanduhren - welche in einen alten historischen Bauernhaus hergestellt werden - die Schweizer Uhrentradition ist nicht vollkommen erloschen! ETA-Uhren ist nun in einer Arbeitsgemein-schaft mit SHIELD-SCHILD und FONTAINE-MELON, IWC, PHILIPPE PATEK und BREITLING, LE JAEGER-COULTRE, ROLEX, OMEGA, um einige Unternehmen zu nennen sind am Weltmarkt vertreten.

Das Kapitel VI, Schweizer Uhrenmarken/Wortmarken wurde vollkommen neu bearbeitet. Archiv Material über Schweizer Uhrenmarken/ Wortmarken wurden erstmalig aus dem Archiv der "British Library - Science Reference Library" in mehreren Besuchen des Authors zwischen 1984-1989, Holborn Branch, London England in der 89 Ausgabe des TRADEMARK INDEX erfasst. 15,000 Einzeldaten Bildermarken/Wortmarken wurden bei einen Besuch des Authors im Jahre 1991, Uhrenmuseum - MIH - La Chaux-de-Fonds, Kanton Neuchatel/Schweiz in der Ausgabe TM92 verarbeitet.

Beiträge von Leserzuschriften und Archivmaterial von privaten Sammlern sind ebenfalls erfasst. Als Anerkennung aller die Mitgeholfen haben, die Ausgabe des TRADEMARK INDEX 92 möglich zu machen wird auf Seite 966-67 besonders gedankt.■

[1] *Simonin, Antoine, "Die Zukunft des Uhrmacher Berufes". Konferez anlässlich des 25.jährigen Bestehen -Ausbildungs- Program für Schweizer Uhrmacher (WOSTEP) (September 26-30, 1991). ©1991 WOSTEP.*

REMARKS OBSERV'TN BEMERKUNG	NAMES AND ADDRESS NOMS ET ADDRESSE NAMEN UND ADDRESSE		TRADEMARK OR TRADENAME MARQUE DE FABRIQUE - NOMS WARENZEICHEN - WORTMARKE
	ABEGGLEN, CH. MFC Chaux-de-Fonds 27.05.1892 WC-DWB-WD-WM	S1601	DÉPOSÉ
	ABRA WATCH CO MFC-COM Geneva WEARWEL 26.06.1926 WA-WP	S8144	WEARWEL
	ABRECHT, KARL MFC Longeau / Bienne HELIOGRAPHO 25.03.1911 WA-WP	S6471	HELIOGRAPHO
	ABRECHT, Charles S.A. MFC-COM Longeau / Bienne CHRONOMETRO VERITA 27.01.1925 WA-WP	S7864	LA VÉRITÉ CRONOMETRO VERDAD CRONOMETRO VERITA
	ABRECHT, Charles S.A. MFC-COM Longeau Bienne FENESTRA 01.07.1927 WA-WP	S8594	Fenestra
	ACKERMANN, ROBERT MFC Chiasso - C A R - 20.05.1926 JL -WW	S8091	Marca "CAR" Cammina al minuto regolato C. A. R.
	ACTUA WATCH CO S. A. MFC Plainpalais RV 14.06.1927 WA-WP	S8609	RV

NOTE: R/T92

TRADEMARK OR TRADENAME MARQUE DE FABRIQUE - NOMS WARENZEICHEN - WORTMARKE	NAMES AND ADDRESS NOMS ET ADDRESSE NAMEN UND ADDRESSE	REMARKS OBSERV'TN BEMERKUNG
	AEBY & CIE S0786 **MFC** **Madretsch** - C A - **07.04.1888** **WM-WC**	
A TRADE MARK B LYSS	**AEBY, BELLENOT & CIE.** S1681 **MFC** **Bienne / Lyss** A - B LYSS **24.11.1892** **SUPP**	
COLIBRI	**AEBY & LANDRY** S0412 **MFC** **Madretsch** COLIBRI **05.01.1886** **WM-WC-DWB**	
TRADE MARK	**AEBY & LANDRY** S0116 **MFC** **Madretsch** **25.04.1881** **WM-WC**	
SPHINX	**AEBY & LANDRY** S0408 **MFC** **Madretsch** SPHINX **16.12.1885** **WM-WC**	
PRECISION	**AEGLER J.** S1120 **MFC** **Biel** **"PRECISION"** **28.08.1890** **SUP**	
ALPINA	ALPINA- GRUEN GILDE S0506 UHREN AKTIEN GESELLSCHAFT (Watch Stockholder Corporation) MFC	ALPINA see page 626

T92/L NOTE:

REMARKS OBSERV'TN BEMERKUNG	NAMES AND ADDRESS NOMS ET ADDRESSE NAMEN UND ADDRESSE	TRADEMARK OR TRADENAME MARQUE DE FABRIQUE - NOMS WARENZEICHEN - WORTMARKE
	AEGLER JEAN S0935 MFC Biel 15.05.1889 WA-JW	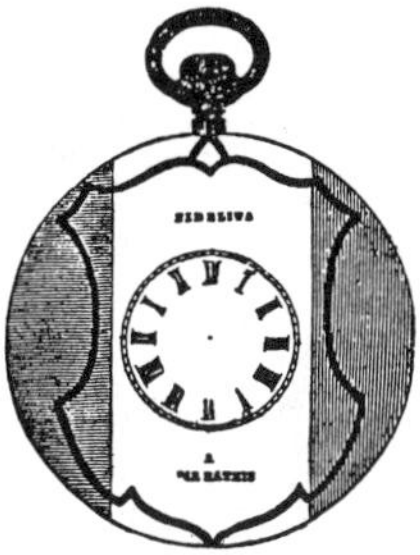
	AEGLER, JEAN S0893 MFC Biel 30.01.1889 WM-WP	
	AEGLER, VVE JEAN S3613 MFC Bienne - Xi - 06.10.1900 WA-WC-WM	Xi
	AEGLER, VVE JEAN S4707 MFC Bienne REBBERG 21.01.1903 WA-SMP	*Rebberg*
LIT 181 Refer page 674 675 677	AGASSIZ WATCH CO. S.A. S7725 MFC-COM St. Imier AGASSIZ 20.07.1925 WA	**AGASSIZ**
	AGASSIZ WATCH CO, S. A. S8363 MFC-COM St. Imier AGASSIZ 20.11.1926 WA-SMP-WC-WD-WP	1876 AGASSIZ SWITZERLAND

NOTE: LIT = Literature reference see page 906-918 R/T92
Literature voir la page 906-918
Literaturverzeichnis siehe Seite 906-918

TRADEMARK OR TRADENAME MARQUE DE FABRIQUE - NOMS WARENZEICHEN - WORTMARKE	NAMES AND ADDRESS NOMS ET ADDRESSE NAMEN UND ADDRESSE	REMARKS OBSERV'TN BEMERKUNG
	AGASSIZ WATCH CO. S. A. S8443 MFC-COM St. Imier 06.01.1927 WA-SMP-WC-WD-WP	
JODLER	ALLEMANN-BARGETZI, V. S5409 MFC Rosieres JODLER 07.12.1904 WA-SMP	
Alliance horlogère A.,	ALLIANCE HORLOGERE S6668 COM Bienne 17.10.1911 WA-SMP	
	ALLIANCE WATCH CO. S0296 MFC - ME ANTOINE CASTELBERG La Chaux-de-Fonds 10.04.1884 WM-WC	
	ALLIANZ SCHWEIZ/UHREN S6339 MFC Bienne -A - 25.11.1910 WA-PC-WC	
	AMEZ C.-DROZ & CIE S1132 ME Geneva ALPINE 10.10.1890 SUP	
	AMEZ-DROZ & GERBER S0203 MFC St. Imier - A D G - 22.11.1882 WM-WC	

T92/L NOTE:

REMARKS OBSERV'TN BEMERKUNG	NAMES AND ADDRESS NOMS ET ADDRESSE NAMEN UND ADDRESSE	TRADEMARK OR TRADENAME MARQUE DE FABRIQUE - NOMS WARENZEICHEN - WORTMARKE
	AMEZ-DROZ, C. & CIE S2211 MFC Geneva RHONE 20.12.1895 SPC-WD	Rhône
	AMEZ-DROZ, C. & CO S3496 MFC Geneva KHAKI 02.04.1900 WA-SMP	KHAKI
	AMEZ-DROZ, C. & CO. S3335 MFC Geneva ARCADE 13.11.1899 WA-SPC	ARCADE
	ANCIENNE MANUFACTURE d'HORLOGERIE PATEK,Philippe & Cie S.A. Genf Swiss, 184/10b MFC,WHS/RET/ Watches, Watch Case, Dials/ Parts. Regist.20.03.1908.	
	"AROLA" Wegner (Bernard,Christian) Geneva 6.rue du Mont Blanc SWISS 178 Reg. 163009, in Paris year 1930. Horological jewelery.	
	ASSOCIATION OUVRIERE S0158 MFC Le Locle 10.03.1882 WC	
	ASSOCIATION OUVRIERE S0622 MFC Le Locle - A O - 11.06.1887 WM-DWB	
ATMOS see page 716	JEAGER - LE COULTRE S0532 MFC Rue Michel Servet 12 Geneva - Switzerland "ATMOS CLOCK" CLK-WHS-SUP.	ATMOS.
	AUBERT, PAUL & FILS S3536 MFC Le Lieu TREMOLO 21.05.1900 WA-SMP	

NOTE: R/T92

TRADEMARK OR TRADENAME MARQUE DE FABRIQUE - NOMS WARENZEICHEN - WORTMARKE	NAMES AND ADDRESS NOMS ET ADDRESSE NAMEN UND ADDRESSE	REMARKS OBSERV'TN BEMERKUNG
EVA	AUBRY, GRAIZLEY & GODAT S0818 MFC La Ferriere EVA 04.06.1888 WM-WC	
F. AUDEMARS, Fils Ancienne Maison Audemars RÉCOMPENSES OBTENUES Nº F. AUDEMARS GENÈVE & GENÈVE PAR L'ANCIENNE MAISON AUDEMARS	AUDEMARS, F. FILS S6682 MFC Geneva / Eaux-Vives ANCIENNE MAISON AUDEMARS 31.10.1911 WA-SMP	
HEDY'S PATENT A A A	AUSBURGER, A. Chaux de Fonds Swiss 209/10 HEDY'S PATENT tradename. AK04	
F B	BACHSCHMID, F. S0190 MFC Biel - F B - 12.08.1882 WA	
F. BACHSCHMID	BACHSCHMID, F. S0776 MFC Biel 23.03.1888 WM-WC	
CONDOR	BACHSCHMID, F. S1827 MFC Bienne CONDOR 02.10.1893 WM-WC-WD	
CONDOR	BACHSCHMID, F. S1870 MFC Bienne CONDOR 20.01.1894 WM-WD-WC	

T92/L NOTE:

REMARKS OBSERV'TN BEMERKUNG	NAMES AND ADDRESS NOMS ET ADDRESSE NAMEN UND ADDRESSE	TRADEMARK OR TRADENAME MARQUE DE FABRIQUE - NOMS WARENZEICHEN - WORTMARKE
	BADOLLET J.J.& CIE S0464 MFC Geneva LEMAN 03.08.1886 WM-WC	
	BAILLOD P. FRERE S0753 MFC Le Locle 07.02.1888 WM-WC	
	BAILLOD-HOURIET, P. S1829 MFC Locle 04.10.1893 WC-DWB-WD-WM	
	BAILOD, PAUL & FRERE S0321 MFC Le Locle - PB & F - 14.06.1884 WA	
	BALANCHE, A. S2007 MFC Chaux-de-Fonds REVOLUCIONARIO 30.11.1894 WA-WP	
	BALLAND & CIE S0017 MR Geneva 01.11.1880 SWP	
	BALLAND & CIE S3617 MFC Geneva / Plainpalais BALLAND & CIE 09.10.1900 SWP	**BALLAND & Cie**
	BADOLLET J.J.& Co Genf Swiss 172/10b MFC, Pocket WAtches. Regist. 10.09.1887.(Leipzig-Germany) - B.Co -	

NOTE: R/T92

TRADEMARK OR TRADENAME MARQUE DE FABRIQUE - NOMS WARENZEICHEN - WORTMARKE	NAMES AND ADDRESS NOMS ET ADDRESSE NAMEN UND ADDRESSE	REMARKS OBSERV'TN BEMERKUNG
MARQUE DE FABRIQUE J.BALMER-NICOLET	BALMER, J.-NICOLET S0084 MFC St. Imier J.BALMER - NICOLET 27.12.1880 WA	
A B	BANDELIER, ARTHUR S0135 MFC Biel - A B - 30.07.1881 WM-WC	
REGISTERED A B	BANDELIER, ARTHUR S0648 MFC Sonvillier 26.07.1887 WM-WC	
EHTAGA	BANDELIER, ARTHUR S2555 MFC Bienne EHTAGA 21.07.1897 WC-WM-WD	
NERVUS GENEVE	BANDELIER, ARTHUR S4575 MFC Geneva NERVUS GENEVE 17.09.1902 WA -WP-	
REGULATEUR SILENCIEUX	BARBEZAT-BAILLOT, C. S2478 MFC Locle REGULATEUR SILENCIEUX 23.02.1897 WA-WP -REG-CLK-	
LE PHARE	BARBEZAT-BAILLOT, C. S2526 MFC Locle LE PHARE 04.05.1897 WA-WP	

T92/L NOTE:

REMARKS OBSERV'TN BEMERKUNG	NAMES AND ADDRESS NOMS ET ADDRESSE NAMEN UND ADDRESSE	TRADEMARK OR TRADENAME MARQUE DE FABRIQUE - NOMS WARENZEICHEN - WORTMARKE
	BARBEZAT-BAILLOT, C. S2772 MFC Locle LA VOLAPÜK 15.11.1898 WA-WP	LA VOLAPÜK
	BARBEZAT-BAILLOT, C. S3170 MFC Locle L'ESPERANTO 13.03.1899 WA-WP	L'ESPÉRANTO
	BARBEZAT-BOLE, H. S2034 MFC Locle - B B - 21.02.1895 WM-WC-DWB	
	BARBEZAT-BOLE, H. S2529 MFC Locle 10.05.1897 WA-WP	
	BARBEZAT-BOLE, H. S3765 MFC Locle 26.03.1901 WA-SMP	
	BARBEZAT-BOLE, H. S4225 MFC Locle THE PHAROS 28.06.1902 SUPW	THE PHAROS
	BARBEZAT-BORNAND, A. S2728 MFC Bienne PALATINAT 03.08.1898 WA-WP	
	BARBEZAT, F. L. S3325 MR Chaux-de-Fonds MORON 16.10.1899 WA-WP	

NOTE: R/T92

TRADEMARK OR TRADENAME MARQUE DE FABRIQUE - NOMS WARENZEICHEN - WORTMARKE	NAMES AND ADDRESS NOMS ET ADDRESSE NAMEN UND ADDRESSE	REMARKS OBSERV'TN BEMERKUNG
ERWA WATCH	BARGETZI, LOUIS S7767 MFC-COM Riedholz ERWA WATCH 13.08.1925 WA-WP	
ELBERA WATCH	BARGETZI, LOUIS S8292 MFC-COM Riedholz ELBERA WATCH 09.09.1926 WA-WP	
B & Co.	BAUME FRERES S0019 MFC Les Bois - B & Co - 01.11.1880 WC-WD-SPW	
Diviko.	BAUME, AL. S4027 MFC Les Bois DIVIKO 29.11.1901 WA-WC-WM	
INIFI	BAUME, PAUL S5041 MFC Aux Envers, Commune des Breuleux INIFI 19.10.1903 WA-SMP	
	BAUME & JOBIN S0427 MFC Noirmont 06.04.1886 WC	
MINUS	BAUMANN & CIE S8201 MFC Tramelan / Dessous MINUS 29.08.1926 WA-WP	
Altière	BAUMANN, H. UDOVIC WATCH S6108 MFC Chaux-de-Fonds ALTIERE 18.03.1910 WA-WP	
BFG	BAUMGARTNER FRERES S. A. S8010 MFC-COM Granges - B F - 20.02.1926 MFC-COM	

T92/L NOTE:

REMARKS OBSERV'TN BEMERKUNG	NAMES AND ADDRESS NOMS ET ADDRESSE NAMEN UND ADDRESSE	TRADEMARK OR TRADENAME MARQUE DE FABRIQUE - NOMS WARENZEICHEN - WORTMARKE
	BAUME & MERCIER * S0533 MFC Geneva -Switzerland * since the 1991 owned by CARTIER For reason of religeous prosecution the Baume brothers at the end of the 17th century left their home in the Normandy -France- and settled in Le Bois, (near La Chaux-de-Fonds) Swiss Jura. In a former monastry a watch making shop was the first location for the Baume brothers year 1801 to practice watchmakg. The Baume family enterprise expanded rapidly : BAUME FRERES S.A.was formed. (brothers) The Baume enterprise pioneered and perfected the chronograph, catapulting the BAUME FRERES in the first rank of Swiss chronomtr. manufacturer. The next step was to a branch sales office in London-England, which became a renonwed export-import center for the "London Line" of high grade watches such as: "TRAFALGAR"-"WATERLOO"-"DIVICO"and "SIRDAR" were extremely popular in England. Their success in the watch trade culminated with the Gold Medal Award -ROYAL OBSERVATORY -England, with amazing time scor 91,1 out of 100 accuracy time keeping. A great accomplishement for William Baume, and Paul Tscherédintcho - Mongol-Russian refugee -fleeing to Nice France. In the year 1919 Paul obtained the French citizenship and changed his name to: PAUL MERCIER. The encounter of William Baume and Paul Mercier,led 1919 to the formation of the enterprise: BAUME & MERCIER WATCH MANUFACTURING The company expanded rapidly. In the year 1921, Baume-Mercier received the:" GENEVA HALLMARK " Award, a most desired honour for all Swiss Watchmakers. cont.see page 563	BAUME& MERCIER BAUME-FRERES TRAFALGAR WATERLOO DIVICO SIRDAR PAUL-MERCIER BAUME & MERCIER WATCH MANUFACTURING

NOTE: R/T92

TRADEMARK OR TRADENAME MARQUE DE FABRIQUE - NOMS WARENZEICHEN - WORTMARKE	NAMES AND ADDRESS NOMS ET ADDRESSE NAMEN UND ADDRESSE	REMARKS OBSERV'TN BEMERKUNG
cont.from page 562 GORSKI, CONSTANTIN	Under the dynamic leadership,development and creativity of Paul Mercer, the history of Baume-Mercer wouldbe incomplete not given credit to CONSTANTIN GORSKI, of Polish heritage,sharing the common past, all THREE were exiles.	
	Gorski married into the PONTI noble Italien Ponti Family. Baume-Mercer survieved World War II, made a strong comeback and regained a good shear of the watch market with the "FLEETWOOD" watch style design. 1958 the first high grade quartz movement watches were market.	
PAGET -FAMILY	1958 Constantin Gorski died. The BAUME brothers retired. In 1963 the PAGET family aquired Baume-Mercier, producing the finest line of och mechanical watches,automat. calendar watches. Since 1970 Baume-Mercier joined the trend of the Quartz Watch. At the end of the year 1983, the last mechanical watch left the assembly line.	
R E V I E R A G A L A X I E M I M O S A S T A R D U S T	Since 1984, the Quartz movement watches : "REVIERA" "GALAXIE" "MIMOSA " "STARDUST" wer the top models. In the year 1988 : CARTIER INTERNATIONAL, purchased Baume - Mercier. -------	

T92/L NOTE:

REMARKS OBSERV'TN BEMERKUNG	NAMES AND ADDRESS NOMS ET ADDRESSE NAMEN UND ADDRESSE	TRADEMARK OR TRADENAME MARQUE DE FABRIQUE - NOMS WARENZEICHEN - WORTMARKE
	BAUSER, ALFRED S2260 MFC Soleure 27.02.1896 WP	
	BARGETZI, LOUIS S7767 MFC-COM Riedholz ERWA WATCH 13.08.1925 WA-WP	ERWA WATCH
	BARGETZI, LOUIS S8292 MFC-COM Riedholz ELBERA WATCH 09.09.1926 WA-WP	ELBERA WATCH
	BARNETT, H. ABRAHAMS S3134 MFC St. Croix 05.01.1899 BM-WS	
	BARRE, EMILE & CIE S6267 MFC-COM Courgenay KOLOS 08.08.1910 WA-WC-WM	KOLOS
	BARRE, EMILE & CIE S6460 MFC-COM Courgenay DEHA 09.03.1911 WA-WC-WM	DEHA
	BARRE, EMILE & CIE S6919 MFC-COM Courgenay ATOUT 06.08.1912 WA-WC-WM	ATOUT
	BARTHOULOT, J.H. S0156 MFC Aux Bois - J M B - 02.02.1882 WC	

NOTE: R/T92

TRADEMARK OR TRADENAME MARQUE DE FABRIQUE - NOMS WARENZEICHEN - WORTMARKE	NAMES AND ADDRESS NOMS ET ADDRESSE NAMEN UND ADDRESSE	REMARKS OBSERV'TN BEMERKUNG
	BARTH & FILS S0986 MFC Geneva 05.10.1889 WA-WM	
	BASTARD, J. & REDARD S1822 MFC Geneva J B R GENEVE 22.09.1893 PC-WB	
	BASTARD, J. & REDARD S2612 MFC Geneva 03.12.1897 ND	
FAUST	BECKER, ED. S3537 MFC Chaux-de-Fonds FAUST 21.05.1900 WA-SMP	
	BEER F.GRURING S1304 MFC Biel - F B G - 08.12.1891 WA-WM-WC	
BEER UHR	BEER-GRURING, F. S2646 MFC Bienne BEER UHR 11.02.1898 WA-WP	
	BEER-GRURING, F. S4046 MFC Bienne 20.12.1901 WP	

T92/L NOTE:

REMARKS OBSERV'TN BEMERKUNG	NAMES AND ADDRESS NOMS ET ADDRESSE NAMEN UND ADDRESSE	TRADEMARK OR TRADENAME MARQUE DE FABRIQUE - NOMS WARENZEICHEN - WORTMARKE
	BEGEULIN, A.J.L. S0394 **MFC** **Tramelan** **TIMEKEEPER: "SPHEROMETRE"** **13.10.1885** **ND**	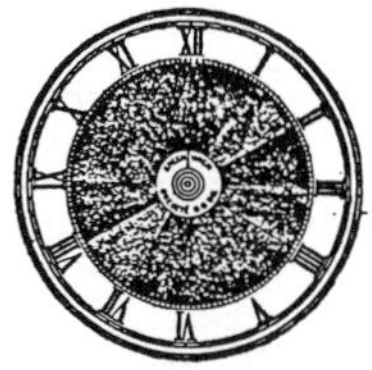
	BEGUELIN, A.J.L. S0392 MFC Tramelan TIMEKEEPER: "SPHEROMETRE" 13.10.1885 ND	
	BEGUELIN, A.J.L. S0393 MFC Tramelan TIMEKEEPER: "SPHEROMETRE" 13.10.1885 ND	
	BEGEULIN, EDOUARD S0301 **MFC** **La Chaux-de-Fonds** CENTENNIA **12.04.1884** **WB**	
	BEGUELIN , HENRY A. **S5114** **Chaux-de-Fonds** **22.04.1904** **WA-WP**	**successeur de** **BÉGUELIN & PERRENOUD**
	BEGUELIN N. S0618 **MFC** **Porrentruy** - N B - **09.06.1887** **WM-DWB**	
	BEGUELIN, CONSTANT S2669 **MFC** **St. Imier** INVARIABLE *CB* **13.04.1898**	

NOTE: R/T92

TRADEMARK OR TRADENAME MARQUE DE FABRIQUE - NOMS WARENZEICHEN - WORTMARKE	NAMES AND ADDRESS NOMS ET ADDRESSE NAMEN UND ADDRESSE	REMARKS OBSERV'TN BEMERKUNG
"LA VOGUE"	BEGUELIN, CONSTANT S4693 MFC St. Imier LA VOGUE 31.12.1902 ND	
"WALK-OVER"	BEGUELIN, CONSTANT S4698 MFC St. Imier WALK-OVER 13.01.1903 ND	
LONIUS	BELLAK, JULIUS S6097 MFC Chaux-de-Fonds LONIUS 09.03.1910 ND	
LYSS	BELLENOT, AEBY & CIE S1011 MFC Biel LYSS 11.11.1889 WM-WC	
L'invraisemblable	BENGUEREL, GEORGES S4115 MFC Chaux-de-Fonds L'INVRAISEMBLABLE 27.03.1902 WA-WP	
"VIVAT"	BENGUEREL, GEORGES S4995 MFC Chaux-de-Fonds "VIVAT" 03.09.1903 WA-WP	
Vici	BENGUREL,Georges La chaux de fonds Swiss 211/10 VICI, tradename. AK04.	
MONTRE NATIONALE DE PRECISION A B	BERGER, ALBERT S1726 MFC St. Imier MONTRE NATIONALE de PRECISION 16.02.1893 ND	

T92/L NOTE:

REMARKS OBSERV'TN BEMERKUNG	NAMES AND ADDRESS NOMS ET ADDRESSE NAMEN UND ADDRESSE	TRADEMARK OR TRADENAME MARQUE DE FABRIQUE - NOMS WARENZEICHEN - WORTMARKE
	BERNA WATCH CO. S6929 MFC St. Imier BERNA 21.08.1912 WC-DWB-WD-WM	BERNA REGISTERED
	BERNA WATCH CO S6263 MFC St. Imier BERNA SAINT - IMIER 03.08.1910 WC-DWB-WD-WM	BERNA SAINT-IMIER
	BERNARD J.-BONSACK S1210 MFC La Chaux-de-Fonds " J B B " 10.05.1891 WM-WC-WD-DWB	JBB X
	BERNARD-BONSACK, J. S4969 MFC Chaux-de-Fonds OPHIR 12.08.1903 WM	OPHIR
	BERNHEIM & LUTHY S7711 MFC Chaux-de-Fonds NOXIL 12.06.1925 WM-WP	NOXIL
	BERGEON FRERES S0133 MFC Le Locle 21.07.1881 WM-WC-SUP	MARQUE DE FABRIQUE MAISON FONDEE 1837
	BERGEON FRERES S0867 MFC Le Locle "TAN NA NOPMI" 22.11.1888 WM-WC	TAN ΠΑ NOPMI

NOTE: R/T92

TRADEMARK OR TRADENAME MARQUE DE FABRIQUE - NOMS WARENZEICHEN - WORTMARKE	NAMES AND ADDRESS NOMS ET ADDRESSE NAMEN UND ADDRESSE	REMARKS OBSERV'TN BEMERKUNG
	BERGEON FRERES **S0976** **MFC** **Le Locle** **29.08.1889** **WM-WC**	
	BERGEON FRERES **S3888** **MFC** **Locle** ESERCIZIO -FB- FERROVIARIO **22.06.1901** **WM-WD-WC**	
	BERGEON FRERES **S4549** **MFC** **Locle** TRAFORO del SEMPIONE **29.08.1902** **WM-WD-WC**	
	BERGEON, FRERES **S3631** **MFC** **Locle** VELOCE -F B - CHRONMETRO **16.11.1900** **WM-WD-WC**	
	BENGUEREL, GEORGES **S5366** **MFC** **Chaux-de-Fonds** ANIM DEPOSEE **10.11.1904** **WA-WP**	
ADRIATIC	**BENGUEREL, GEORGES** **S6818** **MFC** **Chaux-de-Fonds** **ADRIATIC** **21.02.1912** **WA-WP**	
·ITO·	**BENOIT-NICOLET, A.** **S6006** **MFC-COM** **Bienne** **Ito Watch** **12.01.1910** **WA-WP**	

T92/L NOTE:

REMARKS OBSERV'TN BEMERKUNG	NAMES AND ADDRESS NOMS ET ADDRESSE NAMEN UND ADDRESSE	TRADEMARK OR TRADENAME MARQUE DE FABRIQUE - NOMS WARENZEICHEN - WORTMARKE
	BENOIT, NORDMANN & FILS S6842 MFC Chaux-de-Fonds SIDOLA - CHRONOMETRO - 06.04.1912 WA-WP	SIDOLA CHRONOMETRO
	BENZ GOTTLIEB S0451 MFC Biel 22.06.1886 WM	
	BENZ GOTTLIEB S0399 MFC Biel THE BRUNSWICK REID BRISTOL 16.10.1885 WA-WP	
	BERNHEIM & LUTHY S7977 MFC Chaux-de-Fonds CALIS 11.01.1926 WM-WP	CALIS
	BERNHEIM, J. & CO. S8549 MFC Chaux-de-Fonds BAUBEE 11.04.1927 WM-WP-WC	BAUBEE
	BERTHOLD, ALBERT S0266 MFC Biel 05.11.1883 WM	
	BERTHOLD, ED. & FILS S0138 MFC Ponts-de-Martel 29.08.1881 WM-WC	
	BERTHOLET, EDOUARD A. S0781 MFC Ponts-de-Martel - B - 23.03.1888 WM-WC	

NOTE:

R/T92

TRADEMARK OR TRADENAME MARQUE DE FABRIQUE - NOMS WARENZEICHEN - WORTMARKE	NAMES AND ADDRESS NOMS ET ADDRESSE NAMEN UND ADDRESSE	REMARKS OBSERV'TN BEMERKUNG
	BERTHOUD, F. S0594 MFC St. Imier 30.04.1887 WM-WC	
	BERTHOUD, F. S1767 MFC St. Imier 01.07.1893	
	BERTHOUD, F. S2253 MFC St. Imier 13.02.1896 WA-WC-WM	
	BESANCON FRERES S0453 MFC La Chaux-de-Fonds OXYDE GARANTI 01.07.1886 WM-WC	
	BESSE, ALF L. S1151 MFC Le Locle THE ALPINE LEVER-SWISS 10.12.1890 WC	
	BESTGEN's SOHN (son) S8771 MFC-COM Bern 25.04.1927 WA-WP	
	BETTERA & FLAIG S1995 MFC Bienne JASON 17.10.1894 WM-WC-WD-SWA	

T92/L NOTE:

REMARKS OBSERV'TN BEMERKUNG	NAMES AND ADDRESS NOMS ET ADDRESSE NAMEN UND ADDRESSE	TRADEMARK OR TRADENAME MARQUE DE FABRIQUE - NOMS WARENZEICHEN - WORTMARKE
	BEURRET FRERES S6298 MFC Geneva SIGNAL 19.09.1910 WM-WP	SIGNAL
	BEYER, TH. S0382 CM Zurich PALAIS de CREDIT SUISSE 31.08.1885 WM-WC	HORLOGERIE SOIGNÉE Th. Beyer ZURICH Palais du Credit Suisse
	BEYERSDORF FRERES S2451 MFC Chaux-de-Fonds VESTA 28.01.1897 WC-WM-WD	VESTA
	BIEDERMANN, ED S5334 MFC Chaux-de-Fonds VEDA 27.10.1904 WM-WP	Véda
	BILAT & CLAUDE S0434 MFC Les Bois - B & Cde - 03.05.1886 WM-WC	B&CDE
	BILAT, CLARISSE S0856 MFC Les Bois C.BILAT 22.10.1888 WM-WC	C. BILAT
	BILLION, J.-CALAME S0521 MFC La Chaux-de-Fonds - J B C - 24.02.1887 WM-WC	JBC
	BILLON FRERES S0007 MFC La Chaux-de-Fonds - B F - 01.11.1880 WM	B F

NOTE: R/T92

TRADEMARK OR TRADENAME MARQUE DE FABRIQUE - NOMS WARENZEICHEN - WORTMARKE	NAMES AND ADDRESS NOMS ET ADDRESSE NAMEN UND ADDRESSE		REMARKS OBSERV'TN BEMERKUNG
	BILLON, JULIEN MFC Chaux-de-Fonds - J B - 19.08.1895 WC-WM	S2153	
BIMO	BIMO, S. A. FABRIQUE MFC-COM Bienne BIMO 12.11.1927 WA-WP	S8717	
ROMÉO	BITKER, S. MFC Chaux-de-Fonds ROMEO 16.10.1897 WA-WP	S2594	
Voltaire *Вольтеръ*	BITKER, S. MFC Chaux-de-Fonds VOLTAIRE BOIBMEPR 25.11.1898 WA-WP	S2779	
LILO	BLANC, H. MR Geneva LILO 17.10.1904 WA-PC	S5316	
	BLANC, H. MFC-COM Geneva LILO 27.05.1925 WA-PC-RWP	S7663	
MABAN	BLANC, LOUIS MFC Bienne 04.06.1926 WA-WP	S8097	
	BLANC, LOUIS MFC Bienne MABAN 04.06.1926 WA-WP	S8098	
	BLANCHARD, C. MFC Bienne - C B - 18.04.1893 WC-DWB-WD-WM	S1756	

T92/L NOTE:

REMARKS OBSERV'TN BEMERKUNG	NAMES AND ADDRESS NOMS ET ADDRESSE NAMEN UND ADDRESSE	TRADEMARK OR TRADENAME MARQUE DE FABRIQUE - NOMS WARENZEICHEN - WORTMARKE
LIT 174	BLANCPAIN S.A. * S0539 MFC Le Rocher Le Brassus * address as of the year 1993 According to historical records: Two watchmaker with the name -BLANCPAIN- the in the year 1693 Jehan-Jaques and Adam Bourquin established in the year 1735 in the on bank of the river Suze located Blancpain farmhouse. First phase raw watch parts,then followed by finished watchmove- ments. Brass and Silvercases made at Blancplain,s shops. Gold and elåborate cases came from Geneva and or Neuchatel. Isaac son of Jehan-Jaques BLANCPAIN, town major of Villeret,concentratet most of his efforts to administrate the town. David-Louis Blancpain * 21.12.1765 followed the horological tradition and became later the director of the Villeret Watchmaker School. The Napoleonic War (1815) caused in Villeret personal and economical hardship. The BLANCPAIN enterprise founding date , the year 1815 !, changed in: > 1830 "Emile Blancpain" > 1857 "E.Blancpain et fils" (sons) > 1889 "E.Blancpain Fils" > 1928 "Blancpain, Fabrique d'horlogerie a Villeret" (Blancpain,watch factory in Villert) > 1863 Erection of new factory bldg. Blancpain sen. (Jules -Emile) and his son Frederic-Emile * 1863, were out- standing horologists, credited with many horological innovations-patents. Jules-Emile * 1928 (96 years of age) ----- Frederic-Emile Blancpain died 1932, with his passing the BLANCPAIN - DYNASTY ,without male heier came to an end. Frederic-Emile Blancpain's closest associate Madame Fichter,managed under the name "RAYVILLE succ. de BLANCPAIN" nearly for 40 years the "MANUFACTURE d'horlogerie RAYVILLE S.A. MONTRES BLANCPAIN" the fabric. program were Wristwatches. In the year 1926 the "HARWOOD" the wristwatch with automatic windup, were under licence agreement in Rayville manufactured.	BLANCPAIN SA Fabrique d'horlogerie B L A N P A I N JEHAN-JAQUES B O U R Q U I N ADAM B L A N C P A I N DAVID-LOUIS B L A N C P A I N SEN. JULES - EMILE B L A N C P A I N FREDERIC-EMILE R A Y V I L L E SUCC. MANUFACTURE D'HORLOGERIE R A Y V I L L E S.A. H A R W O O D cont.see page 575

NOTE: LIT = Literature reference see page 906-918 R/T92
Literature voir la page 906-918
Literaturverzeichnis siehe Seite 906-918

TRADEMARK OR TRADENAME MARQUE DE FABRIQUE - NOMS WARENZEICHEN - WORTMARKE	NAMES AND ADDRESS NOMS ET ADDRESSE NAMEN UND ADDRESSE	REMARKS OBSERV'TN BEMERKUNG
cont.from page 574	Followed by the Leon Hatot S.A.Paris licence agreement since 1930 the automatic windup wristwatch "ATO" was in Rayville manufactured. ----- The decline of the Swiss watch industry, the Quartz watch technol. advancement forced during the year 1970 to merger with OMEGA. BLANCPAIN RAYVILLE faded into history. ----	Refer page 369 858 866 A ATO
BLANCPAIN automatic SWISS MADE JB 1735 BLANCPAIN	Since the year 1983, nearly 250 years later, the BLANCPAIN S.A.Fabrique d' horlogerie" under the new owners: Jean Claude Biver and Jacques Piguet, both very high rated horologists operate in Le Brassus, the valley de Joux, in a former Farmhouse, with the traditionally high watchmakers concept, BLANCPAIN watches to fill the 20th century technological demand.	LIT 174
	BLANCPAIN E. & FILS **S0294** **MFC** **Villeret** **18.03.1884** **WM-PW-WC-DWB**	
LEONINE	BLANCPAIN E.FILS S0540 MFC Villeret LEONINE 16.08.1889 PW	
MODERNE	**BLANCPAIN E. FILS** **S1023** **MFC** **Villeret** MODERNE **26.12.1889** **WM-WC-WD-DWB-PW**	
LIONSWATCH	**BLANCPAIN E. FILS** **S1079** **MFC** **Villeret** **08.04.1890** **WM-WC-DWB-PW**	
	BLANCPAIN, E. **S1724** **MFC** **Villeret** **LION'S STANDARD** **10.02.1893** **PW**	Additional BLANCPAIN data, see page 797

T92/L NOTE:

REMARKS OBSERV'TN BEMERKUNG	NAMES AND ADDRESS NOMS ET ADDRESSE NAMEN UND ADDRESSE		TRADEMARK OR TRADENAME MARQUE DE FABRIQUE - NOMS WARENZEICHEN - WORTMARKE
	BLANCPAIN, E. MFC Villeret TRUENA 24.03.1900 PW	S3448	TRUENA
See page 574 575	BLANCPAIN, E. MFC Villeret CALLIA 07.05.1901 PW	S3832	CALLIA
BLANCPAIN	BLANCPAIN, E. FILS MFC Villeret CABANE'S WATCH 11.08.1903 PW	S4967	CABANES WATCH
	BLANCPAIN, E. FILS MFC Villeret THE 20TH CENTURY WATCH 25.04.1904 PW	S5115	THE 20TH CENTURY WATCH
	BLANCPAIN, E. MFC Villeret BERIC 14.10.1926 WA-WP	S8323	BERIC
	BLANCPAIN, E. MFC Villeret THE QUICK TRAIN 31.10.1927 WA	S8714	THE QUICK TRAIN
LIT 171	BLOCH, DAME C. & FILS MFC St. Imier LA REGULERE 05.07.1893 WC-DWB-WD-WM	S1792	LA REGULERE
	BLOCH, JOSEPH MFC Chaux-de-Fonds - J B - 26.12.1895 WC-WM-WD	S2217	JB
	BLOCH, JOSEPH MFC Chaux-de-Fonds WILHELMINA 04.12.1897 WC-WM-WD	S2613	WILHELMINA

NOTE: R/T92

TRADEMARK OR TRADENAME MARQUE DE FABRIQUE - NOMS WARENZEICHEN - WORTMARKE	NAMES AND ADDRESS NOMS ET ADDRESSE NAMEN UND ADDRESSE	REMARKS OBSERV'TN BEMERKUNG
Armada Watch	BLOCH, JOSEPH S2769 MFC Chaux-de-Fonds ARMADA WATCH 07.11.1898 WC-WM-WD	LIT 171
LINDA	BLOCH, JOSEPH S4647 MFC Chaux-de-Fonds LINDA 27.11.1902 WA-WP	
VENI VIDI VICI	BLOCH G. & FILS S0785 MFC St. Imier VENI VIDI VICI 06.04.1888 WM-WC	
BLOCH & FILS, DRAGA WATCH C°	BLOCH & FILS S4879 MFC Chaux-de-Fonds 02.06.1903 WA-WC-DWB-WD-WM	
TILDY Bloch & Fils, Draga Watch C°, Fabrique Enzo, Sonvilier Watch C°	BLOCH & FILS S6168 MFC Chaux-de-Fonds TILDY 03.05.1910 WA-WM-WC-WD	
BOL D'OR	BLOCH, JULES & FRERE S6629 MFC Chaux-de-Fonds BOL D'OR 12.09.1911 WA-WP	
BIPLAN	BLOCH & FILS S6595 MFC Chaux-de-Fonds BIPLAN 18.08.1911 WM-WP	
Draga	BLOCH, MICHEL & CIE. S4206 MFC Chaux-de-Fonds DRAGA 04.06.1902 WC-WM-WD	

T92/L NOTE:

REMARKS OBSERV'TN BEMERKUNG	NAMES AND ADDRESS NOMS ET ADDRESSE NAMEN UND ADDRESSE	TRADEMARK OR TRADENAME MARQUE DE FABRIQUE - NOMS WARENZEICHEN - WORTMARKE
	BLOCH, Jean-Louis Swiss 96/10 ENZO, tradename. Registered 10.12.1932. MFC/Watches and Watch parts.	Enzo
	BLOCH, JULES & FRERE S8285 MFC-COM Chaux-de-Fonds DIAMANT HUMBERT RAMUZ 29.09.1926 WA-WC-WM-WD-SMP	DIAMANT HUMBERT-RAMUZ & Co
	BLOCH, JULES & FRERE, S6968 MFC-COM Chaux-de-Fonds MELIOR 28.10.1912 WA-WP	MELIOR
	BLOCH, MICHEL & CIE S1152 MFC La Chaux-de-Fonds SIRIUS 16.12.1890 WM-WC-DWB-WD	SIRIUS
	BLOCH, MICHEL & CIE. S2173 MFC Chaux-de-Fonds CORNEILLE 27.09.1895 WA-WP	CORNEILLE
	BLOCH, MICHEL & CIE. S3449 MFC Chaux-de-Fonds PARFAITE PRECISION 26.03.1900 WA-WP	PARFAITE PRECISION
	BLOCH, MICHEL & CIE. S4211 MFC Chaux-de-Fonds ENZO 11.06.1902 WC-WM-WD	Enzo

NOTE: R/T92

TRADEMARK OR TRADENAME MARQUE DE FABRIQUE - NOMS WARENZEICHEN - WORTMARKE	NAMES AND ADDRESS NOMS ET ADDRESSE NAMEN UND ADDRESSE	REMARKS OBSERV'TN BEMERKUNG
	BLOCH, MICHEL & CIE. S6136 MFC-COM Chaux-de-Fonds SIRIUS 11.04.1910 WA-WP	
Sonvilier Watch **Tildy**	BLOCH et Fils Sonvilier Swiss 422/10 SONVILLIER WATCH TILDY,tradename. AK04.	
	BLOESCH, ED. S1176 MFC Biel TIC - TAC 19.02.1891 WM-WC-WD-DWB	
	BLUM & FRERES MEYER S0646 MFC La Chaux-de-Fonds 20.07.1887 WM-DWB	
	BLUM & FRERES MEYER S0838 MFC La Chaux-de-Fonds E SEMPRE BENE 24.07.1888 WM-WC	
	BLUM & FRERES MEYER S0952 MFC La Chaux-de-Fonds CARIVEA 05.07.1889 WM-WC-DWB-WD	
	BLUM & FRERES MEYER S2015 MFC Chaux-de-Fonds CASTAGNETTES 01.06.1895 WD-WC	
	BLUM & FRERES MEYER S2597 MFC Chaux-de-Fonds La BORBOLA 23.10.1897 WC-WM-WD	

T92/L NOTE:

REMARKS OBSERV'TN BEMERKUNG	NAMES AND ADDRESS NOMS ET ADDRESSE NAMEN UND ADDRESSE	TRADEMARK OR TRADENAME MARQUE DE FABRIQUE - NOMS WARENZEICHEN - WORTMARKE
	BLUM & FRERES MEYER S3289 MFC Chaux-de-Fonds MAYON 25.08.1899 WC-WM-WD	MAYON
	BLUM & FRERES MEYER S3499 MFC Chaux-de-Fonds DE ORIENTE REGULADOR 03.04.1900 WC-WM-WD	REGULADOR DE ORIENTE
	BLUM & FRERES MEYER S3769 MFC Chaux-de-Fonds PREVISION 29.03.1901 WC-WM-WD	PREVISION
	BLUM & FRERES MEYER S4084 MFC Chaux-de-Fonds JUGEND 14.02.1902 WA-WP	Jugend
	BLUM & FRERES MEYER S5037 MFC Chaux-de-Fonds TALI 17.10.1903 WA-WP	TALI
	BLUM & FRERES MEYER S5143 MFC Chaux-de-Fonds ACTA 19.05.1904 WA-WP	ACTA
	BLUM & FRERES MEYER S6485 MFC Chaux-de-Fonds NIKH 20.04.1911 WC-WM-WD	NIKH
	BLUM & GROSJEAN S0264 MFC La Chaux-de-Fonds FABRIQUE -D- ARTS 29.10.1883 WA-WM-WC-SPEC LADIES	FABRIQUE D ARTS

NOTE: R/T92

TRADEMARK OR TRADENAME MARQUE DE FABRIQUE - NOMS WARENZEICHEN - WORTMARKE	NAMES AND ADDRESS NOMS ET ADDRESSE NAMEN UND ADDRESSE	REMARKS OBSERV'TN BEMERKUNG
	BLUM & GROSJEAN S0508 MFC La Chaux-de-Fonds - B G - 15.02.1887 WM-WC	
	BLUM & GROSJEAN S0855 MFC La Chaux-de-Fonds JEAN RICHARD 22.10.1888 WM-WC	
LA JOYA	BLUM & GROSJEAN S1144 MFC La Chaux-de-Fonds LA JOYA 22.11.1890 WM-WC-DWB-WD	
 *	BLUM & GROSJEAN S1294 MFC La Chaux-de-Fonds (* russian inscription) 21.11.1891 WM-WC-WD-DWB	
Fidelitas	BLUM & OSTERSETZER S1997 MFC Bienne FIDELITAS 25.10.1894 WC-DWB-WM-WD	
	BLUM & OSTERSETZER S2427 MFC Bienne FIDELITAS B O 11.12.1896 WC-DWB-WM-WD	
	BLUM & OSTERSETZER S2515 MFC Bienne FIDELITAS 10.04.1897 WA-WP	
	BLUM & OSTERSETZER S3721 MFC Bienne CRONOMETRO POLARE - B O - 20.02.1901 WA-WP	

T92/L NOTE:

REMARKS OBSERV'TN BEMERKUNG	NAMES AND ADDRESS NOMS ET ADDRESSE NAMEN UND ADDRESSE		TRADEMARK OR TRADENAME MARQUE DE FABRIQUE - NOMS WARENZEICHEN - WORTMARKE
	BLUM & OSTERSETZER MFC Bienne MAFALDO 01.12.1902 WA-WP	S4663	MAFALDA
	BLUM & OSTERSETZER MFC Bienne LE CHRYSANTHEME 10.03.1903 WA-WP	S4774	Le Chrysanthème
	BLUM & OSTERSETZER MFC-COM Bienne ECCO L'ORA 18.02.1925 WA-WP	S7543	Ecco l'ora
	BLUM AND FRERES MEYER MFC Chaux-de-Fonds GLADIATOR 16.02.1897 WC-WM-WD	S2473	GLADIATOR
	BLUM-SCHWOB, J. COM Chaux-de-Fonds DALILA 07.07.1910 WA-WP	S6246	DALILA
	BLUM, MAURICE MFC Chaux-de-Fonds DIVA 11.02.1893 WC-DWB-WM-WD	S1721	DIVA
	BLUM, MAURICE MFC Chaux-de-Fonds NEVADA 06.09.1899 WA-WP	S3298	NEVADA
	BLUM, MAURICE MFC Chaux-de-Fonds REAL 14.04.1900 WA-WP	S3504	REAL
	BLUM, Maurice La Chaux de Fonds Swiss 214/10 Le PARC, tradename. AK04.		Le Parc

NOTE: R/T92

TRADEMARK OR TRADENAME MARQUE DE FABRIQUE - NOMS WARENZEICHEN - WORTMARKE	NAMES AND ADDRESS NOMS ET ADDRESSE NAMEN UND ADDRESSE	REMARKS OBSERV'TN BEMERKUNG
CRESUS	BLUM, MAURICE S3689 MFC Chaux-de-Fonds CRESUS 01.02.1901 WA-WP	
EXACTOR	BLUM, MAURICE S4118 MFC Chaux-de-Fonds EXACTOR 31.03.1902 WA-WP	
ARCHIPLATE LE PARC	BLUM, MAURICE S5265 MFC Chaux-de-Fonds ARCHIPLATE LE PARC 07.09.1904 WA-WP	
TOPHOLE	BLUM, WAHLFRIED S8387 MFC-COM Bienne TOPHOLE 04.12.1926 WA-WP	
	BOBILLIER, J. BESON S0875 MFC Biel 21.12.1888 WM-WC	
COMPASS	BOICHAT & CIE S8485 MFC Chaux-de-Fonds COMPASS 21.02.1927 WA-WP	
INIMITABLE	BOILLAT, A. & FILS S3629 MFC Chaux-de-Fonds INIMITABLE 10.11.1900 WA-SMP	
XILA	BOILLAT-LEUTNER, DAME S4970 MFC Geneva XILA 13.08.1903 WA-WM-WD-WC	

T92/L NOTE:

REMARKS OBSERV'TN BEMERKUNG	NAMES AND ADDRESS NOMS ET ADDRESSE NAMEN UND ADDRESSE	TRADEMARK OR TRADENAME MARQUE DE FABRIQUE - NOMS WARENZEICHEN - WORTMARKE
	BOILLAT-JEANDUPEUX, A. S6446 MFC Porrentruy EXA 17.02.1911 WA	EXA
	BOILLAT, FELICIEN S2345 MFC La Chaux-de-Fonds - F B - 03.07.1896 WA-WP	F B
	BOILLAT, NUMA S3422 MFC La Chaux-de-Fonds - N B B - 13.02.1900 WC-WM	N.B B
	BOILLOT, HENNEMANN S0185 MFC Bassecourt / Bern DEPOSEE 31.07.1882 EB-FIN	DÉPOSÉE
	BOITE ARTISTIQUE DE GENEVE S5430 MFC Geneva BOITE ARTISTIQUE DE GENEVE 27.12.1904 WC	BOITE ARTISTIQUE DE GENEVE E. S. MÉDAILLES D'OR GENÈVE 1896. PARIS 1900.
	BOITEL Hri S0524 MFC Cormondreche - S M - 26.02.1887 WM-WC	S M
	BOIS, Phillipe du,Fils Le Locle Swiss 446/10 Trademark,MFC/WHS/RET,Watches. General Agent in Germany: Chr.Luehrs,Bremen HE	BOIS PHILLIPE DU
	BOLLIER EDUARD S8446 MFC-COM Granges BOLIMA 14.01.1927 WA-WP	BOLIMA

NOTE: R/T92

TRADEMARK OR TRADENAME MARQUE DE FABRIQUE - NOMS WARENZEICHEN - WORTMARKE	NAMES AND ADDRESS NOMS ET ADDRESSE NAMEN UND ADDRESSE	REMARKS OBSERV'TN BEMERKUNG
	**BONHOTE FRERES** S0519 MFC Peseux - B F - 22.02.1887 WM-WC	
	**BONHOTE FRERES** S1592 MFC Peseux - A B - 18.05.1892 WC-DWB-WD-WM	
V. BONHOTE **successeur de FRITZ CHATELAIN**	**BONHOTE, V.** S3493 MFC Neuchatel 11.03.1900 WM-WC	
	**BONNET, J.** S4812 MFC Bienne LIBAN 14.04.1903 WM-WC-WD	
	**BONNACK, A.** S0526 MFC La Chaux-de-Fonds - A B - 28.02.1887 WM-WC	
	BOUVERAT,Eugene Breuleux Swiss 181/10a - E B B - MFC/WHS/RET. Watches.Regist. 01.10.1887 and 30.01.1895.	
A.B K	**BONSACK, A.** S2103 MFC Chaux-de-Fonds K -AB- 21.06.1895 WM-WC	

T92/L NOTE:

REMARKS OBSERV'TN BEMERKUNG	NAMES AND ADDRESS NOMS ET ADDRESSE NAMEN UND ADDRESSE	TRADEMARK OR TRADENAME MARQUE DE FABRIQUE - NOMS WARENZEICHEN - WORTMARKE
	BONSACK, A. S3922 MFC Chaux-de-Fonds SURSUM CORDA 09.07.1901 WA-WP	
	BOREL & COURVOISIER S0030 MFC Neuchatel 01.11.1880 WM-WC	
	BOREL & COUVOISIER S0031 MFC Neuchatel - B & C - 01.11.1880 WM-WC	
	BOREL & COURVOISIER S1715 MFC Neuchatel 03.02.1893 WC-WM-WD	
	BOREL, ERNEST & CIE S6826 MFC Neuchatel - E B Co LEVANT WATCH- 18.03.1912 WA-WP	E.B Co. LEVANT WATCH
	BOREL, ERNEST & CIE. S2736 MFC Neuchatel 03.09.1898 WM-WC	ERNEST BOREL & Cie Successeurs de BOREL-COURVOISIER
	BOREL, G. HUGUENIN S0920 MFC Neuchatel 08.04.1889 WM-WC	
	BOREL Ernest et Cie Neuchatel Swiss 83/10 ERBO, tradename.Registered 15.09.1930.MFC/WHS/RET.Watches and Watch parts.	

NOTE: R/T92

TRADEMARK OR TRADENAME MARQUE DE FABRIQUE - NOMS WARENZEICHEN - WORTMARKE	NAMES AND ADDRESS NOMS ET ADDRESSE NAMEN UND ADDRESSE	REMARKS OBSERV'TN BEMERKUNG
L	BOREL COUVOISIER S0476 MFC Neuchatel - L - 20.10.1886 WM-WC	
TRADE MARK SWISS MADE	BOREL, ERNEST & CIE S4790 MFC Neuchatel TRADEMARK 25.03.1903 WA-WP **Successeurs de BOREL-COURVOISIER**	LIT 172
	BOREL, ERNEST & CIE S5197 MFC Neuchatel 15.06.1904 WA-WP	
Union Watch ERNEST BOREL & Cie successeurs de Borel-Courvoisier	BOREL, ERNEST & CIE S6154 MFC Neuchatel UNION WATCH 16.04.1910 WA-WP	
LEROB	BOREL FILS & CIE S4539 MFC Neuchatel LEROB 23.08.1902 WP	
BORELIS	BOREL FILS & CIE S4976 MFC Neuchatel BORELIS 18.08.1903 WA-WP	
F.B.	BORGEL FOIS S0548 MFC Geneva - F B - 17.03.1887 WC-OR-AR-SUP	

T92/L NOTE:

REMARKS OBSERV'TN BEMERKUNG	NAMES AND ADDRESS NOMS ET ADDRESSE NAMEN UND ADDRESSE	TRADEMARK OR TRADENAME MARQUE DE FABRIQUE - NOMS WARENZEICHEN - WORTMARKE
	BORNAND, OSCAR S3517 MFC St. Croix EUG.BORNAND & Co. 17.04.1900 WA-WP	Eug. Bornand & Co. Oscar Bornand Successeur Ste Croix
	BOSSERT-PERRELET, R. S3320 MFC Locle RALPH 18.10.1899 WA	RALPH
	BOUELAT & WALZER S1219 MFC Porrentruy B & V 25.06.1891 PW	B&V
	BOUJON & SERVET S0980 MFC Geneva PLAQUE OR 13.09.1889 WC	PLAQUE OR B & S
	BOULVERAT LS-LACHAT S0924 MFC Porrentruy 17.04.1889 WM-WC-WD	
	BOURGEOIS, H. & G., FRERES S2592 MFC Ballaigues BOURGEOIS 06.10.1897 ND	„BOURGEOIS"
	BOURQUARD, J.-B & CIE. S2166 MFC Soleure WENIGSTEIN 17.09.1895 WC-WM-WD	WENGISTEIN
	BOURQUARD, J.-B & CIE. S8478 MFC-COM Soleure LIGASA 16.02.1927 WA-WM-SMP-PW	LIGASA

NOTE: R/T92

TRADEMARK OR TRADENAME MARQUE DE FABRIQUE - NOMS WARENZEICHEN - WORTMARKE	NAMES AND ADDRESS NOMS ET ADDRESSE NAMEN UND ADDRESSE	REMARKS OBSERV'TN BEMERKUNG
FLORETTA	BOURQUARD, J.-B. & CIE. S2097 MFC Soleure FLORETTA 14.06.1895 WM-WC-WD	
	BOURQUIN & KENEL S1869 MR Chaux-de-Fonds 19.01.1894 WC-WM	
B&K B&K AK04. **Oural** **Sophus**	BOURQUIN & KENEL S6189 MFC Swiss 218/10 Chaux-de-Fonds - B & K - OURAL - SOPHUS - 27.05.1910 WA	
	BOURQUIN-VUILLE, A. S2405 MFC Chaux-de-Fonds 09.11.1896 WC-DWB-WD-WM	
La Modèle	BOURQUIN-VUILLE, A. S4845 MFC Chaux-de-Fonds LA MODELE 05.05.1903 WA-WP	
	BOURQUIN, ALBERT-GRISARD S0739 MFC Villeret - B G - 16.01.1888 MW-WC	
PORCENA B	BOURQUIN, C.-F. S2023 MR Cormondreche PORCENA - B - 02.02.1895 SC-SCP	
	BOURQUIN, FERDINAND S2507 MFC St. Imier 30.03.1897 WM-WC-WD	**FERDINAND BOURQUIN** succ. de la maison **JULIEN BOURQUIN**
FERDINAND BOURQUIN, **successeur de la maison** **JULIEN BOURQUIN**	BOURQUIN, FERDINAND S3929 MFC St. Imier 16.07.1901 PW	

T92/L NOTE:

REMARKS OBSERV'TN BEMERKUNG	NAMES AND ADDRESS NOMS ET ADDRESSE NAMEN UND ADDRESSE		TRADEMARK OR TRADENAME MARQUE DE FABRIQUE - NOMS WARENZEICHEN - WORTMARKE
	BOURQUIN, FERDINAND MFC St. Imier - BRAVO BRAVO - 21.10.1902 MFC	S4599	BRAVO! BRAVO!
	BOURQUIN, FERDINAND MFC St. Imier 18.05.1904 MFC	S5142	
	BOURQUIN, JULES & CIE MFC Porrentruy - B Z - 08.08.1888 WM	S0842	MARQUE DE B Z FABRIQUE DÉPOSÉE
	BOURQUIN, JULIEN MFC St. Imier 13.04.1881 WA	S0115	MARQUE DE FABRIQUE DEPOSEE
	BOURQUIN, L. ULYSSE MFC Sonvillier DOOR 28.02.1927 ND	S8474	DOOR
	BOURQUIN, PAUL MFC Chaux-de-Fonds PAUL BOURQUIN 29.06.1898 WC-WM-DWB	S2716	PAUL BOURQUIN
	BOURQUIN, PHILIBERT MFC Villeret - P B - 19.03.1887 WM-WC	S0554	
	BOURQUIN, SAUTER & CIE MFC Bienne FELICIA 22.05.1901 WA-WP	S3851	FELICIA
	BOURQUIN, SAUTER & CIE MFC Bienne LA PALOMA 25.06.1904 WA-WC-WD	S5208	LA PALOMA

NOTE: R/T92

TRADEMARK OR TRADENAME MARQUE DE FABRIQUE - NOMS WARENZEICHEN - WORTMARKE	NAMES AND ADDRESS NOMS ET ADDRESSE NAMEN UND ADDRESSE	REMARKS OBSERV'TN BEMERKUNG
 La Modèle	BOURQUIN-VEUILLE Chaux de Fonds Swiss 219/10 La MODEL, AK04.	
	BOVET, H. S0777 MFC Biel " B O V E T " 23.03.1888 ND	
	BOVET, FRITZ S0987 MFC Fleurier 07.10.1889 WM-WC	
BRACK, PAUL	BRACK, PAUL S2768 MFC Villeret 07.11.1898 SC-SCP	
	BRACK, PAUL S3987 MFC Villeret FRANKLIN 28.09.1901 WA-WP	
EDITH	BRACK, PAUL S4611 MFC Villeret EDITH 30.10.1902 WA-WP	
	BOUSSON, E. S3834 MFC Porrentruy HEBE 15.05.1901 MFC	
	BOVET F.& CIE S0165 MFC Biel BOVET & Co - BIENNE 29.03.1882 WC	

T92/L NOTE:

REMARKS OBSERV'TN BEMERKUNG	NAMES AND ADDRESS NOMS ET ADDRESSE NAMEN UND ADDRESSE	TRADEMARK OR TRADENAME MARQUE DE FABRIQUE - NOMS WARENZEICHEN - WORTMARKE
	BREGUET, A. S4736 MFC Chaux-de-Fonds BREGUET ALBERT 11.02.1903 WA-WP	BREGUET ALBERT
	BREGNARD, P., FILS S2317 MR Chaux-de-Fonds BEHÜT DICH GOTT * 25.05.1896 WC-DWB-WD-WM German * GOD WITH YOU	Behüt dich Gott.
	BREGUET-BRETING, J., FILS S6258 MFC Bienne BB 30.07.1910 WP-DWB	
	BREGUET-BRETING, J., FILS S7854 MFC-COM Bienne BREGUET WATCH CASE 26.10.1925 WC	BREGUET WATCH CASE
	BREGUET, HENRI S0547 MFC Le Locle 15.03.1887 SUP	H BREGUET
	BREGEUT, Henri Locle Swiss 168/10a MFC, Artesian Craftsman, fine Watches. Regist. 27.06.1887. (Leipzig-Germany)	
	BRAUNSCHWEIG & HIRSCH S6402 MFC Chaux-de-Fonds BUNDH 12.01.1911 MFC-COM	BUNDH

NOTE: R/T92

TRADEMARK OR TRADENAME MARQUE DE FABRIQUE - NOMS WARENZEICHEN - WORTMARKE	NAMES AND ADDRESS NOMS ET ADDRESSE NAMEN UND ADDRESSE	REMARKS OBSERV'TN BEMERKUNG
	BRAUNSCHWEIG, J. & CIE S0632 MFC La Chaux-de-Fonds 27.06.1887 WM-DWB	
	BRAUNSCHWEIG, L. LES FILS S0848 MFC La Chaux-de-Fonds MENTOR 25.08.1888 WM-WC	
	BRAUNSCHWEIG, L. LES FILS S0498 MFC La Chaux-de-Fonds 05.01.1887 WC	
	BRAUNSCHWEIG & CIE S0491 MFC La Chaux-de-Fonds 13.12.1886 WM-WC	
	BRAUNSCHWEIG & HIRSCH S1184 MFC La Chaux-de-Fonds LA VICTOIRE 20.03.1891 WM-WC-WD	
	BRAUNSCHWEIG & HIRSCH S2132 MFC Chaux-de-Fonds ASTRA 27.07.1895 MFC-COM	
	BRAUNSCHWEIG & HIRSCH S3998 MFC Chaux-de-Fonds ELECTION 21.10.1901 MFC-COM	
	BRAUNSCHWEIG & HIRSCH S4101 MFC Chaux-de-Fonds EDEN 10.03.1902 MFC-COM	

T92/L NOTE:

REMARKS OBSERV'TN BEMERKUNG	NAMES AND ADDRESS NOMS ET ADDRESSE NAMEN UND ADDRESSE	TRADEMARK OR TRADENAME MARQUE DE FABRIQUE - NOMS WARENZEICHEN - WORTMARKE
	BRAUNSCHWEIG & HIRSCH S7574 MFC-COM Chaux-de-Fonds CASTOR - D S C - - F L B - 25.02.1925 MENTOR MFC-COM	N° 58310 CASTOR N° 58309 D S C N° 58312 F L.B. N° 58311 MENTOR L F B C
	BRAUNSCHWEIG & HIRSCH S8611 MFC Chaux-de-Fonds VYMO 22.06.1927 MFC-COM	VYMO Société Anonyme Les Fils de L. Braunschweig, Fabrique Election,
	BRAZIER, SABIN S4534 MFC Chaux-de-Fonds BRASIER INTERCHANGEABLE 21.08.1902 WA-WP	BRASIER INTERCHANGEABLE

NOTE: R/T92

TRADEMARK OR TRADENAME MARQUE DE FABRIQUE - NOMS WARENZEICHEN - WORTMARKE	NAMES AND ADDRESS NOMS ET ADDRESSE NAMEN UND ADDRESSE	REMARKS OBSERV'TN BEMERKUNG
Ω OMEGA COMPTIOR D' HOROLOGERIE BRANDT, LOUIS & FILS (SONS) GURZELEN	OMEGA S.A. S0501 "LOUIS BRANDT & FILS" Bienne / District Bern MFC " O M E G A " In the year 1848, Louis Brandt opened under the name: "COMPTIOR d'HOROLOGERIE" in La Chaux-de-Fonds Watchmaking shop. In the year 1853 name changed to: "LOUIS BRANDT & FILS" (sons). At the beginning Louis Brandt and his sons Paul and Ceasar started the manufacturing of watches,the production process was "handwork" Despite the tradionally opinion of watchmakers, the Brandt's interduced mechanized fabrication/ assembly line technology. Pioneered interchang. parts syst. For nearly 30 years,Brandt-Fils (sons) begann marketing watches to carefully selected retailers whom they commited themselves to sole-agency contracts,distribution system still applied as of to day. By the year 1880, a year after the brothers took over their fathers business, a watch factory in Biel (Bienne),was opened and still in operation at the present time. The company achieved mayor breakthrough with the first cylinder escapement produced by mechanical process.This caliber was the generic model of the firm's first branded watch type : "JURA-PATRIA-GURZELEN" Five years later the Brandt's interduced the: "LABRADOR "caliber,with its lever escapement,achieving a timing accuracy of within 30 seconds a/ day,an impressive accomplishement. By the end of the decade, Louis Brandt & Frere (brothers) were the largest watch manufacturers in Switzerland with an annual output of 240,000 watches with 800 men and woman on the payroll. -GURZELEN- cont.page 596	See page 752 O M E G A LIT 122 LIT 190

T92/L NOTE:

REMARKS OBSERV'TN BEMERKUNG	NAMES AND ADDRESS NOMS ET ADDRESSE NAMEN UND ADDRESSE	TRADEMARK OR TRADENAME MARQUE DE FABRIQUE - NOMS WARENZEICHEN - WORTMARKE
LIT 190	The "OMEGA" caliber, interduced in 1894, revoltionized watchmaking dividing movememt mounting system, which was soon to be adopted by the entire Swiss watch industry. The OMEGA caliber resulted in increased precision of all watch components,outomated ecapement, balance wheel and many handsetting steps. The advanced accuracy and durability won undivided recognition of the entire watch industry in Switzerland/Worldwide.	
See page 752 O M E G A	Nearly 144 years later, OMEGA often thru turbulent times has proven that the name "O M E G A " since the beginning of the modest Brandt's enterprise to advanced watch manufacturing methods, now on the treshold of the year 2000, interduction of Megaquartz and Silicon-chip controlled watches, the story of modern watchmaking. is also the story of the: OMEGA WATCH COMPANY -------------	LOUIS BRANDT & FILS
	BRANDT, FRERES S0118 MFC Biel FRERES BRANDT 02.05.1881 WM	
	BRANDT, LOUIS & FILS S0445 MFC Biel - B L & F - 08.06.1886 WM-WC	
	BRANDT, LOUIS & FILS S0557 MFC Biel JURA 21.03.1887 WM-WC	
	BRANDT, LOUIS & FILS S0846 MFC Biel MAQUINA GARANTIDA COMPROBADA 21.08.1888 WC-WM-WD-WP	

NOTE:

R/T92

TRADEMARK OR TRADENAME MARQUE DE FABRIQUE - NOMS WARENZEICHEN - WORTMARKE	NAMES AND ADDRESS NOMS ET ADDRESSE NAMEN UND ADDRESSE	REMARKS OBSERV'TN BEMERKUNG
Nº 5991. GLORIA CORCOVADO Nº 5992.	BRANDT, LOUIS & FRERE S1649 MFC Bienne -CORCOVADO- -GLORIA - 02.09.1892 WA	
HELVETIA.	BRANDT, LOUIS & FILS S0050 MFC Bern - HELVETIA - 01.11.1880 WM-WC-SPEC	
L F TRADE MARK	BRANDT, LOUIS & FILS S0263 MFC Biel - L F - 29.10.1883 WM-WC	
GURZELEN	BRANDT, LOUIS & FILS S0374 MFC Biel GURZELEN 24.06.1885 WA-WP	
PATRIA	BRANDT, LOUIS & FRERE S1662 MFC Bienne PATRIA 10.10.1892 WM-WC-WD	
HIMALAYA	BRANDT, LOUIS & FRERE S1675 MFC Bienne HIMALAYA 07.11.1892 WC-DWB-WM-WD	
	BRANDT, LOUIS & FRERE S3221 MFC Bienne OMEGA : B 22.05.1899 WA-WP-PW	

T92/L NOTE:

REMARKS OBSERV'TN BEMERKUNG	NAMES AND ADDRESS NOMS ET ADDRESSE NAMEN UND ADDRESSE	TRADEMARK OR TRADENAME MARQUE DE FABRIQUE - NOMS WARENZEICHEN - WORTMARKE
LIT 190	BRANDT, LOUIS & FRERE S3222 MFC Bienne OMEGA : C 22.05.1899 WA-WP-PW	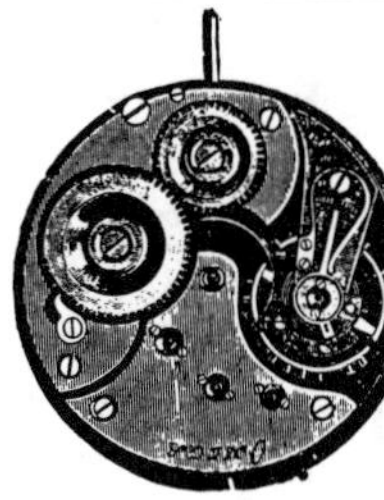
	BRANDT, LOUIS & FRERES S1577 MFC Bienne GOLIATH 14.04.1892 WM-WD-WC	
	BRANDT, LOUIS & FRERE S1698 MFC Bienne NE VARIETUR 03.01.1893 WM-WC-DWB-WD	
	BRANDT, LOUIS & FRERE S1938 MFC Bienne CASANOVA 01.06.1894 WM-WC-DWB-WD	Casanova
	BRANDT, LOUIS & FRERE S2087 MFC Bienne 02.05.1895 WM-WC-DWB-WD	Ω LOUIS BRANDT & FRÈRE
	BRANDT, LOUIS & FRERE S2544 MFC Bienne OMEGA 08.06.1897 WM-WC-DWB-WD	OMÉGA
	BRANDT, LOUIS & FRERE S2696 MFC Bienne OMEGA 23.05.1898 WET	OMEGA Ω
	BRANDT, LOUIS & FRERE S3198 MFC Bienne THEODORA 19.04.1899 WM-WC-DWB-WD	THEODORA

NOTE: R/T92

TRADEMARK OR TRADENAME MARQUE DE FABRIQUE - NOMS WARENZEICHEN - WORTMARKE	NAMES AND ADDRESS NOMS ET ADDRESSE NAMEN UND ADDRESSE	REMARKS OBSERV'TN BEMERKUNG
Ω OMEGA BIENNE (Suisse)	BRANDT, LOUIS & FRERE S3425 MFC Bienne OMEGA 14.02.1900 WM-WB-WC-WD	LIT 190
EL DEMOCRATA	BRANDT, LOUIS & FRERE S4062 MFC Bienne EL DEMOCRATA 25.01.1902 WA-WP	
LIBERTADOR	BRANDT, LOUIS & FRERE S4076 MFC Bienne LIBERTADOR 08.02.1902 WA-WP	
SIMPLICITAS	BRANDT, LOUIS & FRERES S4229 MFC Bienne SIMPLICITAS 30.06.1902 WA-WP	
EMPEROR	BRANDT, LOUIS & FRERE S4706 MFC Bienne EMPEROR 19.01.1903 WA-WP	
OMEGA	BRANDT, LOUIS & FRERE S5091 MFC Bienne OMEGA 12.04.1904 WA-WP	
Société anonyme LOUIS BRANDT & FRÈRE OMÉGA WATCH C°	BRANDT, LOUIS & FRERE S5060 MFC Bienne OMEGA WATCH Co 03.03.1904 WM-WC	
	BRANDT, LOUIS & FRERE S5303 MFC Bienne OMEGA 05.10.1904 WA-WM-WC	
	BRANDT, LOUIS & FRERE S5336 MFC Bienne OMEGA 31.10.1904 ACC	

T92/L NOTE:

REMARKS OBSERV'TN BEMERKUNG	NAMES AND ADDRESS NOMS ET ADDRESSE NAMEN UND ADDRESSE	TRADEMARK OR TRADENAME MARQUE DE FABRIQUE - NOMS WARENZEICHEN - WORTMARKE
	BRANDT, LOUIS & FRERES S6385 MFC-COM Bienne 13.08.1910 WA-WP	
LIT 190	BRANDT, LOUIS & FRERE S6450 MFC-COM Bienne 27.02.1911 WA-RWP-WC-EM-CE	Ω OMEGA
	BRANDT, LOUIS & FRERE S6821 MFC-COM Bienne MACHADO 29.02.1912 MFC-COM-RWP-WP	MACHADO
	BRANDT, LOUIS & FRERE S7008 MFC-COM Bienne OMEGA 16.12.1912 RWP-WP-CE-JL-EM **Société anonyme Louis Brandt & frère (Omega Watch Co.),**	Ω OMEGA
	BRANDT, LOUIS & FRERES S7631 MFC-COM Bienne 18.04.1925 M-SMP-RWP	OMEGA * Die Uhr für's Leben (German) * THE WATCH FOR A LIFETIME
	BRANDT, LOUIS & FRERE S7941 MFC-COM Bienne 28.05.1925 MFC-COM-SUP	
	BRANDT, LOUIS & FRERE S8654 MFC-COM Bienne OMEGA 03.08.1927 MFC-COM-SUP-WP-SPC	OMEGA **S. A. Louis Brandt & frère, Omega Watch C°,**

NOTE: R/T92

TRADEMARK OR TRADENAME MARQUE DE FABRIQUE - NOMS WARENZEICHEN - WORTMARKE	NAMES AND ADDRESS NOMS ET ADDRESSE NAMEN UND ADDRESSE		REMARKS OBSERV'TN BEMERKUNG
	BRANDT, FRITZ MFC La Chaux-de-Fonds 11.02.1881 WA success. de Robert Brandt & Cie	S0094	
 F.B	BRANDT, FRITZ MFC La Chaux-de-Fonds - F B - 04.12.1886 WA	S0483	
	BRANDT & HOFFMANN MFC Bienne ADEVERUL 06.10.1899 WM-WD-WC	S3311	
B & H **BRANDT & HOFMANN** **Successeurs de F. BACHSCHMID**	BRANDT & HOFMANN MFC Bienne - B H - 09.05.1896 WM-WC-WD	S2305	
LAVINA	BRACK, PAUL MFC Villeret LAVINA 05.09.1903 WA-WP	S5000	
	BRACK, PAUL Fabrique Lavina. Paul-W. BRACK MFC Villeret ZUKA 08.04.1910 WA-WP	S6135	
	BRAILLARD, G. MFC Chaux-de-Fonds 27.01.1897 WA-WP	S2449	
	BRADOLETT, J. & CIE MFC Geneva - B Co - 03.09.1887 WM-WC	S0681	

T92/L NOTE:

REMARKS OBSERV'TN BEMERKUNG	NAMES AND ADDRESS NOMS ET ADDRESSE NAMEN UND ADDRESSE	TRADEMARK OR TRADENAME MARQUE DE FABRIQUE - NOMS WARENZEICHEN - WORTMARKE
	BREGUET, LEON S4891 **MFC** **Chaux-de-Fonds** **NECTAR** **09.06.1903** **M-SMP**	NECTAR
	BREITING, AUGUSTE S0714 **MFC** **Le Locle** TRUTH FAVOURITE DARLING **01.12.1887** **WM-WC**	TRUTH Favourite Darling Nº 2111. Nº 2100.
LIT 192	BREITLING , MONTRES S.A. S0546 MFC (Watch manufacturer) Founder LEON BREITLING, * 26.01.1860 + 11.08.1914 Year: 1884 Leon Breitling St.Imier 1892 Leon Breitling S.A. Montbrillant Watch Manufct. La Chaux-de-Fonds 1914 Gaston Breitling 1915 Wrist Stopwatch 1927 + Gaston Breitling 1932 Willy Breitling takes the Breitling enterprise over. 1934 The first Chronograph with two control positions. 1936 Aviation control panel watches. 1942 CHRONOMAT 1952 NAVITIMER - A P O A - 1963 TOP TIME SERIAL WATCHES 1975 QUARTZ - CHRONOMAT 1977 AUTOTIMER - SPORTWATCH NAVITIMER - LED - 1978 NAVITIMER - LEC - 1979 The Japanese-Asiatic watch makers and the marketing of inexpensive Quartz watches forces many Swiss watchmakers to close. Willy Breitling closes the entire plant.Willy Breitling health dictates his early retirement. 1979 + Willy Breitling. 1979 ERNEST SCHNEIDER, openes in Grenchen, Watch manufacturing under the name :BREITLING. 1993 The company is still active.	MONTBRILLANT Breitling since 1932 till 1960 BREITLING 1884 BREITLING GENÈVE BREITLING from @ 1960 on
	BREITLING, L. S2307 **MFC** **Chaux-de-Fonds** **13.05.1896** **WD**	
BREITLING cont. see page 603	**BREITLING, L.** S3347 **MFC** **Chaux-de-Fonds** SALVATOR **04.12.1899** **WA-WP**	SALVATOR

NOTE: LIT = Literature reference see page 906-918 R/T92
Literature voir la page 906-918
Literaturverzeichnis siehe Seite 906-918

TRADEMARK OR TRADENAME MARQUE DE FABRIQUE - NOMS WARENZEICHEN - WORTMARKE	NAMES AND ADDRESS NOMS ET ADDRESSE NAMEN UND ADDRESSE	REMARKS OBSERV'TN BEMERKUNG
	BREITLING, L. S2307 MFC Chaux-de-Fonds 13.05.1896 WD-SPORT TIMER	BREITLING cont.from page 602
	BREITLING, L. S2308 MFC Chaux-de-Fonds 13.05.1896 WD-SPORT TIMER	
	BREITLING, L. S3878 MFC Chaux-de-Fonds MONTBRILLANT 17.06.1901 WA-WP	
The Longchamps	BREITLING, L. S8011 MFC-COM Chaux-de-Fonds THE LONGCHAMPS 08.03.1926 WA-WP	
MARQUISE	BREITMEYER, J. C. S7511 MFC Chaux-de-Fonds MARQUISE 19.01.1925 WA-WP	
	BRETING, AUGUSTE S0709 MFC Le Locle TRUTH - A B - 21.11.1887 WM-WC	
	BRIDLER, A.& SCHOPF S0546 MFC La Chaux-de-Fonds - A B S - 14.03.1887 WM-WC	
HERMADO	BROADWEST WATCH CO LTD. S8624 COM Bale HERMADO 20.07.1927 COM	

T92/L NOTE:

REMARKS OBSERV'TN BEMERKUNG	NAMES AND ADDRESS NOMS ET ADDRESSE NAMEN UND ADDRESSE	TRADEMARK OR TRADENAME MARQUE DE FABRIQUE - NOMS WARENZEICHEN - WORTMARKE
	BROEL, ERNEST & CIE S4951 MFC Neuchatel 21.07.1903 M-SMP	
	BRONNER, EMILE & CIE S0132 MFC Biel EB & Cie 27.06.1881 WM-WC	
	BUCHEL, F.-DATWYLER S0545 MFC La Chaux-de-Fonds - F B D - 14.03.1887 WM-WC	
	BUCHERER, C. S8487 MFC-COM Lucern OVIDA 21.02.1927 WA-WM-SMP-PW-PC	OVIDA
	BUCHWALDER, BIETRY & CIE. S1654 MFC Porrentruy - B B - 15.09.1892 WM	FIXE B.B
	BUECHE & BOILLAT S2036 MFC Reconvilier RAURAK 22.02.1895 WM-WC	*Raurak*
	BURGER,Simon & GRESSOT Porrentruy Swiss 370/10 SOLIDE-NORMALE-HELIOS-PERFECTA VICTORIA-SPECIALE,tradename. AK04.	**Solide** **Normale** **Helios** **Perfecta** **Victoria** **Speciale**
	BUSER & Co. Niederdorf Swiss 484/10 NIDOR,tradename.Watches,MFC/WHS RET. - B - HE	B NIDOR

NOTE: R/T92

TRADEMARK OR TRADENAME MARQUE DE FABRIQUE - NOMS WARENZEICHEN - WORTMARKE	NAMES AND ADDRESS NOMS ET ADDRESSE NAMEN UND ADDRESSE	REMARKS OBSERV'TN BEMERKUNG
Inverse	BYERSDORF FRERES Chaux de Fonds Swiss 212/10 INVERSE, tradename. AK04.	
BUSGA	BUESS & GAGNEBIN S8493 MFC-COM Chaux-de-Fonds BUSGA 28.02.1927 WA-WM-RWP	
DOROBANTUL	BUFFAT & CIE, S. A. S8187 MFC Chaux-de-Fonds DOROBANTUL 13.08.1926 WA-WP	
	BUFFAT, HENRY S8304 MFC Chaux-de-Fonds ALSINA 01.10.1926 WA-WP	
RELHUB DEPOSEE	BUHLER, WALTHER S7772 MFC-COM Chaux-de-Fonds RELHUB DEPOSEE 31.08.1925 WA-WP	
CHRONOMETRE WALTHER Nº 65996	BUHLER, WALTER S8741 MFC Chaux-de-Fonds CHRONOMETRE WALTHER 21.12.1927 WA-WP	
HOCHKOPF Nº 65997	HOCHKOPF	

T92/L NOTE:

REMARKS OBSERV'TN BEMERKUNG	NAMES AND ADDRESS NOMS ET ADDRESSE NAMEN UND ADDRESSE	TRADEMARK OR TRADENAME MARQUE DE FABRIQUE - NOMS WARENZEICHEN - WORTMARKE
	BOIS,Phillipe Swiss 448/10 Trademark,MFC/WHS/RET/Watches. HE. BOIS,Phillipe Swiss 449/10 Trademark,MFC/WHS/RET/Watches. HE.	B O I S , PHILLIPE
	BUHLMANN, DIETSCHE & CIE S5302 MFC St. Imier LAMA 03.10.1904 ND	LAMA NON MAGNETIQUE
	BURCK, RENE S6012 MFC Kreuzlingen ORISAN 13.01.1910 WA-WP	Orisan
	BURGER, SIMON & GRESSOT S1082 MFC Porrentruy NORMALE 12.04.1890 WM-WC-WD	NORMALE
	BURRI-HALDI, Ls. S1622 MFC Bienne 08.07.1892 WC-DWB-WD-WM	
	BUSER FRERES S8636 MFC Niederdorf - B F - 22.07.1927 WA-WP	B F
	BUTIKOFER, A. S2420 MFC Marin, Neuchatel 09.12.1896 WD-WM-WC	A. BUTIKOFER succ de la Société d'horlogerie de Neuchâtel

NOTE: R/T92

TRADEMARK OR TRADENAME MARQUE DE FABRIQUE - NOMS WARENZEICHEN - WORTMARKE	NAMES AND ADDRESS NOMS ET ADDRESSE NAMEN UND ADDRESSE	REMARKS OBSERV'TN BEMERKUNG
BUTIKOPFER, A.	BUTIKOPFER, A. S2494 MFC Marin, pres Neuchatel MARINE 09.03.1897 WM-WD-WC	
 *ARGENTINA*	CALAME JS - ROBERT S0956 MFC La Chaux-de-Fonds ARGENTINA 09.07.1889 WM-WC	
ZODIAC	CALAME, FILS D'ARISTE S3871 MFC Locle ZODIAC 05.06.1901 WC-DWB-WD-WM	
HAPPY TIME	CALAME, FILS D'ARISTE S5335 MFC Locle HAPPY TIME 28.10.1904 WA-WP-WC	
WELFARE	CALAME, FILS D'ARISTE S6341 MFC Locle WELFARE 28.11.1910 WA-WP-WC	
DARLING	CALAME, FILS D'ARISTE S6621 MFC Locle DARLING 08.09.1911 WA-WP-WC	
nice	CALAME, FILS D'ARISTE S8354 MFC Locle NICE 14.12.1926 WA-WP-WC	
LUMINOUS	CALAME, FILS D'ARISTE S8515 MFC Locle LUMINOUS 02.04.1927 WA-WP-WC	
 Nº 1147.  Nº 1148.	CALAME, JS-ROBERT S0310 MFC La Chaux-de-Fonds - J C - RUSKOPF LEVER 16.04.1884 WM-WC	

T92/L NOTE:

REMARKS OBSERV'TN BEMERKUNG	NAMES AND ADDRESS NOMS ET ADDRESSE NAMEN UND ADDRESSE		TRADEMARK OR TRADENAME MARQUE DE FABRIQUE - NOMS WARENZEICHEN - WORTMARKE
	CALAME, JS-ROBERT MFC La Chaux-de-Fonds 10.03.1887 WM	S0543	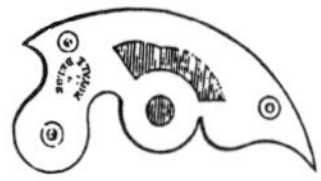
	CALAME, JS-ROBERT MFC La Chaux-de-Fonds 03.11.1888 WM-WC	S0862	 
	CALAME, JS-ROBERT MFC La Chaux-de-Fonds 06.11.1888 WM-WC	S0864	
	CALAME, JS-ROBERT MFC La Chaux-de-Fonds " 4 0 " 10.04.1890 MW-WC	S1081	
	CALAME, JULES MFC Chaux-de-Fonds 18.11.1910 WA-WP	S6337	
	CALAME, JULES COM Chaux-de-Fonds GOYA 31.03.1926 WA-WP	S8076	
	CALAME, JULES FILS COM Chaux-de-Fonds TURIA 02.11.1911 WA-WP	S6695	TURIA
	CALAME, JULES-ROBERT MFC La Chaux-de-Fonds 01.11.1880 PW	S0011	

NOTE:

R/T92

TRADEMARK OR TRADENAME MARQUE DE FABRIQUE - NOMS WARENZEICHEN - WORTMARKE	NAMES AND ADDRESS NOMS ET ADDRESSE NAMEN UND ADDRESSE	REMARKS OBSERV'TN BEMERKUNG
ASDRUBAL	CALAME, JULES FILS S6873 COM Chaux-de-Fonds ASDRUBAL 03.06.1912 WA-WP	
	CALAME, L. C. S3643 MFC Bienne 28.11.1900 WA-WP	
	CALAME, L. C. S4662 MFC Bienne 01.12.1902 WM-WD-WC	
	CALLMANN, LEWIE & FRERES S0734 MFC La Chaux-de-Fonds 07.01.1888 WM-WC	
	CASTELBERG, ANTOINE S0255 MFC La Chaux-de-Fonds THE CONQUEROR 02.10.1883 WM-WC	Refer page: 88 CASTELBERG
	CASTELBERG, ANTOINE S0297 MFC-ME La Chaux-de-Fonds ADELPHI WATCH Co 10.04.1884 WM-WC	
	CASTELBERG, A. S0384 MFC - ME La Chaux-de-Fonds 08.09.1885 WM-WC	
	CASTELBERG, ANTOINE S0470 MFC La Chaux-de-Fonds JOHNSON & Co 08.09.1886 WM	

T92/L NOTE:

REMARKS OBSERV'TN BEMERKUNG	NAMES AND ADDRESS NOMS ET ADDRESSE NAMEN UND ADDRESSE	TRADEMARK OR TRADENAME MARQUE DE FABRIQUE - NOMS WARENZEICHEN - WORTMARKE
	CASTELBERG, A. S0641 **MFC - ME** **La Chaux-de-Fonds** TRADE MARK K&Co **14.07.1887** **WM-WD-DWB**	TRADE MARK K&Co
	CATTIN & CHRISTIAN S5301 **MFC** **Holstein** **ORIS** **03.10.1904** **WA-WP**	ORIS **Manufacture** **d'horlogerie de Hœlstein**
	CATTIN & CHRISTIAN S6190 **MFC** **Holstein** - C&C H - **28.05.1910** **WA-WP**	18 MAI 1910 C.&C.H
	CATTIN & CHRISTIAN S6444 **MFC** **Holstein** H.ROSSKOPF & Co **22.02.1911** **WA-WP**	H.ROSSKOPF & C°
	CATTIN, J.-A. S6508 **MFC** **Delemont** **SOLIS** **09.05.1911** **WA-WP**	SOLIS
	CATTIN, PAUL S8231 **MFC-COM** **Petit-Lancy** HENRI GRANDJEAN & Cie GENEVE **03.09.1926** **WA-WP**	N° 62537 HENRI GRANDJEAN & Cie GENEVE **Paul Cattin, successeur de la S. A. de la Fabrique des montres Henry Grandjean & Cie.**
CERTINA see page -785- under KURTH	CERTINA -KURTH FRERES S.A. S0536 MFC Grenchen,district Solothurn Bahnhofstrasse 9 WW-PW-SUP-CHRONOGRAPH	

NOTE: R/T92

TRADEMARK OR TRADENAME MARQUE DE FABRIQUE - NOMS WARENZEICHEN - WORTMARKE	NAMES AND ADDRESS NOMS ET ADDRESSE NAMEN UND ADDRESSE	REMARKS OBSERV'TN BEMERKUNG
TOSCA	CERVINE S.A. Swiss 139/10 TOSCA,tradename.Registered 15.11.1939.MFC	
TRAVAIL	CERVINE S.A. Swiss 140/10 TRAVAIL, tradename.Registered 15.11.1939.MFC	
STARTER	CERVINE S.A. Swiss 141/10 STARTER,tradename.Registered 15.11.1939.MFC	
ANONA	CERVINE S.A. Swiss 142/10 ANONA,tradename.Registered 15.11.1939.MFC	
METODA	CERVINE, S.A La Chaux de Fonds Swiss 138/10 METODA,tradename.Registered 15.11.1939.MFC	
OWIKA	**CHATELAIN, NUMA** **S5227** **MFC** **Tramelan / Dessous** **OWIKA** **16.07.1904** **WA-WP**	
	**CHATELAIN, REYNOLD** **S1890** **MFC** **Tramelan / Dessous** POSTALA **08.03.1894** **WC-DWB-WD-WM**	
	**CHATELAIN & DUCOMMUN** **S1779** **MFC** **Tramelan** **17.06.1893** **WC-DWB-WD-WM**	
	CHEMIN des TOURELLES S0537 MFC Le Locle - District Neuchatel WW-WP-PW-SUP-WHS	Refer to page 785
	**CHATELAIN, ARISTE** **S0916** **MFC** **Tramelan** **28.03.1889** **WM-WC**	

T92/L NOTE:

REMARKS OBSERV'TN BEMERKUNG	NAMES AND ADDRESS NOMS ET ADDRESSE NAMEN UND ADDRESSE	TRADEMARK OR TRADENAME MARQUE DE FABRIQUE - NOMS WARENZEICHEN - WORTMARKE
	CHATELAIN,Leal & Cie. Chaux de Fonds Swiss 483/10 DREADNOUGHT,tradename.Watches,MFC WHS,RET. HE	DREADNOUGHT
	CHATELAIN, FRITZ S0099 MFC Neuchatel -F C - 04.03.1881 WM-WC-IN	F C
	CHATELAIN, FRITZ S2352 MFC Neuchatel 18.07.1896 WM-WC	F C FRITZ CHATELAIN
	CHARPIE, G. A. S3421 MR Bienne NECCO 10.02.1900 WA-WP	NECCO
	CHARPIE, G. A. S3694 MR Bienne SASTA 04.02.1901 WA-WP	SASTA SWISS MADE
	CHARPIE, G. A. S5413 MR Bienne APNA 14.12.1904 WA-WP	APNA SWISS MADE
	CHARPIE, G. A. S6488 COM Bienne SNYDER WATCH 21.04.1911 WA-WP	SUNDER WATCH SWISS MADE
	CHERNO, GUSTAVE S3932 MFC Soleure LA CHARMEUSE 19.07.1901 WA-WP	LA CHARMEUSE
	CHERNO, GUSTAVE S4648 MFC Soleure AMI WATCH 27.11.1902 WA-WP	AMI WATCH

NOTE: R/T92

TRADEMARK OR TRADENAME MARQUE DE FABRIQUE - NOMS WARENZEICHEN - WORTMARKE	NAMES AND ADDRESS NOMS ET ADDRESSE NAMEN UND ADDRESSE	REMARKS OBSERV'TN BEMERKUNG
	CHAMPOD-JUNOD, A. S3939 MFC Fleurier CHAMPOD - JUNOD 23.07.1901 WD	
	CHAMPOD-JUNOD, A. S6784 MFC Fleurier IDEAL 10.02.1912 WP-PC	
SALAMBO	CHEZARD, ALBARET & CIE S5146 MFC Chezard / St. Martin SALAMBO 20.05.1904 WA-WP	
BOLIVAR	CHEZARD, ALBARET & CIE S5145 MFC Chezard / St. Martin BOLIVAR 20.05.1904 WA-WP	
ELVA	CHEZARD, ALBARET & CIE S6523 MFC Chezard / St. Martin ELVA 20.05.1911 WA-WP	
CIVIC	CIVIC WATCH CO. S. A. S6738 MFC-COM Buren CIVIC 11.12.1911 WC-DWB-WM-WD-JL	
EDITHA	CHRISTIAN, GEORGES S8526 MFC Holstein EDITHA 01.04.1927 WA-WP	
ORISCO	CHRISTIAN, GEORGES S8136 MFC Holstein ORISCO 21.06.1926 WA-WP	
SIRO	CHRISTIAN, GEORGES S7573 MFC Holstein SIRO 17.02.1925 WA-WP	

T92/L NOTE:

REMARKS OBSERV'TN BEMERKUNG	NAMES AND ADDRESS NOMS ET ADDRESSE NAMEN UND ADDRESSE	TRADEMARK OR TRADENAME MARQUE DE FABRIQUE - NOMS WARENZEICHEN - WORTMARKE
	CHOPARD, L.U. S0320 **MFC** **Sonvillier** ERGUEL ARGENTINO **06.06.1884** **WM-WC**	
	CHOPARD, L.U. S1167 **MFC** **Sonvillier** **02.02.1891** **WM-WC-WD**	
	CHOPARD, L.U. S4606 **MFC** **Sonvillier** - L U C - **24.10.1902** **WA-WP**	
	CHOPARD, L.U. S5377 **MFC** **Sonvillier** -L U C - **17.11.1904** **WA-WP**	
	CHOPARD, L.U. S6091 **MFC** **Sonvillier** CHRONOMETRE du POMPIER **01.03.1910** **WA-WP**	
	CHOPARD, L.U. S6477 **MFC** **Sonvillier** CHRONOMETRE du POMPIER **28.03.1911** **WA-WM-SMP-PC-SPC**	
	CHOPARD, LU., FILS S8376 **MFC** **Chaux-de-Fonds** RAQUETTERIE L U C **17.12.1926** **WA-WP**	N° 63355 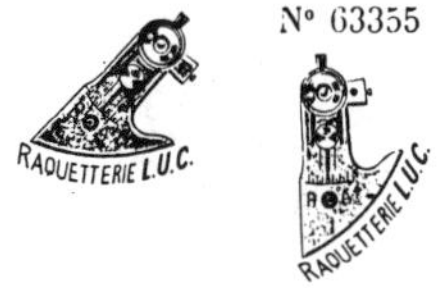

NOTE:

R/T92

TRADEMARK OR TRADENAME MARQUE DE FABRIQUE - NOMS WARENZEICHEN - WORTMARKE	NAMES AND ADDRESS NOMS ET ADDRESSE NAMEN UND ADDRESSE	REMARKS OBSERV'TN BEMERKUNG
	CHOPARD, L.U. Sonvillier Swiss 487/10 Registered 16.01.1903,in Berlin Germany.MFC/WHS/RET Pocketwatch	
	CHOPARD, CH. S4048 MFC Sonvillier GLORIA 04.01.1902 WA-WP	
GLORIA	CHOPARD, CH. S6353 MFC Sonvillier GLORIA 21.12.1910 RWP	
	CHOPARD, G. S0063 MFC Sonvillier 26.11.1880 WM-WC-WD	
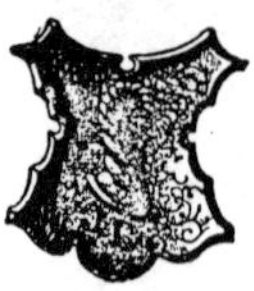	CHOPARD, JAMES S0567 MFC Biel 31.03.1887 WM-WC	
	CHOPARD & FAVRE S1658 MFC St. Imier FINA 28.09.1892 WC-WD-WM	
	CHOPARD - KUMER S0253 MFC Biel 29.09.1883 WM-WC-SPE	
	CHOPARD & MARCHAND S0736 MFC St. Imier - C M - 11.01.1888 WM-WC	

T92/L NOTE:

REMARKS OBSERV'TN BEMERKUNG	NAMES AND ADDRESS NOMS ET ADDRESSE NAMEN UND ADDRESSE	TRADEMARK OR TRADENAME MARQUE DE FABRIQUE - NOMS WARENZEICHEN - WORTMARKE
	CHOPARD P.-BLANCHARD S0425 MFC La Chaux-de-Fonds - P C B - 24.03.1886 WM-WC	
	CHOPARD, CH. S1584 MFC Sonvillier - C A C - 28.04.1892 WC-WM-DWB-WD	
	CLEMENCE FRERES S0851 MFC La Chaux-de-Fonds - C F - 28.09.1888 WC-WM	
	CLEMENCE-BEURRET, EUG. S1778 MFC Chaux-de-Fonds 17.06.1893 WC-WM	IORA
	CLEMENCE-BEURRET, EUG. S2616 MFC Chaux-de-Fonds UMPIRE 11.12.1897 WM-WC	Umpire EUG. CLÉMENCE-BEURRET Successeur de CLÉMENCE FRÈRES
	CLEMENCE-BEURRET, EUG. S4030 MFC Chaux-de-Fonds FEE 30.11.1901 WA-WC-WM	Fée
	CLEMENCE-BEURRET, EUG. S7518 MFC-COM Chaux-de-Fonds AXA 15.01.1925 WM-WC	AXA
	CLEMENZ, ALLEMANN-HUG S7503 MFC-COM Rosieres KITO 10.01.1925 WM-WA	Kito
	CLEMENZ, ALLEMANN S8488 MFC-COM Rosieres ROSETTA -C.-A- 10.03.1927 WM-WA-WP	

NOTE: R/T92

TRADEMARK OR TRADENAME MARQUE DE FABRIQUE - NOMS WARENZEICHEN - WORTMARKE	NAMES AND ADDRESS NOMS ET ADDRESSE NAMEN UND ADDRESSE	REMARKS OBSERV'TN BEMERKUNG
HC	CODONET, HENRI S0621 MFC Biel 10.06.1887 WM-DWB	
ATLETIC	COHN, DANIEL S7783 COM Bienne ATLETIC 10.09.1925 WA-WM-WC-SMP	
COLOMB & BALMER **succ. de la Société anonyme de la** **Fabrique d'horlogerie J.-J. BADOLLET**	COLOMB & BALMER S2543 MFC Geneva 03.06.1897 WC-WM	
N° 62810 CWC° N° 62811 CW	COMBINE WATCH CO. S8295 MFC Chaux-de-Fonds - C W Co. - 11.10.1926 WA-WM-WP	
DATA	COMP. DES MONTRES DATUM-NIR S8530 MFC-COM Chaux-de-Fonds DATA 02.04.1927 WA-WM-WD-WP-PC-SPC	
	COMP. DES MONTRES DATUM-NIR S8531 MFC-COM Chaux-de-Fonds WARDEN 02.04.1927 WA-WM-WD-WP-PC-SPC	
INVAR.	COMPAGNIE de MONTRE Invar Swiss 228/10 INVAR, tradename. AK04.	
PALIX	COMP. DES MONTRES NIRVANA S7968 MFC-COM Chaux-de-Fonds PALIX 09.01.1926 WA-	

T92/L NOTE:

REMARKS OBSERV'TN BEMERKUNG	NAMES AND ADDRESS NOMS ET ADDRESSE NAMEN UND ADDRESSE	TRADEMARK OR TRADENAME MARQUE DE FABRIQUE - NOMS WARENZEICHEN - WORTMARKE
	COMP. DES MONTRES NOVALIS S7526 MFC Geneva NADORA 15.01.1925 WA-WP-	NADORA
	COMP. DES MONTRES NOVALIS S8064 MFC-COM Geneva -M N- 09.04.1926 SUPP	
	COMP. GENERALE D'EXPORTATION S7773 COM Chaux-de-Fonds SAGARA 16.08.1925 WA-WP	
	COMPAGNIE DES MONTRES ABRA S7673 MFC-COM Chaux-de-Fonds ZABRA 11.07.1925 WA	ZABRA
	COMPAGNIE DES MONTRES ABRA S7976 MFC-COM Geneva ARRA 06.01.1926 WA	
	COMPAGNIE DES MONTRES BEREX S7605 MFC-COM Chaux-de-Fonds REBOR WATCH 04.04.1925 WA-WP	REBOR WATCH
	COMPAGNIE DES MONTRES BEREX S8522 MFC-COM Chaux-de-Fonds JAREX 28.03.1927 WA-WP	JAREX
	COMPAGNIE DES MONTRES INVAR S4635 MFC-COM Chaux-de-Fonds EXCELLENCE 12.11.1902 WA	EXCELLENCE
	COMPAGNIE DES MONTRES INVAR S4836 MFC-COM Chaux-de-Fonds THE HIT 28.04.1903 WA	„THE HIT”

NOTE: R/T92

TRADEMARK OR TRADENAME MARQUE DE FABRIQUE - NOMS WARENZEICHEN - WORTMARKE	NAMES AND ADDRESS NOMS ET ADDRESSE NAMEN UND ADDRESSE	REMARKS OBSERV'TN BEMERKUNG
	COMPAGNIE DES MONTRES INVAR S5199 MFC-COM Chaux-de-Fonds 16.06.1904 WA	
	COMPAGNIE DES MONTRES INVAR S6162 MFC-COM Chaux-de-Fonds 27.04.1910 WA	
	COMPAGNIE DES MONTRES INVAR S6535 MFC-COM Chaux-de-Fonds PRIVILEGE 23.06.1911 WA	
	COMPAGNIE DES MONTRES INVAR S7554 MFC-COM Chaux-de-Fonds INVAR 18.02.1925 WA-WP-SUPP-PCL	
	COMPAGNIE DES MOUTRES BEREX S8245 MFC-COM Chaux-de-Fonds SWISS MADE BALLON 13.09.1926 WA	
CHRONOMETRE NOMIS	COMPAGNIE NOMIS S. A. S6861 COM Chaux-de-Fonds CHRONOMETRE NOMIS 10.05.1912 WA-WP	
ICAR	COMPANIE DES MONTRES DRIVA S7842 MFC-COM Chaux-de-Fonds ICAR 09.11.1925 WA-WM	
	COMTE, A. S0784 MFC Courtetelle "A C REGISTERED TRADEMARK" 05.04.1888 WM-WC	
	COMTE, A. S0884 MFC Courtetelle SILVENIA 10.01.1889 WM-WC	

T92/L NOTE:

REMARKS OBSERV'TN BEMERKUNG	NAMES AND ADDRESS NOMS ET ADDRESSE NAMEN UND ADDRESSE	TRADEMARK OR TRADENAME MARQUE DE FABRIQUE - NOMS WARENZEICHEN - WORTMARKE
	COMTE, A. S2776 **MFC** **Courtetelle** **19.11.1898** **WA-WP**	
	CONTINENTAL WATCH CO S0202 **MFC** **La Chaux-de-Fonds** **22.11.1882** **WM-WC-WD**	CONTINENTAL WATCH C°
	CORBAT, SIMON S0757 **MFC** **Vendlincourt** - C S - **13.02.1888** **SUP**	
	CORTEBERT WATCH CO. S4043 **MFC** **Cortebert** - J C - **12.12.1901** **ND**	JC CORTÉBERT WATCH C° JUILLARD FRÈRES
	CORTEBERT WATCH Co. Cortebert Swiss 424/10 CORTEBERT, tradename. -CORT- AK04.	CORTEBERT Cort
	CORTEBERT WATCH CO. S8305 **MFC-COM** **Cortebert** **BALCO** **09.10.1926** **ND**	
	CORTESE, AUG. S4685 **MR** **Neuchatel** ECHAPPEMENT ROSKOPF **20.12.1902** **ND**	ECHAPPEMENT ROSKOPF SYSTEME
	COULERO-MEURI S0614 **MFC** **La Chaux-de-Fonds** **06.06.1887** **WM-WC**	COULERU MEURI

NOTE: R/T92

TRADEMARK OR TRADENAME MARQUE DE FABRIQUE - NOMS WARENZEICHEN - WORTMARKE	NAMES AND ADDRESS NOMS ET ADDRESSE NAMEN UND ADDRESSE	REMARKS OBSERV'TN BEMERKUNG
	COULERU - MEURI S0442 MFC La Chaux-de-Fonds MINERVA 17.05.1886 WM-WC	
	COULERU-MEURI S1761 MFC Chaux-de-Fonds COMPTEUR KILOMETRIQUE 08.05.1893 WC-WD-WM	
 COULERU-MEURI	COULERU-MEURI S2441 MFC Chaux-de-Fonds LEA MASCOTTE 18.01.1897 WA-WP	
	COULERU-MEURI S4977 MFC Chaux-de-Fonds OCTO 19.08.1903 WA-WP	
	COULERU-MEURI, CH. S0844 MFC La Chaux-de-Fonds BICYCLE CLUB WATCH OBSERVATOR 14.08.1888 CHR	
	COULLERY FRERES S0391 MFC Fontenais 26.09.1885 WA-WC	
	COULLERY FRERES S2250 MFC Fontenais SPECIALE 03.02.1896 WA-WP	
	COULLERY FRERES S3243 MFC Fontenais 22.06.1899 WA-WP	

T92/L NOTE:

REMARKS OBSERV'TN BEMERKUNG	NAMES AND ADDRESS NOMS ET ADDRESSE NAMEN UND ADDRESSE	TRADEMARK OR TRADENAME MARQUE DE FABRIQUE - NOMS WARENZEICHEN - WORTMARKE
	COULLERY FRERES S3548 **MFC** **Fontenais** NIVARNA **04.06.1900** **WA-WP**	NIVARNA
	COULLERY FRERES S4735 **MFC** **Fontenais** TRIO **11.02.1903** **WA-WP**	★TRIO★
	COULLERIE & Co Fontenais Swiss 230/10 GLOBE, tradename. AK04.	Globe
	CUGNIER, LESCHOT La chaux de Fonds. SWISS 055/3 Limited data ,made travel alarm, carriga clocks.	C U G N I E R
	COULON, L. & CIE S3994 **MFC** **Porrentruy** NOLUOC **08.10.1901** **WA-WP**	NOLUOC
	COURVOISIER FRERES S0014 **MFC-COM** **La Chaux-de-Fonds** **01.11.1880** **WM**	COURVOISIER FRERES CHAUX-DE-FONDS SWITZERLAND
	COURVOISIER FRERES S0204 **MFC-COM** **La Chaux-de-Fonds** REGISTERED **06.12.1882** **ND**	REGISTERED TRADE MARK

NOTE: R/T92

TRADEMARK OR TRADENAME MARQUE DE FABRIQUE - NOMS WARENZEICHEN - WORTMARKE	NAMES AND ADDRESS NOMS ET ADDRESSE NAMEN UND ADDRESSE	REMARKS OBSERV'TN BEMERKUNG
	COURVOISIER FRERES S0329 MFC-COM La Chaux-de-Fonds 07.08.1884 WA-WP-PW	
	COURVOISIER FRERES S0460 MFC-COM La Chaux-de-Fonds 21.07.1886 WM-WC	
	COURVOISIER FRERES S0529 MFC-COM La Chaux-de-Fonds 02.03.1887 WC	
	COURVOISIER FRERES S0787 MFC-COM La Chaux-de-Fonds 09.04.1888 WM	
	COURVOISIER FRERES S1524 MFC Chaux-de-Fonds REVOLVER 07.03.1892 WM-WC-WD	
	COURVOISIER FRERES S1902 MFC Chaux-de-Fonds COPPEL 28.03.1894 WD-WM	
	COURVOISIER FRERES S3342 MFC-COM Chaux-de-Fonds EL VIAJANTE 25.11.1899 WA-WP	
	COURVOISIER FRERES S3615 MFC Chaux-de-Fonds 08.10.1900 PW	

T92/L NOTE:

REMARKS OBSERV'TN BEMERKUNG	NAMES AND ADDRESS NOMS ET ADDRESSE NAMEN UND ADDRESSE	TRADEMARK OR TRADENAME MARQUE DE FABRIQUE - NOMS WARENZEICHEN - WORTMARKE
	COURVOISIER FRERES S3681 MFC Chaux-de-Fonds MINHO 29.01.1901 PW	MINHO
	COURVOISIER FRERES S4631 MFC-COM Chaux-de-Fonds SUN 17.11.1902 WA-WP-WD-WC	
	COURVOISIER FRERES S5290 MFC-COM Chaux-de-Fonds GENTRY 16.09.1904 WA-WP	GENTRY
	COURVOISIER FRERES S6018 MFC-COM Chaux-de-Fonds SUCCESSEURS de COUVOISIER 24.01.1910 WA-WP	L. COURVOISIER & Cie successeurs de Courvoisier frères
	COURVOISIER FRERES S6671 MFC-COM Chaux-de-Fonds -CHINA EXPORT- 21.10.1911 WA-WP	
	COURVOISIER & CO S0196 MFC-COM La Chaux-de-Fonds CC C 23.10.1882 GEN SUP	
	COURVOISIER & CIE S1099 MFC-COM La Chaux-de-Fonds 18.06.1890 WM-WC-JW-TO-FIX-SUP-ME	
	COURVOISIER & CIE. S2587 MFC-COM Versoix 04.10.1897 PW	COURVOISIER & Cie Société en commandite

NOTE: R/T92

TRADEMARK OR TRADENAME MARQUE DE FABRIQUE - NOMS WARENZEICHEN - WORTMARKE	NAMES AND ADDRESS NOMS ET ADDRESSE NAMEN UND ADDRESSE	REMARKS OBSERV'TN BEMERKUNG
COURVOISIER & Co. CC SWISS MADE	COURVOISIER & CIE S3549 MFC-COM Versoix 07.06.1900 WC-WM	
THE SANDOW WATCH SWISS MADE	COURVOISIER & CIE S6412 MFC-COM Versoix THE SANDOW WATCH 20.01.1911 WC-WD-WM-JL	
Fritz Courvoisie *Buttes Suisse*	COURVOISIER, FRITZ S0146 MFC Buttes / Neuchatel 11.10.1881 WA-WP	
GUANILLON P F C	CUANILLON, FRITZ S3973 MFC Chaux-de-Fonds - P F C - 12.09.1901 WA-WP	
CUANILLON & C[ie] KULM WATCH Co.	CUANILLON & CIE S8016 MFC-COM Bienne KULM WATCH Co. 08.03.1926 WA-WP	
C E R T I N A K U R T H F R E R E S	CERTINA -KURTH FRERES S.A. S0536 MFC Grenchen,district Solothurn Bahnhofstrasse 9 Year 1888, Kurth Freres founded in Grenchen-Switzerland,watch manufacturing enterprise. Year 1945, CERTINA ,registered tradename. At the end of 1950, traditional mechanical wristwatch production declined. CERTINA changed to the DS, and later to quartz watches (over 100 models). Year 1970 analogue quartz watch. CERTINA market 4 different style pocket watches. Year 1990/91,a new line of "DS" watches in the traditional CERTINA style. CERTINA chronograph, fitted with water resistant case "DS3". For many years the CERTINA enterprise enjoyed a fair shear of the Swiss world export market. WW-PW-WHS- Chronographs	AB LIT 109 See page 798 UNION HOROLOGE

T92/L NOTE:

REMARKS OBSERV'TN BEMERKUNG	NAMES AND ADDRESS NOMS ET ADDRESSE NAMEN UND ADDRESSE	TRADEMARK OR TRADENAME MARQUE DE FABRIQUE - NOMS WARENZEICHEN - WORTMARKE
See page 786 T I S S O T	CHEMIN des TOURELLES S0537 MFC Le Locle,district Neuchatel Founded in the year 1853.Under the name "TISSOT", year 1990/91 markets 27 models, selection from the common wristwatch to automatic chronograph watch. Export to the U.S.A. and United Kingdom (England) WW-PW-SUP-WHS	C H E M I N DES T O U R E L L E S
LIT 170 See page 798 UNION HOROLOGE	ALPINA- GRUEN GILDE S0506 UHREN AKTIEN GESELLSCHAFT (Watch Stockholder Corporation) MFC Founded in the year 1883, following names used: • UNION HORLOGERE (French) • MONTRES ALPINA GREUN GUILDE SOCIETE ANONYME • UNION HORLOGERE • ALPINA-GREUN GUILD WATCH Co.Lt (UNION HORLOGERE) Note: Celebrated year 1933,the 50th Anniversary. Published "FESTSCHRIFT"(printed in German) Bern-Switzerland May 1933. © G.Fehlman NAWCC Bulletin # VOL. 19 /190	A L P I N A - G R U E N
	BREMON S0516 MFC La Chaux-de-Fonds WA-WHS-RET	
	DECKELMANN S0433 MFC La Chaux-de-Fonds GLORIA 30.04.1886 WM-WC	
	DECKELMANN, A. S0160 MFC La Chaux-de-Fonds - A D - 20.03.1882 WM-WC	
	DECKELMANN, C. S0313 MFC La Chaux-de-Fonds - C D - 02.04.1884 WM-WC	

NOTE: R/T92

TRADEMARK OR TRADENAME MARQUE DE FABRIQUE - NOMS WARENZEICHEN - WORTMARKE	NAMES AND ADDRESS NOMS ET ADDRESSE NAMEN UND ADDRESSE	REMARKS OBSERV'TN BEMERKUNG
BELLA	DECKELMANN, C. S2510 MFC Chaux-de-Fonds BELLA 05.04.1897 WA-WP	
	DECKELMANN, C. S5102 MFC Chaux-de-Fonds 02.04.1904 WC-WM	
	DEGOUMOIS, H.-V. S1207 MFC La Chaux-de-Fonds 20.05.1891 WA	
	DEGOUMOIS, ERNEST S1275 MFC St. Imier LONGITUDE 23.10.1891 WM-WC-WD-DWB	
	DEGOUMOIS, ERNEST S2793 MFC St. Imier BONHEUR DEPOSE 10.12.1898 WA-WP	
	DEGOUMOIS, ERNEST S4047 MFC St. Imier -HIGH LIFE WATCH- 23.12.1901 WA-WP	
	DEGOUMOUIS, VIRGILE S4230 MFC Tramelan / Dessous HARDIE - V D - 30.06.1902 WA-WP	
	DEGOUMOIS & CIE S8583 MFC Chaux-de-Fonds EMPRESS 23.05.1927 WA-WP	

T92/L NOTE:

REMARKS OBSERV'TN BEMERKUNG	NAMES AND ADDRESS NOMS ET ADDRESSE NAMEN UND ADDRESSE	TRADEMARK OR TRADENAME MARQUE DE FABRIQUE - NOMS WARENZEICHEN - WORTMARKE
	DEGOUMOIS & Co. Swiss 68/10 to 77/10 MFC La Chaux-de-Fonds 22.10.1928 WA-WP-WHS-RET	Riviera Watch 68/10 DALILA 69/10 Ragtime Watch 70/10 ELISINDA 71/10 ONIL 72/10 MOGULA 73/10 XURY 74/10 JIMBO 75/10 SUIPACHA 76/10 Strega 77/10
	DEGOUMOIS, Ernst Biel Swiss 233/10 HIGH LIFE WATCH, tradename. AK04.	HIGH LIFE WATCH D
	DELAPRES, GEORGES-HENRI S5005 MFC Chaux-de-Fonds CYCLOPS 10.09.1903 WA-WP	CYCLOPS GDG
	DELEVAUX, JULES S0674 MFC Villeret 25.08.1887 WM-WC	
	DELEVAUX, NESTOR S3926 MFC Chaux-de-Fonds - N D - 15.07.1901 WA-WP	N.D

NOTE: R/T92

TRADEMARK OR TRADENAME MARQUE DE FABRIQUE - NOMS WARENZEICHEN - WORTMARKE	NAMES AND ADDRESS NOMS ET ADDRESSE NAMEN UND ADDRESSE	REMARKS OBSERV'TN BEMERKUNG
"BADSHAI"	DELEVAUX, NESTOR S4849 MFC Chaux-de-Fonds BADSHAI 12.05.1903 WA-WP	
FAVORIT	DELEVAUX, NESTOR S7662 MFC Chaux-de-Fonds FAVORIT 07.05.1925 WA-WP	
	DENNI, FRITZ S0791 MFC La Chaux-de-Fonds 10.04.1888 WM-WC	
	DENNI, FRITZ S0950 MFC La Chaux-de-Fonds 25.06.1889 WM-WC-WD	
UNIVERSAL WATCH	DESCOMBES & PERRET S1867 MFC Locle UNIVERSAL WATCH 18.01.1894 WC-DWB-WD-WM-WP	
	DESCOMBES & PERRET S2200 MR Locle USO MILITARI D&P 20.11.1895 WC-DWB-WD-WM	
	DESCOMBES & PERRET S2391 MR Locle LA MERIDIANA D&P 17.10.1896 COM	
MARQUE DE FABRIQUE	DESSAULES & FILS S0803 MFC Cernier 09.05.1888 WM-WP	

T92/L NOTE:

REMARKS OBSERV'TN BEMERKUNG	NAMES AND ADDRESS NOMS ET ADDRESSE NAMEN UND ADDRESSE	TRADEMARK OR TRADENAME MARQUE DE FABRIQUE - NOMS WARENZEICHEN - WORTMARKE
	DIDISHEIM ACHILLE S0335 MFC La Chaux-de-Fonds VAN LIER 20.10.1884 WM-WC	
	DIDISHEIM-GOLDSCHMIDT S0386 MFC La Chaux-de-Fonds - D G & Co - 08.09.1885 WM-WC	
	DIDISHEIM-GOLDSCHMIDT S0716 MFC La Chaux-de-Fonds FIDUCCIA 05.12.1887 WM-WC	
	DIDISHEIM-GOLDSCHMIDT S1591 MFC Chaux-de-Fonds REGULADOR - D G -1ra 17.05.1892 PW-WC-WM-WD	
	DIDISHEIM-GOLDSCHMIDT S3527 MFC Chaux-de-Fonds ELSA 27.04.1900 WA-WP	ELSA
	DIDISHEIM-GOLDSCHMIDT S3713 MFC Chaux-de-Fonds FIDUCIA 12.02.1901 WA-WP	
	DIDISHEIM-GOLDSCHMIDT S4088 MFC Chaux-de-Fonds GLUCK AUF 24.02.1902 WA-WP	
	DIDISHEIM-GOLDSCHMIDT S5088 MFC Chaux-de-Fonds CURZON NOOR 30.03.1904 WA-WP	CURZON NOOR

NOTE: R/T92

TRADEMARK OR TRADENAME MARQUE DE FABRIQUE - NOMS WARENZEICHEN - WORTMARKE	NAMES AND ADDRESS NOMS ET ADDRESSE NAMEN UND ADDRESSE	REMARKS OBSERV'TN BEMERKUNG
Patricia	DIDISHEIM-GOLDSCHMIDT S6076 MFC Chaux-de-Fonds PATRICIA 24.02.1910 WA-WP	
TERROR	DIDISHEIM-GOLDSCHMIDT S6880 MFC Chaux-de-Fonds TERROR 12.06.1912 WA-WP	
PAULA	DIDISHEIM-GOLDSCHMIDT S7720 MFC Chaux-de-Fonds PAULA 13.07.1925 WA-WP	
LE PETIT FORGERO	DIDISHEIM-GOLDSCHMIDT S8065 MFC Chaux-de-Fonds LE PETIT FORGERO 13.04.1926 WA-WP-PC	
DOREY TRADING	DIDISHEIM-GOLDSCHMIDT S8619 MFC Chaux-de-Fonds DOREY TRADING 30.06.1927 WA-WP	
AURORE	DIDISHEIM, ALBERT & FRERES S0978 MFC St. Imier "AURORE" 13.09.1889 WM-WC-WD	
	DIDISHEIM, ALBERT & FRERES S1111 MFC St. Imier 18.07.1890 WM-WC-WD	
REGULADOR D.G	DIDISHEIM-GOLDSCHMIDT, DAME S2367 MFC Chaux-de-Fonds REGULADOR D&G 06.08.1896 PW-WC-WM-DWB	
ALIX	DIDISHEIM-GOLDSCHMIDT, DAME S2580 MFC Chaux-de-Fonds ALIX 22.09.1897 WM-WC-WD	

T92/L NOTE:

REMARKS OBSERV'TN BEMERKUNG	NAMES AND ADDRESS NOMS ET ADDRESSE NAMEN UND ADDRESSE	TRADEMARK OR TRADENAME MARQUE DE FABRIQUE - NOMS WARENZEICHEN - WORTMARKE
	DIDISHEIM-GOLDSCHMIDT, DAME S2661 MFC Chaux-de-Fonds 21.03.1898 WA-WC-WM-WD	Regulador da Estrada de Ferro Sorocabana
	DIDISHEIM, ALBERT & FRERES S1216 MFC St. Imier "THE RACER" 23.06.1891 WM-WD	
	DIDISHEIM, ALBERT & FRERES S1602 MFC St. Imier 03.06.1892 WA-WP	
	DIDISHEIM, ALBERT & FRERES S1716 MFC St. Imier FAUVETTE 27.01.1893 WM-WC-DWB	Fauvette
	DIDISHEIM, ALBERT & FRERES S1872 MFC St. Imier FIGARO 26.01.1894 WM-WD-WC	FIGARO
	DIDISHEIM, ALBERT & FRERES S6776 MFC St. Imier MINITRUE 20.01.1912 WA-WP	MINITRUE
	DIDISHEIM, ARTHUR S0644 MFC La Chaux-de-Fonds - A D - 16.07.1887 WM-DWB	
	DIDISHEIM, ARTHUR S0945 MFC La Chaux-de-Fonds "ELECTRIC RAILWAY REGULATOR" 22.06.1889 WM-WC-WD	

NOTE: R/T92

TRADEMARK OR TRADENAME MARQUE DE FABRIQUE - NOMS WARENZEICHEN - WORTMARKE	NAMES AND ADDRESS NOMS ET ADDRESSE NAMEN UND ADDRESSE	REMARKS OBSERV'TN BEMERKUNG
 SAMBRE & MEUSE	DIDISHEIM, ARTHUR & CIE. S3193 MFC Chaux-de-Fonds SAMBRE & MEUSE 15.04.1899 WA-WP	
ROXANE	DIDISHEIM, HENRI-ALBERT S3163 MFC Chaux-de-Fonds ROXANA 01.03.1899 WA-WP	
FRANGIN	DIDISHEIM, HENRI-ALBERT S3367 MFC Chaux-de-Fonds FRANGIN 25.01.1900 WA-WP	
NAT'L.MF'G. & IMP	DIDISHEIM, HENRI-ALBERT S3671 MFC Chaux-de-Fonds NAT'L MFG & IMP 23.01.1901 WM-WD-PW	
EL RAYO DITISHEIM & Cie successeurs de MAURICE DITISHEIM	DIDISHEIM, HENRI-ALBERT S4066 MFC Chaux-de-Fonds 29.01.1902 WA-WP	
 W.U.TIMER	DIDISHEIM, HENRI-ALBERT S4877 MFC Chaux-de-Fonds W.U.TIMER 22.05.1903 WA-WP	
GREELY	DIDISHEIM, HENRI-ALBERT S6493 MFC Chaux-de-Fonds GREELY 29.04.1911 WA-WP	
"BRONZOR"	DIDISHEIM, HENRI-ALBERT S6939 Chaux-de-Fonds "BRONZOR" 31.08.1912 WA-WP	

T92/L NOTE:

REMARKS OBSERV'TN BEMERKUNG	NAMES AND ADDRESS NOMS ET ADDRESSE NAMEN UND ADDRESSE	TRADEMARK OR TRADENAME MARQUE DE FABRIQUE - NOMS WARENZEICHEN - WORTMARKE
	DIDISHEIM, HENRI-ALBERT S7730 MFC Chaux-de-Fonds BETA 20.07.1925 WA-WP	BETA
	DITISHEIM , Maurice Swiss 180/10a M DD	 180/10a
	DITISHEIM , Maurice Chaux de Fonds Swiss 179/10b MFC, Watch movements and Watch cases. Regist. 04.04.1892.	 179/10b
	DITSHEIM, Maurice Swiss 180/10b	 180/10b
	DITISHEIM & Co. Chaux de Fonds Swiss 241/10 VOLCAIN,tradename. AK04	Vulcain.
	DITISHEIM L.A.& J. Chaux de Fonds Swiss 242/10 APOGEE-SURETE-BONNE-RECORD-La VEINE, tradename. AK04	Apogée Sureté Bonne Record La Veine
	DITISHEIM, Paul Chaux de Fonds Swiss 243/10 PD / GRAND PRIX PARIS 1900, tradename. AK04.	 
See page 649 PAUL DITISHEIM LIT 177	DITISHEIM & Freres La Chaux de Fonds Swiss 425/10 Trademark. - FABRIQUE MOVADO - AK04.	

NOTE: R/T92

TRADEMARK OR TRADENAME MARQUE DE FABRIQUE - NOMS WARENZEICHEN - WORTMARKE	NAMES AND ADDRESS NOMS ET ADDRESSE NAMEN UND ADDRESSE	REMARKS OBSERV'TN BEMERKUNG
M&E D	DIDISHEIM, M&E S0334 MFC St. Imier -M & E D- 06.10.1884 WM-WC	
THE GEM	DIDISHEIM, M. & E. S0925 MFC St. Imier " THE GEM " 25.04.1886 WM-WC-WD	
DIDISHEIM	DIDISHEIM - Brothers La Chaux de Fonds Swiss 479/10 JUVENIA,tradename.Watches,MFC/ WHS/RET. HE	
EXCELSIOR	DIETHELM, P. & CIE S6010 MFC Pieterlen -EXCELSIOR- 19.01.1910 WP	
CANIGO	DIETRICH FRERES S5093 MFC Locle -CANIGO- 13.04.1904 WA-SUP	
PROGRESO DF	DIETRICH FRERES S2189 MFC Locle PROGRESO DF 19.11.1895 WA-WP	
DF & C.	DIMIER FRERES & CIE S3776 MFC Geneva - DF & Co - 06.04.1901 WA-SUP	
MATAURRA	DIMIER FRERES & CIE S6462 MFC Chaux-de-Fonds -MATAURRA- 10.03.1911 WA-SUP-JL	
SELEX	DIMIER FRERE & CO. S7669 MFC Chaux-de-Fonds -SELEX- 28.05.1925 WA-SUP	

T92/L NOTE:

REMARKS OBSERV'TN BEMERKUNG	NAMES AND ADDRESS NOMS ET ADDRESSE NAMEN UND ADDRESSE	TRADEMARK OR TRADENAME MARQUE DE FABRIQUE - NOMS WARENZEICHEN - WORTMARKE
	DIMIER FRERES & CIE S8645 MFC-COM Chaux-de-Fonds EVERITE" 08.07.1927 WA-SUP-PC-CE	E V E R I T E
LIT 177	DITESHEIM, L. A. & J. S1763 MFC Chaux-de-Fonds -SURETE- 18.05.1893 WC-DWB-WD-WM	DITESHEIM, L.A.&J.
	DITESHEIM, L. A. & J. S1866 MFC Chaux-de-Fonds PHILOMENE 15.01.1894 WC-DWB-WD-WM-WP	
See page 649 PAUL DITISHEIM	DITESHEIM, L. A. & J. S2294 MFC Chaux-de-Fonds APOGEE 17.04.1896 WA-WP	
	DITESHEIM, L. A. & J. S3831 MFC Chaux-de-Fonds LA VEINE 06.05.1901 WA-WP	
	DITESHEIM, L. A. & J. S7735 MFC-COM Chaux-de-Fonds 24.07.1925 WC-WM	
	DITISHEIM & CIE. S3166 MFC Chaux-de-Fonds VULCAIN 10.03.1899 WM-WC-DWB-WD	Success. de Maurice Ditisheim, fabr. Vulcain VULCAIN
	DITISHEIM & CIE. S4745 MFC Chaux-de-Fonds THE GUARDIAN 18.02.1903 WA-WP	"THE GUARDIAN"
	DITISHEIM & CIE. S6087 MFC Chaux-de-Fonds YRAPURU 26.02.1910 M-SMP	"Yrapurú"

NOTE: LIT = Literature reference see page 906-918
Literature voir la page 906-918
Literaturverzeichnis siehe Seite 906-918

R/T92

TRADEMARK OR TRADENAME MARQUE DE FABRIQUE - NOMS WARENZEICHEN - WORTMARKE	NAMES AND ADDRESS NOMS ET ADDRESSE NAMEN UND ADDRESSE	REMARKS OBSERV'TN BEMERKUNG
"RELOGIO DE RESISTENCIA"	DITISHEIM & CIE. S6419 MFC Chaux-de-Fonds -RELOGIO de RESISTENCIA- 26.01.1911 WA-WP	Refer page 649 DITISHEIM
MISTRAL	DITESHEIM, L. A. & J. S4152 MFC Chaux-de-Fonds -MISTRAL- 15.04.1902 WA-WP	
TANIT	DITESHEIM, L. A. & J. S4705 MFC Chaux-de-Fonds -TANIT- 16.01.1903 WA-WP	LIT 177
CHEMIN-DE-FER FRANCO-BELGE	DITESHEIM, L. A. & J. S5203 MFC Chaux-de-Fonds -CHEMIN DE FER FRANCO - BELGE- 21.06.1904 WA-WP	
NOBEL	DITESHEIM, L. A. & J. S6040 MFC-COM Chaux-de-Fonds -NOBEL- 20.01.1910 WA-WP	
CHRONOMETRO MEDICAL	DITESHEIM, L. A. & J. S6572 MFC-COM Chaux-de-Fonds -CHRONOMETRO MEDICAL- 28.07.1911 WA-WP	
TOXEDO	DITESHEIM, L. A. & J. S6844 MFC-COM Chaux-de-Fonds -TOXEDO- 06.04.1912 WA-WP	
"Majic"	DITISHEIM & CIE. S6876 MFC Chaux-de-Fonds -MAJIC- 04.06.1912 WA-WP	

T92/L NOTE:

REMARKS OBSERV'TN BEMERKUNG	NAMES AND ADDRESS NOMS ET ADDRESSE NAMEN UND ADDRESSE	TRADEMARK OR TRADENAME MARQUE DE FABRIQUE - NOMS WARENZEICHEN - WORTMARKE
	DITISHEIM & CIE. S7618 MFC Chaux-de-Fonds TOURING 07.04.1925 WA-WP	TOURING
	DITISHEIM & CIE. S8462 MFC-COM Chaux-de-Fonds PRINCIA 04.02.1927 WA-WP	PRINCIA
Refer page 649 DITISHEIM	DITISHEIM FRERES S0286 MFC Villeret HOROLOGERIE ELECTRIQUE BAUMANN 22.02.1884 EL	
	DITISHEIM, ACHILLE JEUNE S0900 MFC La Chaux-de-Fonds 19.02.1889 WM-WC	
	DITISHEIM FRERES S0918 MFC La Chaux-de-Fonds 05.04.1889 WC	
	DITISHEIM, MAURICE S0440 MFC La Chaux-de-Fonds - M D D - 12.05.1886 WM-WC	
	DITISHEIM, MAURICE E. S0441 MFC La Chaux-de-Fonds CHRONOMETRE POPULAIRE 12.05.1886 WM-WC	

NOTE: R/T92

TRADEMARK OR TRADENAME MARQUE DE FABRIQUE - NOMS WARENZEICHEN - WORTMARKE	NAMES AND ADDRESS NOMS ET ADDRESSE NAMEN UND ADDRESSE		REMARKS OBSERV'TN BEMERKUNG
 	DITISHEIM, MAURICE MFC La Chaux-de-Fonds "COLOMBO" 11.10.1888 WM-WC	S0852	
 	DITISHEIM, MAURICE MFC La Chaux-de-Fonds " METEOR " 24.01.1889 WM-WC	S0890	
	DITISHEIM, MAURICE MFC La Chaux-de-Fonds 29.03.1891 WM-WC-WD	S1185	
	DITISHEIM, PAUL MFC Chaux-de-Fonds 21.06.1892 WM-WD-WC	S1613	
PAUL DITISHEIM	DITISHEIM, PAUL MFC Chaux-de-Fonds 12.04.1894 WC-WM	S1909	
 	DITISHEIM, PAUL MFC Chaux-de-Fonds TRADE MARK 26.12.1898 SMP	S2796	See page 649 PAUL DITISHEIM LIT 177
ULTRA PLATE	DITISHEIM, PAUL MFC Chaux-de-Fonds ULTRA PLATE 17.12.1902 PW	S4680	

T92/L NOTE:

REMARKS OBSERV'TN BEMERKUNG	NAMES AND ADDRESS NOMS ET ADDRESSE NAMEN UND ADDRESSE		TRADEMARK OR TRADENAME MARQUE DE FABRIQUE - NOMS WARENZEICHEN - WORTMARKE
LIT 177	DITISHEIM, PAUL MFC Chaux-de-Fonds 15.07.1904 WA-SMP-JL	S5224	
See page 649 PAUL DITISHEIM	DITISHEIM, PAUL MFC Chaux-de-Fonds RYTHMOS 10.09.1912 CHR-M-CE	S6938	RYTHMOS
	DREYFUS FRERES & CIE. MFC Bienne SIECLE XX 29.07.1899 ND	S3257	
	DREYFUS, F. & P. MFC Chaux-de-Fonds PALLAS 07.11.1896 WA-WP	S2404	
	DREYFUS, F. & P. MFC Chaux-de-Fonds THE INSURANCE 27.06.1902 WA-WP	S4224	THE INSURANCE
	DREYFUS, F. & P. MFC Chaux-de-Fonds 10.08.1903 WA-WP	S4965	
	DREYFUS, F. & P. MFC Chaux-de-Fonds KLYTIA 08.09.1904 WA-WP	S5286	KLYTIA
	DREYFUS, ARMAND MFC Chaux-de-Fonds DREFFA WATCH 20.07.1925 WM-M	S7726	

NOTE: R/T92

TRADEMARK OR TRADENAME MARQUE DE FABRIQUE - NOMS WARENZEICHEN - WORTMARKE	NAMES AND ADDRESS NOMS ET ADDRESSE NAMEN UND ADDRESSE	REMARKS OBSERV'TN BEMERKUNG
VOLGA	DREYFUS FRERES S2243 MFC Bienne VOLGA 24.01.1896 WM-WC	
Qté Réputée	DREYFUS FRERES & CIE S3607 MFC Bienne REPUTEE 02.10.1900 WA-WP	
Qté BOUTTE	DREYFUS FRERES & CIE S3691 MFC Bienne BOTTE 26.01.1901 WA-WP	
Qté Molé	DREYFUS FRERES & CIE S4134 MFC Bienne QTE MOLE 10.04.1902 WM-WC	
PéryWatch	DREYFUS FRERES & CIE S4696 MFC Pery PERYWATCH 05.01.1903 WM-WC-DWB-WD	
FRIANT	DREYFUS FRERES & CIE S6770 MFC-COM Bienne FRIANT 11.01.1912 WA-WP	
PéryWatch	DREYFUS FRERES & CIE S7907 MFC-COM Bienne PERY WATCH 16.01.1925 WA-WP	
ROLAND	DREYFUS FRERES & CIE S8693 MFC-COM Bienne ROLAND 24.09.1927 WA-WP	
RONDINES	DREYFUSS, F.P. S1017 ME La Chaux-de-Fonds "RODINES" 26.11.1889 WM-WC-WD	

T92/L NOTE:

REMARKS OBSERV'TN BEMERKUNG	NAMES AND ADDRESS NOMS ET ADDRESSE NAMEN UND ADDRESSE	TRADEMARK OR TRADENAME MARQUE DE FABRIQUE - NOMS WARENZEICHEN - WORTMARKE
	DREYFUS, MARX & CIE. S3139 MFC Chaux-de-Fonds PYRAMID 14.01.1899 WA-WP	PYRAMID
	DREYFUS, MARX & CIE S5058 MFC Chaux-de-Fonds PILATUS 10.03.1904 WA-WP	PILATUS
	DREYFUS, MARX & CIE S3513 MFC Chaux-de-Fonds CORRECT 14.04.1900 WA-WP	CORRECT
	DREYFUS, MARX & CIE S6235 MFC-COM Chaux-de-Fonds M&P DREYFUS M&P.D. 27.06.1910 WA-WP	·M&P.DREYFUS· No 27725 ·M&P.D· No 27726
	DREYFUS, MARX & CIE S6438 MFC-COM Chaux-de-Fonds -A M C- 07.02.1911 WA-WP	AMC
	DREYFUSS, MOISE S6215 MFC-COM Chaux-de-Fonds ALTAMIRA 08.06.1910 WC-WM-WD	ALTAMIRA
	DREYFUSS, MOISE S6532 MFC-COM Chaux-de-Fonds GRANADINO 20.06.1911 WC-WM-WD-JL-OR	GRANADINO
	DREYFUSS, MOISE S7729 MFC-COM Chaux-de-Fonds ESANCO 21.07.1925 WA-WP-JL	ESANCO
	DREYFUSS, MOISE S8100 MFC-COM Chaux-de-Fonds 15.05.1926 WC-WM-WD	

NOTE: R/T92

TRADEMARK OR TRADENAME MARQUE DE FABRIQUE - NOMS WARENZEICHEN - WORTMARKE	NAMES AND ADDRESS NOMS ET ADDRESSE NAMEN UND ADDRESSE	REMARKS OBSERV'TN BEMERKUNG
LENROC	DREYFUSS, MOISE S8115 MFC-COM Chaux-de-Fonds LENROC 20.05.1926 WA-WP-SUP-JL	
Nº 62942 ROTARY Nº 62943	DREYFUSS, MOISE S8314 MFC-COM Chaux-de-Fonds 15.10.1926 WA-WP-SUP-JL	
MARQUE DÉPOSÉE DA	DOUARD, A. S0448 MFC Biel - D A - 17.06.1886 WM-WC	
DOXA	DOXA WATCH FACTORY S6095 MFC Locle DOXA 05.03.1910 WA-WP-PW-WW-CE-CLK „Doxa" Watch Factory, Georges Ducommun, fabrication et commerce,	
DOXA LA RÈGLE DU TEMPS	DOXA WATCH FACTORY S8338 MFC-COM Locle 22.11.1926 WA-WP-PW-WW-CE-CLK	See page 654 D O X A
OXA	DOXA WATCH FACTORY S6365 MFC Locle OXA 30.12.1910 CE	
BERNA	DROZ & CIE S0639 MFC St. Imier BERNA 12.07.1887 WM-DWB	

T92/L NOTE:

REMARKS OBSERV'TN BEMERKUNG	NAMES AND ADDRESS NOMS ET ADDRESSE NAMEN UND ADDRESSE	TRADEMARK OR TRADENAME MARQUE DE FABRIQUE - NOMS WARENZEICHEN - WORTMARKE
	DROZ & CIE S1243 MFC St. Imier "SIMPLEX SWISS MADE" 24.07.1891 WM-WC-WD-DWB	
	DROZ & CIE. S1625 MFC St. Imier - D Co - 16.07.1892 WC-WM-WD	
	DROZ & CIE. S1714 MFC St. Imier JONCHERES 03.02.1893 WM-WC-WD	
	DROZ & CIE. S2020 MFC St. Imier MAXIM 29.01.1895 WC-WD-WM-DWB	
	DROZ & CIE. S2585 MFC St. Imier 29.09.1897 WC-DWB-WD-WM	
	DROZ & CIE. S3679 MFC St. Imier BERNA 28.01.1901 WC-DWB-WD-WM	
	DROZ & CIE. S4550 MFC St. Imier 29.08.1902 WM-WC-DWB-WD	
	DROZ & PERRET S0093 MFC St. Imier - D P - 10.02.1881 WA-EB-WP	

NOTE: R/T92

TRADEMARK OR TRADENAME MARQUE DE FABRIQUE - NOMS WARENZEICHEN - WORTMARKE	NAMES AND ADDRESS NOMS ET ADDRESSE NAMEN UND ADDRESSE	REMARKS OBSERV'TN BEMERKUNG
	DROZ, ALCIDE & FILS S0239 MFC St. Imier IMPERMEABLE 03.07.1883 WA	
	DROZ, ALCIDE & FILS S0289 MFC St. Imier 12.03.1884 WC-WB	
	DROZ, ALCIDE & FILS S0373 MFC St. Imier RAILWAY REGULATOR 22.06.1885 WA	
	DROZ, ALCIDE & FILS S0398 MFC St. Imier WEST END WATCH 16.10.1885 WM-WC	
	DROZ, CELESTIN & FILS S0428 MFC La Chaux-de-Fonds 08.04.1886 SUP	
	DROZ, EMILE & FRERE S2014 MFC Locle ANATOLIE 24.12.1894 WC-DWB-WM-WD	
	DROZ, EMILE & FRERE S2162 MFC Locle 31.08.1895 WC-DWB-WM-WD	

T92/L NOTE:

REMARKS OBSERV'TN BEMERKUNG	NAMES AND ADDRESS NOMS ET ADDRESSE NAMEN UND ADDRESSE	TRADEMARK OR TRADENAME MARQUE DE FABRIQUE - NOMS WARENZEICHEN - WORTMARKE
	DROZ, EMILE & FRERE S2440 MFC Locle - T P - 18.01.1897 WC-DWB-WM	
	DROZ, F-ARNOLD S1624 MR Chaux-de-Fonds 14.07.1892 WC-DWB-WD-WM	
	DROZ, F.-ARNOLD S1917 MR Chaux-de-Fonds CONQUISTADOR 24.04.1894 WC-DWB-WD-WM	
	DROZ, F.-ARNOLD S2584 MR Chaux-de-Fonds ALPACA 27.09.1897 PW-WA-WP	
	DROZ, F-ARNOLD S3944 MFC Chaux-de-Fonds ELECTRA 31.07.1901 WA-WP	
	DROZ, F-ARNOLD S4616 MFC Chaux-de-Fonds SELECTO 01.11.1902 WA-WP	SELECTO
	DROZ, F-ARNOLD S4919 MFC Chaux-de-Fonds FAVORITO 25.06.1903 WA-WP	FAVORITO
	DROZ, F-ARNOLD S5073 MR Chaux-de-Fonds EL PORVENIR 14.03.1904 WA-WP	EL PORVENIR

NOTE: R/T92

TRADEMARK OR TRADENAME MARQUE DE FABRIQUE - NOMS WARENZEICHEN - WORTMARKE	NAMES AND ADDRESS NOMS ET ADDRESSE NAMEN UND ADDRESSE	REMARKS OBSERV'TN BEMERKUNG
PALMIER F.A.D.	DROZ, F.-ARNOLD S2054 MR Chaux-de-Fonds PALMIER F.A.D. 13.03.1895 ND	
THE NETHAM WATCH	DROZ, F.-ARNOLD S6099 COM Chaux-de-Fonds THE NETHAM WATCH 10.03.1910 WA-WP	
RosKon PRIMERA C.C. 1ra	DROZ, F.-ARNOLD S3557 MFC Chaux-de-Fonds ROSKON PRIMERA 25.06.1900 PW	
CLIVIA	DROZ, GEORGES S6121 MFC Chaux-de-Fonds CLIVIA 31.03.1910 WA-WP	
HUMBERT POURTALES LOCLE	DROZ, HUMBERT ERNEST S0108 MFC Le Locle 24.03.1881 WM-WC-JE	
DIÉMA WATCH	DROZ, NUMA S8702 MFC Bienne DIEMA WATCH 06.10.1927 WA-WP	
	DUBAIL, MONIN, FROSSARD S0111 MFC Porrentruy 29.03.1881 WM-WC	
	DUBAIL, MONIM, FOSSARD CO. S0465 MFC Porrentruy 05.08.1886 WM-WC	

T92/L NOTE:

REMARKS OBSERV'TN BEMERKUNG	NAMES AND ADDRESS NOMS ET ADDRESSE NAMEN UND ADDRESSE	TRADEMARK OR TRADENAME MARQUE DE FABRIQUE - NOMS WARENZEICHEN - WORTMARKE
	DUBAIL, MONIN, FOSSARD CO. S0194 MFC Porrentruy 21.09.1882 WM-WC	
	DUBAIL, MONNIN, FROSSARD CO. S0589 MFC Porrentruy EXTRA 27.04.1887 WD-WM	EXTRA
	DUBAIL, MONNIER, FROSSARD S0758 MFC Porrentruy - PHENIX - 13.02.1888 WM-WC-WD	
	DUBAIL, MONNIN, FROSSARD CO. S1904 MFC Porrentruy LUTECE 04.04.1894 WA-WP-WM-WC-WD	LUTÈCE
	DUBAIL, MONNIN, FROSSARD CO. S2562 MFC Porrentruy RHEIN 10.08.1897 WA-WP	
LIT 179	DU BOIS & CIE S4876 MFC Locle -J C - 27.05.1903 WA-WP-WM	
	DU BOIS & CIE S6512 MFC Locle 19.05.1911 WC-WM	
	DU BOIS & CIE S8089 MFC-COM Locle 25.05.1926 WM-WC	

NOTE: R/T92

TRADEMARK OR TRADENAME MARQUE DE FABRIQUE - NOMS WARENZEICHEN - WORTMARKE	NAMES AND ADDRESS NOMS ET ADDRESSE NAMEN UND ADDRESSE	REMARKS OBSERV'TN BEMERKUNG
 **J. F. C.** **S. C.** **D. B.**	Du BOIS & Fils Le Locle Swiss 216/10 Trademark :-C W C- -J C--F DB- AK04.	
unter Nr. 3973: unter Nr. 3974: 	Du Bois & Fils Locle Swiss 154/10a MFC, Pocket watches. Reg. 26.04.1887.	
D U B O I S	DUBOIS A. La Chaux de Fonds Swiss 088/10 FABRIQUE du GREINER,trademark. Regist.23.06.1920.MFC/WHS/RET Watches,Watch parts.	LIT 179
	DUBOIS A. La Chaux de Fonds Swiss 088/11 LE MOULIN, tradename.Registered 23.06.1920.MFC/WHS/RET Watches, Watch parts.	
D I T I S H E I M PAUL	DITISHEIM & Co, successor of MAURICE DITISHEIM La Chaux de Fonds Swiss 288/10 Paul Ditisheim (1868-1945) born in Ditisheim,Switzerland founded a manufacturing plant for top line precision watches, selected watches certified by the Swiss Astronomical Obser- vatory. Paul Ditisheim filed many patents and inventions from the entire Watchmaking trade worldwide benefitet from. Economical recession forced Paul Ditisheim to leave Switzerland. In Paris- France Paul Ditisheim conducted research in the Quartz Crystal watch/ watch lubricants.	PAUL DITISHEIM see page : 634 636 637 638
Du B O I S ,CLAUDE	DU BOIS, Claude -Francois S0503 Artist-Emaille painter Biography by Alfred Chapus: "Un etablissage Loclouis au XVIII siecle " (18th century) ND Decor watches.	

T92/L NOTE:

REMARKS OBSERV'TN BEMERKUNG	NAMES AND ADDRESS NOMS ET ADDRESSE NAMEN UND ADDRESSE	TRADEMARK OR TRADENAME MARQUE DE FABRIQUE - NOMS WARENZEICHEN - WORTMARKE
LIT 179	DUBOIS & CIE. S2029 MFC Locle - D B - 06.02.1895 WC-WM	
	DUBOIS & CO. S2303 MFC Locle - D B - 24.04.1896 WC-WM	
	DUBOIS & CIE. S3438 MFC Locle - F DB - 17.03.1900 WC-WM	
	DUBOIS & CIE. S3969 MFC Locle REGULADOR A.D 03.09.1901 WA-WP	
	DUBOIS, CH.-STUDLER S0536 MFC La Chaux-de-Fonds - D B - 08.03.1887 WM-WC	
	DUBOIS, A. & HUGUENIN S1523 MFC Locle - D H - 05.03.1892 WC-DWB-WC-WM	
	DUBOIS-PESEUX & CIE. S2154 MFC Chaux-de-Fonds MADELON 19.08.1895 WA-WP	MADELON
	DUBOIS, A. S2296 MFC Locle ECLAIR A.D. 10.04.1896 WC-WM-WD	

NOTE: R/T92

TRADEMARK OR TRADENAME MARQUE DE FABRIQUE - NOMS WARENZEICHEN - WORTMARKE	NAMES AND ADDRESS NOMS ET ADDRESSE NAMEN UND ADDRESSE	REMARKS OBSERV'TN BEMERKUNG
	DUBOIS, L.-A. S2207 MR Chaux-de-Fonds 09.12.1895 WC-DWB-WD-WM	LIT 178/179
	DUBOIS, EMILE S5001 MFC Chaux-de-Fonds DOMINUS 05.09.1903 WA-WP	
ED	DUBOIS, ERNEST S4214 MFC Chaux-de-Fonds - E D - 13.06.1902 WA-WP	
Chronomètre du Voyageur	DUBOIS, L. S5100 MFC Besancon CHRONOMETRE DU "VOYAGEUR" 30.04.1904 WA-WP	
PLUTON	DUBOIS, L. S6161 MFC Lausanne PLUTON 22.04.1910 WA-WP	
ALYSA	DUBOIS, GEORGES S8099 MFC-COM Porrentruy ALYSA 18.05.1926 WA-WP	
	DUBOIS, L.-A. S2369 MR Chaux-de-Fonds 07.08.1896 WC-DWB-WM	
	DUBOIS, L.-A. S2493 MR Chaux-de-Fonds 08.03.1897 WC-DWB-WM-WD	

T92/L NOTE:

REMARKS OBSERV'TN BEMERKUNG	NAMES AND ADDRESS NOMS ET ADDRESSE NAMEN UND ADDRESSE	TRADEMARK OR TRADENAME MARQUE DE FABRIQUE - NOMS WARENZEICHEN - WORTMARKE
LIT 178/179	DUBOIS, PHILIPPE & FILS S1223 MFC Le Locle " D = B " 06.07.1891 WM-WC	D=B
	DUBOIS, PH. & FILS S0459 MFC Le Locle - D B - 20.07.1886 WM-WC	
	DUCOMMUN, ANTONY S1668 MFC Chaux-de-Fonds - A D - 20.10.1892 WC-WB-DWB-WM-WD	
	DUCOMMUN, ANTONY S2009 MR Chaux-de-Fonds 01.12.1894 WC-WB-DWB-WM-WD	
	DUCOMMUN, ANTONY S3187 MFC Chaux-de-Fonds ANTONY 05.04.1899 WC-DWB-WD-WM	ANTONY
	DUCOMMUN, ANTONY S4157 MFC Chaux-de-Fonds PHOEBUS 21.04.1902 WA-WC-WD-WM	
	DUCOMMUN, A. & J. S1129 MFC La Chaux-de-Fonds "PRECISION" 29.09.1890 WM-WC-WD-DWB	
	DUCOMMUN-ALBERT S2010 MFC Chaux-de-Fonds LABOR 04.12.1894 WA-CHRONOM.	
	DUCOMMUN, PAUL & CIE S0065 MFC Travers 26.11.1880 WM	PAUL DUCOMMUN & Cie TRAVERS

NOTE: R/T92

TRADEMARK OR TRADENAME MARQUE DE FABRIQUE - NOMS WARENZEICHEN - WORTMARKE	NAMES AND ADDRESS NOMS ET ADDRESSE NAMEN UND ADDRESSE	REMARKS OBSERV'TN BEMERKUNG
	DUCOMMUN, CHARLES-ALBERT S1940 MR Chaux-de-Fonds IMMORTALE 11.06.1894 WC-DWB-WD-WM-WP	
	DUCOMMUN, CHARLES-ALBERT S5049 MR Chaux-de-Fonds 21.10.1903 WC-WM-WD	
ROSEDALE	DUCOMMUN, CHARLES-ALBERT S6656 COM Chaux-de-Fonds ROSEDALE 12.10.1911 WA-AC-WC-WD-WM-EM	
	DUCOMMUN, EUGENE-ROULET S0348 MFC La Chaux-de-Fonds 12.01.1885 WM-SUP	
	DUCOMMUN, EUG.-ROULET S0360 MFC La Chaux-de-Fonds - EXCELSIOR PATENT - 27.03.1885 WC	
	DUCOMMUN, EUG.-ROULET S0689 MFC La Chaux-de-Fonds - D R - 01.10.1887 WM-WC-DWB-WD	
	DUCOMMUN-ROULET S0713 MFC La Chaux-de-Fonds CHALLENGE WATCH 30.11.1887 WM-WC-WD	
	DUCOMMUN, EUG.-ROULET S0874 MFC La Chaux-de-Fonds REGULATEUR INVARIABLE 10.12.1888 WM-WC-WD	
	DUCOMMUN-ROULET, EUG. S1771 MFC Chaux-de-Fonds GLOBIA 09.06.1893 WC-DWB-WD-WM	

T92/L NOTE:

REMARKS OBSERV'TN BEMERKUNG	NAMES AND ADDRESS NOMS ET ADDRESSE NAMEN UND ADDRESSE		TRADEMARK OR TRADENAME MARQUE DE FABRIQUE - NOMS WARENZEICHEN - WORTMARKE
	DUCOMMUN, EUG.-ROULET MFC La Chaux-de-Fonds "MOTOR REGULATOR" 26.07.1889 WM-WC-WD	S0961	MOTOR SWISS MADE REGULATOR
	DUCOMMUN-ROULET, EUG. MFC Chaux-de-Fonds SYMETRIE 24.03.1896 ND	S2279	SYMETRIE
	DUCOMMUN EUG. & CIE MFC La Chaux-de-Fonds CONCORD WATCH 15.01.1889 WM-WC	S0885	CONCORD WATCH SWISS MADE
See page 643	DUCOMMUN, GEORGES MFC Locle DOXA 07.03.1902 WA-WP	S4096	Anti-Magnétique ☆DOXA☆
D O X A	DUCOMMUN, GEORGES MFC Locle AUTOMOBILE DOXA 03.09.1903 WA-WP	S4996	Automobile DOXA
	DUCOMMUN, GEORGES MFC Locle SIDUS 06.12.1904 WA-WP	S5407	SIDUS
	DUCOMMUN, GEORGES MFC Locle PROTOS 04.02.1925 WA-WP	S7522	Protos
	DUCCOMUN & GOERING MFC Chaux-de-Fonds REDMONT 11.02.1898 WA-WP	S2644	REDMONT SWISS MADE

NOTE: R/T92

TRADEMARK OR TRADENAME MARQUE DE FABRIQUE - NOMS WARENZEICHEN - WORTMARKE	NAMES AND ADDRESS NOMS ET ADDRESSE NAMEN UND ADDRESSE	REMARKS OBSERV'TN BEMERKUNG
	DUCOMMUN & GOERING S0514 MFC La Chaux-de-Fonds - D & G 19.02.1887 WA	
	DUCOMMUN & GOERING S2022 MFC Chaux-de-Fonds ALPHA - A - 01.02.1895 WA-WP	
	DUCOMMUN & GOERING S2625 MFC Chaux-de-Fonds UNITED WATCH 31.12.1897 WA-WP	
	DUCOMMUN & GOERING S2627 MFC Chaux-de-Fonds CLEMONT 06.01.1898 ND	
	DUCOMMUN & GOERING S4017 MFC Chaux-de-Fonds - G D - 09.11.1901 WC	
	DUCOMMUN, LEON S1960 MFC Tramelan / Dessous UNIVERSUM 06.07.1894 WP	
	DUCOMMUN, LEON S2699 MFC Tramelan / Dessous DILIGENZ 26.05.1898 ND	
	DUCOMMUN, LEON S3657 MFC Tramelan / Dessous DE STERRE 03.01.1901 WA-WP	

T92/L NOTE:

REMARKS OBSERV'TN BEMERKUNG	NAMES AND ADDRESS NOMS ET ADDRESSE NAMEN UND ADDRESSE	TRADEMARK OR TRADENAME MARQUE DE FABRIQUE - NOMS WARENZEICHEN - WORTMARKE
	DUCOMMUN, LEON S4588 MFC Tramelan near Dessous CHRONOMETRO VINCIGUERRA 23.09.1902 WA-WM-WP	
	DUCOMMUN-MULLER, ARMAND S7731 COM Chaux-de-Fonds FOLEX 29.07.1925 WA-WM-WP	FOLEX
	DUCOMMUN-MULLER, ARMAND S8155 COM Chaux-de-Fonds ACUTE 17.07.1926 WA-WM-WP	ACUTÉ
	DUCOMMUN PAUL & CIE S0070 MFC Travers TRAVERS 30.11.1880 WM	
	DUCOMMUN-MULLER, ARMAND S7879 COM Chaux-de-Fonds VERY 13.11.1925 WM-M-SMP	VERY
	DONZELOT,Victor Porrentruy Swiss 244/10 Trademark. - V D - AK04.	
	DÜRR, CH. S3538 MFC Chaux-de-Fonds 22.05.1900 WA-WP	

NOTE: R/T92

TRADEMARK OR TRADENAME MARQUE DE FABRIQUE - NOMS WARENZEICHEN - WORTMARKE	NAMES AND ADDRESS NOMS ET ADDRESSE NAMEN UND ADDRESSE	REMARKS OBSERV'TN BEMERKUNG
E&C	EBERHARD & CIE. S1501 MFC Chaux-de-Fonds E & C 16.01.1892 WC-DWB-WD-WM	
LABOR	EBERHARD & CIE. S2167 MFC Chaux-de-Fonds LABOR 17.09.1895 WC-DWB-WD-WM	
SAPHIR	EBERHARD & CIE. S2479 MFC Chaux-de-Fonds SAPHIR 25.02.1897 WA-WP	
AVE MARIA	EBERHARD & CIE. S4023 MFC Chaux-de-Fonds AVE MARIA 23.11.1901 WA-WP	
CRONOMETRO NAZIONALE	EBERHARD & CIE. S4051 MFC Chaux-de-Fonds CHRONOMETRO NAZIONALE 11.01.1902 WA-WP	
GAFFOOR'S SYSTEME SWISS MADE	EBERHARD & CIE S4897 MFC Chaux-de-Fonds GAFOOR'S SYSTEME 12.06.1903 WA-WP	
PALAZ WATCH	EBERHARD & CIE S5278 MFC Chaux-de-Fonds PLAZ WATCH 20.08.1904 WA-WP	
N.W.Co.	EBERHARD & CIE S6907 MFC-COM Chaux-de-Fonds N.W.CO. 16.07.1912 WA-WP	

T92/L NOTE:

REMARKS OBSERV'TN BEMERKUNG	NAMES AND ADDRESS NOMS ET ADDRESSE NAMEN UND ADDRESSE	TRADEMARK OR TRADENAME MARQUE DE FABRIQUE - NOMS WARENZEICHEN - WORTMARKE
	EBERHARDT & ROSSELET S0951 MFC La Chaux-de-Fonds " LABOR " 28.06.1889 WM-WC	LABOR
	EBERHARD A.-DUDOIT S0676 MFC Biel 27.08.1887 WM-WC	DÉPOSÉE
	EIGELDINGER, JACQUES S4710 MFC Chaux-de-Fonds VIRILE 24.01.1903 WA-WP	"VIRILE"
	EIGELDINGER, JACQUES S7654 MFC-COM Chaux-de-Fonds ORWELL 14.05.1925 WA-WP	ORWELL
	EIGELDINGER, JACQUES S7817 MFC-COM Chaux-de-Fonds EVE 30.09.1925 WA-WM-WD-WC	EVE
	EIGELDINGER, JACQUES S8682 MFC-COM Chaux-de-Fonds CHRONOMETER LYUVANE 05.09.1927 WA-WP	CHRONOMETER L Y U V A N E
	ENGEL, ALEXANDRE S2210 MFC Chaux-de-Fonds 20.12.1895 WC-WM-WD	
	ENGEL, ALEXANDRE S3287 MR Chaux-de-Fonds NACHTIGALL 25.08.1899 ND	NACHTIGALL
	ENGEL, ALEXANDRE S3699 MFC Chaux-de-Fonds GRAZIOSA OLGETTA ANGELO 01.02.1901 ND	GRAZIOSA OLGETTA ANGELO

NOTE:

R/T92

TRADEMARK OR TRADENAME MARQUE DE FABRIQUE - NOMS WARENZEICHEN - WORTMARKE	NAMES AND ADDRESS NOMS ET ADDRESSE NAMEN UND ADDRESSE	REMARKS OBSERV'TN BEMERKUNG
	ENGEL, ALEXANDRE S6567 MR Chaux-de-Fonds NECLA 18.07.1911 JL-CE-PC-WP -REG-CLK	
	EISENHART-HILTBRUNNER, F. W. S7970 COM Bern 19.01.1926 WA-JL	
	ERHARDT & MENTHA S4623 MFC Porrentruy LOTUS 10.11.1902 ND	
	ERHARDT & MENTHA S4722 MFC Porrentruy - FERIA - 03.02.1903 ND	
BULO	ERISMANN-SCHINZ, S. A. S8480 MFC-COM Neuveville BULO 16.02.1927 ND	
BENEVA	ERISBACHER & CIE S6465 MFC-COM Chaux-de-Fonds BENEVA 21.03.1911 ND	
	ETABLISSEMENTS OROSDI-BACK S2146 MFC Chaux-de-Fonds - O B - 09.08.1895 WA-WP	
	ETABLISSEMENTS OROSDI-BACK S2804 MFC Chaux-de-Fonds - L - 01.04.1896 WA-WP	

T92/L NOTE:

REMARKS OBSERV'TN BEMERKUNG	NAMES AND ADDRESS NOMS ET ADDRESSE NAMEN UND ADDRESSE	TRADEMARK OR TRADENAME MARQUE DE FABRIQUE - NOMS WARENZEICHEN - WORTMARKE
	ETABLISSEMENTS OROSDI-BACK S2285 MFC Chaux-de-Fonds 01.04.1896 WA-WP	
	ETIENNE-GUYOT, LOUIS S0061 MFC Renan -A E G - 25.11.1880 WM-WC-OR-AR	AEG
	ETIENNE, F. & FILS S4895 MFC Chaux-de-Fonds 11.06.1903 ND ETIENNE F. Chaux de Fonds Swiss 251/10 ALPA, tradename. AK04.	ALPA
LIT 109 198	ETERNA S0540 MFC Grenchen - Swiss 7.11.1856, established by Urs Schild and Dr.Girard Year 1899,Theodor Schild concentr. worldwide Sales Organization.	ETERNA
	EMINEO A.G. WATCH MANUFACTURING & TRADING Bienne Swiss 298/10a MOREWA, tradename. Registered 01.10.1928. Watch movements, watch parts.MFC/WHS.	MOREWA
	FAB. d'EBAUCHES CORTEBERT S0404 MFC Cortebert MANUFACTURE de CORTEBERT 17.11.1885 WM-WC	MANUFACTURE DE CORTÉBERT.
	FAB. d'EBAUCHES CORTEBERT S0405 MFC Cortebert CORTEBERT WATCH MFG Co 17.11.1885 WM-WC	CORTÉBERT WATCH MFG Co.
	FAB. d'EBAUCHES de SONCEBOZ S1133 MFC Sonceboz 13.10.1890 WP	

NOTE: S0540 ETERNA-MATIC,first automatic wrist watch. ETERNA SONIC tuning fork watch.

R/T92

TRADEMARK OR TRADENAME MARQUE DE FABRIQUE - NOMS WARENZEICHEN - WORTMARKE	NAMES AND ADDRESS NOMS ET ADDRESSE NAMEN UND ADDRESSE	REMARKS OBSERV'TN BEMERKUNG
	FAB. d'EBAUCHES de SONCEBOZ S1883 MFC Sonceboz - S F E - 24.02.1894 WM-RWP	
	- S -	
DELEMONT	FAB. d'HORLOG. DELEMONT S0463 MFC Delemont DELEMONT 26.07.1886 WM-WC	
	FAB. d'HORLOG. LANGENDORF S2574 Langendorf 31.08.1897 WC-WD	
Ajax	FAB. d'HORLOG. LANGENDORF S3152 MFC Langendorf AJAX 06.02.1899 DWB-WM-WD	
CAVALIER	FABRIQUE / LANGENDORF S4593 MFC Langendorf CAVALIER 08.10.1902 WA-WP	
CLEMATIS	FAB. d'HORLOG. LA GLYCINE S8542 MFC-COM Bienne CLEMATIS 27.04.1927 WA-WP	
UFO	FAB. de MONTRES ORION S.A. S8571 MFC-COM Bienne UFO 27.04.1927 WM-WP	
INTERNACIONAL	FAB d'HORLOG. RAUSCHENBACH S2202 MFC Schaffhausen INTERNACIO NAL 30.11.1895 WC-DWB-WD	See page : 709 /710 INTERNAT. WATCH COMPANY

T92/L NOTE:

REMARKS OBSERV'TN BEMERKUNG	NAMES AND ADDRESS NOMS ET ADDRESSE NAMEN UND ADDRESSE	TRADEMARK OR TRADENAME MARQUE DE FABRIQUE - NOMS WARENZEICHEN - WORTMARKE
	FAB. d'HORLOG. SEELAND S1258 MFC Madretsch SEELAND 03.09.1891 WC-WD	
	FAB. d'HORLOG. SEELAND S1269 MFC Madretsch " SEELAND " 12.10.1891 WM-WC-WD-DWB	
	FABRIQUE D'HORLOG. SEELAND S2419 MFC Madretsch - S W C - 08.12.1896 WC-DWB-WD-WM	
	FABRIQUE / FONTAINMELON S0005 MFC Fontainmelon 01.11.1880 WM	
	FABRIQUE / FONTAINMELON S3647 MFC Fontainmelon 14.12.1900 EB	
	FABRIQUE / FONTAINMELON S8721 MFC Fontainmelon - F de F - 05.11.1927 EB-WM-SPC	
	FABRIQUE / BEVILARD S3685 MFC Bevilard BEVILARD 31.01.1901 EB	
	FABRIQUE D'HORLOGERIE ERIX S7866 MFC-COM Bale CANTO 23.11.1925 WA-WM-WD-WC-WP	CANTO
	FABRIQUE D'HORLOGERIE ERIX S8026 MFC-COM Bale GLOBE 25.03.1926 WA-CE-WM-WC-WP	

NOTE: R/T92

TRADEMARK OR TRADENAME MARQUE DE FABRIQUE - NOMS WARENZEICHEN - WORTMARKE	NAMES AND ADDRESS NOMS ET ADDRESSE NAMEN UND ADDRESSE	REMARKS OBSERV'TN BEMERKUNG
CORTEBERT	FABRIQUE D'EBAUCHES S0040 MFC Montilier CORTEBERT 01.11.1880 EB-WM-SMP	
Nº 54126 CENTRAL WATCH CASE Cº SWISS Nº 54127	FABRIQUE DE BOITES CENTRALE S8790 MFC-COM Bienne CENTRAL 11.10.1927 WC-SPC-EM-WP	
V	FABRIQUE D'EBAU. VENUS S.A. S7635 MFC-COM Moutier - V - 21.03.1925 EB-WM-RWP	
RFV	FABRIQUE DES FAVERGES S6483 MFC Villeret - R F V - 11.04.1911 WA-SMP	
BAHNZEIT	FABRIQUE DES FAVERGES S6848 MFC Villeret BAHNZEIT 15.04.1912 WA-SMP	
	FABRIQUE EBEL BLUM & CIE S6569 MFC Chaux-de-Fonds 22.07.1911 WA-WP	

T92/L NOTE:

REMARKS OBSERV'TN BEMERKUNG	NAMES AND ADDRESS NOMS ET ADDRESSE NAMEN UND ADDRESSE	TRADEMARK OR TRADENAME MARQUE DE FABRIQUE - NOMS WARENZEICHEN - WORTMARKE
	FABRIQUE EBEL, BLUM & CO. S6915 MFC Chaux-de-Fonds GILDA 23.07.1912 WA-WP	GILDA
	FABRIQUE EBEL BLUM & CIE S7612 MFC-COM Chaux-de-Fonds PRIMATA 26.03.1925 WA-WP	PRIMATA
	FABRIQUE EBEL BLUM & CIE S8176 MFC Chaux-de-Fonds BIGGARD 22.07.1926 WA-WP	BIGGARD
	FABRIQUE EBEL BLUM & CIE S8751 MFC Chaux-de-Fonds ROLLS 24.12.1927 WA-WP	ROLLS
	FABRIQUES MOVADO S7925 MFC-COM Chaux-de-Fonds TALMA 15.04.1925 WA-SMP	TALMA
	FABRIQUES MOVADO S8004 MFC-COM Chaux-de-Fonds GRISITE 13.02.1926 WA-SMP	GRISITE
	FABRIQUE MOVADO S8456 MFC-COM Chaux-de-Fonds ERMETO 24.01.1927 WA-WP	ERMETO
	FABRIQUES MOVADO S8434 MFC-COM Chaux-de-Fonds 12.01.1927 WA-SMP	

NOTE:

R/T92

TRADEMARK OR TRADENAME MARQUE DE FABRIQUE - NOMS WARENZEICHEN - WORTMARKE	NAMES AND ADDRESS NOMS ET ADDRESSE NAMEN UND ADDRESSE	REMARKS OBSERV'TN BEMERKUNG
Movado	FABRIQUE Movado L.A.J.Ditisheim & frerer Chaux de Fonds Swiss 183/10b MOVADO, tradename regist. 04.06.1907. MFC Watches.	
FABRIQUE MOVADO	FABRIQUE MOVADO L.A.J.Ditisheim & Frere Chaux de Fonds Swiss 184/10a MFC/RET/WHS/Watches,Watch Parts, Watch Cases.Regist. 17.03.1908.	
TER BRAECKE	FABRIQUE LAVINA S6956 MFC Villeret TER BRAECKE 23.09.1912 WA-WP	
"ARMY LEVER" **FRANCILLON & C°**	FABRIQUE DES LONGINES S3644 MFC St. Imier ARMY LEVER 03.12.1900 WM-WD-WC-DWB	
CRONOMETRO MEDICAL LONGINES	FABRIQUE DES LONGINES S6653 MFC St. Imier CHRONOMETRO MEDICAL LONGINES 04.10.1911 M-SMP	
Longines	FABRIQUE DES LONGINES S7715 MFC-COM St. Imier LONGINES 02.07.1925 RWP	
MEMORY	FABRIQUES LE PHARE S7623 MFC-COM Le Locle MEMORY 03.04.1925 WA-SMP	

T92/L NOTE:

REMARKS OBSERV'TN BEMERKUNG	NAMES AND ADDRESS NOMS ET ADDRESSE NAMEN UND ADDRESSE	TRADEMARK OR TRADENAME MARQUE DE FABRIQUE - NOMS WARENZEICHEN - WORTMARKE
	FABRIQUES DES MONTRES ZENITH S7524 MFC-COM Le Locle ZENITH ECLAT 06.02.1925 WA-SMP	ZENITH ECLAT Fabriques des Montres Zénith successeur de Fabriques des Montres Zénith Georges Favre-Jacot et Co.,
See page 796 ZENITH	FABRIQUES DES MONTRES ZENITH S7514 MFC-COM Le Locle - T R O Y - 26.01.1925 CE-RWP	T.R.O.Y.
	FABRIQUE D'HORLOG. MINERVA S7946 MFC Villeret -ARIAN-MERCURE-MINERVA-FAVERGES- 04.08.1925 WA-SMP	N° 43204 ARIANA N° 43205 MERCURE N° 43206 MINERVA N° 43207 FAVERGES
	FABRIQUE MUSETTE S. A. S7523 MFC Chaux-de-Fonds 12.01.1925 WA-WP-RG	MONTRES RENOMMÉES FONDÉE EN 1871 FABRIQUE MUSETTE
	FABRIQUE RENOVA S6437 MFC Locle RENOVA 09.02.1911 WA-WP	RENOVA
	FABRIQUES / THOMMEN S8674 MFC-COM Waldenburg SOLA - G T - 03.09.1927 WA-WM-SMP-WC-WD	SOLA G.T
	FABRIQUES DE MONTRES THOMMEN S8172 MFC-COM Waldenburg - G T - 31.07.1926 WA-WP	
	FAIVRE, CHS. LS S0328 MFC Le Locle 05.08.1884 WM-WC	

NOTE: R/T92

TRADEMARK OR TRADENAME MARQUE DE FABRIQUE - NOMS WARENZEICHEN - WORTMARKE	NAMES AND ADDRESS NOMS ET ADDRESSE NAMEN UND ADDRESSE		REMARKS OBSERV'TN BEMERKUNG
	FAIVRE, CHS. LS MFC Le Locle LE SQUARE 07.05.1886 WM-WC	S0436	
J.F.F.	FAIVRE, JOS. FILS MFC Porrentruy - J F F - 07.09.1887 WC	S0683	
	FAHRNI, JAKOB MFC Chaux-de-Fonds JACOB FARNIE 20.06.1893 WC-WD-DWB-WM	S1780	
	FALLET, EDOUARD MFC St. Imier RIVERSIDE CHRONO REGULATOR 09.01.1888 WM-WC	S0735	
	FATH, CH.-EDOUARD MFC Chaux-de-Fonds - C E F - 14.01.1896 ND	S2233	
LECRAM	FATH, MARCEL COM Neuchatel LECRAM 19.02.1927 WA-WP	S8482	
Nº 167.	FAVRE & ANDRIE MFC-MERCHANTS Le Locle FAVRE - BRANDT - LOCLE 01.11.1880 WA-JW-IN	S0028	
Nº 169.	- F & A -		

T92/L NOTE:

REMARKS OBSERV'TN BEMERKUNG	NAMES AND ADDRESS NOMS ET ADDRESSE NAMEN UND ADDRESSE	TRADEMARK OR TRADENAME MARQUE DE FABRIQUE - NOMS WARENZEICHEN - WORTMARKE
	FAVRE & ANDRIE S0315 MFC Le Locle 01.05.1884 WM-WC	
	FAVRE FRERES S0027 MFC Neuveville 01.11.1880 WM-WC	
	FAVRE FRERES S1731 MFC Cormoret - F F - 23.02.1893 WC-DWB-WM-WD	F. F.
	FAVRE FRERES S2004 MFC Cormoret RUBIN 12.11.1894 WM-WC-DWB	RUBIN F F MARQUE DÉPOSÉE
	FAVRE, L & W S5082 MFC Cormoret LUMEN 24.03.1904 WA-WP-WM-WC-DWB-WD	„LUMEN"
	FAVRE & CIE S1268 MFC Le Locle " PAMIR " 10.10.1891 WM-WC-WD	PAMIR
	FAVRE et Cie. S1644 MFC Locle ROSHNI 01.09.1892 WM-WD	ROSHNI SWISS MADE
	FAVRE et Cie. S3558 MFC Locle STYR 27.06.1900 WA-WP	STYR
	FAVRE - LEUBA S1008 MFC Le Locle "BRITANNIA" 02.11.1889 WM-WC-WD	BRITANNIA FAVRE-LEUBA & Co. LOCLE SWISS MADE

NOTE: R/T92

TRADEMARK OR TRADENAME MARQUE DE FABRIQUE - NOMS WARENZEICHEN - WORTMARKE	NAMES AND ADDRESS NOMS ET ADDRESSE NAMEN UND ADDRESSE	REMARKS OBSERV'TN BEMERKUNG
	FAVRE-BRANDT L-A S0150 MFC Geneva TRIUMPH 24.12.1881 WM	
	FAVRE-JACOT, GEORGES S1825 MFC Locle BERINA 29.09.1893 WM-WC-DWB-WD	
TERMINUS	FAVRE-JACOT, GEORGES S1948 MFC Locle TERMINUS 18.06.1894 WC-DWB-WD-WM-WP	
Intact	FAVRE-JACOT, GEORGES S4058 MFC Locle INTACT 23.01.1902 WC-WM-PW	
	FAVRE-JACOT, GEORGES S5148 MFC Locle ZENITH 10.05.1904 WA-WP-WD-WC-WM	
ZIYNETH	FAVRE-JACOT, GEORGES S6236 MFC Locle ZIYNETH 27.06.1910 WA-WP-JL-OR	See page 796 ZENITH
SERKIS **Fabrique des Montres** **Zénith**	FAVRE-JACOT, GEORGES S6617 MFC - ZENITH WATCHES Locle SERKIS 04.09.1911 WA-WP	
	FAVRE-JACOT, GEORGES S6897 MFC Locle ZENITH 29.06.1912 WA-WP	

T92/L NOTE:

REMARKS OBSERV'TN BEMERKUNG	NAMES AND ADDRESS NOMS ET ADDRESSE NAMEN UND ADDRESSE	TRADEMARK OR TRADENAME MARQUE DE FABRIQUE - NOMS WARENZEICHEN - WORTMARKE
See page 796 ZENITH	FAVRE-JACOT, GEORGES S7011 MFC-COM Locle ZENITH 13.12.1912 WA-WP-JL-OR	ZENITH Fabriques des Montres Zénith, successeur des Fabriques des Montres Zénith Georges Favre-Jacot & Co., LOCLE
	FAVRE-JACOT, GEORGES S7684 MFC-COM Locle 05.06.1925 WA-WP	
	FAVRE-JACOT, GEORGES S8417 MFC-COM Locle ROC 08.06.1926 WA-WP	ROC Fabriques des montres Zénith, successeur de Fabriques des montres Zénith Georges Favre-Jacot & Cie,
	FAVRE-JACOT, GEORGES S8503 MFC-COM Locle RATOE NAGA 21.03.1927 WA-WP	RATOE NAGA
	FAVRE-JACOT, GEORGES & CIE. S2423 MFC Locle ARIADNE 09.12.1896 WM-WC-SPW	 ARIADNE
	FAVRE-JACOT, GEORGES & CIE. S3211 MFC Locle 04.05.1899 WM-WC	
	FAVRE-LEUBA & CIE S0173 MFC Le Locle FAVRE - LEUBA & Co 11.05.1882 WC-WM	
	FAVRE-LEUBA & CIE S0772 MFC Le Locle "SWISS NATIONAL WATCH" 12.03.1888 WM-WC	

NOTE: R/T92

TRADEMARK OR TRADENAME MARQUE DE FABRIQUE - NOMS WARENZEICHEN - WORTMARKE	NAMES AND ADDRESS NOMS ET ADDRESSE NAMEN UND ADDRESSE	REMARKS OBSERV'TN BEMERKUNG
AJIB	FAVRE-LEUBA & CO S4203 MFC Geneva AJIB 30.05.1902 WA-WM-WC	
GUN TIME SWISS MADE	FAVRE-LEUBA & CO. S. A. S6805 MFC-COM Versoix GUN TIME 15.02.1912 WA-WP-SMP	
JOHN BARREL'S WATCH SWISS MADE	FAVRE-LEUBA & CO., S. A. S6648 MFC-COM Versoix JOHN BARREL'S WATCH 26.09.1911 WC-WD-WM-SMP	
PERSEVERANCE PROGRES PRECISION	FAVRE, ALEXIS S0831 MFC Geneva PROGRESS PERSEVERANCE PRECISION 12.07.1888 WM	
	FAVRE, AUG. S1514 MFC Cormoret 24.02.1892 WC-WM	
LEYONET SVEA	FAVRE, AUG. S3774 MFC Cormoret LEYONET SUEA 03.04.1901 WA-WP-SMP	
SURFINE	FAVRE, AUG. S7886 MFC-COM Cormoret SURFINE 23.12.1925 WA-WP-WC-WD	
MIKROSKOP	FAVRE-PICARD, G. S3894 MFC Locle MIKROSKOP 27.06.1901 WA-WP-SMP	

T92/L NOTE:

REMARKS OBSERV'TN BEMERKUNG	NAMES AND ADDRESS NOMS ET ADDRESSE NAMEN UND ADDRESSE	TRADEMARK OR TRADENAME MARQUE DE FABRIQUE - NOMS WARENZEICHEN - WORTMARKE
	FAVRE, E.A. FILS S0910 HOROLOGER Geneva 19.03.1889 WM-WC	
	FAVRE, GEORGES-JACOT S0795 MFC Le Locle "SENTINELLE" 20.04.1888 WM-WC	
	FAVRE, GEORGES-JACOT S1203 MFC La Chaux-de-Fonds TETE de RANGE 06.05.1891 WP	
	FAVRE, Georges Le Locle Swiss BILLODES DIOGENE ZENITH,trademark. AK04.	 
	FAVRE,Georges - JACOT Le Locle Swiss 478/10 Trademark. Watches,MFC/WHS/RET. HE	 GEORGES FAVRE-JACOT,
	FAVRE, JAMES-FALLET S0898 MFC St. Imier " HELICE " 15.02.1889 WM-WC-WD	
	FAVRE, JAMES-FALLET S1255 MFC St. Imier "LA PERLE" 04.09.1891 WM-WC-WD-DWB	 "LA PERLE.
	FAVRE, JULES S3811 MFC Neuveville SUCCESSEUR de FAVRE FRERES 01.05.1901 WA-WP-WC	**JULES FAVRE** **successeur de Favre frères**

NOTE: R/T92

TRADEMARK OR TRADENAME MARQUE DE FABRIQUE - NOMS WARENZEICHEN - WORTMARKE	NAMES AND ADDRESS NOMS ET ADDRESSE NAMEN UND ADDRESSE	REMARKS OBSERV'TN BEMERKUNG
F L.L	FAVRE, L.-LEBET S0217 MFC Neuchatel - F L L - 27.03.1883 PW	
	FAVRE, MARC S2357 MFC Cormoret 23.07.1896 WA-WP	
MARIUS FAVRE & Cie	FAVRE, MARIUS & CIE. S2464 MFC Geneva MARIUS FAVRE 12.02.1897 WA-WP-CHR	
PF	FAVRE, PAUL S0419 MFC Le Locle - P F - 25.02.1886 WM-WC	
MAO No 58187 MSO No 58188	FEDERATION SUISSE ASSOCIATIONS MFC -de FABRICANTS d' HORLOGERIE Bienne - M A O - - M S O - 12.02.1925 WA S7538 "Federation of Swiss Horological Manufacturer "	
F	FELSA S. A. S8078 MFC-COM Granges - F - 30.04.1926 EB	
FIDES	FIEBIGER EMILE S0983 MFC Geneva " FIDES " 21.09.1889 WM-WC	

T92/L NOTE:

REMARKS OBSERV'TN BEMERKUNG	NAMES AND ADDRESS NOMS ET ADDRESSE NAMEN UND ADDRESSE		TRADEMARK OR TRADENAME MARQUE DE FABRIQUE - NOMS WARENZEICHEN - WORTMARKE
	FIEBINGER, EMILE MFC Geneva " E F " 18.07.1891 WM-WC	S1234	EF
	FLOTREN, EMILE MFC Madretsch 21.08.1902 WC	S4537	
	FLEURIER WATCH CO. MFC-COM Fleurier 06.02.1926 WA-WP	S7998	REGISTERED TRADEMARK FWC
	FIFFEL-GONIN & CIE MFC Champagne 31.05.1900 WC	S3546	
	FRANCILLON, ERNEST MFC St. Imier FRANCILLON LONGINES 01.11.1880 WM-WC	S0016	E.FRANCILLON LONGINES SUISSE
See page 667 FRANCILLON	FRANCILLON, ERNEST & CIE MFC St. Imier CHASSERAL LONGINES 05.01.1886 WM-WC	S0413	CHASSERAL LONGINES
	FRANCILLION, ERNEST & CIE MFC St. Imier " HERALD " 17.07.1888 WA-WP-WM-WC	S0833	
	FRANCILLON, ERNEST & CIE MFC St. Imier * EFCo* LONGINES 27.05.1889 WM-WC	S0938	EFCo LONGINES
	FOX, GEORGE & CO MFC Geneva CITO 18.11.1904 WA-WP	S5378	CITO

NOTE: R/T92

TRADEMARK OR TRADENAME MARQUE DE FABRIQUE - NOMS WARENZEICHEN - WORTMARKE	NAMES AND ADDRESS NOMS ET ADDRESSE NAMEN UND ADDRESSE	REMARKS OBSERV'TN BEMERKUNG
EFC	FRANCILLON, ERNEST & CIE. S1981 MFC St. Imier - F C E - 11.09.1894 WC-DWB-WM	
SIRDAR	FRANCILLON, ERNEST & CO. S3168 MFC St. Imier SIRDAR 13.03.1899 WC-DWB-WM	See page 667 FRANCILLON
FRANK'S WATCH	FRANK, R. S4217 MFC Chaux-de-Fonds FRANK'S WATCH 20.06.1902 WA-WP	
	FRECHELIN, LOUIS S1125 MFC Colombier / Neuchatel 16.09.1890 WC-WM-WD-DWB	
	FRECHELIN, LOUIS S1700 MFC Colombier PRELAZ WATCH 09.01.1893 WC-WM-WD-DWB	
FREIBOURGHAUS E.	FREIBOURGHAUS, E. S2418 MFC Courtelary 07.12.1896 WA-WP	
AXIOM	FREIBURGHAUS, E. & CIE S4507 MFC Courtelary AXIOM 16.07.1902 WA-WP	
 Dahlia	FRENE & GARRAUX S2081 MFC Reconvilier DAHLIA 22.04.1895 WM	

T92/L NOTE:

REMARKS OBSERV'TN BEMERKUNG	NAMES AND ADDRESS NOMS ET ADDRESSE NAMEN UND ADDRESSE		TRADEMARK OR TRADENAME MARQUE DE FABRIQUE - NOMS WARENZEICHEN - WORTMARKE
	BERGEON, FRERES MFC Le Locle 19.08.1887 WM-WC-WD	S0669	
	BERGEON, FRERES MFC Locle RONDINELLA 14.04.1894 WC-DWB-WD-WM	S1912	Rondinella.
	BERGEON, FRERES MFC Locle GALILEO 12.04.1899 WM-WD-WC	S3188	GALILEO
	FREY & CIE MFC Madretsch Y FRECO 16.12.1912 WA-WP	S7013	Y No. 32457. FRECO No. 32458.
	FREY, R. & FILS MFC Bienne 05.03.1900 WA-WP	S3433	SIGMA Σ

NOTE:

R/T92

TRADEMARK OR TRADENAME MARQUE DE FABRIQUE - NOMS WARENZEICHEN - WORTMARKE	NAMES AND ADDRESS NOMS ET ADDRESSE NAMEN UND ADDRESSE	REMARKS OBSERV'TN BEMERKUNG
	FROIDEVAUX, J.A. S0499 MFC Biel 07.01.1887 WB-OR-AR-JW	
VORWÄRTS	FROIDEVAUX, S. & CIE S4245 MFC Porrentruy VORWÄRTS 04.01.1899 WA-WP	
	FROSSARD, JH. S5111 MFC Porrentruy 04.05.1904 WA-WP	
MIDAS	FUCHS CALAME, HANS S7592 MFC Chaux-de-Fonds MIDAS 06.03.1925 WA-WP	
	FUCHS, CHARLES & CIE. S3302 MFC Locle -C F Co L - 19.09.1899 WA-WPP	
"SONMARTEL"	FUCHS, CHARLES & CIE S3949 MFC Locle SONMARTEL 17.08.1901 WA-WP	
	FURRER & CIE. S2212 MFC Bellach MARS 23.12.1895 WA-WP	
E.FRANCILLON LONGINES SUISSE	FRANCILLION , Ernest S0512 Longine - Enterprise MFC Ernest Francillion * 1834 + 1900 his family enyojed honorable positions among watchmakers and merchants in the area / Lausanne District Vaud, Switzerland.	See page 674 675 FRANCILLION

T92/L NOTE:

REMARKS OBSERV'TN BEMERKUNG	NAMES AND ADDRESS NOMS ET ADDRESSE NAMEN UND ADDRESSE	TRADEMARK OR TRADENAME MARQUE DE FABRIQUE - NOMS WARENZEICHEN - WORTMARKE
	FONTAINEMELON S.A. S0531 MFC Statistic: Year 1905, 558 plant and 34 home employee. WA-PW-SUP-WHS-RET	FONTAINMELLON S.A.
	GABUS & FILS S0718 MFC La Chaux-de-Fonds - C ¢ F - 07.12.1887 WM-WC	G&F
	GABUS, PAUL ULYSSE S1691 MFC Chaux-de-Fonds MEDICIS 16.12.1892 WM-WC	MEDICIS REGISTERED
	GABUS-GUINAND, JOHN S2205 MFC Bienne G.G.BRENNETS 06.12.1895 WD-DWB	G.G BRENETS
LIT 182	GAGNEBIN - BROTHERS S0513 GAGNEBIN Les,historian, naturalist. Contemporary of PIERRE JAQUET - DROZ @ year 1721. The Gagnebin brothers settled in the La Chaux -de-Fonds area (year 1781) GAGNEBIN II,Abraham + 1800 at the age of 93. The Gagnebin's contributed largely to the design and construction of the mechanical watch.	GAGNEBIN,BROTHERS
	GAGENEBIN, LEON-DUBOIS S0654 MFC St. Imier 01.08.1887 WM-WC	
	GAGNEBIN & CIE. S2240 MFC St. Imier PELOUSE 17.01.1896 WC-DWB-WM	PELOUSE
	GAGNEBIN & NICOLET S8614 MFC-COM Tramelan / Dessous VERNETA 20.06.1927 WC-WM	VERNETA

NOTE: R/T92

TRADEMARK OR TRADENAME MARQUE DE FABRIQUE - NOMS WARENZEICHEN - WORTMARKE	NAMES AND ADDRESS NOMS ET ADDRESSE NAMEN UND ADDRESSE	REMARKS OBSERV'TN BEMERKUNG
	GAGNEBIN, EDOUARD S1843 MFC Tramelan ZAMPA 11.11.1893 WC-DWB-WD-WM	LIT 182
KAISER	GAGNEBIN & NICOLET S6743 MFC Tramelan / Dessous KAISER 21.12.1911 WA-WP	
ARDA	GAGNEBIN, EDOUARD S8397 MFC Tramelan / Dessous ARDA 23.12.1926 WA-WP	See page 678 GAGNEBIN
	GAGNEBIN, LES FILS de NUMA S8562 MFC-COM Tramelan / Dessous - N G - 06.05.1927 WA-WP	
GLORIOSA	GAGNEBIN, E. & CIE. S2715 MFC Tramelan / Dessous GLORIOSA 28.06.1898 WA-WP	
	GAGNEBIN, ED. & CIE. S3253 MFC Tramelan / Dessous TRAMELAN WATCH 25.07.1899 WA-WP	
	GAGNEBIN, LEON-DIBOIS S0651 MFC St. Imier - L G D - 29.07.1887 WM-WC	
	GAGNEBIN, F.L.-MEYNAT S1086 MFC St. Imier "DUCHESS" 16.04.1890 WM-WC-WD	

T92/L NOTE:

REMARKS OBSERV'TN BEMERKUNG	NAMES AND ADDRESS NOMS ET ADDRESSE NAMEN UND ADDRESSE	TRADEMARK OR TRADENAME MARQUE DE FABRIQUE - NOMS WARENZEICHEN - WORTMARKE
LIT 183	GALLET, JULIEN & CIE S0256 MFC La Chaux-de-Fonds UNION SQUARE 02.10.1883 WA-WM-WC	
	GALLET, JULIEN S0284 MFC La Chaux-de-Fonds FAVORITE 16.02.1884 WA-WM-WC-WD-WA	
	GALLET, JULIEN S0933 MFC La Chaux-de-Fonds " COMMODORE " 07.05.1889 WA-WM-WC-WD	
	GALLET, JULIEN & CIE S0481 MFC La Chaux-de-Fonds BRIDGEPORT WATCH Co. 17.11.1886 WA-WM-WC-WD-WA	
	GALLET, JULIEN & CIE S0794 MFC Chaux-de-Fonds LADY RACINE 20.04.1888 WM-WC-PW-WD	
	GALLET, JULIEN & CIE S0969 MFC La Chaux-de-Fonds " THE CHIEF " 28.08.1889 WA-WM-WC-WD	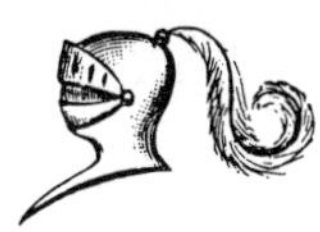
	GALLET, JULIEN & CIE S0974 MFC La Chaux-de-Fonds " RICHMOND " 29.08.1889 WA-WM-WC-WD	
	GALLET, JULIEN & CIE S1158 MFC La Chaux-de-Fonds " THE LILY " 17.01.1891 WA-WM-WC-WD-DWB	
	GALLET, JULIEN & CIE. S2370 MFC Chaux-de-Fonds 14.08.1896 WA-WP	

NOTE: R/T92

TRADEMARK OR TRADENAME MARQUE DE FABRIQUE - NOMS WARENZEICHEN - WORTMARKE	NAMES AND ADDRESS NOMS ET ADDRESSE NAMEN UND ADDRESSE	REMARKS OBSERV'TN BEMERKUNG
INTEROCEAN	GALLET, JULIEN & CIE S6208 MFC Chaux-de-Fonds INTEROCEAN 03.06.1910 WA-WP	LIT 183
GALCO	GALLET, JULIEN & CIE. S7599 MFC Chaux-de-Fonds GALCO 14.03.1925 WA-WM-WC-WP	
J.G. Lady Racine	GALLET, JULIEN & CIE S8021 MFC Chaux-de-Fonds 10.03.1926 WA-WM-WC-SWP	
TRADE J. G. MARK.	GALLET,Julien & Co. S0528 MFC La Chaux-de-Fonds Catalogue page year 1884 JULIEN GALLET & CO. Manufacturer and Importer of Watches,1 Maiden Lane New York, USA, Charles Perret,sole Agent. WA-WW-PW-WHS-RET	LIT 183
EUREKA TIMEKEEPER	GALLET, JULIEN & CO S0278 MFC La Chaux-de-Fonds EUREKA TIMEKEEPER 14.01.1884 WA-WM-WC-WD	
	GALLET, JULIEN & CO. S2490 MFC Chaux-de-Fonds 06.03.1897 WA-WP	
	GALLOPIN, LS. & CIE. S2116 MFC Geneva 18.07.1895 JL-WA-OR-AR	
E G	GANDER EMILE S0516 MFC La Chaux-de-Fonds - EG - 21.02.1887 WC	

T92/L NOTE:

REMARKS OBSERV'TN BEMERKUNG	NAMES AND ADDRESS NOMS ET ADDRESSE NAMEN UND ADDRESSE		TRADEMARK OR TRADENAME MARQUE DE FABRIQUE - NOMS WARENZEICHEN - WORTMARKE
	GANDER, EMILE MFC Chaux-de-Fonds GLOBO 17.02.1893 WC-DWB-WM-WD	S1729	
	GANDER, EMILE MR Chaux-de-Fonds GLOBO DEPOSE 16.08.1902 WA-WP	S4529	
	GANDER, EMILE & FILS (sons) MFC - COM Chaux-de-Fonds OVALE 21.12.1910 WA-WP	S6357	
	GANDER, EMILE & FILS (sons) MFC Chaux-de-Fonds GIOIA VELIA 20.02.1912 WA-WP	S6801	
	GASSER, H. & CO MFC Bienne ERICA 22.05.1902 WA-WP	S4199	
	GASSER, J.MEYER MFC Biel 27.06.1883 WC	S0235	
	GASSER, H. & CIE MFC-COM Bienne PRECOSIA 20.06.1927 WA-WP-WM	S8613	
	GEBEL, WALTHER MFC St. Imier - WC - 10.02.1888 WM-WC	S0755	
	GEBRUDER, BUSER & BERGER MFC Waldenburg - A B - 06.09.1892 WM-WC	S1648	

NOTE: R/T92

TRADEMARK OR TRADENAME MARQUE DE FABRIQUE - NOMS WARENZEICHEN - WORTMARKE	NAMES AND ADDRESS NOMS ET ADDRESSE NAMEN UND ADDRESSE	REMARKS OBSERV'TN BEMERKUNG
	GAUCHAT, NUMA S1735 MFC Fleurier EURISANEAFL 09.03.1893 WC-DWB-WD-WM	
	GEERING, R. & CIE S7608 MFC-COM Chaux-de-Fonds PER ASPERA ADASTRA 19.03.1925 WA-WP	
	GENEVA WATCH COMPANY S6098 MFC Geneva / Plainpalais FLORISANT 10.03.1910 WA-WP	
LOUVRE	GENEVA WATCH COMPANY S6662 MFC Geneva / Plainpalais LOUVRE 14.10.1911 WA-PC-WP-EM	
	GENEVA WATCH COMPANY S8463 MFC-COM Geneva / Plainpalais J. J. BADOLLET 19.02.1927 WA-PC-WP	
	GEISER, L.A. S0195 MFC Tavannes MARQUE de FABRIQUE 12.10.1882 WM-WC	
	GERTH, ROBERT & CIE S0609 MFC Neuchatel 30.05.1887 WM-WC-DWB	
	GERBER FRERES S7824 MFC-COM Delemont LATINUM 07.10.1925 WC-JL	

T92/L NOTE:

REMARKS OBSERV'TN BEMERKUNG	NAMES AND ADDRESS NOMS ET ADDRESSE NAMEN UND ADDRESSE	TRADEMARK OR TRADENAME MARQUE DE FABRIQUE - NOMS WARENZEICHEN - WORTMARKE
	GERSON-AUBERT S0152 MFC Geneva 06.01.1882 WA-WM-WC	
	GERMIQUET JEAN S0964 MFC La Chaux-de-Fonds 12.08.1889 WA-WM	
	GIGER, GOTTLIEB S3606 MFC Bienne - G G - 01.10.1900 WA-WP	
	GIGON, AMEDEE S3266 MFC Chaux-de-Fonds - A G - 08.08.1899 WA-WP	
	GIGON & CATTIN S2679 MFC Chaux-de-Fonds 28.04.1898 WA-WP	
	GIGON & CATTIN S2645 MFC Chaux-de-Fonds 11.02.1898 WA-WP	
	GINDRAT, A. S4090 MFC Geneva / Plainpalais CERES 25.02.1902 WM-WC-WD	
	GINDRAT-DELACHAUX S2093 MFC Chaux-de-Fonds 28.05.1895 WA-WP	GINDRAT-DELACHAUX
	GINDRAT-VUILLE, A. S1730 MFC Tramelan / Dessous 22.02.1893 WM-WC	GINDRAT-VUILLE A.

NOTE: R/T92

TRADEMARK OR TRADENAME MARQUE DE FABRIQUE - NOMS WARENZEICHEN - WORTMARKE	NAMES AND ADDRESS NOMS ET ADDRESSE NAMEN UND ADDRESSE	REMARKS OBSERV'TN BEMERKUNG
	GINDRAT, LOUIS S1177 MFC La Chaux-de-Fonds "ISOCHRONOMETRE" 24.02.1891 WM-WC-WD-DWB	
	GINDRAT, J.A.-VUILLE S0602 MFC Tramelan / Dessous - J A G V - 23.05.1887 WM-WC	
	GINDRAT, LOUIS & CIE S0532 MFC La Chaux-de-Fonds 02.03.1887 WM-WC	
	GIRARD-PERREGAUX S0039 MFC La Chaux-de-Fonds - G P - 01.11.1880 WA-CHR-NAVY CHR-AC	
	GIRARD-PERREGAUX & CIE S0245 MFC La Chaux-de-Fonds COMET PATENT 02.08.1883 WM-WC-TIM	
GIRARD-PERRECHAUX & CIE.	GIRARD-PERREGAUX & CO S0249 MFC La Chaux-de-Fonds 22.08.1883 WM-WC	
	GIRARD-PERREGAUX & CIE S0322 MFC La Chaux-de-Fonds THE EXPLORER'S WATCH 25.06.1884 WM-WC-WD	
	GIRARD-PERREGAUX & CIE S0368 MFC La Chaux-de-Fonds STELLA G - P 26.05.1885 WM-WC-WD-WA	

T92/L NOTE:

REMARKS OBSERV'TN BEMERKUNG	NAMES AND ADDRESS NOMS ET ADDRESSE NAMEN UND ADDRESSE	TRADEMARK OR TRADENAME MARQUE DE FABRIQUE - NOMS WARENZEICHEN - WORTMARKE
	GIRARD-PERREGAUX & CIE S0492 MFC La Chaux-de-Fonds ANCHOR 15.12.1886 WM-WC-WD	
	GIRARD-PERREGAUX & CIE S0829 MFC La Chaux-de-Fonds 12.07.1888 WM-WC-WD	
	GIRARD-PERREGAUX S1137 MFC La Chaux-de-Fonds 27.10.1890 WM-WC-WD	
	GIRARD-PERREGAUX & CIE S1293 MFC La Chaux-de-Fonds 13.11.1891 WM-WC-WD-DWB	
	GIRARD-PERREGAUX & Co. S1608 MFC Chaux-de-Fonds MONTE CRISTO 17.06.1892 WM-WD-WC	
	GIRARD-PERREGAUX & CIE. S1970 MFC Chaux-de-Fonds FLEURETTE 02.08.1894 WM-WD-WC	FLEURETTE
	GIRARD-PERREGAUX & CIE. S2326 MFC Chaux-de-Fonds CALUMET 22.06.1896 WM-WC-DWB-WD	CALUMET
	GIRARD-PERREGAUX & CIE. S2499 MFC Chaux-de-Fonds - G P - 12.03.1897 WM-WC	

NOTE: R/T92

TRADEMARK OR TRADENAME MARQUE DE FABRIQUE - NOMS WARENZEICHEN - WORTMARKE	NAMES AND ADDRESS NOMS ET ADDRESSE NAMEN UND ADDRESSE	REMARKS OBSERV'TN BEMERKUNG
	GIRARD-PERREGAUX & CIE. S2794 MFC Chaux-de-Fonds - G U I - 22.12.1898 WM-WC-DWB-WD	
	GIRARD-PERREGAUX & CIE. S6448 MFC Chaux-de-Fonds HELIOFOLIS 24.02.1911 OR-JL	
	GIRARD-PERREGAUX & CIE S7881 MFC Chaux-de-Fonds 25.12.1925 WA-WP	
	GIRARD-PERREGAUX & CIE S8772 MFC Chaux-de-Fonds - G P - 26.04.1927 WA-WP	
	GIRARD, A. S2766 MFC Granges JURA SEBIS 01.11.1898 WM-WD-WC-DWB	
	GIRARDIN, L.-BOURGEOIS S0727 MFC Biel - L Gb B - 22.12.1887 WM-WC-WD	
	GISIGER, HANS S8214 MFC-COM Selzach -S T S - 28.08.1926 WA-WP	
	GLARDON, ANTOINE & CIE. S2770 MFC Vallorbe ANTOININE GLARDON & Co 08.11.1898 WA-WP	

T92/L NOTE:

REMARKS OBSERV'TN BEMERKUNG	NAMES AND ADDRESS NOMS ET ADDRESSE NAMEN UND ADDRESSE	TRADEMARK OR TRADENAME MARQUE DE FABRIQUE - NOMS WARENZEICHEN - WORTMARKE
	GOERING, LOUIS S0502 MFC La Chaux-de-Fonds - TRADE MARK - 15.01.1887 WA-WC-AR AND OTHER METALS	
	GOERING, LOUIS S0721 MFC La Chaux-de-Fonds PRINCESS 13.12.1887 WA-WM-WC	
	GOERING, LOUIS S0797 MFC La Chaux-de-Fonds "LADY ROSE" 24.04.1888 WA-WM-WC	
	GOERING, LOUIS S0834 MFC La Chaux-de-Fonds ATTLEBORO WATCH Co. 19.07.1888 WA-WM-WC	
	GOEHRING LOUIS S1007 MFC La Chaux-de-Fonds R.I.WATCH Co. 31.10.1889 WA-WM-WC	
	GOERING, LOUIS S0955 MFC La Chaux-de-Fonds "CANTON" 09.07.1889 WA-WM-WC-WD	
	GOERING, LOUIS S1024 MFC La Chaux-de-Fonds " THE ROSETTE " 04.01.1890 WA-WM-WC	
	GOERING, LOUIS S1201 MFC La Chaux-de-Fonds "EUROPEAN WATCH CO" 30.04.1891 WA-WM-WC-WD	GOERING, LOUIS
	GOERING, LOUIS S1518 MFC Chaux-de-Fonds OBELISK 29.02.1892 WA-WC-WM-WD-DWB	

NOTE: R/T92

TRADEMARK OR TRADENAME MARQUE DE FABRIQUE - NOMS WARENZEICHEN - WORTMARKE	NAMES AND ADDRESS NOMS ET ADDRESSE NAMEN UND ADDRESSE	REMARKS OBSERV'TN BEMERKUNG
 	GOERING, LOUIS S1801 MFC Chaux-de-Fonds EL MORO -G C H- 31.07.1893 WA-WC-DWB-WM	
 	GOERING, LOUIS S2591 MFC Chaux-de-Fonds MERITE S G 05.10.1897 WA-WM-WP	
	GOERING, VVE DE LOUIS S3624 MFC Chaux-de-Fonds LADY GRANT 29.10.1900 WA-WP	
	GOERING, LOUIS S3666 MFC Chaux-de-Fonds 18.01.1901 WA-WM-WD	
 	GOERING, VVE DE LOUIE S4734 MFC Chaux-de-Fonds WARRANTED SOLID NICKEL 11.02.1903 WA-WP	
	GOERING, VVE DE LOUIE S5289 MFC Chaux-de-Fonds MARLBOROUGH 14.09.1904 WA-WP	
GOERING VVE* DE LOUIE * Widow	GOERING, VVE* DE LOUIE S6796 MFC Chaux-de-Fonds SECESSION 19.02.1912 WA-WP	
	GOERING, VVE* DE LOUIE S8039 MFC-COM Chaux-de-Fonds GOLDMARK WATCHES 20.03.1926 WA-WP	

T92/L NOTE:

REMARKS OBSERV'TN BEMERKUNG	NAMES AND ADDRESS NOMS ET ADDRESSE NAMEN UND ADDRESSE		TRADEMARK OR TRADENAME MARQUE DE FABRIQUE - NOMS WARENZEICHEN - WORTMARKE
	ANTOINE CASTELBERG MFC -COM La Chaux-de-Fonds GLOBE WATCH Co 10.04.1884 WM-WC	S0298	GLOBE WATCH Co
	GOLDENTHAL, D. MFC Chaux-de-Fonds VALDOR WATCH 07.09.1904 WA-WP	S5284	
	GOETSCHEL & WOLF MFC La Chaux-de-Fonds 11.03.1887 WM-WC	S0544	
	GORGERAT, ERNEST MR Chaux-de-Fonds PRIMUS INTER PARES 01.03.1900 WA-SUPP	S3429	
	GORGERAT, ERNEST MR Chaux-de-Fonds 12.06.1900 WA-SUPP	S3552	
	GORGERAT, ERNEST MFC Chaux-de-Fonds PRIMUS 09.03.1904 WA-SUP	S5056	PRIMUS
	GORING, LOUIS MFC La Chaux-de-Fonds " THE HERALD " 18.03.1889 WM-WC	S0908	
	GOSCHLER & CIE MFC Biel - G Co - 06.06.1887 WM	S0615	

NOTE: R/T92

TRADEMARK OR TRADENAME MARQUE DE FABRIQUE - NOMS WARENZEICHEN - WORTMARKE	NAMES AND ADDRESS NOMS ET ADDRESSE NAMEN UND ADDRESSE	REMARKS OBSERV'TN BEMERKUNG
	GOSCHLER & CIE. S2523 MFC Bienne POST WATCH 29.04.1897 SC-SCP	
	GOSCHLER & CIE. S1766 MFC Bienne LA SOCIALE 01.06.1893 PW-WM-WD	
	GOSCHLER & CIE. S1673 MFC Bienne ANUTROF REGULATOR 02.11.1892 PW-WM	
	GOSCHLER & CIE S0861 MFC Biel "FORTUNA" 27.10.1888 WM-WC	
	GOSCHLER & Co. S1609 MFC Bienne HORA FIJA 11.06.1892 WC-WM	
	GRAEF, OTTO S5330 MFC Chaux-de-Fonds 22.10.1904 WA-WP-WC	
	GRAEF, OTTO S6171 MFC Chaux-de-Fonds 03.05.1910 WA-WP	
GRAEF, OTTO	GRAEF, OTTO S7974 MFC-COM Chaux-de-Fonds 05.01.1926 WA-WP	

T92/L NOTE:

REMARKS OBSERV'TN BEMERKUNG	NAMES AND ADDRESS NOMS ET ADDRESSE NAMEN UND ADDRESSE		TRADEMARK OR TRADENAME MARQUE DE FABRIQUE - NOMS WARENZEICHEN - WORTMARKE
	GRAF-JEQUIER, S. MFC Fleurier LIGHT 21.06.1901 WA-SMP	S3887	"LIGHT"
	GRAEF & CIE MFC Chaux-de-Fonds MIMO 29.08.1927 WA-WP	S8670	MIMO
	GRAIZELY FRERES MFC La Ferriere " G F " 25.06.1889 WM-WC	S0948	
	GRAIZELY, ARTHUR MFC La Ferriere G.A. LA FERRIERE SWISS MADE 07.11.1891 WM-WC-WD-DWB	S1276	
	GRAIZELY & CIE MFC Chaux-de-Fonds RADIOTELEGRAFICO 13.06.1904 WA-WP	S5196	GRAIZELY & CIE
	GRAIZELY & CIE MFC-COM Chaux-de-Fonds - Z - 25.05.1910 WA-WP	S6184	Z
	GRAIZELY & CIE MFC Chaux-de-Fonds GRAIZELY & CO. 01.05.1911 WA-WP	S6497	GRAIZELY & CIE
	GRANDJEAN, EUGENE/FRANCOIS MFC --- LOUIS Biel "MONTRE PHILLIP" 09.05.1888 WM-WC-WA-WD-IN DEGREE	S0802	
	GRANDJEAN, FRITZ MFC Locle LA CHAPELLE 13.03.1899 SC-SCP	S3169	

NOTE: R/T92

TRADEMARK OR TRADENAME MARQUE DE FABRIQUE - NOMS WARENZEICHEN - WORTMARKE	NAMES AND ADDRESS NOMS ET ADDRESSE NAMEN UND ADDRESSE	REMARKS OBSERV'TN BEMERKUNG
Vespa	GRANDJEAN, FRITZ S4839 MFC Locle VESPA 01.05.1903 WA-WP	
H^ri GRANDJEAN & Cie AU LOCLE (SUISSE) FABRIQUE DE MONTRES DE LUXE HRI GRANDJEAN & CIE CHRONOMÈTRES DE MARINE ET DE POCHE	GRANDJEAN, HENRI & CIE S0096 MFC Le Locle - G J - 14.02.1881 WM-WC	
CREMINES	GREDER FRERES S3500 MFC Longeau CREMINES 05.04.1900 WM	
	GRISEL, LOUIS S0661 MFC La Chaux-de-Fonds - G L - 06.08.1887 WM-WC	
M G	GRISEL, Mlin S0612 MFC Cormondreche - M G - 04.06.1887 WM-DWB	
LOUIS GRISEL	GRISEL, L. S1796 MFC Chaux-de-Fonds LOUIS GRISEL 24.07.1893 WM-WC-DWB-WM-WD	
No 64404 LOUIS GRISEL No 64405 L. GRISEL	GRISEL, L. S8574 MFC Chaux-de-Fonds L.GRISEL 18.05.1927 WA-WP	
MARQUE GROBT	GROBERTY, HENRI & FILS S4816 MFC Chaux-de-Fonds MARQUE GROBT 18.04.1903 WM	

T92/L NOTE:

REMARKS OBSERV'TN BEMERKUNG	NAMES AND ADDRESS NOMS ET ADDRESSE NAMEN UND ADDRESSE		TRADEMARK OR TRADENAME MARQUE DE FABRIQUE - NOMS WARENZEICHEN - WORTMARKE
	GROSJEAN, ALFRED MFC La Chaux-de-Fonds 04.07.1887 WM-WD-WA-DWB	S0637	
	GROSJEAN & CIE MFC La Chaux-de-Fonds THE NEWMARKET 08.07.1891 WM-WC-WD-DWB	S1228	
	GROSJEAN & CIE. MFC Chaux-de-Fonds GIBRALTAR 01.04.1896 WA-WP	S2283	
	GROSJEAN & CO. MFC Chaux-de-Fonds - G & Co - 23.09.1896 WA-WP	S2383	
	GROSJEAN, C. & CO. MFC Geneva 25.01.1894 WA-WP	S1871	
	GROSJEAN, FRERES MFC La Chaux-de-Fonds - G F - 29.03.1881 WM-WC	S0110	
	GROSJEAN FRERES MFC La Chaux-de-Fonds -E W C Co- 13.08.1887 WC	S0668	
	GROSCLAUDE, J. & CIE MFC Fleurier ESMERALDA 14.08.1890 WM-WC-WD	S1116	

NOTE: R/T92

TRADEMARK OR TRADENAME MARQUE DE FABRIQUE - NOMS WARENZEICHEN - WORTMARKE	NAMES AND ADDRESS NOMS ET ADDRESSE NAMEN UND ADDRESSE	REMARKS OBSERV'TN BEMERKUNG
	GROSSCLAUDE, J.& CIE S1117 MFC Fleurier 14.08.1890 WM-WC-WD	
	GROSCLAUDE, J. & CIE. S1973 MFC Fleurier 10.08.1894 WM-WC-DWB-WD	
	GROSJEAN-REDARD S1758 MFC Chaux-de-Fonds PRODIGE C R 02.05.1893 PW	
	GROSJEAN-DROZ, E. S1887 MFC Chaux-de-Fonds ALA FEUILLE D'OR 06.03.1894 WC-DWB-WD-WM	
	GROSSERT, ARMIN S6937 MFC Cremines NIMRA 10.09.1912 WA-WP-WM-WD	
	GRUEN WATCH MFG. CO. S6964 MFC Madretsch PRECISION 16.10.1912 WA-WP-PW	
Nº 45847 GRUEN Nº 45848 GRUEN VERITHIN Nº 45849 **Gruen-Gilde** Nº 45850 **Gilde** Nº 45851 **Gilden-Uhr** Nº 48853 **Gruen Pentagon**	GRUEN WATCH MFG. CO. S8401 MFC Bienne GRUEN 23.02.1926 WA-WP	See page 699 GRUEN
	GRUNDMANN, R. S6799 MFC Geneva "CRISTAL" 14.02.1912 WA-WP	

T92/L NOTE:

REMARKS OBSERV'TN BEMERKUNG	NAMES AND ADDRESS NOMS ET ADDRESSE NAMEN UND ADDRESSE	TRADEMARK OR TRADENAME MARQUE DE FABRIQUE - NOMS WARENZEICHEN - WORTMARKE
	GRUMBACH, LEON S0629 MFC Biel 23.06.1887 DWB	LC
	GRUMBACH, JULES S3254 MFC Chaux-de-Fonds IBIS 25.07.1899 WA-WP	IBIS
	GRUMBACH, JULES S3554 MFC Chaux-de-Fonds THE NIZAM 21.06.1900 WA-WP	THE NIZAM SWISS MADE
	GRUMBACH, JULES S4894 MFC Chaux-de-Fonds 08.06.1903 WA-WP	THE NIZAM SWISS MADE
	GRUMBACH, JULES S8207 MFC-COM Chaux-de-Fonds NEVA 26.08.1926 WA-WP	№ 62461 NEVA PRODUIT SUISSE
	GRUNBERG, DAME H. & CO. S1791 MFC Bienne TRAJAN 01.07.1893 WA	TRAJAN
	GUINAND, H.-W. S1674 MFC Chaux-de-Fonds 04.11.1892 WC-DWB-WM-WD	GUINAND H.W.
	GUILLOD, J., FILS S2549 MFC Chaux-de-Fonds ELEGANTE 24.06.1897 WC	Elégante
	GUGGENHEIM, M. NEVUE S0055 MFC Biel - M Gm Neu - 06.11.1880 WM	M. Gm Neu

NOTE: R/T92

TRADEMARK OR TRADENAME MARQUE DE FABRIQUE - NOMS WARENZEICHEN - WORTMARKE	NAMES AND ADDRESS NOMS ET ADDRESSE NAMEN UND ADDRESSE	REMARKS OBSERV'TN BEMERKUNG
	GUGGENHEIM, ALBERT & CIE S8006 MFC-COM Bale - G A C - 12.02.1926 WA-WP-TIMING INSTRUMENTS	
DU LAC	GUBLER, JULES S8504 COM Chaux-de-Fonds DU LAC 05.03.1927 WA-WP	
DU PONT	GUBLER, JULES S8506 COM Chaux-de-Fonds DU PONT 05.03.1927 WA-WP	
	GUBELIN, EDOUARD S8628 MFC-COM Lucern 19.07.1927 WA-WP	
	GUTMANN, AD. S2718 MFC St. Imier LENTILLE 29.06.1898 WA-WP-WM-WC-DWB-WD	
	GUTMAN, JACOB S0280 MFC - ME La Chaux-de-Fonds STANDARD WATCH 24.01.1884 WM-WC-SPEC	
	GUTMANN, JACOB S0995 MFC La Chaux-de-Fonds "HIRA" 21.10.1889 WM-WC-WD-DWB	
	GUTMANN, JACOB S0892 MFC La Chaux-de-Fonds 30.01.1889 WM-WC	

T92/L NOTE:

REMARKS OBSERV'TN BEMERKUNG	NAMES AND ADDRESS NOMS ET ADDRESSE NAMEN UND ADDRESSE	TRADEMARK OR TRADENAME MARQUE DE FABRIQUE - NOMS WARENZEICHEN - WORTMARKE

GUTMANN, JACOB S1000
MFC
La Chaux-de-Fonds

23.10.1889
WM-WC-WD-DWB

GUTMANN, JACOB S1630
MFC
Chaux-de-Fonds
- B B . Co -
30.07.1892
WA-WC-DWB-WD-WM-WP

GUTMANN, JACOB S1703
MFC
Chaux-de-Fonds
- E P U -
16.01.1893
WA-WC-DWB-WD-WM-WP

GUTMANN, JACOB S2033
MFC & MR
Chaux-de-Fonds

18.02.1895
WA-WP

GUTMANN, JACOB S2106
MFC
Chaux-de-Fonds

20.06.1895
WA-WP

GUTMANN, JACOB S2262
MFC
Chaux-de-Fonds

29.02.1896
WA-WP

GUTMANN, JACOB S2482
MFC & MR
Chaux-de-Fonds

25.02.1897
WA-WP

GUTMANN, JACOB S5031
MFC
Chaux-de-Fonds
ALERION
10.10.1903
WA-WP

NOTE: R/T92

TRADEMARK OR TRADENAME MARQUE DE FABRIQUE - NOMS WARENZEICHEN - WORTMARKE	NAMES AND ADDRESS NOMS ET ADDRESSE NAMEN UND ADDRESSE	REMARKS OBSERV'TN BEMERKUNG
AÉRO	GUTMANN, JACOB S6013 MFC **GUTMANN & Cie, Fédéral Watch C°** Chaux-de-Fonds AERO 21.01.1910 WA-WP	
G R U E N WATCH Co.	GRUEN - WATCH MANUFACTURING Historical data: DIETRICH GRUEN & Son (Friedrich) Dietrich Gruen * ND + 1911 Movement design style by Assmann Glashütte i.Sa. (ref.page 289) Some watch movements made in Switzerland by Le Coultre. The Gruen enterprise expierenced very hard times. LIT NAWCC* BULLETIN VOL.18 27 GRUEN WATCH * National Association Watch Clock Collector U.S.A.	See page 695 G R U E N
	GUYOT, FRANCOIS S0462 MFC St. Imier - J G - 22.07.1886 WM-WC	
	GUYOT, HENRI FILS S0766 MFC St. Imier - G H - 29.02.1888 WM-WC-DWB-TO-SUP	

T92/L NOTE:

REMARKS OBSERV'TN BEMERKUNG	NAMES AND ADDRESS NOMS ET ADDRESSE NAMEN UND ADDRESSE	TRADEMARK OR TRADENAME MARQUE DE FABRIQUE - NOMS WARENZEICHEN - WORTMARKE
	GYGI DIT GUY, JULES-ALBERT S6975 MFC Chaux-de-Fonds HORMA 11.11.1912 WA-WP	HORMA
	HAAS, ADOLPHE S4067 MFC Bienne 31.01.1902 WA-WP	HAAS, ADOLPHE
	HAAS, ADOLPHE S6922 MFC-COM Bienne ARROW WATCH 09.08.1912 WA-WP	ARROW WATCH
	HAAS, ADOLPHE S8090 MFC Bienne 29.05.1926 WA-WP	
	HAECKER, ADOLPHE S2559 MFC Chaux-de-Fonds - A H - 31.07.1897 WA-WP	AH
	HAEGLER-SCHWEIZER S0738 MFC Madretsch " H SCH " 12.01.1888 WM-WC-WB	H SCH
	HAEFLIGER, WILHELM S6238 COM Lucern - H - 30.06.1910 WA-WP	H
	HAHN, CHARLES & CIE. S2751 MFC Landeron C.HAHN et Co HAHN LANDERON 17.10.1898 WA-WP	C.HAHN et Co HAHN LANDERON

NOTE: R/T92

TRADEMARK OR TRADENAME MARQUE DE FABRIQUE - NOMS WARENZEICHEN - WORTMARKE	NAMES AND ADDRESS NOMS ET ADDRESSE NAMEN UND ADDRESSE	REMARKS OBSERV'TN BEMERKUNG
18 K	HAINARD, BOURQUIN & CIE S0113 MFC & CIE Fleurier 11.04.1881 WM-WC	
HC	HANNI & CIE. S3364 MFC Court - H C - 19.01.1900 WA-WP-WM	
PRATIQUE J.H.H	HASSLER, J.-H. S2044 MFC Chaux-de-Fonds PRATIQUE J.H.H. 04.03.1895 WA-WP	
STIKA	HAS LER, J.-H. S6828 MFC Chaux-de-Fonds STIKA 21.03.1912 WA-WP-SMP	
H	HAUSER, LOUIS S1249 MFC Neuveville - H - 31.07.1891 WM-WC	
MYRIS	HAVILA WATCH CO. LTD. S7602 MFC Geneva MYRIS 25.03.1925 WA-WP	
	HEGER, ROD. & FILS S1895 MFC Chaux-de-Fonds 16.03.1894 SC-WC-DWB-WM-WD	
CAPTAIN'S WATCH	HEGERLE, SULZER & CO. S6309 COM Zurich CAPTAIN'S WATCH 14.10.1910 WA-WP	
MARQUE DEPOSÉE FB&C	HEMMELER, P. S0835 MFC La Chaux-de-Fonds - F B & C 19.07.1888 WA-WP-WM-WC	

T92/L NOTE:

REMARKS OBSERV'TN BEMERKUNG	NAMES AND ADDRESS NOMS ET ADDRESSE NAMEN UND ADDRESSE		TRADEMARK OR TRADENAME MARQUE DE FABRIQUE - NOMS WARENZEICHEN - WORTMARKE
	HEMMELER, P. MFC La Chaux-de-Fonds PAUL HEMMELER 27.04.1891 WM-WC	S1194	
	HEMMELER, P. MFC Chaux-de-Fonds HORA FIJA 19.05.1892 WA-WP-WC-DWB-WD-WM	S1594	
	HEMMELER, P. MFC Chaux-de-Fonds STYLE ANTIQUE 09.11.1901 WA-WP	S4016	
	HEMMELER, P. MFC-COM Chaux-de-Fonds OSCILLATOR 03.08.1910 WA-WP-SPC	S6262	
	HENCHOZ FRERES MFC Le Locle THE WINNER 15.11.1890 WM-WC-WA-SUP	S1143	
	HENCHOZ FRERES MFC Locle ANTI ELECTRIQUE 20.04.1892 WC-WM-SCP	S1575	
	HENRIOD FRERES MFC Biel " H F " 22.01.1889 WC	S0888	
	HESS, JEAN MFC St. Imier 17.03.1887 WM-WC	S0550	

NOTE: R/T92

TRADEMARK OR TRADENAME MARQUE DE FABRIQUE - NOMS WARENZEICHEN - WORTMARKE	NAMES AND ADDRESS NOMS ET ADDRESSE NAMEN UND ADDRESSE	REMARKS OBSERV'TN BEMERKUNG
	HEUER, ED. S0455 MFC Biel 10.07.1886 WM-WC	
	HEUER, EDOUARD S0782 MFC Biel - H E - 28.03.1888 WM-WC	
	HEUER, LAMBELET & CIE S0078 MFC Biel 21.12.1880 WM-WC	
	HEUER, LAMBELET & CIE S0112 MFC Biel - H L & Co - 29.04.1881 WM-WC	
	HEUGENIN & FILS S0698 MFC Biel - A H F - 18.10.1887 WM-WC	
	HIRSCH, ACHILLE S1689 MFC Chaux-de-Fonds PASSE PARTOUT 12.12.1892 WA-WP-WC-DWB-WD-WM	
	HIRSCH, ACHILLE S1708 MFC Chaux-de-Fonds - C W CC - 28.01.1893 WA-WP-WC-DWB-WD-WM	
	HIRSCH, ACHILLE S2249 MFC Chaux-de-Fonds UN-X-LD 30.01.1896 WA-WP	

T92/L NOTE:

REMARKS OBSERV'TN BEMERKUNG	NAMES AND ADDRESS NOMS ET ADDRESSE NAMEN UND ADDRESSE	TRADEMARK OR TRADENAME MARQUE DE FABRIQUE - NOMS WARENZEICHEN - WORTMARKE
	HIRSCH, ACHILLE S2528 MFC Chaux-de-Fonds 07.05.1897 WA-WP--WC-DWB-WM-WD	
	HIRSCH, ACHILLE S3135 MFC Chaux-de-Fonds TITANIA 06.01.1899 WA-WP	TITANIA
	HIRSCH, ACHILLE S4192 MFC Chaux-de-Fonds TRANSSIBERIAN 14.05.1902 WA-WP	
	HIRSCH, A. S3246 MFC Chaux-de-Fonds VELOX 24.06.1899 WA-WP	VELOX
	HIRSCH A.S. & CIE S0400 MFC La Chaux-de-Fonds 19.10.1885 WM-WC	
	HIRSCH, ACHILLE S4192 MFC Chaux-de-Fonds VIGILANT WATCH MANUFACTORY 14.05.1902 WA-WP	ACHILLE HIRSCH VIGILANT WATCH MANUFAC- TORY
	HIRSCH, ACHILLE S5124 MFC Chaux-de-Fonds 03.05.1904 WA-WP	HIRSCH, ACHILLE
	HIRSCH, ADOLPHE S0157 MFC La Chaux-de-Fonds 25.02.1882 WA-WP-WM-WC	HIRSCH, ADOLPHE

NOTE: R/T92

TRADEMARK OR TRADENAME MARQUE DE FABRIQUE - NOMS WARENZEICHEN - WORTMARKE	NAMES AND ADDRESS NOMS ET ADDRESSE NAMEN UND ADDRESSE	REMARKS OBSERV'TN BEMERKUNG
ZEUS	HOETER, AUGUST S0276 MFC La Chaux-de-Fonds ZEUS 10.01.1884 WA-WP-WM-WC	
ZEUS	HOETER, AUG. & CIE. S2215 MFC Chaux-de-Fonds ZEUS 24.12.1895 WA-WP	
	HOERTER & CO. S3237 MFC Chaux-de-Fonds 12.06.1899 WA-WP	
PAX	HOETER & CIE. S3142 MFC Chaux-de-Fonds - P A X - 14.01.1899 WA-WP	
TEUTONIA	HOETER, AUGUST S0801 MFC La Chaux-de-Fonds TEUTONIA 01.05.1888 WA-WP-WM-WC-WD	
Hoffman Watch Co	HOFFMAN WATCH CO. S8047 MFC Bienne HOFFMANN WATCH Co 06.04.1926 WM-WC-WD	
„Shòcresist" Hoffman Watch C°, New-York, Succursale de Bienne,	HOFFMAN WATCH CO, NEW YORK S8671 MFC Bienne SHOCRESIST 10.09.1927 WA-WM-WC-WP-WD	
	HOMBERGER, GUSTAV S0675 MFC Granges 25.08.1887 WA	
C	HORMANN C. & CIE S0022 MFC Neuchatel - C - 01.11.1880 WA	

T92/L NOTE:

REMARKS OBSERV'TN BEMERKUNG	NAMES AND ADDRESS NOMS ET ADDRESSE NAMEN UND ADDRESSE		TRADEMARK OR TRADENAME MARQUE DE FABRIQUE - NOMS WARENZEICHEN - WORTMARKE
	HORMANN C. & CIE MFC Neuchatel 01.11.1880 WA-EB-WP-ME	S0020	
	HORMANN & CIE MFC Neuchatel 29.05.1890 WA-WP	S1096	TEUTONIA 
	HORMANN, CHS. & CIE. MFC Neuchatel 11.08.1892 WA-WP	S1635	
	HORMANN, CHS. & CIE. MFC Neuchatel 28.05.1897 WA-WP	S2538	
	HOURIET-GINDRAT, CONSTANT MFC Tramelan / Dessous TREMOLAT 29.04.1903 WA-WP-WC-WD-WM	S4838	
	HUBER, ALBERT COM Winterthur BONANZA 27.01.1911 WA-WP	S6424	BONANZA
	HUGEUNIN & RUDOLF MFC Selzach SAPHO 16.08.1895 WA-WP	S2152	
	HUGUENIN & DELACHAUX MFC Chaux-de-Fonds 18.05.1903 WC	S4855	
	HUGUENIN FRERES MFC Locle - H F - 12.05.1903 WC-JL	S4851	

NOTE:

R/T92

TRADEMARK OR TRADENAME MARQUE DE FABRIQUE - NOMS WARENZEICHEN - WORTMARKE	NAMES AND ADDRESS NOMS ET ADDRESSE NAMEN UND ADDRESSE	REMARKS OBSERV'TN BEMERKUNG
	HUGUENIN G. S0707 MFC Sonvillier / La Chaux-de-Fonds 21.11.1887 WM	
	HUGUENIN-FRERES S5231 MFC Locle NIEL HF 22.07.1904 WC-ACC	
 	HUGUENIN FRERES S6504 MFC Locle NIEL OR 10.05.1911 WC	
	HUMBERT & CIE S0603 MFC Soleure 23.05.1887 WM-WC-WD	
	HUMBERT, CHARLES, FILS S2491 MFC Chaux-de-Fonds HUMBERT RAMUZ 08.03.1897 WA-WC-WM-WD	
	HUSSON & RETOR S0006 MFC Geneva - H & R G - 01.11.1880 WM	
	FABRIQUE DE MONTILIER S.S.H. S1589 MFC Montilier 09.05.1892 WC-DWB-WM-WD	
THE CENTURY LEVER **SOCIÉTÉ SUISSE D'HORLOGERIE** **Fabrique de Montilier**	FABRIQUE DE MONTILIER S.S.H. S1977 MFC Montilier THE CENTURY LEVER 28.08.1894 WM-WD-WC-DWB	

T92/L NOTE:

REMARKS OBSERV'TN BEMERKUNG	NAMES AND ADDRESS NOMS ET ADDRESSE NAMEN UND ADDRESSE	TRADEMARK OR TRADENAME MARQUE DE FABRIQUE - NOMS WARENZEICHEN - WORTMARKE
	DE LA FABRIQUE S.A. S6947 MFC Geneva GRANDJEAN 17.09.1912 WA-WP	HRI GRANDJEAN & CIE Société anonyme de la Fabrique des montres Henry Grandjean & Cie, GENÈVE
	FABRIQUE DE MONTILIER S.S.H. S3172 MFC Montilier COLONIA 06.02.1899 WA	COLONIA SOCIÉTÉ SUISSE D'HORLOGERIE FABRIQUE DE MONTILIER
	IMER, E.-SCHNEIDER S0123 ENGINEER Geneva PERPETUALE 11.05.1881 WA-PC	PERPETUALE
	IMER, E.-SCHNEIDER S0472 ENGINEER Geneva P.JAMES LONDON - P R - 16.09.1886 WA	P.JAMES LONDON P R
	INGOLD & SCHUPFER S0506 MFC La Chaux-de-Fonds - J & S - 09.02.1887 WM-WC	J & S
	INTERNATIONAL WATCH CO. S0759 MFC Schaffhausen - I W C - 13.02.1888 WM-WC-OR-AR	
	INTERNATIONAL WATCH CO. S1141 MFC Schaffhausen - I W Co - 11.11.1890 WM-WC-PW	I W C°
	cont.page 709 : INTERNATIONAL WATCH CO. - Historical essay -	

NOTE: R/T92

TRADEMARK OR TRADENAME MARQUE DE FABRIQUE - NOMS WARENZEICHEN - WORTMARKE	NAMES AND ADDRESS NOMS ET ADDRESSE NAMEN UND ADDRESSE	REMARKS OBSERV'TN BEMERKUNG
INTERNATIONAL WATCH CO. Schaffhouse (Suisse) IWC UHRENFABRIK JOHANN RAUSCHENBACH ERNST HOMBERGER RAUSCHENBACH	INTERNATIONAL WATCH COMPANY Schaffhausen Swiss 268/10 Founded in 1868 by F.A.Jones, American Mechanical Engineer and entrepeneur. Used U.S.A. made machines and equipment to establish a watch factory using the "American" mass production method making top quality watches. 1871 , contract between F.A.Jones and Neher/Bertholet. 1874 the enterprise changed to a reaching the 10,000 yearly watch prodution goal. Victimized by the worldwide depression. The IWC was forced to file bankruptcy (@ 1929). Herr Rauschenbach, one of the I.W.C.'s largest creditors, bought the entire factory. Under the new management, the reorganized I.W.C. produced premier quality watches (1883). The I.W.C. watches were known for fine gold cases. 1892, the I.W.C. name was changed to: UHRENFABRIK Johann RAUSCHENBACH, former Internat. Watch Co. During the general economic depression in Europa, production was curtailed (1924) 1929, the name changed to: ERNST HOMBERGER-RAUSCHENBACH, formerly International Watch Company. World War II, forced a drastic cutback. Since 1955, H.E.Rauschenbach, formerly International Watch Company, continued the tradition for exellently produced watches for ladies and gentlemen. 1968, the 100th anniversary was a markstone for the Swiss watch factory with the Anglo-Saxon Name, International Watch company, founded in the old world by a man from the new world, F.A.Jones. WA-PW-OR-AR-WC	LIT 138 See page 757 IWC RAUSCHENBACH
W C	INTERNATIONAL WATCH COMPANY MF Schaffhausen Swiss 271/10 W C engraved on movement plate @ year 1888	cont.see page 710

T92/L NOTE: LIT = Literature reference see page 906-918
Literature voir la page 906-918
Literaturverzeichnis siehe Seite 906-918

REMARKS OBSERV'TN BEMERKUNG	NAMES AND ADDRESS NOMS ET ADDRESSE NAMEN UND ADDRESSE	TRADEMARK OR TRADENAME MARQUE DE FABRIQUE - NOMS WARENZEICHEN - WORTMARKE
LIT 138	INTERNATIONAL WATCH CO. Swiss MFC 272 Schaffhausen 10 I.W.C. engraved on movement plate, year @ 1888 PW-WM	
	INTERNATIONAL WATCH CO. Swiss MFC 272 Schaffhausen 10a INT.W.Co,engraved on movement plate, year @ 1888 WM-WC-PW	INT.W.C°.
	INTERNATIONAL WATCH CO. Swiss MFC 272 10b "PATENT PALLWEBER", engraved on movement plate, year @ 1900 WM-WC-PW	PATENT PALLWEBER
	INTERNATIONAL WATCH CO. Swiss MFC 274 Schaffhausen 10b - J W C -,engraved year @ 1900 PW-WP-WC	JWC
	UHRENFABRIK JOHANN RAUSCHENBACH MFC (Watch factory) Swiss Schaffhausen 274 10 Trademark registered 14.Oct.1909 under the # 124 430, copyright: INTERNATIONAL WATCH CO. WA=WP-WC-PW-WHS-RET	
	INTERNATIONAL WATCH CO. Swiss MFC 274 10a "PROBUS - I W C SCAFUSIA" Latin: Produced in Schaffhausen WA-WP-WC-PW-WHS-RET	PROBUS IWC SCAFUSIA
	ISELY & FURER S3578 **MFC** **Locle** BELLEVUE **21.07.1900** **WA-WM-WC**	BELLEVUE IF REGISTERED
	ISELY & FURER S3661 **MFC** **Locle** KARABIAN **07.01.1901** **WA-WP**	KARABIAN REGISTERED

NOTE: R/T92

TRADEMARK OR TRADENAME MARQUE DE FABRIQUE - NOMS WARENZEICHEN - WORTMARKE	NAMES AND ADDRESS NOMS ET ADDRESSE NAMEN UND ADDRESSE	REMARKS OBSERV'TN BEMERKUNG
	ISELY-GIRARD S3880 MFC Locle BELENUS 17.06.1901 WA-WP	
CHASSERON	JACCARD, HENRI S4785 MFC Renan CHASSERON 19.03.1903 WA-WP	
	JACOT-HOURIET S0664 MFC Le Locle - PERSEVERO - 10.08.1887 WM-WC	
	JACOT, JAMES S1122 MFC La Chaux-de-Fonds 01.09.1890 WM-WC-OR-AR	
	JACOT, PAUL S1179 MFC La Chaux-de-Fonds 06.03.1891 WM-WC	
	JACOT, PAUL S0556 MFC La Chaux-de-Fonds 21.03.1887 WM-WC	
	JACOT FRERES S0417 MFC Le Locle / Geneva 15.02.1886 WM-WC	
	JACQUAT, E. & CO. S4209 MFC Villars-sur-Fontenais FAMA 09.06.1902 WA-WP	

T92/L NOTE:

REMARKS OBSERV'TN BEMERKUNG	NAMES AND ADDRESS NOMS ET ADDRESSE NAMEN UND ADDRESSE	TRADEMARK OR TRADENAME MARQUE DE FABRIQUE - NOMS WARENZEICHEN - WORTMARKE
	JACOT, Robert S0521 Horologist Robert Jacot * 1792 + 1865 Manager of the: JULIAN BEUGUEREL enterprise, Fontainmelon - Switzerland Manufact.EBAUCHE parts.	
	JACCARD, JST (JUSTIN) S0058 MFC JAQUES St. Croix - S - 16.11.1880 WM-WC-HG-TO-FIX-ME	
	JACKEY, PAUL & CIE S0288 MFC Biel 07.03.1884 AR-WC	
	JAPY FRERES & CIE S0577 MFC La Chaux-de-Fonds - J F C - 15.04.1887 WA-WP-WM-WC	
See page 208 214 J A P Y	JAPY FRERES S0872 MFC La Chaux-de-Fonds " GOULOISE " 06.12.1888 WA-WP-WM-WC-WD-DWB	
	JAPY FRERES S0871 MFC La Chaux-de-Fonds BEAUCOURT WATCH COMPANY 03.12.1888 WA-WP-WM-WC-WD-DWB	
	JAPY FRERES & CIE S0868 MFC La Chaux-de-Fonds MONTRE UNIVERSELLE POPULAIRE 24.11.1888 WA-WP-WM-WC-WD-DWB	
	JAPY FRERES & CIE S1106 MFC La Chaux-de-Fonds "BEAUCOURT" 03.07.1890 WA-WP-WM-WC-WD	

NOTE: R/T92

TRADEMARK OR TRADENAME MARQUE DE FABRIQUE - NOMS WARENZEICHEN - WORTMARKE	NAMES AND ADDRESS NOMS ET ADDRESSE NAMEN UND ADDRESSE		REMARKS OBSERV'TN BEMERKUNG
LA METROPOLE DÉPOSÉ	JAPY FRERES & CO. MFC Chaux-de-Fonds LA METROPOLE 26.07.1893 WA-WP-WC-DWB-WD-WM	S1798	
F J &c G	JAQUET, F. & GIRARD MFC Chaux-de-Fonds - F J & G - 31.10.1894 WC-WM-DWB	S1999	
MARQUE DEPOSEE A M	JAQUEMET, PAUL MFC Couvet - A M - 08.09.1927 SUP	S8673	
SANS PAREIL	JEANNERET, A. JAMES MFC La Chaux-de-Fonds "SANS PAREIL" 09.05.1888 WA-WP-WM-WC	S0806	
DIANA	JEANNERET, ALB. FRERES MFC St. Imier DIANA 31.01.1888 WM-WC-WD	S0746	
	JEANNERET, ALB. & FRERES MFC St. Imier "EXCELSIOR" 17.09.1891 WM-WC-WD-DWB	S1260	
BRÉMA JEANNERET-BREHM & Cie (Usine du Parc et Fabrique Magnenat-Lecoultre réunies) Anglais Repeaters, Speedway Watch Co	JEANNERET-BREHM MFC St. Imier BREMA 23.03.1910 WD-WM-DWB-WC	S6110	
EXCELSIOR-PARK Jeanneret-Brehm & Cie (Usine du Parc et fabrique Magnenat-Lecoultre réun.), Repeaters, Speedway Watch Co.,	JEANNERET-BREHM MFC St. Imier EXCELSIOR-PARK 23.10.1912 WA-WP	S6965	

T92/L NOTE:

REMARKS OBSERV'TN BEMERKUNG	NAMES AND ADDRESS NOMS ET ADDRESSE NAMEN UND ADDRESSE	TRADEMARK OR TRADENAME MARQUE DE FABRIQUE - NOMS WARENZEICHEN - WORTMARKE
	JEANNERET & CIE. S2413 MFC Chaux-de-Fonds DONGOLA 23.11.1896 WA-WP-WC-DWB-WM	
	JEANNERET, CHARLES S6250 MFC-COM Chaux-de-Fonds FERROCARRIL de ANTIQUA 11.07.1910 WA-WP-SUP	FERROCARRIL DE ANTIOQUIA
	JANNERET, FRERES- USINE du PARK S2406 MFC St.Imier Jt - F WM-WP-WC-WD	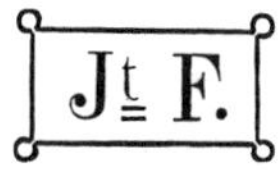
	JEANNERET FRERES S4595 MFC St. Imier 14.10.1902 WA-WP	
	JEANNERET FRERES S1803 MFC St. Imier CERVIN 08.08.1893 WC-WD-WM	
	JEANNERET & FILS S0170 MERCHANTS St. Imier 04.05.1882 SUP	
	JEANNERET & GOGLER S1925 MFC Chaux-de-Fonds FINE 09.05.1894 WC-WM-DWB	
	JEANNERET-GRIS, HENRI S6092 MFC Chaux-de-Fonds VADIUS 01.03.1910 WA-WP	

NOTE: R/T92

TRADEMARK OR TRADENAME MARQUE DE FABRIQUE - NOMS WARENZEICHEN - WORTMARKE	NAMES AND ADDRESS NOMS ET ADDRESSE NAMEN UND ADDRESSE	REMARKS OBSERV'TN BEMERKUNG
	JEANNERET, JAMES-A. S1788 MFC Chaux-de-Fonds L'EXCELSIOR 29.06.1893 WC-DWB-WD-WM	
	JEANNERET, J.-H. S1677 MFC Chaux-de-Fonds 10.11.1892 WC	
	JEANNERET, J.- STRUWER S0511 MFC La Chaux-de-Fonds - J S - 17.02.1887 WA-WP-WM-WC	
	JEANDUPEUX, A. S0610 MFC Biel 03.06.1887 WA-WB	
JEANNOT, PAUL	JEANNOT, PAUL S1107 MFC La Chaux-de-Fonds "PAUL JEANNOT PAUL PERRET PATENT" 07.07.1890 WA-WP-WM-WC-WD	
	JEANNIN, NUMA S7988 MFC-COM Fleurier OLMA 22.01.1926 WA-WP	
	JEANNIN, NUMA S6470 MFC Fleurier - N J F - 21.03.1911 WC-WM-WD-WP	
	JEANNIN-ROSSELET, HENRI S2655 MFC Fleurier - J R - 01.03.1898 DWB-WC	

T92/L NOTE:

REMARKS OBSERV'TN BEMERKUNG	NAMES AND ADDRESS NOMS ET ADDRESSE NAMEN UND ADDRESSE	TRADEMARK OR TRADENAME MARQUE DE FABRIQUE - NOMS WARENZEICHEN - WORTMARKE
	JEANNIN-ROSSELET, H. S3238 **MFC** **Fleurier** SUPERIEURE QUALITE **12.06.1899** **WA-WP**	SUPÉRIEURE QUALITÉ MARQUE DE FABRIQUE SWISS MADE
	JEANNIN-ROSSELET, H. & CIE S6044 **MFC-COM** **Buttes** - B W C - **29.01.1910** **WA-WP**	B.W.C.
LIT 133	JEAGER - LE COULTRE S0532 MFC Rue Michel Servet 12 Geneva - Switzerland Since the year 1928 sole patent holder and manufacturer of the: "ATMOS CLOCK" Horological inventor Engineer Jean-Leon Reutter designed and constructed the first ATMOS CLOCK The worldwide sales reached in the year 1930 nearly : 60,000.000 ATMOS CLOCKS The technical feature of the ATMOS CLOCK, inside a hermetically sealed capsule a mixture of gas and liquid which expands as the temperature rises and contracts as the temperature falls. Making the capsule move like a Accordeon bellow. This motion constantly winds up the mainspring,a variation of one degree (Celsius) in the range of 15-30 degree temperature (Celsius) providing enough power for two days. CLK-WHS-SUP. NOTE: Further data see alphabetic index under, LE COULTRE, Charles Antoine * 1803 + 1881 ------- Also refer to: " MANUFACTORY ANTOINE LE COULTRE" -------	JAEGER-LECOULTRE GENEVE Suisse See page 725 727 LE COULTRE LE SENTIER

NOTE: R/T92

TRADEMARK OR TRADENAME MARQUE DE FABRIQUE - NOMS WARENZEICHEN - WORTMARKE	NAMES AND ADDRESS NOMS ET ADDRESSE NAMEN UND ADDRESSE		REMARKS OBSERV'TN BEMERKUNG
FENETTE WATCH SWISS MADE	**JAQUET, HENRI** **MR** **St. Imier** FENETTE WATCH **26.02.1892** **WM-WC-DWB-WD**	**S1517**	
TRADE MARK TELL REGISTERED	**JEQUIER FRERES & CIE.** **MFC** **Fleurier** TELL **26.08.1895** **WD-DWB**	**S2157**	
ONWARD	**JEQUIER FRERES & CIE.** **MFC-COM** **Fleurier** **ONWARD** **06.04.1911** **WA-WP**	**S6481**	
L B	**JEQUIER & FILS** **MFC** **Fleurier** - L B - **21.03.1881** **WM-WC**	**S0106**	
J.&P.	**JEQUIER & PETITPIERRE** **MFC** **Fleurier / Couvet** - J P - **16.05.1884** **SUP**	**S0318**	
	JOBIN, PAUL **MFC** **Porrentruy** **15.07.1889** **WM-WC**	**S0958**	
	JOBIN, AURELE **MFC** **Les Bois** **13.01.1893** **WM-WC**	**S1702**	
SILLON	**JOBIN, PAUL** **MFC** **Porrentruy** SILLON **02.10.1903** **WA-WP**	**S5028**	
BELGIUM	**JOBIN, PAUL** **MFC** **Porrentruy** BELGIUM **17.05.1902** **WA-WP**	**S4195**	

T92/L NOTE:

REMARKS OBSERV'TN BEMERKUNG	NAMES AND ADDRESS NOMS ET ADDRESSE NAMEN UND ADDRESSE	TRADEMARK OR TRADENAME MARQUE DE FABRIQUE - NOMS WARENZEICHEN - WORTMARKE
	JUDITH & CIE S4516 **MFC** **Madretsch** ALECTO **24.07.1902** **WA-WP**	
	JULLIARD, J.E. S0431 **MFC** **Porrentruy** **27.04.1886** **WM-WC**	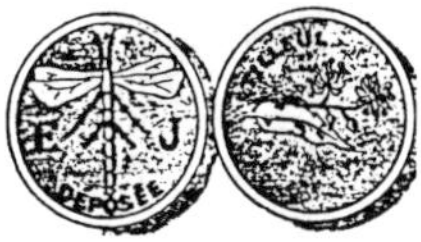
	JUILLARD, FRERES S1914 MFC Porrentruy TILLEUL 18.04.1894 WM-WC-WA	
	JUILLARD FRERES S1982 **MFC** **Cortebert** - J F C - **12.09.1894** **WM-WC-DWB-WD**	
	JUILLARD, E. S4912 **MFC** **Porrentruy** - BULLA - **26.01.1903** **WC-WM**	
	JUILLARD, E. S8158 **MFC** **Porrentruy** - E J - **06.07.1926** **WC-WD-WM**	
	JUILLARD, Freres Swiss 286/10 EXPORT, tradename. AK04.	
	JUILLARD, Freres Swiss 287/10 VICTORIA, tradename. AK04.	
	JUILLARD, Freres Swiss 285/10 CORTEBERT, tradename. Ak04.	
	JULES, Georg Swiss 360/10 Trademark. - LAURIER - AK04.	 

NOTE: R/T92

TRADEMARK OR TRADENAME MARQUE DE FABRIQUE - NOMS WARENZEICHEN - WORTMARKE	NAMES AND ADDRESS NOMS ET ADDRESSE NAMEN UND ADDRESSE	REMARKS OBSERV'TN BEMERKUNG
ALECTO successeurs de la fabrique d'horlogerie SEELAND à Madretsch	See page 718 A L E C T O	
	JULET, LEO VVE. S1628 MFC Fleurier 22.07.1892 WC-WD-WM-GWK	
BARATO	JUNOD, JULES S2248 MFC Sonvillier BARATO 30.01.1896 WA-WP	
Abiès Watch	JURA WATCH CO S6227 MFC Delemont ABIES WATCH 24.06.1910 WA-WP	
TARA LEVER	JURA WATCH CO S8569 MFC-COM Delemont TARA LEVER 06.05.1927 WA-WP	
AJ	JUVET, AD. CHS S0559 MFC La Chaux-de-Fonds 28.03.1887 WM-WC	
AJ	JUVET, ALBERT S1935 MFC Chaux-de-Fonds - A J - 24.05.1894 WA-WC-DWB-WD-WM-WP	
SUPERIEURE QUALITE MARQUE DE FABRIQUE SWISS MADE	JUVET-JUNOD, GEORGES S2199 MFC Fleurier 20.11.1895 WA-WP	
	JUVET-ROSSELET, EUG. S1880 MFC Fleurier 19.02.1894 WC	

T92/L NOTE:

REMARKS OBSERV'TN BEMERKUNG	NAMES AND ADDRESS NOMS ET ADDRESSE NAMEN UND ADDRESSE	TRADEMARK OR TRADENAME MARQUE DE FABRIQUE - NOMS WARENZEICHEN - WORTMARKE
	JOSEPH, CONSTANT S2067 MFC Chaux-de-Fonds TRESOR 18.03.1895 WA-WP	
	KANNY & CO. S1747 MR Chaux-de-Fonds RAILWAY REGISTER 06.04.1893 WA-WP-WC-DWB-WD-WM	
	KANNY & CO. S6217 COM Chaux-de-Fonds SOLDIERS WATCH 13.06.1910 WA-WP	
	KAPPELER, FRED. S0128 MFC Biel 01.06.1881 WC	
	KAUFMANN, WM. S6601 MFC Geneva / Petit Saconnex MONTOR 26.08.1911 WA-WP-WC-JL	
	KAUFMANN, WM S8399 MFC Geneva WILKA 17.12.1926 WA-WM-SMP-HO-PC	
	KEY-STONE WATCH FACTORY S3299 MFC JULES FETTERLÉ Chaux-de-Fonds KEYSTONE WATCH FACTORY 08.09.1899 WA	
	KENEL, ALBERT & CIE S1261 MFC Porrentruy " K " 23.09.1891 WM-WC-WD-DWB	

NOTE:

TRADEMARK OR TRADENAME MARQUE DE FABRIQUE - NOMS WARENZEICHEN - WORTMARKE	NAMES AND ADDRESS NOMS ET ADDRESSE NAMEN UND ADDRESSE	REMARKS OBSERV'TN BEMERKUNG
	KILCHENMANN FRERES S7686 MFC Chaux-de-Fonds ACTINA 09.06.1925 WA-WP	
	KLEEBLATT, D. S0525 MFC La Chaux-de-Fonds - D K - 26.02.1887 WM-WC	
	KNOPFLI, WALTER S8675 MFC-COM Granges FINITA WATCH 13.08.1927 WA-WP	
Defensor **Uhrenfabrik Silena,**	KOCH, TH. & CIE S8736 MFC Buren / Aar DEFENSOR 03.10.1927 WA-WP	
	KOCHER & CIE. S2188 MFC Bevilard - K & Co - 14.11.1895 WA-WP	
	KOCHER & CIE. S2422 MFC Bevilard EQUATOR 09.12.1896 WA-WP	
	KOCHER & CIE. S4806 MFC Bevilard AMATOR 14.04.1903 WA-WP	
	KOCHER & FROIDEVAUX S8012 COM Chaux-de-Fonds - K F - 27.02.1926 SUP-RWP-AC-PC	
	KOLLROS-KAPPELER, P. S8290 COM Bienne CELLINI 01.10.1926 WA-WP	

T92/L NOTE:

REMARKS OBSERV'TN BEMERKUNG	NAMES AND ADDRESS NOMS ET ADDRESSE NAMEN UND ADDRESSE		TRADEMARK OR TRADENAME MARQUE DE FABRIQUE - NOMS WARENZEICHEN - WORTMARKE
	KRACHBELZ & CHOPARD MFC Biel 14.03.1881 WM	S0100	
	KORTEN, CUNO MFC Chaux-de-Fonds THE RELIANCE 05.09.1901 WA-WP	S3970	THE RELIANCE
	KORTEN, CUNO MFC Chaux-de-Fonds THE ERA 08.09.1900 WA-WP	S3601	THE ERA
	KRAMER & MOSER MFC Biel - K et M - 11.05.1882 WC	S0166	K et M
	KRAMER & MOSER MFC Bienne 25.04.1902 WC	S4171	
	KUEFFER, JULES MFC Bienne - K & N - 27.05.1925 WA-WP	S7668	K&N
	KUHN & TIECHE MFC Reconvilier / Biel - K & T - 12.03.1885 WA-WP-WM-FIN	S0359	K & T
	KUHN & TIECHE MFC Reconvilier HANSA 13.12.1899 WA-WP-WM-WC-WD	S3351	HANSA
	KUMMER, ED. MFC Bettlach ARISTON 05.04.1897 WA	S2511	ARISTON

NOTE: R/T92

TRADEMARK OR TRADENAME MARQUE DE FABRIQUE - NOMS WARENZEICHEN - WORTMARKE	NAMES AND ADDRESS NOMS ET ADDRESSE NAMEN UND ADDRESSE	REMARKS OBSERV'TN BEMERKUNG
BOSTONIA	KUMMER, E. A. G. S6537 MFC Bettlach BOSTONIA 24.06.1911 WA	
	KUMMER, ED. S. A. S7020 MFC Bettlach - E K B - 26.12.1912 WA-WP-EM-JL	
	KURTH FRERES S2719 MFC Granges 04.07.1898 WA-WP	
	KURTH FRERES S5211 MFC Granges 29.06.1904 WA-WP	See page 785 KURTH CERTINA
	KURTH FRERES S6268 MFC Granges - K F G - 09.08.1910 WA-WP	
	KURTH FRERES S7660 MFC Granges FATIME 13.05.1925 WM-WC-DWB-WD	
	KURTH FRERES S8561 MFC Granges MONTRES PRECISION GRANA 19.04.1927 WA-WP	
	KUNZ H.-HONEGGER S1127 MFC Biel " H K H " 18.09.1890 WA-WP-WM-WC	
VOLCAN	KUNSCH & SPORI S4578 MFC Bienne VOLCAN 19.09.1902 WM	

T92/L NOTE:

REMARKS OBSERV'TN BEMERKUNG	NAMES AND ADDRESS NOMS ET ADDRESSE NAMEN UND ADDRESSE	TRADEMARK OR TRADENAME MARQUE DE FABRIQUE - NOMS WARENZEICHEN - WORTMARKE
	LA COMPAGNIE COMMERCIALE S8054 MFC-COM Eaux-Vives ARDA 19.03.1926 WA-WP-WM-WD-AC-WC-PC	A R D A
	LANDRY & CO S4987 MFC Fleurier LANDRY & Co 24.08.1903 WA-WP	
	LANDRY & BLANC S7965 MFC Fleurier MARBLA 04.01.1926 WA-WP	
	LANGE, WILHELM S0213 MFC La Chaux-de-Fonds 15.02.1883 WM-WC-OR-AR	
	LANZ FRITZ S0613 MFC St. Imier - F L - 04.06.1887 WA-WM-DWB	
	LARDET, CHARLES ED. S0914 MFC Fleurier FLEURIER SUISSE 25.03.1889 WA-WM-WC-WD	
	LEBET & CIE. S1642 MFC Buttes 27.08.1892 WC-DWB-WD-WM	
	LEBET, ARTHUR & CIE. S3137 MFC Chaux-de-Fonds GALILEE - E PUR SI MUOVE - 09.01.1899 WC-WM-DWB-WD	
	LASSUEUR-BEER, A. S6331 MFC Bienne 16.11.1910 WA-WP	

NOTE:

R/T92

TRADEMARK OR TRADENAME MARQUE DE FABRIQUE - NOMS WARENZEICHEN - WORTMARKE	NAMES AND ADDRESS NOMS ET ADDRESSE NAMEN UND ADDRESSE	REMARKS OBSERV'TN BEMERKUNG
	LAUBSCHER FRERES & CIE. S3942 **MFC** **Taeuffelen** **29.07.1901** **WA-WP**	
LA GENERALE HELVETIA	LA GENERALE S0514 Society of Horolgical Merchants Cooperative Agents-ME In the year 1945, "LA GENERALE" celebrated their 50th Annivers. Founded 1895, La Chaux-de-Fonds the organisation became the succeeder of Louis Brandt & Frere LA GENERALE BIENNE - Bern, created the most efficient coope- rative of Swiss Watch manufact. The EBAUCHE system, interchang. watch parts organisation. BONNY, Charles director 1904 - 1935, M.F.Buser administrative delegate 1935-1942. SCHILD Max deputy director since 1941. "HELVETIA" watch registered 1896 18''' lingne. for ladies wristwatches. WA-WW-PW-SUP-WHS	LIT 127
LAVINA	LAVINA S.A. S0529 MFC Villeret -Switzerland Founded 1852, by the Brack family, Mr.Lehmann and Mr.Charels Waelchli, formed 1903 with the son's of Brack, merger with DuBOIS-PESEUX watch manuft. enterprise. Year 1937,changed to S.A.(silent) partnership) corporation, Mrs. Jeanne DuBois,Victor DuBois, Maurice Baehler -member of a prominent La Chaux-de-Fonds horological family. Commercial manager Werner Pfister. Internat. export market. Celebrated year 1952, the 100th Anniversary of LAVINA S.A. WM-WW-PW-SUP-WHS-RET	LIT 188 See page 648 to 650 DuBOIS
LECOULTRE	LeCOULTRE & Cie S0533 MFC Vallee de Joux ,district Vaud Switzerland Abraham-Joseph LeCoultre, * 1746-1814 Toolmaker and cutler. (farm and household utensils) cont.page 726	See page 716 727 JEAGER LeCOULTRE LIT 174

T92/L NOTE: LIT = Literature reference see page 906-918
Literature vois la page 906-918
Literaturverzeichnis siehe Seite 906-918

REMARKS OBSERV'TN BEMERKUNG	NAMES AND ADDRESS NOMS ET ADDRESSE NAMEN UND ADDRESSE	TRADEMARK OR TRADENAME MARQUE DE FABRIQUE - NOMS WARENZEICHEN - WORTMARKE
cont. from page 725 LIT 133	Jaques-David LeCoultre,son of Abraham J.LeCoultre * 1781 + 1850,continued the family business. His son : ANTOINE LeCOULTRE, * 1803 + 1881 , begun to learn metalworking.Not before long, Antoine developed interest in gears and escapements.	ANTOINE LeCOULTRE
	At the age of 30, in 1833,Antoine started his own business with his brother: Ulysses LeCoultre, * 1813 + 1895	ULYSSES Le COULTRE
	Year 1847 pendulumn clocks, Antoine LeCoultre marketing of his products was poor. Workshop and household lived under one roof,so Antoine rather lost money,then lay off from his some twenty workers. FROM WORKSHOP to FACTORY. Year 1859,the firm employed about hundred workers. Merger with Antoine Borgeaud, LeCOULTRE - BORGEAUD & Cie.	BORGEAUD & CIE
	Year 1869,production quadrupled, workforce doubled. Under the leadership of Antoine LeCoultre three sons: Elie,Paul,and Benjamin and one partner, rapid expansion. LeSentier faciliies produced 40 handfinished watches daily.	ANTOINE BERGEAUD
	Year 1877 partner Antoine Borgeaud terminated his contract with his partners. By 1886-1890, 125 different watch calibers! Year 1897, son of Elie LeCoultre Jaques-David LeCoultre * 1975 + 1948 entering the family business.	JAQUES DAVID LeCOULTRE
See page 748 PATEK, PHILIPPE LIT 133	Year 1902 short lived crisis in the watchmaking trade. Year 1908-1909 did not affect the development under its energetic young director Jaques-David LeCoultre ,which established a close relationship with PATEK PHILIPPE in Geneva. Year 1903 first contact with: JAEGER in Paris. One the outset of World War I (1914-1918),now LeCoultre and Cie ,was one of the great Swiss Watch Manufacturer.	
cont. page 727	1920 -1970 , JAEGER-LeCOULTRE produced outstanding watches,such as the "REVERSO" line,patent Application submittet in Paris 4th March 1931,Swiss and U.S.A. patents followed.	JAEGER-LECOULTRE R E V E R S O

NOTE:

R/T92

TRADEMARK OR TRADENAME MARQUE DE FABRIQUE - NOMS WARENZEICHEN - WORTMARKE	NAMES AND ADDRESS NOMS ET ADDRESSE NAMEN UND ADDRESSE	REMARKS OBSERV'TN BEMERKUNG
JAEGER-LECOULTRE	Year 1945-1971 "THE MYSTERIES" JAEGER-LeCOULTRE movement and hidden winding mechanismen,the function of these watches remains a mistery.	cont.from page 726
RUE DE LA PAIX	Year 1950, "RUE de laPAIX" table clock for the American market, 100,000 were sold. Year 1962,Ultra --flat LeCoultre movement. Year 1968.Smallest full Chronograph Year 1988, smallest full chrono-graph.	
GEOGRAHIQUE	Year 1990 ,"GEOGRAPHIQUE" watch, automatic watch with power resreve that indicates the local time (hour,minute and second) and datum,as well indicating time at any other meridian in the world on a second dial,as well indica-ting it is day or night in the selecting time zone. -------	
LECOULTRE	S0537 LeCOULTRE Le Sentier Switzerland Date: Summary of Patents: Country filed with: 1885/86 2 France 1891/97 23 Switzerland/ 1903/38 16 France/ UK/ 1940/49 7 Germany 1950/60 22 (all in mixed 1961/69 7 order) 1970/89 7 NOTE:Since the first patents in Switzerland dates from 1891, prior to that year are foreign, generaly granted in France. THE PERIOD from 1903-1933. Close collaboration existed bet-ween LeCoultre at Le Sentier and Ed.Jeager in Paris/France. Movement design and PAUL LEBET design of watch exteriors and also of de TREYARS of London/ England,Paris and Lausanne	LIT 133
HERMETICA	-HERMETICA- and later SPECIALITEs HORLOGERES resulted in the fact that the few patents,distributed between France,Switzerland and the United Kingdom (England) were under various names taken out. - The emphasis at the time was on production,rather than on the defence of intellestual property, to maintain relative impetus. - Patents were often regarded as an invitation to competitors to attempt copies, called bypass of patent rights.	

T92/L NOTE:

REMARKS OBSERV'TN BEMERKUNG	NAMES AND ADDRESS NOMS ET ADDRESSE NAMEN UND ADDRESSE	TRADEMARK OR TRADENAME MARQUE DE FABRIQUE - NOMS WARENZEICHEN - WORTMARKE
	LEBET, D. & FILS VICTOR S0608 MFC Buttes 28.05.1887 WM-WC	
	LEPPERT, HERM. & CIE S4992 MFC Tramelan / Dessous JUNGFRAU DEPOSEE 29.08.1903 WA-WP	JUNGFRAU DEPOSEE
	LEPPPERT, HERM. & CIE S5033 MFC Tramelan / Dessous CONFORM DEPOSEE 15.10.1903 WA-WP	CONFORM DEPOSEE
	LEONIDAS WATCH FACTORY S7852 MFC-COM St. Imier TRANSIT 20.10.1925 WA-WP	TRANSIT
	LEES, VEUVE THOS. S2024 MFC Fleurier GOLDOID SILVEROID 02.02.1895 WA-WP	GOLDOID SWISS MADE SILVEROID
	LES FILS DE BRAUNSCHWEIG, L. S2321 MFC Chaux-de-Fonds - D S C - 03.06.1896 WC-WM	D S C DUCOMMUN-SANDOZ & Cie HORLOGERIE CHAUX-DE-FONDS
	LES FILS DE PICARD, R. S1936 MFC Chaux-de-Fonds PEGASUS 26.05.1894 WA-WP-WC-DWB-WD-WM	PEGASUS
	LES FILS DE PICARD, R. S3334 MFC Chaux-de-Fonds - H A C - 10.11.1899 WA-WP	

NOTE: R/T92

TRADEMARK OR TRADENAME MARQUE DE FABRIQUE - NOMS WARENZEICHEN - WORTMARKE	NAMES AND ADDRESS NOMS ET ADDRESSE NAMEN UND ADDRESSE	REMARKS OBSERV'TN BEMERKUNG
ARTOX	**LESQUEREUX & CO, MOBILE** S7010 **MFC-COM** **Chaux-de-Fonds** **ARTOX** **12.12.1912** **WA-WP**	
ELX	**LESQUEREUX-PESEUX, E.** S4070 **MFC** **Chaux-de-Fonds** - E L X - **07.02.1902** **WA-WP--SMP**	
ELX I qual extra	LESQUEREX-PESEUX Chaux de Fonds Swiss 292/10 IQUAL EXTRA,tradename. - E L X - AK04.	
MOBILE	LESQUEREUX-PESEUX Swiss 293/10 MOBILE-IQUAL, tradename. AK04.	
Lx. II. qualität	LESQUEREUX-PESEUX Swiss 294/10 Trademark. AK04.	
CONTINENTS 5	**LEUBA, LOUIS-WILLIAMS** S3256 **MFC** **Locle** CONTINENTS 5 **26.07.1899** **WC-WM-WD**	
VHL MARQUE DE FABRIQUE	**LEUBA, VVE. HENRI** S1790 **MFC** **Chaux-de-Fonds** - V H L - **01.07.1893** **WA-WP-WC-DWB-WM-WD**	
LEUBA WATCH	**LEUBA, VVE HENRI** S5030 **MFC** **Chaux-de-Fonds** LEUBA WATCH **07.10.1903** **WD-WM-DWB-WC**	
MITAD VHL	**LEUBA, VVE. HENRI** S6240 **MFC** **Chaux-de-Fonds** MITAD V H L **30.06.1910** **WA-WP-PC**	

T92/L NOTE:

REMARKS OBSERV'TN BEMERKUNG	NAMES AND ADDRESS NOMS ET ADDRESSE NAMEN UND ADDRESSE	TRADEMARK OR TRADENAME MARQUE DE FABRIQUE - NOMS WARENZEICHEN - WORTMARKE
	LEUTHOLD, EMILE S6163 **MFC** **Peseux** **ORFANA** **25.04.1910** **WA-WP-JL-CE**	ORFANA
	LEUENBERGER FRERES S1254 **MFC** **Granges** **18.08.1891** **WC**	
	LUGRIN S.A. S0505 MFC Orieni LEMANIA - L W C - ND WA-WP-EB	LEMANIA L W C
	LEVAILLANT, A. S0534 **MFC** **La Chaux-de-Fonds** **05.03.1887** **WA-WP**	LEVAILLANT, A.
	LEVAILLANT & Cie La Chaux de Fonds Swiss 198/10a NOVELTI, tradename.Registered 14.01.1920.MFC/WHS/RET Watches, Watch parts.	NOVELTI
	LEVAILLANT & BLOCH S1797 **MFC** **Chaux-de-Fonds** ASTRONOME **26.07.1893** **WA-WP-WM**	Astronome
	LEVAILLANT & BLOCH S8632 **MFC-COM** **Chaux-de-Fonds** **VENI** **08.07.1927** **WA-WP**	VENI
	LEVAILLANT & BLOCH Chaux de Fonds Swiss 295/10 ASTRONOME-PFAU,tradename. REGULIERE LA. AK04.	LA REGULIERE **Astronome Pfau**
	LEVILLANT & BLOCH Swiss 294/10 VENI - VIDI - VICE AK04	VENI

NOTE: R/T92

TRADEMARK OR TRADENAME MARQUE DE FABRIQUE - NOMS WARENZEICHEN - WORTMARKE	NAMES AND ADDRESS NOMS ET ADDRESSE NAMEN UND ADDRESSE	REMARKS OBSERV'TN BEMERKUNG
	LEVY, EMILE S1742 MFC Bienne - L E - 17.03.1893 WA-WP-WC-DWB-WD-WM	
	LEVY, HENRI S1751 MFC Bienne 11.04.1893 WA-WP-WC-WD-WM	
HECTOR LÉVY successeur de C. COULERU-MEURI	LEVY, HECTOR S3702 MFC Chaux-de-Fonds HECTOR LEVY SUCESSEUR de C.COULERU-MEURI 11.02.1901 WA-WP	
	LEVY, LEON & FRERES S0670 MFC Biel - L L F - 20.08.1887 WA-WP-WM-WC	
	LEVY, LEON & FRERES S5095 MFC Bienne LA PROVETE 29.04.1904 WM-WD-WC	
	LEVY, LEON & FRERES S6064 MFC Bienne RAILWAY REGULATOR 10.02.1910 WA-WP-SMP	
	LEVY, Leon & freres S.A. Bienne Swiss 295/10 TICINO, trademark. Registered 05.06.1924. Watch movements, watch parts. MFC/WHS/RET.	
	LEVY Leon & freres S.A. Bienne Swiss 22/10 EXCEPTIONNELLE, tradename. Regist. 17.05.1924.MFC/RET Watches, Watch parts.	

T92/L NOTE:

REMARKS OBSERV'TN BEMERKUNG	NAMES AND ADDRESS NOMS ET ADDRESSE NAMEN UND ADDRESSE	TRADEMARK OR TRADENAME MARQUE DE FABRIQUE - NOMS WARENZEICHEN - WORTMARKE
	LEVY, LEON & FRERES S8545 MFC Bienne ADMIRABLE 19.04.1927 WA-WP-SMP-WC	ADMIRABLE
	LEVY, SIMON & MAUMARY S4221 MFC Bienne EXQUIS 26.06.1902 WA-SMP	EXQUIS
	LEVY, THEODORE FILS S0358 MFC La Chaux-de-Fonds 24.02.1885 WA-WM-WC	LEVY, THEODORE FILS
	LIEBMANN, SIEGMUND S7670 MFC Bienne ELWECO 29.05.1925 WA-WP-WM	ELWECO
	LIENGME, G.-HRI. S2545 MFC Cormoret LIENGME & CO. - LCo - 10.06.1897 WA-WP-WM-WC-WB-DWB	 MANUFACTURE D'HORLOGERIE LIENGME & Co. S.A. CORMORET (SUISSE). LCo
	LIPPETZ, J. S0565 MFC La Chaux-de-Fonds 31.03.1887 WA-WP-WM-WC	
	LIPPETZ, J. S4929 MFC Chaux-de-Fonds BODEGA 04.07.1903 WA-WP	Bodega
	LIPPETZ, J. & CO. S6808 MFC-COM Geneva LE VRAI 01.03.1912 WA-WP	„LE VRAI"

NOTE: R/T92

TRADEMARK OR TRADENAME MARQUE DE FABRIQUE - NOMS WARENZEICHEN - WORTMARKE	NAMES AND ADDRESS NOMS ET ADDRESSE NAMEN UND ADDRESSE	REMARKS OBSERV'TN BEMERKUNG
	LIPPETZ J.Cie Genf Swiss 432/10 AUDEMARS FRERES,tradename. AK04.	
	LEVY & Freres Swiss 23/10 MESSAGERO, tradename. Registr. 17.05.1924.MFC/RET Watches,Watch parts.	
HELA	LEVY & freres Swiss 32/10 HELA, tradename.Registered 17.05.1924.MFC/RET Watches and Watch parts.	
AEG	**LOUIS-AUGUSTE, ETIENNE** S0088 **MFC** **Renan** - AEG - **05.01.1881** **WM-WC-OR-AR**	
FRANCILLON, ERNEST	LONGINES , S0538 MFC St.Imier LONGINES - ERNEST FRANCILLON WATCH MANUFACTURING ------- Founder Ernest FRANCILLON * 1834 + 1900 Established in a former grain mill, watch parts manufacturing. Ernest Francillon initiated some traning program, employing laborer to operate watch parts production machinery. > Ernest Francillon was not only a horological industrial pioneer,also a very prominent local,and all over in Switzerland known as a very patriotic person. His motto in Latin: "IMPROPUS LABOR OMNIA VINCET " English: DEDICATION FOR QUALITY WORK TRIUMPHS French: PAR UN TRAVAIL OPINIÂTRE, ON VIENT à BOUT de TOUT (Virgile) German: QUALITÄTS ARBEIT TRIUMPHIERT. --------- cont.see page 734	LIT 181

T92/L NOTE: LIT = Literature reference see page 906-918
Literature voir la page 906-918
Literaturverzeichnis siehe Seite 906-918

REMARKS OBSERV'TN BEMERKUNG	NAMES AND ADDRESS NOMS ET ADDRESSE NAMEN UND ADDRESSE	TRADEMARK OR TRADENAME MARQUE DE FABRIQUE - NOMS WARENZEICHEN - WORTMARKE
	Henri RAIGUEL, a watch merchandizer suggested to the AUGUST AGASSIZ, to establish in St.Imier a trading co-operative. With Florian MOREL in the 1833, a-6-year contract was signed. Material purchasing and warehousing of watch parts / watch movements and watches was headquartered in St.Imier The cooperative bought all types of watches,watch parts and assembled watches in a "Cottage Industry" syst. August Agassiz, the "FABRICANT" organized the marketing of Swiss Lepine caliber,cylinder and pallet escapement watches. ------	RAIGUEL, HENRI
LIT 181	ERNEST FRANCILLON, invited by his uncle Agassiz, arrives 1852 in St.Imier,it is the beginning of the LONGINE WATCH COMPANY, recording the following dates: Year: 1866 Ernest Francillon, errected at the "Longines" (engl.=meadow) the first section of the from year to year expanding watch manufacturing enterprise. 1874 Filed with Swiss Office for Patents/Trademarks under the graphic symbol: Hour glass with wings. 1880 Trademark re-registered 1889 Registered No. 2684 1893 Re-registered 1905 Graphic letter style: *Longines* 1925 Above style protected by International Trade laws. 1942 Wrist watch : CONQUEST 1954 Calendar/Automatic wrist watch 1957 Change of the letter style: LONGINES till 1973. 1974 Top grade Sport-watches ---- LONGINES to DAY : 1992 Outstanding design and development of "MICROMECHANIC" wrist watches. WA-WW-PW-CHRONOGRAPHS	LONGINE WATCH COMPANY LONGINES
	FRANCILLON, ERNEST S0015 MFC St.Imier PATENT LONGINES 01.11.1880 WM-WA-WP-WC-PW	PATENT LONGINES

NOTE: R/T92

TRADEMARK OR TRADENAME MARQUE DE FABRIQUE - NOMS WARENZEICHEN - WORTMARKE	NAMES AND ADDRESS NOMS ET ADDRESSE NAMEN UND ADDRESSE	REMARKS OBSERV'TN BEMERKUNG
	MAEDER, ALPH. S0523 MFC La Chaux-de-Fonds 25.02.1887 WC	
	MAIRE-FAVRE, ED. S1645 MFC Locle LE SIX DE CARREAU 03.09.1892 WC-DWB-WM-WD	
	MAIROT, L. & A. FRERES S2571 MFC Chaux-de-Fonds - M - 18.08.1897 WA-WP	
Longia	MAIRE, OTTO & CIE S6615 MFC Longeau / Bienne LONGIA 05.09.1911 WA-PW	
	MAITRE FRERES & RUEDIN S2610 MFC Noirmont - F M R - 26.11.1897 WM-WC-DWB-WD	
TREFF	MAITRE FRERES & RUEDIN S6981 MFC Noirmont TREFF 15.11.1912 WA-WP	
KAISERSTUNDE	MALE, DR. S3995 MFC Tramelan / Dessous KAISERSTUNDE 10.10.1901 WM-WC	
	MANUFAC. D'HORLOG. "LION" S1615 MFC Porrentruy 21.06.1892 WM-WC WA-WP	
CADCO	MANFAC. D'HORLOG. SILVANA S7596 MFC Tramelan CADCO 24.03.1925 WA-WP-WM-WD-WC	

T92/L NOTE:

REMARKS OBSERV'TN BEMERKUNG	NAMES AND ADDRESS NOMS ET ADDRESSE NAMEN UND ADDRESSE	TRADEMARK OR TRADENAME MARQUE DE FABRIQUE - NOMS WARENZEICHEN - WORTMARKE
	MANUFAC. CHEZARD, SANDOZ S6806 MFC Chezard / St. Martin NERVA 22.02.1912 WA-WP	NERVA
	MANUFAC. D'HORLOG. BEVIL S6918 MFC Bevilard EQUATOR 30.07.1912 WC	EQUATOR 95810
	MANUFAC. D'HORLOG. PRETTY S7531 MFC-COM BIENNE' PRETTY 22.01.1925 WA-WP	PRETTY
	MARCHARD & SANDOZ S0660 MFC La Chaux-de-Fonds 05.08.1887 WM-WC	
	MARCHAND & SANDOZ S1311 MFC La Chaux-de-Fonds " DUEL " 18.12.1891 WA-WP-WM-WC-WD-DWB	DUEL
	MARCHAND & SANDOZ S2704 MFC Chaux-de-Fonds LE CORSAIRE 28.05.1898 WA-WP	LE CORSAIRE
	MARCHAND-MATHEY, ALCIDE S2750 MFC Chaux-de-Fonds SUCCESEUR de ANDRE MATHEY & Co 01.10.1898 WM	ALCIDE MARCHAND-MATHEY Successeur de ANDRÉ MATHEY & Cie
	MARCHAND-MATHEY S0277 MFC Renan MARCHAND-MATHEY 10.01.1884 WM	MARCHAND-MATHEY
	MARDON WATCH LTD S8211 MFC-COM Chaux-de-Fonds MARDONA 01.09.1926 WA-WP	MARDONA

NOTE: R/T92

TRADEMARK OR TRADENAME MARQUE DE FABRIQUE - NOMS WARENZEICHEN - WORTMARKE	NAMES AND ADDRESS NOMS ET ADDRESSE NAMEN UND ADDRESSE	REMARKS OBSERV'TN BEMERKUNG
EMAR	MARGOT, EUGENE S4194 MFC Renan EMAR 17.05.1902 WA-WP	
Berolina	MATHEY, ALBERT & JAMES S2364 MFC Cernil / Tramelan BEROLINA 31.07.1896 WA-WP	
A.MATHEY AM	MATHEY, ANDRE S0426 MFC La Ferriere MATHEY A. 27.03.1886 WA-WP-WM-WC-OR-AR	
	MATHEY, ARNOLD S0583 MFC La Chaux-de-Fonds 20.04.1887 WA-WP-WM-WC	
C.MATHEY	MATHEY, C. S0257 MFC Renan MATHEY C. 03.10.1883 WA-WP-WM	
MACTE	MATHEY-GRAU, ED. S7709 MFC Bienne MACTE 29.06.1925 WA-WM-WC-WD	
PRECIOSA	MATHEY, LUCIEN-EMILE S1978 MFC Reussilles Tramelan PRECIOSA 30.08.1894 WA-WP	
A.MND MATHEY	MATHEY, PAUL A. MARCHAND S0347 MFC Renan MATHEY A.Mnd. 09.01.1885 WA-WP	
	MATHEY, VIRGILE S0796 MFC Tramelan - V M - 24.04.1888 WA-WC	

T92/L NOTE:

REMARKS OBSERV'TN BEMERKUNG	NAMES AND ADDRESS NOMS ET ADDRESSE NAMEN UND ADDRESSE	TRADEMARK OR TRADENAME MARQUE DE FABRIQUE - NOMS WARENZEICHEN - WORTMARKE
	MATHEY FRERES & CIE. S2064 MFC Tramelan 07.03.1895 WA-WP	
	MATHEY & PERRIN S8537 MFC Tramelan / Dessous PRIMA 27.04.1927 WA-WP	
	MATHEY FRERES & CIE. S5291 MFC Tramelan BRIO 17.09.1904 WA-WP	BRIO
	MATTHEY, PAUL-DOREZ S0207 MFC Le Locle LA MAISONETTE 20.12.1882 WA-WP-OR-AR	
	MATTHEY, A. -JULES GODAT- S0354 MFC La Chaux-de-Fonds 05.02.1885 WA-WM	
	MATTHEY-TISSOT, E. & CIE S5288 MFC Ponts-de-Martel NOCTURNE 12.09.1904 WA-WP	
	MATTHEY-TISSOT, E. & CIE S6002 MFC Ponts-de-Martel ESCULAPE 12.01.1910 WA-WP	ESCULAPE
	MATHEY-BROTHERS,also under Fritz Mathez,MATHES WATCH Co. Swiss 470/10 Trademark.Watches,MFC/WHS/RET. HE - B & C -	
	MATHEY, Albert & James Tramelan Swiss 309/10 NOUVEAU, tradename. AK04.	Nouveau

NOTE: R/T92

TRADEMARK OR TRADENAME MARQUE DE FABRIQUE - NOMS WARENZEICHEN - WORTMARKE	NAMES AND ADDRESS NOMS ET ADDRESSE NAMEN UND ADDRESSE	REMARKS OBSERV'TN BEMERKUNG
ESCULAPE	MATTHEY-TISSOT, E. & CIE S6002 MFC Ponts-de-Martel ESCULAPE 12.01.1910 WA-WP	
	MATTEY P.-BORET S0001 MFC Le Locle 01.11.1880 SWP-WC-OR-AR	
	MARILLER, L.-DENZLER S0967 MFC Neuveville - L & HM - 17.08.1889 WA-WM-WC-WD	
	MATHEZ, L. & H. S1693 MFC Tramelan / Dessous - L M D - 24.12.1892 WC-DWB-WD-WM	
MATILE, GEORGES & CIE.	MATILE, GEORGES & CIE S0323 MFC La Chaux-de-Fonds 26.06.1884 WA-WP-WM-WC	
Pronto	MAITRE L.UHRENFABRIK Noirmont Swiss 411/10 PRONTO,tradename. AK04.	
 **Montagnarde Gallilée Poisson**	MAITRE, Freres Noirmont Swiss 305/10 MONTAGNARDE-GALLILEE-POISSON, tradename. AK04.	
	MARVIN, tradename register. B 470 187, 28.08.1923 DIDISHEIM, trading in Co- partnership 144/146 Rue Numa Droz, La Chaux de Fonds Switzerland.	
	MAUS, MAURICE S1924 MFC Chaux-de-Fonds 08.05.1894 WC-DWB-WD-WM	

T92/L NOTE:

REMARKS OBSERV'TN BEMERKUNG	NAMES AND ADDRESS NOMS ET ADDRESSE NAMEN UND ADDRESSE	TRADEMARK OR TRADENAME MARQUE DE FABRIQUE - NOMS WARENZEICHEN - WORTMARKE
	MANUFACTURE JUNIOR St.Imier Swiss 314/10 JUNIOR, tradename. AK04.	Junior
	MANUFACTURE des MONTRES de POCHE:Levrette Chaux de Fonds Swiss 308/10 EDEN,tradename.MFC/WHS/RET Pocket Watches. AK04.	Eden
	MANUFACTURE d' HORLOGERIE LION Porrentruy Swiss 307/10 Trademark. AK04.	MARQUE DÉPOSÉE
	MANUFACTURE CHEZARD de Chezard Swiss 306/10 CHEZARD-SAINT MARTIN- TOTO, tradename. AK04.	Chézard Saint Martin Toto
	MERMOD FRERES S0104 **MFC** **St. Croix** **18.03.1881** **WA-WM-WC-MB**	MERMOD FRÈRES
	MERMOD FRERES S3785 **MFC** **St. Croix** **MERMOD FRERES** **16.04.1901** **PW-WC**	MERMOD FRÈRES
	MEROZ, L.-RICHARD S0724 **MFC** **Sonvillier** - L M R - **19.12.1887** **WA**	
	MEROZ, F.-E. S2465 **MFC** **Sonvillier** BIENVENUE **12.02.1897** **WC-WM-WD**	BIENVENUE
	METTHEE, JULES S2711 **MFC** **Porrentruy** **17.06.1898** **WA-WP**	

NOTE: R/T92

TRADEMARK OR TRADENAME MARQUE DE FABRIQUE - NOMS WARENZEICHEN - WORTMARKE	NAMES AND ADDRESS NOMS ET ADDRESSE NAMEN UND ADDRESSE	REMARKS OBSERV'TN BEMERKUNG
NEC PLUS MFC ULTRA	MEYER FILS & CIE. S2251 MFC Chaux-de-Fonds NEC PLUS ULTRA / - M F C - 03.02.1896 WA-WP-WC-WM-WD	
PERFECTA	MEYER FILS & CIE. S2659 MFC Chaux-de-Fonds PERFECTA 09.03.1898 WA-WP	
QUO VADIS	MEYER FILS & CIE S3787 MFC Chaux-de-Fonds QUO VADIS 19.04.1901 WA-WP	
NIOBE	MEYER ET STUDELI A. G. S7719 MFC-COM Soleure NIOBE 03.07.1925 WA-WP-WM-WC-WD-SMP	
M ST	MEYER & STUDELI A. G. S8634 MFC Soleure - M S T - 13.07.1927 WA	
MANDOLINA	MEYER-GRABER, C. S3330 MFC Chaux-de-Fonds MANDOLINA 02.11.1899 WA-WP	
ALCOR	MEYER-GRABER, C. S6159 MFC Chaux-de-Fonds ALCOR 19.04.1910 WA-WP	
Sélection	MEYER-GRABER, C. S8703 MFC Chaux-de-Fonds SELECTION 21.10.1927 WA-WP	
	MEYER, E. S0917 MFC La Chaux-de-Fonds 28.03.1889 WA-WP-WM-WC	

T92/L NOTE:

REMARKS OBSERV'TN BEMERKUNG	NAMES AND ADDRESS NOMS ET ADDRESSE NAMEN UND ADDRESSE	TRADEMARK OR TRADENAME MARQUE DE FABRIQUE - NOMS WARENZEICHEN - WORTMARKE
	MEYER, FRITZ S3502 MFC Soleure FEMINA 06.04.1900 WA-WP-WM-WC	FEMINA
	MEYER, FRITZ S4935 MFC Soleure MOLES 13.07.1903 WA-WP	„Moles"
	MEYER, JACQUES S2043 MFC Chaux-de-Fonds LA REINE DEPOSE 04.03.1895 WA-WP	LA REINE J.M. DEPOSÉ
	MEYER, JACQUES, AU LOUVRE S2107 MFC Chaux-de-Fonds CHEMIN de FER 22.06.1895 WC-WM-WD-DWB	CHEMIN DE FER
	MEYER, G. S8629 MFC-COM Herbetswil PERPETUA 22.07.1927 WA-WM	Perpetua
	MIDO, Ltd. Swiss 55/10 MIDO-WATCH, tradename.Registered 17.08.1924.MFC/WHS/RET Watches, Watch parts.	Mido Watch
	MIDO S.A. S7790 MFC Soleure - S H S - 23.09.1925 WA-WP-CHR-WM-WC-WD	SHS
	MIDO S.A. S7983 MFC Soleure NORO 07.01.1926 WA-WP-CHR-WM-WC-WD-	NORO
	MOBILE WATCH CO S6347 MFC-COM Chaux-de-Fonds VIBRONA 06.12.1910 WA-WP	VIBRONA

NOTE:

R/T92

TRADEMARK OR TRADENAME MARQUE DE FABRIQUE - NOMS WARENZEICHEN - WORTMARKE	NAMES AND ADDRESS NOMS ET ADDRESSE NAMEN UND ADDRESSE		REMARKS OBSERV'TN BEMERKUNG
CIVITAS	MOERI, FRITZ MFC St. Imier CIVITAS 03.05.1904 WA-WP	S5158	
ADENAC	MOERI, FRITZ MFC St. Imier ADENAC 21.01.1927 WA-WP	S8455	
ARTISAN	MOERI & JEANNERET MFC St. Imier ARTISAN 06.09.1893 WA-WP	S1811	
	MOERI & JEANNERET MFC St. Imier - M & J - 18.10.1904 WA-WP	S5323	
MOBILE WATCH	MOBILE WATCH CO MFC Chaux-de-Fonds 06.04.1925 WA-WP	S7606	
MAROKA	MOLLY, AUGUSTE COM Geneva MAROKA 22.01.1912 WA-WC-WM-WD-EM-JL	S6777	
& M F	MONNIER & FREY MFC Bienne - M & F - 14.05.1891 WM-WC	S1206	
DOM	MONNIER, HENRI MFC Cremines DOM 09.12.1925 WA-WP	S7892	
PELAYO	MONNIER, EUGENE MFC Tramelan PELAYO 24.02.1885 WM-WC	S0356	

T92/L NOTE:

REMARKS OBSERV'TN BEMERKUNG	NAMES AND ADDRESS NOMS ET ADDRESSE NAMEN UND ADDRESSE	TRADEMARK OR TRADENAME MARQUE DE FABRIQUE - NOMS WARENZEICHEN - WORTMARKE
	MONARD, JULES S2234 MFC Geneva MONARD 15.01.1896 WA-WM-WC-WD-PC-WP	Monard
	MONNIER-SCHNEIDER, L.-ALB S6255 MFC Bienne AJAX 23.07.1910 WA	
	MONNIER, ALEX S0891 MFC La Chaux-de-Fonds 29.01.1889 WM-WC	
	MONTANDON, C.A. S0343 MFC Le Locle 24.12.1884 WA-WM-WC-PW	
	MONTANDON FRERES S0047 MFC Le Locle 01.11.1880 WA-WM-WC-OR-AR	
	MONTANDON FRERES S0214 MFC Le Locle 03.03.1883 WA-WM-WC	
	MONTANDON-BANDELIER, A. S2431 MFC Chaux-de-Fonds - A B - 18.12.1896 WA-WP	
	MONTANDON-CALAME, A. & CIE S6513 MFC Chaux-de-Fonds - M C A - 19.05.1911 WA-WP	
	MONTBARON & JANNERET S0134 MFC St. Imier ERGUEL 30.07.1881 WA-WM-WC	

NOTE: R/T92

TRADEMARK OR TRADENAME MARQUE DE FABRIQUE - NOMS WARENZEICHEN - WORTMARKE	NAMES AND ADDRESS NOMS ET ADDRESSE NAMEN UND ADDRESSE	REMARKS OBSERV'TN BEMERKUNG
MAILLARDET	MAILLARDET (family owned) La Chaux de Fonds SWISS 184/3 ?teacher at the Horolog.School in La Chaux de Fonds, under Klentchi. Data reference 1814, 1842, 1917.	
TELLUS DIE UHR OHNE TADEL UOT	**MONTRE TELLUS S. A.** **S8765** **MFC** **Chaux-de-Fonds** TELLUS **22.02.1927** **WA-WP**	
RUEFFLY FLURY & Cie	MONTRES Era C.RUEFFLI-FLURY & Cie Biel Swiss 99/10 CONTEX, tradename.Registered 13.07.1934.MFC/ Clocks/Watches/ cases/dials and parts of clocks-watches.	
Hy MOSER & Cie	**MOSER, HRI & CIE** **S0172** **MFC** **Le Locle** **04.05.1882** **WM-WC**	
Cytis	**MOSER, H. & CIE** **S6109** **MFC** **Locle** **CYTIS** **22.03.1910** **WA-WP**	
LA BÉROCHE ME DÉPOSÉE	**MOSER, ED.** **S1962** **MFC** **St. Aubin** LA BEROCHE / - M E - **06.07.1894** **WC-DWB-WD-WM**	
P. MOSER & Co	**MOSER, PAUL & CIE** **S4740** **MFC** **Bienne** **13.02.1903** **WC-WM-WD**	
REGULADOR BEINER	**MOSIMANN & CIE.** **S2092** **MFC** **Chaux-de-Fonds** REGULADOR BEINER **27.05.1895** **WA-WP**	
CM	MOSIMAN & Cie Chaux de Fonds Swiss 190/10b - C M - MFC/WHS/RET Watches and Watch Parts.Regist. 14.03.1911.	

T92/L NOTE:

REMARKS OBSERV'TN BEMERKUNG	NAMES AND ADDRESS NOMS ET ADDRESSE NAMEN UND ADDRESSE	TRADEMARK OR TRADENAME MARQUE DE FABRIQUE - NOMS WARENZEICHEN - WORTMARKE
	MOSIMAN & Cie. Chaux de Fonds Swiss 191/10b LIFT, tradename.Registered 10.02.1911.MFC/WHS/RET Watches, Watch parts.	LIFT M C
	MOSIMANN Swiss 413/10 M.C., tradename. AK04.	M.C.
	MOYONNY Ct.Fils& Co. Yvrdon Swiss 321/10 C M F ,trademark. AK04.	C.M.F.
	MULLER, LOUIS & CIE. S1711 MFC Bienne 02.02.1893 WA	
	MULLER, LOUIS & CIE. S6292 MFC Bienne - A K D - 15.09.1910 WA-WP	A.K-D.
	MULLER, LOUIS & CIE. S8374 MFC Bienne - A T R - 04.12.1926 WA-WP	ATR Fabrique d'horlogerie „La Champagne"
	MUSY, MARCEL FILS S8568 MFC-COM Chaux-de-Fonds CEJUST 04.05.1927 WA-WP	„Céjust"
	NARDIN, PAUL D. S0414 MFC Le Locle 05.02.1886 WA-PW	NARDIN LOCLE
	NARDIN, ULYSS, S. A. S8509 MFC-COM Le Locle - U N L - 19.03.1927 PW-NAVY-CHRONOMTR	UNL

NOTE: R/T92

TRADEMARK OR TRADENAME MARQUE DE FABRIQUE - NOMS WARENZEICHEN - WORTMARKE	NAMES AND ADDRESS NOMS ET ADDRESSE NAMEN UND ADDRESSE	REMARKS OBSERV'TN BEMERKUNG
NATIONALE-WATCH-CO. N.W.C.	NATIONALE WATCH CO S6908 MFC Kreuzlingen NATIONALE WATCH Co / - N W C - 06.07.1912 WA-WP	
NICOLET FILS & CIE.	NICOLET FILS & CIE. S1506 MFC Chaux-de-Fonds 03.02.1892 WM-WC-DWB-WD	
THEMIS	NICOLET FILS & CIE. S2556 MFC Successeurs de STAUFFER FILS & C Chaux-de-Fonds THEMIS 23.07.1897 WM-WC-DWB-WD	
THE CHIMES	NICOLET FILS & CIE S3138 MFC Successeurs de STAUFFER FILS & C Chaux-de-Fonds THE CHIMES 10.01.1899 WA-WP	
ALKI	NICOLET FILS & Cie S3920 MFC Chaux-de-Fonds ALKI 08.07.1901 WA-WP	
Nomos	NOMOS UHR AKTIEN-GESELLSCH. S6252 MFC-COM Geneva / Petit Saconnex NOMOS 18.07.1910 WA-WP	See page 333 447 N O M O S
DIADEME	NORDMANN, J.J. S1583 MFC Chaux-de-Fonds DIADEM 27.04.1892 WA-WC-DWB-WD-WM	
N.F.T.	NOUVELLE FABR. DE TAVANNES S4562 MFC Tavannes - N F T - 10.09.1902 WA-WP	
Schéma	NOUVELLE FABR. DE TAVANNES S7984 MFC Tavannes SCHEMA 29.01.1926 WA-WP	

T92/L NOTE:

REMARKS OBSERV'TN BEMERKUNG	NAMES AND ADDRESS NOMS ET ADDRESSE NAMEN UND ADDRESSE	TRADEMARK OR TRADENAME MARQUE DE FABRIQUE - NOMS WARENZEICHEN - WORTMARKE
	NOUVELLE FABR. DE TAVANNES S8520 MFC-COM Tavannes MINIMAX 11.04.1927 WA-WP-WP-PCL-IN	MINIMAX
	PAILLARD VAUCHER FILS & CIE S0057 MFC St. Croix - P V F - 11.11.1880 SUPP	P.V.F.
	PALMER, PAUL-CALAME S0211 MFC Courtelary 14.02.1883 WC-WM	
	PAREL, J.-U. S2331 MFC Chaux-de-Fonds 29.06.1896 WA-WP	PAREL, J. U.
	PAREL, J. U. S3560 MFC Chaux-de-Fonds 02.07.1900 WA-WP	
LIT 199 LIT 202 See page 727 Le COULTRE PATEK	PATEK, PHILLIPE & Cie. Geneva Swiss 278/10 Count Antoine Norbert Patek 1815-1894, Polish emigrant, founded with partner CZAPET a small watchmaking shop. Soon the very high quality watches were in big demand. 1845,Adrian Phillipe and Gostkowsky joined the PATEK-PHILIPPE & Co.enterprise. The PATEK-PHILLIPE enterprise filed many patents pertaining the function of astronomical time-pieces. The renowed PATEK - PHILLIPE Watch company is still active on the same location.	PATEK.PHILIPPE & C° GENEVE Ancienne manufacture d'horlogerie PATEK, PHILIPPE & C°, société anonyme GENÈVE
	PATEK PHILIPPE & CIE S0177 MFC Geneva - PP & Co - 05.06.1882 WA-WP	PP & C°

NOTE: LIT = Literature reference see page 906-918
Literature voir la page 906-918
Literaturverzeichnis siehe Seite 906-918

R/T92

TRADEMARK OR TRADENAME MARQUE DE FABRIQUE - NOMS WARENZEICHEN - WORTMARKE	NAMES AND ADDRESS NOMS ET ADDRESSE NAMEN UND ADDRESSE	REMARKS OBSERV'TN BEMERKUNG
PATEK, PHILIPPE & Co GENEVE	PATEK PHILLIPE & CO S1163 MFC Geneva PATEK, PHILLIPE & Co. 19.01.1891 WA-WP-SUP	LIT 202
„CHRONOMETRO GONDOLO"	PATEK, PHILIPPE & CO, S.A. S4098 Geneva "CHRONOMETRO GONDOLO" 10.03.1902 WA-WP	
	PATEK, PHILIPPE & CO S8585 MFC Geneva 18.04.1927 WA-WP	
FIDELITAS A.O.P.	PAUX, LOUIS S1847 MFC Chaux-de-Fonds FIDELITAS - A O P - 22.11.1893 WC-WM-WD	
P	PAULIN, AUGUSTE S0723 MFC Alle 19.12.1887 PW-MV	
C P	PATIOS, CHARLES S0619 MFC Porrentruy - C P - 09.06.1887 WM-DWB	
Pavillons	PAVILLONS WATCH Co. Inc. Plainpalais Swiss 62/10 PAVILLONS, tradename. Regist. 19.03.1928.MFC/WHS/RET Watches, Watch parts.	
PECAUT-DUBOIS, ALBERT	PECAUT-DUBOIS, ALBERT S2765 MFC Chaux-de-Fonds 31.10.1898 WA-WP	
CABALLO DE BATALLA C.J.&A. P &C.-L.	PERRENOUD & CIE C.J.& A. S0992 MFC Le Locle CABALLO de BATALIA 10.10.1889 WM-WC-DWB-WD	

T92/L NOTE:

REMARKS OBSERV'TN BEMERKUNG	NAMES AND ADDRESS NOMS ET ADDRESSE NAMEN UND ADDRESSE		TRADEMARK OR TRADENAME MARQUE DE FABRIQUE - NOMS WARENZEICHEN - WORTMARKE
	PERRENOUD & BERTHOUD Chaux-de-Fonds NOVITA 14.04.1903 M-SMP	S4810	
	PERRENOUD, GUSTAVE MR Chaux-de-Fonds - G P - 23.02.1895 WA-WP	S2040	
	PERRENOUD, L. MFC Dombresson 07.12.1912 WP	S6998	
	PERRENOUD, PAUL MFC Chaux-de-Fonds - Z P - 02.03.1925 WA-WM-WC-WD	S7579	
	PERREGAUX, GIRARD & CIE MFC La Chaux-de-Fonds -- STAR -- 31.01.1888 WM-WC-WD	S0750	
	PERREGAUX, GIRARD & CIE. MFC Chaux-de-Fonds EMPRESS 15.07.1895 WM-WC-DWB-WD	S2114	
	PERRET & BERTHOUD MFC Locle CRONOMETRO DELLE FERROVIE 29.05.1901 WA-WP	S3857	
	PERRET & BERTHOUD MFC Locle UNIVERSAL WATCH EXTRA 02.09.1898 WC-DWB-WD-WM	S2734	UNIVERSALWATCH EXTRA

NOTE:

R/T92

TRADEMARK OR TRADENAME MARQUE DE FABRIQUE - NOMS WARENZEICHEN - WORTMARKE	NAMES AND ADDRESS NOMS ET ADDRESSE NAMEN UND ADDRESSE	REMARKS OBSERV'TN BEMERKUNG
CADO	PECAUT, LOUIS S7551 MFC Bienne CADO 23.02.1925 WA-WC-WD	
	OBRECHT & KULLY S0010 MFC Granges 01.11.1880 WA	
	OBRECHT & KULLY S1090 MFC Granges 30.04.1890 WM-WC	
COLUMBUS WATCH SWISS MADE	OBRECHT, P. & CO. S1733 MFC Granges COLUMBUS WATCH 01.03.1893 WM-WD-WB	
Cronometro Moderno	OBRECHT, P. & CIE. S4825 MFC Granges CRONOMETRO MODERNO 25.04.1903 WA-WP	
	OBRECHT & Co.S.C.A. S0530 MFC Granges,district Solothurn Last data : Year 1905,mentioned "Large Watchmaking enterprise" WA-PW-SUP-WHS-RET	
Brandt & Hofmann,	ORION WATCH CO. S6869 MFC Bienne BRANDT & HOFMANN 28.05.1912 WA-WM-WC-EM	
FP	OPTIMA S. A. S8786 MFC Granges - F P - 13.09.1927 WA-WP	

T92/L NOTE:

REMARKS OBSERV'TN BEMERKUNG	NAMES AND ADDRESS NOMS ET ADDRESSE NAMEN UND ADDRESSE	TRADEMARK OR TRADENAME MARQUE DE FABRIQUE - NOMS WARENZEICHEN - WORTMARKE
LIT 190	OMEGA, Biel Swiss 485/10 OMEGA-UHR,tradename.MFC/WHS/RET Watches,Watch parts.Refer JACOB 1900 Catalogue,Grand PRIX 1896- Genf,1897-Bruxels,1900 Paris. Annual product. 220 000 Watches.	
See page 596 597 598 599 600 601 BRANDT OMEGA	OMEGA WATCH Co. Swiss 460/10 Trademark.Watches,Watch parts, MFC/WHS/RET. HE OMEGA WATCH Co. Swiss 461/10 EXTRA,tradename.Watches,Watch parts.MFC/WHS/RET. HE	
	OMEGA-UHREN-MANUFACTURER Biel Swiss 328/10 OMEGA,tradename. AK04.	Omega
	PERRET, D. FILS S0420 MFC Neuchatel PELIABLE 08.03.1886 WA-WM-WC	
	PERRET, D. & FILS S0638 MFC Neuchatel 06.07.1887 WA-WB-WM	
	PERRET-LEUBA, JULES S5350 MFC Chaux-de-Fonds ALTELS / J F L 04.11.1904 WA-WP	
	PERRET, JULES & GEORGES S2632 MFC Eplatures / La Chaux-de-Fonds POSTE & TELEGRAFI 13.01.1898 WA-WP	
	PERRET, JULES & GEORGES S5315 MFC Eplatures - G P E - 14.10.1904 WA-WP	GPE

NOTE: R/T92

TRADEMARK OR TRADENAME MARQUE DE FABRIQUE - NOMS WARENZEICHEN - WORTMARKE	NAMES AND ADDRESS NOMS ET ADDRESSE NAMEN UND ADDRESSE	REMARKS OBSERV'TN BEMERKUNG
	PERRIN, LEON S0432 MFC Tramelan 27.04.1886 WM-WC	
	PERRIN, V. S2586 MFC Chaux-de-Fonds ARVE / V P 01.10.1897 WA-WP	
	PERRENOUD & HEROLD Chaux de Fonds Swiss 332/10 NOVITA,trademark. AK04.	
	PERREGAUX & Cie,Girard Chaux de Fonds Swiss 183/10a MFC,Watches,Watch Parts. Regist.08.07.1903.	
	PETITPIERRE & CIE S0485 MFC La Chaux-de-Fonds - P & Co - 09.12.1886 WM-WC-WD	
	PETIPIERRE & CIE S0810 MFC La Chaux-de-Fonds " SANS RIVAL" 19.05.1888 WM-WC-WD	
	PETITPIERRE & CO. S3300 MFC Chaux-de-Fonds MODERNE MODERN 09.09.1899 WC-WM	
	PETITPIERRE, GUILLAUME & CIE S1190 ME Couvet "GME P & CO " 31.03.1891 SUP	
	PETITPIERRE & CIE. S3374 MFC Chaux-de-Fonds BTALL 27.01.1900 WC-WM-WD	

T92/L NOTE:

REMARKS OBSERV'TN BEMERKUNG	NAMES AND ADDRESS NOMS ET ADDRESSE NAMEN UND ADDRESSE	TRADEMARK OR TRADENAME MARQUE DE FABRIQUE - NOMS WARENZEICHEN - WORTMARKE
	PETIT PIERRE & CO. S3225 MFC Chaux-de-Fonds ASTOR THE 01.06.1899 WC-WD-WM	ASTOR
	PETITE, LOUIS & FILS S8684 MFC-COM Geneva SIGMONIA 19.09.1927 WC-WM	SIGMONIA GENÈVE
	PFAEFFLI & MARQUIS S0774 MFC Geneva "P-M GENEVE" 19.03.1888 WC	P M GENEVE
LIT 201	PHENIX WATCH CO. Societe horlogere de Porrentruy Porrentruy Swiss 38/10 DOMINO, tradename.Registered 03.12.1924.MFC/RET Watches and Watch parts.	PHONIX
	PHENIX WATCH CO. Swiss 39/10 BOLERO,tradename.Registered 03.12.1924. MFC/RET Watches and Watch parts.	
	PHILIPPE ,Adrien Geneva SWISS 215/3 Swiss watchmaker, inspired the Swiss trade to produce clocks.Data reference died 1894.	
	PICARD & CIE S0573 MFC La Chaux-de-Fonds 06.04.1887 WM-WC	
	PICARD & CO. S1875 MFC Chaux-de-Fonds THE LEVANT LES FILS de R.PICARD 31.01.1894 WC-WD-WM	THE LEVANT
	PICARD & CIE. S3570 MFC Chaux-de-Fonds CHRONOMETRO MILITAR 16.07.1900 WA-WP	CRONOMETRO MILITAR

NOTE: LIT = Literature reference see page 906-918
Literature voir la page 906-918
Literaturverzeichnis siehe Seite 906-918

R/T92

TRADEMARK OR TRADENAME MARQUE DE FABRIQUE - NOMS WARENZEICHEN - WORTMARKE	NAMES AND ADDRESS NOMS ET ADDRESSE NAMEN UND ADDRESSE	REMARKS OBSERV'TN BEMERKUNG
LISA	PICARD & CO. S8182 MFC Chaux-de-Fonds LISA 18.05.1926 WA-WP	
	PICARD, R. S0281 MFC La Chaux-de-Fonds PEGASUS 30.01.1884 WM-WC	
LEGA	PICARD & HERMANN FRERES S6694 MFC-COM Chaux-de-Fonds LEGA 02.11.1911 WA-WP	
MENKA	PICARD & HERMANN FRERES S8203 MFC-COM Chaux-de-Fonds MENKA 05.08.1926 WA-WP	
	PICARD, HENRI & FRERE S8723 MFC-COM (brothers) Chaux-de-Fonds - W S A - 07.11.1927 WA-WP-REG-SUP	
	PICARD,Henry & Freres Swiss 338/10 Trademark . AK04.	
	PICARD, Henry & Freres Swiss 339/10 Trademark. - P -	
	PICARD, TH. S8612 MFC Chaux-de-Fonds DRACIP 14.06.1927 WA-WP	
	PIAGET, CHARLES & CIE S4502 MFC Chaux-de-Fonds 03.07.1902 RWP	

T92/L NOTE:

REMARKS OBSERV'TN BEMERKUNG	NAMES AND ADDRESS NOMS ET ADDRESSE NAMEN UND ADDRESSE	TRADEMARK OR TRADENAME MARQUE DE FABRIQUE - NOMS WARENZEICHEN - WORTMARKE
	PLAAT, HUGO S1217 MFC La Chaux-de-Fonds " H P " 23.06.1891 WC	
	BLANCPAIN, E. FILS S4226 MFC Filleret L'ETOILE D'OR 28.06.1902 WA-WP-PW	L'ETOILE D'OR
	POCHON, G. & FILS S6936 MFC Geneva ARTEeS 10.09.1912 WA-WP-CE-JL-OR	ARTèS
	POSTALA WATCH CO S6304 MFC Tramelan / Dessous EDGARD 05.10.1910 WA-WP	Edgard
	PRESTONS S. A. S8516 MFC-COM Bienne PRESTONS 11.04.1927 WA-WP	PRESTONS
	QUARTIER, EMILE & FILS S0265 MFC Le Locle / Brenets 02.11.1883	
	QUARTIER FD S0381 MFC Fleurier - F D - 24.08.1885 WM-WC-SUP	
	QUARTIER FD S0667 MFC Fleurier 13.08.1887 WM-WC	
	QUARTIER, EDOUARD S2763 MFC Chaux-de-Fonds 31.10.1898 WC-DWB-WD	
	QUARTIER, EMILE FILS S3365 MFC Aux Brenets 20.01.1900 WA-WP-SMP	LA CLOCHE THE BELL LA CAMPANA DIE GLOCKE

NOTE: R/T92

TRADEMARK OR TRADENAME MARQUE DE FABRIQUE - NOMS WARENZEICHEN - WORTMARKE	NAMES AND ADDRESS NOMS ET ADDRESSE NAMEN UND ADDRESSE	REMARKS OBSERV'TN BEMERKUNG
FUXIA	RACINE FRERES S6522 MFC-COM Bienne FUXIA 29.05.1911 WA-WP	
	RACINE, A.-LIENGME S0740 MFC Comoret 16.01.1888 WA-WM-WC	
Ranee	RACINE-WENKER, L. S4780 MFC Bienne RANEE 16.03.1903 WA-WP	
INTERNATIONAL WATCH	RAUSCHENBACH, J. S7849 MFC Schaffhausen INTERNATIONAL WATCH 19.10.1925 WA-WP-WM-WC-WD	LIT 138
IWC	RAUSCHENBACH, J. S7850 MFC Schaffhausen - I W C - 19.10.1925 WA-WP-SMP	
Uhrenfabrik von J.Rauschenbachs Erben vormals: International Watch Co. Schaffhausen (Schweiz).	Rauschenbach's J UHRENFABRIK Erben.vorm.Internat.Watch Co. Schaffhausen Swiss 188/10a MFC/WHS/RET Watches,Watch Parts. * Heiers of the former Internat. Watch Company.	See page 661 708 709 710
PROBUS IWC SCAFUSIA	RAUSCHENBACH, UHRENFABRIK Swiss 416/10 PROBUS-SCAFUSIA,tradename AK04.	INTERNATIONAL WATCH Co - I W C -
	RECORBET & CIE S5387 MFC Chaux-de-Fonds INNOVATION 23.11.1904 WA-WP	INNOVATION
Record Dreadnought Watch C° S.A. Genève	RECORD DREADNOUGHT WATCH CO S8301 MFC-COM Geneva RECORD DREADNOUGHT WATCH CO S. A. 18.10.1926 WA-WP	

T92/L NOTE: LIT = Literature reference see page 906-918
Literature voir la page 906-918
Literaturverzeichnis siehe Seite 906-918

REMARKS OBSERV'TN BEMERKUNG	NAMES AND ADDRESS NOMS ET ADDRESSE NAMEN UND ADDRESSE	TRADEMARK OR TRADENAME MARQUE DE FABRIQUE - NOMS WARENZEICHEN - WORTMARKE
	RECORD WATCH CO S6350 MFC Tramelan / Dessous - A B C - 17.12.1910 WA-WP	A. B. C.
	REICHEN & GIRARD S1256 MFC Les Brenets "G M B " 05.09.1891 WM-WC-OR-AR	G M B
	REIDER & GIGANDET S8699 MFC-COM UHRENFABRIK "RIGIS" Soleure (watch factory) SELMA 12.10.1927 WA-WC	SELMA
	REINBOLD, CHARLES S8746 MFC-COM Chaux-de-Fonds RIA 27.12.1927 WC	RIA
	RETZ FR. S1211 MFC La Chaux-de-Fonds - F-R - 16.06.1891 WM-WC-WD-DWB	F.R.
	RENGGLI, A. S2636 MFC Bienne - A R - DECOR 18.01.1898 WC-JL	AR DECOR
	RETZ, FR. S1776 MFC Chaux-de-Fonds - F R C - 16.06.1893 WC-DWB-WD-WM-SUPP	FRC
	REYMOND-ROD & AESCHLIMANN S5282 MFC St. Imier SONNENBERG 29.08.1904 WA-WP	SONNENBERG
	RICHARD, HENRI-ARNOLD S1853 MFC Sonvillier - H A R - 08.12.1893 WC-WM-WD	H A R SVL

NOTE:

R/T92

TRADEMARK OR TRADENAME MARQUE DE FABRIQUE - NOMS WARENZEICHEN - WORTMARKE	NAMES AND ADDRESS NOMS ET ADDRESSE NAMEN UND ADDRESSE	REMARKS OBSERV'TN BEMERKUNG
	RICKLI, A. S2739 MFC St. Imier REGULUS DEPOSE 08.09.1898 WC-WD-SC-SCP	
	RICKLI, HOURIET & CIE S4073 MFC St. Imier LA FOURMI 08.02.1902 WA-WP	
The Form	RIELE, R-A. S3760 MFC Chaux-de-Fonds THE FORM 23.03.1901 WA-WP-WC-WM-WD	
	RIELE, ALBERT R. S0144 MFC La Chaux-de-Fonds - A R - 29.09.1881 WA-PW	
F & C°.	- F & Co. -	
	RIELE, JULIEN S4794 MFC Geneva / Eaux-Vives 04.04.1903 WC-WM-WD	
	ROBERT, C. S0287 MFC Villeret ROBERT C. VILLERET 22.02.1884 WM-WC	
	ROBERT, LEON-N. S1994 MFC Chaux-de-Fonds - R N L - 15.10.1894 WC-WM-DWB-WD	
	ROBERT, C. & CIE S8716 MFC Chaux-de-Fonds ROBERT 01.11.1927 WA-SMP-AC-REG-IN E. Robert & Cie, Successeurs de James Robert.	

T92/L NOTE:

REMARKS OBSERV'TN BEMERKUNG	NAMES AND ADDRESS NOMS ET ADDRESSE NAMEN UND ADDRESSE	TRADEMARK OR TRADENAME MARQUE DE FABRIQUE - NOMS WARENZEICHEN - WORTMARKE
	ROBERT, C. Villeret Swiss 166/10a MFC, Pocket Watches, cases, Hunter cases. Regist.28.03.1887. (Leipzig-Germany)	ROBERT C.
	ROBERT, Henri & fils Chaux de Fonds Swiss 165/10a MFC,WHS/RET Pocket Watches. Registr. 25.03.1887. (Leipzig-Germany)	
	ROBERT, FRERES Villeret Swiss 181/10b MFC,Pocket Watches. Regist. 08.11.1898 and 16.02.1899. HERTHA,tradename. AK04.	
	ROBERT , Freres Villert Swiss 350/10 MINERVA,trademark. AK04.	
	ROBERT FRERES S2653 MFC Villeret HERTHA 17.02.1898 WA-WP	
	ROBERT-TISSOT, CHARLES S3332 MFC Chaux-de-Fonds LA CHARRIERE 02.11.1899 WA-WP	
	ROBERT-TISSOT, CHARLES S1942 MFC Chaux-de-Fonds QUALITE SUPERIEURE 11.06.1894 WC-DWB-WD-WM-WP	
	ROCHAT, A. S0904 MFC Mathod 04.03.1889 WM-WC	
	ROEMER W.-RITTER (WIDOW) S0731 MFC Biel "RENOMMEE" - W R R B - 28.12.1887 WM-WC-OR-AR	

NOTE: R/T92

TRADEMARK OR TRADENAME MARQUE DE FABRIQUE - NOMS WARENZEICHEN - WORTMARKE	NAMES AND ADDRESS NOMS ET ADDRESSE NAMEN UND ADDRESSE	REMARKS OBSERV'TN BEMERKUNG
RAVISSANTE	**ROSEN, CHARLES** S6573 COM Chaux-de-Fonds RAVISSANTE 28.07.1911 WA-WP	
 Plate 279/10	ROSKOPF, Georg - Friedrich MFC La Chaux de Fonds Swiss 279/10 Georg Friedrich Roskopf , watchmaker apprentice and journeyman to F.Meiret / Sandoz and J.Biber. Startet small parts manufact.plant 1835, sold 1850. 1867 startet the " MONTRE du PROLETAIRE" (Poeples Watch) factory. It was a big success, but faced stiff competion from imitators.Filed U.S.A.patents, under : ROSKOPF USA. 1873 G.F. Roskopf, due poor health transfered the entire plant to his brother Willi Roskopf and trusted employee Charles L.Schmid. WA-WP	 Model year 1867 
ROSKOPF-WATCH FRITZ ED ROSKOPF	ROSKOPF, FRITZ-ED. S1795 MFC Geneva FRITZ ED ROSKOPF 08.07.1893 WA-WP	
F.E.ROSKOPF	ROSKOPF, F.-E. S2458 MFC Geneva F.E.ROSKOPF 08.02.1897 WA-WP	See page 771 772 SCHMID LEON & Co ROSKOPF
CRONOMETRO DE CABALLERO	ROSKOPF, F. E. S3274 MFC Geneva / Eaux-Vives CRONOMETRO de CABALLERO 14.08.1899 WA-WP	
LOUIS ROSKOPF & Cie	ROSKOPF, LOUIS & CIE S3561 MFC Chaux-de-Fonds Louis ROSKOPF & Co 02.07.1900 WA-WP	
ROSSKOPF & Cie	ROSSKOPF & CIE S3525 MFC Chaux-de-Fonds ROSKOPF & Co 27.04.1900 WA-WP	cont. ROSKOPF page 762

T92/L NOTE: Plate 279/10 , Frédérick Roskopf,Archive -Revue Internat, de
* 1818 + 1888 --- l'Horlogerie - Suisse / Swiss

REMARKS OBSERV'TN BEMERKUNG	NAMES AND ADDRESS NOMS ET ADDRESSE NAMEN UND ADDRESSE	TRADEMARK OR TRADENAME MARQUE DE FABRIQUE - NOMS WARENZEICHEN - WORTMARKE
cont.from page 761	ROSKOPF, LOUIS & CIE S3848 MFC Chaux-de-Fonds SUMMUM 18.05.1901 WA-WP	SUMMUM
	ROSSKOPF & CIE S3947 MFC Chaux-de-Fonds POPOLARE 30.07.1901 WA-WP	"POPOLARE"
	ROSKOPF, LOUIS & CIE S4057 MFC Chaux-de-Fonds PARENT Louis ROSKOPF & Co 18.01.1902 WA-WP	Louis ROSKOPF & Cie PARENT
	ROSKOPF, F. E. & CO S4177 MFC Geneva / Eaux-Vives DOROBANTUL 02.05.1902 WA-WP	DOROBANTUL
	ROSKOPF, F. E. & CO S4528 MFC Geneva / Eaux-Vives ROSKOPF PATENT 43638 15.08.1902 WA	
	ROSSKOPF & CIE S4638 MFC Chaux-de-Fonds ROSKOPF & Co 21.11.1902 WA-WP-SMP	ROSSKOPF & Co
	ROSKOPF & CIE S4725 MFC Chaux-de-Fonds F.ROSKOPF & Cie 06.02.1903 WA-WP	F.ROSKOPF & Cie
cont. ROSKOPF page 763	ROSKOPF, LOUIS & CIE S4717 MFC Chaux-de-Fonds ROSKOPF F.& Cie 02.02.1903 WA-WP	F. ROSKOPF & Cie

NOTE: R/T92

TRADEMARK OR TRADENAME MARQUE DE FABRIQUE - NOMS WARENZEICHEN - WORTMARKE	NAMES AND ADDRESS NOMS ET ADDRESSE NAMEN UND ADDRESSE	REMARKS OBSERV'TN BEMERKUNG
K. Roskopf & Cie., Uhrenfabrik, La Chaux-de-Fonds (Schweiz).	ROSSKOPF & Cie La Chaux de Fonds Rue Leopold Robert 32 Swiss 488/10 ROSSKOPF & Co.PATENT 28545,and 26516 (Swiss registration),data from HE,year 1900-JACOB/Leipzig. HE	cont.from page 762 ROSKOPF
	ROSKOPF & CIE S6016 **MFC** **Chaux-de-Fonds** EXCELSIOR **19.01.1910** **WA-WP-SMP-SPC-CE-PC**	
	ROSKOPF, LOUIS & CIE S6181 **MFC** **Chaux-de-Fonds** ROSKOPF ENKEL **13.05.1910** **WA-WP**	
	ROSSKOPF & CIE S6261 **MFC** **Chaux-de-Fonds** ANDARIN WORLD TROTTER **02.08.1910** **WA-WP-JL-PC**	
	ROSKOPF & CIE S6582 **MFC-COM** **Chaux-de-Fonds** ROSKOPF FRERES **24.07.1911** **WA-WP-SMP**	
	ROSKOPF & CIE S7987 **MFC-COM** **Chaux-de-Fonds** ROSKOPF Louis S.A. **29.01.1926** **WA-WP-SMP**	
	ROSKOPF & Cie, Louis La Chaux de Fonds Swiss 280/10 No other data on file. AK04	
	ROSKOPF La Chaux de Fonds Swiss 456/10 Trademark.Watches,MFC/WHS/RET. "ROSKOPF PATENT" HE	

T92/L NOTE:

REMARKS OBSERV'TN BEMERKUNG	NAMES AND ADDRESS NOMS ET ADDRESSE NAMEN UND ADDRESSE	TRADEMARK OR TRADENAME MARQUE DE FABRIQUE - NOMS WARENZEICHEN - WORTMARKE
	ROSKOPF & CIE S6104 MFC Chaux-de-Fonds 18.03.1910 WA-SMP-WP	ROSKOPF & CIE.
	ROSSE, JOSEPH S0708 MFC Alle 21.11.1887 WM-WC-PW	
	ROSSEL & FILS S3236 MFC Locle 12.06.1899 WA	
	ROTH, J.& CIE S0052 MFC Soleure PELICAN 03.11.1880 WA-SUPO	PELICAN 
	ROTHERHAM AND SONS, LIMITED S8169 MFC LONDON U.K. Chaux-de-Fonds EUREKA 10.08.1926 WA-WP	EUREKA
	ROULET, FRITZ S0858 MFC Le Locle " EXPRESS " 24.10.1888 WM-WC-WD	
	ROUSSEL-GALLE, E. S0578 MFC Porrentruy 16.04.1887 WM-WC	
	ROUSSILLON & CIE S0228 MFC Geneva - J R - 19.05.1883 WM-WC	
	ROZAT, LOUIS S0085 MFC La Chaux-de-Fonds - L R - 30.12.1880 WM-WC	

NOTE: R/T92

TRADEMARK OR TRADENAME MARQUE DE FABRIQUE - NOMS WARENZEICHEN - WORTMARKE	NAMES AND ADDRESS NOMS ET ADDRESSE NAMEN UND ADDRESSE	REMARKS OBSERV'TN BEMERKUNG
RUEDIN, G.	RUEDIN, G. S6420 MFC Noirmont 26.01.1911 WA-WP	
	RUEFF FRERES S0931 MFC La Chaux-de-Fonds 03.05.1889 WM-WC-WD	
LENOX	RUEFF FRERES S1752 MFC Chaux-de-Fonds LENOX 12.04.1893 WC-DWB-WD-WM-WP	
ARFEGO	RUEFF, MAURICE S6597 MFC Chaux-de-Fonds ARFEGO 21.08.1911 WA-WP	
ERACO	RUEFLI-FLURY & CIE S7831 MFC-COM Bienne ERACO 26.10.1925 WA-WP-WM-WC-WD-SMP	
R. M.	RUFF & MEYRAT S0332 MFC St. Imier - R M - 05.09.1884 SUP-SUPP	
FIDUCIA	RUSSBACH, JULES S3173 MFC Chaux-de-Fonds FIDUCIA 13.03.1899 WA-WP	
ROSSKOPF FRERES	RUSSBACH, JULES S6650 MFC Chaux-de-Fonds ROSKOPF FRERES 28.09.1911 WA-WP	
RUEFF FRERES Rue Leopold Robert 58, Chaux, de Fonds, Switzerland.	RUEFF FRERES MFC Chaux-de-Fonds Year 1889 HE 467/10 WA-WP	

T92/L NOTE:

REMARKS OBSERV'TN BEMERKUNG	NAMES AND ADDRESS NOMS ET ADDRESSE NAMEN UND ADDRESSE	TRADEMARK OR TRADENAME MARQUE DE FABRIQUE - NOMS WARENZEICHEN - WORTMARKE
	RUEFF, Freres La Chaux de Fonds Swiss 462/10 VENUS, tradename.Watches,MFC/ WHS/RET. HE	VENUS
	RUEFF Swiss 463/10 BRITANNICUS,tradename.Watches, MFC/WHS/RET. HE	BRITANNICUS
	RUEFF Swiss 464/10 BALTIC,tradename.Watches,MFC/WHS RET. HE	BALTIC
	RUEFF Swiss 465/10 THE le HONE,tradename.Watches, MFC/WHS/RET. HE.	THELEHONE
	RUEFF Swiss 466/10 ECLAIR,tradename.Watches,MFC/WHS RET. HE	ECLAIR
	RAMSEYER R. Villeret Swiss 343/10 R R - L.A.R. tradename. AK04.	R 800 R L. A. R.
	REMUD, Walter Uhrenfabrik * Solothurn *English: WATCH FACTORY Swiss 61/10 HEROLD, tradename.Registered 25.09.1925.MFC/WHS Watches, Watch parts.	Herold
	REYMOND A. Tramelan Swiss 82/10 HE - Tradename. Registered 10.09.1930.MFC/WHS/RET Watches, Watch parts.	
	REYMOND A. Tramelan Swiss 344/10 ELDERADO - SPERANZA,tradename. AK04.	Eldorado Speranza

NOTE: R/T92

TRADEMARK OR TRADENAME MARQUE DE FABRIQUE - NOMS WARENZEICHEN - WORTMARKE	NAMES AND ADDRESS NOMS ET ADDRESSE NAMEN UND ADDRESSE	REMARKS OBSERV'TN BEMERKUNG
	SANDOZ - CHEZARD, & CIE. S2434 MFC Chezard / St. Martin 09.01.1897 WA-WP	
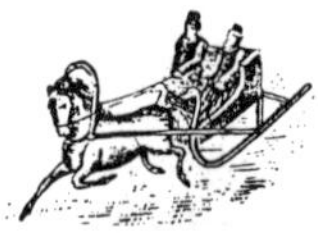	SANDOZ - CHEZARD, & CIE. S2487 MFC Chezard / St. Martin 01.03.1897 WA-WP	
	SANDOZ - CHEZARD, & CIE. S2721 MFC Chezard / St. Martin 11.07.1898 WA-WP	
	SANDOZ, Ami & Soehne (sons) Berlin Swiss 150/10a Branch,WHS/RET Watches,register. 10.02.1877.	
LA VIOLETTE Succ. de Js CALAME-ROBERT	SANDOZ & BREITMEYER S2111 MFC Chaux-de-Fonds LA VIOLETTE 08.07.1895 WM-WC-DWB-WD	
Senior	SANDOZ-BOUCHERIN, A. S4503 MFC Chaux-de-Fonds SENIOR 10.07.1902 WA-WP	
	SANDOZ & CIE S0596 MFC La Chaux-de-Fonds 11.05.1887 WM-WC	
SANDOZ, ED.& CIE.	SANDOZ, ED. & J. S1525 MFC Locle 09.03.1892 WA-WP-WM-WD-WC	

T92/L NOTE:

REMARKS OBSERV'TN BEMERKUNG	NAMES AND ADDRESS NOMS ET ADDRESSE NAMEN UND ADDRESSE	TRADEMARK OR TRADENAME MARQUE DE FABRIQUE - NOMS WARENZEICHEN - WORTMARKE
	SANDOZ FRERES S0541 MFC Ponts-de-Martel - S F - 09.03.1887 WA-WP-WM-WC	
	SANDOZ, HENRI S5386 MFC Tavannes 21.11.1904 WA-WP	
	SANDOZ, JULES S0579 MFC La Chaux-de-Fonds - J S - 16.04.1887 WA WC-WCP-DWB-WD-WM	
	SANDOZ, JULES S8243 MFC-COM Chaux-de-Fonds - H S F - 09.09.1926 WA-WP-WC-WD	
	SANDOZ-MORITZ & CIE S6273 MFC Tavannes - S M - 16.08.1910 WA-WP-PC-SPC-HO	
	SCALABRINO-GRANDJEAN, ED. S2596 MFC Locle SCALA 18.10.1897 WA-WP	
	SCHAEDLI & ABRECHT S1214 MFC La Chaux-de-Fonds 17.06.1891 WM-WC-WD-DWB	
	SCHAEDLI, THEODORE S1808 MFC Chaux-de-Fonds THE BENGAL 21.08.1893 WC-DWB-WD-WM	

NOTE: R/T92

TRADEMARK OR TRADENAME MARQUE DE FABRIQUE - NOMS WARENZEICHEN - WORTMARKE	NAMES AND ADDRESS NOMS ET ADDRESSE NAMEN UND ADDRESSE	REMARKS OBSERV'TN BEMERKUNG
	SCHAEDELI, THEODORE S1191 MFC La Chaux-de-Fonds LUCCA 06.04.1891 WM-WC-WD-DWB	
„67" SWISS MADE	SCHAEDELI, THEODORE S6785 MFC Chaux-de-Fonds SWISS MADE 67 13.02.1912 WA-WP	
	SCHAEDELI, THEODORE S6048 MFC Chaux-de-Fonds ASIATIC WATCH 31.01.1910 WA-WP	
	SCHAEFLI, A.-SCHILD S0270 MFC Soleure - Z S - 12.11.1883 WA-WP-WM-WC	
	SCHEIBENSTOCK, P., FILS S4077 MFC Locle CRESCENDO 08.02.1902 WA-WP	
	SCHEIMBET, CONSTANTIN S0965 MFC Biel RIGI 14.08.1889 WA-WP-WM-WC	
	SCHIFFMANN, B. S2218 MFC St. Imier - B S - 27.12.1895 WC-WD-WM-WD	
	SCHIELE, AUGUSTE S4964 EG Chaux-de-Fonds LA TOUR BLANCHE 10.08.1903 WA-WP	
Tempus	SCHILLER, CHARLES S1934 MR Chaux-de-Fonds TEMPUS 25.05.1894 WM-WD-WC-DWB	

T92/L NOTE:

REMARKS OBSERV'TN BEMERKUNG	NAMES AND ADDRESS NOMS ET ADDRESSE NAMEN UND ADDRESSE	TRADEMARK OR TRADENAME MARQUE DE FABRIQUE - NOMS WARENZEICHEN - WORTMARKE
LIT 189 Refer page 770 SCHILD Theodore SCHILD Comtesse R.F.	SCHILD,Theodore S0510 Horological Engineer Granges/Distr.Soleure Switzerland * 1850 + 1950, son of SCHILD,Urs watch manufacturer in Granges. initiated cost saving watch assembly process. Member of the Swiss EBAUCHE council. WA-WW-WHS-RET	 Coat of Arms of the SCHILD FAMILY --- SCHILD A.G. founded 1896
LIT 127 See page 660 ETERNA	SCHILD - COMTESSE R.F. S0511 Director of ETERNA WATCH Corp. son of Max Schild (one of the sons of Urs Schild, founder of ETERNA WATCH S.A. Member of the EBAUCHE organisation since 1932.	
	SCHILD, U. **S0186** **MFC** **Granges** **31.07.1882** **WM-WC**	
	SCHILD FRERES & CIE. **S1719** **MFC** **Granges** **09.02.1893** **WM-WC-WD**	
	SCHILD FRERES & CIE. **S6005** **MFC** **Granges** **MINIMA** **10.01.1910** **WM-WC-WD**	***MINIMA*** **Fabriques Eterna,** **SCHILD FRERES & Cie**
	SCHILD ET CO. **S7787** **MFC-COM** **Chaux-de-Fonds** **OCTOMAS** **03.09.1925** **WA-WP-SMP**	
	SCHILD A. (Ltd.) **S8724** **MFC-COM** **Granges** - T R - 08.11.1927 **RWP-M-WM-EB-SPC-WC-WD-WP** - T R -	  **A. Schild A. G. (A. Schild S. A.), (A. Schild Ltd.),**

NOTE: LIT = Literature reference see page 906-918 R/T92
Literature voir la page 906-918
Literaturverzeichnis siehe Seite 906-918

TRADEMARK OR TRADENAME MARQUE DE FABRIQUE - NOMS WARENZEICHEN - WORTMARKE	NAMES AND ADDRESS NOMS ET ADDRESSE NAMEN UND ADDRESSE	REMARKS OBSERV'TN BEMERKUNG
RAILWAY REGULATOR	SCHLATER & FLOTRON S0142 MFC Madretsch RAILWAY REGULATOR 16.09.1881 WA-WP-SUP	
ESBRO	SCHLESINGER, BENJAMIN, FILS S8599 MFC Chaux-de-Fonds ESBRO 16.05.1927 WA-WP-WD	
NOVA	SCHLEE, FREDERIC S6527 MFC Chaux-de-Fonds NOVA 06.06.1911 WA-WP	
ELICIA Ernest Schlencker, Manufacture de montres Felicitas „Felicitas Watch Factory",	SCHLENCKER, ERNEST S7519 MFC-COM Chaux-de-Fonds ELICIA 12.01.1925 WA-WP	
ROSKOPF Vve CHs LÉON SCHMID & Cie Roskopf, Société anonyme Vve CHs-LÉON SCHMID & Cie	SCHMID, LEON & Co. S0507 S.V.Vve. Chs.Leon Schmid & Co. La Chaux-de-Fonds - R O S K O P F - MFC The ROSKOPF watch marketed in the year 1867, patent name : ROSKOPF by Leon Schmid & Co. The enterprise under the management of: 1867 the first 2000 Watches were sold within a short time. In Switzerland the Watchmaker trade called the ROSKOPF WATCH "PROLETARIAN WATCH" Despite all negative opinion of the trade, the ROSKOPF WATCH received many awards,honourable mention,medals at trade Exhibition. Year 1873 a equal partnership: ROSKOPF,Fredrick * 1818 + 1888, also the inventor of the ROSKOPF WATCH, his invention,patented with the features of outmost symplicitity in construction, low cost material for components the 1867 ROSKOPF WATCH , called "Poeples Watch", affordable for the lowest income. At the World Exposition in Paris cont.page 772	LIT 194 See page 761 to 764 ROSKOPF

T92/L NOTE:

REMARKS OBSERV'TN BEMERKUNG	NAMES AND ADDRESS NOMS ET ADDRESSE NAMEN UND ADDRESSE	TRADEMARK OR TRADENAME MARQUE DE FABRIQUE - NOMS WARENZEICHEN - WORTMARKE
cont.from page 771	ROSKOPF,German -Fredrick SCHMID C.Leon WILLE,Eugen WILLE,Charles equally responsible partners was formed and the ROSKOPF PATENT WATCH was marketet until the year 1905. In the year 1872, due poor health G.F.Roskopf tranfered all business to M.Wille and Charles Leon Schmid, C.F.Roskopf + 1872. THe successors of the Georges - Fredrick Roskopf enterprise were: SCHMID,Charles Leon * 1843 +1884 WILLE, Eugen * 1843 +1918 WILLE ,Charles * 1837 +1896 Summary: From the very modest beginning of the ROSKOPF watchmaking enterprise the following factory locations were untilized, year 1891, main plant,manufacturing facilities, administration : Built 1891 V.Ch.Leon Schmid & Co S.A. rue Alix-Marie Paiget, La Chaux-de-Fonds,Switzerland. WILLE BROTHERS, Watch factory, rue du Temple Allemend, La Chaux-de-Fonds, Switzerland. Year 1904: SCHMID,Armand & Co.S.A.market watches under: ROSKOPF Vve.Ch.SCHMID Leon & Co. S.A. Year 1916 -1918 expansion watch manufacturing facilities to produce : 17'''/16'''/13'''/10 1/2''' 8 3/4''' and 7 3/4''' watch movemts. Special division AUTOMOBIL WA, marketed under the Name : NATIONAL WATCH. PW-WA-SUP-WHS-RET	ROSKOPF MARQUE ROSKOPF LEGITIMO DÉPOSÉE WILLE FRERES year 1894 K. ROSKOPF & CIE De JONGE FRANCOIS year 1926 Regist. Belgium W.F WILLE FRERES Sales office year 1927 ROSKOPF Vve CHs LÉON SCHMID & CIE
	SCHMID, LEON & CIE S5135 **MFC** **Chaux-de-Fonds** **10.05.1904** **WA-SMP**	
	SCHMID, LEON & CIE S8086 **MFC-COM** **Chaux-de-Fonds** **NIVEA** **12.04.1926** **WA-WP**	NIVEA

NOTE: R/T92

TRADEMARK OR TRADENAME MARQUE DE FABRIQUE - NOMS WARENZEICHEN - WORTMARKE	NAMES AND ADDRESS NOMS ET ADDRESSE NAMEN UND ADDRESSE	REMARKS OBSERV'TN BEMERKUNG
	SCHMIDT, RUDOLPHE S0267 MFC Neuchatel 05.11.1883 SUP WA-WP	
  N° 3106. N° 3107	SCHMID, RODOLPHE S1108 MFC Neuchatel 08.07.1890 WM-WC	
	SCHMID, RODOLPHE S2113 MFC Neuchatel NICKEL 12.07.1895 WA	
Bravery R. SCHMID & C[ie], Cassardes Watch C[o]	SCHMID, RODOLPHE S5307 MFC Neuchatel BRAVERY 08.10.1904 WA-JL-OR	
	SCHMID, RODOLPHE S6521 MFC-COM Neuchatel 29.05.1911 WA-WP	
R. Schmid & C[ie], fabrique de montres Cassardes (R. Schmid & C[ie], Cassardes Watch C[o]),	SCHMID, RODOLPHE S8640 MFC-COM Neuchatel CHROMIS 05.07.1927 WA-WP	
SCHMOLL,N. & FILS	SCHMOLL, N. & FILS S6408 MFC Bienne 12.01.1911 WD-DWB-WC-WM	
	SCHMOLL FRERES & CIE S8595 MFC-COM Bienne CENTROPA 14.06.1927 WA-WP-WP-PCL-IN	
	SCHUPFER, ARNOLD S1617 MFC Chaux-de-Fonds 25.06.1892 WC-DWB-WD-WM	

T92/L NOTE:

REMARKS OBSERV'TN BEMERKUNG	NAMES AND ADDRESS NOMS ET ADDRESSE NAMEN UND ADDRESSE	TRADEMARK OR TRADENAME MARQUE DE FABRIQUE - NOMS WARENZEICHEN - WORTMARKE
Refer page: 839 MAGNETA	SCHWEIZERISCHE MAGNETA A.-G. S8792 MFC Zoug MAGNETA 22.11.1927 ELECTRIC.CLOCKS,CENTRAL TIME CONTROL SYSTEMS	**Magneta** Schweizerische Magneta A.-G.,
	SCHWOB, ARMAND & FRERE S0219 MFC La Chaux-de-Fonds NEW TIME KEEPER 29.03.1883 WA-EB-SPE	
	SCHWOB, ARMAND & FRERE S1204 MFC La Chaux-de-Fonds - A S & F - 08.05.1891 WM-WC	
	SCHWOB, FRERES S0119 MFC La Chaux-de-Fonds - S F - 02.05.1881 WM-WC	
	SCHWOB FRERES S0120 MFC La Chaux-de-Fonds UNIVERSAL TIME KEEPER 02.05.1881 WM-WC	
	SCHWOB FRERES S0201 MFC La Chaux-de-Fonds ALPINE 13.11.1882 WM-WC	
	SCHWOB FRERES S1754 MFC Chaux-de-Fonds HERMOSA 19.04.1893 WC-DWB-WD-WM	
Refer page: 316 SCHABLONEN UHR	SCHWOB FRERES S3592 MFC Chaux-de-Fonds CHABLONEN WATCH 27.08.1900 WA-SMP	**CHABLONEN WATCH** SCHWOB & Cie, successeurs de SCHWOB-WEILL & FILS

NOTE: R/T92

TRADEMARK OR TRADENAME MARQUE DE FABRIQUE - NOMS WARENZEICHEN - WORTMARKE	NAMES AND ADDRESS NOMS ET ADDRESSE NAMEN UND ADDRESSE	REMARKS OBSERV'TN BEMERKUNG
	**SCHWOB FRERES** S0912 **MFC** **La Chaux-de-Fonds** MERIDEN WATCH 22.03.1889 **WM-WC**	
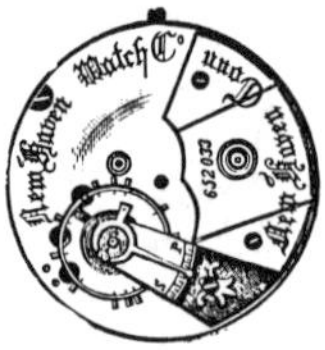	SCHWOB FRERES S0913 MFC La Chaux-de-Fonds NEW HAVEN WATCH 22.03.1889 WM-WC	
	SCHWOB - WEIL 'S0379 MFC La Chaux-de-Fonds MONOPOLE - P D A - 13.08.1885 WM-WC	
	SCHWOB - WEIL S1186 MFC La Chaux-de-Fonds BELLEVUE LOCLE 25.03.1891 WM	
	SCHOEFP & QUILLERET S0389 ME La Chaux-de-Fonds ATLANTIC REGULATOR 18.09.1885 WC-WM	
	SCHOECHLIN, WILLIAM S0130 MFC Biel 16.06.1881 WA-WP-PW	
OREXA	SCHORER, LOUIS S8037 MFC Chaux-de-Fonds OREXA 16.02.1926 WA-PC-SPC-RWP	
„SCHOWA"	SIBER, HEGNER & CO S8444 COM Zurich SCHOWA 06.01.1927 WA-WM-CE	

T92/L NOTE:

REMARKS OBSERV'TN BEMERKUNG	NAMES AND ADDRESS NOMS ET ADDRESSE NAMEN UND ADDRESSE	TRADEMARK OR TRADENAME MARQUE DE FABRIQUE - NOMS WARENZEICHEN - WORTMARKE
	SICHEL, LEON S0422 ME La Chaux-de-Fonds ANGLO AMERICAN WATCH CO. 15.03.1886 WM-WC	
Ref.page: 880	SIEMENS & HALSKE S. A. S6945 MFC Zurich ESHA 16.09.1912 EL-PLC-CLK	Esha Siemens & Halske S. A. Bureau Zurich,
	SIMON, BURGER & GRESSOT S1672 MFC Porrentruy VICTORIA 31.10.1892 WA-WP-WM-WC-WD	VICTORIA
	SOC. COLLECT. de F.A. LANGE S3571 COM Bienne ORANE 16.07.1900 COM	Orane SOCIÉTÉ COLLECTIVE F. A. LANGE (succursale de la maison de Schneeberg, Saxe)
See page 422 423 LANGE & SÖHNE (sons) LIT 130 134 169	SOC. d'HORLOG. de F.A. LANGE S6847 MFC-COM Langendorf LANGSTAR 13.04.1912 WA-WP	LANGSTAR
	SOC. d'HORLOGERIE S7811 MFC Langendorf MERCER 28.09.1925 WA-WP	MERCER Marque internationale N° 45123
	SOC. d'HORLOGERIE S8598 MFC Langendorf 30.05.1927 WA-WP	
	SOC. d'HORLOG. LA GENERALE S4178 MFC Bienne GENERAL 03.05.1902 WA-WC	GÉNÉRAL
	SOC. d'HORLOG. ELECTA S4620 MFC Chaux-de-Fonds AUREA 06.11.1902 WA-WP	AUREA Société d'horlogerie „Electa" (ancienne société d'horlogerie de Genève)

NOTE: LIT = Literature reference see page 906-918 R/T92
Literature voir la page 906-918
Literaturverzeichnis siehe Seite 906-918

TRADEMARK OR TRADENAME MARQUE DE FABRIQUE - NOMS WARENZEICHEN - WORTMARKE	NAMES AND ADDRESS NOMS ET ADDRESSE NAMEN UND ADDRESSE	REMARKS OBSERV'TN BEMERKUNG
MARQUE DE FABRIQUE	SOCIETE D'HORLOGERIE S0180 MFC Granges 14.06.1882 EB-WM-FIN	
ELIRA Société d'Horlogerie de Granges,	SOCIETE D'HORLOGERIE S6973 MFC Granges ELIRA 04.11.1912 WA-WP	
S÷M.	SOCIETE INDUSTRIELLE S0042 MFC Moutier / Grandval - S M - 01.11.1880 WM-EB-FIN-ME	
	SOC. d'HORLOG. LA GENERALE S8277 MFC Bienne 05.10.1926 M-SMP	
ORTA WATCH	SOC. d'HORLOG. LA GENERALE S6739 MFC-COM Bienne ORTA WATCH 23.12.1911 WA-WP	
PIUS X DECIMUS	SOC. d'HORLOGERIE de GRANGES S4968 MFC Granges PIUS DECIMUS 12.08.1903 WA-WM-WD-WC	
STE JdH B.	SOCIETE JURASSIENNE S0051 MFC Bern -Ste J d' H B - 03.11.1880 WA-WP-WM	
ROCONIS Société horlogère de Reconvilier (Reconvilier Watch C°),	SOCIETE HORLOGERE RECONVILIER S8638 MFC-COM Reconvilier ROCONIS 15.07.1927 WA-WP	
ACTIVA	SOC. d'HORLOG. MOUTIER S6185 MFC Moutier ACTIVA 27.05.1910 WC-DWB-WD-WM	

T92/L NOTE:

REMARKS OBSERV'TN BEMERKUNG	NAMES AND ADDRESS NOMS ET ADDRESSE NAMEN UND ADDRESSE	TRADEMARK OR TRADENAME MARQUE DE FABRIQUE - NOMS WARENZEICHEN - WORTMARKE
	SOC. d'HORLOG. de PORRENTRUY S6829 MFC Porrentruy GRAMMA 12.03.1912 WA-WP	GRAMMA
	SOC. INDUST. de MOUTIER S1842 MFC Moutier BELLONA 10.11.1893 WC-DWB-WD-WM	BELLONA.
	SOC. INDUST. de MOUTIER S8366 MFC-COM Moutier - S H R - 29.11.1926 WA-WP	S R
	SOCIETE SUISSE D'HORLOGERIE S0355 MFC Montilier SWISS WATCH COMPANY - M - 18.02.1885 WM-WC-DWB	Swiss Watch Co M
	SOCIETE SUISSE D'HORLOGERIE S1215 MFC Montilier "HERO " 20.06.1891 WM-WC	HERO
	SOCIETE SUISSE D'HORLOGERIE S2164 MFC Montilier AMSTEL 09.09.1895 WC-DWB-WM-WD	AMSTEL
	SOCIETE SUISSE S0411 MFC Montilier STOF 28.12.1885 WA-WP	STOP
	SOC. d'HORLOGERIE de SELZACH S1233 MFC Selzach TITUS - S - 15.07.1891 ND	S TITUS

NOTE: R/T92

TRADEMARK OR TRADENAME MARQUE DE FABRIQUE - NOMS WARENZEICHEN - WORTMARKE	NAMES AND ADDRESS NOMS ET ADDRESSE NAMEN UND ADDRESSE	REMARKS OBSERV'TN BEMERKUNG
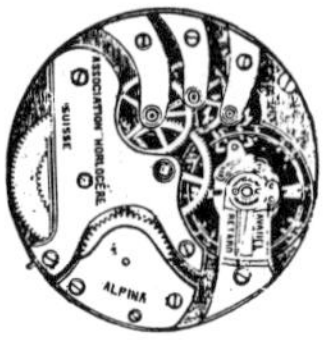 	SOCIETE SUISSE D'HORLOGERIE S2276 MFC Bienne 17.03.1896 WM-WC	
VELORA	SUISSE D'HORLOG. MONTILIER S2524 MFC Montilier VELORA 30.04.1897 WD-WM-WC	
SOLOR	SOCIETE SUISSE D'HORLOGERIE S6865 MFC Montilier 22.05.1912 WA-WP-WC-DWB-WM-WD	
Montilier	SOCIETE SUISSE D'HORLOGERIE S8748 MFC-COM Montilier 31.12.1927 WA-WP-WM-WC	
WEST END WATCH Co. XL SWISS MADE	SOCIETE des MONTRES WEST End S.A. Genf Swiss 101/10 WEST END WATCH Co., tradename. Regist.22.06.1938.MFC/Watches and Watch parts.	
D.A.&Co SWISS MADE	SOCIETE des MONTRES WEST END S.A. Swiss 102/10 DA & CIE - SWISS MADE,trademark. Registr. 03.06.1938. MFC/Watches and Watch parts.	
INDEX SWISS MADE D.A.& Co	SOCIETE des MONTRES WEST END Swiss 103/10 INDEX-SWISS MADE, tradename. Registered 03.06.1938.MFC/Watches and Watch parts.	
RAILWAY SERVICE W SWISS MADE	SOCIETE des MONTRES WEST END SA Swiss 104/10 RAILWAY SERVICE,tradename.Regist. 03.06.1938.MFC/Watches,Watch parts.	

T92/L NOTE:

REMARKS OBSERV'TN BEMERKUNG	NAMES AND ADDRESS NOMS ET ADDRESSE NAMEN UND ADDRESSE	TRADEMARK OR TRADENAME MARQUE DE FABRIQUE - NOMS WARENZEICHEN - WORTMARKE
	SOCIETE dės MONTRES WEST END SA Swiss 105/10 SILLIDAR, tradename.Registered 03.06.1938. MFC/Watches ,Watch parts.	Sillidar
	SOCIETE des MONTRES WEST END SA Swiss 114/10 ACME REGULATOR-SWISS MADE. Trademark registered 03.06.1938. MFC/ Clocks and Clock parts.	ACME REGULATOR SWISS MADE
	SOCIETE des MONTRES WEST END S.A. GENEVA 5,Boulevard du Theatre Swiss 281/10 THE A.1. REGULATOR,tradename registered 03.06.1938. Clocks and clock parts. WHS/RET.	THE A.1. REGULATOR SWISS MADE
	SOCIETE des MONTRES WEST END S.A. Swiss 282/10 WEST END WATCH co., trade-symbol registered 03.06.1938. Watches,watch parts.WHS/RET.	WEST END WATCH Co • SWISS MADE
	SOCIETE des MONTRES WEST END Swiss 281/10a MATCHLESS Regulator, tradename registered 03.06.1938. Clocks and clock parts. WHS/RET.	THE MATCHLESS REGULATOR SWISS MADE
	STAFFER FILS & CIE **S0069** **MFC** **La Chaux-de-Fonds** - S S & C - **27.11.1880** **WA-WP-WC**	SS&C
	STAUFFER, AUGUSTE-ROBERT **S0079** **MFC** **La Chaux-de-Fonds** - ARS & F - **21.12.1880** **WA**	ARS&F
	STAUFFER Les Ponts-de-Martel SWISS 241/3 Data refrence: Carriage clock maker year 1930.	STAUFFER

NOTE: R/T92

TRADEMARK OR TRADENAME MARQUE DE FABRIQUE - NOMS WARENZEICHEN - WORTMARKE	NAMES AND ADDRESS NOMS ET ADDRESSE NAMEN UND ADDRESSE	REMARKS OBSERV'TN BEMERKUNG
	STEINBRUNNER & VERNIER S1312 MFC La Chaux-de-Fonds 19.12.1891 WC-WM-DWB-WD-SPW	
	S1833 17.10.1893	
BRODKROPF S&F REGULATOR	STUDI & FILS S2732 MFC Chaux-de-Fonds BRODKOPF S&F REGULATOR 22.08.1898 WA-WP	
FESTINA	STUDI - Fils La Chaux de Fonds Swiss 280/10 Watch, watch parts manufact. FESTINA, registered trade - name for watch. MFC/WHS/RET AK04	
STOLZ, FRERES	STOLZ FRERES S7040 MFC Locle LCTUS 12.01.1912 WA-WP	
SOVEREIGN SOUVERAIN	SUPREMUS WATCH FACTORY S3505 MFC Chaux-de-Fonds SOVEREIGN SOUVERAIN 14.04.1900 WA-WP	
„CHRONOMÈTRE CIVIL"	TAVANNES WATCH CO. S2782 MFC Tavannes CHRONOMETRE CIVIL 18.11.1898 WA-WP	
CO	TAVANNES WATCH CO. S4714 MFC Tavannes - T W C - 29.01.1903 WA-WP	
TAVANNES WATCH Cº	TAVANNES WATCH CO. S5029 MFC Tavannes TAVANNES WATCH CO 03.10.1903 WA-WP	

T92/L NOTE:

REMARKS OBSERV'TN BEMERKUNG	NAMES AND ADDRESS NOMS ET ADDRESSE NAMEN UND ADDRESSE	TRADEMARK OR TRADENAME MARQUE DE FABRIQUE - NOMS WARENZEICHEN - WORTMARKE
	TAVANNES WATCH CO. Tavannes Swiss 206/10 AMYC, tradename. Registered 16.03.1933. MFC/Watches and Watch parts.	455923 AMYC
	TASCHENUHRFABRIK, Morat, Alois Neustadt-Baden Swiss 190/10a MFC/WHS/RET Pocket Watches and Watch Parts. Registered 01.02. 1911.	TF
	THEURILLAT, JULES S1295 MFC Porrentruy "HELVETIA VIVA" 21.11.1891 WM-WC-WD	HELVETIA VIVA
	THEURILLAT FRERES S3444 MFC Porrentruy ELSA 11.03.1900 WA-WP-SMP	ELSA
	THEURILLAT FRERES S6911 MFC Porrentruy ZUVERLAESSIG 10.07.1912 WA-WP	ZUVERLÆSSIG
	THE RODE WATCH CO. S5220 MFC Chaux-de-Fonds CHRONOSENTRY 08.07.1904 WA-SMP-JL-OR	CHRONOSENTRY R.W. CO RODE
	THE GENEVA NONMAGNETIC WATCH COMPANY LIMITED S0500 Geneva 13.01.1887 WM-WP	
	THIEBAUD FRERES S1202 MFC La Chaux-de-Fonds 01.05.1891 WM-WC-WD	THIEBAUD FRERES
	THIEBAUD FRERES S5103 MFC Chaux-de-Fonds TITRE FIXE 02.04.1904 WB-WC	TITRE-FIXE

NOTE: R/T92

TRADEMARK OR TRADENAME MARQUE DE FABRIQUE - NOMS WARENZEICHEN - WORTMARKE	NAMES AND ADDRESS NOMS ET ADDRESSE NAMEN UND ADDRESSE	REMARKS OBSERV'TN BEMERKUNG
JUNIE	TIECHE, EDOUARD S7680 MFC Bienne JUNIE 25.05.1925 WA-WP-CE-PCL	
THOMMEN S.A. *Waldenbourg*	THOMMEN S.A. S0526 MFC Waldenbourg-Switzerland Founded 1853 by Louis Tschopp and Gedeon Thommen,fabrication program of complete pocket watches.After few years operat. the small shop expanded 1870,by then Gedeon Thommen was the sole owner of the THOMMEN company. Year 1870 , 4000 pinlever and cylinder escapement watches produced. Thommen interduced hour number readout thru case cover window. Year 1890 13,000 watches sold. Some watches engraved: G.T.BRANDT.	LIT 109
cont.page 784	G.Thommen + 1890. - G T - Between 1891-1905,his son Alphonse Thommen, now general manager, registered the enterprise: THOMMEN A. as the administrative president, he held this position until the year 1932. The worldwide depression,year 1923 forced drastic curtailement of the watch production program.Thommen added a new line,manufacturing of precision instruments for industrielle application. Additional capital was needed. Dr.med.Roland Straumann,invested large sum of capital modernizing the entire plant. With the new up to date,automated watch manufacturing equipment in place, the new watch line : "REVUE" was very successful marketet. A satellite plant in Gelterkinden and Langenbruck -Switzerland- produced watch parts -EBAUCHE- system. Between the year 1936 - 1943 @ 200,000 watch units monthly produced, compared to 600 units monthly in the year 1905. The Thommen enterprise with a wide range of elaborate designed watches,from the common every day watch to aereonautic,navigator watches, as well luxery watches.	LIT 196

T92/L NOTE: LIT = Literature reference see page 906-918
Literature vois la page 906-918
Literaturverzeichnis siehe Seite 906-918

REMARKS OBSERV'TN BEMERKUNG	NAMES AND ADDRESS NOMS ET ADDRESSE NAMEN UND ADDRESSE	TRADEMARK OR TRADENAME MARQUE DE FABRIQUE - NOMS WARENZEICHEN - WORTMARKE
	In the year 1953 the: 100th ANNIVERSARY THOMMEN WATCH FACTORY-Waldenbourg- a very proud accomplishement of traditionally Swiss Watchmaking. -------- WA-WW-PW-Chrom-WHS-SUP	cont.from page 783
	THOMMEN, ALPH. S1818 **MFC** **Waldenburg** - G T - 21.09.1893 **WC-WM**	
	THOMMEN, G. S0012 **MFC** **Waldenburg** - G T - 01.11.1880 **RWP-GWC**	
	THOMMEN'S HOROLOG. ENTERPR. S6093 **MFC** **Waldenburg** **REVUE** 03.03.1910 **WA-WP**	**REVUE**
	THOMEN,Alphons Waldenburg Swiss 394/10 CYRUS,tradename. AK04.	
	THOMEN Swiss 397/10 SOLA,tradename. AK04.	
	PASSWANG Swiss Trademark GT SS	
	SAPHO WATCH Co. Genf Swiss 444/10 SAPHO WATCH CO.tradename.MFC/ WHS/RET/Watches, Watch parts. Regist.07.04.1930.France.	S A P H O

NOTE: R/T92

TRADEMARK OR TRADENAME MARQUE DE FABRIQUE - NOMS WARENZEICHEN - WORTMARKE	NAMES AND ADDRESS NOMS ET ADDRESSE NAMEN UND ADDRESSE	REMARKS OBSERV'TN BEMERKUNG
C E R T I N A KURTH FRERES S.A. GRENCHEN KF	CERTINA -KURTH FRERES S.A. S0536 MFC Grenchen,district Solothurn Bahnhofstrasse 9 Year 1888, Kurth Freres founded in Grenchen-Switzerland,watch manufacturing enterprise. Year 1945, CERTINA ,registered tradename. At the end of 1950, traditional mechanical wristwatch production declined. CERTINA changed to the DS, and later to quartz watches (over 100 models). Year 1970 analogue quartz watch. CERTINA market 4 different style pocket watches. Year 1990/91,a new line of "DS" watches in the traditional CERTINA style. CERTINA chronograph, fitted with water resistant case "DS3". For many years the CERTINA enterprise enjoyed a fair shear of the Swiss world export market. WW-PW-SUP-CHRONOGRAPH	LIT 109
C H E M I N DES T O U R E L L E S	CHEMIN des TOURELLES S0537 MFC Le Locle,district Neuchatel Founded in the year 1853.Under the name "TISSOT", year 1990/91 markets 27 models, selection from the common wristwatch to automatic chronograph watch. Export to the U.S.A. and United Kingdom (England) WW-PW-SUP-WHS	See page 786 T I S S O T

T92/L NOTE: LIT = Literature reference see page 906-918
Literature voir la page 906-918
Literaturverzeichnis siehe Seite 906-918

REMARKS OBSERV'TN BEMERKUNG	NAMES AND ADDRESS NOMS ET ADDRESSE NAMEN UND ADDRESSE	TRADEMARK OR TRADENAME MARQUE DE FABRIQUE - NOMS WARENZEICHEN - WORTMARKE
LIT 197 See page 626 CHEMIN des TOURELLES -TISSOT-	TISSOT & FILS S.A. S0527 MFC (sons) Le Locle, distr.Neuchatel In the year 1853,Charles-Felicien TISSOT in cooperation with his son Charles-Emilie founded in Le Locle watch manufacturing enterprise. Charles Tissot * 1860 + 1936, was the general manager of the Moscau/Russia sales office for sole export of Tissot watches. Due illness of Tissot sen. the return of Charles to Le Locle was eminent. Charles explored other European horological markets. Meanwhile Paul Tissot,son of Charles Tissot,born in Russia 1890, had to return to Le Locle for his education and training in the horological technology. Within the advancement in the Tissot enterprise, Paul Tissot became a member of board of directors of TISSOT & FILS S.A. Le Locle. TISSOT,Paul concentratet on the international marketing strategy to promote the "OMEGA" and "LAMANIA" watch products.Paul Tissot was also a member of the Swiss Watch General Assembly-Industry Association. EDOUARD-LOUIS TISSOT,president of the TISSOT enterprise died at the of 83. Under many honour Edouard Tissot was president of: "Federation Swiss Watch/Clockmaker" Deputy of the Swiss Chamber of Trade and Commerce until year 1935. WA-WW-PW-SUP-WHS	Tissot LE LOCLE TISSOT, CHARLES TISSOT, PAUL TISSOT & FILS S.A. LAMANIA TISSOT, EDOUARD - LOUIS
	TISSOT, CH. F. & FILS S1239 MFC Le Locle TISSOT Ch.F.& Co-Fils 20.07.1891 WM-WC-WD-DWB-CLK	CH.F.TISSOT & FILS
	TISSOT, CHARLES-ROBERT S1121 MFC La Chaux-de-Fonds "UNIQUE" 31.08.1890 WM-WC-WD	UNIQUE
	TISSOT, CHARLES EMILE S3813 MFC Locle TISSOT 02.05.1901 WA-WD-DWB	TISSOT

NOTE: LIT = Literature reference see page 906-918
Literature voir la page 906-918
Literaturverzeichnis siehe Seite 906-918

R/T92

TRADEMARK OR TRADENAME MARQUE DE FABRIQUE - NOMS WARENZEICHEN - WORTMARKE	NAMES AND ADDRESS NOMS ET ADDRESSE NAMEN UND ADDRESSE	REMARKS OBSERV'TN BEMERKUNG
TISSOT WATCH.	TISSOT Swiss 284/10 Tradesymbol, registered @ year 1900, watch, watch parts.WHS/RET.	
TISSOT WATCH Ch[s] TISSOT fils, successeur de Ch[s]-Emile Tissot	**TISSOT, CHARLES EMILE** **S6300** **MFC** **Locle** TISSOT WATCH **21.09.1910** **WA-WM-WC-WD**	
Tissot	**TISSOT, CHARLES EMILE** **S7741** **MFC-COM** **Locle** **03.08.1925** **M-WD-WC-WM-SPC**	
TM	TISSOT - T M - Swiss 88/14 MFC/WHS/RET/Watches,Watch parts, Watch cases.Regist. 24.06.1920,	
MARTEL	TISSOT Swiss 88/16 MARTEL, tradename. Registered 24.06.1920. MFC/WHS/RET Watches Watch parts, Watch cases.	
CH.TISSOT FILS LOCLE	TISSOT Swiss 88/18 CH.TISSOT FILS LOCLE,tradename. Registered 24.06.1920.MFC/WHS/RET/Watches,Watch parts,Watch cases.	
PRT	**TISSOT, PAUL ROBERT** **S0503** **MFC** **La Chaux-de-Fonds** - P R T - **29.01.1887** **SUP**	
MYOSOTIS NE M'OUBLIEZ PAS VERGISS MEIN NICHT Paul Turlin, successeur de G. Rosskopf & Cie,	**TURLIN, PAUL** **S6684** **MFC** **Chaux-de-Fonds** MYOSOTIS **26.10.1911** **WA-WP**	

T92/L NOTE:

REMARKS OBSERV'TN BEMERKUNG	NAMES AND ADDRESS NOMS ET ADDRESSE NAMEN UND ADDRESSE	TRADEMARK OR TRADENAME MARQUE DE FABRIQUE - NOMS WARENZEICHEN - WORTMARKE
	TRAMWAY WATCH CO. S8688 MFC-COM Chaux-de-Fonds TRAMWAY WATCH 26.09.1927 SMP	TRAMWAY WATCH
	UHRENFABRIQUE NORCO A. G. S7692 MFC-COM Bienne NORCO 20.06.1925 WA-WM-WC-WD-SMP	NORCO
	UHRENFABRIK LANGENDORF S6346 MFC Langendorf SILVETTA 05.12.1910 WA-WP-WM-WC-WD	SILVETTA
	UHLMANN, RODOLPHE S0406 MFC - ME La Chaux-de-Fonds LE PROGRES 09.12.1885 WA-OBSERV. CERTIF.	LE PROGRES CHAUX-DE-FONDS SUISSE BONA-FIDE
	ULLMANN, J. S1781 MR Chaux-de-Fonds 17.06.1893 WM-WC-DWB-WM-WD	TRADE MARK
Refer page: 798 ALPINA UNION HORLOGERE	UNION HORLOGERE, SCHWEIZ S5094 Bienne ALPINA 14.04.1904 WA-SMP	ALPINA
LIT 170	UNION HORLOGERE S6388 Bienne 21.10.1910 WA-WP	SUG „Alpina" S. U. G. „Elite" Cap Lilie
	UNION HORLOGERE S7636 MFC-COM Bienne 29.04.1925 WA-SMP-AC-PC	A Alpina Nº 58925 Nº 58926
	UNION HORLOGERE S8385 MFC Bienne ALEPH 24.12.1926 WA-SMP-WC-RWP-WP	ALEPH
	UNION CENTRALE des HORLOGERS S8507 *German: The good watch from the Zurich watchmaker 25.03.1927 WA-WP	* Die gute Uhr beim guten Uhrmacher, Union centrale des horlogers suisses (Zentralverband schweizerischer Uhrmacher),

R/T92

NOTE: LIT = Literature reference see page 906-918
Literature voir la page 906-918
Literaturverzeichnis siehe Seite 906-918

TRADEMARK OR TRADENAME MARQUE DE FABRIQUE - NOMS WARENZEICHEN - WORTMARKE	NAMES AND ADDRESS NOMS ET ADDRESSE NAMEN UND ADDRESSE	REMARKS OBSERV'TN BEMERKUNG
URANIUM	URANIA WATCH CO. S6824 MFC Bienne / Heutte URANIUM 18.03.1912 WA-SMP-EM-CE	
URANIA Urania Watch Co., Goschler & Co.,	URANIA WATCH CO. S7652 MFC-COM Bienne / Heutte 07.05.1925 WA-WP	
	UHRENFABRIK RHEINFELDEN A.G. RHEINFELDEN Swiss 85/10 Registered 29.06.1932. Clocks/ Clock cases and parts.MFC/WHS/RET	
VACHERON GENÈVE	VACHERON & CONSTANTIN S0071 MFC Geneva VACHERON & CONSTANTIN 03.12.1880 WM-WC	
	VACHERON & CONSTANTIN S0285 MFC Geneva 19.02.1884 WM-WC-SUP	
★ ★ VACHERON ★ ★	VACHERON & CONSTANTIN S.A. S0741 MFC Granges VACHERON 23.01.1888 WA-WM-WC-WP	
Le Rolland	VACHERON & CONSTANTIN S1996 MFC Geneva - LE ROLLAND - 19.10.1894 WM-WD-WC	
V& C	VACHERON & CONSTANTIN S5003 MFC Geneva - V & C - 07.09.1903 WM-WD-WC	
* Vereinigte Uhrenfabriken « Alpina » A. G. (« Alpina » fabriques d'horlogerie réunies) S. A.A),	VACHERON & CONSTANTIN S8586 MFC Geneva * German: United Horological 14.04.1927 enterprise "ALPINA A.G." WA-WP	Refer page 798 ALPINA

T92/L NOTE:

REMARKS OBSERV'TN BEMERKUNG	NAMES AND ADDRESS NOMS ET ADDRESSE NAMEN UND ADDRESSE	TRADEMARK OR TRADENAME MARQUE DE FABRIQUE - NOMS WARENZEICHEN - WORTMARKE
	VACHERON & CONSTANTIN La Chaux de Fonds Swiss 457/10 - V & C - Trademark.MFC/WHS/RET Watches. HE	VACHERON & CONSTANTIN *V. & C.*
	VACHERON & CONSTANTIN La Chaux de Fonds VACHERON CONSTANTIN Swiss 285/10 Tradesymbol registered @ 1920. Watches,watch parts WHS /RET	VACHERON & CONSTANTIN
	VACHERON & CONSTANTIN Swiss 459/10 HORSE SHOE,tradename.Watches, MFC/WHS/RET. HE	HORSE SHOE
	VACHERON & CONSTANTIN Genf Swiss 402/10 Trademark.Watches,MFC/WHS/RET. HE	VACHERON & CONSTANTIN
	VEREINIGTE UHRENFAB. ALPINE S8564 **MFC-COM** **Bienne** ***RETTY** **14.04.1927** **WA-SMP-WD-WC-WP**	
	VOGT, R. & CIE S3938 **MFC** **Bienne** **20.07.1901** **WM-WC-WD**	V
	VOGT, R. & CIE S6536 **MFC** **Bienne** **VOGT** **23.06.1911** **WA-WP**	VOGT V
	VOGT, R. & CIE S8794 **MFC-COM** **Bienne** **VOGT** **03.12.1927** **WA-WP**	VOGT
	VOGT R. & Co. Horological Manufacturer Biel Swiss 298/10 FREJA tradename. Registered 25.02.1928. No. 66618. Watches,watch parts, dials.	FREJA

NOTE: R/T92

TRADEMARK OR TRADENAME MARQUE DE FABRIQUE - NOMS WARENZEICHEN - WORTMARKE	NAMES AND ADDRESS NOMS ET ADDRESSE NAMEN UND ADDRESSE	REMARKS OBSERV'TN BEMERKUNG
DEPOSÉ COUCOU	VOIROL FRERES S1302 MFC Biel -DEPOSÉ COUCOU - 08.12.1891 WA-WM-WC-WD	
OTHELLO	VOIROL FRERES S2730 MFC Bienne -OTHELLO- 05.08.1898 WA-WM-WC-WD	
CARA	VOLAND, W. & CO S4701 MFC Bienne CARA 14.01.1903 WM-WC-WD-DWB	
VUILLE, ALBERT	VUILLE, ALBERT S0535 MFC La Chaux-de-Fonds 05.03.1887 WM-WC	
HEROÏNE	VUILLE & CIE. S2609 MFC Tramelan / Dessous HEROINE 26.11.1897 WC-WM-WD	
LUCIANA	VUILLE, C.-A. S1864 MR Chaux-de-Fonds LUCIANA 10.01.1894 WC-DWB-WD-WM	
PVP	VUILLE Paul,-PERRET Chaux de Fonds Swiss 404/10 Trademark. AK04.	
MARQUE DÉPOSÉE CA V	VUILLEUMIER, CHS-ATE S0409 MFC Tramelan / Dessous - CA V - 18.12.1885 WA	
PERFECTION MARQUE DÉPOSÉE W&D	WEBER & DUBOIS S1667 MFC Chaux-de-Fonds PERFECTION / -W & D - 14.10.1892 WC-DWB-WD-WM	

T92/L NOTE:

REMARKS OBSERV'TN BEMERKUNG	NAMES AND ADDRESS NOMS ET ADDRESSE NAMEN UND ADDRESSE	TRADEMARK OR TRADENAME MARQUE DE FABRIQUE - NOMS WARENZEICHEN - WORTMARKE
	WEBER & DUBOIS S3523 MFC Chaux-de-Fonds SAMSON / -E F 14.04.1900 WA-WP-SMP	
	WEBER & DUBOIS S5212 MFC Chaux-de-Fonds - TRIUMPF - F F - 28.06.1904 WA-WP	
	WEBER, ARNOLD S2141 MFC Chaux-de-Fonds IDELLE JUPITER 12.08.1895 WA-WP	
	WEIL & CIE S1195 MFC La Chaux-de-Fonds - W H C - 27.04.1891 WM-WC-WD	
	WEILL & CIE S3501 MFC Chaux-de-Fonds THE SCOUT 06.04.1900 WA-WP	
	WEILL & CIE S6603 MFC Chaux-de-Fonds APEX 28.08.1911 WA-WP-SMP	APEX
	WEILL & HARBURG S0697 MFC - ME La Chaux-de-Fonds - W H C - 14.10.1887 WM-WC	
	WEILL & CO. S8565 MFC Chaux-de-Fonds THE PRETTY 16.04.1927 SUP	THE PRETTY
	WEST END WATCH CIE. S1849 MFC St. Imier POPULAR WATCHES 22.11.1893 WC-WD-WM	

NOTE: R/T92

TRADEMARK OR TRADENAME MARQUE DE FABRIQUE - NOMS WARENZEICHEN - WORTMARKE	NAMES AND ADDRESS NOMS ET ADDRESSE NAMEN UND ADDRESSE	REMARKS OBSERV'TN BEMERKUNG
	WEST END WATCH CO. S2654 MR St. Imier ACME REGULATOR 25.02.1898 WA-WC-DWB-WD-WM	
	WEST END WATCH CIE. S3588 MR St. Imier 18.08.1900 WC-DWB-WD-WM	
	WEST END WATCH CIE., S4817 MR St. Imier 17.04.1903 WA-WC-DWB-WD-WM	
	WEST END WATCH CO. S6354 COM Geneva BURMA WATCH 16.12.1910 WA-WP	
CHRONOLEVER	WEST END WATCH CO. S8734 MFC-COM Geneva CHRONOLEVER 07.12.1927 WA-WP	
	WIEDERRECHT, OTTO S1230 MFC La Chaux-de-Fonds "FORWARDS" 11.07.1891 WM-WC-WD	
	WIEDERRECHT, OTTO S1956 MFC Chaux-de-Fonds - P D A - 02.07.1894 WA-WP	
	WIGET, OSCAR S1813 MFC Chaux-de-Fonds VALIENTE / - OSCAR WIGET - 06.09.1893 WC-DWB-WD-WM	
	WILLE & CIE. S2525 MFC Chaux-de-Fonds ROSKOPF 03.05.1897 WC-WM-WD	Refer page 761 ROSKOPF

T92/L NOTE:

REMARKS OBSERV'TN BEMERKUNG	NAMES AND ADDRESS NOMS ET ADDRESSE NAMEN UND ADDRESSE	TRADEMARK OR TRADENAME MARQUE DE FABRIQUE - NOMS WARENZEICHEN - WORTMARKE
Ref.page: 761 ROSKOPF	WILLE & Co. S0508 Successors of ROSKOPF MFC La Chaux-de-Fonds WM-WC-SUP NOTE: Facsimil of postcard WILLE & Co.	ROSKOPF PATENT N° 6269 Fabrique d'Horlogerie Wille & Cie Successeurs de ROSKOPF Chaux-de-Fonds. Carte Postale
	WILLIG-HUMBERT, N. S2503 MFC Soleure HERO 20.03.1897 WC-WM-WD	HERO
	WILLIAMSON, H. LIMITED S3682 MFC Chaux-de-Fonds RAILWAY WATCH 29.01.1901 WA-WP	RAILWAY WATCH
	WILLIAMSON, H. LTD. S7521 MFC Buren / Aar HITAKA 26.01.1925 WA-WP	
	WILLIAMSON, H. LIMITED S8466 MFC-COM Büren Büren Watch Co. RIVAL 24.02.1927 WA-WP	RIVAL H. Williamson Ltd. Büren Watch C°,
	WILSDORF, HANS S8179 COM Bienne OYSTER 29.07.1926 WA-WC-WD-SMP	OYSTER
	WITTNAUER & CIE S3860 MFC Geneva WITTNAUER 29.05.1901 SUP-SUPP	„WITTNAUER" WITTNAUER & C°
	WITTNAUER & CIE S7890 MFC-COM Geneva MONOPOL 30.12.1925 WA-WC-SMP-ACL	"MONOPOL„
	WITTNAUER & CIE. S2697 MR Geneva WITTNAUER & Co 23.05.1898 JL-WP-WET-JT	WITTNAUER & Co. Genève

NOTE: R/T92

TRADEMARK OR TRADENAME MARQUE DE FABRIQUE - NOMS WARENZEICHEN - WORTMARKE	NAMES AND ADDRESS NOMS ET ADDRESSE NAMEN UND ADDRESSE	REMARKS OBSERV'TN BEMERKUNG
„MAJESTIC"	WITTNAUER & CIE S8438 COM Geneva MAJESTIC 06.01.1927 WA-WP-SMP	
CAHENETTE	WOOG, MAURICE S2725 MFC Chaux-de-Fonds CAHENETTE 23.07.1898 WA-WP	
W.G.	WOOG, MAURICE, & GRUMBACH S0627 MFC La Chaux-de-Fonds - W G - 23.06.1887 WM-DWB	
LOMOGO	WOOG, MAURICE S6257 MFC Chaux-de-Fonds LOMOGO 28.07.1910 WA-WP	
LW	WULLIMAN, LEO S3723 MFC Granges - L W - 21.02.1901 WC-WM	
F W R	WUILLEUMIER, F. S0353 MFC Renan - F W R - 04.02.1885 WM-WC-PM	
	WUILLEUMIER, A. S0719 MFC La Chaux-de-Fonds 08.12.1887 WM-WC	
WYLER, PAUL & CIE.	WYLER, PAUL ET CIE. S7628 COM Bale AEGIS 21.04.1925 PC-SMP	
MOWY	WYLER, PAUL & CIE S8623 MFC Bale MOWY 14.07.1927 WA-WP-SMP	

T92/L NOTE:

REMARKS OBSERV'TN BEMERKUNG	NAMES AND ADDRESS NOMS ET ADDRESSE NAMEN UND ADDRESSE	TRADEMARK OR TRADENAME MARQUE DE FABRIQUE - NOMS WARENZEICHEN - WORTMARKE
See page 669 670 ZENITH LIT 185	ZENITH, FABIQUES des MONTRES S.A. (Watch Factory) Le Locle Swiss 286/10 In the year 1865 , George Favre-Jacot , * 1843 + 1917 founded and registered the : ZENITH enterprise,manufacturing,research for precision clocks,watches, marin chronometer, horological instruments.Clocks for observatory application, marine and standard time keeping.Pocket and wrist - watches made in Switzerland, and a general line of watches was produced in the satellite plant in Pforzheim / Germany. Very little is known between 1933 - 1945.After a comeback to the world market,the ZENITH Watch Co. was sold 1971 to a Radio Station in Chicago U.S.A. No other data on file.	„ZENITH" ZENITH
	FAVRE - JACOT, Georges S0522 MFC Le Locle , district Neuchatel Switzerland Horogist Georges Favre-Jacot* 1843 +1943! founder of the ZENITH WATCH FACTORY S.A. Le Locle. Georges Favre -Jacot undertook watchmaker apprentice project training to apprentices to do "finish pivot" work. The enterprise operated under the name "BILLODES" and "ZENITH" mainly in the clockmaking trade. CLK-WC- "NEUCHATEL" desk and mantle clocks.	BILLODES
	ZENTLER Freres Geneva SWISS 203/3 ZENTLER F'RES GENEVA, tradename. Alarm travel clock-carriage clock maker.Data reference year 1850.	ZENTLER
	ZUMKEHR-MONTANDON, TH. S2286 **MFC** **Chaux-de-Fonds** CITADELLE **04.04.1896** **WA-WC-DWB-WD-WM**	

NOTE: LIT = Literature reference see page 906-918 R/T92
Literature voir la page 906-918
Literaturverzeichnis siehe Seite 906-918

TRADEMARK OR TRADENAME MARQUE DE FABRIQUE - NOMS WARENZEICHEN - WORTMARKE	NAMES AND ADDRESS NOMS ET ADDRESSE NAMEN UND ADDRESSE	REMARKS OBSERV'TN BEMERKUNG
LION'S STANDARD	**BLANCPAIN, E. S1724** **MFC** **Villeret** **LION'S STANDARD** **10.02.1893** **PW**	Refer page: 574 575 BLANCPAIN
LA PRECIEUSE	**BLANCPAIN, E. S1992** **MFC** **Villeret** **LA PRECIEUSE** **01.10.1894** **PW-WC-WM-DWB-WD**	
LA CONQUERANTE	**BLANCPAIN, E. FILS S2117** **MFC** **Villeret** **LA CONQUERANTE** **19.07.1895** **PW**	
LUX	BLANCPAIN, E.FILS S0543 MFC Villeret LUX PW-WP	
EBFW	**BLANCPAIN, E. FILS S2436** **MFC** **Villeret** **- E B F W -** **14.01.1897** **PW**	
MASEL	**BLANCPAIN, E. FILS S3240** **MFC** **Villeret** **MASEL** **14.06.1899** **PW**	
BLANCPAIN NB	BLANCPAIN E.FILS S0544 MFC Villeret TRUENA 24.03.1900 L'ETOILE d'OR 30.06.1902 L'ETOILE d'ROUGE 30.06.1902 CABANE's WATCH 11.08.1903 LUX 17.03.1916 BLANCPAIN 16.05.1922 BONVIL 14.10.1926 BLANVIL " BRUNVIL " DIXVIL " JAR PROOF 02.09.1926	Refer page: 574 575 BLANCPAIN

T92/L NOTE:

REMARKS OBSERV'TN BEMERKUNG	NAMES AND ADDRESS NOMS ET ADDRESSE NAMEN UND ADDRESSE	TRADEMARK OR TRADENAME MARQUE DE FABRIQUE - NOMS WARENZEICHEN - WORTMARKE
	ALPINA UNION HORLOGERE S.A.S0547 COM Cooperative of SWISS WATCH MANUFACTURER to consolidate the procurement/wholesale/high grade first quality watch/clock parts watches and clock movements. Year:	ALPINA UNION HORLOGERE
	1883 Gottlieb Hauser founded in Biel/ Bienne the	HAUSER, GOTTLIEB
See page 625 UNION HORLOGERE	ALPINA UNION HORLOGERIE S.A. 1866 Organized under the name: *[1] SCHWEIZERISHE UHRMACHER GENOSSENSCHAFT - SUG - * Swiss Watschmaker Coopera-tive, called - SUG - Under this umbrella organ. watch/clock manufacturer and watch/clock retailer:	-[1]S [2]U [3]G - [1]SCHWEIZERISCHE (German) [2]UHRMACHER [3]GENOSSENSCHAFT
	AEGLER / ROLEX CERTINA	
LIT 170	→ GRUEN - BIEL → GRUEN - U.S.A. HUGEUENIN - SWISS HAMILTON - U.S.A. STRAUB - BIEL	
	1890 Administration and warehouse in Biel 1899 Gottlieb HAUSER Gen.manager 1899 Berlin / Germany Emil Rothmann, director.	ALPINA
LIT 130 134 169	1905 Glashütte/Saxonia/Germany UNION HORLOGERE, BIEL/SUISSE GLASHÜTTE/GERMANY and GENEVA. 1905 The branch Cooperativ : VEREINIGTE SCHWEIZER UHRENFABRIKANTEN * * United Swiss Watch/Clock manufacturer,with about -20-member enterprises.	UNION HORLOGÈRE. SCHWEIZ. UHREN-MACHERGENOSSENSCHAFT ASSOCIATION HORLOGÈRE SUISSE Registered year 1906 VEREINIGTE (German) SCHWEIZER UHRENFABRIKANTEN
	1906 Inauguration of the : "ALPINA UNION HORLOGERE". New manufacturing plant,JACOB STRAUSS, plant manager. 1908 25th ANNIVERSARY of ALPINA HORLOGERE.	ALPINA UNION HORLOGERE
	1916 Satellite company : METEORE S.A. Interupted due World War I, changed to Stockholder Corp. UNION HORLOGERE S.A.BIEL,and in Germany : ALPINA DEUTSCHE UHRMACHER-GENOSSENSCHAFT e.G.m.b.H. BERLIN.* *[4] Alpina [5]German [6]Watchmaker / Clockmaker [7]Cooperative with	[4]ALPINA [5]DEUTSCHE [6]UHRMACHER (German) [7]GENOSSENSCHAFT cont.page 799

NOTE: LIT = Literature reference see page 906-918
Literature vois la page 906-918
Literaturverzeichnis siehe Seite 906-918

R/T92

TRADEMARK OR TRADENAME MARQUE DE FABRIQUE - NOMS WARENZEICHEN - WORTMARKE	NAMES AND ADDRESS NOMS ET ADDRESSE NAMEN UND ADDRESSE	REMARKS OBSERV'TN BEMERKUNG
cont.from page 798 ALPINA GRUEN GILDE UHREN DUGENA DAS KENNWORT GUTER UHREN **Alpina, Deutsche Uhrmacher-Genossenschaft, e. G. m. b. H.** BERLIN (Allemagne) Registered year 1925 MONTANA UHREN **Vereinigte Uhrenfabriken «Alpina» A. G. («Alpina» fabriques d'horlogerie réunies) S. A.A),** Registered year 1927	limited liability,(e.GmbH). 1933 ALPINA GRUEN GILDE UHREN A.G. 1935 Due the Third Reich- Germany-restrictions,Alpina Gruen Gilde-Uhren A.G. dissolved. 1939: World War II, no inforamtion 1945: available. 1946 Name change,and the location changed to Darmstadt/Germany. * DUGENA - Deutsche Uhrmacher -Genossenschaft DUGENA -German Horologist Cooperative . 1972 Changed to: ALPINA WATCH INTERNATIONAL A.G. / S.A. Biel / Suisse General agent for Germany: Gerl-Dohrmann & Layer, Colonge. 1977 General Agent for Germany: MONTANA UHREN A.G. KOLN. (Colonge) 1992: No other data available. UNION HORLOGERE,United Swiss & Glasheutter(Germany) Watch MFC. Biel and Genf Swiss 401/10 ALPINA-S.U.G.-ELITE-CAP-LILIE-Tradname. AK04. Worldwide marketing organization to promote and sell, watches/clocks made by the cooperative members. The concerted effort, coordinatd promotion under the RED TRIANGLE was very effective, beginning with the: ALPINA UNION HORLEGERIE S.A. ---------	

T92/L NOTE:

REMARKS OBSERV'TN BEMERKUNG	NAMES AND ADDRESS NOMS ET ADDRESSE NAMEN UND ADDRESSE	TRADEMARK OR TRADENAME MARQUE DE FABRIQUE - NOMS WARENZEICHEN - WORTMARKE

NOTE: Swiss - spare page

R/T92

TRADEMARK OR TRADENAME MARQUE DE FABRIQUE - NOMS WARENZEICHEN - WORTMARKE	NAMES AND ADDRESS NOMS ET ADDRESSE NAMEN UND ADDRESSE	REMARKS OBSERV'TN BEMERKUNG

T92/L NOTE: Swiss - spare page

REMARKS OBSERV'TN BEMERKUNG	NAMES AND ADDRESS NOMS ET ADDRESSE NAMEN UND ADDRESSE	TRADEMARK OR TRADENAME MARQUE DE FABRIQUE - NOMS WARENZEICHEN - WORTMARKE

NOTE: Swiss - spare page

R/T92

CHAPTER VII
THE EBAUCHE SYSTEM

In the year 1927, Swiss watch manufacturers established the name and logo of *ETA SA Fabriques d'Ebauches, Service des Fournitures*," the EBAUCHE organization. This organization is a holding company whose policy is to serve and control Swiss horological industry and trade by producing unfinished, economical, interchangeable watch parts. The main administration office is in Neuchatel.

The raw steel and brass parts are manufactured in special workshops, then the ébauche part is finished in the finishing shop. The modern ébauche is a jewelled or non-jewelled watch movement, without the regulating components, mainspring, dial and hands.

In 1948, the Ebauche S.A. issued the "Technological Dictionary of Watch Parts" followed by the generally revised, reorganized and illustrated, eight language "Horological Dictionary," which was supplemented with a six language dictionary in the year 1988.

Early Genevese watchmakers called the ébauche "le blank" (the unfinished blank part of a watch). Until 1850, the ébauche consisted only of the bottom plate, bars, fusee and barrell. During the early part of the 19th century, the ébauche was made up of two plates with pillars and bars, the barrel, fusee, index, click and ratchet wheel and some assembling screws.

CHAPITRE VII
ETA SA FABRIQUES D'EBAUCHES

EBAUCHES S.A. Societe holding de l'industrie Suisse des ebauches. Sieg a Neuchatel. Commence son active le 1èr Janvier 1927.

EBAUCHE - Mouvement de montre incomplet. Les anciennes ébauches, jusque ver 1850 ne comportaient que la platine, les ponts, la fusée et barillet. les anciens horlogers genevois appelaint l'ébauche: lé blanc.

Au début du 19è siècle, l'ébauche était composée de deux platines aves piliers et ponts, du barillet, de la fusée, de la raquette, du cliquet et de la roue de'encliquetage et de quelques vis d'assemblage. Le tout était grossièrement travaillé à la lime et à la fraise. Les pieces d'acier et laiton se fabriquaient dans des ateliers spéciaux. L'ébauche se terminait ensuite dans le comptoir d'établissage. L'ébauche moderne est un movement de montre, empierréou non, mais sans parties réglantes, ni ressort moteur, ni cardan, ni aiguilles.

ETA SA Fabriques d'Ebauches
Service des Fournitures
Casa postale 560
Ch - 2001 Neuchatel/Suisse

EBAUCHE *

Im Jahre 1927 die Schweizer Uhrenfabrikanten gründeten eine Intressengemeinschaft unter den Namen und Warenzeichen: ETA SA Fabriques d'Ebauches, Service des Fournitures, mit Sitz in Neuchatel Katon Neuchatel, Schweizer Jura, die EBAUCHE A.G., eine Holdingesellschaft der Schweizer Rohwerkindustrie.

Zweck der Gesellschaft ist, die Schweizer Uhrenindustrie mit rationell hergestellten, genormten auswechselbaren halbfertigen Rohwerkteile für Uhren herzustellen.

In den Anfangszeiten der Uhrmacherkunst alte Genfer Uhrmacher nannten das unvoll Uhrwerk: -Rohwerk-, ständige bis zum Jahre 1850 bestehend aus Bruecke, Werkplatte, Federhaus, und ständige Schnecke. Zu beginn des IXI Jahrhunderts bestand das Rohwerk aus 2 Werkplatinen mit Pfeilern und Brücken, dem Federhaus, der Schnecke, dem Rücker, der Sperre, dem Klinkenrad und einigen Schrauben.

Stahl und Messingteil wurden in Spezial Zubringerwerkstätten hergestellt und der EBAUCHE Uhrteil: le blanc (französisch), in sogenanten Etablissage-Betrieben als Fertigteil-Einbauteil bearbeitet. Heutzutage versteht man unter dem EBAUCHE Uhrwerk, ein Uhrwerk mit oder ohne Steine, aber ohne regulierde Teile, ohne Zugfeder, Zifferblatt und Zeiger.

Die EBAUCHE Organisation veröffentlichte im Jahre 1948 ein Handbuch "Technisches Wörterbuch für Uhrenteile." Im Jahre 1976 wurde ein völling neu bearbeitete Ausgabe: Wörterbuch der Uhrenindustrie" in acht Sprachen verfasst herausgegeben. Der 1976 Ausgabe folgte eine Ergänzungsausgabe im Jahre 1988.■

*LIT 127 -- Page 919

Signes distinctifs Symbols Signo distintivo Kennzeichen	Marques Brands Marcas Marken	Noms et adresses Names and addresses Nombres y direcciones Namen und Adressen
	ACVATIC	Fabriques Movado **La Chaux-de-Fonds** (Suisse)
F M F	**ADRIA**	Montilier Watch Co. S. A. **Montilier** (Suisse)
	ALPINA	Alpina Union Horlogère S. A. **Bienne** (Suisse)
		Straub & Co. Ltd. **Bienne** (Suisse)
A-R	**ALPROSA**	Manufacture d'Horlogerie Enicar S. A. **Longeau** près Bienne (Suisse)
SF	**ANGELUS**	Stolz Frères S. A., Fabrique Angélus **Le Locle** (Suisse)
	ARGUS	Phénix Watch Co. S. A. Société Horlogère de Porrentruy **Porrentruy** (Suisse)
RF V	**ARIANA**	Fabrique d'Horlogerie Minerva S. A. **Villeret** (Suisse)
	ATIMA	Buren Watch Company S. A. **Buren s/A.** (Suisse)
SR	**ATOX**	Société Horlogère Reconvilier **Reconvilier** (Suisse)
AP	**AUDEMARS, PIGUET&Co.**	Audemars, Piguet & Co. S. A. **Brassus & Genève** (Suisse)

Noms et adresses	Marques	Signes distinctifs
Rayville Watch Mfg. Co. Ltd. **Villeret** (Suisse)	**BLANCPAIN**	R
Manufacture de Montres Bulla Emile Juillard S. A. **Porrentruy** (Suisse)	**BULLA**	EJ
Buren Watch Company S. A. **Buren s/A.** (Suisse)	**BUREN** **VAN BUREN**	
Fabriques Movado **La Chaux-de-Fonds** (Suisse)	**CALENDERMETO** **CALENDETTE** **CALENDOGRAF**	
Kurth Frères S. A. **Grenchen** (Suisse)	**CERTINA**	KF
Liengme & Co. S. A. **Cormoret** (Suisse)	**CERTO**	LCo
Chs. Tissot & Fils S. A. **Le Locle** (Suisse)	**CHS. TISSOT & FILS**	
Manufacture d'Horlogerie Enicar S. A. **Longeau** près Bienne (Suisse)	**CHROMICAR**	A-R
Stolz Frères S. A., Fabrique Angélus **Le Locle** (Suisse)	**CHRONODATO**	SF
Fabrique des Montres Moeris F. Moeri S. A. **St-Imier** (Suisse)	**CIVITAS**	FM
Vulcain et Volta, Ditisheim & Co. **La Chaux-de-Fonds** (Suisse)	**CODEX**	
Excelsior Park, Les Fils de Jeanneret-Brehm **St-Imier** (Suisse)	**COLOMBE**	JB
Vulcain et Volta, Ditisheim & Co. **La Chaux-de-Fonds** (Suisse)	**COLOMBO**	
Cortébert Watch Co., Juillard & Co. **Cortébert** (Suisse)	**CORTEBERT**	Cort

Fabricant	Marque	Poinçon	Poinçon	Marque	Fabricant
Recta Manufacture d'Horlogerie S. A. **Bienne** (Suisse)	**FINA**	MV		**COURSIER**	Vulcain et Volta, Ditisheim & Co. **La Chaux-de-Fonds** (Suisse)
Buser Frères & Co. S. A. **Niederdorf** (Suisse)	**FRENCA**	B	WCo	**COURT WATCH CO.**	Court Watch Co. S. A. Manufacture d'Horlogerie **Court J. B.** (Suisse)
Liengme & Co. S. A. **Cormoret** (Suisse)	**GALA**	LCo	C	**CULMINA**	Culmina S. A., Manufacture d'Horlogerie **Grenchen** (Suisse)
Geneva Sport Watch Ltd. **Genève** (Suisse)	**GENEVA SPORT** **GENEVASPORT** GENEVA SPORT WATCH	GSW		**CYMA**	Cyma Watch Co. S. A. **La Chaux-de-Fonds** (Suisse)
Kurth Frères S. A. **Grenchen** (Suisse)	**GRANA**	KF	BTC	**DAMAS**	Béguelin & Co. S. A. **Tramelan** (Suisse)
Manufacture d'Horlogerie Otto Maire S. A. **Longeau** près Bienne (Suisse)	**HIALEAH**	O.M.	SFi	**DATOGRAPHE** **DATOLUXE**	Stolz Frères S. A., Fabrique Angélus **Le Locle** (Suisse)
Manufacture d'Horlogerie Schild & Co. S. A **La Chaux-de-Fonds** (Suisse)	**HEBDOMAS**		e	**ELECTION**	Nouvelle Fabrique Election S. A. **La Chaux-de-Fonds** (Suisse)
Montres Helvetia General Watch Co. S. A. **Bienne** (Suisse)	**HELVETIA**	H	A-R	**ENICAR**	Manufacture d'Horlogerie Enicar S. A. **Longeau** près Bienne (Suisse)
Société Horlogère Reconvilier **Reconvilier** (Suisse)	**HERCULES**	SR		**ERMETO**	Fabriques Movado **La Chaux-de-Fonds** (Suisse)
Liengme & Co. S. A. **Cormoret** (Suisse)	**HERLIS**	LCo		**EROS**	Phénix Watch Co. S. A. Société Horlogère de Porrentruy **Porrentruy** (Suisse)
Fabrique d'Horlogerie Minerva S. A. **Villeret** (Suisse)	**HERTA**		B	**ESTA**	Buser Frères & Co. S. A. **Niederdorf** (Suisse)
E. Homberger-Rauschenbach ci-devant International Watch Co. **Schaffhouse** (Suisse)	INTERNATIONAL WATCH I. W. C.	IWC	JB	**EXCELSIOR** **EXCELSIOR PARK**	Excelsior Park, Les Fils de Jeanneret-Brehm **St-Imier** (Suisse)
Jaeger-Le Coultre S. A. **Genève** (Suisse)	JAEGER-LE COULTRE			**FAVERGES**	Fabrique d'Horlogerie Minerva S. A. **Villeret** (Suisse)
Cortébert Watch Co., Juillard & Co. **Cortébert** (Suisse)	**JUPITER**	Cort	MF	**MARC FAVRE**	Marc Favre & Co. S. A. **Bienne** (Suisse)

	LANCIA	Vulcain et Volta, Ditisheim & Co. **La Chaux-de-Fonds** (Suisse)	Société Horlogère Reconvilier **Reconvilier** (Suisse)	**MARINO**	SR
	LANCO **LANCYL**	Société d'Horlogerie de Langendorf **Langendorf** (Suisse)	Cie des Montres Marvin S. A. **La Chaux-de-Fonds** (Suisse)	**MARVIN**	
	LAVINA	Manufacture d'Horlogerie Lavina S. A. **Villeret** (Suisse)	Vulcain et Volta, Ditisheim & Co. **La Chaux-de-Fonds** (Suisse)	**MELBA**	
	LE COULTRE	Jaeger-Le Coultre S. A. **Genève** (Suisse)	Fabrique d'Horlogerie Minerva S. A. **Villeret** (Suisse)	**MERCURE**	RF
	LEMANIA	Fabrique d'Horlogerie Lémania Lugrin S. A. **Orient** (Suisse)	Vulcain et Volta, Ditisheim & Co. **La Chaux-de-Fonds** (Suisse)	**METEOR**	
	LEOPARD	Phénix Watch Co. S .A. Société Horlogère de Porrentruy **Porrentruy** (Suisse)	Fabrique d'Horlogerie Minerva S. A. **Villeret** (Suisse)	**MINERVA**	RF
A-R	**LONGEAU**	Manufacture d'Horlogerie Enicar S. A. **Longeau** près Bienne (Suisse)	Fabrique des Montres Moeris F. Moeri S. A. **St-Imier** (Suisse)	**MOERIS**	FM
	LONVILLE	Société d'Horlogerie de Langendorf **Langendorf** (Suisse)	Montilier Watch Co. S. A. **Montilier** (Suisse)	**MONTILIER** **MONTILIER WATCH** **MONTILIO** **MORAT WATCH** **MOREX**	FMF
	MADAME	Rayville Watch Mfg. Co. Ltd. **Villeret** (Suisse)			
O.M.	**MAIRE**	Manufacture d'Horlogerie Otto Maire S. A. **Longeau** près Bienne (Suisse)	Fabriques Movado **La Chaux-de-Fonds** (Suisse)	**MOVADO**	
	MAJIC	Vulcain et Volta, Ditisheim & Co. **La Chaux-de-Fonds** (Suisse)	Ulysse Nardin S. A. **Le Locle** (Suisse)	**ULYSSE NARDIN**	
	MALAXA	Martel Watch Co. S. A. **Les Ponts-de-Martel** (Suisse)	Buser Frères & Co. S. A. **Niederdorf** (Suisse)	**NEO** **NEOVA** **NIDOR**	B
JB	**MARATHON**	Excelsior Park, Les Fils de Jeanneret-Brehm **St-Imier** (Suisse)	Omega Louis Brandt & Frère S. A. **Bienne** (Suisse)	**OMEGA**	Ω OMEGA
MF	**MARC FAVRE**	Marc Favre & Co. S. A. **Bienne** (Suisse)	Manufacture d'Horlogerie Otto Maire S. A. **Longeau** près Bienne (Suisse)	**OMER**	O.M.

Marque	Nom	Fabricant	Fabricant	Nom	Marque
	ORATOR	Manufacture d'Horlogerie Schild & Co. S. A. **La Chaux-de-Fonds** (Suisse)	Société Horlogère Reconvilier **Reconvilier** (Suisse)	**RECONVILIER**	SR
MF	**ORLAM**	Marc Favre & Co. S. A. **Bienne** (Suisse)	Record Watch Co. S. A. **Genève** (Suisse)	RECORD RECORD WATCH CO.	RWT
LCo	**ORVIE**	Liengme & Co. S. A. **Cormoret** (Suisse)	Recta Manufacture d'Horlogerie S. A. **Bienne** (Suisse)	**RECTA**	MV
JB	**PARK**	Excelsior Park, Les Fils de Jeanneret-Brehm **St-Imier** (Suisse)	Stolz Frères S. A., Fabrique Angélus **Le Locle** (Suisse)	**RECTORY**	SF
	PATEK, PHILIPPE & Co.	Patek, Philippe & Co. S. A. **Genève** (Suisse)	Vulcain et Volta, Ditisheim & Co. **La Chaux-de-Fonds** (Suisse)	**REGIS**	
	PERPETUA	Manufacture d'Horlogerie Schild & Co. S. A. **La Chaux-de-Fonds** (Suisse)	Thommen S. A., Fabriques d'Horlogerie **Waldenbourg** (Suisse)	**REVUE**	
Cort	**PERSEO**	Cortébert Watch Co., Juillard & Co. **Cortébert** (Suisse)	Buren Watch Company S. A. **Buren s/A.** (Suisse)	**RIVAL**	
	PHENIX	Phénix Watch Co. S. A. Société Horlogère de Porrentruy **Porrentruy** (Suisse)	Meyer & Stüdeli S. A. **Soleure** (Suisse)	**ROAMER**	MST
π	**PIERCE**	Manufacture des Montres & Chronographes Pierce S. A. **Bienne** (Suisse)	Société Horlogère Reconvilier **Reconvilier** (Suisse)	**ROCONIS**	SR
LCo	**PIKLEUR**	Liengme & Co. S. A. **Cormoret** (Suisse)	Rolex S. A. **Genève** (Suisse)	**ROLEX**	
SF	**PRIMOR**	Stolz Frères S. A., Fabrique Angélus **Le Locle** (Suisse)	Rayville Watch Mfg. Co. Ltd. **Villeret** (Suisse)	**ROLLS**	R
	PRINCIA	Vulcain et Volta, Ditisheim & Co. **La Chaux-de-Fonds** (Suisse)	Recta Manufacture d'Horlogerie S. A. **Bienne** (Suisse)	**SELVA**	MV
SR	**PULCRA**	Société Horlogère Reconvilier **Reconvilier** (Suisse)	Société Horlogère Reconvilier **Reconvilier** (Suisse)	**SOLAGO**	SR
R	**RAYVILLE**	Rayville Watch Mfg. Co. Ltd. **Villeret** (Suisse)	Vulcain et Volta, Ditisheim & Co. **La Chaux-de-Fonds** (Suisse)	**STUDIO**	

Thommen S. A., Fabriques d'Horlogerie **Waldenbourg** (Suisse)	**SOLA**	
Cyma Watch Co. S. A. **La Chaux-de-Fonds** (Suisse)	**TAVANNES**	
Cortébert Watch Co., Juillard & Co. **Cortébert** (Suisse)	**TELLUS**	
Fabriques Movado **La Chaux-de-Fonds** (Suisse)	**TEMPOMATIC**	
Rayville Watch Mfg. Co. Ltd. **Villeret** (Suisse)	**THE QUICK TRAIN**	
Buser Frères & Co. S. A. **Niederdorf** (Suisse)	**TIPTOP**	
Chs. Tissot & Fils S. A. **Le Locle** (Suisse)	**CHS. TISSOT & FILS**	
Vulcain et Volta, Ditisheim & Co. **La Chaux-de-Fonds** (Suisse)	**TOURING**	
Béguelin & Co. S. A. **Tramelan** (Suisse)	TRAMELAN WATCH Co.	
Fabrique d'Horlogerie Minerva S. A. **Villeret** (Suisse)	**TROPIC**	
Ulysse Nardin S. A. **Le Locle** (Suisse)	**ULYSSE NARDIN**	
Manufacture des Montres Universal Perret & Berthoud S. A. **Genève** (Suisse)	UNIVERSAL-GENEVE	
Vacheron & Constantin S. A. **Genève** (Suisse)	VACHERON & CONSTANTIN GENEVE	
Buren Watch Company S. A. **Buren s/A.** (Suisse)	**VAN BUREN**	

Société Horlogère Reconvilier **Reconvilier** (Suisse)	**VENCEDOR**	
Liengme & Co. S. A. **Cormoret** (Suisse)	**VETO**	
Meyer & Stüdeli S. A. **Soleure** (Suisse)	**VIDAR**	
Cortébert Watch Co., Juillard & Co. **Cortébert** (Suisse)	**VIKING**	
Fabrique d'Horlogerie Minerva S. A. **Villeret** (Suisse)	**VILLERET WATCH**	
Société Horlogère Reconvilier **Reconvilier** (Suisse)	**VINCITORE**	
Vulcain et Volta, Ditisheim & Co. **La Chaux-de-Fonds** (Suisse)	**VULCAIN**	
Fabriques des Montres Zénith S. A. **Le Locle** (Suisse)	**ZENITH**	

Marques de fabrique,

Lois et Règlements suisses sur la matière,

Enregistrement international des marques de fabrique.

ARCHIVES

DE

L'HORLOGERIE

Between the years 1880-1927, 8,252 trademark/word titles were registered in Switzerland, If the reader wants to obtain a supplemental list for the year 1880-1927, contact the bookseller from which the TRADEMARK INDEX was purchased, or see the advertisement on page 955.

(French)

Tous les fabricants des montres et horloges suisses ont enregistre 8252 titres marques deposes de 1880 à 1927. Si le lecteur desire obtenir ce supplement liste Marques/Noms de Fabrique 1888-1927 il est prie s'adresser à la librairie ou il a acquis l'INDEX des MARQUES de FABRIQUE, ou voir la réclame à la page 955.

(German)

Zwischen den Jahren 1880-1927, Schweizer Uhrenfabrikanten registrierten 8252 Uhren-Bildermarken/Wortmarken. Im Falle, der Leser möchte einen Archiveauszug erwerben, wende man sich sich an die Bezugsquelle von dem der TRADEMARK INDEX 92 bezogen wurde, oder man beziehe sich auf den Anzeigenteil Seite 955.

OFFICE POLYTECHNIQUE D'ÉDITION ET DE PUBLICITÉ

59, Rue du Marché, 59

BERNE

Cont. page 811
Voir à la page 811
Fortsetzung Seite 811

En vente dans les principales librairies

Années 1899 - 1902

Cont. from page 810

The following tabulation of trademark/word registrations is an excerpt of 8,252 titles under the Swiss Confederation law, "Union pour la Protection de la Propiete Industrielle, Actes 1. Convention du 20 mars 1883".

Line 1: Name of the company/manufacturer; Data index number, Antique Clocks Publishing
Line 2: Registration date
Note: European convention used (Day/Month/Year)
Line 3: Abbreviations (see pages 23-25)

NAMES NOMS NAMEN		NAMES NOMS NAMEN	
ABEGGLEN, CH. 27.5.1892 WC-DWB-WD-WM	1601	AEGLER JEAN 15.05.1889 WA-JW	093[illegible]
ABRA WATCH CO 26.6.1926 M-SMP	8144	AEGLER JEAN * 19.09.1885	038[illegible]
ABRA WATCH CO S. A., 23.6.1927 M-SMP	8616	AEGLER, VVE JEAN 6.10.1900 M-WC-WM	361[illegible]
ABRA WATCH CO. 28.6.1926 M-SMP	8152	AEGLER, VVE JEAN 6.10.1900 M-WC-WM	3614
ABRA WATCH CO. 14.8.1926 M-SMP	8210	AEGLER, VVE JEAN 21.1.1903	[illegible]
ABRA WATCH [illegible]			

(French)

La liste suivante des Marques/Noms de Fabrique des un extrait des 8252 titres effectivement releves, noms deposes sous la loi de la Confederation Suisse, "Union pour la Protection de la Propiete Industrielle, Actes 1. Convention du 20 mars 1883".

Premier Ligne: Nom du fabricant et numero de computor index, Antique Clocks Publishing
Deuxième Ligne: La data de l'enregistrement
Troisième Ligne: L'abreviation (voir les pages 26-28)

* * *

(German)

Schweizer Uhrenfabrikanten registrierten unter dem Gesetz der Schweizer Bundesländer "Bureau Union Pour la Protection de la Propiete Industrielle, Actes 1. Convention du 20 mars 1883". Folgende Liste is ein Auszug von 8252 Bilder/Wortmarken.

1.Zeile: Namen des Unternehmen/Hersteller; Datenspeicher Nummber, Antique Clocks Publishing
2.Zeile: Datum der Registrierung
3.Zeile: Abkürzungen (siehe Seite 29-31)

SECTION "B"
ELECTRICAL CLOCKS

SECTION "B"
HORLOGE ELECTRIQUE

ABSCHNITT "B"
ELEKTRISCHE UHREN

CHAPTER IX
ELECTRIC CLOCKS: FORWORD

By Thomas Schraven (©1991)

Electric and electronic timekeepers surround our daily lives, from the morning wake-up call to airport time schedules. The evolution of this special horological instrument has incorporated many far-reaching technical and organizational developments and accomplishments over the past 25 years. Today we accept the electric and electronic timekeeper as it serves mankind in the present form and shape, and take it for granted. Almost no one marvels at the workmanship of his or her electronic watch, or of the clocks at railroad stations, public places, or sporting events; the electric and electronic timekeepers which are so much a part of space technology seem common-place today.

The beginnings of the electrical/mechanical timekeeping can be traced to the end of the 18th century. Despite nearly 200 years of development of the electric/electronic horological instruments, the electrical/mechanical clock was an outsider in the clock collector's world. Only a few collectors of old clocks and an occasional antique dealer paid attention to electric/ electronic timekeepers. Several years ago, as a beginning clock collector unable to afford high priced collectible clocks, I came across a "bargain" of an electro-mechanical clock. Fascinated by the superb workmanship of an English "Sychronome" master clock, I was bitten by the collector "bug." I embarked on an in-depth research project, searching for any literature dealing with electric-mechanical clocks. It was not easy. I became so obsessed with my "hobby" that almost all my free time was filled as I organized and built a practical reference file.

Some manufacturers of electric clocks are still in business, but fires during two World Wars destroyed much of the catalogues, company records, design and patent drawings. Political boundaries changed. Some companies disappeared into obscurity. Some manufacturers operated today by the founder's name only. New management had no interest in the past. After 1951, the priority was to rebuild the German Industrial Complex, and during the "economic miracle," there was no love of, or interest in the past.

Cont. page 815

Several horological publications were of great assistance in my research on electric clocks. Publications by Abeler, Shenton, Kochmann, Tardy and others provided information on formerly existing electrical clock manufacturers. Around 1990, I made my first contact with Karl Kochmann, author and publisher of the ©1989 TRADEMARK INDEX of clocks and watches - European origin. In the spring of 1991, I met Herrn Kochmann in Germany, and the idea was born: to expand the TRADEMARK INDEX 92 with extensive data and information in a chapter called "Electrical Clocks."

Proper credit is given on page 900 to all who helped to prepare the archive data for publication.■

Düsseldorf, Germany
Fall, 1991

Thomas Schraven
Author, Chapters IX-XIII
Electric Clocks

CHAPTER IX
NOTE PRELIMINARE D'UN DES AUTEURS DE L'HORLOGERIE ELECTRIQUE

©Thomas Schraven

Les instruments électriques et électroniques servant à mesurer le temps font partie de notre vie quotidienne depuis la sonnerie du réveil le matin jusqu'à l'horaire d'un aeroport. L'évolution de ces instruments au cours des 25 dernières années a profité à des développements de l' organisation et des réalisations d'une grande envergure technique. Aujourd'hui nous acceptons les instruments à mesurer le temps électriques et électroniques comme des faits accomplis et presque personne ne s'étonne du travail qu'a nécessité la construction d'une montre électronique ou des horloges que l'on voit dans les gares et autres lieux publics ou encore des instruments qui mesurent le temps dans les compétitions sportives avec tant de précision. L'instrument à mesurer le temps électrique ou électronique, qui constitue une partie de la technologie spatiale semble être un lieu-commun aujourd'hui.

Les débuts des instruments à mesurer le temps électriques et mécaniques remontent à la fin du 18è siècle. En dépit de près de 200 ans de développement des instruments électriques, les horloges électrique et électroniques étaient des "outsider" dans le monde des collectionneurs d'horlogerie. Seuls quelques collectionneurs d'horloges anciennes marquaient un certain intéret chez les antiquaires pour les instruments à mesurer le temps électriques ou électroniques. Il y a quelques années, étant un collectionneur d'horlogerie débutant et n'ayant pas les moyens matériels nécessaires pour acquérir des horloges dignes d'être collectionnées, j'ai trouvé "le marché" des horloges électro-mécaniques. J'ai été fasciné par la superbe qualité de réalisation d'une horloge-mère anglaise "Synchronome" et je fus "mordu" par le "démon" du collectionneur.

Je me suis embarqué dans le projet ardu de rechercher de la littérature traitant des horloges électro-mécaniques. Ce n'était pas facile. Je fus si obsédé par mon "hobby" que presque tout mon temps libre passait à organiser et à batir un classement pratique des références.

Quelques fabricants d'horloges électrique sont encore en activité, mais les incendies pendant les deux guerres mondiales ont détruit beaucoup de catalogues, de livres de compte, de documents et de dessins des brevets d'invention. Les frontières politiques ont été modifiées. Des

Voir à la page 817

sociètés ont disparu dans la nuit. Quelques fabricants opèrent aujourd'hui sous le seul nom de leur fondateur, la nouvelle direction n'exprimant aucun intérêt pour le passé. Aprés 1951, la priorité était de reconstruire le complexe industriel en Allemagne et pendant le "miracle économique" il n'y avait pas d'amour ni d'intérêt pour le passé.

Plusieurs publications horlogères m'ont beaucoup aidé dans mes recherches sur les horloges électriques. Il en est ainsi des ouvrages de Abeler, Shenton, Kochmann, Tardy et d'autres qui m'ont fourni des renseignements sur les fabricants d'horloges électriques existant autrefois. Vers 1990, j'ai pris contact pour la première fois avec Karl Kochmann, l'auteur de l'INDEX DES MARQUES DE FABRIQUE 1989 des horloges et montres d'origine européenne. Au printemps de 1991 j'ai rencontré Monsieur Kochmann en Allemagne et l'idée est née d'étendre les données dans un INDEX DES MARQUES DE FABRIQUE 1992 qui serait enrichi d'un chapitre sur les horloges électriques.

On remercie à la page 901 tous ceux qui ont apporté leur aide à la préparation des données d'archives pour la publication.■

Dusseldorf
Automne 1991

Thomas SCHRAVEN
Auteur des chapitres IX-XIII
L'Horlogerie électrique

KAPITEL IX

VORWORT

Thomas Schraven ©1991

Elektrische und elektronische Uhren begegnen uns überall im alltäglichen Leben. Dass dieser spezielle Uhrentyp eine lange Entwicklung durchmachen musste, um dann in der heutigen preiswerten und zuverlässigen Form zu erscheinen, ist fast Niemand bewusst.

Anfänge der elektromechanischen Zeitmessung lassen sich bin ins ausgehende 18.Jahrhundert zurück verfolgen. Trotz der etwa 200 jährigen Entwicklungszeit finden diese Uhren auch heute noch wenig Beachtung in Sammlerkreisen und im Antiquaritatenhändel. Ich selbst wurde vor etwa 5 Jahren von den "Bazillus" der elektromechanischen Uhr infiziert. Ausschlaggebend war damals die Bauart und Technik einer englischen Hauptuhr vom Typ "SYNCHRONOME." Seit diesen Tag, widmete ich jede freie Zeit dem Studium alter Haupt und Nebenuhren und es begann eine Suche nach Informationsmaterial.

Zwar findet man in der zeitgenössischen Literatur z.B. (Zacharias, Tobler, Saunier) einen teilweisen Überblick über die technische Entwicklung Elektrischer Uhren, doch Daten über die Herstellerfirmen sind sehr schwer zu finden. Die heute noch existierenden Hersteller sind meistens nur Namensverwandt, die Leitung der Firmen ist in den Händen einer neuen Generation von Manager und haben nur ein begrenztes Interesse an Uhren, welche in der Firmen Vergangenheit produziert wurden.

Kriegswirren und Nachkriegsverhältnisse nach dem ersten Weltkrieg (1914-1918) und den zweiten Weltkrieg (1939-1945) sowohl Firmenumgruppierung, Fusion, Besitzerwechsel, Auflösung, und die Folgen von politischen Grenzziehungen nach 1945, und nicht zuletzt die "Wirtschaftswunderzeit" nach 1950 sorgten zusätzlich für die Zerstörung alter Elektrischer Uhrenanlagen, Dokumentationen, Werkzeichnungen, Unterlagen, und wenn solche noch vorhanden waren, diese wanderten dann in den Müll, die Papiermühle.

Private und Öffentliche Uhrensammlergruppen konnten in den letzten 30 Jahren genügend Uhrenliteratur auf den Büchermarkt finden. In den Herstellerverzeichnissen (z.B. Abeler, Aked, Shenton, Tardy, Kochmann), siehe unter LIT (Literaturverzeichnis), sind viele Angaben über Erfinder Elektrischer Uhren, und oft findet man unbekannte Hersteller, die einen Ausgangspunkt für weitere Ermittlungen liefern.

Fortsetzung Seite 819

Mit Hilfe noch erhaltener Uhren und zeitgenössischer Publikationen kann dann ein ungefähres Bild der damaligen Forschung - Entwicklung rekonstruiert werden. Auf der Suche nach weiteren Informationsquellen nahm ich im Jahre 1990 erste Verbindung zu Karl Kochmann, Privater Verleger und Author über Historische Europaische Uhren aus dem Industriellen Zeitalter, "Antique Clocks Publishing, Concord, Kalifornia" auf.

Im Frühjahr 1991 trafen wir uns in Düsseldorf. Herr Kochmann, Herausgeber und Author des "TRADEMARK INDEX 89" - Europäischer Uhrenhersteller derLander Osterreich-England-Frankreich-Deutschland und der Schweiz, die Idee wurde geboren, den bereits vergriffenen TRADEMARK INDEX 89 in einer Neuauflage mit den Kapitel X bis XIII über "Elektrische Uhren" zu erweitern.

In Zusammenarbeit mit einigen Firmen, Patentämter, Biblotheken und privaten Uhrensammler und Antique Clocks Publishing, habe ich die von mir zusammengestellten Daten Herrn Karl Kochmann zur Verfügung gestellt, um diese allen Intressierten Kreisen zugänglich zu machen. Dass diese Daten kein vollständiges Bild geben können, dürfte selbstverständlich sein.

Meinen besonderen Dank an allen Mitarbeitern in Europa, die uneigennutzig an diesen Projekt geholfen haben wird auf Seite 902 mein besondere Anerkennung ausgesprochen. Mit der Hoffnung, dass die vollkommen neu Bearbeitete erweiterte, mit deutschen - französischen Leittext erweiterte Ausgabe des TRADEMARK INDEX 92 Anerkennung finden wird, sind alle Leser zur Mitarbeit mit weiteren Archiv Material eingeladen.

Düsseldorf/Willich
Bundesrepublik Deutschland
Herbst 1991

Thomas Schraven
Co-Author
Kapitel X-XIII
Elektrische Uhren

CHAPTER X
HISTORY OF ELECTRICAL CLOCKS
By Thomas Schraven ©1991

After the Napoleonic Wars in Europe and Africa, the steadily increasing population posed a great challenge for the political and industrial leaders of central Europe. The Industrial Revolution of the 19th century started in England, spread to the continent of Europe and triggered immense political and industrial challenges.

The increased population needed mass-produced goods. To satisfy this demand, a large stream of former farm hands migrated from the farm lands to the cities. Factories, large and small, met the demands for consumer goods. The immense transportation requirements, to move goods from the raw material source to the manufacturing plant, to the warehouse, to the distributor, and finally to the consumer soon outstripped the capabilities of the horse and wagon. The need to transport all these goods led to development of an extensively expanded railroad system, followed by the postal and telegraph system. In order to control the railroad and mail system, and to coordinate the cargo movement, the most important component was the time schedule.

The technical invention of the mechanical-electric clock became an important means for commerce and trade for establishing communication networks on precise timing for the entire European continent. Consequently, the industrialized nations needed a coordinated time management organization to oversee the following:

1) Uniform time standards
2) Coordinated time zones in Europe
3) Centrally organized and controlled time system

Numerous attempts were made to standardize the time system in several European nations, especially within the transcontinental railroad system. In the year 1893, the territorial time system was changed into the MEZ (Middle Europe Time System). In order to provide a dependable time system for the general population and for industry, inventors improved mechanical clocks by adding electrical components. As designers and inventors employed electricity as the control steering mechanism, a new field of inventions was widely opened.

Cont. page 821

The following chronological list marks the highlights of technical developments in the of electricity:

Year	Event
1780	Static electricity in animal tests
1785	Transfer of electricity by copper wire
1800	Voltelement
1820	Electro-magnetic phenomenon
1825	Electro-magnetic with steel core
1830	Magno-electric induction system
1833	Electro-magnetic telegraph
1836	Daniellelement
1859	Accumulator
1866	Dynamoelectric phenomenon (electric motor)
1880	Piezoelectric character of the quartz element
1880	Electromotor - Direct (DC) and Alternating (AC)
1897	Wireless Telegraph
1948	Transistor

The pioneers, inventors, researchers, designers and developers of the electric clock faced many obstacles, especially from traditional horologists who did not trust the new technology which replaced weight and spring powered clocks with electric energy. The phenomenon of a electricity as a power source, not measurable in volume like water or air, was viewed with suspicion as some sort of "witchcraft," dangerous to health and mind.

When laying the groundwork of this new field in horological art, researchers of electric-powered clocks employed basic functions of the laws of electricity. The researchers then went further to achieve many significant landmarks in the realm of electrical clocks:

Year	Event
1815	Electrostatic exited pendulum (Ramis)
1834	Idea to construct electromagnetic exited pendulum (Ripp)
1839	Adjustment of slave-clocks to use existing telegraph wire line network (Steinheil)
1840	First electromagnetic exited pendulum (Bain)
1856	First electric operated wind-up mechanism for clocks (Breguet)
1864	First wire time transmitting network (Hipp)
1866	First tuning fork operated clock movement
1899	First Synchrondrivemotor clock movement (Thury)
1905	Employing photoelectric methods to control the pendulum vibration (Schlesser)
1912	The Time Synchronization Signal from Paris, France

Cont. page 822

1919 Synchronmotor (Warren)
1930 First Quartz cock movement
1952 Electric contact steering system
1955 First Caesiummatomuhr

During the experimental stage of the electric power-operated clock, the inventors had to design and manufacture parts in-house. These parts were often primitive, and as a result, prone to malfunction. The electrical power source provided by wet cell batteries needed constant maintenance. Mechanical parts, such as relays and contact points, often failed. Finally, a new branch of electrical industrial manufacturers emerged. Low voltage components for the telegraph and newly outreaching telephone system became very dependable supply source for electro-magnetic motor-operated clocks.

Despite many setbacks, several leading companies established their own research laboratories, investing large sums of money: German firms such as Siemens, C.T. Wagner Telephon-Bau, Normalzeit, Steinheil, Strasser, Junghans and Rhode; English firms, A A. Bain, W.H. Shortt, F. Hope-Jones and Gent & Co.; and French firms, S.A. Electrique Billié, and Establissements Leon Hatot. All these manufacturers achieved high technical perfection and marketed their products very successfully and profitably.

All these physical discoveries were in some part applied to research, experiment, and finally design and construct a very dependable electric time measuring-distribution-regulation system for science and industry.

German inventors and designers combined the mechanical parts of a clock with electrical components to provide equipment for the famous "Office For Time Control" in Nauen, Middle Germany. This led to an international agreement on time code standardization for astronomical research and navigational applications. Rapid development by science and industry resulted in the mechanical-electric clock, later replaced by the quartz-atom-transistor timekeeper.

The data for the ©1992 TRADEMARK INDEX was obtained from the Patent Office, Federal Republic of Germany, Düsseldorf Branch Office, and the Time Museum of Bad Grund, Germany. Many manufacturers of electric-mechanical clocks from the past and present industry provided information, data, and whatever was related to the electric-mechanic-electronic clock. The Museum of the Siemens Corporation of Munich, Germany and The Museum for Technique and Transportation of Berlin, Germany generously contributed archive material■

CHAPITRE X
HISTOIRE SUR L'HORLOGERIE ELECTRIQUE

©Thomas Schraven 1991

Après les guerres napoléoniennes en Europe et en Afrique on assiste à une forte augmentation des populations qui pose un grand défi aux pouvoirs politiques et aux industriels d'Europe Centrale. La Révolution Industrielle du 19è siècle a commencé en Angleterre et son extension sur le continent européen a déclenché ces immenses defis politiques et industriels.

L'augmentation des populations a créé le besoin de biens de consommation fabriqués en série. Pour satisfaire à cette demande il s'est produit une migration de la main d'oeuvre des fermes vers les villes. Des fabriques grandes et petites furent baties pour répondre à cette demande des biens de consommation. Les exigences immenses du transport des matières premières de leur source à la fabrique, des biens fabriqués vers les entrepots, au distributeur et finalement au consommateur, dépassaient bientôt largement les possibilités du cheval et du chariot. Le besoin de transporter tous ces biens a conduit au développement du chemin de fer, suivi par celui des relations postales et du télégraphe. Pour gérer le chemin de fer et le système de courrier, et coordonner les mouvements des cargaisons, l'élément le plus important était la maîtrise du temps.

L'invention technique de l'horloge mécano-électrique fut un facteur important pour le commerce et pour permettre à ce dernier d'établir des réseaux de communication avec des horaires précis sur tout le continent européen. Aussi les nations industrialisées eurent-elles besoin d'une organisation coordonnée du temps et pour cela elles durent introduire les éléments suivants:

1) Des étalons uniformes du temps
2) Des zones du temps coordonnées en Europe
3) Créer un système central pour organiser et gérer le temps

De là, les nombreuses tentatives de plusieurs nations européennes pour standardiser le temps, surtout pour le réseau de chemin de fer transcontinental. En 1893 on remplaca les systèmes de temps territoriaux par un temps moyen d'Europe Centrale. Afin de mettre à la disposition de la population et de l'industrie un système de temps digne de confiance, les inventeurs améliorèrent les horloges mécaniques en les dotant de composantes électriques. En créant des mécanismes mécaniques controlés par l'électricité les inventeurs et les concepteurs ouvrirent largement un nouveau champs d'inventions.

Voir à la page 824

La liste chronologique suivante marque les points essentiels du développement technique de l'électricité:

Année	Evènement
1780	Electricité statique dans des éssais sur l'animal
1785	Transport de l'électricité par un fil de cuivre
1800	Elément voltaique
1820	Phénomènes électromagnétiques
1825	Electro-aimant avec âme en acier
1830	Induction électro-magnétique
1833	Télégraphe électro-magnétique
1836	Elément de Daniell
1859	Accumulateur
1866	Phénomène dynamoélectrique (moteur électrique)
1880	Caractère piézoélectrique du quartz
1880	Moteur électrique à courant continu (DC) et à courant alternatif (AC)
1897	Télégraphe et télégraphie (?)
1948	Transistor

Les pionniers, inventeurs, chercheurs et ceux qui étaient chargés de diffuser l'horlogerie électrique auprès du public rencontrèrent de nombreux obstacles, principalement de la part des horlogers traditionnels qui n'avaient pas confiance en cette nouvelle technologie qui prétendait remplacer la force motrice des poids ou des ressorts par l'électricité. Le phénomène électrique, utilisé comme force motrice, qu'on ne pouvait pas mesurer matériellement comme l'eau ou l'air, était soupçonné d'avoir des liens avec la sorcellerie et de ce fait était dangereux pour le santé et pour l'esprit.

Pour poser les fondements de ce nouveau champs d'application dans l'art horloger, les chercheurs appliquèrent aux horloges mues électriquement des fonctions basées sur les lois fondamentales de l'électricité. Les recherches ont ensuite franchi un grand nombre de jalons dans le domaine des horloges électriques:

Année	Evènement
1815	Pendule excité par électricité statique (Ramis)
1834	Idée de construire des pendules à excitation électromagnétique (Ripp)
1839	Controle d'"horloges-filles" en utilisant le réseau existant des fils du télégraphe (Steiheil)
1840	Premier pendule excité électromagnétiquement (Bain)

Voir à la page 825

1856 Premier mécanisme de remontage électrique des pendules (Breguet)
1864 Première transmission du temps par les files d'un réseau (Hipp)
1866 Première fourchette vibrante pour actionner le mouvement d'une horloge
1899 Première horloge actionnée par un moteur synchrone (Thury)
1905 Emploi de méthodes photoélectriques pour réguler les vibrations du pendule (Schlesser)
1912 Signal synchronisé du temps à Paris
1919 Moteur synchrone (Warren)
1930 Premier mouvement d'horloge à quartz
1952 Système controlé par contact électrique
1955 Première horloge au caesium

Pendant la période expérmientale de l'horloge fonnctionnant à l'électricité, les inventeurs devaient concevoir et fabriquer les différentes pièces dans leur ateliers personnels. Ces pièces étaient souvent réalisées de façon sommaire et conduisaient donc à des défauts de fonctionnement. La force motrice électrique était créée par des piles humides qui nécessitaient un entretien constant. Les parties mécaniques telles que relais et contacts étaient souvent défectueux. Finalement une nouvelle branche de l'industrie électique vit le jour. Les composants de bas voltage destinés au télégraphe et au nouveau téléphone, qi devait le remplacer, étaient devenus une source d'approvisionnement fiable pour les horloges fonctionnat avec un moteur électro-magnétique.

En dépit de nombreuses périodes de recul, plusierus socìètés de pointe ont créé leurs propres laboratoires de recherches en investissant des capitaux importants. Il en était ainsi des firmes allemandes telles que Siemens, C.T. Wagner, Telephon Bau, Normalzeiti, Steinheil, Strasser, Junghans et Rhode; des firmes anglaises A.A. Bain, W.H. Shortt, F. Hope-Jones et Gent & Co; et des firmes francaises S.A. Electrique Billié, et Leon Hatot. Tous ces fabricants ont réalisé des productions d'une bonne perfection technique, marchant convenablement et assurant un profit intéressant.

Les découvertes dans le domaine de la physique faisaient progresser la recherche et l'expérience et conduisirent à la conception et à la construction de systèmes électriques dignes de confiance pour la mesure, la distribution et la régulation du temps à des fins scientifiques et industrielles.■

KAPITEL X

GESCHICHTE der ZEITMESSUNG und die ELEKTRISCHE UHR

Stetig steigende Bevölkerungszahlen setzten im 18.Jahrhundert einen Prozess in Gang, der als Industrielle Revolution bezeichnet wird. Ausgehend von England, wird im 19. Jahrhundert auch das kontinentale Europa davon beeinflusst. Die zunehmende Bevölkerungszahl erfordert zwangsläufig auch auch grössere Mengen an Konsum - und Verbrauchsgütern. Um diese produzieren zu können, sind Arbeitskräfte und auch geeignete Produktionsmethoden notwendig. Alle diese Bedürfnisse kann die Bevölkerung decken, denn sie stellt sowohl Arbeitskräfte als auch technische Ideen zur Verwirklichung einer Industrie. Die Folge einer zunehmenden Industrialisierung war eine Konzentration der Bevölkerung in Städten, eine Vielzahl technischer Erfindungen, eine räumliche Ausdehnung von Handel und Kommunikation, steigende Verkehrsdichte Eisenbahnnetze Strassen und Wasserwege wurden ausgebaut. Auch die Zeitmessung, als Bestandteil der menschlichen Kulturgeschichte, hatte im industriellen Zeitalter völlig neue Anforderungen zu erfüllen. Grundsätzlich waren 3 Aufgaben zu lösen:

1. Einführung eines einheitlichen Zeitsystems
2. Eimheitliche Zeitangabe an räumlich getrennten Orten
3. Möglichkeit der Regulierung von Uhrensystemen

Nach verschiedenen Versuchen, Zeitsysteme zu vereinheitlichen, wurde 1893 in Deutschland das nochs gültige Ortszeitsystem durch ein einheitliches Zeitsystem (MEZ) ersetzt. Technische Möglichkeiten für die Neuentwicklung geeigneter Zeitmessgeräte ergaben sich aus den rasanten Fortschritten der Naturwissenschaften wobei besonders die Entdeckung elektrischer Effekte ungeahnte Möglichkeiten für alle Bereiche der Technik lieferte. Einige bedeutende Entdeckungen im Bereich der Elektrotechnik sind:

1780 Entdeckung der tierischen Elektrizitat
1785 elektrische Fernleitung
1800 Voltaelement
1820 Elektromagnetismus
1825 Elektromagnet mit Kern
1830 magnetoelektrische Induktion

Fortsetzung Seite 827

1833 elektromagnetischer Telegraph
1836 Daniellelement
1859 Akkumulator
1866 dynamoelektrisches Prinzip
1880 piezoelektrische Eigenschaften des Quarzes
1888 Drehstrommotor
1897 drahtlose Telegraphie
1948 Transistor

Schon früh wurde erkannt, dass sich Elektrizität zu Zwecken der Zeitmessung, - verteilung und - regulierung verwenden lasst. Das Grundprinzip war vorerst die Kombination mechanischer und elektrischer Bauteile. Erst die Quarz- und Atomuhr ersetzten dann, die aus mechanischen Bauteilen aufgebaute Uhr. Alle elektrotechnischen Grundkenntnisse wurden im Lauf der Zeit auch bei der Entwicklung elektromechanischer Uhren eingesetzt, wie die nachfolgende Auflistung verdeutlicht:

1815 elektrostatisch angetriebnes Pendel (Ramis)
1834 Idee des elektromagnetisch angetriebenes Pendel (Hipp)
1839 Regulierung von Nebenuhren durch Telegraphenlinien (Steinmheil)
1840 erstes elektromagnetisch angetriebenes Pendel (Bain)
1856 erstes elektrisch aufgezogenes Uhrwerk (Bregeut)
1866 erste elektrische Uhr mit Stimmgabel
1899 erstes Uhrwerk mit Synchronantrieb (Thury)
1905 Ausnutzung photoelektrischer Effekte zur Gangregulierung (Schlesser)
1912 Zeitzeichen Paris
1919 Synchronmotor (Warren)
1930 erstes Quarzuhrwerk
1952 elektronische Kontakte
1955 erste Caesiumatomuhr

Die Pioniere der elektromechanischen Uhr, hatten mit den Uhrmacherstand damals mit grossen Schwierigkeiten zu kämpfen,da die Elektrizitat eine noch unbekannte Wissenschaft darstellte und viele Gegner hatte, die technische Möglichkeiten sehr beschränkt und unausgereift waren, dass elektrische Uhren aufgrund der unzuverlässigen Sekundärbauteile (z.B. Batterien, Kontakte) sehr anfällig waren und Uhrmacher den elektrischen Zeitmesser meist ablehnend gegenüber standen.

Fortsetzung Seite 828

Verdeutlicht sei dies an einigen Beispielen aus der Zeit der Jahrhundertwende. Elektrische Uhren waren zwar schon etwa 70 Jahre bekannt und wurden auch mit Erfolg eingesetzt, trotzdem wurde Elektrizitat als eine geheimnisvolle Kraft bezeichnet. Man kannte zwar elektrische Effekte, konnte diese aber nur teilweise erklären (z.B. Favarger, Seite 891), ist es verwunderlich, das bei der Neuerstellung städtischer Zeitverteilungssysteme diskutiert wird, ob dem elektrischen (Normalzeit, Siemens & Halske) oder pneumatischen System (Popp, Mayrhofer) ein Vorrang einzuräumen sei? Geeignetes Mittel war der Einsatz von Induktionsströmen. Dazu wurde von einen mechanischen Uhrwerk minutlich ein Induktor ausgelöst, der Nebenuhren mit Strom versorgte (Martin Fischer, MAGNETA). Dass diese Uhren dieser Arrt auch ohne Kontakte arbeiteten, war ein zusätzliches Verkaufsargument. Es bestand jedoch die Möglichkeit der Angliederung an das öffentliche Zeitverteilernetz. Trotz all dieser Schwierigkeiten war der Erfolg der elektrischen Uhr nicht aufzuhalten. ■

CHAPTER XI
ELECTRICAL CLOCKS PATENTS
By Thomas Schraven ©1991

In the year 1877, the KAISERLICHES PATENTAMT (Imperial Patent Office) in Berlin, Germany began world-wide operation. The PATENTAMT received all applications to be processed for inventor's right protection, trademark words, trademark graphic symbols, and copyrights. The PATENTAMT granted patent rights, registration numbers, and/or rejected the application. The PATENTAMT published a monthly pamphlet to inform all international member nations of the filed, granted and rejected patents, trademark words, trademark graphics and copyrights.

From 1877 to 1992, 2,400,000 applications were received and processed; 760,000 patents were granted. The Berlin Patent Office operation was terminated during World War II in 1944, and reopened in 1948 under the United States Military Administration in Munich, West Germany. With the founding of the Federal Republic of Germany in 1952, the Patent Office became a branch of the Ministry of Justice, managed by an appointed president. In East Germany, the Patent Office of the German Democratic Republic was established in East Berlin. When the reunification of Germany occured in 1990, the office in Berlin was dissolved and reorganized with the Patent Office of the Federal Republic of Germany in Munich, Zweibrückenstrasse, Museumsinsel.

All patent applications are filed under a category code. For example, "Electrical Clocks" under 83b, with the following sub-codes:

Group	Identification (general title)
1/01	Mechanical clocks pendulum escapement
1/02	Clocks with balance wheel escapement
1/03	Miscellaneous independent operating electrical clocks
1/10	Contact systems on master clocks to activate slave clocks.
2/01	Step-up advancing controls of slave clocks.
2/10	Synchronmotor operated clocks
2/20	Complete Electric Time control systems
3	Switch mechanisms for electric clocks
4	Electric impulse activated clock-hands adjustment
5	Electric impulse vibration control adjustment
6	Electric impulse activated acoustical systems
7/01	Wind-up of electric clocks with electro-magnet power
7/10	Wind-up of electric operated clocks with motor power
7/20	Other electric operated systems, electro-pneumatic heat element

Voir à la page 956 - Fortsetzung Seite 957

REMARKS OBSERV'TN BEMERKUNG	NAMES AND ADDRESS NOMS ET ADDRESSE NAMEN UND ADDRESSE	TRADEMARK OR TRADENAME MARQUE DE FABRIQUE - NOMS WARENZEICHEN - WORTMARKE
LIT 035	WINBAUER, ALOIS A9299 MFC Baden / near Vienna-Austria Pat : Reg. 1883 1884 / 1892 date reference. EL-EOC-master CLK (low voltage)	WINBAUER, ALOIS
LIT 105	SCHAUER , A9298 MFC Vienna / Austria Company founded by EMIL SCHAUER 1910 tests with electric turret turret clocks. 1912 installation of the first electric turret clock, Linz / Austria. 1920 development of all types of electric clocks, contractor to " SIEMENS - BERLIN " Germany electric operated clk.movement During World War II (1939-1945) production facilities converted into military defence plant. 1946, new start of electric clk. manufacturing. EL-EOC-WHS	SCHAUER WIEN
LIT 056	IRK - Professor A9207 Researcher / Inventor 1902 mentioned. Vienna - Austria Credited with the development of electrically / motor rewound " RIEFLER " pendulumn clock for the observatory Vienna - Austria Refer: RIEFLER,	I R K
LIT 054	ARZBERGER, FRIEDRICH A9296 MFC Vienna - Austria 1870 mentioned Development of electric operated slave clock movement. EL.	ARZBERGER, FRIEDRICH

NOTE: LIT = Literature reference see page 906-918 R/T92
Literature voir la page 906-918
Literaturverzeichnis siehe Seite 906-918

TRADEMARK OR TRADENAME MARQUE DE FABRIQUE - NOMS WARENZEICHEN - WORTMARKE	NAMES AND ADDRESS NOMS ET ADDRESSE NAMEN UND ADDRESSE	REMARKS OBSERV'TN BEMERKUNG
 Plate E9154A Alexander Bain (pencil sketch from a photograph)	BAIN, ALEXANDER E9154 * 1811 + 1877 Researcher/Inventor/entrepreneur Alexander Bain, credited as the father of electrical horology. Arrived 1831 in Edinburgh, went to London 1837. Journeyman clk.maker Clerkenwell -London (see page 76,Plate III) Attended lectures at the Adelaide Gallery. Year 1840 made models of a printing telegraph, electric clocks,demostrated his inventions to Charles Wheatstone year 1840,which resulted in a lifelong dispute between the two men. 1842 earth battery 1843 electromagnetic pendulumn 1844, Bain returned to Edinburgh and started his enterprise as "Electric Clock and Telegraph maker" 1846,demostrating the synchroni= sation of clocks between Edinburgh and Glasgow / Scotland, over a telegraph line installed by A.BAIN,. (about 50 miles long) 1847 Tall Hall Clock # Displayed Electric Clocks at the Great Exhibition 1851 in London. His wife passed away 1856,since then his carrer declined, loosing all his money in ligitation, he died as a broken man in heart and body, Kirkintilloch/Scotland January 1877. U.K.(England) PATENTS: No.: Year: 8,783 1841 Electr.clks.(Barwise and Bain) 9,745 1843 Electr.Time-Pieces /Telegraph 10,838 1845 Electr.clks. and Telegraphs 11,584 1847 Electr.clks. 14,146 1852 Electric Telegraphs and Timekeepers. NOTE: Many other patents, not applicable to electric clks. filed by Alexander Baine. MFC - EL EOC - WHS ---------- Year 1977 the BRITISH HOROLOGICAL INSTITUTE commemorated the century annivers. of ALEXANDER BAIN's death.	LIT 097 (D) LIT 111 CKA # Science Museum London-England ARS LIT 200 CKA LIT 111

T92/L NOTE: E9154A,literature reference -111- Charles K.Aked.

REMARKS OBSERV'TN BEMERKUNG	NAMES AND ADDRESS NOMS ET ADDRESSE NAMEN UND ADDRESSE	TRADEMARK OR TRADENAME MARQUE DE FABRIQUE - NOMS WARENZEICHEN - WORTMARKE
LIT 111 CKA	Selected location of ALEXANDER BAIN'S Electric Clocks British Horological Institute, Upton Hall,Newark, Notts/England Wall Clock signed: A.BAIN'S PATENT ELECTRIC TELEGRAPH COMPANY. Clockmakers' Company Museum, Guildhall Library,Aldermansbury, London, England. Wall clock signed:ALEXANDER BAIN PATENTEE No.235. - Hunterian Museum, Glasgow University,Glasgow, Scotland. Wall clock signed:ALEXANDER BAIN PATENTEE. - Museum of the History of Science, Oxford, England. Longcase clock signed : PATENT ELECTRIC CLOCK No. 105. - Museum of Vintage and Veteran cars, Edinburgh, Scotland.Private Museum. Wall clock signed: ALEXR.BAIN'S PATENT ELECTRIC CLOCK No.105. - National Maritime Museum, Old Observatory, Greenwich/England Wall clock signed:PATENT ELECTRIC CLOCK, A.Bain Invenit No.175. - Royal Scottish Museum, Edinburgh. Wall clock on back-board only, painted dial signed: ALEXANDER BAIN'S PATENT ELECTRIC CLOCK. - Science Museum, Exhibition Road, South Kensington, London-England a) Wall clock,mechanism only. b) Longcase clock dial missing c) Wall clock, signed : ALEXCR. BAIN'S PATENT ELECTRIC CLOCK. - Watten Hall, Watten, Caithess, Scotland. Clock movement fitted on back-board. Dial signed : A.BAIN PATENTEE. -	ALEXANDER BAIN'S ALEXANDER BAIN'S ELECTRIC CLOCKS

NOTE: R/T92

TRADEMARK OR TRADENAME MARQUE DE FABRIQUE - NOMS WARENZEICHEN - WORTMARKE	NAMES AND ADDRESS NOMS ET ADDRESSE NAMEN UND ADDRESSE	REMARKS OBSERV'TN BEMERKUNG
BENTLY, PERCIVAL	BENTLEY, PERCIVAL E9155 MFC BENTLEY MANUFACT. Co. London-England Bentley apprentcd. to A.E.Slater & Oakes, manufacturer of electr. equipment for the Great Western Railway /England. Received scholarship attend the Liverpool Technical School.1912 Bentley made a self winding award winning electric clock. Started watchmaker/jeweller shop in Burton-on-Trent. First patent of electric clock 1910. In disregard of existing literature, he reinventend Alexander Bain's clock 70 years later. Opened his own manufacturing plant 1912. Marketed "Bentley's earth powered battery clocks" which was used worldwide.	LIT CKA
BENTLEY MANUFACTURING Co.	BENTLEY MANUFACTURING Co. E9156 MFC Leicester, Claredon Park Road, England Established year 1910 1914 end of electric clock production. E-EOC Earth battery powered clocks designed by Bentley. U.K.(England) : Patent No. Year 190044 Aug.13.1910 3236 Feb.08.1912 8464 Apr.10.1913 Name reference: > Bentley Engineering Company < Last known records : Year 1954 EL-EOC	LIT 054 086 ARS LIT 200
BOWELL, GEORGE BENNETT	BOWELL, GEORGE BENNETT E9157 MFC * 1875 + 1942 London-England Year 1895 formed with HOPE-JONES the SYNCHRONOME Co. Year 1911, formed the SILENT CLOCK Co. used the Hipp-toggle system in master clocks. Patents registered 1896 - 1912 "Silent Clocks" Refer:Page 841, E 9191 EL-EOC	LIT 091

T92/L NOTE: LIT = Literature reference see page 906-918
Literature voir la page 906-918
Literaturverzeichnis siehe Seite 906-918

REMARKS OBSERV'TN BEMERKUNG	NAMES AND ADDRESS NOMS ET ADDRESSE NAMEN UND ADDRESSE	TRADEMARK OR TRADENAME MARQUE DE FABRIQUE - NOMS WARENZEICHEN - WORTMARKE
LIT 086	BRITISH HORO ELECTRIC Ltd. E9158 MFC Hatton Garden 83 - England Traded under BULLE CLOCKS Refer: EXIDE, page 835 ,E9166 EC-EOC	BRITISH HORO ELECTRIC LTD.
	BRITISH VACCUUM CLEANER & E9159 ENGINEERING CO. MFC Leatherhead, Goblin Works England. Refer: MAGNETA TIME Co. page 838 ,E9178 EL-EOC	BRITISH VACCUUM CLEANER & ENGINEERING Co.
LIT 094 Ⓓ	B.T.H. Co.Ltd. E9160 MFC >BRITISH THOMSON HOUSTON< Rugby, Warwickshire, England. @ year 1932 electric clock syst. Patentee:R.C.Clinker U.K.(England) Patentent 368.827,10.Dec.1930 Literature reference year 1949, @ year 1932 electric clock syst. > Clinker < (principle of reso- nant current) EL-EOC,industrial electric timer	B T-H BRITISH THOMSON HOUSTON
	COVENTRY ELECTRIC CLOCK Co. Ltd. MFC E9161 London WC1, 12 Theobalds Road * * Reference Kellys Directory London, 13th Ed. year 1924 Uk (England) : Patent No.: Year: 2404 Aug.13.1915 140.856 Dec.30.1918 Patentees: Conventry Electric Co & Rushton T. EL	COVENTRY ELECTRIC CLOCK Co. LTD.
Ⓓ	EVERETT EDCUMBE & Co Ltd. E9162 MFC London,Victoria Street 117 England Maker of early type of synchron. clocks called " SYNCLOCK " EL-EOC	SYNCLOCK
	ENGLISH CLOCK SYSTEMS E9163 MFC London, Warfdale Road 57-63 branch of Smith English Clocks Industrial time Equipment. > Smith English Clocks see page:842 and --- E9192	ENGLISH CLOCK SYSTEMS

D Signature on Dial – Signature sur le cadran – Zifferblatt Namen R/T92

M Signature on Movement–Signature ou poinçon sur le mouvement de l'horloge–Firmename auf der Werkplatine

C Case Signature–Signature ou étiquette sur la caisse de l'horloge–Gehäuse Firmenname

TRADEMARK OR TRADENAME MARQUE DE FABRIQUE - NOMS WARENZEICHEN - WORTMARKE	NAMES AND ADDRESS NOMS ET ADDRESSE NAMEN UND ADDRESSE	REMARKS OBSERV'TN BEMERKUNG
EUREKA CLOCK Co Ltd LONDON PATENT № 14614 1906	EUREKA CLOCK Co Ltd. E9164 MFC City Road 361, London-England. Founded by the Kutnow brothers, manufacturing chemists (pharmacutical prod.)capitalizing from invention of the EUREKA ELECTRIC CLOCK by the American T.B.Powers (English Patent No.14614,year 1906) EUREKA CLOCK.Co.pioneered : " electrically exited balance wheel" Eureka Clock Co.announced : > Electrical Engineer < June 17th 1909 that 10,000 handmade clocks were produced. KUTNOW BROTHERS venture failed. Production ended year 1914. Unsold clocks were given away to en gros purchaser of chemicals. EL-EOC Refer to KUTNOW BROTHERS : page 837 ,E9174	(D) LIT 156 ARS Refer page: 838 EUREKA
EVER READY SPECIALITIES Co.	EVER READY SPECIALITIES Co.Ltd. MFC E9115 London-England Patent by Herbert Scott year 1902,electric clock with magnet. impulsed pendulumn. Records indicate, that @ 500 clocks were produced. 1912 production of clocks ended. EL-EOC	LIT 100 ARS 156
E X I D E TEMPEX	EXIDE E9166 MFC Bulle Clocks Bulle, M.T. Favre, horologist in Paris-France, inventor of the "BULLE ELECTRIC CLOCK" professor Marcel Moulon and M.T.Favre Bulle registered a patent in both their names during 1920. 1921 another patent was filed in respect of Bulle, in Bulle's name only. Manufactured by the:" Compagnie Generale des Appareils Horo-Electriques" France,tens of thousands for inland and export especially under the name: "British Horo Electric" U.K. and under the tradename "TEMPEX" year 1930 registered. EL-EOC	LIT 086 156 CKA Science Museum London (D) ARS 156

T92/L D Signature on Dial – Signature sur le cadran – Zifferblatt Namen
M Signature on Movement–Signature ou poinçon sur le mouvement de l'horloge–Firmename auf der Werkplatine
C Case Signature–Signature ou étiquette sur la caisse de l'horloge–Gehäuse Firmenname

REMARKS OBSERV'TN BEMERKUNG	NAMES AND ADDRESS NOMS ET ADDRESSE NAMEN UND ADDRESSE	TRADEMARK OR TRADENAME MARQUE DE FABRIQUE - NOMS WARENZEICHEN - WORTMARKE
LIT 086 (D)	FERRANTI Ltd. E9167 MFC London-England Mentioned year 1949 Synchronous clocks and alarm clocks advertisement year 1933. EL	FERRANTI
	GENT & Co. E9168 MFC - FARADAY WORKS-Temple Road Leicester - England John Thomas Gent * @ 1840, established 1872 company.Electr. bell and light engineering. Company developed "Pul-syn-etic" system applied to electric clks. EL NOTE: No other date available.	GENTS' OF LEICESTER
LIT 157 DFN	GILLET & JOHNSTON Ltd. E9169 MFC William Gillet begun as a clockmaker in Hadlow-Kent, England. Moved to Clerkenwell London England (see table III page 76) Year 1844 to Croydon, Surry / England, later joined by Charles Bland. Company traded as "Gillet & Bland" manufacturing turret clocks.Year 1877,Arthur Johnston partner and the name changed to: GILLET & JOHNSTON. Manufacturing expanded to bell foundry and carrillons machines. Cyril Johnston,son of Arthur, joined the firm on the death of his father year 1916. Cyril Johnston + 1950. The Bell foundry closed. The Portland Business Group U.K. operated for a few years, again operates as independent company since 1965, to manufacture : Turret clocks at special request. Maintenance and service of electr. clocks. EL-EOC Chronologie: 1877 Charles Bland joined Gillet. 1923 ceased to make clocks for the	G&J GILLET & JOHNSTON LTD.
LIT 094	GLEDHILL-BROOK TIME RECORDER MFC E9170 last data year 1949 Electric time recorder EL-EOC	GLEDHILL-BROOK TIME RECORDER

R/T92

NOTE: LIT = Literature reference see page 906-918
Literature voir la page 906-918
Literaturverzeichnis siehe Seite 906-918

TRADEMARK OR TRADENAME MARQUE DE FABRIQUE - NOMS WARENZEICHEN - WORTMARKE	NAMES AND ADDRESS NOMS ET ADDRESSE NAMEN UND ADDRESSE	REMARKS OBSERV'TN BEMERKUNG
HOLDEN, FRANK	HOLDEN,FRANK E9171 MFC Year 1909 manufactured small electromagnetically maintained pendulumn clocks. Tradename " REBESI " Similar electric clocks manufct. in France under named " REGINA" Regina Electrique. Year 1923 electric clock with horizontal balance wheel. EL-EOC U.K. (England) PATENTS: No: Year: 14.873 1909 14.126 1910 118.329 24.Aug.1917 118.329 24.Dec.1919 156.408 24.Dec.1919	LIT 086 (D) ARS LIT 200
HOPE - JONES,FRANK SYNCHRONOME SYNDICATE COMPANY **F.HOPE-JONES M.I.E.E. LONDON** *	HOPE - JONES,FRANK E9172 MFC Hope-Jones * 1868 + 1950,born at Hooton Grange - England. His 8 year older brother Robert founded the Hope-Jones Organ Co. Frank was his assistant. George Benett Bowell (see page833,E9157) was an apprentice in the firm , had the idea applying electric power for clock winding. In 1894 they produced a self winding electrical clock,registered for a patent 1895. Moved to Fruitval's Inn, then to Victoria Street London, forming " SYNCHRONOME SYNDICATE COMPANY" (see page:843) Bowell left the company 1899, but Hope-Jones continued his enterprise. Advanced improved design and construction of his Synchrome electric clock, made Hope-Jones to a most successful elctric clock maker. William Hamilton Shortt,in cooper. with Frank Hope-Jones, construct. an almost free pendulumn system. Due publicity,the synchrome clock, standard pattern over a long period in manufacturing electric clocks. Due the publishing efforts of Hope-Jones, a great number of master clocks were manufactured-marketed. Year 1921 William Hamilton Shortt installed a "free pedulumn" slave clock for the observatory Edinburgh Scotland.(see Shortt page 842 E9190	LIT 157 DFN JA CKA *on pendulumn timing scale

T92/L NOTE:

REMARKS OBSERV'TN BEMERKUNG	NAMES AND ADDRESS NOMS ET ADDRESSE NAMEN UND ADDRESSE	TRADEMARK OR TRADENAME MARQUE DE FABRIQUE - NOMS WARENZEICHEN - WORTMARKE
	NOTE: Frank Hope-Jones, author of variety literature : Electric Clocks. EL-EOC-Master/slave CLK	
CKA	HORSTMAN GEAR Co. Ltd. E9173 MFC.- NEWBRIDGE WORKS - Bath - England Established 1854 Using electric clock timer to program automatically turn on/ off gas street lighting lamps. Horstman of Bath developed elec. timers to program switching of merchants show windows, in case of electric power failure,spring power reserve. 1921 marketing of electric pendulumn clocks, registerd No. 405 735 02.07. 1920. EL-EOC- Timer	NEWBRIDGE WORKS BATH
LIT Repair hints The Best of Coleman © 1979 U.S.A page 378 ARS "EUREKA" by "Artificer" CKA The Eureka Clock an Appreciation Date ?	KUTNOW BROTHERS E9174 MFC City Road 361/London England U.S.A. address: Kutnow Brothers, 853 Broadway New York,New York Patent EUREKA ELECTRIC CLOCK, No. 14,614 filed June 26 1906, and allowed February 14, 1907. see page835 E9164 : EUREKA CLOCK Co. LONDON/England EL-EOC	KUTNOW - BROTHERS EUREKA CLOCK C°. L^{TD}. LONDON PAT. N° 14614 - 1906 N° 4276
	KUTNOW BROTHERS New York N.Y. U.S.A. Registered under: EUREKA CLOCK Co.Ltd. Year : ND	
	LOWNE INSTRUMENTS E9176 MFC Catford / England Since 1950 Lowne Electric Clock & Apperatus Co. EL-EOC	LOWNE INSTRUMENTS

NOTE: R/T92

TRADEMARK OR TRADENAME MARQUE DE FABRIQUE - NOMS WARENZEICHEN - WORTMARKE	NAMES AND ADDRESS NOMS ET ADDRESSE NAMEN UND ADDRESSE	REMARKS OBSERV'TN BEMERKUNG
LOWNE ELECTRIC CATFORD. S.E.	LOWNE ELECTRIC CLOCK & E9175 APLIANCES Co. Catford-England Robert Lowne Mann * 1840 + 1924 born at Holborn/London-England His first horological invention @ 1885 -dust proof watch case- 1901 Lowne was living in Catford as well known scientific . instrument maker. Designed and constructed elect. powered clocks, forming the: LOWNE ELECTRIC CLOCK Co.supplied master clock and 46 impulse dial clocks to the Royal Arsenal, Woolwich year 1903. Chronological data: 1903 LOWNE ELECTRC.CLOCK Co. 1933 Master Clock 1960 New name: LOWNE INSTRUMENTS Over 24 patents in Lowne's name.	LIT 101 (D) (M) CKA
LOWNES PATENT	LOWNE ROBERT, MANN E9177 Holborn/London-England * 1840 - + 1924 Founder of the : LOWNE ELECTRIC CLOCK & APPLIANCE Co. - Catford - England	(M)
TRADE MAGNETA MARK Time Company Ltd GOBLIN WORKS, LEATHERHEAD DIVISION OF THE BRITISH VACUUM CLEANER & ENG. CO LTD TRADE BVC MARK	MAGNETA TIME Co. E9178 MFC Leatherhead-England Branch of British Vacuum Cleaner Co. (see page:834, E9159) 1937 start production electric clocks. 1939 Magneta master clock with licensed "Hipp toggle syst" 1950 Production ended. EL-EOC-Electric switches , Magneta Clocks.	LIT 086 (D)(M) CKA

T92/L D Signature on Dial – Signature sur le cadran – Zifferblatt Namen
M Signature on Movement–Signature ou poinçon sur le mouvement de l'horloge–Firmename auf der Werkplatine
C Case Signature–Signature ou étiquette sur la caisse de l'horloge–Gehäuse Firmenname

REMARKS OBSERV'TN BEMERKUNG	NAMES AND ADDRESS NOMS ET ADDRESSE NAMEN UND ADDRESSE	TRADEMARK OR TRADENAME MARQUE DE FABRIQUE - NOMS WARENZEICHEN - WORTMARKE
LIT 086 Ⓜ	MERCER THOMAS Ltd. E9179 MFC St.Albans, Eywood Road London-England, since 1858. Thomas Mercer * 1822 - + 1900 born at St.Helens, Lancashire. In London he learned chronometer springing (balance spring calib) Located London/Clerkenwell,(see table III,page 76),made fine marine and pocket chronometers. his name survived in the firm still making chronometers at St.Albans. EL-EOC-Electric operated master clocks with gravity arm. Marine Clocks.Slave clks. Electrically wounded chronometers.	MERCER
LIT 086 100 CKA	MURDAY ,THOMAS JOHN E9180 MFC-Researcher/Inventor No data of his life available. Basically electrical engineer, application of electricity to timekeeping. Series of patents between 1897-1921, applied improvements in electric clocks,without affectg. electrical timekeeping. Year 1910, patent electrically driven wheel wheel-balance clock. applied the Hipp-toggle system. manuafctured by: REASON MANUFACTURING Co. Brighton-England About 300 clocks were produced. EL-EOC	MURDAY,THOMAS JOHN REASON MANUFACTURING Co.
LIT 084	NATIONAL TIME RECORDER Co.Ltd. MFC E9181 London, Blackfriars Road 228 England. EL-EOC-Time recorders, electrically rewound movements.	NATIONAL TIME RECORDER
LIT 091 CKA	PARSONS I.& BALL A. E9182 MFC 1848 Parsons joined the firm of GENT & Co.(see page:836 ,E9168) 1900 Electric regulator clock 1904 A.Ball interested Gent & Co in his electric clock. 1904 Basic patent by Parsons & Ball,time transmitter with gravity lever,later improvd. principle. EL-EOC	PARSONS I.& BALL A.

NOTE: LIT = Literature reference see page 906-918 R/T92
Literature voir la page 906-918
Literaturverzeichnis siehe Seite 906-918

TRADEMARK OR TRADENAME MARQUE DE FABRIQUE - NOMS WARENZEICHEN - WORTMARKE	NAMES AND ADDRESS NOMS ET ADDRESSE NAMEN UND ADDRESSE	REMARKS OBSERV'TN BEMERKUNG
PRINCE'S ELECTRICAL CLOCK LTD.	PRINCE'S ELECTRICAL CLOCK Ltd. MFC E9183 New Bond Street, London -England Patents: 1923 1924 Electric princeps clock,patended by: Charles Edmond Prince. 1929 Telephone manufct. aquired Prince's Elect. Co. 1931 end of clock production. EL-EOC	LIT 090
PRINCEPS	PRINCEPS E9184 Prince's Electrical Clocks see page 841 ,E9183 EL-EOC	
	REASON MANUFACTURING Co. E9185 MFC Brighton-England 1909 production of MURDAY CLOCKS (British patent) with pendulumn.(page 840 E9180) 1910 Electric clocks with large balance wheel 1914 Production ended. EL-EOC NOTE: See page:840,E9180 MURDAY CLOCKS	LIT 086 CKA
R E B E S I	REBESI E9186 MFC Applied F.Holden Ratchet on electric clocks. Reference: Page837 , E9171 Frank Holden. EL-EOC	DFN
RIETCHIE, F.JAMES	RITCHIE , F.JAMES E9187 MFC * 1805 - + 1842 Edinburgh-Scotland Little is known about the elder Ritchie. When Joseph Durward,clockmaker at 2 Leith Street,Edinburgh, retired in 1819, he advised his clients to patronise James Ritchie " whose professional abilities and attention to business will give every satisfaction to his employers" 1836 the firm was known as JAMES RITCHIE & SON.The son being awarded many prices for his work in connection using electricity in horolgical field.	LIT 094 CKA RITSCHIE cont.page 842

T92/L NOTE: LIT = Literature reference see page 906-918
Literature vois la page 906-918
Literaturverzeichnis siehe Seite 906-918

REMARKS OBSERV'TN BEMERKUNG	NAMES AND ADDRESS NOMS ET ADDRESSE NAMEN UND ADDRESSE	TRADEMARK OR TRADENAME MARQUE DE FABRIQUE - NOMS WARENZEICHEN - WORTMARKE
	RITSCHIE,F.JAMES cont.from page 841: James Ritchie retired in 1842. Fredrick James Ritchie continued the business concentrating on applications of electricity to horology. 1860 time distribution service 1873 sympathetic pendulumns EL-EOC	
LIT CKA	SCOTT, HERBERT E9188 MFC-Researcher-Inventor * 1865 + 1943 Born in Bradford,Yorkshire England Improvements of the electric clock,first patent awarded 1893. Continued work enabled Scott to apply for a new english patent year 1902 and 1903. The patents were applied by the AMERICAN ELECTRICAL NOVELTY and MANUFACTURING COMPANY: 102 Charing Cross Road, London. = Ever Ready Electr.Spec.= In field of electrical horology Herbert Scott joined the ranks of pioneers like Alexander Bain, Percival A.Bently and others. EL-EOC	SCOTT, HERBERT
ARS LIT 156	SECTRIC E9189 MFC Leading church tower clock maker in the U.K. - England - The Sectric company pioneered the synchronous clock movement for turret-clocks,electrically operated striking and chiming clock trains. SMITHS of Derby,England took over the:WILLIAM POTTS of Leeds, England year 1937. JOYCE of Whitechurch,England year 1965. EL-EOC	S E C T R I C
LIT 084	SILENT ELECTRIC CLOCK Co. E9191 192 Goswell Rd. E.C. London-England MFC The Hipp feature in master clks. Merged with the: MAGNETA TIME Co. Date unknown. Refer page 839 ,E9178 MAGNETA ended production @ year 1950.	Silent Electric Clock C° 192 Goswell Rd. E.C.

NOTE: LIT = Literature reference see page 906-918
Literature vois la page 906-918
Literaturverzeichnis siehe Seite 906-918

R/T92

TRADEMARK OR TRADENAME MARQUE DE FABRIQUE - NOMS WARENZEICHEN - WORTMARKE	NAMES AND ADDRESS NOMS ET ADDRESSE NAMEN UND ADDRESSE	REMARKS OBSERV'TN BEMERKUNG
SHORTT, WILLIAM HAMILTON	SHORTT,WILLIAM HAMILTON E9190 Inventor * 1882 -1971 Lifetime employed with the London and South Western Railway and it successors. Shortt established safe speed control on train tracks. In 1910 Shortt met Frank Hope-Jones,offered him facilities for making experimental models. Shortt invented "hit and miss" sychroniser for a slave clock and his "free" pendulumn. Personally fitted the first Shortt free-pendulumn clock in the Edinburgh-Scotland year 1921 its performance astonished the astronomical fraternity. Shortt was awarded the gold medal : British Horological Institute in 1928, and elevated to fellow : 1932. The Clockmakers' Company of London England, awarded him with the first "Tompion Medal 1954. Refer: Page 837 , Frank Hope-Jones.	CKA (D) ARS LIT 200
'SEC' ENGLISH CLOCK SYSTEMS LTD LONDON SMITH SECTRIC SMITH ELECTRIC	SMITH ENGLISH CLOCK Co.LTD.E9192 MFC Cricklewood Works /London England The enterprise underwent several name changes : > Industrial Time Equipment > Smith Clock & Watch Division > Smith's Industries > English Clock Systems Ltd. Tradenames: > SMITH SECTRIC > SMITH ELECTRIC EL-EOC NOTE: Smith enterprise still active,no further data could be obtained (Jan.1993)	LIT 086 LIT 156 ARS (D)
STANDARD TIME Co.	STANDARD TIME Co. E9193 MFC London-England Established 1877 : Time distribution service, synchronizing method of "Lund" Patents awarded between year 1882 -1901. NOTE: No other date available. EL-EOC	LIT 094

T92/L NOTE: SMITH'S ENGLISH CLOCK Co. E9192
Year 1910 - CHRONOLECTRIC - Trademark

REMARKS OBSERV'TN BEMERKUNG	NAMES AND ADDRESS NOMS ET ADDRESSE NAMEN UND ADDRESSE	TRADEMARK OR TRADENAME MARQUE DE FABRIQUE - NOMS WARENZEICHEN - WORTMARKE
	SYNCLOCK E9194 Reference : Everett Edcumbe Refer: Page 834,E9162	
LIT 090 086 (M)	TELEPHONE MANUFACTURING Co. MFC E9196 London-England 1924 Established 1929 TMC merged with NEW SYSTEMS PRIVATE TELEPHONES Ltd. later renamed : TELEPHONE RENTALS Ltd.and: PRINCE'S ELECTRICAL CLOCKS Ltd. see page:840 , E9183 Telephone Rentals became a branch of TMC ,no date available 1931 redesign of the Prince's clock. 1933 synchronous clocks "TEMCO" 1935 tradename " CHRONOMATIC " EL-EOC	TEMCO TELEPHONE MANUFACTURING Co. TELEPHONE RENTALS LTD. PINCE'S ELECTRICAL CLOCKS CHRONOMATIC
LIT 090	TELEPHONE RENTALS E9197 MFC London-England Branch of: TELEPHONE MANUFACTURING Co. Refer to page: 843 , E9160 EL-EOC -Master clocks	
	TEMCO E9198 MFC London-England Refer to page: 844 , E9196 TELEPHONE MANUFACTURING Co.Ltd. EL-EOC	T E M C O
ARS	TEMPEX E9199 MFC England refer to page: 835 , E9166 1930 Bulle clock,manufactured by EXIDE.	T E M P E X

R/T92

D Signature on Dial – Signature sur le cadran – Zifferblatt Namen
M Signature on Movement–Signature ou poinçon sur le mouvement de l'horloge–Firmename auf der Werkplatine
C Case Signature–Signature ou étiquette sur la caisse de l'horloge–Gehäuse Firmenname

TRADEMARK OR TRADENAME MARQUE DE FABRIQUE - NOMS WARENZEICHEN - WORTMARKE	NAMES AND ADDRESS NOMS ET ADDRESSE NAMEN UND ADDRESSE	REMARKS OBSERV'TN BEMERKUNG
SELF-WINDING SELWYND ELECTRIC	SYLWYND E289/1 MFC-ME London-England 11.12.1926 No. 475 837 Self winding EOC-HI-WHS-RET Refer: Page 97 289/1	
VENNER TIME SWITCHES LTD *LONDON*	VENEER TIME SWITCHES Ltd. E9200 MFC New Malden,Kingston by Pass - London-England Date reference: Year 1950 EL-EOC-time switches-synchron motor,stop watches	LIT 092 094 (D)

T92/L NOTE:

REMARKS OBSERV'TN BEMERKUNG	NAMES AND ADDRESS NOMS ET ADDRESSE NAMEN UND ADDRESSE	TRADEMARK OR TRADENAME MARQUE DE FABRIQUE - NOMS WARENZEICHEN - WORTMARKE
LIT 080 081 Ⓓ	ATO F9211 MFC ATO , Etablissements S.A. Leon Hatot 12,rue du Faubourg/Saint Honore Paris-France 05.12.1934 - Reg. No 233670 Licence carrier of ATO : Gebrüder Junghans ,Schramberg / Black Forest-Germany. Reference see page 385. - After the merger of the Hamburg-American Clock Company, - HAU - Schramberg/ Black Forest-Germany in the 1927, the originally ATO license obtained by HAU-,when -HAU-transfered all rights to the Gebrüder Junghans. Reference see page 365 - HAU -	ELECTRIQUE ATO
German: HAU abbrev. Hamburg American Clock- factory	HALLER & BENZING, GmbH Clock Factory Schwenningen a.N. Black Forest Germany also obtained -ATO-license Refer to page 365. - Refer to page 168 / F190/2 -	HALLER & BENZING
	Tradename CLAIRETTA EL-EOC Note: After the Hamburg-American Clock Company merger with Gebrüder Junghans,a dispute between ATO-France /Junghans A.G.Germany over ATO license lingered for several years.	C L A I R E T T A
	BARDON ATELIERS F9212 MFC Clichy Data reference year 1927 advertised :Electromagnetic clk. Manufacturing reference between 1925 - 1930 EL-EOC	BARDON ATELIERS
	BEFFROI ELECTRIQUE F9213 MFC Blanchet (Armand) 237,rue Saint Martin , Paris France 04.12.1931 - Reg.No. 197763 Refer page 171 F133/2 EL-EOC·Clock bells,electric clk. parts.	BEFFROI ELECTRIQUE

NOTE: R/T92

TRADEMARK OR TRADENAME MARQUE DE FABRIQUE - NOMS WARENZEICHEN - WORTMARKE	NAMES AND ADDRESS NOMS ET ADDRESSE NAMEN UND ADDRESSE	REMARKS OBSERV'TN BEMERKUNG
BREGEUT, LOUIS	BREGEUT , LOUIS F9214 MFC Paris-France Year 1856,construction clock with elctric train.	
BRILLIÉ	BRILLIÉ F9215 MFC des Ateliers Brillie Freres S.A. Paris Refer to page 853 F9249	
B U L L E, M.T. FAVRE BULLE ELECTRIC CLOCK	BULLE , M.T.FAVRE F9216 MFC Paris-France BULLE ELECTRIC CLOCK Refer:Page E9166 Electric clocks manufactured : COMPAGNIE GENERALE des APPREILS HORO-ELECTRIQUE, marketet under: TEMPEX regist.year 1930 page E 843 EXIDE page E 835 BRITISH HORO ELECTRIC U.K. E 834 EL-EOC	
CHARVET-DELORME LYON	CHARVET & Cie F9217 MFC Lyon-France Established year 1850 EL-EOC- ssytem Fery slave clocks	LIT 080 Ⓓ
CHARVET-DELORME	CHARVET-DELORME F9218 MFC Lyon-France Trademark : CHARVET NOTE:No other date available EL-EOC	
Clairetta	CLAIRETTA ELECTRIQUE F9219 MFC ATO movement installed in case NOTE: No other date available. EL-EOC	Ⓓ
CLERC & CIE SOCIETE	CLERC & Cie SOCIETE F9220 MFC Paris Patent filed year 1913 Clock with electric train.	
COTNA S.A.	COTNA S.A. F9222 MFC Rue de Messageries 10 Paris-France Year 1930,clock with Ferraris motor.	Ⓜ

T92/L D Signature on Dial – Signature sur le cadran – Zifferblatt Namen
M Signature on Movement–Signature ou poinçon sur le mouvement de l'horloge–Firmname auf der Werkplatine
C Case Signature–Signature ou étiquette sur la caisse de l'horloge–Gehäuse Firmerame

REMARKS OBSERV'TN BEMERKUNG	NAMES AND ADDRESS NOMS ET ADDRESSE NAMEN UND ADDRESSE	TRADEMARK OR TRADENAME MARQUE DE FABRIQUE - NOMS WARENZEICHEN - WORTMARKE
LIT 082 083 (D)	COMPAGNIE GENERALE des APPAREILS HORO ELECTRIQUES F9221 Rue Gambetta 15-17 and Rue de la Rochefoucault 37 Paris-France Established year 1920 With the death of Favre-Bulle, 1954 production ended. Refer:Page 835,843 Traded under: F9216 BULLE- CLOCK FAVRE- BULLE BULLE EL-EOC	BULLE CLOCKETTE BULLE-CLOCK BREVETE SGDG PATENTED
(D)	D.E.H.O. F9223 Distribution-Eletrique -Heure- Officielle, S.A. 40 ,rue du Colisee Paris-France 13.10.1939 , Reg.No.307688 EL-EOC-SUP	D.E.H.O.
	DYNAMOS S.A. F9224 MFC Cuses Trademark: RANNAZ S.A.DYNAMO NOTE: No other date available.	
LIT 080 088	DETOUCHE C. F9225 MFC Rue St.Martin 228-230 Paris-France Data reference : 1825 - 1890 1850 collaboration with Houdin 1851 french patent electromagnet clock 1856 french patent electric slave clock EL-EOC	C. DETOUCHE
	DUBOULET H. F9226 filed for: French patent, clock with elect. train. NOTE: No other date available	DUBOULET H.
LIT 081 MILDE ? see page 851	ELECTROSONSOR F9227 mentioned year 1927 collaboration with Milde ? electromagnetic clocks NOTE: No other date available	ELECTROSONSOR
	ELECTRIC MARTI F9228 MFC MARTI, FRITZ see page 851 F9239 NOTE:No further date available.	ELECTRIC MARTI

NOTE: F9221, S G D G
Sans Garantie du Gouvernement (French)
Without Government Guarantee (English)
Ohne Staatliche Garantie (German)

TRADEMARK OR TRADENAME MARQUE DE FABRIQUE - NOMS WARENZEICHEN - WORTMARKE	NAMES AND ADDRESS NOMS ET ADDRESSE NAMEN UND ADDRESSE	REMARKS OBSERV'TN BEMERKUNG
ETABLISSEMENTS LEON HATOT	ETABLISSEMENTS LEON HATOT F9229 MFC Rue de la Miehodiere Paris-France Refer page 846 F9211 -ATO- EL EOC	
FAVRE - BULLE MAURICE	FAVRE - BULLE, MAURICE F9230 MFC-Inventor * 1870 + 1954 France Bulle M.T.-Favre and professor Marcel Moulon, registerd 1920 in both names : "BULLE ELECTRIC CLOCK" followed by nearly 30 patents filed between 1899 -1924 Refer:Page E9166 EL-EOC	LIT 080
FERY	FERY, CHARLES F9231 Inventor-Researcher Paris-France University professor -physics- Main patent for electromagnetic clocks awarded . Numerous other patents filed between 1899 - 1924.	LIT 080 085
ELECTRIQUE PAUL GARNIER Sr Ch. Fery S.G.D.G.	GARNIER, JEAN PAUL F9232 * 1801 - 1869 Paris - France Student od Antide Janvier(late 18th century scientific clock - maker,had a reputation to design and constructed clocks ,extreme complexity,also made top grade watches). 1830 Garnier filed for a patent: " Frictional escapement for clocks and watches" 1847 patent to control from the masterclock unlimited number of slave clocks. 1849 and 1851, Jean Paul Garnier received "Gold medal" for elect. clock exhibited at the " Great Exhibition " London-England. EL-EOC-Carriage clocks.	Ⓓ
HATOT, LEON	HATOT, LEON F9233 MFC Paris-France Refer to page 846 F9211 and page 235 F190/2 " ETABLISSEMENTS LEON HATOT " EL-EOC	

T92/L NOTE: LIT = Literature reference see page 906-918
Literature voir la page 906-918
Literaturverzeichnis siehe Seite 906-918

REMARKS OBSERV'TN BEMERKUNG	NAMES AND ADDRESS NOMS ET ADDRESSE NAMEN UND ADDRESSE	TRADEMARK OR TRADENAME MARQUE DE FABRIQUE - NOMS WARENZEICHEN - WORTMARKE
(M)	HENNEQUIN ,ANATOLE F9234 MFC Paris-France Patent filed year 1900. NOTE: No other date available, but electric clocks with the signature " L.X.7 Cie" are in existence.	LX & CIE.
(D) (M) *S G D G : Refer page 281X Plate VIX	LAMBERT A. FABRICANT d' ENREGIS St.Nicolas Ave - Canadiens F9235 Treurs - France NOTE: No other date available. EL-EOC·attendance clocks, industrial timekeepers Refer : page 219 F156/3	Enregistreur à Carte Cisaillée Systeme Lambert B^TE S.G.D.G. * S G D G A. LAMBERT (DE VALENCIENNES) Fabricant d'Enregistreurs à ST NICOLAS D'ALIERMONT (Seine - Inférieure) * A. LAMBERT *
	LAVET ,MARIUS F9236 MFC France Collaboration with Favere-Bulle see page 849 F9166 year 1944 -1920 1922 director of : ETABLISSEMENTS LEON HATOT 1923 Lavet filed his 1th patent 1953 Patent electric clock with transistor. Refer:Page ,F	LAVET,MARIUS
	LEPAUTE HENRY ETABLISSEMENTS S.A Rue Desouettes 17-28 Paris EL-EOC	
(D)	LEROY L.& Cie. F9237 MFC Bould de la Madeleine 7 Paris-France Precision vcuumn encased clocks for observatory and scientific applications. Refer to page 225 F174/3 EL-EOC	L. Leroy & Cie Paris 7. Boul^d de la Madeleine

R/T92

D Signature on Dial – Signature sur le cadran – Zifferblatt Namen
M Signature on Movement–Signature ou poinçon sur le mouvement de l'horloge–Firmename auf der Werkplatine
C Case Signature–Signature ou étiquette sur la caisse de l'horloge–Gehäuse Firmenname

TRADEMARK OR TRADENAME MARQUE DE FABRIQUE - NOMS WARENZEICHEN - WORTMARKE	NAMES AND ADDRESS NOMS ET ADDRESSE NAMEN UND ADDRESSE	REMARKS OBSERV'TN BEMERKUNG
LIAIS, EMMANUEL	LIAIS, EMMANUEL F9238 ND Paris-France 1851 Publishing " Description d' une horologe electromagne= tique ". 1857 Publishing " Note sur la distribution electrique de l' heure " 1894 Date reference numerous publications: Development of electric clocks and slave clocks. EL-EOC	LIT 053 080
ELECTRIC MARTI	MARTI, FRITZ F9239 MFC Vieux Charmont France Electric pendules with Ferraris motor.	LIT 080 ©
MILDE, CHARLES FERDINAND	MILDE, CHARLES FERDINAND F9240 ND Ave des Champs-Elysees Paris-France 1869 Patent for electric clock. 1872 Published " Les Horloges Electriques " 1927 Date ref. Milde Fils & Cie. EL-EOC	LIT 053 080 MILDE see page 848
NOLET, CHARLES	NOLET, CHARLES F9241 Clockmaker Gand - France 1853 French patent electric clk. slave clock movements 1894 last records of Nolet.	
PREMA S.A.COMPAGNIE POUR LA FABRICATION DE COMPTEURS	PREMA S.A.COMPAGNIE POUR la FABRICATION de COMPTEURS F9242 Place de Etats-Unis Muntrogne - France Patent registered 1910 / 1927 NOTE: No other date available. NOLET, CHARLES F9241 Clockmaker Gand - France 1853 French patent electric clk. slave clock movements 1894 last records of Nolet.	
RANNAZ S.A.DYNAMOS	RANNAZ S.A. DYNAMOS F9243 MFC Cluses - France Patent filed 1910 EL-EOC electric clocks, electric clock striking movements.	LIT 080

T92/L NOTE: LIT = Literature reference see page 906-918
Literature voir la page 906-918
Literaturverzeichnis siehe Seite 906-918

REMARKS OBSERV'TN BEMERKUNG	NAMES AND ADDRESS NOMS ET ADDRESSE NAMEN UND ADDRESSE	TRADEMARK OR TRADENAME MARQUE DE FABRIQUE - NOMS WARENZEICHEN - WORTMARKE
LIT 080	RECLUS,VICTOR F9244 MFC Rue de Temple 14 Paris-France 1860 filed French patent electr. clock movement train. 1889 Electric clock 1893 Publisher of "L'HORLOGERIE ELECTRIQUE " Refer to page 237 F229/3 EL-EOC	SG DG BREVETE PARIS
(D) * S G D G Plate VIX, page 281X	REGINA ELECTRIQUE F9245 MFC ND Manufaturing of clocks based on patents:Frank Holden/year 1909 Refer: Page837,E9171 > British patent 14873< EL-EOC	REGINA ELECTRIQUE A.S.E.M. B^{TE} S.G.D.G * S G D G
(D)	ROBILLARD, G. F9246 MFC Rue de Oberkampf 75 Paris-France Existing clock with 1/1 sec.pendulumn system Fery and Hipp toggle. NOTE: No other date available. EL-EOC	G. Robillard. Fab. 75 RUE OBERKAMPF 75 PARIS
	ROBERT-HOUDIN,JEAN EUGENE F9247 MFC * 1805 + 1871 Paris-France 1857 filed french patent : Use of electricity for clocks. EL-EOC	ROBERT-HOUDIN, JEAN EUGENE
LIT 086 (M) (D)	S.A.des HORLOGES ELECTRIC SILENTIA F9248 MFC Besancon - France Filed french patents: Year 1909 - 1911, development of from the design of a large watch movement, clock movement with a hourly electric power spring rewinding feature. Limited number of clocks manufactured EL-EOC	SILENTIA ELECTRIC SILENTIA

D Signature on Dial – Signature sur le cadran – Zifferblatt Namen R/T92
M Signature on Movement–Signature ou poinçon sur le mouvement de l'horloge–Firmename auf der Werkplatine
C Case Signature–Signature ou étiquette sur la caisse de l'horloge–Gehäuse Firmenname

TRADEMARK OR TRADENAME MARQUE DE FABRIQUE - NOMS WARENZEICHEN - WORTMARKE	NAMES AND ADDRESS NOMS ET ADDRESSE NAMEN UND ADDRESSE	REMARKS OBSERV'TN BEMERKUNG
Electrique Brillié BFF 1275 Ⓜ	S.A. DES ATELIERS BRILLIE F9249 FRERES MFC Levallois-Perret /France Based on FERY's patent the Brillie's enterprise developed an electromagnetc clock,enjoyed a large market shear of clock sales in France.(year 1910) French patents filed 1920 -1928 Refer: Page ,F9215 EL-EOC all types and models.	LIT 085 Ⓓ Ⓜ
	SOC. (Societe) FRANCAISE F9250 de l'HORLOGERIE ELECTROAUTOMATIQUE Marketing/Cooperative Paris /France Filed for french patents, year 1894 - 1895	
A E • S V	SALOMON, ERNST PAUL F9251 Clockmaker/Electrical Engineer MFC Rue des Carriers Vinvennes - France 1898 manufacturing ended, EL-EOC feature time switches rewound electrically.	Ⓜ
J. & A. UNGERER Fabrique d'Horloges STRASBOURG 1925 Nº	UNGERER - FRERES (brothers)F9252 MFC -Tower clocks- Strasbourg/Elsac Lorrain/France Historical reference: 1354, Astronomical clock Cathedral Strasbourg 1574, Clock replaced by clock made by Isaac Habrecht of Strasbourg 1842 The Isaac Habrecht clock replaced by Jean-Baptiste Schwilgue with Albert and Theodore Ugerer,all of Strasbourg . The turret clock, Strasbourg Cathedral, signed UNGERER. Alfred Ungerer,related to the Ungerer family , author of the monumental publication: "Le horloges astromiques " © 1932 and many other horological books dealing with the "Large clocks" design/construction. The Ungerer enterprise designed constructed and erected the Messina (Italy) cathedral clock, date unknown. TOWER CLOCKS - Electric power driven.	©

T92/L D Signature on Dial – Signature sur le cadran – Zifferblatt Namen
M Signature on Movement–Signature ou poinçon sur le mouvement de l'horloge–Firmename auf der Werkplatine
C Case Signature–Signature ou étiquette sur la caisse de l'horloge–Gehäuse Firmenname

REMARKS OBSERV'TN BEMERKUNG	NAMES AND ADDRESS NOMS ET ADDRESSE NAMEN UND ADDRESSE	TRADEMARK OR TRADENAME MARQUE DE FABRIQUE - NOMS WARENZEICHEN - WORTMARKE
TS	WATCHMAKER SCHOOL CLUSES F9253 Cluses /France Refer: Page 855, F0607 Director: 1905-1943 , PONCHET, Charles, El.Clks.with 1/2 sec. pendulumn.School closed, now a Horological museum.	WATCHMAKER SCHOOL CLUSES
Ⓓ	VAUCANSON ATELIERS F9254 MFC Year 1919 marketing of electric clocks. Construction features: Hipp toggle, electromagnetic wall clock. Pedulumn clock "HELIOS" EL-EOC	Ateliers Vaucanson Paris
	VIGREUX C. & BRILLIE L. F9255 MFC Levallois - Perret / France Filed french patent year 1904. changed to : S.A. ATELIERS BRILLIE FRERES Refer:Page ,F9249 EL-EOC	VIGREUX C.& BRILLE
LIT 053 080 PSKM LIT 157	VERITE AUGUSTE LUCIEN F9256 MFC Rue de la Tailliere Bauvais - France 1832 established clock factory 1863 acomplished synchronization of electric clocks. Historical reference: Verite, August-Lucien * 1806 + 1887 Clockmaker in Bauvais / Beaudin manufactured public clocks and applied electricity for synchro. time keeping. 1824 published essay "Modified George Graham's escapement with reversed anchor" 1850 patentend free pendulumn. 1853 presented to " ROYALE des SCIENCE " paper : Large regulator with constant force electric power escapement french patent year 1854. Clocks for the the northern French railway company. Astronomical clocks,cathedral in Besancon 1856-1860. Beauvais 1865-1868 Clocks with synchronous electric drive.	VERITE,AUGUSTE LUCIEN

NOTE: LIT = Literature reference see page 906-918
Literature voir la page 906-918
Literaturverzeichnis siehe Seite 906-918

R/T92

TRADEMARK OR TRADENAME MARQUE DE FABRIQUE - NOMS WARENZEICHEN - WORTMARKE	NAMES AND ADDRESS NOMS ET ADDRESSE NAMEN UND ADDRESSE	REMARKS OBSERV'TN BEMERKUNG
PALTOT,HENRI	PALTOT, HENRI F0607 MFC - MASTER WATCHMAKER,business Montceau le Mines,Rue Carnot 67. Patot ,a studet between 1919 - 1922, at the " WATCH/CLOCKMAKER SCHOOL CLUSES "* ------- Master Watchmaker Masterpiece: > design and built, electric clock with following features > Master time control clock > Jewelled pallets > Compensated second-pendulumn > Pendulumn bob weight @ 10 kg/ (22lbs) > Electric motor time train windup ------- Paltot - Watchmaker teacher ------- * Cluses a small town in the French Alps / District Savoie. The Watchmaker School still active during the eighties. Refer page: 854, F9253	ASP TS

T92/L NOTE: ASP/Shapiro,Adolphe/Archive - France -

REMARKS OBSERV'TN BEMERKUNG	NAMES AND ADDRESS NOMS ET ADDRESSE NAMEN UND ADDRESSE	TRADEMARK OR TRADENAME MARQUE DE FABRIQUE - NOMS WARENZEICHEN - WORTMARKE
	ABEL & SOHN (son) KG G9001 UHRENFABRIK (Clockfactory) MFC Berlin - Germany Trademark : RABELUS Refer:Page ,G098/6	
Ⓓ	ALLGEMEINE ELEKTRIZITÄTS G9002 GESELLSCHAFT - A E G - MFC Berlin - Hohenzollerndamm 150 year 1993 - Germany - FRG - Year: 1883 Established -registered DEUTSCHE EDISONGESELLSCHAFT für ANGEWANDTE ElEKTRIZITAT > German Edison Corporation for applied electricity< 1891 Design-construction basic concept by : Hefner Alteneck (1845-1904) for AEG-Administration/ Plant central time control system. 1903 Development- Synchronclock- 1910 AEG - Clock manufacturing 1918 Production of Synchronclock based on the -WARREN-patent GENERAL MANUFACTURING/PRODUCTION PROGRAM: All kinds of elctrical motors, electrical power generating stations for private and public-municipal applications. Worldwide export. ELECTRICAL CLOCKS: Low voltage, Complete timecontrol stations, master clock / slave clocks, control clocks for industrial and private applications, time-card printout clocks. Synchronclocks. PATENTS: 38 DRP - GERMAN PATENTS Class 83b since the year 1908-1935 Reference: Page 883, G0582 AEG - TELEFUNKEN - GRUPPE: Merger with AEG year 1967. NOTE: Mercedes-Benz Corporation and Deutsche Bank/Germany hold a major investment of - AEG - (press notice 1993)	AEG  Plate G9002

NOTE: G9002,Advertisement year 1913.Furtwangen (Germany) Horological archive Museum library.

TRADEMARK OR TRADENAME MARQUE DE FABRIQUE - NOMS WARENZEICHEN - WORTMARKE	NAMES AND ADDRESS NOMS ET ADDRESSE NAMEN UND ADDRESSE	REMARKS OBSERV'TN BEMERKUNG
AMERICAN ELECTRICAL NOVELTY	AMERICAN ELECTRICAL NOVELTY Manufacturing Company. G9003 Berlin, Ritterstrasse 71 Germany MFC Established : Year 1900 Filed year 1903 german patent Tradename: CHRONOS EL-EOC-electric clock parts	ARS LIT 156
ANDERS, AUGUST	ANDERS, AUGUST G9004 MFC Berlin-Charlottenburg Germany Filed german patent year 1903 Electric windup powered clocks. EL-EOC	
	ANDERS GEBRÜDER (brothers) G9005 MFC Stuttgart/Germany Electric master clocks, using HELIOWATT clock movements. Refer :Page857,G9023 EL-EOC	
	ARON,HERMANN G9006 MFC Berlin-Germany Year: 1883 Established research lab. applied electricity,Berlin. 1884 Registered first patent for electricity meter, startet in the same year production of meters. 1885 Displayed at the Trade Fair Hannover-Germany : Electric Pendulumn Clock. 1893 Registered company name: H.ARON ELEKTRIZITATSZÄHLER FABRIK G.m.b.H. 1900 Relocated from Berlin to: Berlin-Charlottenburg 1902 + Hermann Aron 1929 Changed to AG (Stockholder Corporation	
HELIOWATT WERKE ELEKTRIZITÄTS A.G.	1933 HELIOWATT WERKE ELEKTRIZITÄTS AG. Refer:Page867,G9144 EL-EOC- electricity meters, Central time control syst. master/slave clocks.	

T92/L NOTE: LIT = Literature reference see page 906-918
Literature voir la page 906-918
Literaturverzeichnis siehe Seite 906-918

REMARKS OBSERV'TN BEMERKUNG	NAMES AND ADDRESS NOMS ET ADDRESSE NAMEN UND ADDRESSE	TRADEMARK OR TRADENAME MARQUE DE FABRIQUE - NOMS WARENZEICHEN - WORTMARKE
	ATO -ETABLISSEMENT S.A. G9007 LEON HATOT licence holder of ATO Clocks: Hamburg American Clock Co. Schramberg / Black Forest Germany,refer to page 365. Gebrüder (brothers) Junghans, Schramberg / Black Forest Germany,refer to page 354. Haller & Benzing, Clockfactory Schwenningen a.N./Germany refer to page 365. Leon Hatot, refer:Page846,F9211 EL-EOC automatic controlled time systems.	ATO
Refer page: 300 / 858 BÄUERLE & SÖHNE	BAUERLE T.& SÖHNE (sons) G9008 UHRENFABRIK (clockfactory) MFC St.Georgen/Black Forest/Germany Refer:Page 300, G011/4 Electrically controlled time systems,automatic time switches, photo laboratory timing clocks, signal clocks. Due worldwide competition the Bauerle enterprise was forced to reorgan.(year 1982) fabrication program and drastically curtailed the labour force. Trademark : FERRAMO G9009 EL-EOC precision-electrically controlled instruments.	„Ferramo"
	DEUTSCHE HOLLERITH MASCHINEN GESELLSCHAFT mbH G9010 MFC Berlin-Lichterfelde/Germany Data processing eqipment Time control master clocks EL-EOC	DEHOMAG
	DENNER, OTTO G9011 Inventor Nürnberg/Germany Filed german patent year 1910: Noisless slave clock,manufact. by the "Deutsche Telephon Werke GmbH, Berlin/Germany Date reference: Year 1910 EL-EOC electric pedulumn.	DENNER, OTTO

NOTE: R/T92

TRADEMARK OR TRADENAME MARQUE DE FABRIQUE - NOMS WARENZEICHEN - WORTMARKE	NAMES AND ADDRESS NOMS ET ADDRESSE NAMEN UND ADDRESSE	REMARKS OBSERV'TN BEMERKUNG
MAGNETA SINGEN Amt Konstanz *D.R.P. Pat. 19701* (German Patent number)	DEUTSCHE MAGNETA AG G9012 MFC Düsseldorf/Germany 1907, branch of the MAGNETA AG, Zürich/Switzerland 1922 Union of Deutsche MAGNETA AG and : 1929 FIRCHOW,Paul Nachf.(succd.) LANDIS & GYR,apperatus & Clock manufct.Berlin SW. ND Fischer, Martin ND D.R.P.Pat. No.19701 EL-EOÇ central time distr.syst. -MAGNETA-	LIT 042 to 045
DEUTSCHE PRIVAT TELEPHON GESELLSCHAFT H.FULD & Co. D.E.H.O. ELEKTROZEIT S.E.N.U.G. TELEFONBAU UND NORMALZEIT T & N	DEUTSCHE PRIVAT TELEPHON G9013 GESELLSCHAFT H.FULD & Co. Frankfurt /Main Germany MFC 1899 Established by Harry Fuld, merchant, * Feb.03 1879 + Jan.01.1932 Pioneerd the "rental syst. of telephones" 1901 Started own research/manfct for central switchboard and telephon system. 1902 Marketing of electric clks 1913 Independent manufacturing of electric clocks. 1914 Clock with electric train (system T & N) 1918 European marketing system * 1919 Precise time adjusting syst. for wire network. 1920 Time distributing systems * European branches abbreviated: > D.E.H.O. > ELEKTROZEIT > S.E.N.U.G. ------ 1922 MEZ (middle european time standard system) adopted by the German railroad system (state owned) and the German Postal syst. (state owned),synchron time network. 1935 Entire company structure reorganized under : " TELEFONBAU und NORMALZEIT" G.m.b.H. Frankfurt / M.Germany common known as T & N. 1948 Production facilities rebuild after WW II (1945) 1948 Small size -silent- slave clock movement. 1963 Quartz - Clock technology EL-EOC -time control systems.	LIT 046 047 AB LIT 109 T & N refer page 882, G9120

T92/L NOTE: LIT = Literature reference see page 906-918
Literature voir la page 906-918
Literaturverzeichnis siehe Seite 906-918

REMARKS OBSERV'TN BEMERKUNG	NAMES AND ADDRESS NOMS ET ADDRESSE NAMEN UND ADDRESSE	TRADEMARK OR TRADENAME MARQUE DE FABRIQUE - NOMS WARENZEICHEN - WORTMARKE
LIT 054 055 AB LIT 035	GEIST, SEBASTIAN G9044 Würzburg/Germany Clockmaker * July 22.1817 + Dec.12.1908 History: " MASTER CLOCKMAKER" degree, shortly thereafter year 1849 opened "Clockshop" in Würzburg,trained and educated future " MASTER CLOCKMAKER, notable like the famous Ludwig Strasser, Saxonia/Germany).Geist made Astronomical clocks.Pioneer of electric operated clocks 1865 Invented electric prototype clock. 1875 After the death of his wife dissolved his workshop. EL-EOC	GEIST, SEBASTIAN
	GRAU,HEINRICH G9045 Kassel/Germany MFC 1880 Filed German patent 1880 : Basic construction of slave clock movements using the concept of HIPP design. 1898 : German patents combined into the: " GRAU/WAGNER SYSTEM" Note : Refer:Page 885, G9131 EL-EOC	GRAU, HEINRICH
LIT 035	HABES,ROBERT G9046 MFC Aaachen,Hubertusstr.25 / Germany Established year 1888 Last records year 1904 Central time systems,watchman's control clock. EOC-WHS	HABES, ROBERT
LIT 035 056	HAHN,ALFRED G9047 MFC Leipzig,Neumarkt / Germany Year 1910 clocks with time signals, central time systems. - LIPSIA - EOC-WHS	*LIPSIA*
	HALLER & BENZING G9048 MFC Schwenningen a.N. / Germany Refer: Page 365 G 394/5 page 858 - ATO - EOC-WHS-RET	H&B *H&B*

NOTE: LIT = Literature reference see page 906-918 R/T92
Literature voir la page 906-918
Literaturverzeichnis siehe Seite 906-918

TRADEMARK OR TRADENAME MARQUE DE FABRIQUE - NOMS WARENZEICHEN - WORTMARKE	NAMES AND ADDRESS NOMS ET ADDRESSE NAMEN UND ADDRESSE	REMARKS OBSERV'TN BEMERKUNG
Elektrische Normaluhr G.m.b.H.	ELEKTRISCHE NORMALUHR GmbH G9017 Leipzig * Germany MFC Filed German patent year 1913 Master clocks system Aron NOTE: No furhter date available. EL-EOC * Former East-Germany. the communist regime destroyed all records of private enterprises.	LIT 049
	ELEKTRISCHE UHREN GmbH G9018 Frankfurt / Main /Germany MFC ND EL-EOC	
ELEKTROMAT GMBH	ELEKTROMAT GmbH G9019 GmbH Berlin/Germany MFC Date reference: Year 1930 EL-ECO-battery operated clocks	ARS LIT 156
Wattvolta	ELEKTRO - MECHANIK GmbH G9020 Berlin /Germany MFC Tradename: WATT VOLTA EL-EOC	
KAUFMANN & CO HALLE A. SAALE E.N.U.G.	ELEKTRO-NORMALUHR GESELLSCHAFT Kaufmann & Co (E.N.U.G.) G9021 Halle/Saale/Germany * MFC NOTE:No other date available. EL-EOC * Former East-Germany ,the communist regime destroyed all records of private enterprises.	
ELEKTROTECHNISCHE FABRIK	ELEKTROTECHNISCHE FABRIK G9022 SCHMIDT & Co. Neue Chauseestr.82 Berlin/Germany MFC Established year 1901 Date reference: Year 1904 EL-EOC clocks with electric illumination.	LIT 035

T92/L NOTE:

REMARKS OBSERV'TN BEMERKUNG	NAMES AND ADDRESS NOMS ET ADDRESSE NAMEN UND ADDRESSE	TRADEMARK OR TRADENAME MARQUE DE FABRIQUE - NOMS WARENZEICHEN - WORTMARKE
(D) (M) AB LIT 109	ELEKTROZEIT AG G9023 Frankfurt / Main / Germany MFC Established year 1918 Merged 1942 with " TELEFON und NORMALZEIT AG " Refer:Page882 ,G9120 EL-EOC Central time control systems.	ELEKTROZEIT AG
	ELTAX ELEKTRO A.G. G9145 Import / Export Berlin - Germany - ELTAX - 25.Apr.1925 EL-EOC ·SUPP	ELTAX ELEKTRO A.G.
LIT 050	ENGEL,RICH and FRED G9024 Wiesbaden / Germany MFC Date reference: Year 1927 EL-ECO-with Ferraris motor.	ENGEL, RICH & FRED
LIT 057	EPPNER A. & CO.UHRENFABRIKANTEN Königstrasse 3 G9025 Breslau / Schlesien /Germany after year 1945: Annexed by Poland, now Wroclaw. MFC Date reference: Year 1909 / 1927 EL-EOC ·turret clocks-time clocks time recorder-watchman's control clock.	EPPNER A.& Co. UHRENFABRIKANTEN
LIT 058 059	FABRIK ELEKTRISCHER UHREN* G9026 HANAU /Germany STEINHEUER & RABE MFC 1882 and 1888 German patent 1888 Date reference EL-ECO- electric clocks with rotation pendulumn * English: Factory for electric clocks.	FABRIK ELEKTRISCHER UHREN STEINHEUER & RABE
LIT 042 043	FIRCHOW, PAUL G9028 Berlin MFC Established year 1898 Changed company name : Paul Firchow, Nachfg.(succeeder) year 1912 EL-EOC -electric time switches	FIRCHOW, PAUL
Refer page: 888 FIRCHOW	FIRCHOW , PAUL Nachfg. G9029 (succeeder) Belle Alliance Str. 3 Berlin / Germany Last record year 1929 (DB) EL-EOC	

D Signature on Dial – Signature sur le cadran – Zifferblatt Namen R/T92
M Signature on Movement–Signature ou poinçon sur le mouvement de l'horloge–Firmename auf der Werkplatine
C Case Signature–Signature ou étiquette sur la caisse de l'horloge–Gehäuse Firmenname

TRADEMARK OR TRADENAME MARQUE DE FABRIQUE - NOMS WARENZEICHEN - WORTMARKE	NAMES AND ADDRESS NOMS ET ADDRESSE NAMEN UND ADDRESSE	REMARKS OBSERV'TN BEMERKUNG
RF	FLUME - UHRENTECHNIK * G9030 SUPP/SUPO (* Horology) Wallstr. 11/12 Berlin / Germany Refer: Page 349 G058/4 EL-EOC Supplier electric.clocks, parts to the trade. WHS/RET	*Year 1962: Rudolf Flume 1000 Berlin W 30 Lützowstr.94
FORSTER	FORSTER G9031 Posen / Germany sine 1945: Pozcnan - Poland Date reference: year 1883 Pendulumn clocks with electric train. EL-EOC	LIT 053
FUCHS & SOHN	FUCHS & SOHN (son) G9032 Bernburg/Germany MFC Fuchs, Johann, Clockmaking enterprise. History: Astronomical tower clock, 1878 City hall Bernburg 1881 Geographic second pendulumn clock (tower clock) exhibited Trade & Industry show Halle/Saale Germany 1904 last records available. EL-EOC public places clocks	LIT 035 AB LIT 109
BENZING, FRIEDRICH ERNST	BENZING, FRIEDRICH, ERNST G9033 KONTROLL UHRENFABRIK Schwennigen/Germany MFC Date reference: Deutsche * Uhrmacherzeitung (German Watch/ Clockmaker year 1920 and 1931) EL EOC -Time control and watchman clocks. * German Watchmaker Journal	
BER PA	BERLINER PATENT TREPPENAUTOMAT Neukölln/Germany G9034 MFC Trademark registered : Germany July 07.1926 Refer to page 304 G150/6 EL-mechanical-electric short time staircase light timer. electrical system timer, darkroom timer.	

T92/L NOTE: LIT = Literature reference see page 906-918
Literature vois la page 906-918
Literaturverzeichnis siehe Seite 906-918

REMARKS OBSERV'TN BEMERKUNG	NAMES AND ADDRESS NOMS ET ADDRESSE NAMEN UND ADDRESSE	TRADEMARK OR TRADENAME MARQUE DE FABRIQUE - NOMS WARENZEICHEN - WORTMARKE
	BIZERBA WERKE (works) G9035 Balingen/Germany MFC Established 1866 -scales - included year 1951-1955 the sale of synchronous clocks : CHRONOSTAT EL-EOC	BIZERBA WERKE *CHRONOSTAT*
LIT 039	BODES GELDSCHRANKFABRIK G903 (safe manufacturer) Hannover/Germany Date reference: Year 1914 EL-EOC special clock movements for churches-factories.	BODES GELDSCHRANKFABRIK
	BOHMEYER KG G9037 Halle/Saale/Germany MFC NOTE: No other date reference EL- on file.	IPSE *DRP 204645* (German Patent)
Ⓓ	BÜRK SÖHNE (sons) GmbH &Co. G9038 Schwennigen a.N./Germany MFC Refer: Page 516 G204/5 EL-automatic time controls-	*Bürk*
LIT 040	CALORA GmbH G9039 Berlin-Tempelhof/Germany MFC Date reference:Year 1928 EL-timer for cooking appliance	CALORA GMBH
LIT 041 Ⓓ	COHEN HEINRICH Jun. G90 UHRENFABRIK (clockfactory) Rindermarkt 9 Munich/Germany German patent filed year 1903 Date reference :Year 1908 EL-clocks with electric train, Master /slave clock.	*D.R.Pat. 150 493* (German Patent)
	DAMMAN , KARL HEINZ G9041 NOTE: No other data available.	D A M M A N, KARL HEINZ
	EGTS,ALBERT HAJEN G9014 Burhave - Germany 1882 Filed patent :Electric pendulumn NOTE: No other date available.	
*D.R.G.M. German Empire Trade Protect.	BOHMEYER KG G9157 Halle/Saale/Germany EL-EOC	*C.B. H.* *D.R.G.M.* *

D Signature on Dial – Signature sur le cadran – Zifferblatt Namen R/T92
M Signature on Movement–Signature ou poinçon sur le mouvement de l'horloge–Firmename auf der Werkplatine
C Case Signature–Signature ou étiquette sur la caisse de l'horloge–Gehäuse Firmenname

TRADEMARK OR TRADENAME MARQUE DE FABRIQUE - NOMS WARENZEICHEN - WORTMARKE	NAMES AND ADDRESS NOMS ET ADDRESSE NAMEN UND ADDRESSE	REMARKS OBSERV'TN BEMERKUNG
ELBERFELDER TURMUHREN UND (&) ELEKTRISCHE UHRENFABRIK	ELBERFELDER TURMUHREN und G9015 ELEKTRISCHE UHRENFABRIK CARL HEUSER (tower clocks and Germany electrical clock factory) Heuser,Carl Wilhelm * May 05.1855 + ND 1936 MFC Wuppertal 1 / Germany since 1882 Domestic and worldwide sales public buildings, church tower clocks. (approx.2000) 1896 DRP-System Heuser,shock proof clock movements. Company still active,maintenance service of public clocks. EL-EOC:turret clocks-master/ slave clocks.	LIT 041 AB LIT 035
ELEKTRA UHRENFABRIK M F C	ELEKTRA UHRENFABRIK G9016 Elberfeld/Germany MFC under the name: Elektra - Uhrenfabrik (Westdeutsche Uhrenfabrik) -West German Clockfactory- Wuppertal 1 /Germany former: Factory for tower clocks owner Paul and Eugen Westrop,established 1904. Dissolved year 1910 into "Elberfelder Turmuhren und Elektrische Uhrenfabrik Carl Heuser" Refer:Page865,G9015 EL-EOC	LIT 048
ELEKTRIZITÄTS A.G.	ELEKTRIZITÄTS A.G. G9154 MFC Berlin - Germany - SERPENS - 23.May 1925 EL-EOC-WHS-SUP	
FULD, HARRY	FULD,Harry G9042 Merchant/President of: "DEUTSCHE PRIVAT TELEPHON GESELLSCHAFT" Refer:Page859 ,G9031	
Aeterna	FUSS, MAX G0903 Note:No other date available.	

T92/L NOTE: LIT = Literature reference see page 906-918
Literature voir la page 906-918
Literaturverzeichnis siehe Seite 906-918

REMARKS OBSERV'TN BEMERKUNG	NAMES AND ADDRESS NOMS ET ADDRESSE NAMEN UND ADDRESSE	TRADEMARK OR TRADENAME MARQUE DE FABRIQUE - NOMS WARENZEICHEN - WORTMARKE
(D)	HAMBURG AMERIKANISCHE G9049 UHRENFABRIK (Hamburg American Clock Factory) Schramberg - Black Forest/Germany - H A U - Refer:Page 369 - A T O - page 858 EOC-WHS	HA U ATO
AB LIT 035	HAMMACHER & PAETZOLD G9050 MFC Berlin,Chausseestr.47 Established year 1901 Last records year 1904 EL-EOC	HAMMACHER & PAETZOLD
LIT 035	HARMS, ADOLF G9051 MFC Oldenburg,Schüttigstrasse Germany Established year 1901 clockmaker shop.Developed and manufactured electric clocks. Master clock in his Oldenburg shop connected to 100 slave clocks. Year 1970 all production ended. EL-EOC -Time control systems master/slave clocks.	HARMS, ADOLF
LIT 035	HARTFUSS, JEAN PIERRE G9052 MFC Merzig/Germany Year 1898 development of alarm - attendant clocks EOC	HARTFUSS, JEAN PIERRE
	HARTMANN, GEORG G9053 ND München/Germany Refer: Page 432 G 406/5 Manhardt	HARTMANN, GEORG
LIT 060	HEFNER-ALTENECK,FRIEDRICH G9054 MFC Berlin / Germany Vital date : 1845 - 1904 Development "first electric clock high voltage circuit " Registered patents :Year 1890/91 (Patents used by AEG) Refer: Page 856.G9002 EOC-	HEFNER-ALTENECK, FRIEDRICH

NOTE: LIT = Literature reference see page 906-918 R/T92
Literature voir la page 906-918
Literaturverzeichnis siehe Seite 906-918

TRADEMARK OR TRADENAME MARQUE DE FABRIQUE - NOMS WARENZEICHEN - WORTMARKE	NAMES AND ADDRESS NOMS ET ADDRESSE NAMEN UND ADDRESSE	REMARKS OBSERV'TN BEMERKUNG
H E L I O W A T T WERKE ELEKTRIZITÄTS A.G.	HELIOWATT WERKE ELEKTRIZITÄTS * AG. Berlin-Charlottenburg G9144 Germany MFC * Former Hermann Aron, Elektrizitätszähler Fabrik A.G.Refer:Page857 English:Hermann Aron, manufact. electricity meter. Year 1933,the NAZI regime con- ficated the -Jewisch owned- plant and renamed it : HELIOWATT WERKE ELEKTRIZITÄTS A.G.(Stockholder corporation) Year 1964: Changed to >HELIOWATT WERKE ELEKTRIZITÄTS G.m.b.H< (Corporation with limited liability) Year 1983 : 100 YEARS HELIOWATT ANNIVERSARY EL-EOC-El meter-	LIT 049 050 052 061
HELIOWATT	Heliowatt clock movements sold to: De Ho Mag Co. Gebrüder Anders,refer:Page 857	
	HELIOWATT WERKE G9055 MFC Charlottenburg / Berlin / Germany Data reference: Year 1936 Clocks with electric power windup (system Aron),refer page: 857. ,G9006. Clocks with "Ferraris motor" * HELIOWATT WERKE ELEKTRIZITÄTS AG Berlin-Charlottenburg 4 Synchronwecker,Mantle,Wall EOC. WHS-	AB LIT 035 * Refer: Page 878
HEMBERGER, A.	HEMBERGER, A. G9056 MFC Erling-Andecks / Germany Data reference:Year 1904 EOC	LIT 035
H	HENGSTLER, J. KG. G9142 MFC Aldingen / Germany Established 1846 Electric / mechanic counters No additional data available. EOC	LIT 078 C
AH	HANHARDT,ADOLF G9155 MFC Gütenbach/Black Forest /Germany Refer: Page 367, G 099/4 EOC-WHS	
NEUELEKTRO	HENKER & Co. G9057 MFC Berlin-Germany -NEUELEKTRO- EOC-	LIT 050

T92/L NOTE: LIT = Literature reference see page 906-918
Literature voir la page 906-918
Literaturverzeichnis siehe Seite 906-918

REMARKS OBSERV'TN BEMERKUNG	NAMES AND ADDRESS NOMS ET ADDRESSE NAMEN UND ADDRESSE	TRADEMARK OR TRADENAME MARQUE DE FABRIQUE - NOMS WARENZEICHEN - WORTMARKE
	HERMLE, FRANZ & SOHN (son) G905 MFC Gosheim - Black Forest / Germany Refer:Page 380, G 108/4 EOC-WHS-Export	
AB LIT 035	HEROTITZKY,GUSTAV MAXIMILIAN MFC G9059 Hamburg/Germany Patents: Year 1885, 1893 Development of electric clocks with gravity lever. EOC-	HEROTITZKY, GUSTAV MAXIMILIAN
LIT 035	HEUSTEREU H. Jun. G906 MFC Kiel/Germany Year 1867 manufacturer of telegraphs /electric clocks. EOC-	HEUSTEREU H. JUN.
LIT 041	HILLER , ALFRED G9061 FABRIK ELEKTRISCHER UHREN -Factory Electric Clocks - MFC Stuttgart-Germany Established year 1874. Last records: Year 1908 All types of electric clocks, turret clocks,electric switsches. EOC-WHS	AH A. H: St.
LIT 035	HILLER,BERNHARD G9062 MFC Berlin-Oberschönweide/Germany * 1878 + 1959 Patent: Year 1914/1915 Automatic voice time announcement. Produced @ 300 units, company forced to file "bankruptcy" Hiller's pioneering work credited to the "Telephone Time recording" since the year 1935 by the "German Post Office"(state owned" in usage. Refer: Page 358, G0000 EOC- 880, G9180	HILLER, BERNHARD
LIT 035	HOHLWEG, PETER G9065 MFC > GEBRÜDER HOHLWEG < -Hohlweg Brothers- Established : Year 1866 manufacturing Tower Clocks, electrical clocks, electric activated Fire alarm - telegraphs. Last records year 1904 EOC-Tower Clocks-	HOHLWEG, PETER GEBRÜDER HOHLWEG

NOTE: LIT = Literature reference see page 906-918
Literature voir la page 906-918
Literaturverzeichnis siehe Seite 906-918

R/T92

TRADEMARK OR TRADENAME MARQUE DE FABRIQUE - NOMS WARENZEICHEN - WORTMARKE	NAMES AND ADDRESS NOMS ET ADDRESSE NAMEN UND ADDRESSE	REMARKS OBSERV'TN BEMERKUNG
	HOFFMANN, G9064 ND Bramsche/ Germany Electr.master/slave clocks EOC-	(M)
	HÖRZ, PHILLIP KG. G9063 MFC Ulm,Söflingerstr.159 /Germany Tower Clock and carrilion automata manufacturer. Founded year 1862,by Phillip Hörz * 1827 + ???? Since 1864 production of Towerclk. 1893 electric windup towerclock 1907 Tower Clock Ulm-Cathedral 1924 Full automatic carrillion 1928 Purchased: "MANHARDTSCHE TURMUHRENFABRIK" Refer:Page 432, G 406/5 Changed titel : Year 1952 HÖRZ TURMUHRENANLAGEN GmbH & Co. KG. Worldwide Export - Service EOC-Towercloks-	LIT 062 063 049 (M) AB LIT 035
HORWITZ L.	HORWITZ L. G9066 MFC Berlin / Germany Electric operated attendant clks. Last records: Year 1912 EOC-	LIT 064
IBM INTERNATIONAL	IBM - DEUTSCLAND - G9141 MFC Stuttgart / Germany General time control,automatic supervised time control systems. Public - private applications. Security systems, watchman contr. clocks. Worldwide service. EOC-	LIT 079 (D)
	ISARIA ZÄHLERWERK G9067 MFC München / Germany Electric power meter. Time contr. systems. Refer: Page 386 , G 113/6 EOC-Electric power meter-	
	ISGUS -SCHLENKER-GRUSEN GmbH G9068 MFC Schwenningen a.N. / Germany Refer: Page 475, G083/5 EOC-	

T92/L D Signature on Dial – Signature sur le cadran – Zifferblatt Namen
M Signature on Movement–Signature ou poinçon sur le mouvement de l'horloge–Firmename auf der Werkplatine
C Case Signature–Signature ou étiquette sur la caisse de l'horloge–Gehäuse Firmenname

REMARKS OBSERV'TN BEMERKUNG	NAMES AND ADDRESS NOMS ET ADDRESSE NAMEN UND ADDRESSE	TRADEMARK OR TRADENAME MARQUE DE FABRIQUE - NOMS WARENZEICHEN - WORTMARKE
	JAUCH & SCHMID G9069 MFC Schwennigen a.N. Refer: Page 391 , G274/6 EOC-	Regist.04/08/1922
LIT 144 152	JUNGHANS, GEBRÜDER A.G. G9070 MFC Schramberg / Black Forest Germany Manufacturer of Electric / autom. time control systems: Trade Name: Year: ELECTRA HORA JUNGHANS 1928 Refer:Page 401, G 198/4 JUNGHANS 1928 Refer:Page 401, G 193/4 ELECTRONOM 1928 Refer:Page 401, G 354/4 THERMOCHRON 1928 Refer:Page 402, G 194/4 PNEU -ELEKTRA 1928 Refer:Page 402, G 195/4 JUNHANS RADIO CHRONOMETER 1928 Refer:Page 402, G 196/4 PNEULECTRA 1928 Refer:Page 402, G 191/4 ELECTRORA 1928 Refer:Page 402, G 199/4 ELKRONA 1927 Refer:Page 400 & 408 , G 214/16 FULMINE 1900 Refer:Page 408, G 213/16 ATO :Refer page 858, G9007-385 EOC-Time control systems -master/ slave clocks-supervisory time control systems.	JUNGHANS ATO
	KIENZLE - UHRENFABRIK G9071 MFC (Clocks/Watches) Schwenningen a.N. / Germany Manufacturer of clocks & watches since the year 1883. Refer: Page 415/416, G 382/4 365 TABLE XI. EOC-WHS-Export-	
AB LIT 035	KITTEL, ADOLF G9072 MFC Hamburg - Altona / Germany Maker of Ship Chronometers, astronomical pendulumn clocks. Electrical clocks -alternating current- Data reference: Year 1878,1889 1890 EOC-Chronometer-CLK-WHS-Eport-	KITTEL, ADOLF

NOTE: LIT = Literature reference see page 906-918
Literature voir la page 906-918
Literaturverzeichnis siehe Seite 906-918

R/T92

TRADEMARK OR TRADENAME MARQUE DE FABRIQUE - NOMS WARENZEICHEN - WORTMARKE	NAMES AND ADDRESS NOMS ET ADDRESSE NAMEN UND ADDRESSE	REMARKS OBSERV'TN BEMERKUNG
KOHLER, KARL	KOHLER, Karl , UHRENFABRIK G9073 MFC (Clock factory) Neustadt-Black Forest / Germany Manufacturer of clock parts, mech.counters, electrical signal components and electrical alarm clocks. EOC-SUPP-	AB
Ed. Korfhage u. Söhne in Buer i/Han.	KORFHAGE & SÖHNE (sons) G9074 TURMUHREN und MASCHINENFABRIK -Tower Clocks / Machine Factory - MFC Melle-Buer / Germany Established year 1845 Registered : Ed.(Eduard) Korfhage & Sohne Eduard Korfhage + 1906 Sons:Fritz,Wilhelm,Heinrich. Tower Clocks :Heinrich Korfhage. Displayed at the World Exhibition 1883, Amsterdam/Holland high grade Tower Clock.Followed by electric power operated weight windup Tower Clocks. Carillion-Glockenspiel-electro/ mechanical,also played by keyboard. After World War II (1945) under difficult condition the Korfhage enterprise regained the lost World market. Last records year 1977. EOC-Tower Clocks. Worldwide export.-	LIT 035 Ⓜ
	KUNDO - Kieninger & Obergfell MFC G9075 St.Georgen / Black Forest Germany / Refer:Page 418, G398/4 Johann Obergfell begun 1899 with manufacturing of clock parts. Invented the "Rod Gong" Year 1918 partnership with: Georg Kieninger. Production of clock movements, spring powered drives for techn. applications. Anniversary clocks. Electric.synchron motor clocks. 1955 "first" transistor clock movement. 1958 Program / Control clocks. 1970 Digital / Alarm clocks. 1973 Quartz / Clock movement. Alternating current operated Synchronmotor oper.clocks. cont.page 872	Ⓓ Ⓜ

T92/L NOTE: G9074,Knut Deutschle © 1989 "Die alten Turmuhren"*
page 91/95, Korfhage Tower Clock.* Old Towerclocks

REMARKS OBSERV'TN BEMERKUNG	NAMES AND ADDRESS NOMS ET ADDRESSE NAMEN UND ADDRESSE	TRADEMARK OR TRADENAME MARQUE DE FABRIQUE - NOMS WARENZEICHEN - WORTMARKE
	As of the year 1977, the KUNDO enterprise reportet top product. of all kinds of clocks. The worldwide economical changes (Japan) forced the KUNDO management to curtail production and the high skilled labour force. Kieninger and Obergfell operates (year 1992) on a modest production scale. ECO-CLK-400 Day CLK-Synchron mot. technical drives.-	cont.from page 871
LIT 064	KUHLMANN F.W. G9075 MFC Münster i.W. / Germany Design and manufacturing of alternative (AC) powered clocks. Patent filed : Yaer 1899. EOC-WHS-	KUHLMANN F.W.
	KRAUSE, ROBERT G9146 MFC Berlin NW 21, Emdner Str.26 SW 48, Friedrich Str.22 Germany EOC-WHS-RET-	
LIT 053	LEWIN & Co. G9076 MFC Berlin / Germany Pendulumn clocks with elctric current powered train. No other data available. EOC-	LEWIN & Co.
LIT 057	M A H - Industrie GmbH G9077 MFC Stuttgart / Germany Year 1927, manufacturer of central time systems master/slave clocks. Railway station clocks. EOC-	M A H
LIT 036	MARX, Karl G9078 MFC Hamburg / Germany Development of clock trains with mercury contact switches. EOC.-	MARX, KARL
	MAUTHE,FRIEDRICH UHRENFABRIK GmbH - (Clock Factory) G9079 MFC Schwenningen a.N. /Germany Refer:Page 436, G 005/5 EOC-	

NOTE: LIT = Literature reference see page 906-918
Literature voir la page 906-918
Literaturverzeichnis siehe Seite 906-918

R/T92

TRADEMARK OR TRADENAME MARQUE DE FABRIQUE - NOMS WARENZEICHEN - WORTMARKE	NAMES AND ADDRESS NOMS ET ADDRESSE NAMEN UND ADDRESSE	REMARKS OBSERV'TN BEMERKUNG
	MEHNE J.G. UHRENFABRIK G9080 MFC (Clock factory) Schwenningen a.N. / Germany Refer:Page 440, G 012/5. Year 1900 manufacturing of elect. clocks. EOC-	
MEISTER - GEBRÜDER	MEISTER GEBRÜDER (brothers) G9081 MFC Berlin,Brandenburg Str.42 Established year 1874. Tower clocks, public and railway station clocks. Last data records: Year 1924 EOC-	LIT 041 065
	MIX & GENEST TELEPHON und G9082 TELEGRAPHEN WERKE AG (Telephon/Telegraph Works) MFC Berlin /Germany Reference data year 1886. Patent : Year 1910 Manufacturing of telephon syst. central time system equipment with "Wagner", refer page:885 G9131 "Hoffmann"refer page:869 G9064 developed electric clock movement Master/slave clock, supervisory system for Telephon/Telegraph facilities. EOC-	LIT 066
Elektra *Patent Möller*	MÖLLER, MAX GmbH G9083 MFC Berlin,Alexandrienstr.92 /Germany - ELEKTRA PATENT MÖLLER - Year ???? EOC-	(D)
NEHER & SÖHNE	NEHER & SÖHNE (sons) G904 MFC - ZEITANLAGEN - (Central time systems) München, Barer Str.34 Established year 1862: Josef Neher (apprentice of Manhardt, refer to page:432 G406/5 Relocated to Lerchenauer Str.18 manufacturing of tower,railway station,public places clocks. Electric power windup system for tower clocks. Central time master/slave clock time control system. EOC-	LIT 035 049

T92/L NOTE: LIT = Literature reference see page 906-918
Literature voir la page 906-918
Literaturverzeichnis siehe Seite 906-918

REMARKS OBSERV'TN BEMERKUNG	NAMES AND ADDRESS NOMS ET ADDRESSE NAMEN UND ADDRESSE	TRADEMARK OR TRADENAME MARQUE DE FABRIQUE - NOMS WARENZEICHEN - WORTMARKE
	MÖLLER UHR GmbH G9146 MFC Berlin Schoneberg, Feurigstr. Germany EOC- Central time system, WHS master/slave clock	
	NORMALZEIT GmbH BERLIN G9085 MFC Berlin and Bremen / Germany Data reference: Year 1930 Central master/slave clock time control system for public and private institution. EOC-	
	ORTH, LUDWIG DR.von Orth G9086 MFC Berlin /Germany Dr.von Orth pioneered the : "URANIA POSTER COLUMN CLOCK's" Electric power operated clocks on public places - which became quickly a landmark on prominent locations in the city of Berlin and other European cities. "URANIA CLOCKS" registered year 1892. Refer:Page 492, G389/5 493, G017/6 EOC-	O R T H , LUDWIG
AB LIT 035	ORTHMANN , WILHELM G9087 MFC Dortmund / Germany Manufacturer of Tower Clocks, year 1812, Tower Clocks. Later used electric power weight wind-up system. Last records: Year 1904. EOC-	ORTHMANN, WILHELM
LIT 042 043	PAFINA ELEKTRIZITATSZÄHLER und APPERATE VERTRIEBS GmbH G9088 (Electric power meter and apperatus manufacturer) MFC Berlin, Belle-Alliance Str.3 Manufacturing of electric power meter since the year 1926, plant closed in the year 1931 (European economical crisis) Sales Agent of MAGNETA CLOCKS and time control switsches. Refer: Page 859 ,G9012 EOC-Electric power metering devices.-	PAFINA ELEKTRIZITATSZÄHLER UND APPERATE VERTRIEBS GMBH

NOTE: LIT = Literature reference see page 906 - 918
Literature voir la page 906 - 918
Literaturverzeichnis siehe Seite 906 - 918

R/T92

TRADEMARK OR TRADENAME MARQUE DE FABRIQUE - NOMS WARENZEICHEN - WORTMARKE	NAMES AND ADDRESS NOMS ET ADDRESSE NAMEN UND ADDRESSE	REMARKS OBSERV'TN BEMERKUNG
J. P. S. PALMTAG	PALMTAG,JACOB KG G9089 UHRENFABRIK (Clock Factory) Schwenningen a.N. /Germany Refer:Page 449, G039/05 Originally manufacturer tools for the Clock/Watchmaker trade. Expanded to clocks,watchman clock electric power operated clocks, Refer:Page 450, G350/5 EOC-WHS-	
B P "Nora"	PASCHEN , BERNHARD GmbH G9090 MFC Hagen i.W., Wilhelmstrasse 12 Germany ,Refer:Page 450, G 350/5 Since the year 1909. - NORA - - B P - EOC	
Faeluh OE.O F.O U.	PASCHEN, WILLI G9091 Refer:Page 450, G 351/5 G 412/5 - FAELUH - year 1912 EOC- Hagen i.W. / Germany	
PFEIFFER, EDMUND	PFEIFFER, EDMUND G9093 MFC Dresden-Germany Master Clockmaker, designed and constructed the "Rathausuhr" (Dresden City Hall Clock) elect. power operated, Master/with 100 slave clocks. Year 1909. Year 1911, filed German patent. Year 1919, last records. EOC-central time control system.	
PRUTSCHER F.& A.	PRUTSCHER F. & A. G9094 MFC Established year 1896,manufact. Clock-Hand-gear components, control apperatus (time?) electr. clocks. Last data reference year 1904. EOC-	AB LIT 035
	PUJA (tradename)* G9094 ND *NOTE: JAUCH and SCHMID company filed in the year 1940,German patent No. 714893 , titel: " Rotating vessel with heated alcohol provides windup power for clockworks." Refer:Page 870, G 9069. ND-	LIT 061 067

T92/L NOTE: LIT = Literature reference see page 906-918
Literature vois la page 906-918
Literaturverzeichnis siehe Seite 906-918

REMARKS OBSERV'TN BEMERKUNG	NAMES AND ADDRESS NOMS ET ADDRESSE NAMEN UND ADDRESSE	TRADEMARK OR TRADENAME MARQUE DE FABRIQUE - NOMS WARENZEICHEN - WORTMARKE
	PETRA AG für ELEKTROMECHANIK MFC G9092 Berlin / Germany No other data available ND-	PETRA AG FÜR ELEKTROMECHANIK
	RABE, GEBRÜDER (brothers) G9096 ELECTRICAL CLOCK FACTORY. MFC Hanau - Germany No other data available. EOC-	RABE, GEBRÜDER
AB	REITHMANN , CHRISTIAN sen. G9097 Horological inventor. * 1818 + 1909 His original trade:Cabinet maker. Autodidact watchmaker,developed watchmakers gear cutting machine, Year 1865 invented low voltage impulscircuit for clock pendulumn Year 1873, exhibited at the World Exposition: Electrical Master/slave clock. Pneumatic operated telegraph with mechanical (springwound) morse code printout advancer. Year 1874, King Ludwig,the II, of Bavaria, awarded Reithmann the titel : HOROLOGIST of the ROYAL COURT of BAVARIA. (Germany) ---------	REITHMANN,CHRISTIAN
LIT 035 036 Refer page: 535, G0569 RICHTER GEORG	RICHTER, GEORG G9098 REKLAMEUHREN (Advertising Clocks) MFC Berlin SW 13, Neuenburgerstr.20 NOTE:*Deutsche Uhrmacherzeitung Year 1899 and 1904 * German Horological Journal Georg Richter advertises : Tower/ Railroad Station / Public places clocks. Electric power clock weight windup. ND.-	
LIT 041 035	ROCHLITZ C.F. GROSSUHRENFABRIK (Clock Factory) G9099 MFC. Berlin S - Germany Established year 1824. Since year 1875 ower: Heinrich ERNST. Production year 1890 about 130-150 Tower Clocks, clocks for public places. cont.page 877	ROCHLITZ C.F. GROSSUHRENFABRIK

NOTE: G9098,Advertisement year 1899 and 1904,Museum Archive Furtwangen /Germany (Deutsches Uhrenmuseum) R/T92

TRADEMARK OR TRADENAME MARQUE DE FABRIQUE - NOMS WARENZEICHEN - WORTMARKE	NAMES AND ADDRESS NOMS ET ADDRESSE NAMEN UND ADDRESSE	REMARKS OBSERV'TN BEMERKUNG
cont.from page 876	Year 1904 Berlin Address Book: Manufacturer of Railroad Station, street and public places clocks. Electric clocks,time controls. EOC- ———	
SAUER , ADAM ELEKTRISCHE UHREN	SAUER, ADAM- ELEKTRISCHE G9101 MFC UHREN (Electr.clks) Mühlheim /Rhein / Germany	AB LIT 035
SCHMUCH J.H	SCHMUCH J.H. G9101 MFC Heidelberg , St.Annagasse 1 Manufacturer of Tower Clocks, electric clocks. EOC-	
	SCHNEIDER BENEDIKT SÖHNE G9102 TURMUHRENFABRIK (Tower Clock MFC Factory) Schonach, Tribergstrasse 51 Black Forest - Germany Refer:Page 466, G 113/5 EOC	LIT 069
SCHNEIDER,FERDINAND	SCHNEIDER, FERDINAND G9103 Inventor Fulda - Germany Registered between the year 1887-1937, various inventions : Electric motors for clocks, Wireless time control systems. Tower clocks weight windup with electric motor. EOC-	
	SCHNEIDER & WESENFELDT GmbH G9104 MFC ELECTRIC CLOCKS Langenfeld - Germany Refer:Page 466, G 362/5 EOC-	
SCHÖNBERG, GUSTAV	SCHÖNBERG, GUSTAV G9105 Inventor Frankfurt / Main / Germany Registered various patents between year 1904 - 1931 : German patent No. 164 090,electr. train control for weight operat. clocks. His professional affiliation: TELEPHONBAU & NORMALZEIT GmbH. Refer:Page862 ,G9120 Gustav Schönberg, noted author of many horological publications. -----	LIT 068 070

T92/L NOTE LIT = Literature reference see page 906-918
Literature voir la page 906-918
Literaturverzeichnis siehe Seite 906-918

REMARKS OBSERV'TN BEMERKUNG	NAMES AND ADDRESS NOMS ET ADDRESSE NAMEN UND ADDRESSE	TRADEMARK OR TRADENAME MARQUE DE FABRIQUE - NOMS WARENZEICHEN - WORTMARKE
AB LIT 035	SCHOLZ H.& SAGER W.NACHFG. G9112 MFC (succeeder) Hamburg - Germany Elect.wall clocks ,noted year 1889. EOC-	SCHOLZ H.& SAGER W. NACHFG.
9598 DB29	SCHRECK H. UHRENFABRIK KG. G9114 MFC Berlin, N 39,Neue Hochstrasse 7 Germany Electric clocks No other data available. EOC-	
LIT 050	SCHRÖDER APPERATEFABRIK G9113 MFC Stuttgart - Germany Mention year 1937. Electr.clocks with "Ferraris motor" * EOC- * Ferraris motor, self starting asynchronous motor using 2-3 wh current.	SCHRÖDER APPERATEFABRIK
	SCHWARZENBERGER, THEODOR G9117 MFC ELEKTRISCHE UHREN (elect.clk) Isny-Wurttemberg / Germany Established year 1909. Electric clocks, Central time control System,Master/slave clk. Manufactured receivers, receiving the radio transmitted signal from the " NAUEN - Germany Nautical Weatherstation " which corrected automatically the master clock. Advertised : Year 1907 marketing of electric clocks. Manufactured electric clocks with strike train. Year 1976, last record : Company under the management of Wilhelm Schwarzenberger. EOC-	
LIT 035	SCHULER C. UHRENFABRIK KG. G9115 MFC (Clock Factory) Schwennigen a.N. - Germany Established year 1922 Time control switches. Year 1963 production ended. EOC-	SCHULER C.
	SCHULER, MAX G9116 ND Göttingen -Germany Photoelectrical synchronisation of electric clocks, German Pat. registered year 1931. Data reference:Year 1927 and 1937 ND.	SCHULER, MAX

NOTE: LIT = Literature reference see page 906-918 R/T92
Literature voir la page 906-913
Literaturverzeichnis siehe Seite 906-918

TRADEMARK OR TRADENAME MARQUE DE FABRIQUE - NOMS WARENZEICHEN - WORTMARKE	NAMES AND ADDRESS NOMS ET ADDRESSE NAMEN UND ADDRESSE	REMARKS OBSERV'TN BEMERKUNG
ESU	SPECK, EMIL UHRENFABRIK G9110 MFC (clock factory) Schwenningen a.N. / Germany Refer:Page 460, G 191/6 EOC-	LIT 053
	STOHRER ,________ G9110 MFC Leipzig-Germany Year 1894, use of alternating current for clocks. EOC-	
STRASSER & RHODE	STRASSER & RHODE G9111 WERKSTÄTTEN fur PRÄZISIONSUHR-MACHEREI und FEINMECHANIK - Workshop for horology and precision mechanic - Glashütte / Saxonia / Germany Refer:Page 435/---/16 NOTE: After WWII -year 1945 the Strasser & Rhode enterprise confiscated by the Red regime -East Germany- operated under limited conditions, mostly for the Sowjet Union. Year 1959 the last records of Strasser & Rhode records tracable. EOC-Precision horolog.instruments	LIT 071
S.E.N.U.G.	S.E.N.U.G. (2 3 4 5 6) G9119 2 SÄCHSISCHE Saxonian 3 ELEKTRISCHE Electrical 4 NORMAL 5 UHR Standard time * 6 GESELLSCHAFT Corporation MFC Dresden - Germany About year 192 branch of the "FULD GROUP" Refer:Page 859/G9031 Page 865/G9042 Clock movements are identical to "ELEKTROZEIT" (system Schönberg) refer page:862, G 9023 design. EOC-	* MEZ European standard time
SELBSTSCHALTER GmbH	SELBSTSCHALTER GmbH G9118 MFC Berlin - Germany Manufacturer of electromagnetic switsches controlled by a clock. EL - switches	LIT 064
SERPENS	SERPENS - ELEKTRIZITATS AG G914 MFC Berlin-Charlottenburg-Germany - SERPENS - 23.May 1925 EOC-WHS	

T92/L NOTE: LIT = Literature reference see page 906-918
Literature voir la page 906-918
Literaturverzeichnis siehe Seite 906-918

REMARKS OBSERV'TN BEMERKUNG	NAMES AND ADDRESS NOMS ET ADDRESSE NAMEN UND ADDRESSE	TRADEMARK OR TRADENAME MARQUE DE FABRIQUE - NOMS WARENZEICHEN - WORTMARKE
AB LIT 035	SIEMENS , WERNER von G9107 Inventor / Industrialist *13.12.1816 + 6.12.1892 Engineer Credited with the dicovery of the " dynamoelectric function " Leading to the high voltage power technology. Year 1866 Werner von Siemens, invented the " Dynamo Generator" followed by many other inventions like the improved telegraph. Year 1847, established the: TLEGRAPHENBAUANSTALT SIEMENS & HALSKE * now known as : SIEMENS A.G.(worldwide industr. complex) * Halske, Johann Georg * 1814 + 1890 Precision mechanic, joined and co-founder of the: TELEGRAPHENBAUANSTALT SIEMENS & HALSKE , BERLIN - Germany.	 Plate G9107A Werner von Siemens
(D) (M) (D)	SIEMENS & HALSKE G9108 MFC High / low voltage electric and electronic apperatus. Corporation loacted in Berlin and Munchen / Germany. Year: 1847 Telegraphenbauanstalt Siemens & Halske,refer page: G9107. 1852 Development of "master/slave clock system" at this time not marketed. 1903 Fusion with SCHUCKERT-WERKE Nürnberg - Germany : SIEMENS - SCHUCKERT 1903 SIEMENS & HALSKE, startet manufacturing of electric clocks. 1908 Central time contr.systems 1913 Advanced design and constr. manufacturing of electric clocks. Central Fire alarm and time control systems. 1917 Giant Tower Clock in the - Siemenstadt / Berlin - Clock tower. 1931 Division " Central timne sytem " for Railroad,teleph. and industrial applications, labour force time control. 1931 Synchronous clocks. 1932 Radio / Broadcasting autom. voice system, based on the basic invention of B.Hiller, refer page:868, G9062.	SIEMENS - HALSKE SIEMENS - SCHUCKERT cont.page 881

NOTE: Plate G9107A Siemens Archive/Germany R/T92

D Signature on Dial – Signature sur le cadran – Zifferblatt Namen

M Signature on Movement–Signature ou poinçon sur le mouvement de l'horloge–Firmename auf der Werkplatine

C Case Signature–Signature ou étiquette sur la caisse de l'horloge–Gehäuse Firmenname

TRADEMARK OR TRADENAME MARQUE DE FABRIQUE - NOMS WARENZEICHEN - WORTMARKE	NAMES AND ADDRESS NOMS ET ADDRESSE NAMEN UND ADDRESSE	REMARKS OBSERV'TN BEMERKUNG
cont.from page 880	1945 After WW II ended -1945 - SIEMENS & HALSKE ,Berlin relocated some operations to München - Germany. 1952 Automatic magneto-tape voice time announcement for Telephone Services. EOC-	
SIEMENS SCHUCKERT GESELLSCHAFT MBH	SIEMENS-SCHUCKERT WERKE G9152 GESELLSCHAFT m.b.H. Berlin-Siemensstadt / Germany MFC 25.Sept.1925 Electr.CLK-Time control systems	SWT G0616
SIEMENS & HALSKE SH	SIEMENS & HALSKE G9151 MFC Berlin-Siemensstadt / Germany - S H - Electric CLK.Central Time syst. 9.May 1927 WHS-	SWT G0625
	SIEMENS & HALSKE, A.G. G9153 MFC Berlin-Siemensstadt / Germany 25.Sept.1925 Electric CLK-Time control system.	SWT G0617
SSS SIEDLE ,SALOMON & SÖHNE cont.page 882	SIEDLE, Salomon & SÖHNE G9106 MFC (sons) Furtwangen - Black Forest Germany Since the end of the 18th century the Siedle clan operated in the area of Neukirch - Black Forest a foundry for Clock bells and brass clock gears.Foundry sold in Year 1869. During the same year S. Siedle joned a group of businessmen in Furtwangen. The partnership was short lived. Siedle & Son's now manufactured all kind of clock parts for the trade. In the year 1885, S.Siedle & Sons a nèw production line, battery energized low voltage operated electric clocks were added. The fast advancing industrializing, railroad, telegraph, telephone demanded dependable time control systems. The manufacturing of clock parts for the trade ended 1890 and the Siedle & Son's "Electric Homeclocks, needing never to be winded " The slogan, secured a large market shear	LIT 163

T92/L NOTE: LIT = Literature reference see page 906-918
Literature voir la page 906-918
Literaturverzeichnis siehe Seite 906-918

REMARKS OBSERV'TN BEMERKUNG	NAMES AND ADDRESS NOMS ET ADDRESSE NAMEN UND ADDRESSE	TRADEMARK OR TRADENAME MARQUE DE FABRIQUE - NOMS WARENZEICHEN - WORTMARKE

cont.from page 881

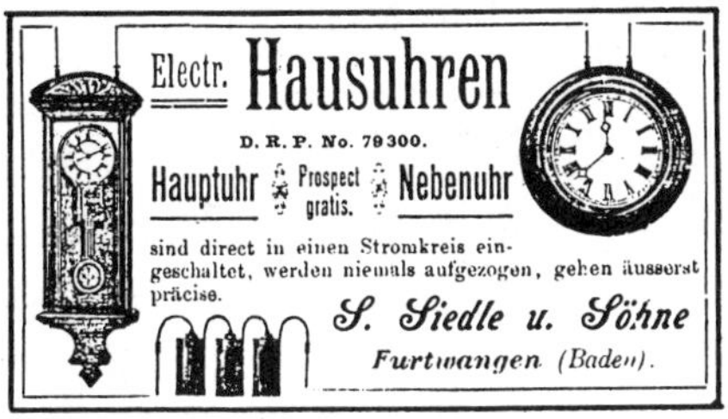

Plate G9106A
(advertising year 1896)

German patent 79 300 .
Year 1920, Robert Siedle :
" Fifty Years Furtwangen" stated,
The Siedle enterprise engaged in manufacturing and marketing of all types of low voltage apperatus, such as central time control and telephone systems.
Year 1986 : Name changed,
ELECTROTECHNICALLY FACTORY.
EOC-

ELEKTROTECHNICALLY FACTORY

TELEPHONBAU & NORMALZEIT G9120
GmbH ,called -TN-
MFC
Frankfurt/Main - Germany
Mainzer Landstrasse 128 - 146
Leading researcher - designer-manufacturer of complete time control systems.
Refer: Page 859, G 9013
Page 865, G 9042
History:
LEHNER, Karl * 21.11.1871
+ 26.12.1969
Under his leadership the development :

Year
1914 Master Clock - oscillating anchor system.
1918 Network distributership of of TN products Germany and many European countrys.
1919 Fine time adjustment technology of electric clocks.
1920 First Central time control stations installed.
1922 MEZ * remote control time adjustment, especially used by the Federal German Railroad and Postal Service Syst. Installed over the Postal Telephon and Telegraph Syst. Later (year 1956) converted to a wireless - system.

*MEZ Central Europe Standard Time

TELEPHONBAU & NORMALZEIT

cont.page 883

NOTE: Plate G9106A / Prof.H.Kahlert /Germany

R/T92

TRADEMARK OR TRADENAME MARQUE DE FABRIQUE - NOMS WARENZEICHEN - WORTMARKE	NAMES AND ADDRESS NOMS ET ADDRESSE NAMEN UND ADDRESSE	REMARKS OBSERV'TN BEMERKUNG
cont.from page 882	Added, emergency call system for Fire and Police services. 1935 Merger and consolidation of many time control manufact. the new name: > TELEFONBAU and NORMALZEIT < 1938 Silent - Slave clock movement "TROMALIT-MAGNET" -Nonconductive material- During the II World War 1939-1945 research -design-development were halted. 1948 Improved Slave Clock movement 1961 Up to latest technology time time control systems. 1963 TN adopted the electronic technology. 1963 TN electronic phone relais. (elimated the mechanical, often malfunctioning relais) EOC-Time control syst. Worldwide export --------	
Telefunken	TELEFUNKEN - GESELLSCHAFT für G9148 DRAHTLOSE TELEGRAPHIE m.b.H. -Corporation for wireless Telegraphs Ltd.- MFC Berlin - Germany 15,July 1926 EOC- Telegraph equipment.	STM 0582
	UHRENFABRIK BAHNZEIT G9121 MFC (Clock Factory Railroad Time) Glashütte -Saxonia / Germany Data reference: Year 1909,1913. Electric clocks for: Railroad stations,schools,public places,factories and advertisemet EOC-	AB LIT 035
 U. M.	UHRENFABRIK MÜHLHEIM G9122 Müller & Co. Refer:Page 487 , G137/6 Clock movement with electric time train. EOC-	LIT 071
	UHRENFABRIK SUEVIA GmbH G9123 MFC Sindelfingen-Württemberg /Germany Manufacturer of Synchron clocks for public places. Data reference:DUZ * year 1938 * Deutsche Uhrmacherzeitung (German Horologist Journal) EOC-	

T92/L NOTE: LIT = Literature reference see page 906-918
Literature voir la page 906-918
Literaturverzeichnis siehe Seite 906-918

REMARKS OBSERV'TN BEMERKUNG	NAMES AND ADDRESS NOMS ET ADDRESSE NAMEN UND ADDRESSE	TRADEMARK OR TRADENAME MARQUE DE FABRIQUE - NOMS WARENZEICHEN - WORTMARKE
LIT 035	UHRENFABRIK ZEITKONTROLLE G9124 MFC (Clock Factory Timecontrol) Glashutte-Saxonia / Germany Data reference: Year 1920 * DUZ Time controls,signal clocks, attendant call panels. * Deutsche Uhrmacher Zeitung (German horological Journal) EOC-	UHRENFABRIK BAHNZEIT
LIT 074 103	URANIA UHREN & SÄULEN G9125 KOMMANDIT GESELLSCHAFT (KG) Breslauer & Dr.von ORTH MFC Refer: Page 492 G389/15 Berlin - Germany Year: 1890 Manufacturing plant 1892 German Patent 1893 German Patent 1895 Plant closed Electric pneumatic controlled clocks,displayed on public places Master/slave clock time control Systems. > URANIA COLUMN's < EOC-	 URANIA UHREN & SÄULEN
	URGOS UHREN FABRIK G9126 MFC (Clock Factory) Schwenningen a.N. Germany Refer:Page G 4592/08/15 NOTE: Loss of the U.S.A. export market, the Worldwide recession (year 1993) forced URGOS to implement very curtailed fabrication program, no other data available. EOC-	URGOS UHRENFABRIK
LIT 037	VOGT CEASAR G9127 ND Location: ND Electric pendulumn. ND-	VOGT,CEASAR
	VOLKERS E. G9128 ND Berlin, Corneliuis Str.27 ND No other data available.	VOLKERS E.
LIT 037	VORTMANN B. G9131 MFC Recklinghausen - Germany Established year 1851. Tower clocks with electric weight windup. No other data available.	

NOTE: G9126: URGOS refer to page 492/ 108/5

R/T92

TRADEMARK OR TRADENAME MARQUE DE FABRIQUE - NOMS WARENZEICHEN - WORTMARKE	NAMES AND ADDRESS NOMS ET ADDRESSE NAMEN UND ADDRESSE	REMARKS OBSERV'TN BEMERKUNG
	WAGNER, C.Theodor G9131 MFC Wiebaden,Schiersteiner Str. 31-33 Germany History: 1852 Carl Theodor Wagner, Clock /Watch Retail shop in Usingen Taunus. Herr GRAU,and coworker developed electric clock slave movement and manufactured the prototype slave movemt. in serial production. 1863 The Wagner enterprise reloc. to Wiesbaden. 1886 New manufacturing plant. 1892 3000 Central time control units system -GRAU WAGENER- refer:Page 866, G 9045 1914 Plant expansion , Schiersteiner Str. 1923 Changed to AG. (Stockholder corporation) 1977 Titel changed to: > PRODUKTIONS GmbH < with following sections: Complete central time control systems,master/slave clocks, single electric clocks. Sporting events time panels. Alarm / bell systems. Special counters. 1977 Transition from electro - mechanical technology to: " Quartz Electronic " German Patent 198799 , year 1907 "Electric clock time train" EOC-Export-	LIT 037 041 075 Ⓓ AB LIT 035 Ⓜ
	WEMPE CHRONOMETER WERKE G9133 MFC Hamburg - Germany Refer: Page 540, G0589 EOC-Ship CLK-	Ⓓ
WESTDEUTSCHE UHRENFABRIK	WESTDEUTSCHE UHRENFABRIK G9134 MFC Elberfeld - Germany - ELEKTRA - ND	

T92/L D Signature on Dial – Signature sur le cadran – Zifferblatt Namen
M Signature on Movement–Signature ou poinçon sur le mouvement de l'horloge–Firmename auf der Werkplatine
C Case Signature–Signature ou étiquette sur la caisse de l'horloge–Gehäuse Firmenname

REMARKS OBSERV'TN BEMERKUNG	NAMES AND ADDRESS NOMS ET ADDRESSE NAMEN UND ADDRESSE	TRADEMARK OR TRADENAME MARQUE DE FABRIQUE - NOMS WARENZEICHEN - WORTMARKE
LIT 035 041	VOLKERS E. G9128 ND Berlin, Corneliuis Str.27-Germany ND No other data available.	VOLKERS, E.
	WEULE TURMUHRENFABRIK G9135 MFC (tower clock factory) BOCKENEM - Harz Germany History: Johann Friedrich Weule * 19.04.1811 + 12.10.1897 1837 Turmuhren manufacturer and bell foundry, Clockmaker. 1847 After a catastrophic fire Weule startet again with a Tower Clock machine shop. 1900 His son followed father Weule's trade. 1920 The Weule enterprise employed 75 employees. 1953 The Weule company ended in bankruptcy. EOC-Tower clocks.	
LIT 041	WEISS C. G9132 ND Glogau - former Silesia * Tower clock ND * Since 1945 annexed by Poland	WEISS, C.
LIT 049 076	ZACHARIÄ, BERNHARD G9136 TURMUHRENFABRIK (Tower Clock MFC Factory) Leipzig, Wiesenstrasse 10-Germany Established year 1808 German Patents filed between the 1924 - 1935. Tower clocks with electric power operated named: "SYNCHRONPENDLER" (Synchron pendulumn) EOC-	ZACHARIA,BERNHARD
LIT 050 077	ZEH GLEICHRICHTER GmbH G9137 MFC Freiburg - Germany Electric clock manufacturer - 1928 W.Z.- (on Dial) Last data reference : Year 1951 EOC-Wall CLK.	WZ ZEH GLEICHRICHTER GmbH

NOTE: G9135,Knut Deutschle © 1989 "Die alten Turmuhren" * page 115,Weule Towerclock*, year 1909. R/T92

TRADEMARK OR TRADENAME MARQUE DE FABRIQUE - NOMS WARENZEICHEN - WORTMARKE	NAMES AND ADDRESS NOMS ET ADDRESSE NAMEN UND ADDRESSE	REMARKS OBSERV'TN BEMERKUNG
ZEINER, JOSEPH	ZEINER, JOSEPH G9183 MFC Munchen-Germany Tower clock manufacturer German Patent filed year 1886 Data reference: Year 1887,1888 Tower clocks with electric current exited pendulumn. EOC.	LIT 035
 	ZIMBER, JOSEF G9139 MFC Furtwangen - Black Forest/Germany History: Clockmaker, weight powered clocks of typical Black Forest style, followed by clocks with metal brass plates. First attempt to manufacture morse code printing telegraphs. Year 1848 records mention Joseph Zimber manufactured clock springs which were in big demand for many years. Year 1869 returned to experiment "Electric-Pneumatic" operated "inHouse Telegraph" With the Telegraph manufacturing Zimber opened a new field for the Black Forest region. The spring manufacturing was sold and the Zimber Telegraph enter- prise replaced the clock manufact. of the ZIMBER shop. In view of his pioneering spirit at the 1876 PHILADELPHIA EXPOSITION U.S.A. received the "GOLD MEDAL" 1879 in Karlsruhe - German, ,the " SILVER MEDAL " 1879 experimented , constructed low voltage battery energized electric pendulumn clock. Zimber ,highly respected twice elected " BÜRGERMEISTER of Furtwangen " Refer page 561, G---16. EOC.	LIT 053
ZWOLL, HERMANN	ZWOLL, HERMANN G9140 MFC Leer - Ostfriesland / Germany Registered German Patent year 1889 Data reference: Year 1890,1899 Manufactured electric ,dual striking clock movements. Tower clock ,electric motor weight windump system. EOC.	

T92/L NOTE: LIT = Literature reference see page 906-918
Literature voir la page 906-918
Literaturverzeichnis siehe Seite 906-918

REMARKS OBSERV'TN BEMERKUNG	NAMES AND ADDRESS NOMS ET ADDRESSE NAMEN UND ADDRESSE	TRADEMARK OR TRADENAME MARQUE DE FABRIQUE - NOMS WARENZEICHEN - WORTMARKE
LIT 042 043	FIRCHOW,PAUL NFG (succeeded)G9143 by LANDIS & GYR APPERATE & UHRENFABRIK AG (Apperatus & Clock Factory) MFC Berlin, Belle Alliancestr.3 Trademark : P F N Paul Firchow Nachfolger Year 1928 : Fusion pf PFN and Deutsche Magneta AG Refer: Page 859 G9012 1933 : Renamed > P F N < EOC-electricity meters.	FIRCHOW, PAUL NFG P F N LG
Refer page: 879 S E N U G	S.E.N.U.G. G9144 (Sächsische Elektrische Normaluhr Gesellschaft mbH.) MFC [1]Saxonia Dresden - Germany [2]Electric EOC-Central [3,4]Timeclock time control syst. [5]Corporation Year 1920:Branch of the Fuld Group,refer page:859 Movements are identical to ELEKTROZEIT (system Schönberg) Refer to page: 859	SENUG

NOTE: R/T92

TRADEMARK OR TRADENAME MARQUE DE FABRIQUE - NOMS WARENZEICHEN - WORTMARKE	NAMES AND ADDRESS NOMS ET ADDRESSE NAMEN UND ADDRESSE	REMARKS OBSERV'TN BEMERKUNG

T92/L NOTE: spare page - ELECTRIC- Germany

REMARKS OBSERV'TN BEMERKUNG	NAMES AND ADDRESS NOMS ET ADDRESSE NAMEN UND ADDRESSE	TRADEMARK OR TRADENAME MARQUE DE FABRIQUE - NOMS WARENZEICHEN - WORTMARKE
LIT 093	BORSAI & MEIER S.A. S926T MFC Zurich - Swiss Branch of ZENITH Refer page:669/670/796 EOC-slave movements.	BORSAI & MEIER S.A.
LIT 093	BUECHE - ROSSE MANUFACTURE S9264 d' HORLOGERIE MFC Court-Swiss - OREL - Trademark EOC-	BUECHE - ROSSE MANUFACTURE D' HORLOGERIE
	CAMPICHE of CAIRO S9265 MFC Refer:Page 890 "CAMPICHE H." EOC-Export	CAMPICHE OF CAIRO
	CAMPICHE, HENRY S9266 MFC Genf-Swiss Year 1903/1912 registered Swiss patents. Manufacturer of electromagnetic impulsed pendulumn. EOC-slave clocks-	CAMPICHE, HENRY
LIT 086 104	CAUDERY, S.A. DES HORLOGES S9267 ELECTRIQUES Lausanne - Swiss MFC Year 1898 patent registerd Manufactured limited production of electric clocks with electric powered balance wheel. EOC-	CAUDERY, S.A. DES HORLOGES ELECTRIQUES
LIT 061	DETEX UNION S9267 MFC ND Watch movement w. Ferraris motor ND	D E T E X UNION
SWT 0286	DITISHEIM- FRERES (brothers)S9220 MFC Geltenkirchen -Swiss 19.02.1884 - D F - BAUMANN EOC-PC-	DITISHEIM - FRERES

R/T92

NOTE: LIT = Literature reference see page 906-918
Literature vois la page 906-918
Literaturverzeichnis siehe Seite 906-918

TRADEMARK OR TRADENAME MARQUE DE FABRIQUE - NOMS WARENZEICHEN - WORTMARKE	NAMES AND ADDRESS NOMS ET ADDRESSE NAMEN UND ADDRESSE	REMARKS OBSERV'TN BEMERKUNG
FAVAG	FAVAG- FABRIQUE des APPAREILS EELECTRIQUE S.A. S9269 MFC Neuchatel Swiss Year: 1860 Established "TELEGRAPHEN - FACTORY" Neuchatel, manager Hipp. 1862 First electromagnet Master-clock. 1880 Central time system Master-slave clocks installed in 52 town locations. 1889 New management under: Monsieur Peyer and Favarger 1927 Name : FAVAG S.A. 1975 Discontinued production of electric clocks with " Hipp toggle " system. EOC-Central time systems. NOTE: Refer to page 891, S0274 EOC-Central time syst.-Telegraphs-	LIT 061
FAVARGER, A.	FAVARGER, A. S9270 MFC Neuchatel - Swiss Established year 1889 manufact. of Telegraph equipment. Manager of the department : " Electric Clocks " Favarger,noted author /publisher literature pertaining "Electric Clocks" with the topic: > Synchronisation and regulation of electric pendulums < EOC-Telegraphs	
FARVARGER & CIE S.A.	FAVARGER & CIE. S.A. * S9271 MFC Neuchatel-Swiss Swiss patents :Year 1923,1927 * Name used since the year 1908, name change: FAVAG ,year 1927 Electric clocks syst."HIPP" EOC-	

T92/L NOTE:

REMARKS OBSERV'TN BEMERKUNG	NAMES AND ADDRESS NOMS ET ADDRESSE NAMEN UND ADDRESSE	TRADEMARK OR TRADENAME MARQUE DE FABRIQUE - NOMS WARENZEICHEN - WORTMARKE
LIT 096 042 043	FISCHER, MARTIN S9272 MFC-Researcher-Inventor MAGNETA Zürich - Swiss SYSTEM Research/experiment/design/manfc. the "MAGNETA" system, based on idea Gloessner/Luttich/Belgium and the German Patents of: Prokhoroff and Fahlberg, Patent 56652 . Magneta system with a generator Swiss patent 19701,year 1899. Year: 1900 Established the MAGNETA AG. Cooperated and trade: MAGNETA AG Refer:Page 892 LANDIS & GYR " DEUTSCHE MAGNETA 859 AG* * Changed into A.G. for better commercial market advance. EOC	FISHER, MARTIN S9278 S9277 G9012
LIT 054	GAFFNER & CIE S9273 MFC Genf-Swiss Precision clocks ND	GAFFNER & CIE
Refer page: 888 HIPP	HIPP, MATHAUS S9274 * 1813 + 1893 Neuchatel - Swiss Researcher / Inventor Pioneered electric horology Year 1847 Chronoscop 1834-1881, development of the " Hipp - toggle" 1852, Hipp,superintendent of newly opened "TELEGRAPHEN-FABRIK" Neuenburg - Swiss. Director of the Swiss Telegraph sytem (operated by the Swiss Railway and Postal Service) 1889, Hipp transfered all business matters to:Engineer Preyer and Favarger,company name:PREYER & FAVARGER & Cie. 1908,SOCIETE FAVARGER & Cie SA 1927,changed to : FAVAG 1975,last year of electric clocks sytem - HIPP - EOC-	M.HIPP NEUCHATEL SUISSE
SWT 5420	HOMMEL, Dr.(Ph.D.) S9289 MFC Zurich - Swiss 17.12.1904 Registerd Dr.Hommel > MAGNETA < factory - electric clocks. EOC-CLK-SMP-	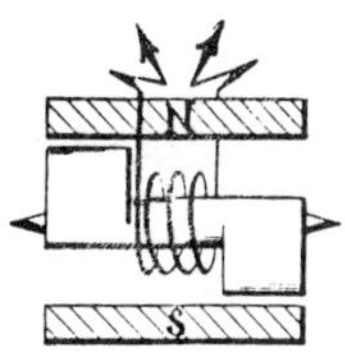

NOTE: LIT = Literature reference see page 906-918
Literature voir la page 906-918
Literaturverzeichnis siehe Seite 906-918

R/T92

TRADEMARK OR TRADENAME MARQUE DE FABRIQUE - NOMS WARENZEICHEN - WORTMARKE	NAMES AND ADDRESS NOMS ET ADDRESSE NAMEN UND ADDRESSE	REMARKS OBSERV'TN BEMERKUNG
INDUCTA	INDUCTA S9275 trademark shown on electric clocks manufactured by: LANDIS & GYR,refer:Page 892,S9277 MAGNETA A.G. page·892,S978 EOC	Ⓓ Refer: LIT 045
LANDIS & GYR	LANDIS & GYR S9277 MFC Zug-Swiss Production of: MAGNETA A.G. refer:Page 892,S9278 INDUCTA, refer:Page 892,S9275 EOC-	Ⓓ
MAGNETA *INDUCTA*	MAGNETA AG S927 MFC Zurich - Swiss Year: 1900 established worldwide trade organisation. 1907 MAGNETA AG,refer page: Dusseldorf,Germany Cologne (Koln) " Berlin " 1912 London U.K. (England) 1914 to 1918 due internal problems MAGNETA AG, relocated to Zug-Swiss. 1919 Landis and Gyr manufact.of MAGNETA A.G.clocks. Development of INDUCTA syst. Refer:Page 892, S9277 1922 INDUCTA - Tradename 1935 Magneta as tradename elininated. FISCHER/MARTIN page:891, S9272 INDUCTA page 892, S9275 EOC-WHS	LIT 042 043 Swiss Patent 19701 Ⓓ Signature: S.G.D.G. (refer page:848) D.R.P. (refer page:281X
MOSER - BEAR	MOSER - BEAR S9279 FABRIQUE d' HORLOGES ELECTRIQUE MFC Sumiswald - Swiss Manufacturer of weight driven, electrically rewound Masterclock. EOC-	LIT 093
	PERRET, DAVID S9281 MFC Neuchatel - Swiss Data reference: Year 1902,1904 Central time control system, Weight operated electrically rewound Masterclock with slaves. EOC-	LIT 041 053 Ⓓ

T92/L NOTE: refer S9281

DAVID PERRET
Brevette + Suisse SGDC
USA Patent Oct. 2 1900

REMARKS OBSERV'TN BEMERKUNG	NAMES AND ADDRESS NOMS ET ADDRESSE NAMEN UND ADDRESSE	TRADEMARK OR TRADENAME MARQUE DE FABRIQUE - NOMS WARENZEICHEN - WORTMARKE
LIT 041 (M)	PEYER, FAVAGER & Cie. S9280 MFC Neuchatel - Swiss Data reference: Year 1908 Patents: Year 1923, 1926 Refer:Favarger, page:891, S9270 EOC-	PEYER,FAVARGER CIE NEUCHATEL[SUISSE]
LIT 086	SCHILD & Cie S.A. S9282 MFC La Chaux-de-Fonds - Swiss Rue du Parc 137 Data reference: Swiss patent year 1926 and 1928, watch movements used in central electric time control system, with electrical operated windup. -BREVET REFORM- tradename EOC-WHS	REFORM BREVET ✚
LIT 086 127 Refer page: 770 SCHILD	SCHILD A.S.A. S9283 MFC Grenchen-Swiss Year 1929, english patent for design/style of electric clock cases. Using "Schild" watch movements in electric clocks,similar to the "Schild & Cie" -PERPETUA- tradename.Synchronous clocks "ASSA" EOC	PERPETUA ELECTRIC ASSA
LIT 050 093 * Widow	SCHMID, LEON & Cie VVE* S9284 MFC La Chaux-de-Fonds - Swiss Year: 1930 Weight operated Masterclock, electrically weight rewound. - SUPREMO - Trademark - 1957 Name changed to: NATIONAL S.A. EOC-	SUPREMO
	SCHWEIZER, EMIL S9285 MFC Basel - Swiss Data reference: Patent year 1889 1891 Electric central time system in existance, display ? at a museum in Paris - France. EOC-	SCHWEIZER,EMIL
LIT 053	SCHWEIZER, JACOB S9286 MFC Solothurn-Swiss Swiss patent year 1881,developmt. electric clock with electromagn. operated gravity arm,Paris-France ehibition 1881. EOC-	SCHWEIZER,JACOB

NOTE: LIT = Literature reference see page 906-918 R/T92
Literature voir la page 906-918
Literaturverzeichnis siehe Seite 906-918

TRADEMARK OR TRADENAME MARQUE DE FABRIQUE - NOMS WARENZEICHEN - WORTMARKE	NAMES AND ADDRESS NOMS ET ADDRESSE NAMEN UND ADDRESSE	REMARKS OBSERV'TN BEMERKUNG
TELEGRAPH MANUFACTURING Co.	TELEGRAPH MANUFACTURING Co. S9278 MFC Neuchatel - Swiss Manufacturer electric clocks system "Hipp" Refer: Page 891 - HIPP - EOC-	LIT 095
THURY, RENE	THURY, RENE S9288 Engineer Genf - Swiss Data reference: Year: 1899 , Patent Cuenod 1909 , Development of Motorblocks,making the use of slave clocks possible. NOTE: Some of clocks were sold to the observatory "Urania" Berlin - Germany EOC	LIT 036
ZENITH	ZENITH, FABRIQUE des MONTRES ZENITH S.A. S9289 MFC Le Locle - Swiss Refer: Page 669, S 6897 670 S 7011 796 S 286/10 EOC-	

T92/L NOTE: LIT = Literature reference see page 906-918
Literature vois la page 906-918
Literaturverzeichnis siehe Seite 906-918

REMARKS OBSERV'TN BEMERKUNG	NAMES AND ADDRESS NOMS ET ADDRESSE NAMEN UND ADDRESSE	TRADEMARK OR TRADENAME MARQUE DE FABRIQUE - NOMS WARENZEICHEN - WORTMARKE
LIT 084	CARLEY, JOHAN DIRK M9300 ND Voorbourg - Holland Year 1928 : Patent electrically exited balance wheel. EOC-	PATENT CARLEY
LIT 084	DE JONG, FRANCISCUS CORNELIUS CE-MFC M9301 Amsterdam - Holland Data reference: Year 1826 1876 1866 Central time system for the city Amsterdam 1928 Last available records CLK-EOC	F.C. de Jong AMSTERDAM
LIT 075 084	E.N.E.M./ EERSTE NEDERLANDSE ELECTRO-MAGNETISCHE M9302 UURWERKEN FABRIEK) (First Dutch* Electro Magnetic Clock Factory) MFC Utrecht - Holland * Data reference: Patent: Year 1914, 1920 EOC	E.N.E.M. UTRECHT
LIT 075	ERICSON, M9303 MFC Rijen - Holland Data reference: Year 1941 Telephone system, synchronous electric clocks, trading with C.T.Wagner (refer page 885 ,G 9131) using theier Master/slave clock time control system. EOC-	ERICSSON TELEFOONMAATSCHAPPIJ N.V.
	HOOGEVEEN W.P. M9304 Researcher/Author Data reference: 1878 1967 Pioneer of electrical horology in the Netherlands (Holland). Publisher of electric horologic literatur.	HOOGEVEEN W.P.

NOTE: LIT = Literature reference see page 906-918
Literature voir la page 906-918
Literaturverzeichnis siehe Seite 906-918

R/T92

TRADEMARK OR TRADENAME MARQUE DE FABRIQUE - NOMS WARENZEICHEN - WORTMARKE	NAMES AND ADDRESS NOMS ET ADDRESSE NAMEN UND ADDRESSE	REMARKS OBSERV'TN BEMERKUNG
JAMIN, CORNELIUS	JAMIN,CORNELIUS M9354 Researcher/Inventor Rotterdam - Holland Registered betwen the years 1919-1927 patents. Invention of a pedulumn which motion is activated by a electric heated wire, this system used by "ZENITH" year 1922, refer: Page : 669 ,S 6897 670 ,S 7011 769 ,S 286/10 EOC-	
NEDERLANDSE INSTRUMENTEN-FABRIEK	NEDERLANDSE INSTRUMENTENFABRIEK MFC M9306 Utrecht - Holland Refer:Page ,M9302	
N E D C L O K	NEDCLOK M9307 ND Refer:Page M9309 - PAAUWE -	
N U F A	NUFA M9308 ND Refer:Page ,M9308 - PAAUWE - ND	
paauwe's patent GXE	PAAUWE, PIETER JOHANNES M9309 MFC Amsterdam - Holland Bleomgracht 135 Data referene: Year 1937:Paauwe's Patent 1947:Renamed -NUFA- 1975:Renamed -NEDCLOK- Synchronous electric clock with calendar drive. EOC-	
SARDEMANN	SARDEMANN M9310 MFC Amsterdam-Holland Data reference: Year 1900, electric wall clocks, motor operated weight rewound. EOC	

T92/L NOTE:

REMARKS OBSERV'TN BEMERKUNG	NAMES AND ADDRESS NOMS ET ADDRESSE NAMEN UND ADDRESSE	TRADEMARK OR TRADENAME MARQUE DE FABRIQUE - NOMS WARENZEICHEN - WORTMARKE

NOTE: spare page - M - R/T92

TRADEMARK OR TRADENAME MARQUE DE FABRIQUE - NOMS WARENZEICHEN - WORTMARKE	NAMES AND ADDRESS NOMS ET ADDRESSE NAMEN UND ADDRESSE	REMARKS OBSERV'TN BEMERKUNG

T92/L NOTE: spare page - M -

ACKNOWLEDGEMENTS

Proper credit is given below to all who assisted in providing archive data, and gave unselfish cooperation so this landmark, worldwide first publication of Index of Electric Clocks could be printed. Thank you to ALL who supported the research project "ELECTRICAL CLOCKS:

- My friend and co-author **Karl Kochmann,** Concord, California, who made the publication "Electrical Clocks" possible.
- **Mrs. Liebegut**, Patentoffice in Düsseldorf, Germany, for her assistance to obtain patent data.
- My friend **Lothar Freking**, for providing personal archive data, literature and conversation on Electrical Clocks.
- **Eugen Denkel** and **Manfred Obersteiner**, "Koblenzer Uhrenfreunde" (Friends of Clocks - Koblenz, Germany), for their support.
- **Mrs. Meyer**, the Watch/Clock Shop, Odenbach in Willich-Schiefbahn, Germany, who provided access to the historical "Deutsche Uhrmacher Zeitung", published in 1877.
- My friend **Jaques Auge** for his assistance with the technical layout.
- **Arthur Mitchel**, data and conversation on English Electric Clocks.
- The **Clock Museum in Bad Grund, Germany,** and the **Berger Family**, for permission to examine and photograph exhibited Electric Clock.
- Mr. **N. Markus** of TELEFON & NORMALZEIT (T&N), Germany, for furnishing archive material of historical T&N catalogues.
- **Manufacturers of Electrical Clocks, for furnishing data**: AEG, Benzing, Bizerba, Burk, Hermle, Hengstler, Horz, IMB Germany, Isgus, Jauch & Schmidt, Junghans, Landis & Gyr-Germany, Peter Uhren, Schauer, Schneider Gebrüder (brothers), Siedle & Sohn (son), Siemens, Spohr Messtechnik, Suevia, Telenorma, Wempe, and Zenith.
- **Heliowatt Werken**, Berlin, Germany for their very supportive assistance in submitting statistical data.
- **Siemens Museum**, Munich, Germany, and the **Museum for Technic and Transportation**, Berlin, Germany, for providing data on Electrical Clocks made by Siemens-Germany.
- **Shenton, F.G., MA(CANTAB), LRCP-MRCS-MRCGP** (USA=M.D.), Eminent horological Author, Former Chairman, Electrical Horological Group, U.K. (England); His courtesy to review the text, Electrical Clocks of England, is very much appreciated.

REMERCIEMENTS

Ces remerciements s'adressent à tous ceux qui ont contribué en fournissant des données d'archives et on aidé sans compter leurs efforts à la réalisation de cette première publication mondial de l'index des "HORLOGES ELECTRIQUES." Un grand "Merci" à tous.

- Mon ami et co-auteur **Karl Kochmann,** Concord, Californie, qui a rendu possible la publication de "Horloges Electriques."
- **Mme. Liebegut**, office des brevets, Dusseldorf, Allemagne, qui a aidé à obtenir des données sur les brevets.
- Mon ami **Lothar Freking**, qui a fourni des renseignements sur ses archives personnelles et a contribué oralement et par la littèrature à "Horloges Electriques."
- **Eugen Denkel** et **Manfred Obersteiner**, "Amateurs d'horlogerie de Koblenz, Allemagne" pour leur aide.
- **Mme. Meyer**, magasin d'horlogerie de Odenbach à Willich-Schiefbahn, Allemagne, qui m'a donné accès à la publication historique "Deutsche Uhrmacher Zeitung", de 1877.
- Mon ami **Jaques Auge** pour son aide dans la présentation technique.
- **Arthur Mitchel**, données et renseignements oraux sur les horloges électriques anglaises.
- **Le Musée d'horlogerie de Bad Grund, Allemagne,** et la **famille Berger**, pour la permission d'examiner et photographier les horloges électriques exposées.
- M. **N. Markus** de la TELEFON & NORMALZEIT (T&N), Allemagne, qui m'a fourni des données d'archives de catalogues historiques del T&N.
- **Les fabricants d'horloges électriques qui m'ont fournis des renseignements**: AEG, Benzing, Bizerba, Burk, Hermle, Hengstler, Horz, IMB Germany, Isgus, Jauch & Schmidt, Junghans, Landis & Gyr-Allemagne, Peter Uhren, Schauer, Schneider Gebrüder (Frères), Siedle & Sohn (fils), Siemens, Spohr Messtechnik, Suevia, Telenorma, Wempe, et Zenith.
- **Heliowatt Werken**, Berlin, m'ont fourni des données statistiques très appréciées.
- **La Musée Siemens**, Munich, et le **Museé de la Technique et du Transport**, Berlin, m'ont apporté des renseignements sur les horloges électriques fabriquées par Siemens, Allemagne.
- **Shenton, F.G.**, MA(CANTAB), LRCP-MRCS-MRCGP (Docteur de Mé dicin); Eminent spécialiste d'horlogerie et auteur, ancien Président du Groupe d'Horlogerie Electrique anglais, son aide dans la révision du texte, Horlogerie Electrique d'Angleterre, a été d'un grand secours.

ANERKENNUNG über MITARBEITER

Hiermit möchte ich allen danken, die meine Arbeit "ELEKTRISCHE UHREN" unterstütz haben:

- Meinem Freund **Karl Kochmann,** Kalifornien .S.A., der die Realisierung des gemeinsamen Projektes ermöglichte.
- **Frau Liebegut** von de Patentauslegestelle in Düsseldorf für die Ermöglichung der Patentrecherche.
- Meinem Freund **Lothar Freking** für die Diskussion und Bereitstellung von Literatur, Daten und anderem Material zu elektrischen Uhren.
- Den "Koblenzer Uhrenfreuden" **Eugen Denkel** und **Manfred Obersteiner** für ihre Mithilfe und Unterstüzung.
- **Frau Meyer**, Uhrmacherin von Willich-Schiefbahn für die Möglichkeit, die "Deutsche Uhrmacher Zeitung" einzusehen.
- Meinem Freund **Jaques Auge** für die Unterstüzung bei der Gestaltung des Layouts.
- **Arthur Mitchell** für Daten und Diskussionen über englische Uhren.
- Dem **Uhrenmuseum in Bad Grund** und **Familie Berger**, für die Möglichkeit, die ausgestellten elektrischen Uhren zu photo-graphieren.
- **Herrn N. Markus**, TELEFON & NORMALZEIT (T&N), für die Zusendung von Kopien alter Normalzeit Kataloge.
- **Den Herstellern:** AEG, Benzing, Bizerba, Burk, Hermle, Hengstler, Horz, IMB Germany, Isgus, Jauch & Schmidt, Junghans, Landis & Gyr-Germany, Peter Uhren, Schauer, Schneider Gebrüder, Siedle & Sohn, Siemens, Spohr Messtechnik, Suevia, Telenorma, Wempe, und Zenith für die Zusendung von Informationsmaterial und Dokumentationen.
- **Heliowatt Werken**, Berlin, für die Mathilfe Statisches Archivmaterial zur Verfügung stellten.
- Dem **Siemens Museum** in München und dem **Museum für Technik und Verkehr** in Berlin für die Zusendung von Schriftum über Uhren des Hauses Siemens.
- **Shenton, F.G.**, MA(CANTAB), LRCP-MRCS-MRCGP (Doktor Medizin), Author, Elektrotechnischer Uhrenliteratur, ehem.Vorsitzender B.H.I.(England) Arbeitsgruppe "ELEKTRISCHE UHREN," für seine Hilfe den Text "Elektrische Uhren in England" mit Daten zu ergänzen.
- Und besonders allen anderen die mitgeholfen haben, aber hier nicht genannt wurden, es ist nicht Absichtlich geschehen.

SECTION "C"

BIBLIOGRAPHY
ALPHABETICAL INDEX
ACKNOWLEDGEMENTS

SECTION "C"

BIBLIOGRAPHIE
TABLE des MATIERES
CONCESSION de GRATITUDE

ABSCHNITT "C"

SCHRIFTTUM NACHWEIS
ALPHABETISCHES VERZEICHNIS
MITARBEITER VERZEICHNIS

LITERATURE REFERENCE (LIT) CONVERSION TABLE ELECTRIC CLOCKS / PENDULES ELECTRIQUE ELEKTRISCHE UHREN

LIT NO.	BIBLIOGRAPHY PAGE
71	907
72	908
73	910
74	908
75	908
76	907
77	907
78	908
79	908
80	910
81	907
82	907
83	910
84	909
85	907
86	909
87	907
88	909
89	**
90	908
91	907
92	907
93	907
94	909
95	908
96	906
97	906
98	906
99	907
100	906
101	909
102	910
103	906
104	906
105	909

LIT NO.	BIBLIOGRAPHY PAGE
35	906
36	910
37	910
38	910
39	908
40	906
41	910
42	908
43	908
44	908
45	908
46	910
47	909
48	910
49	910
50	910
51	908
52	910
53	907
54	907
55	908
56	908
57	908
58	909
59	906
60	909
61	909
62	910
63	909
64	**
65	907
66	909
67	910
68	909
69	909
70	909

CHAPTER - CHAPITRE - KAPITEL XIV
BIBLIOGRAPHY - ELECTRIC CLOCKS
LITERATURE de PENDULES ELECTRIQUE
LITERATURVERZEICHNIS ELEKTRISCHE UHREN

Note:

MIT= Archive Horolog. Museum, La Chaux-de-Fonds/Switzerland

LIT= 000 Three-digit number denotes bibliography data index.

LIT= 000 No de literature table des matieres

LIT= 000 Literaturverzeichnis Daten Speicherung Nummer.

D= Text in Dutch (Holland)

E = Text in English

F = Text in French

G = Text in German

Authors:

AB Abeler, Jürgen

AKS Aked, Charles K.

ARS Shenton, Alan and Rita

RS Shenton, Rita

Abler, J.: Meister der Uhrmacherkunst. Wuppertal, Germany ©1977.
G-035 AB

Aked, C.: A Conspectus of Electrical Timekeeping. Antiquarian Horological Society, England. © 1976.
E-097 AKS

Aked, C.: Electrifying Time. Antiquarian Horological Society, England. © 1977.
E-100 AKS

Aked, C.: Magneta Master Clock. Antiquarian Horological Society, England. © 1974.
E-096 AKS

Aked, C.: A Paragon of Electrical Horology. ©1984.
E-059 AKS

Aked, C.: Some Observations of the Eureka Clock. In: Horological Journal (England). September, 1977.
E-098 AKS

Anonym: Calora Schaltuhr für Kochzwecke Elektrotechnische Zeitschrift (1720). © 1928.
G-040

Anonym: Die Urania Säulen in Berlin. Deutsche Uhrmacher Zeitung 2 (1896), Seite 22-32.
G-103

Anonym: Elektrische Nebenuhr. Deutsche Uhrmacher Zeitung 2 (1900), Seite 32.
G-104

Anonym: Eine neue elektrische Pendeluhr. Elektrotechnische Zeitschrift (1932), Seite 607-608.
G-077

Anonym: Electrische Hupe Leserbrief. Thonindustrie-Zeitung (1913), Seite 186.
G-065

Anonym: Selbsttätige Turmuhrregulierung. Elektrotechnische Zeitschrift (1935), Seite 547.
G-076.

Anzeige Venner Time Switches Ltd. Horological Journal (England), July 1950.
E-092

Ateliers Vaucanson: La Pendule Electrique "Hélios" Prospekt und Bedienungsanleitung. ©1920.
F-G-087

Belmont, H.L.: La Bulle Clock Horlogerie Electrique, pages 922. ©1975, Becanson, France.
F-082

Bird, D.J.: The pulsynetic system and its place in the history of electric clocks. Antiquarian Horology (England), March, June, Autumn 1987.
E-091

Cremer, V.: Strasser & Rhode. Alte Uhren 5 (1987), Seite 54-63.
G-071

Erbrich, K.: Präzisionspendeluhren. ©1978, München, Germany.
G-054

Eureka Clock Co. Ltd.: Catalogue of Eureka Electric Clocks (Reprint).
E-099

Favarger, A.: Die Elektrizitat und ihre Verwendung zur Zeitmessung. ©1894, Bautzen, Germany.
G-053

Gosselin, M.: Les Systemes Française Modernes D'Horlogerie Electrique. Bulletin de la Socete Française des Electriciens. ©1927, Paris. Les pages 1252-1309.
F-081

Guye, R.; Bossart, M.: Horlogerie Electrique. ©1957, Lausanne.
F-093.

Hanson, E.: The Brillié Clock. Clocks (England), 1987, pages 41-46.
E-085.

Hengstler KG: Eine Geschichte des Zählens und des Zählers Festschrift zum 125-jährigen Bestehen. ©1971, Aldigen. G-078.

Hoogeveen, W.: Elektrische Uurwerken De Bilt. ©1941. D-075

Hope-Jones, F.: Electrical Timekeeping. ©1976, London. E-055

IBM: Prospektmaterial der Firma IBM undatiert ~ 1950. G-079

Jenzen, I.: Uhrzeiten Austellungskatalog des Historischen Museums. ©1989, Frankfurt. G-074.

Joly, H.: Technisches Auskunftsbuch. ©1914, Kleinwittenberg/Elbe. G-039

Joly, H.: Technisches Auskunftsbuch. ©1920, Klein-Wittenberg/Elbe. G-051

Joly, H.: Technisches Auskunftsbuch. ©1927, Kleinwittenberg/Elbe. G-057

Kahlert, H.: 300 Jahre Schwarzwälder Uhrenindustrie. ©1986, Gernsbach. G-072

Kahlert, H.: Lorenz Bob und Mathäus Hipp. ALTE UHREN 4 (1987), Seite 22-30. G-095.

Kaufmann, M.: Elektrische Magneta-Zentraluhrenanlage und Magneta Hausuhren. Elektrotechnische Zeitschrift (1931), Seite 727-731. G-045

Krumm, G.: Die elektrischen Uhren Vol II von C. Saunier: Lehrbuch der Uhrmacherei. ©1902, Bautzen. G-056

Landis & Gyr: Geschichtliche LG-Daten unveröffentlichtes Material. G-042

Landis & Gyr: Historische Entwicklung der LGD unveröffentlichtes Material G-043

Maßhardt, H.: Elektrische Uhrenanlagen System Inducta publiziert von Landis & Gyr, Seite 215-219. G-044

Mitchell, A.: Telephone Manufacturing Co., Ltd. Antiquarian Horological Society (England). ©1990. E-090

Mix & Genest: Anleitung zum Bau elektrischer Haustelegraphen-, Kontrollund Blitzableiteranlagen. ©1914, Berlin.
G-066

Mühe, R.; Kahlert, H.: Die Geschichte der Uhr. ©1983, München.
G-058

Nederlands Goud-, Zilver- en Klokkenmuseum: Elektrische Tijdaanwijzing. ©1985, Schoonhoven.
D-084

Parth, L.: Harry Fuld. ©1925, Frankfurt. Reprint durch Telenorma.
G-047

Persönliche Mitteilunger der Firma Horz.
G-063

Philpott, S.: Modern Electric Clocks. ©1949, London.
E-094

Schauer: The Schauer History Publikation des Hauses Schauer.
E-105

Scheibe, K.; Stamm, J.: Uhr und Strom. ©1943, München/ Berlin.
G-070

Schellen, H.: Der elektromagnetische Telegraph Kapitel 11: Elektrische Uhren. ©1888, Braunschweig.
G-088

Schmidt, F.: Elektrische Uhren Halle. ©1957, a.d.Saale.
G-061

Schneider Söhne: Prospektmaterial. Schonach.
G-069

Schönberg, G.: Elektrische Uhren und Uhrenanlagen. ©1956, Frankfurt/M.. Herausgeber Telephonbau & Normalzeit GmbH.
G-068

Schubert, P.: Elektrische Uhren. Forschen und Schaffen Band 3 Herausgeber AEG. ©1965, Berlin.
G-060

Shenton, A. & R.: The Price Guide to collectable clocks. ©1985, Woodbridge, England.
E-086 ARS

Shenton, R.: Robert Lowne and his electric clock system. Antiquarian Horology (England), March, 1975.
E-101 RS

Siemens, B.: Handbuch der Elektrotechnik Bd. I, II. ©1912, Leipzig.
G-064

Siemens: Verzeichnis der Pionierarbeiten des Hauses Siemens auf dem Gebiet der Zeitmessung, Zeitverteilung und Zeitregistrierung unveröffentlichtes Material.
G-073

Stumpner, W.: Die Entwicklung der Elektrizitätszähler Siemens Zeitschrift (1923) Seite 59-70, 132-139.
G-038

Tardy, H.L.: Dictionaire des Horlogers Français. ©1971, Paris.
F-080

Techen, B.: Zeit und Mikroelektronik. ©1987, Schramberg/ Furtwangen.
G-067

Telenorma: Telenorma heute. ©1989, Frankfurt/M.
G-046

Thiesen, F.: Die elektrischen Einzeluhren. ©1936, Berlin.
G-050

Thiesen, F.: Die Haupt- und Nebenuhren. ©1939, Berlin.
G-049

Thiesen, F.: Die Synchronuhren. ©1937, Berlin.
G-052

Tobler, A.: Elektrische Uhren A. Hartlebens Verlag. ©1909, Wien, Leipzig.
G-036

Turmuhrenfabrik Hörz: Preisliste 1907. ©1907, Ulm.
G-062.

Westendorp, E.: Etwas über elektrische Uhrenanlagen Deutsche Uhrmacher Zeitung (1907), Seite 274-276.
G-048

Wiligut, I.: Die französischen Systeme neuzeitlicher elektrischer Uhren im Vergleich zu den deutschen. Elektrotechnische Zeitschrift (1928), Seite 202-207.
G-083

Wood, C.: Uhrmacherei in Edinburgh. ALTE UHREN 3(1989), Seite 41-48. Callwey-Munich.
G-102

Zacharias, J.: Elektrotechnik für Uhrmacher. ©1908, Berlin.
G-041

Zacharias, J.: Elektrotechnik für Uhrmacher. ©1920, Berlin.
G-037

LITERATURE REFERENCE (LIT) CONVERSION TABLE WATCHES / CLOCKS / MONTRE POCHE / PENDULES ALLGEMEINE UHREN

LIT NO.	BIBLIOGRAPHY PAGE
106	**
107	**
108	**
109	912
110	912
111	912
112	912
113	912
114	913
115	913
116	913
117	913
118	913
119	913
120	913
121	913
122	913
123	914
124	914
125	914
126	**
127	914
128	914
129	**
130	915
131	**
132	915
133	915
134	915
135	915
136	915
137	915
138	915
139	916
140	**

LIT NO.	BIBLIOGRAPHY PAGE
141	916
142	916
143	916
144	916
145	916
146	916
147	916
148	916
149	917
150	917
151	917
152	**
153	917
154	**
155	**
156	918
157	918
158	918
159	918
160	918
161	914
162	917
163	916
164	915
165	912
166	913
167	916
168	916
169	915
170	912
171	**
172	913
173	913
174	913
175	913

LIT NO.	BIBLIOGRAPHY PAGE
176	914
177	914
178	914
179	914
180	914
181	914
182	914
183	914
184	**
185	915
186	915
187	915
188	916
189	917
190	917
191	917
192	917
193	917
194	918
195	918
196	918
197	918
198	918
199	916
200	914
201	**
202	917

CHAPTER - CHAPITRE - KAPITEL XV
BIBLIOGRAPHY - WATCHES/CLOCKS
LITERATURE de MONTRE POCHE - PENDULES
LITERATURVERZEICHNIS über UHREN

Note:

MIT= Archive Horolog. Museum, La Chaux-de-Fonds/Switzerland

LIT= 000 Three-digit number denotes bibliography data index.

LIT= 000 No de literature table des matieres

LIT= 000 Literaturverzeichnis Daten Speicherung Nummer.

E = Text in English

F = Text in French

G = Text in German

Authors:

AB Abeler, Jürgen
AKS Aked, Charles K.
ARS Shenton, Alan and Rita
EJT* Tyler, E. J.
JA* Arnfield, James
RS Shenton, Rita

* Country Life, International Dictionary of Clocks, ©1979, Alan Smith, U.K. (England). Refer: LIT 157

Abler, J.: Meister der Uhrmacherkunst. Wuppertal, Germany ©1975.
G-109 AB

Aked, Charles: Complete List of English Horological Patents up to 1835. England, ©1975.
E-110 AKS

Aked, Charles C., M.I.E.E.: Electrifying Time. Exhibition Science Museum, London, U.K.. Centenary of the Death of Alexander Bain on 2 January, 1877; England, ©1976
E-111 AKS

Allix, Charles: Carriage Clocks. Antique Collectors Club Ltd., Woodbridge, Suffolk, England, ©1978.
E-112

ALPINA - GRUEN. Festschrift 1883-1933.
E-F-G-170 MIT D 2179

Bäurle: 100 Jahre Tobias Baeurle & Söhne 1864-1964. St. Georgen Black Forest, Germany, ©1964.
G-113

Becker, Waldemar: "Glashütte damals." UHREN, Vol. V, Oct/Nov ©1992. Callwey Publishing, Munich, Germany.
G-165

Bender, Gerd: Die Uhrenmacher des hohen Schwarzwaldes und ihre Werke, Vol. I. Furtwangen, Germany ©1975.
G.-114

Bender, Gerd: Die Uhrenmacher des hohen Schwarzwaldes und ihre Werke, Vol. II. Furtwangen, Germany ©1978.
G-115

Berner, G.A.: Dictionnaire Professional Illustre de L'Horlogerie. Journal la Suiss Horlogere S.A., la Chaux-de-Fonds, Switzerland ©1988.
F-G-E-166

Bismark-Museum, Friedrichsruh Germany, Ingeborg Köpke ©1989 "Die Bismark Uhr - Gustav Becker."
G-116

Blackwell, Dana J.: Vienna Regulators of Lenzkirch and Lorenz Bob, ©1870. American Clock-Watch Museum, ©1990.
E-117

Bloch, Marcel: Necrologie.
F-171 MIT D 23

Borel, Pierre-Arnold: La Famille Borel, Livre de Raison et Chronique de Famille. ©1976.
F-172 MIT

Bourgquin, Paul: Cortebert Watch Co. Le 150 ane anniversaire. ©1940.
F-173 MIT

Brunner, Gisbert L.: Blancpain-Uhrmacherei mit 250 jahriger Tradition. Callwey Publ. UHREN ©1988.
G-174

Bürk, Richard: Die Schwenninger Uhrmacher bis um's Jahr 1850 Schwenningen, Germany ©1907.
G-118

Cammerer Cuss & Co.: 1788-1988, The Bicentenary of the Firm. London, England ©1988.
E-121

Cammerer Cuss, T.B.: The Story of Watches. London, England ©1952.
E-119
Cammerer, Terrence: Antique Watches. London, England ©1976.
E-120

Cardinal, Catherine; Jequier, Francois; Barrelet, Jean Marc; Beyner, Andre: DER MENSCH und die ZEIT in der SCHWEIZ 1291-1991.
G-F-122 MIT

Cesar, P.: Francillon, Ernest, SA VIE et SON OEUVRE. ©1900.
F-175 MIT

Claterbos, F.H.: Viennese Clockmakers and what they left us. "Liste Wiener Uhrmacher." Schiedam, Holland ©1979.
E-G-123

Coleman, J.E.: The Best of J.E. Coleman by Orville R. Hagans. CMW FBHI - U.K. FNAWCC - USA ©1979.
E-124

CORTEBERT WATCH CO. 150eme Anniversary.
F-200 MIT D 1176

D'Abraham-Louis, Bregeut: 1747-1823, Catalogue exposition. Musée International d'Horlogerie, May-December 1976.
F-G-125

Deutschle, Knut: Die Alten Turmuhren Uhrenstube Rockenhausen. Germany ©1989.
G-161

Diacom, Christine, Faculty des Letters, Universite de Lausanne, Swisse: Tavannes Watch Co. 1890-1918.
F-176 MIT

Diebners: Uhrmacher Kalender 1929. Leipzig, Germany ©1929.
G-126

DITISHEIM L.A.I.: Fabrique Movado.
F-177 MIT

Du Bois: 1785. Deux siecles de tradition de familie dans l'horlogerie.
E-F-G-178 MIT

Du Bois, Claude François: 1732-1796 Biographies Horlogeres.
F-179 MIT D 60

Dum, Heinz Hans: Die Industrie in Karlstein Austria - UHREN & JEWELEN ©1973.
G-180

Ebauches, S.A.: Terminology - Numeration. Neuchatel, Switzerland ©1976.
E-F-G-Ital-Span-Portug-Japan-127 Language

Francillon, Ernst: Premiere Page du Contract de Society, du 25.Fevrier 1833.
F-181 MIT

Flume: Grossuhrschlüssel fur Uhren, International Service Index, some parts in English. Berlin, Germany ©1976.
E-G-128

GAGNEBIN: Histoire de l'Horlogerie Suisse.
F-182. MIT D 87

GALLET, JULIEN & Co.: Manufacturer/Importer of Watches. Price List Year 1884.
E-183 MIT 120

Hempel, Jorg: Glashütte heute, ©1992. UHREN, Vol. I, Jan/Feb 1992, Callwey Publishing, Munich, Germany.
G-164

Herkner, Kurt: Glasshütte und seine Uhren. Dormagen, Germany ©1979.
G-169

Hostetter, Patricia, Faculty des Letters, Universite de Neuchatel, Suisse: Zenith S.A. Le Locle 1865-1925. ©1987
F-185 MIT

Huber, Martin: Glashütte in Sachsen, "Wie Gehts weiter?", UHREN, Vol.I, Jan/Feb ©1992. Callwey Publishing, Munich, Germany.
G-134

Huber, Martin
Die Uhren von A. Lange & Sohne, Glashütte, Sachsen, Munchen, Germany ©1976, reprint 1977.
G-E-130

Ineichen-Auktionshaus, Auctioneer Catalogues, periodicals since 1976. Reference Only.
G-E-132

Jacot, Georges Favre: ZENITH - Archives Le Locle, Suisse.
F-186 MIT

Jaeger-le-Coultre: ATMOS, the clock that lives on air. J.L. Reutter, Inventor. Neuchatel, Switzerland.
E-133

Journey to the Centre of Time. Exhibition catalogue by Jaeger-le-Coultre. Switzerland ©1991, 60th anniversary of the celebrated Reverso watch.
E-134

JULLIARD, les FAMILLES de Cortebert: 6 Generations d'horlogers 1790-1940.
F-187 MIT

Jüttemann, Herbert: Schwarzwälder Uhren/ Black Forest Clocks/ Pendules de la Fôret Noire. Karlsruhe, Germany ©1991
G-E-F-136

Jüttemann, Herbert: Schwarzwalder Flötenuhren. Germany ©1991.
G-137

Jüttemann, Herbert: Die Schwarzwalduhr. Karlsruhe, Germany ©1976.
G-135

King, Jürgen: Die Uhren von IWC, Vol. I & II, International Watch Co. Schaffhausen, Switzerland ©1976.
G-E-138

International Watch Co.: Schaffhausen/Swiss ©1976.
G-E-167

Kahlert, Helmut, Prof.: Furtwanger Beiträge zur Uhrengeschichte. ©1985 R. Mühe, Prof., Deutsches Uhrenmuseum, Furtwangen, Germany.
G-163

Kistner, A.: Die Historische Uhrensammlung Furtwanger Uhrenmuseum, Inventory of historical essays. Furtwangen, Germany ©1925.
G-139

Kochmann, Karl: Black Forest Music Clocks. Concord, CA USA, ©1990
E-168

Kochmann, Karl: United Freiburg Clock Factories, former Gustav Becker Works. Concord, CA USA, ©1978.
E-G-141

Kochmann, Karl: Hamburg - American Clock Co. Concord, CA USA, ©1980.
E-G-142

Kochmann, Karl: Lenzkirch-Winterhalder Uhren. Concord, CA USA, ©1984.
E-G-143

Kochmann, Karl: Junghans Story. Concord, CA USA, ©1976.
E-144

Kochmann, Karl: The Black Forest Clockmaker and the Cuckoo Clock, 11th Edition. Concord, CA USA ©1992.
E-145

Kochmann, Karl: Gustav Becker Story, 7th Edition. Concord, CA USA ©1992.
E-G-146

Krajewsky: Mittheilungen über die Entwicklung Uhren - Industrie Glashütte (Sachsen) 1895 Exhibition, reprint, Germany ©1976.
G-147

Kurz, Peter: 200 Jahre Schwenninger Uhren. Schwenningen, Germany ©1965.
G-148

LANGENDORF, la FABRIQUE d'HORLOGERIE: Fet son 75 ane Anniversaire 1873-1948.
F-199 MIT

LAVINA S.A.: Fet son Centenaire.
F-188 MIT

LEONIDAS WATCH FACTORY, Saint Imier, Suisse: Anniversaire a Saint Imier 1841-1941 Revue intern. de Horlogerie ©1941
F-189 MIT

Loomes, Brian: Watchmakers & Clockmakers of the World, Vol. I & II. London, England ©1976.
E-149

Maitzner F. & Moreau J.: Comtoise la morbier la morez Histoire et Technique. France, ©1957.
F-150

Mathews, Bill: Anglo-American Clocks Publication - CLOCKS U.K. (England).
E-162

Neher F.L.: Ein Jahrhundert Junghans 1861-1961. Schramberg, Germany ©1961.
G-152

Neher F.L.: Johannews Bürk Württembergische Uhrenfabrik Bürk & Söhne. Schwennigen, Germany, ©1956.
G-151

Nijssen, G.A.: F.A. Lange and Glashütte. Boston, MA USA, ©1979.
E-153

OMEGA, le enterprise son histoire sa production ses activities et ses objectives: THE OMEGA STORY.
E-190 MIT

PATEK PHILLIPE: Identification & Price Guide. ©Roy Erhardt & Joe DeMesy, U.S.A.
E-202

Patents for Inventions: Abridgments of Specification Class 139, WATCHES, CLOCKS, AND OTHER TIMEKEEPERS. Period A.D. 1855-1900 (Vol 1), ©1905 London, The Patent Office.
E-200 ARS

PHENIX WATCH CO. S.A.: Societe Horlogere de Porrentruy. Revue International de l'Horlogere ©1945.
F-191 MIT D 200

Richter, Benno: Breitling die Geschichte einer Grossen Uhrenfabrik. Callwey Publ., Germany ©1992.
G-192

Schaaf, Berthold: Schwarzwalduhren. Germany ©1988.
G-193

SCHILD: CINQUANTIEME ANNIVERSAIRE A. SCHILD S.A. ASSA S. de Coulon, Directeru general d'Ebauches S.A., Suisse.
F-198 MIT

SCHMIDT & CO.: Roskopf-Patent Publ. Revue International de Horlogerie ©1928.
F-194 MIT

Schneider, Wilhelm, Dr.: The Cuckoo Clocks of Johann Baptist Beha, A.H.S. England ©1988.
E-195

Shenton, Alan and Rita: The Price Guide to Clocks 1840 - 1940. England, ©1977.
E-156 ARS

Shenton, Rita, FBHI, U.K.: History of Enfield Clock Company, Battle Against Foreign Competition. CLOCKS, ©May 1980, Vol. 2 #11.
E-169 RS

Smith, Alan: The International Dictionary of Clocks. England, ©1980.
E-157

Starsy, Peter: Gustav Becker (1819-1885). Geschichte einer Uhrenfabrik UHREN und SCHMUCK / Germany, ©1985.
G-158

Stolberg, Lukas: Die Steirischen Uhrmacher, Graz, Austria ©1979.
G-159

Terwilliger, Charles: The 400 Day Clock Repair Guide. New York, USA, ©1965.
E-160

THOMMEN S.A.A. WALDENBOURG: Le Centenaire des Fabriques Horlogerie 1853-1953.
F-196 MIT D 241

TISSOT & FILS S.A.: LE CENTENAIRE de la FABRIQUE d'HORLOGERIE.
Charles Tissot & Fils S.A.
F-197 MIT 245

ALPHABETICAL INDEX ♦ TABLE des MATIERES ♦ ALPHABETISCHES VERZEICHNIS

ALPHABETICAL INDEX ♦ TABLE des MATIERES ♦ ALPHABETISCHES VERZEICHNIS

ALPHABETICAL INDEX ♦ TABLE des MATIERES ♦ ALPHABETISCHES VERZEICHNIS

ALPHABETICAL INDEX ♦ TABLE des MATIERES ♦ ALPHABETISCHES VERZEICHNIS

ALPHABETICAL INDEX ♦ TABLE des MATIERES ♦ ALPHABETISCHES VERZEICHNIS

ALPHABETICAL INDEX ♦ TABLE des MATIERES ♦ ALPHABETISCHES VERZEICHNIS

ALPHABETICAL INDEX ♦ TABLE des MATIERES ♦ ALPHABETISCHES VERZEICHNIS

ANTIQUE CLOCKS BOOK DEPOSITORY:

U.S.A.

WHOLESALE * CATALOG ON REQUEST * RETAIL
Worldwide Sales
of
Horological Books

SCANLON
American Reprints Co.

VISA MASTERCARD
Doris & Loren Scanlon
P.O. Box 379, Modesto, CA 95353 U.S.A.
Phone (209) 667-2906 FAX (209) 521-2777
French/German Correspondence Welcome

ENGLAND

HOROLOGICAL BOOKS
New and Old

RITA SHENTON LBHI

148 PERCY ROAD, TWICKENHAM,
TW2 6JG ENGLAND

INTERNATIONAL SALES -- CATALOGUE ON REQUEST

Telephone: 081 894 6884 (London) U.K.
FAX: 081 893 8766

AUSTRIA

Uhrenstube Stolberg

UHRMACHERMEISTER
LUKAS STOLBERG

Horological Books - Uhrenliteratur - Catalogue on Request
A-8019 Graz, Grabenstrasse 9
Österreich - Austria
Telephon: 0316 - 30 26 53 FAX: 0316 - 30 26 53

French/German/English Correspondence Welcome

GERMANY

Wuppertaler Uhrenmuseum

VISA

JÜRGEN ABELER F.B.H.I
Uhren Goldschmuck Juwelen Edelsteine.
Uhren- und Schmuck-Fachliteratur

Poststrasse 11
42 103 Wuppertal
Germany - FRG
Tel: 0202/49300-0 FAX: 0202/49300-59

Credit Cards Welcome KREDITKARTEN werden akzeptiert
English Correspondence Welcome

SWITZERLAND

Antoine SIMONIN

Livres d'horlogerie - Horological Books - Uhrenliteratur
* New and Old *
Catalogue on Request VISA/MASTERCARD accepted
Case Postale 118 - 2006 Neuchatel - Switzerland
Tel 38 30 48 30 FAX 38 30 35 89
French/German/English Correspondence Welcome

CHAPITRE XI
BREVETS D'INVENTION SUR L'HORLOGERIE ELECTRIQUE

Thomas Schraven ©1992

En 1877, le Kaiserliches Patentamt (Bureau Impérial des Brevets) de Berlin a commencé son activité. Ce Bureau recevait toutes les demandes de brevets, marques et noms déposées ainsi que les symboles graphiques et les droits. Il accordait les droits des brevets en leur assignant un numéro d'enregistrement ou rejetait la demande. Le Bureau des Brevets publiait une brochure mensuelle pour informer toutes les Nations, membres des marques classées, de tous les brevets accordés ou rejetés, des noms et marques déposés, des graphiques et des droits. De 1877 à 1992, le Bureau a examiné 2.400.000 demandes de brevets et en a accordé 760.000. L'activité du Bureau de Berlin cessa pendant la deuxième Guerre Mondiale en 1944 et fut reprise en 1948 sous l'Administration Militaie américaine à Munich, en Allemagne de l'Ouest. A la création de la République fédérale d'Allemagne en 1952, Le Bureau de Brevets est devenu une branche du Ministère de la Justice, gérée par un président nommé. Un autre Bureau de Brevets fut établi dans la République démocratique d'Allemagne à Berline-Est. Aprés la réunification de l'Allemagne en 1990, le Bureau de Berlin fut dissout et réorganisé avec le Bureau de la République fédérale d'Allemagne à Munich.

Toutes les demandes de Brevet sont classées sous un code dans leur catégorie. Par exemple 1'"Horlogerie Electrique" est classée sous le n° 83b avec les sous-groupes suivants:

Groupe	Identification
1/01	Horloges mécaniques à pendule (échappement)
1/02	Horloges avec échappement à roue.
1/03	Différents mécanismes pour opérer les horloges électriques.
1/10	Systèmes de contacts sur les horloges-mères activant les horloges-filles.
2/01	Commandes par sauts des horloges-filles
2/10	Horloges opérées par moteurs synchrones
2/20	Systèmes électriques complets pour la commande du temps
3	Mécanismes d'interrupteurs pour horloges électriques
4	Impulsions électriques pour ajuster l'avancement des aiguilles
5	Ajustement électrique de la commandes de la vibration des impulsions
6	Impulsions électriques des systèmes acoustiques
7/01	Remontage des horloges électriques à l'aide d'électro-aimants
7/10	Autres systèmes électriques opérant des éléments électro-pneumatiques

Voir à la page 957

NOTE IMPORTANTE: Tous les textes des demande de brevet Allemagne, Autriche, les autres Suisse sont imprimés en Allemand. Si une traduction en Anglais est nécessaire, écrire à: British Library, Science Reference & Information Service, 25 Southampton Buildings, London WC2A 1AW, Angleterre.

* * * * *

KAPITEL XI

PATENTE ELEKTRISCHER UHREN (German)

Mit dem Ziel, Schutzrechte fur technische Erfindungen zu sichern, wurde 1877 das Reichspatentamt in Berlin gegründet und in Jahre 1949 als Deutsches Patentamt in München wieder eröffnet.

Das Reichpatentamt ordnete alle Erfindungen bestimmten Klassen zu. Für den "Elektrischen Uhrenfreund" sind die Klassen 83b (elektrische Uhren) und 74a (elektrische Wecker) von Interesse. Die Patentauslegestelle in Düsseldorf (seit 1992 aufgelöst) ermöglichte alle dort vorhandenen Reichspatente (ca. 950) der Klasse 83b einzusehen und chronologisch zu erfassen. Ob in Düsseldorf wirklich alle erteilten Reichspatente vorhanden waren, konnte nicht festgestellt werden. Alle Patente der Klasse 83b werden einer, der folgenden 14 Gruppen zugeordnet:

Gruppe	Oberbegriffe der Gruppen
1/01	Selbständige Uhren mit Pendelhemmung
1/02	Selbständige Uhren mit Unruhhemung
1/03	Verschiedene selbständige elektrische Uhren
1/10	Kontaktvorrichtung an Hauptuhren zur Betätigung von Nebenuhren
2/01	Absatzweise fortgeschaltete Nebenuhren
2/10	Durch Synchronmotor angetriebene Uhren
2/20	Uhrenanlagen, Schaltungen
3	Schaltwerke für elektrische Uhren
4	Elektrisch betriebene Zeigerstellvorrichtungen
5	Elektrische Gangregler
6	Elektrisch betriebene Schlagwerke
7/01	Mittels Elektromagnet aufgezogene Uhren
7/10	Mittels Elektromotoren aufgezogene Uhren
7/20	Sonstige elektrisch betriebene Aufzüge für Uhren, mittels Hitzdraht, elektropneumatisch usw.

WICHTIGER HINWEIS: Im Falle dass der Leser eine Patentschrift erwerben möchte, wende man sich an das -Deutsche Patentamt- Müchen-Zweibrückenstrasse, Museumsinsel. Nennen Sie den Namen des Erfinder, Art des Patent, Patent Nummer. Legen Sie einen Freiumschlag bei. ■

ELECTRIC CLOCKS - PATENTS
BREVETS sur les HORLOGES ELECTRIQUES
PATENTE ELEKTRISCHER UHREN

PATENT CLASS TABULATION

1st line: Patent Class Patent Group
2nd line: Patent file number, Year filed
3rd line: Patent inventor/ Company
4th line: Patent title

BREVETS sur les HORLOGES ELECTRIQUES (French)

Première ligne Classe du brevet Groupe du brevet
Deuxieme ligne Numero du brevet, Anne de la delivrance
Troisieme ligne Nom de l'inventor / Usine
Quartieme ligne Titre du brevet

PATENTE nach KLASSEN sortiert (German)

Erste Zeile Patent Klasse Patent Gruppe
Zweite Zeile Patent nummer, Jahr
Dritte Zeile Patent Erfinder / Firma
Vierte Zeile Patent Beschreibung

The following tabulation of patents is an excerpt of 1,056 patent titles on file. About 90% of the patents are originated in Germany, and are therefore printed in the German language; the other 10% of the patents are either filed in either French or English. If the reader would like to obtain the supplement of ELECTRICAL CLOCKS (for the printing cost + handling and shipping), contact the bookseller from which you purchased the TRADMARK INDEX, or see the advertisement, page 955.

* * *

(French)
La liste suivante est un extraite des 1056 titres de brevets relevés. Comme 90% des brevets sont d'origine allemande, ils sont reproduits en Allemand. Les 10% des brevets restants ont été déposés en Anglais ou en Français. Si le lecteur désire obtenir le supplément (en couvrant les frais d'impression, de manipulation en d'envoi) de l'index des HORLOGES ELECTRIQUES, il est prié de s'adresser à la librairie où il a acquis l'INDEX DES MARQUES DE FABRIQUE, ou voir la réclame à la page 955.

* * *

(German)
Die nachstehende Liste von Patenten is ein Archiv Auszug von 1056 Patenten. Nachdem etwa 90% der Patente in deutscher Sprache verfasst sind und etwa 10% in englischer oder französischer Sprache verfasst und eine besondere Interessengruppe ansprechen, kann der Leser einen Anhang Buchhändler von welchen der TRADEMARK INDEX wurde bestellen, oder man beziehe sich auf den Anzeigenteil Seite 955.

Cont. page 959
Voir à la page 959
Fortsetzung Seite 959

PATENT CLASS TABULATION
BREVETS sur les HORLOGES ELECTRIQUES
PATENTE nach KLASSEN sortiert

- ONLY in GERMAN TEXT AVAILABLE -

>> KLASSE 83b Gruppe 2/01 <<

530 560 1928
Siemens & Halske/Berlin
Zeitanzeigevorrichtung

507 199 1929
Siemens & Halske/Berlin
Elektr. Nebenuhr mit polarisiertem Drehanker

502 314 1927
Siemens & Halske/Berlin
Polarisierte elektr. Nebenuhr

500 219 1928
Junghans/Schramberg
Aufhängevorrichtung für elektr. Uhren

500 057 1927
Siemes & Halske/Berlin
Elektr. Nebenuhr

489 927 1926
Ferdinand Schneider/Fulda
Anhalte- und Freigeabevorrichtung für elektromag. geregelte Unruheuhren

447 239 1925
Otto Muck/München
Elektr. Nebenuhr mit mechan. Resonanzfederantrieb

440 832 1924
Arthur Schulze/Hamburg
Als Frequenzanzeiger ausgebildete elektr. Nebenuhr zum Betrieb durch pulsierende Stromstöße veränderlicher Schwingungszahl, drahtlos oder mit Draht

435 970 1925
W. Gurlt GmbH/Berlin
Elektr. Nebenuhr

426 023 1923
Gustav Schönberg/Losbach
*Vorrichtung zum elektr. Auslösen mechan. Uhren, insbesondere Großuhren

338 544 1917
Siemens & Halske/Berlin
Durch umlaufenden Motor zeitweilig angetriebene Nebenuhr

335 589 1920
J. Schlenker-Grusen/Schwenningen
Umschaltvorrichtung für Uhren

>> KLASSE 83b Gruppe 2/01 <<

319 701 1918
Siemens & Halske/Berlin
Vorrichtung zum selbsttätigen Nachstellen von Nebenuhren mit besonderem elektr. Antrieb

318 724 1918
Siemens & Halske/Berlin
Vorrichtung zum Selbsttätigen Nachstellen von Nebenuhren

284 600 1914
Georg Rammensee/Gräfenberg
Großuhr mit getrenntem Laufwerk und Gangregler

279 763 1913
A.B.Carter&CoGmbH/Berlin
Vorrichtung zum Angeben der Zeit in Blinkziffern

274 392 1913
Hermann Thransdorf, Johannes Brüx/Dresden
Elektr. Uhr mit springenden Ziffern

233 769 1909
Siemens & Halske/Berlin
Elektr. betriebene Nebenuhr mit minutlicher Fortschaltung und Sekundenanzeige

231 032 1910
Otto Rechenbach/Mühlhausen
Elektr. Nebenuhr

212 548 1908
Steiger & Besancon/La Chaux de Fonds
Elektr. Nebenuhr

210 853 1908
Siemens & Halske/Berlin
Einrichtung an elektr. Nebenuhren mit Stromwechselbetrieb

155 996 1903
Robert Aulich/Wien
Elektr. Nebenuhr

107 495 1899
Normalzeit GmbH/Berlin
Vorrichtungen zum elektromag. Aufziehen und zur elektromag. Regelung von Nebenuhren

046 171 1888
James Grieve Lorrain/London
Elektr. Nebenuhr

1st line:	Patent Class Patent Group	Première ligne	Classe du brevet Groupe du brevet
2nd line:	Patent file number, Year filed	Deuxieme ligne	Numero du brevet, Anne de la delivrar
3rd line:	Patent inventor/ Company	Troisieme ligne	Nom de l'inventor / Usine
4th line:	Patent title	Quartieme ligne	Titre du brevet

LETTER FROM THE AUTHOR

Dear Reader,

Horology is at once a science and a craft, which evolved over centuries from a one-man operation, to a small enterprise, and finally to a large, complex cooperative entity involving many fields of human activity.

With encouragement from my worldwide friends and subscribers, I decided to republish the TRADEMARK INDEX in its original format, with all its good points, and some shortcomings, resulting in the incorporation of additional archive material accumulated since 1989. The 1992 TRADEMARK INDEX has been laid out with the governing text in English; however French- and German-speaking readers will have no difficulty finding corresponding data translations in the Abbreviation Code Index.

TEMPUS FUGIT (time flies)! When I finally retire, I won't have to find someone else to finish my OPUS MAGNUS, give the material to some archive to accumulate dust, or feed it to the papermill. When I started writing about European Industrial Clock/Watchmaking twenty years ago, I knew I could not earn a living by writing articles about horology. My wife often asks me why I do it; as far as she is concerned, it is a waste of time. I cannot give a plausible answer, except to say that once I started writing, I found my greatest rewards in worldwide reader friendships reaching as far as Austria, Canada, England, America,France, Germany.

Master Watchmaker, foremost Horological Author, and licensed appraise Lukas Stolberg of Austria wrote: "Your untiring efforts continuing horological publishing work is admirable. The only consolation for all your work, time and investment, you secured a place of immortality. One hundred years later, the reader will recognize Kochmann."

Concord, California
Fall, 1992

Karl Kochmann
Author and Private Publisher

20

LETTRE DE L'AUTEUR

Cher lecteur,

L'horlogerie est à la fois une science et une activité manuelle. Son évolution au cours des siècles, partant de fabrications individuelles, puis d'opérations dans de petites entreprises pour aboutir finalement à de grandes entités coopéeratives complexes, a mis en jeu un grand nombre de facettes de l'activité humaine.

Ayant reçu des encouragements d'amis du monde entier, ainsi que de mes souscripteurs, j'ai décidé de reprendre l'INDEX DES MARQUES DE FABRIQUE dans sa présentation initiale, avec tous ses points forts reproduits sans changement, mais aussi les imperfections résultant nécessairement de l'incorporation de matières additionnelles provenant des archives réunies depuis 1989. L'INDEX DES MARQUES DE FABRIQUE 1992 est conçu dans un texte principal en Anglais; cependant les lecteurs de langue allemande ou français n'auront pas de difficulté à trouver les traductions correspondantes des données présentés dans l'INDEX ainsi que des codes des abréviations.

TEMPUS FUGIT (le temps fuit)! Puisque je prends enfin ma retraite, je ne pense trouver personne pour terminer mon OPUS MAGNUS et une partie des matières entassées dans mes archives vont se couvrir de poussière ou nourrir une usine de pate à papier. Lorsque j'ai commencé à écrire, voila vingt ans, sur l'horlogerie/l'horlogerie industrielle européenne, je savais que je ne pourrai pas gagner mon pain quotidien avec des articles sur ce sujet. Ma femme m'a souvent demandé pourquoi je le faisais, pour elle cétait une perte de temps. Je n'ai jamais pu lui donner de réponse satisfaisante, sauf en lui montrant que la très grand réccompense de mes écrits je la trouvais dans les amitiés que j'ai ainsi noué dans le monde entier et en particulier en Autriche, en Allemagne, en Angleterre, en France, et en America.

Le Maitre Horloger et auteur en horlogerie autrichien de premier ordre, Lukas Stolberg, m'a écrit les lignes qui suivent et que je reproduis avec sa permission: "Vos efforts incessants dans vos publications sur l'horlogerie sont admirables. La seule consolation que vous tirerez de ce travail gigantesque et du temps investi est que vous vous etes fait une place dans l'immortalité. Dans cent ans les lecteurs connaitront Kochmann."

Concord, Californie
Automne, 1992

Karl Kochmann
Auteur et Editeur privé

20

BRIEF AN DIE LESER

Sehr geehrter Leser,

Die Uhrmacherkunst, eine Wisenschaft, verbunden mit handwerklichem Können entwickelte sich im Laufe von Jahrhunderten zu einer komplizierten, weitverzweigten Industrie, welche den Mensch als die treibende Kraft in den Mittelpunkt stellt.

Wenn man all diese Segmente verbindet, es ist dann oft schwer, eine Trennungslinie zu ziehen, alle Historischen Momente, Gründung, Werdegang vom Anfang als Uhrmacher Einzelgänger zum Meister, Kleinbetrieb, Unternehmer, Grossbetrieb in einer allgemeinen Kurzfassung zu verbinden. Auf Grund vieler Leserzuschriften wurde der TRADEMARK INDEX 92 im Orginalformat mit all den Vorteilen und auch eingen wenigen Nachteilen neu aufgelegt. Die Ausgabe des TRADEMARK INDEX 92, berücksichtigt vor allem das Informationsmaterial, welches seit 1976 bis 1991 zugänglich war und innerhalb eines wirtschaftlich vertretbaren Rahmens verarbeitet werden konnte. Einführungs und Leittext ist Englisch, Französisch oder Deutsch sprechende Leser können an Hand der CODE - TABELLEN Seite die Daten des Trademark Index ohne Schwierigkeiten als Nachschlagewerk benützen.

"TEMPUS FUGIT" (Die Zeit eilt), einmal kommt der Tag der Entscheidung dass aus dem "Unruhezustand" ein Ruhestand wird, somit soll die OPUS MAGNUS Ausgabe des Trademark Index nicht einen "Nachfolger" überlassen oder einen Archiv übergeben werden, wo es dann in einer Aktenablage verstaubt, oder letzten Endes in der Papiermühle endet. Als ich vor über 20 Jahren in meiner Wahlheimat USA - Kalifornien - über die Europäische Uhrenindustrie für meine Uhrensammler Freunde Artikel schrieb, lag es auf der Hand das ist und bleibt ein "Hobby". Meine Frau fragte mich oft, warum ich Schreibe, nach ihrer Ansicht eine brotlose Kunst, eine Zeitverschwendung! Ich konnte mit keiner besseren Antwort aufwarten, meine Internationalen Leser anerkennen meine Schriften.

Herr Uhrmachermeister Author Uhrenhistorischer Literatur, Lukas Stolberg, Graz-Steiermark/Österreich schreibt: Dass Sie noch so emsig am Schreiben und Edieren sind, ist wirklich zu bewundern. Ein Trost für Sie bei all der Arbeit ist vieleicht, dass Sie auf diese Weise sozusagen unsterblich werden man wird noch in 100 Jahren wissen, der "der Kochmann" war.

Concord, Kalifornien
im Herbst 1992

20

Karl Kochmann
Author und Privater Selbstverleger

ACKNOWLEDGEMENTS

This TRADEMARK INDEX publication would never have been possible without the support and assistance of many who contributed data from their files. Some archive contributions came from strangers, others from acquaintances whom the publisher met through international contacts. None expected any compensation, and contributed in the true spirit that horological collectors stand for: to assist and enrich others with their knowledge. In the course of the manuscript development, the author addressed many questions to very knowledgeable persons of the horological community, and all responded promptly to the Author's inquiries. The following list is long, and in case someone is not mentioned, I sincerely apologize, it was unintended. THANK YOU TO ALL.

- **Antique Collectors Club Ltd.**, Woodbridge, Suffolk, England, for granting permission to use data and reference "Carriage Clocks" by Charles Allix, © 1978.
- **Bausch, Fred**, Santa Clara, CA, USA. Master Clocksmith and clock collector; submitted many trademark shop sketches and photographs.
- **Bihl, Alfred**, Black Forest/Germany. Private Collector; provided freehand sketches and rubbings of clock trademarks.
- **Clark-Mayfield, Margaret**, Concord, CA, USA; provided skillful desktop publishing in three languages (English/French/German), and database management services.
- **Claterbos, F. M. van Weijdon** (+), Bloemendahl, Holland; consent of Lady van Claterbos to use her late husband's publication "Lijist van Weene Uhrenwerkmakers" (Tabulation of Viennese Clockmakers) © 1973.
- **Foord, Ronald**, Rochester, England; for his very valuable suggestion to sort the Trademark symbols and Tradenames on the outer page margin of the TRADEMARK INDEX for easy pictoral/wordname search. Especially, a heartfelt THANK YOU to Christine and Ronald Foord for their great hospitality during several of the author's visits to search the London archives: your generosity made the visits economically feasible.
- **Hennig, Johannes**, Dresden, Germany; Master Watchmaker, restorer, lecturer, horological researcher, for his unselfish efforts to provide trademark data, often at high risk for his personal safety while living under the Communist regime of East Germany, for corresponding with the "Capitalistic West" .

Cont. page 964

- **Knapp, Karl** (+), Germany; Master Watchmaker, horological inventor, lecturer and teacher: Providing historical tradmark data.
- **MIT** (*Musée Intemational d'Horlogerie),* La Chaux-de-Fonds, Switzerland under the direction of Lady Catherine Cardinal, curator, and her entire staff: Provided praiseworthy assistance during the Author's visit in 1991, obtaining archive data of the Swiss Watch/Clockmaking industry.
- **Rawlings, Ronald, Rev., and his wife Nancy**, former residents of Barnet Heights, London; their generous hospitality made it economically possible for the author of the TRADEMARK INDEX to embark on the research work at the British Science Library, London, Holburn Branch, in 1978.
- **Schraven, Thomas**, Germany, Ph.D Mechanical Engineering, who with his staff of volunteers mentioned on page VII compiled all the data for Chapters IX-XII, "Electric Clocks."
- **Science Library**, Holbrook Branch, London, England: Cooperative management and staff assisted the author during his research work, 1978 - 1986.
- **Shapiro, Adolphe**, France, Ph.D. Science; Director of Research at the National Center for Scientific Research in France; President of the National Association of Collectors and Amateur Clock Historians from 1979-1987 and currently Honorary President; and Horological Author, who agreed to proofread and edit the French text.
- **Shenton, F.G.,** MA (CAN-AB), LRCP-MRCS-MRCC-P (USA=M.D.), Eminent horological Author; Chairman, Electrical Horological Group, U.K. (England): His courtesy to review the text, Electrical Clocks of England, is very much appreciated.
- **Shenton, Rita,** F.B.H.K., H.S., England: Eminent horological researcher and author, who assisted with obtaining historical data on English Clock/Watchmaking.
- **Starsy, Peter**, Germany, Horological Historian and Author, who proofread and edited the German text.

+ Deceased / mort / verstorben

REMERCIEMENTS

La publication de cet INDEX DES MARQUES DE FABRIQUE n'aurait jamais été possible sans l'appui et l'aide de nombreuses personnes qui ont fourni des renseignements en leur possession. Plusieurs contributions d'archives sont venues de l'étranger, d'autres ont été fournies grâce aux nombreuses connaissances que l'auteur a pu nouer dans ses contacts internationaux. Toutes ces contributions ont été bénévoles. Chacun a apporté sa contribution dans un esprit vrai de collectionneur d'horlogerie: partager son aide et ses connaissances avec ses amis. Au cours de la préparation du manuscript l'auteur s'est adressé à plusieurs érudits de la communauté des amateurs d'horlogerie et tous ont répondu promptement aux demandes de l'auteur. Je tiens à remercier tout particulièrement:

- **Monsieur Adolphe Chapiro**, Docteur ès Sciences, Directeur de Recherches au Centre National de la Recherche Scientifique, Président de 1979 à 1987 de l'ANCAHA (Association Nationale des Collectionneurs et Amateurs d'Horlogerie Ancienne), actuellement Président d'Honneur de cette Association, auteur d'ecrits sur l'horlogerie, qui a accepté de réviser le texte en Français et de corriger les épreuves.

- **Herr Peter Starsy**, auteur d'écrits sur horlogerie, en Allemagne, qui a corrigé les épreuves des textes en Allemand et a conduit la section allemande jusqu'au stade final avant impression.

- Le **MIH** (Musée International d'Horlogerie) à La Chaux-de-Fonds, Suisse, sous la direction de **Madame Catherine Cardinal**, Conservateur, avec tout le personnel du Musée ont apporté une aide immense à l'auteur dans ses recherches sur l'histoire de la montre suisse et sur la fabrication industrielle des pendules en Suisse.

- **Herr Thomas Schraven,** Docteur en Ingenieur Mechanique, en Allemagne, a pris sur lui de collecter et de publier les données contenues dans le chapitre sur l'horlogerie électrique.

- **Madame Margaret Clark-Mayfield** a préparé les textes en trois langues (Anglais, Français, Allemand).

La liste suivante des personnes ayant contribué est longue et si un nom manque dans cette liste je vous prie sincèrement de m'en excuser, ce n'était pas intentionnel. MERCI A TOUS.

NACHWORT

Aus dem Internationalen Kreis der Uhrensammler wurden dem Herausgeber des TRADEMARK INDEX umfangreiches Archivmaterial zur Verfugüng gestellt. Die Neubearbeitung - Erweiterte-Verbesserte Ausgabe des TRADEMARK INDEX 92 wurde durch die uneigennutzige Hilfe von vielen Uhrensammler, Museen, Biblotheken, Meisterwerkstatten, welche emtwerder Photographisches Material, oder Werstattskizzen zur Verfugung stellten ermöglicht. Der Herausgeber richtete an Uhrenfachleute, Sammler Fragen über Warenzeichen-Wortmarken-Firmengeschichte welche oft in einen umfangreichen Schriftverkehr beantwortet wurden. Die nachstehende Aufstellung aller Helfer ist Umfangreich, im Falle dass jemand übersehen wurde, der Herausgeber bittet um Nachsicht, es ist nicht absichtlich geschehen. ICH BEDANKE MICH BEI ALLEN.

Es ist mir ein Bedürfnis besonders zu erwähnen: The Antique Collectors Club Ltd.Woodbridge,Suffolk, U.K./ England erteilte die Erlaubnis die 1978 Ausgabe "Carriage Clocks" Verfasser Charles Allix, als Archivquelle zu benützen.

- **Bausch, Fred**, Santa Clara, Kalifornien U.S.A. Uhrmachermeister, Uhrensammler, stellte Freihandskizzen über Bildermarken zur Verfügung.
- **Bihl, Alfred**, Schwarzwald, Privater Uhrensammler stellte viele Freihandskizzen über Bildermarken zur Verfügung.
- **Clark-Mayfield, Margaret**, Concord, Kalifornien U.S.A. zeichnet für die Datenverarbeitung -dreisprachig- Englisch, Französisch und Deutsch verantwortlich.
- **Claterbos, F.M. van Weijdom** (+) Bloemendahl, Holland, Frau van Claterbos erteilte die Erlaubnis ihres Ehemannes Publikation: "Lijist van Weene Uhrenwerkmakers" (Liste/Aufstellung Wiener Uhrmachermeister) ©1973 als Nachweisquelle zu benützen.
- **Foord, Ronald**, Rochester, U.K./England: Privater Uhrensammler, empfahl die Bildermarken/Wortmarken am Aussenrand Schnitt des Buches zu sortieren, damit ist das auffinden der Grafischen Symbole ausserordentlich vereinfacht. Meinen besonderen persönlichen DANK für die Gastfreundschaft im Hause Foord während mehrer Besuche der "Science Library London-Holborn Branch," die Groszügigkeit von Ron und Christine Foord, machten diese Reisen wirtschaftlich möglich.

- **Hennig, Johannes**, Uhrmachermeister, Restaurateur, Uhren-Schriftsteller und Lektor für seine Hilfe, besonders unter dem Kommunistischen Regime, seine persönliche Sicherheit war oft in Gefahr, Schriftverkehr mit mit dem "Kapitalistischen Ausland" zu führen.
- **Knapp, Karl** (+), für seine Hilfe historische Uhren-Literatur aus seiner Biblothek dem Verfasser zur Einsicht vorlegte.
- **MIT** (Musee Internatiol d'Horlogerie, La Chaux-de-Fonds, Schweiz, unter der Leitung von Kuratur, Mde. Catherine Cardinal und ihre Mitarbeiter unterstuzten den Herausgebers des TRADEMARK INDEX, bei seiner Archiv Forschung während seines Besuches MIT, im Jahre 1991 in lobenswerter Weise.
- **Rawlings, Ronald Rev. und seine Frau Nancy**, ehemals in Barnet Heights /London U.K./England; für die grosse Hilfe und Gastfreundschaft, als der Herausgeber im Jahre 1978 die Grundlage und technische Voraussetzung für das "TRADEMARK PROJECT" in England - British Science Library - Holborn Branch /London, begann.
- **Schraven, Thomas** Dr. Dipl. Eng. Düsseldorf, mit seinem Stab von freiwilligen Helfern stellte das Archiv Material für den Abschnitt "Elektrische Uhren" zusammen.
- **Science Library, Holborn Branch/London**, U.K./England, unterstüzte den Herausgeber zwischen den Jahren 1978 - 1986 in seiner Archiv Forschungsarbeit.
- **Shapiro, Adolphe**, Uhrensammler, Author und Lektor, Dr. Ing. Direktor des Nationalen Französischen Forschungsinstitut/ Frankreich, President der Nationalen Vereinigung der Französischen Uhrensammler zwischen den Jahre 1979-1987, übernahm ohne Portefolio die gesamte Bearbeitung französischen Text.
- **Starsy, Peter**, Uhrmacher, Author, Lektor Neubrandenburg, übernahm die Bearbeitung des deutschen Textes ohne Portefolio.

+ Deceased / mort / verstorben